楕円軌道の発見

# 新天文学

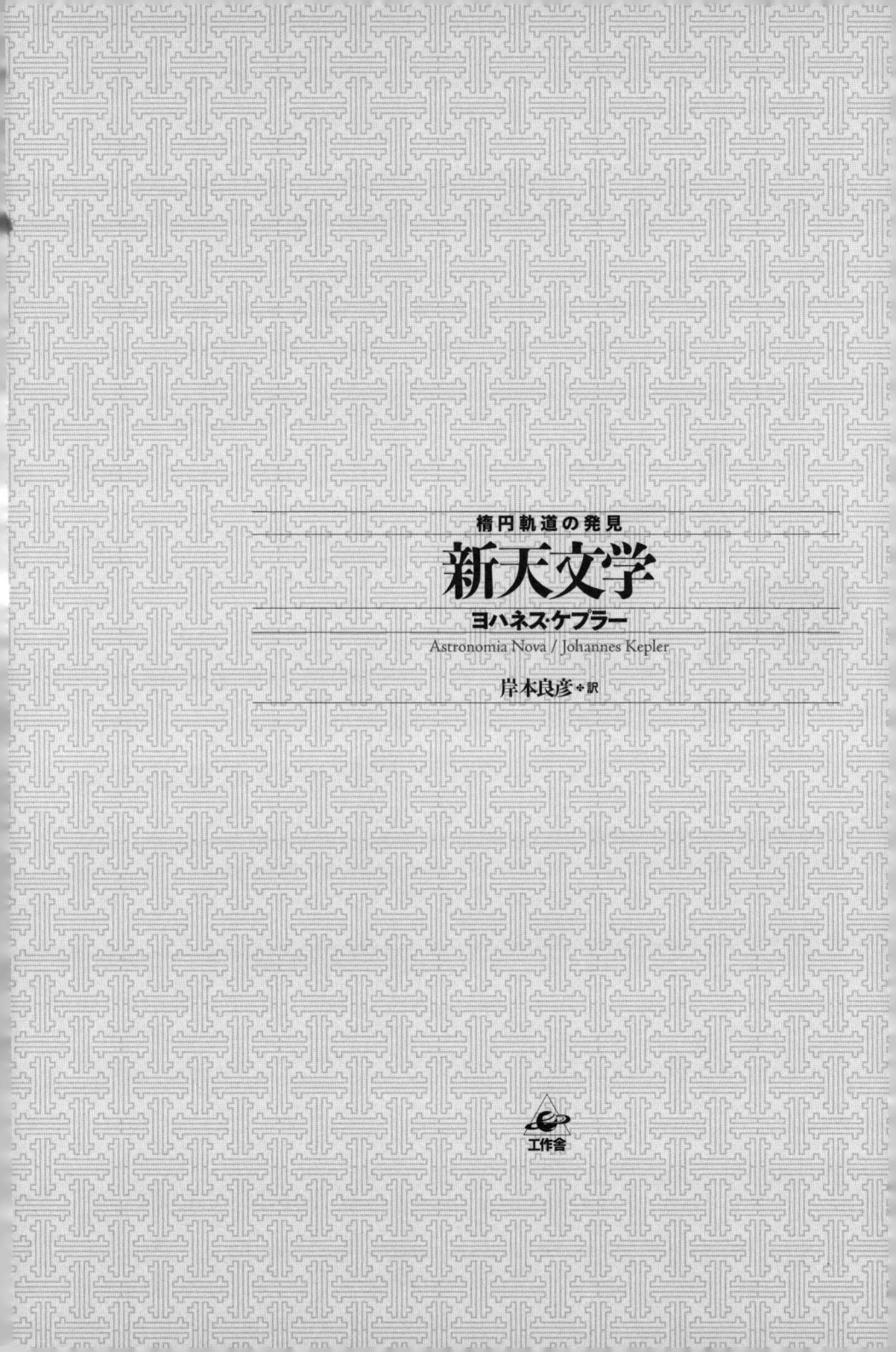

ヨハネス・ケプラー
Astronomia Nova / Johannes Kepler

岸本良彦＋訳

工作舎

# ASTRONOMIA NOVA
ΑΙΤΙΟΛΟΓΗΤΟΣ,
SEV
## PHYSICA COELESTIS,
tradita commentariis
DE MOTIBVS STELLÆ
# MARTIS,
Ex obfervationibus G. V.
TYCHONIS BRAHE:

Juſſu & ſumptibus
# RVDOLPHI II.
## ROMANORVM
IMPERATORIS &c:

Plurium annorum pertinaci ſtudio
elaborata Pragæ,
*A S<sup>æ</sup>. C<sup>æ</sup>. M.<sup>tis</sup> S<sup>æ</sup>. Mathematico*
## JOANNE KEPLERO,

*Cum ejusdem C<sup>æ</sup>. M.<sup>tis</sup> privilegio ſpeciali*
Anno æræ Dionyſianæ cIɔ Iɔc ix.

Johannes Kepler (1571. 12. 27 - 1630. 11. 15)
[1627 シュトラスブルク大学図書館に掲示・画家不明]

ASTRONOMIA NOVA

# 新天文学

◉

偉大なティコ・ブラーエ師[★001]の観測による
## 火星の運動についての注解
すなわち原因を説明できる天体物理学[★002]

◉

神聖ローマ皇帝その他の称号を有する
## ルドルフ2世
の勅命と資金とにより
その聖なる皇帝陛下の数学官
## ヨハネス・ケプラー
が何年もの粘り強い研究によって
同皇帝陛下の特典をもって
[★003]
西暦紀元1609年にプラハで大成した

◉

## ペトルス・ラムス『数学講義』第2巻50頁

●

仮説を考え出すのはばかげたことである。ただし、エウドクソス、アリストテレス、カリッポスの考え方はもっと単純だった。彼らはその仮説を真と判断するだけでなく、それを星のない天球の神々であるかのように尊んだからである。だがその後の時代では、自然の真相を誤った原因によって論証するのは非常にばかげた絵空事である。だからまず論理学が、次いで算術と幾何学の基礎たる数学が、最も豊かな内容をもつ技術(ars)〔天文学〕の純粋性と尊厳とを打ち立てるべく、多大な支援をもたらすだろう。コペルニクスは、むしろ仮説に拠らずに天文学を作り上げるという企図に専念したほうがよかったのだ。巨人の労苦にならって地球を動かし、地球の動きに合わせて静止した星を眺めるようにするよりも、その星々の真実に相応しい天文学を記述するほうが、彼にはずっと容易だっただろうから。さらに、かくも多くのドイツの著名な学校から、公然と掲げられた永遠の賞賛の栄冠を勝ち得るような哲学者にして数学者たる者が立ち現れると、いっそうよい。そのような功績に特典をもっていささかなりとも報いることが許されるなら、私はそういう人に、仮説に拠らずに天文学を構成した報償として、パリにおける欽定教授職を与えることを約束しよう。わが教授職を辞しても、本当に喜んで私はこの誓約の責任を取るだろう。

## 著者からラムスへ

●

ラムスよ、あなたは折よく人生と教授職とを辞去してこの約束を反故にしたのだ。あなたが今も教授職を保持していたら、私は当然の権利としてその教授職を要求するだろう。この著作により、おそらくあなたのいう論理学そのものを判定者として、私はそれを勝ち取れるだろうから。あなたは最も豊かな内容をもつ学問(scientia)のた

めの援助をひたすら論理学と数学に求めるが、科学に不可欠な自然学の支援を排除しないよう望む。しかも私の思い違いでなければ、あなたはそのつもりでいるのだ。自身の〔天文学の〕構成者のために、数学以外に哲学も配置しているからである。だから、一般大衆にとっては非常にばかげた事柄でも、巨人〔アトラス〕のような苦労もせず、最善の論拠によって擁護する哲学にも、自ら同じように気安く耳を傾けるように。哲学がそういうことをしても、別に何も新しいことや突飛なことをするわけではなくて、哲学がそのために考え出された当の務めを果たすだけなのだから。

自然界を誤った原因、理由によって論証するのは非常にばかげた絵空事だ。それは私も認める。しかし、この絵空事はコペルニクスの原著にはない。コペルニクス自身もその仮説を真実と判断したことは、あなたの挙げた古人と同様である。彼はたんにそう判断しただけでなく、それが真実であることを論証もしている。私はこの著作をその証人として提示する。

それほどに自分を憤激させたこの絵空事の張本人を知りたかったのではないか。私の所持する版本ではニュルンベルクのヒエロニュムス・シュライバーの手によって、アンドレアス・オジアンダー[★011]と記されている。したがって、(コペルニクス宛の彼の書簡から結論しうるかぎりでは) このアンドレアスが、コペルニクスの著書の刊行を司ったとき、あなたが非常にばかげたものと言うあの序文を、彼自身はきわめて慎重を期したものと考えて、コペルニクスの書の扉に置いたのであって、コペルニクス自身はすでに死去していたか、あるいは全く知らなかったのは確かである[★012]。だからコペルニクスは、作り話をしている (mythologei) わけではなく真剣に常識に反する説を語っており (paradoxologei)、つまりは哲学を実践している (philosophei) わけである。それこそ、あなたが天文学者に求めていたことにほかならない。

『新天文学』全5部 ● 総目次

ルドルフ2世への献辞―――016
火星運動についての注解への短詩―――022
至高の天文学者ティコ・ブラーエの誘い―――024
読者へ――フランツ・ガンスネブ・テングナーゲル―――031
凡例―――032

序論――著作全体の概要表／各章の議論―――033

# 第1部
# 仮説の比較について―――097

第1章　第1の運動と惑星に固有の第2の運動の相違
　　　および固有の運動における第1の不整と第2の不整の相違―――098
第2章　離心円と周転円付同心円の単純な最初の等値とその自然学的理由
　　　―――105
第3章　相異なる観点や量的に異なる仮説が理論上等値となり一致して
　　　同一の惑星行路を形成する―――112
第4章　同心円上の2重周転円ないしは離心周転円と離心円における
　　　エカントの間に認められる不完全な等値―――115
第5章　エカントもしくは第2周転円を用いたこの軌道配列も実際には同一
　　　（ないしほぼ同一）でも惑星を平均太陽もしくは視太陽との衝で観測するのに応じて
　　　同一の時点でどの程度まで異なる外観を呈しうるか―――122
第6章　惑星の第2の不整を論証するプトレマイオス、コペルニクス
　　　およびブラーエ説の理論上の等値
　　　また3説を太陽の視運動と平均運動に適用したときの相違―――137

## 第2部
## 古人の説にならった火星の第1の不整について —— 165

| | | |
|---|---|---|
| 第7章 | どんなきっかけで火星論に出会ったか —— 166 | |
| 第8章 | ティコ・ブラーエが観測し算出した火星と太陽の平均運動の線との衝の表およびその表の検討 —— 170 | |
| 第9章 | 火星の黄道上の位置をその円軌道に還元する —— 175 | |
| 第10章 | ティコ・ブラーエが太陽の平均位置と衝になる時点を求めたさいの拠り所である観測結果そのものの考察 —— 180 | |
| 第11章 | 火星の日周視差 —— 184 | |
| 第12章 | 火星の交点の探求 —— 199 | |
| 第13章 | 黄道面と火星軌道面の傾斜の探求 —— 204 | |
| 第14章 | 離心円の面はぶれずに平衡を保つ —— 215 | |
| 第15章 | 夜の始めと終わりに見えた位置を太陽の視運動の線に還元する —— 218 | |
| 第16章 | 第1の不整をうまく説明するための仮説を探求する方法 —— 230 | |
| 第17章 | 遠地点と交点の動きの一応の探求 —— 255 | |
| 第18章 | 発見された仮説による初更の12の位置の検証 —— 258 | |
| 第19章 | 大家たちの見解に従い初更の全位置により確証されたこの仮説に対する初更の緯度による論駁 —— 261 | |
| 第20章 | 初更の位置以外での観測結果による同仮説の論駁 —— 267 | |
| 第21章 | 誤った仮説から正しさの生じる理由と正しさの程度 —— 274 | |

# 第3部
## 第2の不整すなわち太陽もしくは地球の運動の研究
あるいは運動の物理的原因に関する多彩にして深淵な天文学の鍵――――281

| 第22章 | 周転円ないし年周軌道は運動を均一化する点〔エカント〕の周囲に均一に位置しない――――282 |
|---|---|
| 第23章 | 地球から太陽までの2つの距離と獣帯上の位置および太陽の遠地点を知って太陽(ないしはコペルニクス説の地球)行路の離心値を求める――――290 |
| 第24章 | 周転円もしくは年周軌道がエカントの点から離心していることのより明白な証拠――――293 |
| 第25章 | 世界の中心から太陽までの3つの距離から獣帯上の位置を知り遠地点と太陽もしくは地球の離心値を求める――――299 |
| 第26章 | 周転円が固定点つまり軸から、年周軌道(太陽を回る地球の軌道ないしは地球を回る太陽の軌道)も太陽ないし地球の本体の中心から、ティコ・ブラーエが太陽の運動の均差によって発見した値の少なくとも半分は離心していることの、同じ観測結果による証明――――302 |
| 第27章 | 初更の位置ではないが同じ離心位置にある火星の別の4つの観測結果から、地球軌道の離心値、遠日点、獣帯上の火星の離心位置と合わせて地球の各位置での軌道相互の比を論証する――――319 |
| 第28章 | 獣帯上の太陽の位置だけでなく離心値1800から地球と太陽の距離も想定し、同じ離心位置に来る火星をかなり多く観測することによって、太陽から火星までの距離と離心位置とがあらゆる所で一致するかどうか見る　この議論により、太陽の離心値がちょうど1800であり、想定の正しかったことが確認される――――323 |

第29章　離心値を知り太陽と地球の距離を定める方法――――333
第30章　太陽の地球からの距離の一覧表およびその用法――――338
第31章　太陽の離心値を2等分してもティコの提示した太陽の均差は感知できるような
　　　　混乱をきたさないこと、および4つの均差算出法――――343
第32章　惑星を円運動させる力は源泉から離れるにつれて減衰する――――345
第33章　惑星を動かす力は太陽本体にある――――349
第34章　太陽の本体は一種の磁石であり、自らの占める空間で自転する――――358
第35章　太陽に由来する運動も光のように遮蔽によって惑星に届かないことがあるか
　　　　――――365
第36章　太陽から発する運動を司る力は宇宙の広大さによってどの程度弱められるか
　　　　――――367
第37章　月を動かす力はどのようにして得られたか――――372
第38章　惑星には運動を司る太陽の共通な力のほかに本来の固有な力が具わっている
　　　　また個々の惑星の運動は2つの原因から成る――――376
第39章　惑星に内在する力が、エーテル大気中の惑星軌道を一般に信じられているような
　　　　円にするには、どういう経路と手段で運動を起こすべきか――――378
第40章　物理学的仮説から均差を算出する不完全な方法
　　　　ただしこの方法は太陽もしくは地球の理論には十分である――――388

## 第4部
## 物理的原因と独自の見解による
## 第1の不整の真の尺度の探求―399

第41章　すでに用いた太陽と衝になる位置以外での観測結果から
長軸端、離心値、軌道相互の比を調べる試み
ただし誤った条件を伴っている―401

第42章　火星が遠日点の近くに来るときの初更の位置以外での若干の観測結果と
近日点の近くに来るときの別の若干の観測結果とにより最も確実な遠日点の位置、
平均運動の訂正、真の離心値、軌道相互の比を求める―404

第43章　惑星軌道が真円になると想定したときに離心値の2等分と三角形の
面積から立てられる均差の欠陥―415

第44章　第1の不整を切り離して無視し、ブラーエとプトレマイオス両大家の説で
第2の不整に由来する螺旋の連鎖も理論的に除外しても、エーテルの大気中を
通る惑星の道は円ではない―420

第45章　惑星が円からこういう形で外れる自然な原因について
最初の説の検討―424

第46章　第45章の説によれば惑星の動きを表す線はどのようにして描けるか
またその線はどのようなものになるか―428

第47章　第45章で得られ第46章で描こうとした卵形面の求積法試論
およびそれによって均差を出す方法―436

第48章　第46章で描いた卵形円周の数値による測定と分割を介した離心円の
均差の算出法―447

第49章　先の均差算出法の検証と第45章の説による卵形軌道の構成原理に
もとづくさらに整備された方法―457

第50章　離心円の均差を立てるために試みた他の6つの方法―463

第51章　各半円上で遠日点からの離隔が等しいときの火星と太陽の距離を調べて対比する
同時に代用仮説の信頼性も調べる―475

第52章　惑星の離心円は太陽の周転円の中心あるいは太陽の平均位置の点ではなく
太陽本体そのものの周囲に配置される
また長軸線は前者の点ではなく太陽本体を通過することを、
第51章の観測結果によって証明する―494

| 第53章 | 初更の位置の前後の連続的な観測結果によって火星と太陽の距離を調べる別の方法 そのさい同時に離心位置も調べる————498 |
|---|---|
| 第54章 | 軌道相互の比のいっそう精密な検証————505 |
| 第55章 | 第51、53章の観測結果と第54章の軌道相互の比から第45章で性急に取りあげた仮説が誤りであること および平均的な長さを取る所の距離が適切な値より短くなることを証明する————508 |
| 第56章 | 以前に掲げた観測結果から火星の太陽からの距離はいわば周転円の直径によって測り取るべきことを証明する————510 |
| 第57章 | どういう自然の原理によって惑星はいわば周転円の直径上で秤動するようになるのか————514 |
| 第58章 | 第56章で証明し発見した秤動も不適切に使用することのようにして誤りが入り込み、惑星軌道が豊頬形(buccosus)になるか————538 |
| 第59章 | 周転円の直径上で秤動する火星の軌道が完全な楕円になること および円の面積が楕円周上にある点の距離の総和を測る尺度になることの証明————542 |
| 第60章 | 物理学的仮説つまり最も真正な仮説から均差の各部分と真正な距離を立てる方法 これまで代用仮説ではこの両者を同時に行えなかった 誤った仮説の論証————555 |

# 第5部
## 緯度について ——— 563

第61章 交点の位置の検証 ——— 564
第62章 軌道面の傾斜の検証 ——— 566
第63章 緯度についての物理学的仮説 ——— 571
第64章 緯度による火星の視差の検証 ——— 578
第65章 太陽と合および衝となるときのそれぞれの側における最大緯度の探求
——— 580
第66章 極への最大のずれは必ずしも太陽と衝になるときに起こるわけでない
——— 583
第67章 交点の位置と火星軌道面の黄道面に対する傾斜から、
火星の離心値の起点が平均太陽の位置を示す点
(あるいはブラーエ説における太陽の周転円の中心)ではなく太陽の中心そのものであることを
証明する ——— 587
第68章 火星軌道面と黄道面の傾斜角は現在もプトレマイオスの時代も同一なのか
および黄道の緯度と交点の不均一な周回 ——— 591
第69章 プトレマイオスの3つの観測結果の考察
および平均運動と遠日点・交点の動きの訂正 ——— 600
第70章 プトレマイオス時代の緯度と軌道相互の比とを調べるための、
プトレマイオスが用いた残る2つの観測結果の考察 ——— 617

訳注 ——— 624
解説　岸本良彦 ——— 666
索引 ——— 679
著訳者紹介 ——— 684

## 常に尊厳に満ちたる神聖ローマ帝国皇帝
## ドイツ、ハンガリア、ボヘミアその他の王
## オーストリアその他の大公たる
## ルドルフ2世陛下に

### 尊厳溢れる皇帝陛下

　神聖なる陛下ならびに全オーストリア家の清明この上なき御名にとって、このことが幸福かつ幸運となるように祈念しつつ、陛下の指揮の下に困難で労苦に満ちた戦いによってしばらく前に私が捕らえた高貴この上もなき捕虜を、ついに陛下の帝国に公に御覧に入れるべく連れてまいります。実際、彼はすでに以前から、営倉、監獄あるいは鎖が意に適うたびに、束の間、楯と武器とをうち捨て、戯れつつ喜んで投降し捕縛されようと姿を現していたので、捕虜の名への反発も心配するまでもございません。

　この光景の壮麗な雰囲気をいっそう高めるには、傑出した捕虜のための賛辞を書き記し、公の場で朗読するのがよいでしょう。

　ただし、この戦場に入り込むと驚くばかりの輝きに出会って目が眩み、夜の弱い光と学校の薄暗さ〔スコラ哲学的な幻影〕に慣れ親しんだ眼を逸らすことになります。

　そこで、わが賓客が軍事で獲得した偉大さを述べることは、史家に委ねます。

　実際に史家は、あらゆる軍隊が敵を打ち負かし、あらゆる司令官が勝利を収め、あらゆる王が支配権を行使するのは、この賓客のおかげであって、その支援がなければ誰ひとりとしてどんな捕虜すらも晴れて連行はできなかっただろう、と言うでしょう。今や史家は、私が自らの力(Mars)で捕らえたこの賓客をその眼で心ゆくまで眺めるべきです。

　ローマの偉大さに感嘆する者は、マルス(Mars)こそ王のロムルスとレムスの実父で、★013 この都市の守り手であり、ローマ市民の庇護者、帝国の守護神であって、彼の好意によってローマ人は軍紀を考案し強化し完全なものにして全世界を征服したのだ、と言うでしょう。今まさにマルスが囲い込まれて吉兆とともにオーストリア家のものとなったことを、慶賀すべきと存じます。

　私自身はこの場から、自分の能力にもっとふさわしい別の所に戻ります。けれども、私の本業の中でも私と同僚たちとの間に反目がある分野には立ち入らないでしょう。

　確かに彼らは、しばしば自分たちの手と眼とを逃れ、戦争、勝利、帝国、軍功、権力、

競技、さらに結局は生死そのものに関わるような、非常に重大な予言をよく無に帰してきた者〔火星〕が、計算の絆に繋がれた、という別のことを喜ぶかもしれません。彼らは陛下のために、その誕生時の星回りを司る者が支配下に置かれたこと、あるいはむしろ味方についたことを慶賀すべきです。というのも、彼らの証言によれば、火星は、蠍座が天心を占めるときには蠍座を支配し、山羊座が昇るときには山羊座で高みに来るが、月が蟹座に入ったときには蟹座でよく賽子で三角ゲームをして遊び、太陽が獅子座を宿舎とするときには獅子座で親しく認められてきたからです。最後に火星は、ドイツがその下にあると考えられる牡羊座の支配者でもあり、この上もなく神聖なる陛下と協力して帝国を所有しています。

したがって、彼らが凱旋行列のしかるべき部分を占めても差し支えありません。これほどめでたいお祝いの日に彼らとの諍いのもととなるようなことは何ひとつとしてしません。そんな失礼は兵士の気晴らしに任せるべきです。私自身は天文学に向かい、凱旋車に乗って、特に自分にとっては既知のわが捕虜の他の栄光と、さらにはついに決着をつけた戦いのあらゆる局面とを、明らかにします。

実際、エーテルの領域を不断に運行することでその創造主の栄光を増す軍役を果たすために、また深い昏睡状態に陥った人間の知性を、怠惰かつ無知という挑発的な非難によって覚醒し、突撃によって息つく暇も与えず刺激を加えてその創始者の称賛すべき御業(みわざ)を究めるべく天へと牽引するために、この永遠なる宇宙の建設者、星々と人間の共通の父ユピテルが目に見える物体の第一線に配置した者を、われわれは敬意をもって遇せざるを得ません。

彼こそ人間の創案を屈服させる、あの非常に強力な者なのです。彼は天文学者のあらゆる作戦を愚弄し、その機器を粉砕し、敵対する軍勢を打ち倒して、何の不安も覚えず過去に遡る全ての世代にわたり守ってきた自らの帝国の秘密を所有していたのであり、束縛されず全く自由に絶えず自身の道を運行していたのです。そこで、あの自然の秘密の伝授者でラテンの著作家の中で最も有名なガイウス・プリニウスも、火星は観察しがたい星だ、と特別の嘆声をあげました。

風聞によりますと、ゲオルク・ヨアヒム・レティクスは父祖の時代にはかなり著名なコペルニクスの弟子で、まずは大胆にも天文学の革新を熱望し、次いで確固たる観測と創案とによってそれを果たそうとしたのですが、火星の運動に驚いて動きが取れなくなり進退きわまったので、(神意に適うものなら)守護霊の学識を調べてみようとしたのか、

それとも真実に対する抑えがたい欲求に駆られたのか、自身の親しい守護霊の神託に救いを求めました。ところが無情な庇護者はいらだって、煩わしい質問者の髪の毛をつかんで頭を天井の上張りに打ち付けては、放り出して床に押し倒すといったことを繰り返し、「これが火星の運動だ」と答えた、ということです。風聞は悪しきもので、これほど評判を損なうものは他にありません。それは真実を伝えるとともに虚偽と歪曲をしっかり保持しているからです。けれども、レティクス自ら思案に詰まり精神が混乱し逆上のあまり頭を壁にぶつけた、というのは信じがたいことではありません。実際、かつてガイウス・オクタウィウス・アウグストゥス・カエサルが、敵であるわがゲルマニアのマルス（軍神）の息子たるアルミニウスによって包囲されたクィンティリウス・ウァルス麾下の5軍団を失ったときに、彼に起こったのと同じことが、火星に敢えて挑戦したレティクスに起こったところで、何ら不思議なことではありません。

　しかし、他の権力の場合と同様、この場合もまたわれわれの敵の力は、大衆の強い思い込みと不安に支えられて維持されていたのです。だから私はいつもそれを無視するのが勝利に至る道だと思っていました。実際、多少ともこの自然という劇場を扱ってきたので、経験という教師によって、人間どうしの場合と同様、星どうし、敵どうしの間にもそれほど大きな違いはないのだから、同類の誰かを軽々しくもち上げるような噂話を安易に受け入れるべきではない、ということを学んだものと確信していました。

　ですが特にここでは、この戦役の最高指揮官ティコ・ブラーエの熱意を賞賛しなければなりません。彼はデンマーク王フレデリク2世とクリスチャン〔4世〕そしてついには神聖なる皇帝陛下の後援により、20年間ほぼ毎夜続けてわれわれのためにこの敵のあらゆる習性を探求し、全ての戦術を観察し、いっさいの戦略を暴いて、死に臨みそれを書物に記録して残しました。

　私はブラーエの跡を継いでこの指揮を執ることになったので、その書物で武装して、まず、すでに多少なりともわかっていた敵に対する恐れを捨てました。次いで、敵が自分のねぐらに帰るように戻ってくる位置に精確な照準器を装備したブラーエの機器で狙いを定め、節目となる時刻を注意深く記し、偉大な母たる地球の戦車で周回して、あらゆる位置を探求の網で取り囲みました。

　けれども、任務は汗をかくことなしには成功しませんでした。いざという肝腎なときに、しばしば当の機器がうまくはたらかなかったからです。時にはそれらの機器が未熟な御者によって駆使されて、ぬかるみの道で多大の時間と経費を費やし、時にはまだよ

く調べないうちにある種の機器を、予定していたのとは異なる位置に向け発射してしまいました。太陽や月の輝きが、雲に覆われた空が、幾度も狙いをつける者の目を欺きました。また蒸気の多い大気がよどみ、狙って打ち出した弾が真っ直ぐな進路から逸れてしまったことは、さらに頻繁にありました。防壁がひどく斜めに傾いて設けられていたので、打撃を集中的に受けても全く効果がなかったことも、稀ではありません。それに加えて、敵は出撃には勤勉で、待ち伏せでは用心深く、たいていわれわれが眠っているときをねらい、最後に抗戦となると頑強でした。敵はひとつの城塞が攻め落とされ明け渡されるや別の城塞へと退却しました。しかも全ての城塞の攻略法が同じだったわけではありません。またひとつの城塞から他の城塞へと道が通じていたわけではなく、川で遮られたり茨で妨げられたりしており、それどころかたいていは道そのものがわかりませんでした。この注解書でそれらを逐一しかるべき個所に書き記してあります。

その間にわが陣営ではあらゆる種類の災厄、悲運が猛威をふるいました。傑出した指揮官の損失、軋轢、悪疫、病気、よきにつけあしきにつけ手間のかかる家事、新星に関する著書で報告したような背後から出現した新たな予期せぬ恐ろしい敵★019、またある時は火を吐いてわが陣営を荒らし回る非常に長い尾をもった巨大な竜★020、兵士の脱走と味方の不足、新兵の未熟、そして何よりも重要なのは補給の極度の欠乏でした。

それでもついに敵は、私があくまで目的に固執し、王国の周回路のどこにいても安全無事ではいられないのをさとるや、和平策に転じ、母なる自然を介して私の勝利を認める旨を申し出たのです。そして自発的な囚われの絆の内での自由を取りつけるや直ちに算術と幾何学とに伴われ元気いっぱいにわが陣営に移ってきました。

けれども、降伏してわれわれのもとで公正な友好の協定に従って振る舞うようになってからも、休息に慣れておらず、秘かな嘲りによってわれわれに漠とした戦争の不安を吹き込むのを止めませんでした。万一われわれが怯えたりしたら、物笑いの種になったことでしょう。だが、われわれの志操堅固なのを見たので、敵意のあるふりをするのを止め、われわれを信頼し、われわれと共存することに本気で同意してくれたのです。

彼はひとつだけ次のことを陛下に要請しております。すなわち、彼にはエーテル圏に多くの被保護者があり(実際、火星にとって木星は父、土星は祖父、金星は妹にして恋人、またかつて囚われの身にあったときの特別の慰め、水星は弟にして忠実な軍使です)、習俗が似ているため火星と彼らは相互に必要とし合っているので、彼らも自分とともに人間のところで暮らし、自身が授けられる栄誉の共有者となることを望んでおります。さらに、すで

に自分が降伏してそれ以上の危害は全くないので、この遠征の残る地域をすばやく制圧して、陛下ができるだけ早く彼らを自分のもとに連れ戻すよう願っております。そのために陛下に対して私は（最も好戦的な者との戦いで鍛えられており現場を知っているので）かなり有益で以前に劣らず忠実な仕事を申し出る覚悟でおります。そこで特に陛下に祈りかつ（他の言い回しと同じように、9年の間この宮廷で兵士、将校、将官との頻繁な親交を重ねて学んだことばで）「懇願」するのは、皇帝陛下が財務官に、兵士を徴募するための新たな軍資金を私に提供するよう、勅命を下されることです。私は切に祈ります。陛下がかつてそれを認可されたことを存じ上げ、またそれが神の栄光と陛下の崇高なる御名を不滅のものとすると信じるからであります。実際、これまでも私のあらゆる仕事は陛下に捧げてきたのであり、今も私は陛下にこの上もなく恭順に自らを託すばかりでございます。

西暦紀元1609年3月29日
神聖なる皇帝陛下の最も恭順なる数学官

ヨハネス・ケプラー

## 火星運動についての
## 注解への短詩

### ウラニアよりケプラーへ[021]

●

おおケプラー家の後裔よ、
マルス（火星）と争うのは止めよ。
マルスは自分自身のほか誰にも屈しない。
数え切れぬほど長い時代にわたって自由であった彼を、
絆の下に置こうとしてもむだなのだ。
こうムーサは言う。[022]
だが、ケプラーはムーサに答える。何ということだ。
本当にあなたはパラスの話を忘れてしまったのか。[023]
パラスは恐ろしいグラディヴスを石で[024]
打ち倒すことができた。[025]
少なくともホメロスを通じて[026]
あなたが歌っているのであれば、これは真実だ。
だから、今でも大いなるミネルヴァの力を借りれば、
マルスが如何に獰猛であろうと、
どうして軛を免れようか。
われわれがルドルフ帝の吉兆を受けて出した書を見よ。
そうすれば、あなたはグラディヴスが今も辛い目に
あっていると言うだろう。

## 別の短詩
◉

リパライオス[027]はかつてマルスを網でからめ捕った。
キュテレイア[028]よ、彼があなたを抱かんと
やって来たとき[029]に。
今や再びグラディヴスは同じ絆に捕らえられる。
それはウェヌスのせいではない。ミネルウァよ、
あなたのせいだ。
というのも、ミネルウァがこの網をティコに、
ティコがケプラーに与え、
ケプラーがそれをマルスの脚に掛けたのだから。
不思議なことだ。ヴルカヌスたちは偉大な名匠なのに、
ケプラーがこういう者たちをも越えているとは。
ヴルカヌスの絆はほんの一時しかもたなかったのに、
このケプラーの絆は永久に保たれるのだ。
　　　　　　　——サクシルビウス、1609年プラハにて作詩[030]

## もうひとつの短詩
◉

大地の子たるケプラーは天に挑む。
梯子を求めることはない。
大地が宙を飛んでいるのだから。
　　　　　　　——ヨハネス・セウシウス、ドレスデンにて作詩[031]

## 『予備演習』[032]第1巻295頁の恒星の再構成に付された天文学徒たちに対する至高の天文学者ティコ・ブラーエの誘い

確かに多大かつ細心の労力を使い果たしたが、
何世紀にもわたる人跡未踏の道が、ついに拓かれた。
この道をたどれば、近づきがたかった天頂に登り、
神々の住居たる、いと高き家に入っていくことができよう。
あるいは恒星や道を異にする惑星を松明として
星の通り道や位置を証明し、
至高の神ユピテル[033]の驚異すら明らかにできるだろう。
　いざ奮起せよ、若者たちよ。
君たちは、元気盛んで才能豊か、かつ守護霊の好意もある。
名高いウラニアにより、生まれたときから
天に対する神々しい愛を吹き込まれ、地と地上的なものよりも
天空の善きものを優先させることができるようになった。
大衆の軽率な判断も無気力な者どもの陰険な声も気にしない。
モグラは薄暗い穴ぐらで暮らせるよう放っておいて、
望みどおりいつまでも目の見えぬままでいさせればよい。
鋭敏な君たちはここで生きて呼吸せよ。
民衆を背後に残してここを目指せ。
神性を吹き込まれた天の一部たる精神からこの善き祖国を奪うな。
心をひとつにして熱意と労力とをここに向けよ。
同胞のアトラス[034]の後継者として
不釣り合いなほどの力でひたすら重荷を支えてきた、
疲れたアルフォンソ王[035]の救援に赴くために。
また大コペルニクスに援軍の仕度ができたと感じさせるために。
自信をもってヘラクレス的[036]労苦に身を投じた彼が、
過度の重荷に圧倒されないようにするために。
そうしてアトラスとアルキダス[037]という柱を欠いた蒼穹が、

*蒼穹が崩れる意を暗に示すものとせよ。というのも、ここで彼は天文学の不完全とその知識の不十分さとを非難するのであって、地球を動くものとするコペルニクスの説を非難するわけではないからである。

今にもぐらつき、静止している地球をも動かし、
(天への深い無知が生み出す)無教養の住処、全ての人間、家畜、
野獣を混乱に陥れ、宇宙の館に暗黒の闇と太古の混沌とを交えて、
崩壊に至ることのないようにするために。
君たちはこの凶事を阻止せよ。迫りくる破滅に立ち向かえ。そして
私とともにたくましい力で高くそびえ立つオリュンポスに登れ。
今や、天の装置全体が疲弊する前に速やかに開いた裂け目を塞ぎ、
天穹の上張りを新たな梁で固定するために。この仕事により、
本物の金、象牙、輝く紅榴石(ガーネット)などの宝石で人目を引く、
不朽かつ堅固で世紀を超えるみごとな冠を獲得し、
自らの魂を高みにある魂と親和させようとする者はいないか。
この世界の中にいる無数の地上の住人の間に、
かくも高尚な事柄に心を向けられる者はいないか。
広大な蒼穹によって作り上げられたかくも驚異すべき景観によって、
宇宙の創始者を見分けようと燃え立つ者はいないか。
君たちはこぞってこれほどの疑問を黙過するのか。
押し黙ったままでいることが何になろうか。
手を仕事に用いるべきだ、
ついには幽玄な天の神秘を明らかにするために。
野心、利得、無知、放埒によってかくも高尚な偉業から遠ざけられ、
低級な事柄へと押しやられる者は少なくとも他人に寛容であれ。
また他人に最高の便宜を図ることを差し控えてはならぬ。
　私自身はこれまでと同様、神意が私に好意に満ちた面差しで
霊感を与え、たとえ如何なる障碍であろうと、
変わらぬ気高い心で乗り越えることを許してくれたら、さらに
全力を尽くして大地の子らのために大いなる天の内奥を開示し、
覆われた隠れ家を暴くよう努めるだろう。
　英知溢れるすばらしいオリュンポスの創造者よ、
あなたはただ頷かれよ。
そして人を茫然とさせるあなたの行いを記す私を助けたまえ。

025

## 本書の著者の回答

出自と高貴な家柄において輝ける英雄よ、魂が天に
確実な起源をもつおかげで、事績において他の者に優り、
誘いの歌で瀕死の者に新たな命を吹き込むことが許された人よ。
望みを抱いて奔走し、
ようやくこれだけの燃え立つ火を育みつつある私の魂を、
何故、あなたは炎と風とで悩ますのでしょうか。
実際、私の力に余るこれほどの企てに必要なのは、
あなたのムーサが導く大家のみ。
誕生時の定めにより自然が私に与えたのは、
気力に及ばぬ才能とその才能にも及ばぬ臂力なのに、
[ムーサたちの]9番目の妹[ウラニア]が
私に「天に対する神々しい愛を吹き込んだ」のです。
　その恐ろしい愛がどうして神ならぬ人の胸を締め付けないことが
ありましょうか。その愛が不釣り合いな希望で鼓舞し、[★038]
私に才能とたくましい臂力とを与えたのです。
だが実際には、あなたと私とは、
不公平なユノの偏頗な面差しにより、[★039]
相反する関心事へと引き裂かれています。
女神はあなたには能力を養う資力を与えたのに、
私には冷たく拒否します。
プロメテウスに盗みを教唆しながら天のエーテル界への立ち入りを[★040]
阻止し、聖なる火をますます堅固に守るような奸策と同じです。
豊かな女神はあなたに富の重荷を負わせて金の輝きで目を眩ませ、
目が天の光りに鈍くなって、
大衆の耳をくすぐる甘言に満ちた華やかな盛儀に執着したがり、
運命を蔑ろにすれば悲惨なことになると脅すようにしたのです。
　元気を出してください。
あなたは女神と人間と自らの情を制した勝者として、

理性の目で努力目標と認めたことを不断の勇気によって追求し、
父親譲りの財産を軽んずることができたのですから。
仲間を募って内輪に賞賛したり、
ことばを川の流れに書き付けたりするのは止めてください。
徳と財貨とはうまく調和しません。
天と地とは途方もなくかけ離れ、
一方の世界の評価は他の世界では低いのです。
　　しかも力に満ちた女神は私をはねつけて
際限のない名誉を出し惜しみ、
狭小な限界の内に途方もない要求を詰め込み、
ムーサたちの犠牲に供せずにすませられるようなもの、
星に対する関心に抗えるようなものは、
何ひとつとして授けなかったのです。
もし人生の最初の十字路で、あなたの足跡をたどった私に先んじて、
天の秘密を歌いあげようとする愛が起こらなかったら、
女神の憎しみが勝って途方もない大胆な企ての障碍となり、
妬み深いラムヌシアが、[041]
天の高みを飛び回れる才能を地上に抑えつけたでしょう。
　　そこで、惑星によって摩滅した天球と巨大な張り出し、
間隙が大きく開き、柱も立てられず崩壊しようとする宇宙の壁を、
思考により逐一検討しつつ、
黒い闇夜が原因を覆い隠し、真実には無頓着な大勢の物知りが、
プロイセン人の先生〔コペルニクス〕を無視して眠りこけている間に、
私は自信をもってこれほどの重荷を引き継ぎ、
「天穹の上張りを新たな梁で固定する」ことに取りかかるのです。
サモスの人〔ピュタゴラス〕が5つの立体図形という周知の素材を、[042]
エウクレイデスが定規を、[043]
名高いパラス〔アテネ女神〕が知性を与えてくれました。
ウラニアは複数の解説者による拍手喝采を繰り返しもたらし、
成功を喜んで荘厳な勝利をことほぎ歌ってくれました。

ブラーエよ、あなたは私の果敢な挑戦と興味深い成果をたたえ、
地上と天上の諸現象に疑問を抱きつつも、
御自身の考えを放棄なさろうとはしませんでしたが、
私を仲間のひとりに加え、
あなたの長期にわたる夜間の観測や発見を明かして、
私の企てに輝かしい光をもたらすことをよしとされたのです。
　あなたが生きていてくださったら、
そしてパルカ〔運命の女神モイラ〕がこれほど周到な準備に相応しい
報償と当然得られるべき勝利とを奪い去らなかったら、
どんなによかったことか。
「大いなる天の内奥」として
まさに私の梁によって補強される軌道が広がるのを、
あなたの目と精密な機器とで試されたら、どんなによかったことか。
　だが、女神たちがせき立てて師を奪い、
喜ばせるべき庇護者を失ったのです。
祝祭日と栄えある喜びとが掻き乱される今となっては、
私は何をなすべきでしょうか。
紛れもなき勇者よ、ただあなたを敬って
知性の巧みな想像により蘇らせるしかありません。
あなたは星をちりばめた衣装をまとう
偉大な神官として立っています。
紺碧の神殿に創造主たる神のための祭壇がそびえ立つここには、
6つの曲線と動きの速い灯火が秩序正しく回転運動をしており、
その中心には永遠の光を放つ炎〔太陽〕が焦点としてあります。
　私は嘆願者としてお側に参ります。
学究の書に記された私のこの努力と、あなたの樹木から滲み出た、
万物の生みの親のための非常に甘美な乳香、
あなたの許しを得て私が入念に集めた乳香を、
手を高々と挙げてあなたに渡します。
あなたは汚れなき者としてどうぞ燔祭を司ってください。

アリスタルコスとコペルニクスの説

私はあなたに従い、喚声に敬虔な祈りを加えます。
「英知溢れるオリュンポスの創立者が恵み深く、
人を茫然とさせる彼の行いを記す者に助力することを
認めてくださるように」と。

### ブラーエ手ずからの標語
### 「見上げることによって見下ろす」に応じて友愛誓盟(Philothesium)に
### 書き記した本著者の哀歌(★044)

高潔な師よ、道を譲って、後に続く者を斥けないでください。
今の私、これからの私がどのようなものであれ、
それはあなたの賜物なのです。
　これまで私はどれほど人々の間の空しい気苦労に驚かされてきた
ことか、ただあなたの下でのみ取り繕いの茶番狂言を止めるのです。
　あなたの不朽の功業が私の気苦労にとっての憩いなのです。
あなたなしでは私はたんなる影でしたが、
あなたを父として肉体を得るのです。
　私にとっては、地球はひとつの星として天の円を構成し、
あなたにとっては、同じ地球が中心の位置に固定されています。
　私の認めたこの説は古代の師たちのもので、私のものではありま
せんが、生前のあなたのお気に召しませんでした。
　それでも無力な私は、あなたの夜〔の観測〕に拠らないと、
軍神マルスの赤く輝く火にこういう光を当てられません。
　あなたが「見上げつつ」経緯儀を正しく向けてくださるから、
初めて私はそこ〔火星〕から地球の進路を「見下ろし」、
速やかな歩みを測り、磨羯宮と結びつき、
相対する位置に来るどれくらいの部分が、ポイボス〔太陽〕よ、
あなたに軌道の中心を与えるか、測れるのです。
　こうして惑星は、同様の歩調で太陽から逃れたり赴いたりするが、
等しい牽引力によって公転するのではなく、
源泉のほうに赴くことによって力を獲得し、

＊この著作の第27章の図で、火星を示す文字ηに目を置いて描いたかのようにする方法。

逆に遠く離れるほど力が弱くなるのです。
　だから、順に並ぶ7つの知性（Mentes）と
父なる太陽の8番目の精神（Animus）とが、7つの球を運ぶのです。
　そして自然は数え切れないほどの渦巻きから解放され、
5の9倍〔45〕の神々もいっぺんに姿を消します。

＊＊アリストテレス『形而上学』第12巻第8章。

　ティコよ、10′の計算の誤りをしてごらんなさい。
この数値はあなたのほかに誰も出せないでしょうが、
それによって全体が瓦解するでしょう。
いつか星に辿り着く道が他にないとすれば、
何と人間世界の気苦労ばかり多く、世事にむだの多いことか。

## ティコ・ブラーエの研究に関する本著者の短詩

ティコは恒星と太陽の進路を記述し、
月の小さな円軌道をそれに加えて、墓に横たわった。
　パエトンは日の光を運ぶ4頭立て2輪戦車で天翔たことを嘆くが、
ティコよ、太陽に対するあなたの巧妙な気遣いは
全く落ち度にはならなかった。
　エンデュミオンは恋人のセレネにより永遠の深い眠りについたが、
セレネの愛はあなたも永遠に眠らせる。

# 読者へ

## 幸いあれ

私はあなた(読者)にもっと多くのことを語ろうと決めていたが、ここ数日来、いつも以上に政務の負担に忙殺されているうえに、今この瞬間にもフランクフルトに出かけようとしているわがケプラーのあわただしい出発のために、私にはこうしてものを書く機会がかろうじて残されたにすぎない。そこで、他の点でもそうだが、ことにブラーエの見解とは異なる自然学上の議論におけるケプラーの勝手な考えに心を動かされないように、一言忠告しなければならないと思った。こういう勝手な考えは『ルドルフ表』の仕事に無益な困難をもたらすものだが、世界の創造以来この方、あらゆる哲学者にはお馴染みのものである。他の点では、この著作自体がブラーエのものを土台として、つまりブラーエその人の恒星と太陽の再構成の上に築かれたことと、素材(言うまでもなく観測資料のことである)が全てブラーエの仕事として蒐集されてきたことは、この著作自体から気づかれよう。さしあたり、暴動と戦争とが絶え間なく再発するこの混乱の間は、国家の学術が被害を被っている以上、ケプラーのこの卓絶した仕事を、『ルドルフ表』と公刊が遅れる一方の観測資料の先駆けとして、享受されたい。かくも切望された著作の今後さらなる速やかな進展と、いっそう幸多い時代を、われわれとともに最善にして最も偉大な神に祈願されたい。

　　　　　　　神聖なる皇帝陛下の顧問官
　　　　　　　カンプのフランツ・ガンスネプ・テングナーゲル[050]

## 【凡例】

- ——この訳書の底本は、Max CASPAR編 *Johannes KEPLER Gesammelte Werke*, Band III, *Astronomia nova*, C.H.Beck'sche Verlagsbuchhandlung, München, 1937である。
- ——カスパー編の原著には多くの注が付いているので、この訳書にもできるだけ取り入れたが、訳注はドイツ語の逐語訳ではないので、特に必要がないかぎり、カスパーのものであることを明示していない。またカスパーは注の中でしばしば積分を用いているが、あまりに専門的なものは取らなかった。代わりにより基礎的な事柄、特に訳者が調べたかぎりでの歴史的な背景を注として加えた。
- ——本文中の（　）は、ケプラー自身が挿入したことば、もしくは欄外に注として掲げたことばである。
- ——〔　〕内のことばは、本文の理解を助けるために訳者が補ったものである。
- ——ギリシア語やラテン語をカナ書きする場合、原則として母音の長短の区別はしなかった。
- ——原著に出てきたギリシア文字のままのギリシア語はラテン文字に書き直した。

ヨハネス・ケプラー『新天文学』●全5部

# 本書に対する序論

今日、数学ことに天文学の書を著す条件は非常に厳しいものとなっている。命題、作図、証明、帰結が真の精緻さを保持するようにしなければ、その書は数学の書とはならないだろうが、厳密なものにすると今度は読むのが非常に面倒になるからで、ギリシア語がもっているあの優美さと冠詞とが欠けているラテン語で叙述する場合は、特にそうである。しかも今日では適切な読者が非常に少ない。他の人々は一般にそういう本を読むのを嫌がる。数学者の中で、ペルゲのアポロニオスの『円錐曲線論』を読み通す労苦を受忍できる人がどれほどいるだろうか。それでもその題材は、天文学に比べると、図形と線とによってずっと容易に表される類のものなのである。

　数学者とされる私自身でさえ、自分のこの書を読み返して、もともと自身が知性から図と本文とに移し替えた証明の意味を図から知性へと再び呼び戻そうとすると、頭脳の力をはたらかせるから疲れる。そこで縷々説明して題材の曖昧さを矯正すると、かえって数学の課題ではくどくどしくなるように思われる。

　それにまた冗長な説明にも特有の曖昧さがあり、簡潔な短い表現の場合に劣らない。短いと知性の目をくぐり抜け、長いとまごつかせる。短ければ光を欠き、長いと輝きがまぶしくなり悩ませる。短いと視覚は動き出さず、長いと全く盲目になる。

　そのために私は本書に明晰な序論を付して、できるだけ読者の理解を助けようと決めたのである。

　私は序論を2部構成にすることにした。まず最初に本書の全章の梗概を表として提示する。その表は以下のような形で役立つだろう。すなわち、題材は多くの人々の知識とかけ離れているが、そこに用いられたさまざまな術語や種々の企図は相互に非常に類似しており、全体にも個々の部分にも密接な関係があるので、あらゆる術語と全ての企図を一望のもとに並べると、相互の対比によってそれぞれが明らかになる。例えば、私は自然な原因について論じるが古人はこういう原因を知らなかったので、エカント（circulus Aequans：均一化す

天文学書を読み書きすることのむずかしさ

る円)とか補正点(punctum Aequatorium)を想定せざるをえなかった。[053]だが私がそういうものを想定するのは、第3部と4部の2か所にすぎない。読者は第3部に至ってこの個所を読むと、私がすでに個々の惑星[054]の個別的な運動に具わる第1の不整を問題にしているように考えるかもしれない。ところが、この問題は第4部に初めて出てくる。一方、梗概が示すように第3部では、第2の不整として共通に全惑[055]星の運動を変化させるが主として直接に太陽をめぐる理論を支配する、あのエカントの円について論じる。かくして、梗概表はこういう事柄を区別するのに役立つだろう。

しかし梗概もまた万人に同じように役立つわけではない。実際、(私が本書の迷宮から戻るための糸として提示する)[056]この表を、ゴルディアスの結び目[057]よりも入り組んでいると思う人もいるだろう。そこでそういう人たちのために、著作全体にわたって部分的に散見しているので通読しただけでは容易に気づかないような多くの事柄を、この冒頭の所で手短に掲げておく必要がある。

<small>自然学に関心のある人向けの本書への序論</small>

また特に自然学を信ずると公言し、しかも地球が動くことによって学の基礎が揺らいだために、私というよりむしろコペルニクスに、さらに究極的には古人にも腹を立てる人々のために、私はこの課題に役立つ主要な章の計画を忠実に明らかにし、彼らとは全く相反する私の結論を支える論証の全ての基本原理を眼前に提示するだろう。

実際に、これが忠実に行われたのを見たら、その後で彼らには以下のような選択の自由がある。すなわち、多大な労苦を払って直接に論証を読み通し深く理解するか、もしくは適用された純理論的な幾何学的方法に関しては数学を仕事とする私を信じるか、である。いずれにせよ彼らは、こうして眼前に掲げられたこれらの論証の原理に戻って検討し、それが覆されないかぎり築き上げられた論証は崩れることがないと確信するだろう。私もまた、自然学者たちの慣習に従い、必然的な事柄に蓋然的なことを交えて、その混合から蓋然的な結論を立てた場合は、同じ方法を採ることになる。実際、本書では天文学に天体の自然学(物理学)を織り交ぜたので、若干の推

測を適用しても誰も驚かないはずである。というのも、これが、自然学(物理学)、医学、そして目を通じて得られる非常に確実な証拠のほかにさらに公理をも適用する全ての学問の自然なあり方だからである。

　読者は2つの天文学派があるものとされたい。ひとつは、唱導者のプトレマイオス★058と、たいていは古人の主張を特徴とする学派であり、もうひとつは、非常に古いけれども最近の人々に帰される学派である。前者は、個々の惑星を別々に扱い、その運動の原因を各惑星のもつ各々の軌道に帰する。後者は、惑星を相互に対比し、その運動に認められる共通の特徴を同一の共通な原因から引き出す。後者の学派はさらに2分される。すなわち、惑星が留と逆行の現象を引き起こす原因を、コペルニクスは遙か古代のアリスタルコス★059とともに、われわれの住居たる地球の移動によるとする。私も彼らの説を支持する。一方、ティコ・ブラーエはそういう現象の原因を太陽に帰する。彼の説によると、5つの惑星全ての離心円は(確かに物体の形は取らないが量をもっている)ある種の結び目のようなものによって太陽の近傍に結合されており、さらにいわばこの結び目が太陽の本体といっしょに不動の地球の周りを回るという。

　宇宙に関するこれら3つの見解のそれぞれにはさらにその他の若干の特徴も加わり、それによってもこれらの学派は区別されるが、しかしそういう特殊な点は個別的に非常に簡単な論拠によって訂正し変更することができるので、これら3つの主要な見解は(天文学ないしは天の外見に関するかぎり)実際には論理的に完全に等値で同じものになる。

　本書における私の企図は、特に、3つ全ての形における(ことに火星の運動についての)天文学の教説を訂正して、天文表から計算される結果が天体の実際の現象と対応するようにすることである。それはこれまでのところ十分確実に行えなかった。実際、1608年8月には火星は『プロイセン表』★060から算出される位置を4°より少し小さい分だけ越えている。また1593年8月と9月にはこのずれは5°より少

天文学の学派について

この著作の2つの企図

序論

**運動の物理的原因**

し小さいが、私の新たな計算では、ずれは完全に除去される。

　だが、この企図を履行してうまく達成しつつある間も、アリストテレスの形而上学あるいはむしろ天の自然学に踏み込み、運動の自然な原因を探求する。結局こういう考察から、(ほんのわずかな点を変更はしたが) 宇宙に関するコペルニクスの見解のみが真実で他の2つは誤っていると証明できること等々のかなり明確な論拠が生じてくる。

　しかしあらゆる事柄が相互に密接に結びつき交錯し混合しているので、多くの道を試してみることになった。そのあるものは古人が踏み固めた道であり、あるものは、改良された天文学的計算法に到達すべく古人を手本としながら整備した道であったが、本書で私が確定する運動の物理的原因に直接に立脚する道以外に首尾よく目的に至るものは何ひとつとしてなかった。

**物理的原因への第1歩**
**6つの離心円面は全て太陽本体の中心のみで交わること**

　運動の物理的原因を見つけ出すための第1歩は、コペルニクスとブラーエが考えていたことに反して、あの〔各惑星が描く〕離心円の交差する所が (太陽の近くにある) 別の場所ではなく、まさに太陽本体の中心そのものにくるのを証明することであった。

　私のこの修正をプトレマイオス説に導入すれば、それによってプトレマイオスが探求すべき課題は、周転円がその点を巡って等速運動する周転円の中心の運動ではなくて、直径に比例して当の点とその中心との間隔が、プトレマイオスのいう太陽軌道の中心と地球との間隔と同じになり、しかも同一線上ないしは平行線上にある点の運動ということになる。★061 ★062

　だが、ブラーエ説の支持者なら、古人から受容した説に立脚して離心円の交差する所を太陽ではなく太陽の近くに置いても、そこから天体の動きに対応するような計算ができるから、私のことを軽率な改革者と非難するかもしれない。またプトレマイオスなら、ブラーエの得た数値をプトレマイオス説の形に置換したとき、その説が観測結果を保持し再現するのであれば、周転円がその周囲を等速で進む周転円の中心によって描かれるあの円以外の離心円は考えられな

い、と言うかもしれない。それ故、新たな方法を用いながら、彼らがすでに古来の方法で行ったことすら成し遂げられないことのないように、私は何度も留意しなければならなかった。

　そこでこういう異論に対抗するために、本書の第1部で、この新たな方法によっても、あの古人の方法で成し遂げられたのと全く同じことができる、あるいは実際に成し遂げられることを証明した。

　第2部では、直接問題に取り掛かって、古人が古来の方法で平均太陽と衝になる火星の位置を表したのに劣らないか、あるいはむしろそれよりずっと正確に、私の方法によって視太陽と衝になる火星の位置を表した。

　その一方で、第2部全体としては、(観測結果にもとづく幾何学的な証明に関するかぎり)古人と私のどちらの方法がより正しいか、決めずに残しておいた。私も古人もともに若干の観測結果(実際、これがわれわれの構想のあらかじめ設定された規準である)に合うものが得られたからである。だが、私の方法は物理的原因に合致しているが彼らの古来の方法はそうでないことは、部分的に第1部の特に第6章で示しておいた。

　しかし、第4部の第52章に至って初めて先の観測結果に劣らず確実で、古人の古来の方法では合うものが得られなかったが、私の方法では非常にみごとに合うものが得られた若干の別の観測結果によって、火星の離心円は太陽本体の中心がその円の長軸線上にくるような位置を取り、その近くの別の点にはこないこと、したがってまた全ての〔惑星の描く〕離心円は太陽そのもので交差することを、きわめて完璧に論証した。

　さらにこれを経度のみならず緯度についても確定するために、第5部では第67章でやはり同じことを観測された緯度から論証した。

　これは私の著書では以前には論証できなかったことである。というのも、この天文学上の論証には惑星運動における第2の不整の原因についての精確な知識が関与してくるからである。これについては第3部において同様の方法で、先人に知られていなかったこと、

運動の物理的原因を立てるための第2歩
太陽論でも地球論でもエカントに支配されるので太陽の離心値を2等分すべきこと

序論　　038

等々の新しい事柄をあらかじめ発見しなければならなかった。

　実際、第3部では、平均太陽の運動を用いる古来の説明の仕方と、視太陽の運動を用いる私の新たなもののどちらが妥当であろうと、どちらにも、第1の不整の原因の一部があらゆる惑星に共通に関わる第2の不整と混じり合っていることを論証した。そこでプトレマイオスに対しては、彼の説く周転円には周囲でその動きが等しくなる中心としてのあの点がないことを証明した。同様にしてコペルニクスに対しては、地球が太陽の周囲を動いて描く円には、周囲でその動きが規則正しく等しくなる中心としての点がないことを証明した。同じくティコ・ブラーエに対しては、上述の〔惑星の描く〕離心円の交差する点ないしは上述の結び目が一周して描く円には、周囲でその動きが規則正しく等しくなる中心としての点がないことを証明した。実際、ブラーエに譲歩して離心円の交差する点が太陽の中心とは異なるとしたら、大きさと周期とにおいて完全に太陽の公転円と等しくなる、あの交差する点の回転円が離心円であり、太陽の離心公転円が巨蟹宮に寄るのに、その離心円のほうは〔巨蟹宮とは反対側にある〕磨羯宮に寄る、と言わざるをえなくなる。同じことはプトレマイオスの周転円にも起こる。

　ところが、〔各惑星の〕離心円の交差する点もしくは結び目を直接に太陽本体の中心に移すと、上述の結び目と太陽の各々が共通して描く公転円は、確かに地球から離心していて巨蟹宮に寄るが、離心値は、太陽の動きがその周囲で規則正しく等しくなる点が取る離心値の半分にすぎない。

　またコペルニクスの場合も、地球の離心円は確かに磨羯宮に寄るが、離心値は、地球の動きがその周囲で等しくなる点が同じ磨羯宮の方にずれている分の値のせいぜい半分である。

　同様にしてプトレマイオスの場合は、磨羯宮から巨蟹宮へと延びる周転円の直径には3つの点があって、外側にくる2点は各々の真ん中の点から等間隔で離れており、外側の点相互の間隔と周転円の直径との比は、太陽の離心値全体と太陽の描く円の直径との比と等

しい。これら3つの点の中で、真ん中の点はその周転円の中心で、真ん中から向かって巨蟹宮の方にくる点は、その周囲で周転円の動きが等しくなるような点〔エカント〕であり、最後に真ん中から向かって磨羯宮の方にくる点は、もしわれわれが太陽の平均運動の代わりに視太陽の運動に従えば（そういう点によって描かれた）〔導円となる〕離心円を見つけ出せるものであって、あたかもそれらの点で周転円が離心円に固定されているようである。こうして、各惑星の周転円には太陽を中心とする理論がその運動や軌道のあらゆる特性とともに全てすっかり具わっている。

　かくして以上のことを確実な方法で論証すると、すでに物理的原因に向かう先の一歩を確保し、さらにまたそういう原因への新たな一歩を築いたのである。それは、コペルニクスとブラーエの説では非常にはっきりするが、プトレマイオスの説ではより曖昧でともかく蓋然的である。

　実際、動くのが地球であろうと太陽であろうと、動く天体が不等な仕方で動くことが確実に証明された。すなわち、動く天体は、静止している天体からいっそう遠く離れているときにはゆっくり動き、静止している天体のすぐ側に接近するときには速く動くのである。

　そこで今や直ちに物理学における3説の相違が明らかになる。確かにそれは推測によるものであるが、その確実さにおいては、人体各部の機能に関する医学者の推測にも、また他の自然学上の推測にも、決してひけは取らない。

　最初のプトレマイオス説は確実に斥けられる。実際、（完全に相互に類似しており、むしろ実際には等しいものですらある）太陽論が惑星の数と同じだけある、★063などと誰が信じようか。ブラーエ説では同じ役割を果たすには太陽論はただひとつで十分だとわかるからである。しかも、自然はできるだけ最少のものを用いるというのは、自然学において最も広く認められた公理である。

　さらに天体物理学においては、コペルニクス説のほうがブラーエ＊説より優位に立つことが、多くの事柄によって証明される。

地球は動き太陽は静止している。物理学的天文学の論拠

＊彼のことは、非常に誠実に多大な感謝の気持を込めて語り思い起こすのが、最も公正なことである。というのも、私は彼自身から直接にあらゆる素材を借用して、その基礎の上に本書の構想全体を築き上げているからである。

序論　　　　　　　　　　　　　　040

I　　　まず第1に、確かにブラーエはあの5つの太陽論〔つまり周転円〕を各惑星論から除去してそれぞれの離心円の中心へと移し隠し、ひとつに融合はしたが、それらの理論によって実現していた事態そのものは宇宙に残された。すなわち、プトレマイオス説と同様ブラーエ説でも、各惑星は自身に固有な動きのほかに、実際に太陽の動きに連れても動くので、両者の動きが混合した結果、軌道が螺旋状になる。そうなるのはどんな固体の天球もないからだということを、ブラーエはきわめて堅固に論証した。一方コペルニクスは、5惑星をこの外来の非固有な運動から完全に分離し、そういうふうに誤る原因を見る側の情況から導き出した。ブラーエ説でも先のプトレマイオス説と同様に、やはり運動の数がいたずらに増えているのである。

II　　　第2に、天球が全く存在しないとすれば、知性と〔惑星運動を司る〕主動霊は、入り混じった2つの運動によってひとつの惑星を運ぶために、非常に多くの事柄に注意を向けなければならなくなるから、それらの作用する条件が非常にむずかしくなる。少なくとも同時に2つの運動のそれぞれの始原、中心、周期に注意を向けるよう強いられるからである。ところが、地球のほうが動くのであれば、以上のたいていの事柄は霊的な性能ではなく物体的な性能、おそらく磁石の性能によって実現できることが証明される。だが、こういうことはより一般的なことで、特にわれわれが今立脚している論証から生じてくるのは、それとは別の帰結である。

III　　　すなわち、地球が動くのであれば、地球は、太陽に近づいたり離れたりするのに応じて動きが速くなったり遅くなったりする、という法則を受容することが証明されている。ところが、その他の惑星にも同じことが起こり、やはり太陽に近づいたり離れたりするにつれて動きが急き立てられたり引き止められたりする。こういう事態の証明はこれまでのところ全く幾何学的である。

　　　この非常に確実な証明から物理学的推測によって結論されるのは、5惑星の運動の源泉が太陽そのものにあるということである。したがって、他の5惑星の運動の源泉がある所つまり同じく太陽に

地球の運動の源泉があるということは、きわめて真実らしい。したがって、その運動の真実らしい原因が明らかである以上、地球が動くことはやはり真実らしい。

　対照的に、太陽が宇宙の中心にある自らの位置に止まることは、他の理由にもよるが、少なくとも5惑星の運動の源泉が太陽にあることによってとりわけ真実らしくなる。実際、コペルニクスに従うにせよブラーエに従うにせよ、両者の説でも5惑星の運動の源泉は太陽にあり、コペルニクス説ではさらに6番目の惑星つまり地球の運動の源泉もやはり太陽にある。当然、あらゆる運動の源泉は動くよりもそのまま自らの位置に止まるとするほうが、より真実らしい。

　だがブラーエ説に従って太陽が動くと主張すると、まず、太陽は地球から遠く離れると進行が遅くなり接近すると速くなるという証明事項がそのまま残る。しかもそれはたんに視覚にとってのみならず事実そのものにおいてもやはり妥当する。実際これが、私が必要な証明によって太陽論に導入したエカントの円の果たす作用である。

　そこで、先にしばしば用いた物理学的推測によれば、この非常に確実な結論にもとづいて、太陽は（大まかに言えば）5つの離心円という非常に大きな重荷全体といっしょに地球によって動かされる、つまり太陽と太陽に結びつけられた5つの離心円の運動の源泉は地球にある、という自然哲学的定理を立てなければならなかっただろう。

　ところが、太陽と地球の本体をよく見て、各々について、どちらの本体が他方の運動の源泉としてより相応しいのか、他の惑星を動かす太陽が地球も動かすのか、それとも地球のほうが、他の惑星を動かす、地球より何倍も大きな太陽を動かすのか、判断を下すべきである。そこで、太陽が地球によって動かされると認めるよう強いられないようにしよう。それは不条理だからである。むしろ太陽は不動で地球のほうが動いていることを認めるべきである。

　365日の公転周期についてはどう言うべきであろうか。これは火星の公転周期687日と金星の公転周期225日の中間の大きさである。そうすると、この365日かかる周回路は、その位置もやはり太陽を

IV

V

VI

序論　　　　　　　　　　　　　　　　　　　　　　　042

巡る火星と金星の周回路の中間にあり、同じようにその周回路自体も太陽の周囲にあるので、したがって、この周回路は太陽を巡る地球のものであって、地球を巡る太陽のものではない、ということを事物の自然本性が大声で叫んでいるのではなかろうか。しかし、これはむしろ私の著書『宇宙の神秘』に固有の課題であり、ここでは本書で考究する課題以外の論拠に言及しない。[★064]

VII　そこで、太陽が宇宙の中心の位置にあることによって、その星としての威厳ないしは光から直接に導き出される、他の形而上学的な論拠については、上述の私の小著やコペルニクスの説を参照されたい。アリストテレス『天体論』第2巻の太陽を火という名称で把握したピュタゴラス学派を扱った個所にも若干の議論が見える。『天文学の光学的部分』第1章7頁で触れておいたものもある。また同書第6章の特に225頁も参照されたい。[★065]

VIII　一方、地球は宇宙の真ん中以外の所を公転するのが相応しいことについては、上述の書（『天文学の光学的部分』）第9章322頁にその形而上学的な論拠を見出せよう。

地球が動くことへの異論

　ただし、人の心を占有してこれらの論拠を曇らせる若干の異論に反対して、ここにいくらかの救済策を示すときは、読者の厚情を期待する。それはやはり本書の特に第3部と4部で惑星運動の物理的原因について論じていることと、全く無関係なわけではないからである。

I. 重さをもつ物の運動

　多くの人々が、地球は霊的あるいはむしろ磁気的な運動によって動くと信じられないようにしているのは、重さをもつ物の運動である。彼らは以下のような命題を考量してみるとよい。

重さに関する所説は誤り

　数学上の点は、宇宙の中心であろうとなかろうと、動力因としても目的因としても重さをもつ物を動かして自分の方に引き寄せることはできない。こういう力が物体ではなくたんなる関係の結果出てきたとしか理解されない点に具わっているというなら、自然学者がそれを証明すべきである。

　石の形相が点を含む物体を無視して物体の石を動かすによ

り、数学上の点ないしは宇宙の真ん中を目指すこともありえない。自然の事物が実在しないものに対して感応するというなら、自然学者がそれを証明すべきである。

　また重さをもつ物は、球状の宇宙の外周を逃れるから、宇宙の中心へ向かうのでもない。実際、重さをもつ物と宇宙の中心との距離の比は、その物と宇宙の外周からの距離に比べたら目につかないほど小さくて何の作用も及ぼさない。それに、何が重さをもつ物と外周とのこういう憎み合いの原因となるのだろうか。周囲の至る所に位置する敵からこれほど入念に逃れることができるようになるには、重さをもつ物がどのくらいの力、どのくらいの知恵を具える必要があるのだろうか。または、これほど細々とした物に至るまで敵を追跡するためには、宇宙の外周の巧妙さはどれほどでなければならないのだろうか。

　しかしまた重さをもつ物が、渦潮の中にある物のように、第1動体〔最高天〕★066の急速な旋回運動によって中心へと追いやられるのでもない。そういう運動があると想定しても、その運動が下方のこの世界にまで途切れずに及ぶことはないからである。さもなければ、われわれが直接にその運動を感じ、われわればかりでなく地球そのものまでもいっしょにその運動に捉えられ運び去られるだろう。あるいはむしろまずわれわれが運び去られ、地球がそれに続くだろう。以上の全てが、異論を立てた場合の不条理である。したがって明らかに、重さについての通俗的な所説は誤っている。

　そこで、重さについての真の学説は以下の公理に依拠する。★067

　あらゆる物体は、物体であるかぎり、どこであろうと類縁の物体の作用圏外に単独で置かれると、その場所に静止する本性をもつ。

　重力とは、類縁の物体を結合もしくは合体させようとしてそれらの物体相互の間にはたらく、物どうしの相互作用である（★068磁力のはたらきもこういう部類に入る）。だから、石が地球を目指すよりもはるかに強く地球が石を引き付ける。

　（特に地球を宇宙の中心に置く場合）重さをもつ物が宇宙の中心に運

重さに関する正しい説

ばれるのは、それが宇宙の中心だからではなく、類縁の球状物体である地球の中心だからである。したがって、地球をどこに置こうと、またその霊的性能によって地球がどこに移動しようと、重さをもつ物はいつも地球へと運ばれる。

　もし地球が球状でなかったら、重さをもつ物はどこでも一直線に地球の中心へと運ばれるわけではなく、むしろさまざまな側からさまざまに異なる点へと運ばれただろう。

　2つの石を、第3の類縁の物体の作用圏外にある宇宙のどこかに互いに接近させて置けば、その2つの石は、2つの磁力をもつ物体と同じように両者の中間の場所で合体するだろう。その場合、一方の石は、質量(moles)を相互に比べたとき他方の石の質量に相当する分の距離だけ他方の石に近づく。

　月と地球がいずれも霊的な力あるいは何かそれに匹敵する別の力によって自らの周回路に保持されなければ、地球は月との距離の54分の1だけ月の方に上昇し、月はその距離の約54分の53だけ地球の方に下降して、そこで両者が合体するだろう。ただしこの場合、両者を構成する物質が同一の密度をもつと仮定する。

　地球が地上にある水を自分の方に引き付けるのを止めてしまったら、海水は全て高く昇って月の本体に流れ込むだろう。

潮の干満が起こる理由

　月に具わる引力の作用圏は地球にまで及ぶ。そして月はその位置の頂点に来る合の状態になると、熱帯に海水を引き寄せる。これは閉ざされた海では感知されないが、大洋の澪が非常に広くて海水に広範な干満の自由がある所では感知される。こういうことが起こると、傍らの温暖な地帯や地方の海岸は海水が引いてあらわになり、熱帯のどこかでも、近接する大洋のために湾の水がかなり引いたりする。そこで、大洋の広い澪で水位が上昇すると狭い湾では、狭く閉ざされすぎてさえいなければ、月が現れると水が月から逃げるように見えたりする。多量の水が湾外に引いてしまって水位が低下するからである。

　ところが、月がすばやく天頂を通過しても水のほうはそれほど速

く付いていくことができないので、熱帯の大洋の潮流は反対側の海岸にぶつかって方向を転ずるまで西方に向かうことになる。だが、月が遠ざかると、これまで引き寄せていた引力がなくなってしまうので、熱帯に向かう途中の水の集合ないし大軍は四散する。そこで勢いがついて、水瓶の中の水のように戻って元の海岸に襲いかかり氾濫することになる。月がないために、その勢いがまた別の新たな勢いを生み出す。これは、月が戻り、この勢いを制御し抑制して自分の動きとともに引き回すようになるまで続く。そこで、大洋から等しい近さにあって広がる海岸は全て同じ時間に潮が満ち、遠く離れた海岸はより遅れて満潮になるというように、大洋からの距離に応じて順次満潮になる。

　ついでに触れると、ここから砂の堆積である流砂★069が蓄積される。また（メキシコ湾に面する所のように）干満による渦が多くできる湾曲部では、無数の島々が生まれたり浸食されて消えたりする。インドの柔らかく肥沃で脆い大地も、この潮流と果てしない洪水によってついに砕かれ穿たれたように思われる。そのさい地球の一般的な運動もこれを助長する。というのも、かつてインドの大地は黄金半島★070から東と南に向かって途切れることなく続いていたと伝えられているからである。そして今は、さらに後の中国とアメリカの間にあった大洋が流れ込んできたが、海面が低下したためモルッカ諸島や近隣の島々の海岸が高い所まで広がっていることが、この事実の信憑性を実証する。★071

　さらにタプロバネ★072も（実際に、その地方のある場所がやはりかつて水没したことがカルカッタの人々の話から明らかであるように）、海峡が決壊したためシナ海がインド洋に流れ込んだとき水没したように思われる。そこで今日では、モルジブという名のついた無数の島嶼の形を呈している山々の頂だった所を除けば、タプロバネは全く現存しない。実際、かつてタプロバネがインダス川の河口とコリウム岬★073の反対側から南の方にかけて位置していたことは、地理誌家たちやディオドルス・シクルス★074の書から容易に証明される。もっとも教会

潮の干満のはたらき

古人のいうタプロバネは今日では消失した

史でも、アラビアとタプロバネがひとりの司教を共有しており、タプロバネがアラビアに隣接していて、しかも東に500ドイツマイル〔あるいは当時通例の大まかな表現によれば1000マイル以上〔ローマの1マイルは約1.472km〕〕と離れていなかったことが報告されている。一方、今日タプロバネと考えられているスマトラ島はかつてインドを地峡によってマラッカの町とつなげていた黄金半島だったと思う。今日われわれが黄金半島だと思っている半島はイタリアと同様に半島とは言えないと思われるからである。

　こういうことは他の個所の課題であったけれども、潮の干満とそれを介して現れる月の引力のことをよく納得してもらえるよう、関連づけていっしょに説明したかったのである。

　月の引力が地球にまで及ぶのであれば、地球の引力のほうは月やさらにはそれよりはるかに高い所にまで及び、したがって、どんな仕方であろうと地球上の素材から成り高所に運ばれる物は何ひとつとしてこの引力の非常に強い拘束力を決して逃れられない、ということになる。

軽さに関する正しい説

　しかも、物体的素材から成る物で絶対的に軽い物は何ひとつとしてない。その本性によってか偶有する熱のためにより稀薄な物が、相対的により軽いだけである。なお、私が稀薄というのは、多孔質でひびが入って多くの空洞ができている物だけでなく、一般的に、より重い物が占めるのと同一の空間的な大きさをもちながら、より少量の物体的素材しか閉じ込めていない物〔いわゆる密度の低い物〕をも指す。

　軽い物の運動もその定義に従う。すなわち、軽い物が上方に運ばれていくさい、それが宇宙の表層部にまで逃げていくと考えたり、地球によって引き寄せられることがないと考えたりしてはならない。軽い物は重い物より引き寄せられ方が弱く、重い物によって押しのけられるので、軽い物も地球により、しかるべき場所に静止して保持されることになる。

垂直に射出した物が元の場所に戻るという異論に対して

　上述のように地球の引力は上方のずっと遠くにまで及ぶが、地球

047

の直径と比べても知覚されるほど大きく離れた位置に石があるとしたら、そういう石は、地球が動いても完全にはその動きに従属せず、動きに抵抗する石自体の力と地球の引力とが入り混じって、地球の捕捉からいくらかは離脱する、というのは真実である。それは、激しい運動が射出物をいくらかは地球の捕捉から切り離して、東方に向かって射出された物はさらにその先へと進み、西方に射出されると置き去りにされ、こうして射出物が強制的な力により射出された元の場所を捨てることになり、地球の捕捉も、その激しい運動が持続するかぎり、この激しい力を完全には妨げることができないのと同様である。

　しかし、どんな射出物も地球の直径の10万分の1とは地表から離れられず、地球上の素材を含有することの最も少ない雲や煙でさえも地球の半径の1000分の1も上昇することはないので、雲も煙も、引力に逆らって垂直に高く射出される物も、静止させようとする自然の傾向すらも、言ってみれば何ひとつとしてこの地球の捕捉力を阻止することはできない。当然のことながら、この引力に逆らう力は地球の捕捉力とは全く比較にならないからである。そこで、上方に垂直に射出された物は、地球の動きに全く妨げられることなく、元の場所に落ちてくる。地球が引っ張り上げられることはありえず、むしろ地球のほうが空中を飛んでいる物をともに連れていくからで、飛んでいる物体もそれが地球に接している場合と同様に磁気的な力で地球につながれているのである。

　以上の命題を理解して綿密に検討すれば、地球の動きの中で不条理なことや誤って想像された物理的に不可能なことが消え去るだけでなく、どんな仕方で考え出された自然学上の異論に対しても、どう答えるべきか明らかになるだろう。

　ただしコペルニクスは、地球と地球上の万物はたとえ大地から引き離されていても、同一の主動霊によって導かれるとするほうがよいと見ている。この主動霊が自らの身体である地球を回転させながら、自身の身体から引き離された小部分もいっしょに回転させ、こ

コペルニクスの見解

序論　048

うして強制的運動により、全ての小部分に行き渡ったこの主動霊に力が生じるというのである。それは同じように強制的運動によって物体的性能に力が生じる（この力をわれわれは重力もしくは磁力と言っている）と私が述べているのと同様である。

けれども、大地から離れた物にとってはそういう物体的性能だけで十分であり、あの〔自ら自身を動かすことのできる〕霊的性能は余分である。

II. 地球の動きの速さに関する異論に対して

また多くの人々は、この地球の運動が自身と大地に生まれる者にとって極端に速すぎる危険を恐れるが、それには全く理由がない。このことについては私の著書『蛇使い座の足元に現れた新星について』の第15章と16章の82頁および84頁を参照。

III. 天の広大さに関する異論に対して

さらに同じ個所には、地球が満帆の状態で広大な宇宙の軌道を航行するさまも見出されるだろう。その広大さが異様だという異論がコペルニクスに対してよくなされる。ところが、その広大さは均衡の取れたものであり、地球をそのままの位置に全く動かず静止するようにしたら、逆にむしろ天の速さのほうが均衡を欠く異様なものとなるだろう、ということが証明される。

IV. 聖書との食い違いおよびその権威に関する異論に対して

しかしそれよりずっと多くの人々は、敬虔なために、地球が動き太陽が静止すると主張したら聖書の中で語る聖霊に虚言の咎を負わせるのではないかと恐れて、コペルニクスに同意する気にならないようである。

だが、そういう人々は以下のことを考量すべきである。すなわち、われわれは非常に多くの重要な事柄を視覚によって学んでいるので、視覚からことばを切り離すことができない。そこで、たとえわれわれが事柄それ自体は別のあり方をしていると確実に知っていても視覚に従って語る、ということが日々非常に頻繁に起こる。

その一例はウェルギリウスの次の詩句にある。

「われらは港より船出し、陸と町とが遠ざかる」。

同じく、われわれは谷間の狭い所から抜け出ると、われわれの眼前に広々とした平原が広がると言う。

同様にして、キリストはペテロに、まるで海のほうが岸辺よりも高いかのように、「沖の高みへと漕ぎ出よ」と言う。目にはそう見えるからである。光学者はこういう錯覚の原因を論証するが、キリストは、目の錯覚から生じたにせよ、一般に非常によく受け入れられてきたこの言い方を用いている。
　同じく、われわれは星々の出没つまり上昇と下降を考え出す。それなのに一方では、われわれが太陽は上昇すると言っているのと同じ時間に、別の人々は太陽が下降すると言う。『天文学の光学的部分』第10章327頁参照。
　また同じく、今でもプトレマイオスの信奉者は、惑星が同じ恒星の下に続けて何日間か掛かっているように見えるとき、その場合には実際は惑星が真っ直ぐに下方へ、もしくは地球から上方へ、動くものと考えていても、惑星が静止する〔留の状態にある〕と言う。
　同様に、全ての著述家は実際には太陽が静止していることを否定しても、至と言う。
　同じく、地球が磨羯宮もしくは宝瓶宮に入ることを示したい場合でも、太陽が巨蟹宮もしくは獅子宮に入ると言うが、そういう言い方を避けるほどコペルニクスに忠実に従うような人は誰ひとりとしていないだろう。同様の例は他にもある。
　さらにいうと聖書も、（人間に教えを与えることが趣旨でない）一般にありふれた事柄については、人間にわかるように、人間に従い人間の慣習によって語る。何かより崇高で神的なことを吹き込むために人間の世界で周知の事例を用いるのである。
　だから人が知っていようと知るまいと、本当のことが感覚と合致しないときには、聖書もまた人間の感覚に従って語っても何ら不思議ではなかろう。実際、「詩編」19に詩的隠喩のあることを知らない者がいるだろうか。そこでは、太陽の比喩的表現のもとに福音の歩みと、さらにはわれわれのために主なるキリストが敢えて取られたこの世界への旅路を歌いつぐさい、花婿が婚姻の寝床から出てくるように、勇士のように元気はつらつと道を競い走るために、太陽

が地平の幕屋から出てくる、と言われている。ウェルギリウスはそれを「暁はティトヌスにサフラン色の寝床を残して離れ」とまねている。ヘブライ人の詩作のほうが先行していたからである。
　詩編作者は（たとえ目にはそう見えても）太陽が幕屋から出るように地平から出るわけでないことを知っていた。だが、太陽が動くとは思っていた。目にはそう見えるからである。けれども、どちらの場合も目にそう見えるから、それぞれそう言うのであって、いずれの場合も虚言を弄していると考えるべきでない。実際、眼のとらえ方には固有の真実というものがあって、それこそが詩編作者のより密かな意図つまり福音とさらには神の子の歩みを描くのに相応しいのである。ヨシュアは、太陽と月がそこに向かって動くはずの谷も加えている。ヨルダン川のあたりではヨシュア自身にとってそう見えたからである。それぞれの作者は自由に自身の意図を表せる。ダヴィデは（そして彼とともに「シラの知恵」も）、眼前に開示されたとおりの神の偉大さや目に見えるものを通じて明らかになった神秘的な意味を表現し、ヨシュアは、太陽が他の人々にとってはその間大地の下に止まることになるにもかかわらず、自らの視覚にとって太陽が中空に丸一日止まるよう願った。
　ところが無分別な人々は、太陽の静止がつまりは地球の静止だということば上の矛盾だけに注目し、この矛盾が光学と天文学の範囲内だけで生じたので、それを越えて人間の慣例にまでは立ち入らないことを、考量しない。ヨシュアは自分から見て山々が太陽の光を奪わないよう祈願しただけだということも見ようとしない。ヨシュアはこの祈願を視覚に適したことばで明らかにした。その時に天文学や目の錯覚について考えるのは全く不適切だったからである。実際、太陽が本当はアヤロンの谷に向かって動くのではなくて、ただ見かけ上にすぎないと忠告するような人がいれば、ヨシュアは、理由はどうあれ自分にとって日が延びるよう求めているのだ、と叫びはしなかっただろうか。したがって、太陽がいつまでも静止し地球のほうが動くことについて、彼に論争をもちかける人がいれば、ヨ

シュアはやはり同じように言っただろう。

　神はヨシュアのことばから彼が何を要求しているか容易に理解し、地球の動きを止めて頼みを聞き入れた。こうして、ヨシュアにとっては太陽が静止するように見えた。実際、ヨシュアの嘆願の要点は、ともかく本当のところはどうであろうと自分にとってはそう見えるように、という点につきるものだった。こう見えるのは何の役にも立たない空しいことではなくて、望ましい効果と結びついたことだったからである。

　『天文学の光学的部分』第10章を参照されたい。そうすればあらゆる人々にとっても太陽のほうが動き、地球が動かないように見える論拠が見出されよう。つまりそれは、太陽が小さく見え、地球のほうは大きく見えるからであり、また太陽の動きが見かけ上遅いことから、視覚ではなくて、ある時間が経過した後の山々に接近する距離の変化から推論によってのみ、把握されるためである。したがって、理性があらかじめ教示を受けていないと、地球は、天の丸天井をもつ大きな家のようなもので、この不動の家の中で、見かけのこれほど小さな太陽が、大気中をさまよう鳥のように、ある領域から別の領域へと通過していくとしか想像できない。

　しかもあらゆる人々のこういう想像をもとにして聖書の第1行が生まれた。すなわちモーセは★086、初めに神が天地を造ったという★087。というのも、視覚にとってはこの2つの部分がより強い印象をもって現れるからである。モーセは人間に向かって、人の見るこの宇宙の建造物全体、人がそこに身を置き、またそれによって覆われている、上方は光に満ち下方は黒々として非常に広範囲にわたって広がったこの建造物は、神が造ったと言わんとするようである。

　また他の個所では人間に、上では天の高さを、下では地の深さを調べることができようか、と尋ねている★088。普通の人々にとっては天も地もともに等しく無限の空間に広がっていくように見えるからである。けれども、それをまともに聞き入れて、天と比べた地球の取るに足りない小ささを示したり天文学的な間隔を調べたりするさい

序論

の天文学者の努力を、このことばによって規制するような人は、現れなかった。こういうことばが計算によって得られる大きさではなくて、現にそう見える大きさについて語るからで、確かにそれを測ることは、地上に張りついて自由に流動する大気を吸い込む肉体をもつ人間には、全く不可能である。「ヨブ記」第38章全体を読み、天文学や物理学で論究されている事柄と対比されたい。

　「詩編」24から大地は川の上に整えられたということばを引用して、大地が川の上を漂っている、という聞くのもばかげた新たな詭弁を立てるような人に対しては、詩編作者がその個所で示そうとしているのは、人間が以前から知っていて日々経験していること、つまり（水から分けられた後で高みに引き上げられた）大地を大河が分断し大海が取り囲んでいるということにほかならないのだから、聖霊を神のお使いとして、戯れに自然学の講義に引き込まないように、と言ってやるのが正しいのではなかろうか。もちろん、他の個所で、イスラエルの人々がバビロンの川の上に座ったと歌っている場合も、★089 言い回しは同じで、川の上というのは川の側すなわちエウフラテスとチグリスの岸辺である。

　これを快く受け入れるのであれば、大地の動くことに反対するとされてきた他の個所でも、われわれが同じように自然学から離れて聖書の意図へ目を転ずることも受け入れない理由はなかろう。

　（伝道者は言う）世は去り、世は来る、だが、地は永遠に止まる。★090
ここでソロモンは天文学者と議論しているのだろうか。そうではな★091
い。彼は人々に彼ら自身の移ろいやすさを思い起こさせる。人の種族の住居たる地はいつも同じままに止まり、日の動きは絶えず元に戻り、風はめぐりめぐって同じ所に帰り、川は源泉から海へと流れ込んで海から源泉へ戻る。結局、人間も、今の世代が死んで別の世代が生まれてくるが、それでも人生の物語は常に同じであり、日の下に新しいものは何ひとつとしてない。

　ここでは自然学的教説は何も聞けない。訓戒は道徳的で、自ずから明らかになり全ての人々の目で観察はされても考量はあまりされ

ない事柄に属する。だから、ソロモンはそれを教え込む。実際、地がいつも同じであることを知らない者がいるだろうか。日が毎日東から昇り、川が絶えず海に流れ下り、風の周期的な変化がまた元に戻り、人間がある世代から別の世代へと相継いでいくことを見ない者がいるだろうか。だが、登場人物は変わってもいつも同じ人生の物語が綴られ、人間のなす事柄には何も新しいものがないことを、わざわざ考量する者などいない。そこでソロモンは、全ての人々が見ていることに言及して、たいていの人がついうっかりなおざりにしていることを思い起こさせる。

ところが「詩編」104は、全体が自然学的な事柄に関するものなので、一般に自然学的な議論が含まれると考えられている。しかもその個所では、神が自らの不動の基盤の上に地を据え、それが世から世へと永遠に揺らぐことのないようにする、と言われている。だが、詩編作者は物理的な原因の考察からは遥かに離れた立場に立っている。彼はすっかりこの万物を作りあげた神の偉大さの内にやすらい、創造主たる神のために賛歌を作り、その中で、自分の目に明らかになるままに順序よく世界を見回しているからである。

以上のことをよく考え合わせると、これは「創世記」の6日間の天地創造に対する注解なのである。すなわち、そこでは最初の3日間が各領域の分離に当てられており、1日目は光を外の闇から、2日目は空間を間に置いて水を水から、3日目は大地を海から分離した。この時に大地は草木で覆われた。後の3日間は分けられた領域を満たすことに当てられており、4日目は天を、5日目は海と大気中を、6日目は大地を満たした。同じようにこの「詩編」も6日の御業(みわざ)になぞらえて6つの部分に分けられている。

すなわち、第2句では、最初の被造物であり第1日の御業たる光を創造主に衣装としてまとわせる。

第2部は第3句から始まり、天上の水、天の拡大、そして詩編作者が天上の水に数え入れているらしい大気現象つまり雲や風や雷を伴う旋風や電光を扱う。

序論　054

第3部は第6句から始まり、ここで考察される事物の基盤としての大地をほめたたえる。実際、作者はいっさいを大地と大地に住むあらゆる生き物に向ける。目で見て判断すれば天と地こそ宇宙の2つの主要な部分だからである。そこでここでは、地が何の上に据えられているのか誰にもわからないけれども、大地がすでにこれほど長い世々にわたって沈み込みもせず裂けもせず崩れもしないことに心を向ける。

　この作者は人々が知らないことを教えようとするわけではなくて、むしろ人々がなおざりにしていること、すなわち、かくも巨大で堅固で揺るぎない創造の御業における神の偉大さと力強さとを人の心に喚起しようとする。地が星々の間を通って運行していることを教えても天文学者は別に詩編作者がここで言っていることを斥けるわけではないし、人々の経験を覆すわけでもない。建築家たる神の御業としての大地は、われわれの建造物がよく老朽化して倒壊するようには崩れ去りもせず斜めに傾きもせず、生き物の住処に混乱をきたすこともなく、山々と沿岸部は風と波浪の勢いに対しても揺るがずに初めからそうであったままであり続けるのは、やはり本当だからである。さらに詩編作者は、波立つ水が大陸から分離していく非常にみごとな素描を追加し、泉を加え、また泉や岩山が鳥や四足獣に提供するさまざまな便宜を挙げて、その素描を修飾する。またモーセが3日目の御業の中で言及した地表の飾りつけも看過しない。しかし作者はそれを独自の理由からもっと高い所つまり天にある潤いに求める。そしてその飾り付けによって、人間の暮らしと楽しみのためさらには獣の住処のためにもたらされる便宜を挙げて、それを飾り立てる。

　第4部は第20句から始まり、4日目の御業つまり太陽と月、特に時期の区別によって動物や人間にもたらされる便宜を、ほめたたえる。これが今や作者自身にとっての主題なので、ここで作者自身が天文学者として振る舞っていないのは明らかとなる。

　さもなければ5惑星に対する言及を省略しなかっただろう。5惑

星の運行よりも感嘆すべきもの、みごとなもの、また物事のわかる人々にあってはそれ以上に創造主の英知を明白に証言するものは、何ひとつとしてないからである。

　第5部は第26句からで、5日目の御業に関することであり、海を魚で満たし船舶の航行で修飾する。

　第6部はかなり曖昧な形で第28句によって連結され、6日目の被造物である地上に住まう生き物を扱う。そして最後に一般的な形で、万物を支え新たな物を創造する神の慈愛を添える。したがって、宇宙に関してすでに述べたいっさいを生命あるものに向け、一般に認められていないようなことには全く言及しない。明らかに、作者自身の意図は、既知の物事を称揚して未知の物事を尋ねず、それぞれの日々のこういう御業から人々にもたらされる恵みに思いを致すよう、人々に勧めるところにあるからである。

　また私の読者にも懇願する。神殿から戻って天文学の課業に足を踏み入れるときは、詩編作者が特に読者自身に思いを致すよう勧める人間に与えられた神の慈愛を忘れずに、宇宙の形状をより深淵なところから説明し、原因を探求し、視覚の誤りを摘出することによって私が読者に開示する神の英知と偉大さとをともに称賛しことほぐように、またこうして大地の堅固さと安定性とにもとづく全自然の生きとし生ける者の安寧を神の賜物として賛美するだけでなく、かくも深く秘められた、かくも感嘆すべき大地の運動における創造主の英知を認められるようにされたい。

　一方、頭のはたらきが鈍くて天文学を理解できない人や、心が弱くてコペルニクス説を信じると敬虔さに支障をきたす人に対しては、天文学の課業を放棄し、さらにお望みとあれば哲学者たちの教説を何でも非難したうえで、自らの本分を果たすように、そしてこういう宇宙の遍歴を止めて家に戻り自分のささやかな畑を耕し、ものを見る唯一の手立てである眼を、眺めることのできるこの天へと上げて、心から創造主たる神に対する感謝と称賛とに身を委ねるように勧める。そうすればその人は自分も天文学者に劣らず神を崇拝する

天文学徒への勧告

門外漢への勧告

ことになると確信できよう。だが、神は天文学者にこそ、心の眼でいっそう鋭敏にものを見て、自らの発見について自身でも自らの神をほめたたえることができるように、またそうしたくなるように、お許しになられたのである。

ブラーエ説の推薦　　こういうわけで、月並みでそこそこ学識ある人たちに対しては、宇宙の形状についてはブラーエの見解を推薦しておくのがよい。その見解はいわば中道を行くもので、一方では、天文学者を数多の周転円という無益な備品からできるだけ解放し、コペルニクス説とともに、太陽を惑星系の中心に受け入れたことによって、プトレマイオス説では未知であった運動の原因をひそかにとらえ物理的考察の余地を与えるが、他方では、多くの浅学者に奉仕して、特に信じがたい地球の運動を削除しているからである。ただし、この見解によって惑星の理論は天文学的考察と論証において多くの困難に巻き込まれ、天体物理学はかなり混乱をきたすことになる。

V. 聖書の権威に関する異論に対して　　聖書の権威については以上のとおりである。またこういう自然の事物に関する聖人たちの教説に対しては、私は一語でもって答える。すなわち、神学においては権威の重みを、哲学においては理性の重みを考量すべきである。だから、地球が丸いことを否認してもラクタンティウス[★092]は聖人であり、丸いことは認めたものの地球の裏側に住む人々のいることを否認してもアウグスティヌス[★093]は聖人である。地球が小さいことは認めるが動くことを否認する今日の人々の聖務も聖なるものである。しかし、教会の博士たちに対する尊敬を保ちつつ、地球は丸くて裏側に住む人々がそれを取り巻くように居住しており全く取るに足らぬほど小さいこと、そして結局、地球が星々の間を運行することを、哲学から論証する私にとっては、真理こそがいっそう聖なるものである。

　　コペルニクス説の真なることについてはこれで十分としよう。この序の出発点とした意図に戻らなければならないからである。

　　初めに述べたのは、天文学全体をこの著作では虚構の仮説でなく物理的原因に委ねるが、2歩の歩みでこの頂点に至ろうとした、と

いうことだった。すなわち第1歩は、惑星の描く離心円が太陽本体で交差するのを発見したこと、次の1歩は、地球の理論の中にはエカントの円があり、その離心値は2等分すべきだとわかったことである。

そこで以下に述べることを第3歩としよう。すなわち、第2部と第4部の対比によって、火星のエカントの離心値も正確に2等分すべきことを非常に確実に証明した。これはブラーエもコペルニクスもずっと疑ってきたことだった。

そこで、第3部であらかじめ全ての惑星から帰納的に推理して、ブラーエが彗星の行程から証明したようにどんな固体の天球もない★094以上、太陽本体が全ての惑星を公転させるはたらきの源泉であることを論証した。さらに私はさまざまな論拠によってそのはたらき方が次のようなものであることも明らかにした。すなわち、太陽は確かに自らの位置に止まるが、轆轤に載っているように自転しており、自身から宇宙の広大な空間に向かってその本体の非物質的形象を放射する。それは自身の放つ光という非物質的形象に類似している。★095この形象は、太陽本体の自転に従ってそれ自体もまた非常に速い渦のように宇宙の広大な空間全体にわたって旋回する。そして流出の法則そのものによってこの形象がより濃くなったり薄くなったりするのに応じて、捕捉力を強めたり緩めたりしながら、各惑星の本体をいっしょに円を描くように運んでいく。

全惑星をそれぞれ太陽の周りに円を描くように運ぶこの共通な力を立てると、私の挙げる論拠からの必然的な帰結として、当の惑星の球体に直接に座を占める主動者が各惑星に割り当てられることになった。すでにブラーエの所説に従って固体の天球を斥けていたからである。なお、この問題もまた第3部で扱った。

議論を展開していく道筋でこういう主動者を立てたが、それによって惑星の太陽からの距離や離心円の均差を算出しようとすると、欠陥のある数値が出てくるうえに観測結果とも一致しないので、そのために第4部で私がどれほど苦労したか、言っても信じてもら

運動の物理学的仮説への第3歩
火星のエカントの離心値は正確に2等分すべきこと

えないほどである。それは、主動者を導入したことが誤っていたからではなくて、通俗的な意見にとらわれて円軌道のいわば水車の輪のようなものに主動者を結びつけてしまったからで、こういう桎梏につながれた主動者は務めを果たすことができなかったのである。

私の労苦がようやく終わったのは、非常に多くの苦心を要する証明と厖大な観測結果の処理から、天における惑星の行路が円ではなくて卵形、というより完全な楕円軌道であることを発見して、物理学的仮説への4歩目の歩みを踏み出してからだった。

> 物理学的仮説への第4歩
> 惑星の通り道は天において卵形軌道を描いていること

幾何学が味方して教えてくれたのは、太陽に向かって延ばした直線上でその本体を秤動させる仕事を各惑星に固有の主動者に割り当てると、軌道がそういう形になることだった。それだけでなく、このような秤動によって観測結果と一致する正しい離心円の均差ももたらされた。

最後に、建物にこういう屋根が据えられ、この種の秤動が物体に関わる磁石の性能によって普通に行われることが幾何学的に証明された。したがって、各惑星に固有のこれらの主動者は、惑星の本体が直接にもつ、極に向かい、かつ鉄を引き寄せる磁石の作用のようなものにほかならないことが、最もありそうな説として提示された。こうして、ただ自らの場にいつまでも止まる太陽本体の回転運動を除けば、天体運動のあり方全体が純然たる物体的性能によって、つまり磁力の作用によって、調整されることになる。ただし、太陽には生命に関わる性能が必要であるように思われる。

第5部では、われわれがすでに導入した物理学的仮説が緯度の計算にも妥当することを証明した。

ただし、第3部と4部では知性にも若干の役割を与えておいた。ここでの議論とは異質だが一見強力な若干の異議を恐れて、物体の自然なあり方を信じようとはしない人がいたら、惑星に固有の主動者が自らの球体を動かす霊的な力に理性を結びつけられるようにするためである。そうすることによって初めてこういう人は、その知性が秤動の基準として太陽の視直径を用いて天文学者が探求してい

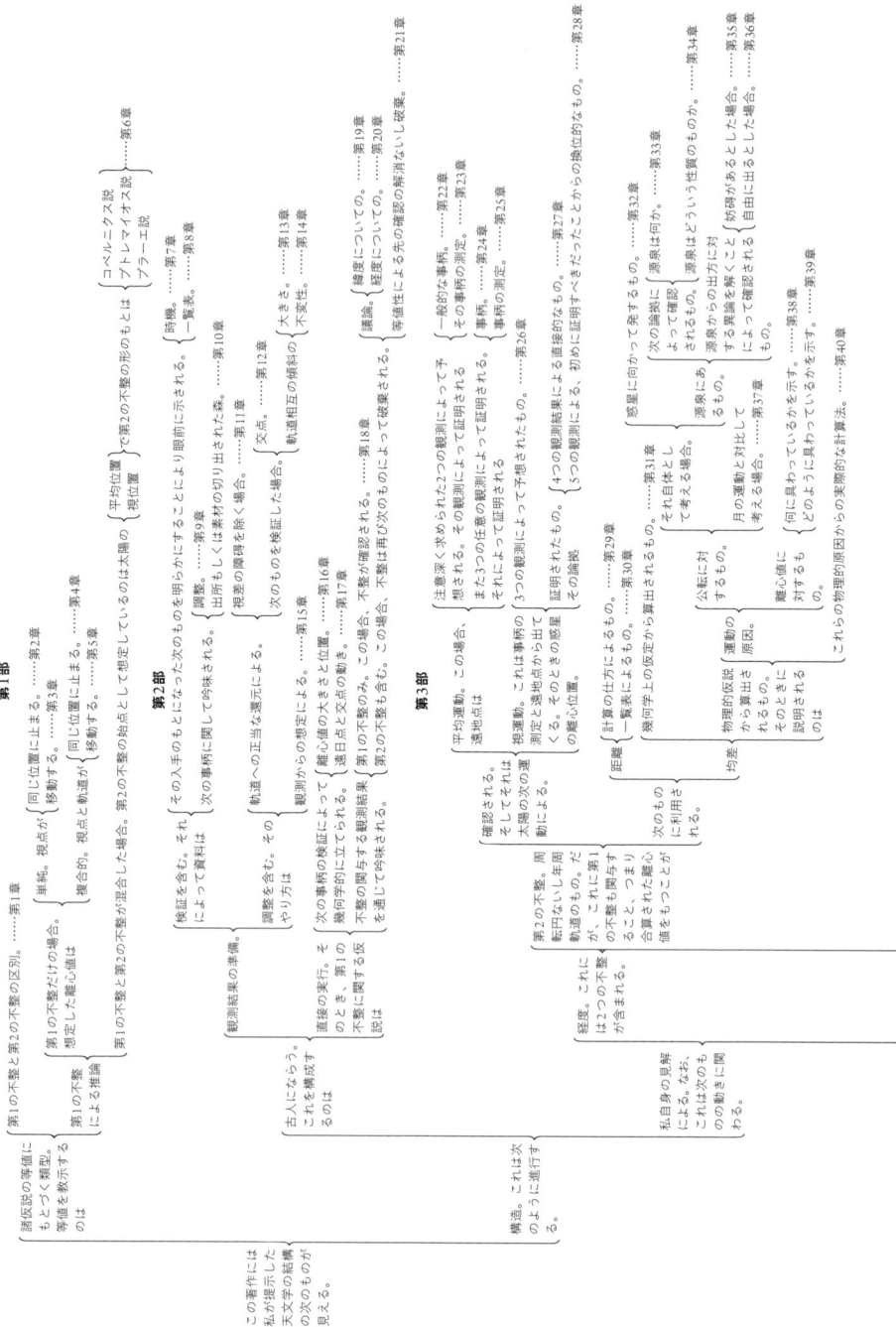

# 著作全体の連関概表

## 第1部

この著作には私が提示した天文学の次のものが見える。

- 諸仮説の等価性にもとづく概観、等価性を示すのは
  - 第1の不整と第2の不整の区別。……第1章
  - 第1の不整だけの場合、想定した離心値は
    - 単純、視点が、同じ位置に止まる。……第2章
    - 複合、視点が、移動する。……第3章
    - 同じ位置に止まる。……第4章
    - 移動する。……第5章
  - 第1の不整による推論

第1の不整と第2の不整が混合している場合。第2の不整の始点として想定しているのは太陽の

- 平均位置
- 視位置

で第2の不整の形のもとは
- コペルニクス説
- プトレマイオス説
- ブラーエ説

……第6章

## 第2部

古人にならうならこれを構成するのは

- この事柄の検討にはその入手のもとになったものを明らかにする次のものを眼前に示すことにより検証を含む、それによって資料は次の事柄に関して吟味される。
  - 時機。……第7章
  - 一覧表。……第8章
- 調整。出所もしくは素材の切り出し方により吟味される。……第9章
- 授業の瑕疵理由を除く場合。……第10章
- 調整をへる、その軌道への正当な還元による。……第11章
- 観測結果の準備。
- 直接の実行、第1のとき、第1の不整に関与する仮説
- 次のものを含む。次の場合、観測からの想定による。
  - 交点。……第12章
  - 軌道相互の傾斜の大きさ。……第13章
  - 軌道の不変性。……第14章

幾何学的立てられる、観測するその関与する観測結果を通じて吟味される。

- 次のものの、離心値の大きさと交点の位置。……第15章
- 第1の不整のみ。通日点と交点の動き。……第16章
- 第2の不整のみ。この場合、不整が増補される。……第17章
- 第1の不整および次の場合、不整は再び均しないし破棄される。……第18章

等価性による先の確認の解消ないし破棄。
- 緯度についての。……第19章
- 経度についての。……第20章

……第21章

## 第3部

- 議論。一般的な事柄、その事柄の測定。……第22章
  - 注意深く求められたこの二つの観測によって不想される。
    - または任意の観測の観測によって証明される。……第23章
    - それによって証明される。……第24章
  - 事柄、事柄の測定。……第25章
- 平均運動、遠地点は
  - 確認される。そしてそれは、これは事柄の観測によってのみ太陽の次の運動による。……第26章
  - 視運動。測定と遠地点からの感知の離れがそれに関してこの場合、これは事柄の観測に出来る次の観測によって予測された
    - 3つの観測結果から直接証明されたもの。……第27章
    - 4つの観測結果から想定すべきこととからの換位に初めに証明する。……第28章
    - その論点
- 距離
  - 計算の仕方によって発する、一覧表から算出されるもの。……第29章
  - 幾何学上の仮定から算出されるもの。……第30章
- 均差、次のものに利用される。
  - 感星に向かっているかを示すもの。
    - 公転に対するもの。……第31章
    - それ自身として考える場合。……第32章
  - 月の運動に具わっているかを示すもの。……第33章
- 物理的仮説
  - 運動の原因。次のものから源泉はどういう性質のものか。……第34章
    - 源泉からの出方と確認されるもの。
      - 源泉にあるもの。……第35章
      - 妨害があるとした場合。
      - 自由に出るとした場合。……第36章
  - 難しい値に対するもの。そのときに説明されるのは
    - 何に具わっているかに対するもの。……第37章
    - どのように具体的に源泉から出てくるかに対するもの。……第38章
- 私自身の見解によるもの。なお、それは次のものの動きに関わる。……第39章

これらの物理的な原因の実際から具体的な計算法。……第40章

序論 060

## 第4部

古人にならって軌道を円とする。この場合、第39章のように物理的原因の類を仮定する。その上に立って、

〈惑星の描く〉軌道をあらかじめ考えたある種の物理的原因が把握されたので、軌道をより狭い明形にする場合、さいしょの理論を斥ける。

第1の不整。離心円を考えた場合、これは惑星に固有のもの、これは物理的原因によって立てられる。

一方は過剰、他方は不足する点で、そういう見解が誤っていると認定した場合。

{ 理論を立てる。……第41章
この論駁の根拠となるのは { 求める距離。
{ 食い違いを示す均差。……第42章

軌道が広がるので、その理論を斥ける。
以上の理論的原因。……第43章

次のものについて {運動の原因。
{ 幾何学的記述による結果。……第44章
……第45章

以下のやり方で理論を立てる。
円が広がるとわかったときにの{均差の測定による直接的方法。
{面積の根拠。……第46章
{結果として生じる困難。 軌道内の周囲の軌道。……第47章
{そういう結果を生じる根拠。 面積内の面積。……第48章
……第49章

可能なもののやり方から帰納法による間接的な方法。……第50章

これについては直前の5章による。……第51章

{複数の距離をもとにした均差の根拠。
{均差。この論駁は厳密に運ばれ {となった位置。……第52章
{次の事項の位置 太陽の視運動を確定する
距離。これを証明してための方法。……第53章
斥するとしてその理論を{ (周回ないし年周軌道上の位置。
{離心円の直径と比較された距離。……第54章

それらの根拠からの証明。 ……第55章

{ 幾何学的な方法。距離はどういう性質のもの、どれはどこにあるか。{ その始点となるもの、つまり交点の位置。……第56章
適正な距離を証明 {物理学的な方法。運動の形を明らかにして修正した運動の原因による。{ その終点となるもの、つまり最大傾斜の極限。……第57章
することになる。{適正な均差を用いる。……第58章

先の卵形と円との中間にできる真の軌道の記述による。
このとき理論を立てることになる。軌道を距離が一致する仮説に合わせ {次のものの幾何学的測定。{ 物理的原因。……第61章
円軌道と距離を証明する真の方法の仮定にる。……第59章 {次の不整。すなわち太陽に合わさるもの、最大の縮小となる最大縮小。……第62章

## 第5部

これ自体のためになされ、個別的なもの各々 {第1の不整。……第63章

{現在の時点のみ{この不整に立てられた理論の次の2つの場合。{ 2つの不整が互いに混合したものの、この場合。すなわち太陽に合わさる点ではなく最大の縮小となる最大縮小。……第65章
であり、かつ考{これまでに立てられた理論の次の{ そのもの自身は混合した太陽の代用となる点ではなく太陽そのものである。……第66章
察は単純にこれまでに立てた理論の事柄を確認するために行われる。{軌道面の傾斜。また貫通の運動、また地球の直産に対するもの。……第67章

過去の時点も入れる若干の事柄を理{第1の不整。{ 交点およびそれが最大傾斜の平均運動について。……第68章

{合した場合、すなわち日心と離心円の平均運動。……第69章

緯度。その考察は次の時点を考慮して行{次の事柄。すなわち交点、最大の傾度。また軌道相互の比、太陽の距離相互の比。
われる。{第2の不整。すなわち交点および離心円の平均運動の次の事柄においても行われる。……第70章

061　　　　　著作全体の梗概表

る角度を知覚できることを受け入れてくれるだろう。

　自然学者のために言うことはこれくらいにしよう。その他のことについては、天文学者や幾何学者なら何であれそれを以下に続く各章の内容説明から順次見出せよう。その内容説明は意図して少し詳しすぎるくらいにした。索引代わりになるようにしたためでもあるが、あちこちで題材とか文体の曖昧さに途方に暮れる読者が、梗概一覧表により、またこの内容説明から、明晰さを些かなりとも得られるようにするためであり、また配列の仕方と同一の章に集められた課題の関連性が文脈中で判然としない場合は、段落分けされた内容説明から明白に把握できるようにするためである。だから読者がそれを嘉納されるよう御願いする。

## 各章の議論

**方**法には、事物の自然本性が教えてくれるものとわれわれの認識が必要とするものとがあるが、どちらも人の手に成るので、読者はいずれの場合も完全無欠な方法を私から期待してはならない。さて、ここでの私の主要な目的は天体の運動の説明ではない。それは球面に関する小著や惑星に関する理論の中で行われることである。たんに読者に教えを与えて、初めの自明の事柄から究極の帰結へと導くことでもない。それはプトレマイオスがたいていの場合に遵守した道である。むしろここでは、私と雄弁家とに共通するような第3の方法が出てくる。多くの新しい課題を語るので、そうせざるをえなかった事情を明らかにして、読者の賛同を勝ち得て保持し、革新の熱意から疑惑を取り去ることである。

　したがって、私が上述の2つの方法に、雄弁家におなじみの、自分の発見の来歴を語るという第3の方法を交えても、おかしくはない。肝腎なのは、どのようにしたら、いちばん近道を通ってこれから語る事柄の理解へと読者を導くかということだけでなく、とりわけ著者の私が、どのような論拠や紆余曲折あるいは偶然の機会によって初めてここに言うような理解に至ったか、ということである。われわれは、クリストフォルス・コロンブスやマゼランやポルトガル人たちが、アメリカや太平洋、アフリカ周航路を発見するまでに犯した数々の過ちを物語るのを容認するだけでなく、読書の大きな楽しみがなくなるから、そういう話の省略さえ許そうとしない以上、私も読者の同様の関心に応えて本書で同じやり方をしても悪くはなかろう。実際、読んだところでアルゴ船に乗り組んだ勇士たちの労苦を分かち合うまでには至らないだろう。私の発見までの困難に満ちた茨の道は読む気すら萎えさせるかもしれない。だが、これはあらゆる数学書に共通する運命である。それでも人間の好みは人さまざまなので、認識の困難さを克服してこの一連の発見全体がいっぺ

んに眼前に提示されると、大きな喜びに満ち溢れるような人も出てくるだろう。

　この方法によって著作全体がよく整理されたことは、今や各章の内容説明から明らかになるだろう。

　なお、本文が幾何学上の論証、作図ないしは準備を説く場合は常にそれを（工房のいわゆる）イタリック字体で書き改めるように留意した。そのとおりになっていない個所があるなら、自然学が幾何学と混合している内容のせいか、もしくは私の指示したしるしに必ずしも気づいたわけではない植字工のせいと言えよう。[★099]

## 第1部

### 第1章

第1の運動〔日周運動〕と第2の運動つまり惑星の固有運動〔いわゆる公転〕との相違を天文学者がどんな論拠によって発見したか、同じく惑星の固有運動の2つの不整、つまりいわゆる第1の不整と第2の不整がどんな論拠によって見出されたか、明らかにする。[★100]

　この章とさらには第1部全体を著すきっかけとなったのは、私が初めてブラーエのもとにやって来たとき、プトレマイオスやコペルニクスとともにブラーエも、惑星の第2の不整を太陽の平均運動から考えているのに気づいたことである。ところが『宇宙の神秘』にあるように、私はすでに4年前に物理的論拠により太陽の視運動を出発点にすべきだと思っていた。こうしてわれわれの間に論争が生じたとき、ブラーエは、太陽の平均運動を用いたから全ての観測結果を第1の不整から救えたのだと反対した。私はそれに対して、太陽の視運動を用いても同じ観測結果を第1の不整から救うのに何ら支障はないので、それなら2人のどちらの方法がより正しいのか、第2の不整で見分けるのがよい、と切り返した。

　そこで、私の答えを本書の第1部で論証する必要があった。

第2章

諸仮説の論理上の等値性について錯雑した課題が提出されていたので、私は最も単純な最初の仮説の等値性から始めた。その場合、周転円を伴う同心円〔導円〕が離心円に変換される。

また幾何学的考察が不毛にならないように、仮説のそれぞれの等値性を処理して、運動が完全なものとなるのに相応しいような、物理的かつ理性的ないし知性的な原因について論じた。なお、これは固体の天球を認める場合と否認する場合とでは方法が異なる。ただし実際には、ブラーエが彗星の行程から固体の天球などないことを証明した。

第3章

この単純な離心円、つまり唯ひとつの周転円を伴う同心円と等値となる円を立てると、太陽の平均運動を視運動と置換した場合、つまり視点あるいはむしろ作用の源泉を想像の上で別の位置に移した場合に、視覚に対して、あるいは運動の自然な原因に、どういう変化が起こるか、教示する。

第4章

① 単純な離心円を離れて、かつてプトレマイオスが5惑星の第1の不整の説明に当てたエカントをもつ離心円つまり2倍の離心値をもつ離心円へと移る。[101]② そこで、天球を固体と想定するとその離心円の不条理なこと、固体でないとするとその離心円に整合性と自然学的蓋然性のあることを証明する。③ 次いで、コペルニクスが如何にしてこのエカントをもつ離心円を、2つの周転円をもつ同心円に変換したか、示す。④ このコペルニクスの仮説は、固体の天球を想定すると自然学的にはそこそこ守れるが、固体の天球を否定すると不条理なことを示す。⑤ しかし以下の点も証明する。すなわち、そのコペルニクスの仮説は惑星の行程の点では幾何学的なみごとさと一致しないこと。⑥ また、必ずしもあらゆる点でプトレマイオスの離

心円と等値ではないこと。実際、第1の不整では相違は小さいが、第2の不整では相違はかなり大きい。⑦ 同所には各々の仮説の形による均差を手短に計算する方法の例証もある。⑧ それぞれの仮説の間にある相違を消去する方法。⑨ 最後に、周転円付同心円によってこのコペルニクスの仮説を別の形にしたもの。

## 第5章

第4章に対するこの第5章の関係は、第2章に対する第3章の関係と同様である。すなわち、以下の事柄についてさらに大事な課題を扱う。① 太陽の平均運動の代わりに視運動を用いて視点もしくは作用の源泉を元の場所から別の場所に移すと、仮説にどんな変化が生じるか。それは、第4章で最後に置いたコペルニクス説の形で問題となる。② 同様にして同じ仮説から、運動の物理的原因にどういう変化が生じるか。③ こういう移し替えはプトレマイオスの第1の不整の形で輪郭が描かれ立てられる。④ 長軸の2本の線、つまり一方は元の線、もう一方は移し替えから生じた線を認めて仮説の形を変えた場合、天における惑星行路は同じままに止まりながら、2種の与えられた様相が結果として生じることを証明する。⑤ だが、長軸の1本の線だけを引いて離心円の元の中心を通過させた場合、たとえ惑星行路はそのままでも、しかるべき元の様相は結果として生じないし、また同じ仮説の形が完全には保持されないことを証明する。⑥ 次いで、長軸の新たな線がエカントの中心を通過し、かつ仮説の形が保持された場合、天における行路が移し替えられることを証明する。⑦ 円の位置と、この移し替えによって引き起こされた、先に提示された様相と出てきた様相との非常に大きな差違もしくはずれの値とを、幾何学的に証明する。⑧ 視点はそのまま変えずにエカントの中心を反対側に等しい間隔だけ移すと、以上の全ての事象が起こることを証明する。⑨ プトレマイオスが好んだエカントをもつ離心円について述べたことは全てコペルニクス゠ブラーエ説の2つの周転円をもつ同心円にも当てはまる。こういう同心円は、第4章に

序論

より、その離心円と等値だからである。

## 第6章

ここではすでに第5章の特に第⑥、⑦、⑧項で証明したことがいわば実際に使用される。これまでのところでも、各人の説で相異なった第1の不整に役立つ仮説が問題だった。今やさらに、第2の不整に特有な仮説も加わる。各々の説には（これまで論じてきた説の先頭に立つ）代表として、その首唱者プトレマイオス、コペルニクス、ティコ・ブラーエの名が冠せられる。実際には慣用的にコペルニクス説という場合、われわれは第2の不整に関する仮説を念頭に置いている。
★102
①そこで初めに私はこれらの説を比較する。②コペルニクス説では、どのようにして第1の不整に関する仮説が太陽の平均運動から引き出されたか、またどのようにして離心値が太陽の代用となる点を起点とするか、示す。③それは正しくなくて、むしろ離心値は直接に太陽本体の中心から計算すべきことを自然学的に論じる。④第2の不整が太陽の視運動から起こると考えた場合に、物理的論拠が要求すること。⑤こうして、第1の不整では経度上の位置が少し変わるが、惑星本体の太陽本体からの距離は大きく異なることを論証する。⑥視点をそこに設けると距離の最大の相違が最大の誤差も呈する地球軌道上の位置を、幾何学的に論証する。
★103
⑦誤差の値は算術的演算によると1°と約20′にまで及ぶことが結論される。

⑧プトレマイオス説では、どのようにして第1の不整に関する仮説が太陽の平均運動から引き出されたか、示す。⑨一般的に、自然学的もしくは形而上学的考察から、太陽の平均運動とこの仮説自体を反駁する多くの事柄を論ずる。⑩個別的に、特に太陽の平均運動に対する若干の異議を同じ立場から述べる。⑪第2の不整を太陽の視運動から考えれば自然学的反論には十分なこと。⑫エカントの点の移し替えによる新たな仮説の形や位置、大きさの値を論証する。⑬第1の不整の現れ方の食い違いと、第2の不整の現れ方の最大誤差が起こる周転円上の位置と、この誤差の値が、上述の議論から出

てくる。

⑭ ブラーエ説では、どのようにして第1の不整に関する仮説が太陽の平均運動から引き出されたかということと、そのために火星の同心円の中心が太陽の軌道に固定されはしたが、太陽本体の中心ではなくその近くに来たことを示す。⑮ ブラーエ説に対する一般的な反論は少しく述べるだけにして、特にこういう固定の仕方に対して自然学的立場からかなり多くの反論を述べ、わかりやすく言えば、固定は直接に太陽本体の中心に行わなければならないことを論ずる。⑯ 固定点の移し替えによる新たな仮説の形や位置、大きさの値を示す。最大の誤差が生じる離心円上の場所と、離心円〔もしくは周転円を伴う同心円〕を運ぶ大軌道〔この場合は太陽の軌道〕上の場所は、上述の議論から出てくる。

　ここまでが第1部である。

---

## 第2部

---

### 第7章

私が火星論に取り掛かったきっかけと、太陽の視運動に従い、すでに終えた第1部をこういう方法であらかじめ述べることになったきっかけとを、より詳細に説明する。要点は第1章の議論にある。

### 第8章

火星の第1の不整に関する仮説をブラーエが立てたとおりに表に掲げる。この表には基礎資料つまり初更の観測[104]と、そこから出てくる成果つまり観測結果に従って算出された位置があり、さらにこの仮説が細部にまでわたって観測結果と合致するかどうかを明らかにしようとして行った、それらの位置の検討も含む。

### 第9章

観測から得られた位置を修正したうえで採用したことについて論じ

る。① 固有の円軌道上における惑星の位置の代わりに、それに対応する黄道上の位置を設定する必要があることを示す。② 表では交点から惑星の視位置までと黄道上の位置までの弧が等しくなるが、それが等しいことを反駁する。③ 一方の弧が視位置ではなく軌道上の真位置に終わる場合も、それらの弧が等しいことは、やはり反駁される。④ 視緯度の角度による換算法も反駁し、軌道面の傾斜角による換算法を追加する。[105]

### 第10章

この章も同じ事柄に関わり、表で採用された位置が隣接する観測点から平均太陽と衝になる位置まで正しく確実に出せているかどうか検討し、微細な事柄、ことに視差についてのささやかな注意を加える。ここまでが〔第8章の〕表の検討である。

### 第11章

そこで、得た結果を適正な換算と推論によって太陽の視運動に合わせることに着手するわけだが、そのさい誤りを犯さないようにするために、私はあらかじめ火星の日周視差を求める。① こういう視差についてブラーエがどういう見解をもっていたか、述べる。② ブラーエの観測結果から、時間ごとおよび日ごとの運動を通じて、その視差はほとんど感知できず、われわれの考えている太陽の視差よりも小さなことを証明する。③ 遊び心で、同一対象に対する私の観測も採用してみる。それによって、留の緯度を介して日周視差を求める特別な方法を明らかにする。

### 第12章

① 隣接する観測点から火星の交点を求めるブラーエの特有な方法とその検討。②『プロイセン表』、プトレマイオス説あるいはブラーエ説から知られた離心円の均差[106]を前提とする、別の方法。これらの方法により、同時に、4つの観測結果から求められる降交点と2つの

観測結果から求められる昇交点が、黄道上の相対する位置にあることを論証する。

## 第13章

① 3つの仮説の形全てを通じて、軌道面相互の傾斜の計算がもう少し込み入っていることを示す。② 第1の方法は、既知の離心円の均差を前提とし、火星が夕方の入りもしくは明け方の出のさいに第1の不整によって極限に来た場合のものである。その時には視緯度が黄道に対する極限の真の傾斜角と等しくなるからである。③ 太陽からの離角の弧がどれほどの大きさになったときにそれが真であるかということ、しかもコペルニクス説でもプトレマイオス説でもそれが妥当することを示す。またこの方法は、各々の極限の周囲での若干の観測により成し遂げられる。④ 第2の方法は、太陽が交点にあり火星が太陽と4分の1対座にあるときの数少ない厳選された観測結果しか必要としない。この方法もまた若干の観測によって成し遂げられる。⑤ この方法は拡張され、他の条件はそのままで、火星が太陽の4分の1対座とは別の位置に来て極限以外の他の位置を取っても、特定の位置での傾斜角が確実な値として得られるようなものとなる。⑥ この方法はプトレマイオス説にも適用されるが、その場合には困難な点もある。⑦ 第3の方法は、太陽と衝の位置にあるときに観測された緯度を介して展開されるが、軌道相互の既知の比も加わる。なお、この方法は3つの仮説全てに通用する。

## 第14章

第13章の論証からさらに離心円の面が秤動するかのような古人の説を論駁する。すなわち、ともかく1〜2世紀の限度内では傾斜角は不変であることを論証する。

## 第15章

隣接する観測点から、太陽の視運動と衝になる節目の所で火星が占

める場所を算術的に求める。それをこれまで論じた注意事項によって訂正する。最後に、新たな作業の基礎としてその場所の一覧表を掲載する。

## 第16章
古人にならい物理的原因を無視して惑星行路を円と仮定する。また円に囲まれた内に、その周りでは惑星が等しい時間で等しい角度を描き終えるような点〔エカント〕があるものとし、その点と太陽の中心との間に、惑星が描く距離の未知な円の中心がくると仮定する。以上のように仮定して、ある期間を置き獣帯上に場所を占める初更の4つの観測点を取りあげ、非常に骨の折れる方法により、獣帯上での各々の中心の位置、その太陽の中心からの距離、各離心値相互の比と円の半径に対する比を求める。

## 第17章
プトレマイオスの時代と現代に見出された遠日点と交点の場所の比較によって、次章に必要なそれらの動きを得る。

## 第18章
最後に、こうして見出された、太陽の視運動に依拠するこの仮説〔代用仮説〕にもとづいて、太陽と衝になる場所の周辺では観測された全ての経度上の運動が保持されること、しかも先にブラーエ説は太陽の平均運動に依拠していたが、その場合よりもずっと確実に行われることを示す。[★111]

## 第19章
①太陽と衝になる場所の周囲での経度上の運動において見出された仮説は、これまでよく務めを果たしてきたが、それでもその場所の周囲での緯度上の運動においては務めを果たさないことを論証する。②ブラーエ説もこの場合には務めを果たさないことを論証する。な

お、各論証はコペルニクス説の形で行う。③ プトレマイオス説やブラーエ説にしても同様である。④ 緯度についての誤りは離心値を2等分しなかったところにあることを示す。⑤ しかし離心値を2等分すると、これらの説は経度上の運動においてずれを生じる。以上のことから、私が古人の説を放棄してこれらの問題についてより細心綿密に探求を進めるようになった理由が、明らかになる。

### 第20章
① 前章で太陽と衝になる周囲での緯度上の運動でそうしたように、今度は太陽と衝になる所以外での経度上の運動により、私のこの仮説の誤りを証明する。② 同様に、太陽の平均運動に依拠したブラーエ説の誤りも証明する。③ 論証をプトレマイオス説とブラーエ説の運動の形にも適用する。④ 誤りの源泉とそれを修正する方法を指示する。⑤ 惑星がある緯度を取った場合、黄道面におけるどのような直線が、惑星の離心円面における惑星と太陽の距離を表す直線の代わりをすべきかを、予備定理として挿入する。

### 第21章
誤った仮説が真のようになる理由を幾何学から探求し、それがどの程度まで起こりうるか、示す。
　古人の説にならった第2部はこれで終わる。

---

## 第3部

### 第22章
私自身の方法を用いて全ての課題に再度着手するが、第1ではなく第2の不整から始める。そして① 太陽に関する理論をエカントの円が支配しているのではないか、と思うようになったきっかけを明らかにする。② 3つの仮説の形で、エカントを想定した場合(そうすることは私の気に入っていた)、大軌道(ないしはプトレマイオス説の周転円)

が大きくなったり小さくなったりするように見えることを論証する。なお、これはブラーエがすでに主張していた。③エカントの円を証明できるような適切な観測点を求める方法を述べる。④この問題は、太陽の平均運動に依拠するブラーエの更改説を前提しても、選び出した2つの観測結果から論証される。

## 第23章

先の章で獣帯上の2か所での地球と太陽の距離を見出したので、さらに太陽の遠地点もしくは地球の遠日点の位置を加えて、幾何学的証明により、太陽もしくは地球の円の離心値も求める。なお、この円は完全に丸いことを前提とする。

## 第24章

第22章の場合と同じことを論証するが、4つの観測結果をもっと無差別に採った。ただし、それらの観測結果では火星は同じ離心位置にある[★112]。すなわち、太陽もしくは地球の離心値の一部がエカントの円に与えられる。相互に比較した3つの仮説の形でも、太陽の平均運動に依拠する火星運動に関するブラーエの更改説を前提しても、そうなる。

## 第25章

前章で獣帯上の3つずつの位置での地球と太陽の距離を見出したので、完全に丸い行路のみを前提とする幾何学的証明により、第23章と同様に太陽もしくは地球の円の離心値を求めるだけでなく、太陽の遠地点あるいはそれと相対する地球の遠日点の位置も求める。その位置は、ブラーエが自身の太陽の観測結果から見出したのとほぼ同じである。ただしここでは、観測結果は火星のものだけである。

## 第26章

第24章のこれら4つの観測結果を太陽の平均運動から真運動へ、ブ

ラーエの更改説から私の説へと移し替える。そこから第25章の場合と同じ帰結を引き出す。そして論証を仮説の3つの形全てにおいて提示する。

第27章
いっそう大胆な方法により、火星の更改説を全く前提とせず、他の火星の観測結果を取りあげ、先の場合と同様にその中の4つを比較して、これまでと同様、太陽もしくは地球の離心値と同時に遠日点および離心円のこの位置での軌道相互の比だけでなく、更改説に従い先には既知のものと前提していた恒星下での火星の離心位置も明らかにする。

第28章
論証の形はほぼ同じだが、すでに何回も確認した太陽もしくは地球の離心値と遠日点とを取りあげ、なおいくつかの観測結果、ここでは5つの観測をこれまでと同様に相互に対比して、ほぼ第27章と同様に、常に同一の火星の離心位置が出てくることを示す。ただし第3部の先行する全ての章では、前提として地球の通り道を完全な円としたことを想起されたい。実際、楕円の離心率が小さいので感覚的には円とほとんど変わらない。

第29章
離心円が完全な円で、離心値が知られており、エカントの点の離心値がその値の2倍と想定する。その場合のさまざまな距離をこの想定に従って幾何学的方法で求める。まず、遠地点と近地点の距離、次に90°の平準アノマリア[*113]における距離、3番目にその他の距離を算出する。同じ個所で、1回の操作により4つの距離を求める近道も指摘する。さらに、太陽の中心から円の半径に相当する分だけ離れている円周上の点を明らかにする。最後に、均差の一部が最大となる円周上の別の点を明らかにする。

序論

### 第30章

太陽と地球の間のさまざまな距離を一覧表に掲げ、算出法を示す。この算出法だと明らかに出発点となった与件の枠を越え惑星軌道が卵形となるので、そのために以下の第31、40、44、55章へと向かうことになった。その個所でこの懸念を取り除く。けれども、この方法はこれまでに論証した結果と著しくずれるわけではないことがわかる。

### 第31章

ブラーエは、私が太陽の離心値を2等分することで彼の太陽の均差に混乱をもたらすのではないかと恐れていた。そこで、そのままの離心値に拠ろうと、それを2等分した値に拠ろうと、半分にした離心値から立てられる値を2倍しようと、常に太陽では同一の均差が出てくることを論証して、こういう恐れを取り除く。したがって第30章の懸念とこの第31章の懸念とは別のものである。第30章では心配な点は距離にあったが、ここではブラーエの均差にある。前章では心配の元は行路の描く図形にあるが、ここでは離心値の計算にある。前章では後の考察が先取りされていたが、ここの考察はこの個所に相応しい。

### 第32章

まず、全ての惑星は全体として、エカントの円つまりエカントの点の離心値を2等分したものを用いる、ということが帰納的な結論となる。

　この出発点に立って幾何学的な論証により、惑星が離心円上の等しい大きさの弧を通過するのに要する時間は、離心値の起点となる点から惑星までの隔たりと比例する、という普遍的な命題を立てる。★114 自然学者の諸君は耳をそばだててほしい。ここでは諸君の領域に侵入しようと企図するからである。

## 第33章

先に立てた論証の帰結に従い、周知の純粋に物理学的な若干の公理を加えて、離心値を算出する起点となる中心から惑星までの距離が、離心円上の等しい弧における惑星の所要時間を調整する原因であることを証明する。

第2に、この所要時間を調整する原因が、あらゆる距離に共通な距離の一方の端つまり惑星系の中心に存することを明らかにする。

第3に、こういう論証に、蓋然的に論証された第1部と、幾何学により必然的に論証された第4部と5部と、さらにまたこの個所と第2部とから確からしくなってくる事柄として、太陽の本体が直接に惑星系の中心にあることを加える。

第4に、以上から、運動を支配する作用、もしくは所要時間を調整する作用が太陽本体にあることが今や妥当な帰結となる。これに物理学的論拠も加わる。

そこでまた、太陽が宇宙の中心に静止し地球が宇宙の中心の周りを動くことも推論される。ここで自然学者は、この自然学的な思索が地球の運動に依拠はするが、しかし他の事柄から演繹されており、ブラーエ説にもコペルニクス説にも有効な点に留意されたい。しかもそれどころか今やこの思索によって直接に地球の運動と太陽の静止とが築かれる。

第5に、運動を支配する力が光と全く同様に量的な大きさを取り、大きな周回路の中では稀薄になって弱まり、小さな周回路の中では凝縮して強まることを論証する。

第6に、以上から、惑星をある場所から他の場所へと運ぶのは、光の非物質的な形象に類似した、太陽本体にある力の非物質的な形象であることを論証する。

## 第34章

物理学的思索の仕上げをして、先に立てたことから、惑星を運ぶ力の形象が広大な宇宙の広がりを通じて、水の流れもしくは渦と同様

に惑星より速く回転していることを論証する。

　第2に、ここから、太陽の本体もまたその軸の周りを自転することを論証する。そのさい蓋然的にではあるがこの自転の周期を求め、また何が地球を動かし、何が月を動かすのか、論ずる。

　第3に、太陽の本体が磁石のようなものであることを証明する。そして地球を例に取り、天に磁石があることを示す。


### 第35章
惑星の運動が太陽に由来するとしたら、光の場合と同様に物体の介在によって妨げられるのではないか、という異議を論駁し、同時に前章に従い、多くの事柄、すなわち、どのようにして運動を支配する力と光とが親縁関係にあり、互いに仲間どうしであるのか、明らかにする。


### 第36章
さらにその他の反論を一掃する。第1の反論は、確かに幾何学から立てられる。この反論では、太陽本体の点から線へ、線から外見上は平面である表面へ、さらに立体的な球面へと議論を展開していって、光が分散するときの密度の比は運動を支配する力の比に匹敵するようなものではない、とする。これに対しては、光学の原理に従い、議論の出発点は点ないしは線ではありえず、むしろ表面それ自体であると答えられる。次に、物理的な作用においては円盤状の太陽面の見かけの大きさの変化を考慮せねばならない、ということを否定する。これは、そのつもりになればもっと多くの論拠によって明らかにできただろう。実際、物理的な作用は別の比を用いるので、その大きさはこの作用の指標ですらありえない。ただし、以下の所説では別の事柄の指標となりはするが。こうして、光の分散の仕方は惑星運動を調整する規則と全く同一基準であることを擁護する。

　もうひとつの反論は、逆の意味で、光を運動の仲間とするのは不適切だと抗弁する。光は極へも分散するからである。だが、この反

論も、採用した原理つまり物理学的原理に従い全く幾何学的な方法で一掃される。この解明から、獣帯の自然な原因と、どうして惑星が獣帯から決して離れ去ることがないか、明らかになる。

## 第37章

想定した物理学的原理に従い、新月と満月の運行速度がその他の月相のときより速くなる、ブラーエが二均差（Variatio）と呼んだ月における不整が生じる誘因を尋ねる。そこではこの問題をめぐる2つの誤った説を除去する。次いで同じ原理により、月が太陽と合や衝になるときよりも4分の1対座になるときのほうが月の均差が大きくなる誘因を求める。さらに、月を動かす特別な力の説明に関係する他の所説を加える。

## 第38章

運動を支配する共通な太陽の力のほかに、各惑星がそれぞれの運動を支配する別の原因によって自らの運動を調整することを、2つの論拠によって証明する。ひとつは経度上の運動から、もうひとつは緯度上の運動から導き出したものである。

## 第39章

初めに、特に各惑星に帰された作用を探求するのに必要な6つの自然学的公理を前提として立てる。

　同時に、この章全体を支配するのは以下の2つの先入観である。第1は、惑星の周回路が完全な円に配置されるという考え、第2は、知性がこの行路を調整するという考えである。そこで、その知性が如何にして惑星行路を円にすることができるのか、論ずる。第1に、惑星に固有の作用が完全な周転円によって惑星本体を運ぼうとし、一方でまた太陽の作用がその本体を運び去るのであれば、それが可能なことを論証する。こういう考え方に反対する5つの物理的不条理が出てくる。第2に、惑星が、太陽の周りをめぐる公転軌道のど

んな位置にあっても、その点からは等しい距離だけ離れているような特定の点を、太陽以外の所に遵守するのであれば、行路が円となりうることを論証する。しかし、そこにどんな物体も来ない特定の点を遵守することも、3つの不条理を指摘して斥ける。

　第3に、惑星に固有の作用が、太陽の方向に延ばした周転円の直径上で惑星を移動させ、一方でいわば周転円の円周上の走破によって規定された規則に従うのであれば、完全な円となりうることを論証する。だが同時に、構成された惑星行路が完全な円になるべきだと想定した場合には、惑星が周転円の直径上にあれば適正な移動を描けないし、またその移動は通過した離心円の弧にも経過時間にも平準アノマリアにも対応しえないことを示す。

　第4に、惑星に固有の力が知性により架空の離心円もしくは周転円をいわば思い浮かべて、その指示に従い周回路が完全な円となるのに必要なだけの距離を規定する、ということも否定される。

　したがって、惑星の周回路が完全な円だと考えるかぎり、惑星に固有の知性がどういう基準に従ってその本体のこういう秤動を考量するのか、疑問のままに止まる。

　こうしてこの秤動の基準を討議してから、惑星の知性がこの基準とそれによってあらかじめ定められた秤動とを把握する手立てとなりうるような媒介物の問題にも議論を進めていく。すなわち、基準として周転円を立てようと、その直径を立てようと、離心円の中心を立てようと、どれも把握できない不適切なものとして斥けられるし、知性がこういうものを把握する手立てとなるような、把握するのに適した同一基準で表せる媒介物が、上に挙げたものには欠けている。この場合、惑星の知性が太陽の視直径の増減を看視して、それを惑星本体と太陽の距離を示す論拠として用いる、それは緯度から導き出された確からしさによっても示される、という説が立てられる。太陽の視角の小ささと惑星に感官が欠如している点をめぐる異論にも回答はできる。けれども、指導的役割を果たす知性に関する見解にはやはりいくらか議論の余地があることを末尾に提出する。

最後に、本有の霊的な力による惑星本体の場所の移動に関する困難も明らかにする。こうして至る所で多くの困難が立ち塞がってくる。特に問題となるのは、これまで先入観となっていた、惑星行路を完全な円とする考えが（さらにまた部分的にはこの秤動の指導的役割を果たす知性についても）、物理学的論拠によって疑わしくなってくることである。こういう説は少し後の第44章で、幾何学的論拠によって完全に覆される。

## 第40章

① 均差の物理的部分ないしは離心円弧における惑星の所要時間を、如何にして弧の上にある点と太陽との距離から見出すか、そのための方法。② ここには、弧の上にある無限に多くの点と太陽との距離が、如何にして、太陽と弧の両端とを結ぶ線分と弧との間にできる面積の中にほぼ完全に含まれるか、ということの幾何学的論証がある。*115 また、如何にして、太陽と離心円の中心と弧の終点とが作るひとつの三角形が均差のそれぞれの部分を示すか、という議論もある。それぞれの部分とは、弧の終点での角度による視覚的部分と、面積による物理的部分である。③ 太陽においては、均差の視覚的部分と物理的部分とが感覚的に等しいことの論証。④ 底辺の等しい三角形はその大きさが高さに比例することをあらかじめ論証する。⑤ この定理によって、均差の三角形の面積が離心アノマリアの正弦とともに増大することを論証する。そこから、この面積を算出する近道が出てくる。同時に、具体的な数値を試しに取りあげ、均差を作る2つの部分が感覚的には相違しないことを示す。取りあげるのはまず90°における数値、次いで45°における数値である。⑥ 続いて、面積が離心円上の全ての角度の距離よりも少し小さく、また平準アノマリアの全ての角度の距離よりも少し大きいことを証明する、ほんのささやかな留保条件が出てくる。⑦ 離心円上のあらゆる角度の太陽からの距離に等しい四辺形のコンコイドの幾何学的作図。ここで幾何学者に、この図形が描き出す面積の求積法を出すよう要請する。

⑧ 2つのコンコイド間にできる面積は、真ん中から等距離だけ離れた場所で同一の幅になっていないことを論証する。この点についてはさらに第43章で詳細に論ずる。

---

## 第4部

### 第41章
惑星行路を完全な円と想定し、第3部で非常に確実に証明した離心円上の3か所における火星の太陽本体からの距離を取りあげ、幾何学的な論証により遠地点の誤った位置、誤った離心値、誤った軌道比を導く。

### 第42章
新たな計算により、離心円上の2か所の距離、つまり5つの観測結果から遠日点に隣接した距離と、3つの観測結果から近日点に隣接した距離とを求める。次いで、周期と獣帯の円とを半分にすることによって遠日点の位置を非常に確実に求める。そうすると第1部と第2部の位置と同じことが発見される。それに従って火星の平均経度を訂正する。さらに各々の距離の比較によって真正な離心値および火星軌道と地球軌道の比を導き出す。太陽の観測結果から(たとえ完全に精緻ではないにせよ)非常に確実に離心円の離心値を立てると、それとともにこれが他の個所で見出されたエカントの円の離心値の半分であることが、明らかになる。こうして第32章であらかじめ述べた思索が火星にも妥当する。
★116

### 第43章
① 基礎となる想定は、これまでに第42章で論証した、それぞれの離心値が相互に1対2の比となる、ということである。2番目の想定は、惑星軌道が完全な円の上に配置されるということである。3番目の想定は、第33章で論証した、軌道上の等しい弧での惑星の所要

時間はその弧と太陽の距離に比例するということである。これらの想定によって導き出されるのは、経験と一致しない欠陥のある均差である。そこで、そういう誤りが潜んでいないような所に注意を向ける。② この問題に必要なのは第40章の2つのコンコイド間にできる面積の測定だが、それには若干の拙劣さがあるので、この測定は幾何学者に要請する。

　こうして、全体として誤った帰結を導く以上、その前提の中の何かが誤っていることが明らかになる。

## 第44章
2つの論拠により惑星軌道が円ではなく卵形であることを証明する。

　最初の論拠では第41章と42章の論証を前提とする。すなわち、第42章で見出した直径をもつ完全な円が作り出す距離と、第41章で再び取りあげた観測結果が要求する距離とは異なっており、後者の距離は両脇でもっと短くなる。ところが、卵形ではそういうことが許される。したがって軌道は卵形である。

　2番目の論拠では、第43章と同じことを前提とする。経験の証拠から得られる所要時間が許すのは、円ではなくて卵形のほうである。したがって、惑星軌道は卵形である。

## 第45章
以下の章では、私が自らの性向に従って全ての事柄を判断しているので、読者は私の軽信を容認してくれるだろう。すなわち、人が天の事象を認識するようになるきっかけは、天の事象の自然本性そのものに劣らず感嘆されるように思われる。そこで私はこういうきっかけをきちんと説明する。読者はきっとそれにうんざりするだろう。けれども、危うさを伴いつつもたらされた勝利はそれだけにいっそう快く、雲間から出る太陽はその分いっそう輝かしい。そこで読者はわが軍の窮地に注意し、黒々とした不気味な雲を凝視されたい。まさに私は凝視するようにと言う。この雲の背後には確かに真実と

いう太陽が潜んでおり、まもなく姿を現すだろうから。そこで、私が改めて誤った想定を立てるようになったきっかけを説明する。その想定とは、惑星が本有の力で完全な周転円を築きあげ、等しい時間でその周転円の等しい部分を描くが、一方、これまで述べたように、その同じ惑星は外来の太陽の力によって運び去られ、等しい時間で通過する部分が不等になる、ということである。ここから証明されるのは、両方の原因によって形成される行路もしくは軌道が結局は卵形になるということである。

### 第46章
①まず周転円に固有の自然学的仮説を離心円に移し換える。②そのさい、この見解に従って惑星の動線を描くひとつの方法を示す。③この方法をめぐって生起する4つの難点を列挙する。ここで、各項の総計の平均が項それ自体の平均と同じでないことを明らかにする。④この線を描く第2の方法を提案し、この方法についても難点を示す。各々の方法はさしあたり数値による操作に役立つ。⑤2つの仮説を結合して、惑星軌道を描く第3の方法を提案する。⑥教示しうるような第4の方法を斥ける。⑦こうして作りあげた線が楕円ではなくて実際に卵形であることを論証する。

### 第47章
①惑星行路の描く線が完全に楕円になると想定した場合、楕円の面積はほぼ周転円の面積もしくは離心円の離心値によって描かれた円の面積の分だけ外接する円の面積より小さいことを論証する。②その円の面積と、さらにはこのような卵形平面の面積とを求める。③その卵形の面積を与えられた比率に幾何学的に分割する必要もあることを示す。その場合これを幾何学者に要請する。④卵形とそれに外接する円との面積の差異である三日月形を幾何学的にできるだけ直線的に引き伸ばす。⑤このようにして引き伸ばした形が真の三日月形の2倍になっているかどうか熟考するよう幾何学者に提案する。

⑥楕円もしくは卵形をそれ自体で単独に分割する方法は示せないが、楕円は円によればうまく分割できることを論証する。⑦そこで、楕円を想定してそれを円によって分割した場合の距離と均差とを算出する方法を示す。⑧ 90°のアノマリアで算出された均差。この場合は面積が直径の平方の値で表される。⑨物理的均差の算出法にもとづく離心値の訂正法。⑩ 45°ごとにアノマリアを取った場合に算出された均差。この場合は均差の三角形の面積が小さな大きさとしての秒を表示する数値で表される。⑪これらの均差も先の第43章と同様にやはり誤っていることを発見して、誤りの原因を考察する。

### 第48章
面積から転じて、卵形円周を数値で表示可能な分割に訴え、第46章の全ての不都合ないし幾何学的な不完全さを排除しようと試みた。

①この道に従い、第33章の証明をもとに、また卵形円周全体の長さがすでに知られていると仮定したうえで、時間を小さく等分した小部分で見出される距離から、どのようにしてそれに対応する卵形行路の部分を幾何学的に求めるか、示す。②卵形の弧の始めと終わりでの2つの距離の代わりにその中点での距離をひとつだけ用いるのは拙い方法だが、幾何学的算出法となる。③幾何学の道に従って進むが上記のとは別の拙い方法で、卵形の一部の終点となる両端が離心円の中心に接近することを証明し、こうして卵形の一部がこの中心に対して作る角と、最後にここから、卵形の同じ一部が太陽の中心に対して作る角を、論証する。④卵形行路の長さを求める別の拙い方法。ただし、この方法は別の幾何学的な考察を伴う。すなわち、2つの円とその2つの平均つまり算術平均と幾何平均とを出す。すると算術平均によって大きな円が、幾何平均によって小さな円ができる。そこで、2つの論拠つまり外項の縮合による一般的な論拠と、楕円が確かに小さな平均より大きく、したがって大きな平均に等しいらしいことを論証する、純然たる幾何学的論拠とによって、楕円が算術平均に等しいことを証明する。⑤均差を求めるひとつの手順。

序論

これは、第③項と④項で述べたことをあたかも総体におけると同様に部分においても相殺し合うようなものとして無視する。⑥軌道の部分においては、第③項の接近から生じる弧の視覚的な増大と第④項のそれとは反対の楕円弧の短縮とが等しくないことを、幾何学的に論証する。⑦この章のあらゆる証明に合致する真正の手順を調べる。そしてこれまでに見出した均差はやはり誤りであることを証明する。

### 第49章

① 上述の方法は論点を先取りし、それ自体のために立てた命題に違反することを示す。② そこで、第46章と47章の面積だけでなく第48章の卵形円周も無視して、軌道が卵形となる理由に戻る。そしてこれまでは周転円を離心円に置き換えていたが、そのさい惑星に固有の力と太陽に由来する力とを混同していたので、改めて周転円を同心円〔導円〕とともに取りあげて、この道に従い均差を求める基礎をきちんと得るために、第45章の物理的原因を適用する。③ 均差を立てた方法自体を調べ直して、均差が第47章と同じ誤りをもつことを経験から論ずる。④ そこで、第47章で生じていた計算上の誤りについての疑念を解明し、第45章の仮説そのものが誤りであると結論する。

### 第50章

距離の総計が面の中に含まれていることを知る前に用いていた距離によって、均差つまり惑星が離心円上の一定の弧に要する所要時間を求める、6つの試みがここにある[★117]。実際、所要時間を距離から出さなければならないことは、第33章により全く確実である。ところが、アノマリアには3つある[★118]。ひとつは経過時間の尺度、2番目は離心円弧の尺度、3番目はその弧の太陽に対する角度の尺度である。そこで、3つのアノマリアを全て360等分して各部分にそれぞれの距離を与えた。こうして、距離の考察を3重に行った。同様にして同

じく第33章から、太陽の中心から見た場合の惑星の遠日点における1日の行路と近日点における1日の行路の比が、太陽からの惑星の遠日点距離と近日点距離の逆比の2乗であることは明らかだから、全ての距離を自乗して平均距離100000で割った。こうすると、出てくる結果を平均距離100000と比べたものが、太陽の中心から見た日弧を支配する、あの2乗の比を表すことになる。したがって3種の距離に、同じく3種の第3比例項が加わった。それらを細かく検討して、自然な原因(これが距離を介して惑星の離心位置を求めることを教えてくれる)がもたらす結果に関わるようなことを何ひとつとして無視しないようにする、というのが私の望みであった。こうして、6つの方法が出てきたのである。

　離心アノマリアつまり第2のアノマリアの距離を用いる第1と第2の方法では、考察すべき幾何学上の問題が生じる。すなわち、360の第3比例項の線分の総計が360の半径つまり第1比例項の線分の総計と等しくなったのである。このことの論証を幾何学者に提案する。

　さらに、これら6つの方法の比較の結果は以下のとおりである。その2つ(第4と第5の方法)は問題を不条理な結果へと導き、均差の誤りを倍加する。一方、残る4つの方法は先行する章の方法と一致する。その中の2つ(第2と第3の方法)は惑星の行路を円とするが、2つ(第1と第6の方法)は、第45章の見解に従い、距離を変えて行路を卵形とする。そして先の2つの方法が過剰になって誤りを犯すように、後の方法ではちょうどその過剰分だけの不足をきたして誤りを犯す。だから、真実はその中間にある。


## 第51章

第45章の卵形によって欠陥のある均差が出てくることがわかったので、距離についても同じ誤りを犯していないかどうか調べる。

　そこでこの章では、初めに観測結果を、2番目に、第3部で非常に確実に証明したような太陽と地球の距離を取りあげる。しかもその他には何も想定しないか、もしくは論証の出発点の中に入れない。

以上のことから全周回路を通じて離心円上の非常に多くの位置における火星と太陽間の距離、ことに上昇する半円と下降する半円の各々から、それぞれに先に複数の手立てで見出した遠日点の位置から等間隔だけ離れているような位置を選び出し、こうして選び出した位置における距離を明らかにする。そこから遠日点を確かめる。そして同時に代用仮説の信頼性を調べる。

## 第52章

前章の証明から以下のことを論証する。見出した遠日点から等間隔だけ離れた太陽から等距離にある部分は、太陽と遠日点とを結ぶ直線以外の所にある任意の点からの距離が等しくない。したがって、火星の長軸線は太陽本体そのものを通過する[*120]。火星の離心円はそれ以外のあらゆる直線によって無秩序に、つまり2つの不等な切片に分割されるからである。その離心円を他の一点を元にして作りあげ、こうして太陽を通過する直線以外の線によってその離心円を2等分しようとすれば、それは観測結果によって斥けられるだろう、という見通しも加える。同じ方法で以下のことを論証する。太陽は卵形離心円の長径上にあるから、コペルニクスが離心円の基本とする太陽の代わりとなる点はその長径以外の所にある。しかし、卵形離心円の長軸線が卵形の長径以外のものとなるのは全く真実らしくない。したがって、長軸線が太陽を外れて通ることはない。こうして、全ての惑星の長軸線は太陽の中心そのものに集中し、太陽の平均位置となるような点には集まらない。

## 第53章

太陽と衝となる近辺における火星と太陽の距離を求める特別の方法と、その点から見ると距離において生じる誤差が最大となって現れる地球軌道上の点に関する論証。この場合、2つの離心位置と太陽からの各々の位置の距離の相違がおおよそは知られていることを前提とする。同時にその方法で、先の第51章のように代用仮説の信頼

性を調べる。

### 第54章
これまで至る所で論証したことをまとめて、非常に注意深く離心値と軌道相互の比を構成し調整する。

### 第55章
最後に、第45章で逸れてしまった道に戻る。すなわち、あらゆる事例の枚挙から、第44章で円が両脇で緩すぎたように、第45章の卵形はきつすぎることを論証する。論拠は2つある。ひとつは距離から導かれたもので、この場合、第51、53章で提出した観測距離を、第54章の軌道相互の比と第45、46、49章の運動の形とに従って仮説から算出した距離と、比較する。そして観測距離のほうが長いことを示す。もうひとつの論拠は均差から取り出される。すなわち、第43章で円から算出した均差は一方の側で誤っていたが、第45章の卵形から第46、47、48、49、50章によって算出した均差は、もう一方の側でそれと同程度の大きさの誤りを犯していた。

### 第56章
ここから、惑星が第45章のように周転円上にあって等速で進んでいようと、第41章のように離心運動の比を保持していようと、その距離を周転円の円周から出すべきではなく、周転円の直径から取るべきことを論証する。前提は前章の場合と同じである。

### 第57章
第45章の物理学的論拠には、誤った結果のために必然的に誤りが混交している。そこで、真正な結果を明らかにしてあの物理学的論拠を一新し、第39章の思索を続けていく。
　①まず、周転円の直径上に起こる秤動(これが距離を観測結果と合致させる)が物体の自然な法則を守ることを示す。②秤動はある場所

から他の場所への移動なので、この惑星本体の移動が第3部の公転運動と同じく太陽によって行われ完遂されることを示す。ただしそれは、この秤動の手綱が惑星自身の手中にあるような仕方で行われる。それを、權という不完全な例と磁石というもっと完全な例の2つによって明らかにする。③ 磁石の例を適用して、磁石と惑星の両者において2つの性能を立てる。ひとつは指向の性能〔指向性〕、もうひとつは希求の性能〔牽引性〕である。磁石は極の方を指向し、鉄を希求する。同様に、惑星球は恒星の方を指向し、太陽を希求する。遠日点の位置と運動の拠り所となる指向のはたらきが知性に属するか自然に属するか、という問題は、初めは疑問のままに残しておく。離心値の拠り所となる希求のはたらきについては、私はそれを自然に帰し、大ざっぱに、観測によって見出された秤動の尺度が部分的に物理的原因に合致することを示す。④ その後で以上の事柄をより厳密に扱いながら、指向のはたらきから始めて、太陽を希求することから生じた偏向が指向のはたらきをいくらか打ち消すことを認めた。これは、磁石が極の方を指向するけれども、側にある山や鉄のためにいくらかの偏差を生じるのと同様である。そのうえで私は、知性の助力がなくても物体に作用する自然な性能によって、遠日点の位置とその非常に緩慢な順行方向への移動を救えることを論証する。⑤ 希求の度合いがその秤を重んずること、もっと詳しくいうと、平準アノマリアの正弦が任意の時点における希求の強さを測ることを論証する。⑥ 一方、任意の時間に成し遂げられた秤動に関しては、読者は私が何を論証するか注目されたい。秤動の尺度は第56章から明らかになる。すなわち、それを測るのは平準アノマリアではなくて離心アノマリアの正矢である。その度合いは観測結果にもとづく。そこで私は、上述の任意の位置における強度（これは平準アノマリアの正弦であった）から、秤動によって描かれたこの線分の度合い、つまり離心アノマリアの正矢も論証することに苦心せねばならなかった。これを得るために、四分円を等分して、ある弧の正矢と四分円全体の正矢の比がその弧の正弦の総和と四分円の正弦の総和の比よ

りもかすかに小さいことを示さなければならなかった。⑦この場合、この前提と先の帰結とが整合性をもつことを阻む2つの障碍があるように思われた。最初の障碍は、秤動の度合いを表す離心アノマリアが上方の半円ではより大きく、強度を表す平準アノマリアより多くの数の正弦を表示していたことである。だが、それに対する答えは、そうなるのが当然ということである。先の平準アノマリアでは、惑星もやはりより多くの時間を費やすので、より多くの力も傾注するからである。⑧2番目の障碍は、平準アノマリアの正弦が上方の半円では離心アノマリアの正弦よりも小さいことである。そこで、正矢もやはりその弧の正弦の総和より若干不足しており、こうしてもっと短い正弦の総和に等しくなることを示す。⑨磁石の例に対する異論として掲げうるものが一部は一掃されるが、その一部によって、自然の関与を疑問として、知性に移行し、知性は秤動によって離心値をもたらすことができるのか、それはどのような方法によってか、ということを明らかにするきっかけが与えられる。⑩こうして、第56章で非常に確実な形で論証したこと、つまり離心アノマリアの正矢が秤動を測ることを想定したうえで、今度は、平準アノマリアの正矢が太陽の視直径の増大を測ることを論証する。つまり、平準アノマリアの正矢が始まると太陽の視直径も増大しはじめ、この正矢が最大になると視直径も最大となるが、たんにそれだけでなく、平準アノマリアの正矢が半径となる場合には視直径が両極値の平均となり、その時には離心アノマリアの正矢のほうが大きくなる。⑪これに対して、離心アノマリアの正矢が半径となる場合、太陽の視直径は両極値の平均だから、なおいっそう小さいことを論証する。⑫この尺度が惑星の知性に相応しくて把握しうることを示すために、まず離心アノマリアと平準アノマリアとを対比して、離心アノマリアの角度が尺度として提示されたなら惑星の知性はそれを把握できなかっただろう、と主張する。⑬だが、平準アノマリアの角度は、その正矢が太陽の視直径の増大と比例するので、惑星の知性にとって把握できる対象のひとつであることは確からしくなる。⑭ところ

が、太陽の視直径の増大を測るのはこのアノマリアの角度ではなくてこの角度の正矢なので、自然学的仮定と論拠および自然の事象の実例によって、惑星の知性がこの角度の正弦（つまり物理学でいう強さ）を把握できるのは確からしいことを示す。⑮これまでに述べた惑星本体の固有の運動つまり秤動の2つの遂行の仕方の比較を行う。その中の一方は自然が、残るひとつは知性が司るものだった。そして最後に結論として自然を選び、知性を斥ける。⑯この問題に関する議論の中で主要なのは、この知性の助力による運動の形では幾何学上の不確実性が認められたことである。その不確実性を説明する。⑰そういう不確実性から遠日点の漸進運動のきっかけが生じうることを示す。しかし、上の第35章では遠日点の漸進運動の別の原因を示唆していたので、ここで両者の比較を行い、介在するものがあるだけでは、それに有効なはたらきを託してみたところで遠日点の漸進運動は引き起こせないことを示す。遠日点の漸進運動を行うのが自然であろうと知性であろうと、それは同じである。⑱そこで、何かが介在することによって別の不都合が起こらないように、自然学的な想定に制限を加えてみる。⑲だが、これで遠日点の漸進運動が実際に起こりうるためには、あの知性の特別なはたらきが何かの介在と結びつかなければならないことが示される。それは第⑰項で不条理なこととして斥けていた。そういう不条理から解放されるために、結論として、第④項の遠日点の動きを自然に帰した見解のほうを選ぶことになる。

## 第58章

① 惑星の秤動の真正な比率を見出したので、この比率を立てると、惑星の（公転と秤動の両方の動きから合成された）軌道がどのようにして豊頬形（forma buccosa）になりうるかということと、どのようにして本当らしい誤りのせいでこの豊頬形軌道に落ち込んだかということを示す。

② いつも距離と均差とにおいて同時に誤りを犯してきたこれまでと

異なり、真正な距離を出すと、豊頬形軌道は誤りであることが均差によって証明される。

③いわば何か違ったことをしようとしながら楕円を呼び戻して、どのようにしてはからずも誤りを訂正してしまったか、示す。

④私の用いてきた誤った仮説から、軌道が豊頬形になることを論証する。

⑤だが、楕円軌道が正しい均差を表示していたので、歪めて豊頬形軌道にした秤動が疑わしくなってしまったことを示す。

## 第59章

①楕円に関する幾何学の10の命題〔予備定理〕。

②それらの命題〔予備定理〕と命題11により、第58章で導入して誤りであることを証明した豊頬形軌道と同様に、完全な楕円にも、秤動によって形成され観測結果によって支持された距離が含まれていること、したがって楕円によって距離も均差も得られるのだから、惑星軌道は楕円であることを論証する。

③同様にして命題12により、楕円の面積が円の等分された弧に対応する楕円の不等な弧の距離を測る最も完全な尺度であることを論証する。

④楕円の不等な弧をめぐる異論を一掃して、命題13により、楕円が第3部の物理学的原理に精確に符合することを示す。

⑤楕円弧を円の角度に合わせて規則正しく引いた直線で区切るべきことを命題14で論証する。四分円の始めと終わりについては2つの完全な証明によってそれを行う。その途中の過程にある個所については、より不完全な形になるけれども十分に明晰な証明に拠る。この場合には幾何学者の努力を要請する。

⑥以上の帰結、ことに第③項で述べたことと、第①項で述べたことも適用して、さらに命題15により、円それ自体の面積も（円の等分された弧に合わせて規則正しく引いた直線によって作られた）楕円の不等な弧に割り当てられる距離を測る、きわめて完全な尺度であるこ

とを論証する。これは数値の操作によっても証明される。そしてそれぞれの方法によれば観測結果も十分に満たせる。

### 第60章

① 第59章の論証から均差を得る方法を立てる。
② 与えられた離心アノマリアから如何にして平均アノマリアと平準アノマリアを引き出すか、その規則の論証。
③ 与えられた平準アノマリアと離心値から如何にして離心アノマリアを引き出すか、そのひとつの方法。この方法は、惑星が円周から長軸線の方に入り込んで作る小線分をめぐる、非常にみごとで全く幾何学的な考察に依拠し、出てくる5つの課題も、四分円にできる長方形を用いることによって完遂される。
④ 解析の規則〔代数学〕による、この課題を解く別の方法。
⑤ 与えられた平均アノマリアつまり経過時間によって、離心アノマリアと平準アノマリアを見出す、まるで挟み撃ち法 (regula falsi) に拠るような拙い方法。また幾何学的な方法を挙げられない理由。

---

## 第5部

### 第61章

経度についての仮説を見出したので、今度は観測結果からいっそう正確に各々の交点〔昇交点と降交点〕の位置を求める。

### 第62章

① 距離を見出したうえで、初更の観測結果から軌道面の傾斜をさらに正確に求める。それを上方と下方の各々の半円において行う。② 各位置での傾斜に対する視緯度の比が惑星から太陽と地球までの距離の逆比であることを論証する。③ われわれの仮説に従って算出した緯度と比較した、太陽と衝になる位置での視緯度の一覧表。

### 第63章

① 〔惑星が〕緯度の方向にずれる物理的原因を述べる。② このずれに従って面を一周することを幾何学的に証明する。③ それが物体に作用する自然のはたらきか、知性のはたらきか論じ、結論としてむしろ自然のほうを取る。④ 緯度の軸が離心値の原因となる軸と同じか異なるか論じる。そして惑星本体の自然本性だけがあらゆるはたらきをするのであれば、その本体はどのような形でなければならないか示す。⑤ 固体の天球を想定したときの平明で困難のない緯度の仮説を述べる。

### 第64章

緯度に関する所説を述べたので、日周視差をいっそう正確に吟味する。そして両交点の位置による論拠と軌道面の傾斜による論拠の2つから、その視差がほとんど感知できないことを証明する。

### 第65章

① あらゆる合と衝にわたって全ての動きの周期と時代間の適正な間隔を認めたうえで、合と衝における最大緯度の大きさを決定する。② 現代における同じ時の最大緯度の大きさを決定する。

### 第66章

① 合と衝の位置以外での最大緯度の大きさを調べ、その位置を決定する。② 太陽と衝になるときの緯度をめぐる矛盾背理の原因を述べる。③ 初更の位置以外での緯度を算出する正確な方法。

### 第67章

第52章と同じこと、つまり離心値が太陽の代用となる点ではなくて太陽の中心そのものを起点とすることを論証する。それを、まず交点の位置からと、もうひとつは軌道面の傾斜からとの2つの論拠によって行う。

### 第68章

① 物理的原因と平均黄道、あるいはむしろ（いわゆる「王の道」にならった言い方をすれば）「王の円」(circulus Regius) を導入することによって提示された、恒星の緯度変化の理論。② 黄道の北の極限が白羊宮5°30′にあることを示す[121]。したがって、平均黄道つまり恒常的な行路が各惑星の長軸の位置を通過するのは、ありそうなことになる。③ 平均黄道あるいはむしろ王の円は、普通のもしくは真の黄道傾斜の変化にもとづく。その場合、言外には分点歳差の理論がある。これは地軸と地球の極の年々の円柱様の並進と、円錐になるように傾いていく非常に緩慢な傾斜とに拠っている。④ ここから、火星の軌道面と黄道面との傾斜があらゆる時代において常に同一のままに止まるわけではないことが立証される。⑤ プトレマイオス時代の観測結果と現代の観測結果の対比からも、あまりはっきりした形ではないが同じ帰結が出てくる。

### 第69章

① 火星について古人はどういうことを観察し書き残したか。② 分点歳差の不整について、賛成と反対の両論。③ 最近の所説に見る無用に多くの天球の数について。④ 太陽の離心値はかつてもっと大きかったのか。もしくはプトレマイオス時代の夏と冬の長さについて。⑤ ヒッパルコス時代の太陽の遠地点は不確実なこと[122]。および彼による太陽の遠地点の求め方。⑥ プトレマイオス時代の恒星の位置はいくらか不確実なこと。およびその求め方。⑦ 恒星の位置の誤りから火星の理論にどういう影響が及んでいるか。⑧ 現代の均差に従って調整したプトレマイオスの3つの初更時の観測結果から、プトレマイオス時代の運動〔の位置〕の修正を行う。これまでに論じたプトレマイオスの先入観があれこれと変更されていくにつれて、その修正を8回行う。⑨ そこで、こういう不確実性を清算するために、相殺し合う太陽の離心値の欠陥と大気差とを無視すれば、プトレマイオスが獣帯上で火星に割り当てた位置を恒星はそのまま保持すること

を示す。⑩この基礎の上に、プトレマイオスとキリストの時代における元期での火星の平均運動の位置を立てる。⑪プトレマイオスとキリストの時代における元期での太陽の対恒星平均運動の位置も加える。

### 第70章
古代の不確かな2つの観測結果によって、古代における火星と太陽の軌道の比、火星の緯度、太陽の離心値を検証する。

ヨハネス・ケプラー『新天文学』● 全5部

【第1部】

主の御名において
**火星の運動**についての**注解**
●
**仮説の比較**について

●

# 第1章

## 第1の運動と惑星に固有の第2の運動の相違 および固有の運動における第1の不整と 第2の不整の相違

**諸**惑星の運動が丸い形を描くことは運動の永続性によって証明される。そう経験から引き出して、理性は直ちに惑星軌道が完全な円であると推定する。図形の中では円が、物体の中では天体が、最も完全なものと考えられるからである。ところが、経験は非常に注意深い者にそれとは異なること、つまり惑星は単純な円の経路から逸れているらしいと教えるように思われる。これは驚嘆するほかなく、ついにはその驚嘆の念によって原因の探求へと駆り立てられる者が現れた。

かくして人々の間に天文学が生まれた。だからその目的は、星の運動が天においては非常に秩序正しいのに地上では不規則に見える理由を教え、任意の時点における星の位置と出現を予告できるのは、星がいったいどのような円によって動いているからか、探求すると

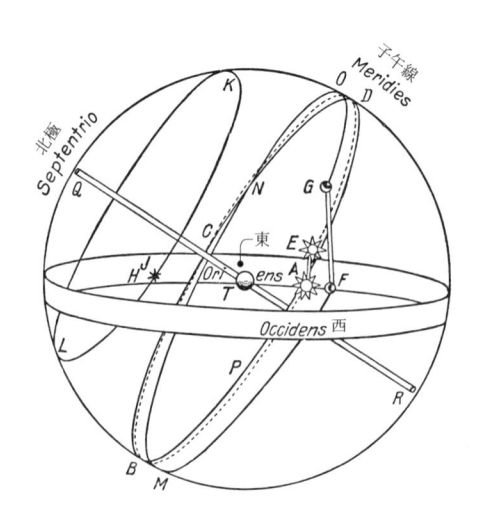

**定義——**

*1▶第1の運動とは、天全体とそこにある全ての星が昇ってから南中して没し、そして没してから天底を通り昇るまでの24時間の運動であり、図ではABCDで示されている。

*2▶第2の運動とは、個々の惑星が没してから昇るまで、つまりAからEまで、FからGまでの運動で、もっと長い時間がかかる。

*3▶小円とは、極の一方により近い円である。例えばHLKは極Rよりも極Qのほうに近い。

*4▶球の最大円とは、その各々の極から等距離にあるものである。

ころにあると考えられる。

　第1の運動と第2の運動の相違についてまだ明らかでなかったときに、人々は太陽と月と星とを注視して、その日周路が感覚的には非常に円に近似するが、糸玉のように円どうしが絡み合っており、円はたいていは球における小円だが、非常に稀には（C、Nで赤道ABを切る前頁図のABCEやFMNGのように）最大円であり、その一部は南に、一部は北にあることに留意した。また人々は、この日々の視運動において星が速さによって区別されることも看取した。すなわち、あらゆる星の中で恒星は最も速い。（A、Fと並ぶHのように）前日にはある惑星とともにあった恒星が（HがLKを通って再びJに来るように）いちばん初めに西没するからである。（ABE上にある）太陽はそれより遅い。翌日、太陽はEに現れて、前日はHA線上でともにあった恒星Jの後に続いて西没するからである。さらに太陽より遅く、あらゆる星の中で最も遅いのは月である。今日は（太陽がAにあるときにFにあって）太陽とともに沈んでも、翌日には（天全体と同時にまた月も地球の周りをFMNOGを通って回転して）太陽が（Eで）没するのに続き（EGという）十分に大きな間隔をおいてその後で没するからである。そのためピュタゴラス学派は、星に楽音を割り当てたとき月には最低音を配し、竪琴の弦ではヒュパテを当てた。月とこの弦の各々の動きが最も緩慢だからというのであった。「先行するもの」(proegoumenos)「後に残りがちなもの」(hypoleiptikos) という語もここから生じた。すなわち、前者は本来は翌日にはもっと早く西没する星に適合した（例えば、太陽EがGの月から見ると「先行するもの」と言われていた）。一方、後者は（例えばここの月のように）第1の運動において動きがより遅く、まるで（E、Jのような）動きのより速い星から（Gで）見捨てられ取り残されたかのような星に適合した。これらのことについてより詳しくは私の『天文学の光学的部分』第10章を参照。

　これが天文学の最初の輪郭だが、それには理由の説明が全くない。ただ非常に繁雑な視覚の経験だけから成り立っていて、図式や数値による説明はできず、また将来に応用もできない。時間が経過する

とどんな螺旋も他の螺旋と等しくならず、同じ大きさの曲がり方だと隣り合う螺旋に移れないほどに、絶えず自ずと不一致が生じるからである。けれども今日でも、2000年の労苦、注意、学識、学問をものともせず、こういう天文学の輪郭を再興しようと試みる人たちがいる。こういう試みは無学な人々にとって無駄ではないとして、彼らは一般大衆に自分たちのことを賛嘆するよう強要する。だが、より専門的な知識を有する人々が、そうしたふるまいは愚かであり、あのパトリッツィ[002]のようにそれで哲学者としての評価を渇望するのは、理性をもって愚行をなすものと考えるのも、当然である。

　実際、天文学者たちは、単純な2つの運動つまり第1の運動と第2の運動、星に共通な運動と固有の運動が混同されていること、そしてこの混同から必然的に関連し合った一連の複雑に入り組んだあの運動が出てくることを理解するようになった。そこで、外部からやって来るその共通な日々の強制的回転を切り離すと、もはや恒星が最も速くて月がいちばん遅いというわけではなく、論拠が逆転して、月自体はむしろ固有の運動FGによって速く、恒星は明らかに最も遅いか不動であることと、ある惑星、例えばGの月がEの太陽あるいはJの恒星より後に残りがちであるとき、その惑星は、AEを通る太陽あるいはHJを通る恒星よりも速く、FGを通って順行方向に運ばれること[*]、だが、ある惑星が恒星の間で先行するように見えるなら、それは逆行によって進むこともわかった。例えば、Aの太陽が前日にHの恒星とともに同一の領域AHから出発して、BCDEを通りPまで達したが、恒星のほうはHLKを通ってJまで来たのであれば、太陽は1日のうちにAPの間隔だけ後戻りしたのである。

　これは天文学では運動の単純さの理解へと向かう大いなる進歩だった。実際、常に新たな螺旋が先行する螺旋の端EもしくはGに続く無限の螺旋の代わりに、ほぼ円となる個々の道筋FGやAE〔各公転〕と、ひとつの共通な運動つまり固有運動と反対方向〔東から西〕への全惑星とさらには天全体の運動、すなわちアリスタルコス[003]に従うと、静止状態の宇宙に対する、軸QRの周りでの固有運動と同じ

定義——
* ▶「順行方向に」というのは、白羊宮から金牛宮等々の一連のそれぞれの宮に従って、ということである。この一連の宮は西から南を通り東の分野へと展開し、さらにそこから天底へと向かい、また西へと展開する。つまりFからGへ、AからEへと続く。

第1部——仮説の比較について

100

方向〔西から東〕への地球Tの運動〔自転〕とが残されたのである。

　第1の運動である日周運動を切り離し、数日間にわたる対比によって把握される個々の惑星に別々に具わっている運動のみを検討しても、これらの運動にはなお共通の日周運動を含んでいた先の場合よりもずっと大きな混乱が現れた。実際にはこの残余の混乱は先にもあったが、日周運動が非常に速かったのでそれほど目立たず、観察もされなかったのである。しかもこのような残余の混乱は先には細かな部分に分割され、非常に多くの日数と非常に多くの日周運動の螺旋とに分散していた。ところが今や日周運動が取り除かれたので、星の運動を細分化して多くの日数に配分できなくなり、多かれ少なかれ星々のあらゆる固有運動と、大多数の運動のあらゆる混乱とが、いっそうはっきりと目立ってきた。すなわち、まず土星、木星、火星の上位3惑星は太陽に接近するにつれて自らの動きを調整することが明らかになった。実際、太陽が近づいてくると、これらの惑星は順行して通常より速さを増しながら進んだ。一方、太陽がその惑星とは反対側の宮に来ると、これらの星はすでに通過した道を後ずさりして戻った。その中間の期間は静止状態になった。しかも、惑星を獣帯のいずれの宮で捉えようと絶えずこういうことが起こった。だが同時に、惑星が逆行するときには輝いて大きく見え、順行して速くなり太陽がやって来るのを待ち望むときには小さく見えることも、目についた。このことから、それらの星は、太陽が接近すると高みに上昇して地上から遠ざかり、太陽が反対側の宮へと離れると再び地上の方に降りてくることが、容易に明らかになった。最後に、すでに述べた逆行と明るさが増すという目に見える現象は、西の分野から南を通過して東に向かうというように、獣帯の宮を順次移動することが観察された。こうして、すでに双魚宮で起こったことはやがて同様に白羊宮でも起こり、その後、金牛宮やそれに続く宮でも起こることになる。

　以上の全てを総括し、同時にプトレマイオスやティコ・ブラーエのように実際に太陽が獣帯を1年間かけて動くことを信じるのであ

れば、その時には必然的に、上位3惑星の天空を渡る周回路が複数の運動から成り立っている場合と同様に実際に螺旋状であることを認めなければならない。ただし、先の糸玉のように螺旋が順序よく並んだ状態ではなくて、むしろ四旬節のブレーツェル〔8の字形の塩味のビスケット〕のような形になっていると言うほうがいっそう正しい。すなわち、ほぼ以下のようになる。

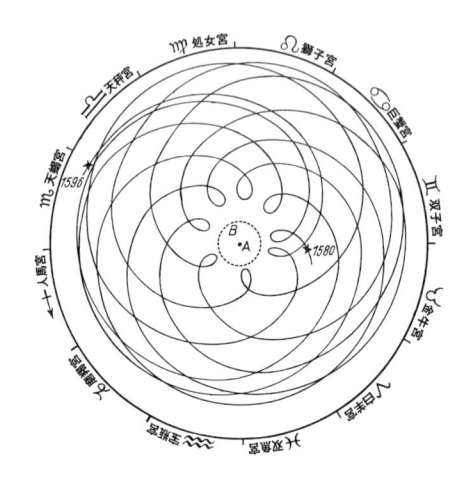

[図：火星の運動軌跡。周囲に黄道十二宮の記号と名称（処女宮、獅子宮、巨蟹宮、双子宮、金牛宮、白羊宮、双魚宮、宝瓶宮、磨羯宮、人馬宮、天蝎宮、天秤宮）、中央付近にA、B、1580、1596の表示]

（これは、プトレマイオスとブラーエの考えに従い地球の静止が真実だとしたときの、1580年から1596年まで天空中を走破した火星の正確な運動の軌跡である。この運動はさらに後まで続いて、やがては錯雑したものとなっただろう。連結は無限に続いて決して元には戻らないからである。また次の点にも留意されたい。すなわち、火星軌道が広大でこれほどの空間を必要とするから、太陽と金星と水星と月、火・空気・水・土〔アリストテレスのいう月下の世界〕の球は、地球Aの周りの非常に狭い小円とその小空間Bに閉じ込められる。しかも、この小空間自体のささやかな分け前の大部分を金星ひとつに譲ることになる。おそらくその分け前は、この図の空間全体から火星に譲った割合よりもずっと大きくなる。地球が静止するのであれば、残る4つの星にも同じような螺旋を割り当てることになり、しかも金星にはもっと錯雑した螺旋を与えざるをえない。プトレマイオスとブラーエはそれらの螺旋のできる理由、その順序、恒常性、規則正しさ

を説明している。すなわち、プトレマイオスは、太陽の動きにならう個々の惑星の離心円上に各々の周転円を回転運動させることによって、ブラーエは、惑星の全ての離心円を太陽の唯ひとつの軌道上に回転運動させることによって行った。けれども、2人とも螺旋自体を実際に天に残している。コペルニクスは、地球に年周運動をひとつ割り当てて全ての惑星からこの非常に錯雑した螺旋をすっかり剥奪し、個々の惑星をあらわになった非常に円に近似する各々の軌道に導き入れる。そこで火星は上述の期間内に、ここで見られる中心に向かうねじれた小鐶と同じ数にひとつ足した分つまり9回、同一の軌道を走破しており、その間に地球は自身の軌道を16周している。)

　しかしまた、各惑星のこれらの螺旋のつなぎ目〔輪になった個所〕の大きさは獣帯の相異なる宮では不等であり、そのために惑星が、ある所では長い獣帯の弧を、ある所では短い弧を通って逆行し、それにかかる時間も、ある場合には長く、ある場合には短いこと、そして逆行する惑星の明るさの増大も常に同じになるわけではないことも、留意された。逆行の中心にくるつなぎ目の期間と位置とを計算してみると、期間も弧もそれぞれ互いに等しくはなかったし、ある期間がその間にできる弧と同一の比率で対応するわけでもなかった。けれども各惑星には、その宮から反対側の宮まで2つの半円の各々を通って期間も弧も全て連続的に増大していく、獣帯上の特定の宮があった。

　こういう観測から、各惑星には2つの不整があって、それがひとつに混同されていることがわかった。その中の初めの不整は惑星が獣帯上の同じ宮に戻ることによって、2番目のは太陽が惑星のほうに戻ることによって元通りになるようなものであった。[★004]

　これらの不整の理由と不整の程度は、混同されている不整を切り離して別々に調べなければ探求できなかった。まず、第1の不整のほうが安定していて扱いやすいので、これから始めるべきだと考えられた。第1の不整の実例は第2の不整をこうむらない太陽の動きに看取されたからである。そこで、この第1の不整から第2の不整を切り離すためには、夜間でも夜の始まりの太陽が沈んで惑星が昇

*その動きを完遂する期間の点から見ると、太陽には唯ひとつの不整しかない。なお、この不整の理由に関していうと、以下に述べるように、太陽においても他の惑星においても2つの理由が協働している。

第1章　第1の運動と惑星に固有の第2の運動の相違……

りはじめるときに当の惑星を観察する以外に手立てがなかった。な
お、このことから夜の始まりの時点は〔ギリシア語で〕「アクロニュキ
オス」と呼ばれた。実際、太陽があってそれと合の状態になってい
ると惑星は普段よりも速く動き、太陽と衝の状態にあると動きが遅
くなるので、この節目の前後では惑星は確かに第1の不整によって
示されるはずだったその位置から大きく離れる。したがって、太陽
と合や衝を作るちょうどその節目では惑星はその本来の位置を通過
する。だが、太陽と合になるときは惑星を識別できないので、この
問題に適した時点としては太陽と衝になる場合だけが残る。

　太陽もやはり第1の不整をこうむっているから、太陽の平均運動
と視運動とは異なる。したがって、問題は、これら2つの運動のど
ちらが惑星から第2の不整を取り除くのか、また惑星の観察は太陽
の視位置と衝になるときにすべきか、それともその平均位置と衝に
なるときにすべきか、ということである。プトレマイオスは平均運
動のほうを選択した。太陽の平均運動を採用するか視運動を採用す
るかで相違があるとしても、観測できるほどではないと考えたから
であり、また太陽の平均運動を採用すると計算と論証が容易になっ
たからでもあろう。コペルニクスとティコはそれぞれ異なる仮説を
採ったが、やはりプトレマイオスに従った。だが私は『宇宙の神秘』
第15章に認められるとおり、目安として太陽の視位置と太陽の本体
とを立てる。後に続くこの著作の第4部と5部で、そのことをすっ
かり論証するだろう。

　けれどもその前にこの第1部で、太陽の平均運動の代わりに視運
動を適用すると、いかなる周知の宇宙論に従おうと天空中に全く別
の惑星軌道が立てられることを証明するだろう。その証明は仮説の
理論上の等値に依拠するので、この証明から始める。

---

定義——

*▶太陽の視位置とは、太陽がその不整によって占めると認められる位置である。
平均位置とは、太陽がその不整をもたないとした場合に太陽が占める位置である。

第2章

# 離心円と周転円付同心円の<br>単純な最初の等値と<br>その自然学的理由

　こで初めに論じるのは、プトレマイオスが著書の第3巻で、コペルニクスが著書の第3巻第15章で証明した第1の不整をうまく説明するために採った仮説の理論上の等値性である。この場合、実際に離心円の長軸線が周転円の中心と同心円上の惑星とを通る線と、常に平行を保つものとし、この周転円の半径が離心円の離心値と等しく、一方、離心円の半径と同心円の半径とがまた等しく、かつ惑星が離心円上では等速運動をして等しい時間で等しい弧を描くものとすれば、離心円は同心円上の周転円と同じ役割を果たす。

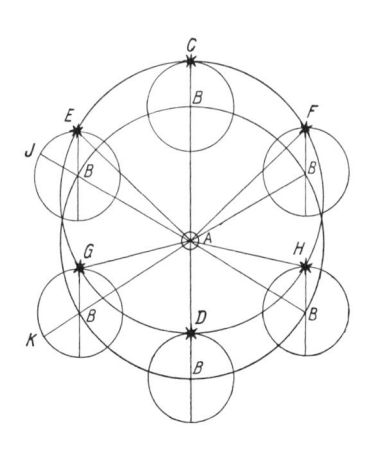

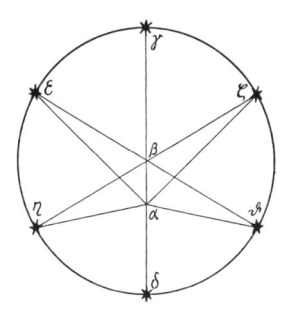

　まず視点をAとし、これが周転円BC、BEのある同心円BBの中心とする。2つのBの間にある弧もしくは角BABは等しいものとする。惑星はまずCにあり次いでE、Gに来るが、線分BE、BGはBCに平行とする。次に離心円γζの中心をβとし、βγ、βεはABと等しいとする。またαを視点とし、(離心値)βαは周転円の半径BC、BEと等しく、

それらと平行とする。さらに弧γε、γζつまり角γβε、γβζは互いに等しく、先の角BABとも等しいとする。私の主張では、距離ACとαγは等しく、同様に、AEとαε、AGとαη、ADとαδ、AHとαθ、AFとαζが等しい。また同じく、角EACとεαγとが等しく、以下、同様である。そして惑星は等速運動していても、いずれの場合もA、αから見れば、C、γにあるときは遅く、D、δにあるときは速く見えるだろう。このことはプトレマイオスが著書の第3巻で証明したから、ことばを重ねる必要もない。幾何学者に対しては上の図が語ってくれる。他の人々はプトレマイオスの著書に問い合わせればよい。

　これらの図の自然学的な説明については、かなり大きな相違がある。それを明らかにするために、もう少し根源まで戻り、アリストテレスの原理に従うポイエルバッハの説とティコの説とによって別々に説明しなければならない。[★006]

　プトレマイオスは、観測結果に適用した幾何学から明らかになるとおりに何も付け加えずこれらの円を描いてみせた。ポイエルバッハは、エウドクソスとカリッポスが天文学の拠り所とした幾何学的な仮定を用いて同じ課題に取り組んだアリストテレスの説に従って、これらの円の走破の仕方を立てた。

　彼ら専門家は惑星のあらゆる不整を論証するために25の天球を用いたが、アリストテレスは天が固体の天球に満たされていると思っていたので、さらに24の回転する天球をその間に入れるべきだと考えた。天球相互の表面が接触しているので下位の天球が上位の天球によって引きずられてしまうような事態から解放するためだった。そこで、アリストテレスは全体で49の天球（あるいはカリッポスの説に従うと53もしくは55の天球）を積みあげて、各天球にそれぞれの主動者を当てた。その主動者が、自らの天球とその内側の全ての下位の天球とに、いわばある場所において、すぐそばで取り囲む上位の天球がもつのと全く均一な運動を与える。こうして運動の方向性と、天球が自らの出発点に戻る速さとの恒常的な理法が現れるという。[★007]しかもかの哲学者〔アリストテレス〕は運動が永遠に続くとしたので、

主動者もまた永遠なものとした。すると主動者は無限の時間にわたって運動を与えることになるが、アリストテレスは質料をもつどんなものも無限ではありえないことがわかっていたので、主動者も質料をもたず独立した、それ故に不動の始原だとした。さらに運動の永続性から宇宙の永続性を立てたが、本質のこうした持続こそ、悪しき消滅と相反する宇宙全体の善さであり完全さなので、彼はその始原に、至高の完全さとその自覚、正しい自覚により善を正しく行う意志を配した。こうして独立した知性、要するに神々を、天体の永続的運動の管理者として導入した。さらにアリストテレスをはじめとする人々は、知性のみが補助できるように、天球とより緊密に結びついた、天球を形成する主動霊も加えた。それは、動者〔動かすもの〕と可動体〔動くもの〕とが必ずどこかで出会うように思われたか、あるいは通過する空間を考えると、どんな運動も無限ではないように動かす力も無限ではなく、限られた時間に限られた空間で作用すると思われたからであろう。そこで彼らはこの動かす力を霊魂に移し替え、天体の球に内在できるように、限られた範囲で質料を取ることを認めた。

　哲学者の議論は形而上学的だが、知性と霊魂とのこの結合は天文学者の特殊な関心に完全に合致している。すなわち人間においては、運動能力と、感覚の指示に従って運動能力を使用する意志とは別のものであって、感覚は用いる手立ても構造も運動能力とは異なり、感覚器官のほうが運動能力の伝達器官よりも卓越している。同様に、アリストテレス的なこれらの天球を考察の対象にすると、以下の2つのものが出てくる。①その活力と不変の強さにより回転周期が生じる、天球を円くするに足るだけの運動の力。②その力が向かう方向。前者は霊的な性能に、後者は理解もしくは記憶の本性に帰するほうがよい。実際、全体に天上の世界の全ての運動もしくは現象は天球のこの堅固さによって、運動を司る者の深慮を入れる余地が全くないほどにあらかじめ整えられており、運動のあらゆる多様性は天球の数の多さと配列とに由来するのであって、主動霊が自らの活

力を受け入れて保持しつつ、まるで出発点の柵から広々とした空間に放たれるように、創造の当初からそれぞれに自身の分野へと駆り立てられるだけでよいのかもしれない。それでも、各惑星をまるで特定の地方に派遣するように各自の方面へと送り出すこと自体は、かの至高の知性の仕事だということを考えなければならない。宇宙の始まりについて何も知らなかったか、もしくは始まりのあることを信じなかったアリストテレスは、その役割を運動の創始者自身に帰せざるをえなかった。そしてアリストテレスの信奉者たちや、信仰告白によってキリスト教徒となっているスカリゲル[★008]までも、公然と、天球のこの運動が自発的なもので、その意志の始原は天球の自覚と欲求だと論じている。

　ポイエルバッハに戻ると、彼や他の人々、なかんずく天球論の著者たちも、第1の図を説明して、周転円全体と同じ厚みをもつひとつの固体の同心球とその球層の中にある周転円〔むしろ周転球〕と周転円上にある惑星を思い描く。そこで彼らは（自然学的考察を貫徹する場合）これら2つの球に2つの主動霊を配して、球が互いに反対方向に向かって同じ時間で一周を終えるようにするために、各主動霊は同じ比率の力をもつとした。

　2番目の図で必要なのは、2つの導円（意図的に遠地点の漸進を取り除いて運動を単純にしておくかぎり、これらの導円は不動である）と、惑星本体と同じ厚みをもつひとつの天球と、その球の中にある霊魂である。この霊魂が常に一様な努力によって天球を初めから押しやる方向へと公転させていく。そこで、仮に天球のこういう堅固さやその他の仮定も認めれば、主動者が第1図ではACに、第2図では$\beta$に注意を向けなくても、第1図ではBCとBEが平行のままであり、第2図では軌道$\gamma\varepsilon$が中心$\beta$の周囲を動いていくことになる。主動者は物体のもつ必然性か、もしくは天球相互の配列と接触とによって導かれるからである。

　ところがティコ・ブラーエが、これまで主動霊が（盲目であっても）決められた道を見出す杖として役立った天球の堅固さを、非常に確

第1部——仮説の比較について

かな論拠によって打破した。こうして惑星は、鳥が大気中を飛んでいくように、何もない天空に自らの行路を描くことになる。そこで、これらの図についても論究の仕方を変えなければならない。

初めは、この類の運動を調整する力はいずれも惑星本体に内在しており、それを外に求めるべきではないと想定しておく。

すると、惑星は本有の力によって何もない天空で完全な円、すなわち第1の図では周転円、第2の図では離心円を描かなければならないから、この主動者の務めは明らかに2つになる。ひとつは、惑星本体を運ぶのに十分な優れた性能をもつこと、もうひとつは、円になるような線も区画もない天空の大気中に、円となる境界線を見出す学知すなわち知性を具えていることである。単純で非理性的な魂から出た運動の性能自体が円運動に適した本性をもっており、それは石の自然な本性が直線的に落下するのと全く同じだ、などと決して言わないでほしい。神が知性の支援を欠いた非直線的な永久運動を立てたと私は認めないからである。人体においてもやはり全ての筋肉は直線運動の原理によって動く。筋肉は明らかに収縮することで盛りあがり、筋頭から離れると小さくなるが、盛りあがると四肢は筋肉に接近し、小さくなると遠ざかる。同じことは環状筋にも特有の仕方で起こる。環状筋は体内の通路の監視者として置かれており、環状繊維が伸びきると通路を緩めて広くし、より縮んで戻ると通路を狭める。全体に何の支障もなく自由に旋回するような四肢は何ひとつとしてない。頭や足、腕、舌の屈曲作用は、機械的な仕組みによって、移動したり伸展したりする多くの直線的な筋肉を介して表出する。つまり、運動の性能はその本性において直線に向かう傾きをもっていても、その四肢を曲げて回転させることができる。同様にして、水もある種の機械により高い所に導かれる。それは、運動を生じる物体の本性が高い所に向かう傾きをもつからではなくて、さまざまな導管の配列によって、もっと重い物が下方に向かうと強制的に水が上方に退くようにできるからである。もし四肢のある部位に完全な円運動があったとしても永続はしない。人体におい

ては知性が心魂の性能を司る以上、そういうことがあっても別に不思議ではないだろうし、運動の性能に人体のある部位を旋回できるようにさせる道があったら、それは人体でなおざりにはされなかっただろうが。

　さらにどんな知性にとっても、中心か、ないしは近づいたり離れたりするのに応じて大小の角度の下に現れる物体を標識としなければ、円軌道を表示するのは不可能である。円は中心からの距離が等しいという同一の基準によって定義され作図されるので、上述の運動の性能がどれほど高度でも、円は神にとってさえこういうものでしかないからである。幾何学者たちは確かに、円周上の3点が与えられたら円が完全に描けると教えてくれる。しかしこの場合でも、円周の一部（当然ながらこれは3点を通る）がすでにできあがっていることを前提とする。では、残る道筋を形成するためのこういう出発点を惑星に示すのは誰なのか。こうしてアヴィケンナの説に従い、★009 惑星の主動者がその軌道の中心と中心から惑星までの距離とを自ら思い描くか、もしくは何か別の円の特性が提供され、その支援によって直接に完全な円を描くとするほかない。

　そこで、これら2つの図に関する自然学的な仮説を別の仕方で考えてみる。より単純な後の図では、$\gamma\varepsilon\delta$の道筋を通って惑星を公転させる主動者が惑星自体に内在するというわれわれの想定がともかく正しければ、必然的に、$\gamma$、$\varepsilon$、$\eta$、$\delta$から眺めた（もしくは眺めたかのような）、$\alpha$にある物体の見かけの大きさを惑星の主動者が認知することになり、それ故に惑星は等速で進むとともに（妨害のない完全な主動霊のはたらきがこれを行える）、$\alpha\gamma$、$\alpha\varepsilon$、$\alpha\eta$、$\alpha\delta$の全ての距離を、それらの距離が離心円$\beta\gamma$から幾何学上の法則に従って出てくるとおりの順序で表示しようとしただろう。この目的のためには、$\alpha\gamma$が$\alpha\delta$よりどれほど長いのか、つまり惑星が具現しようとする軌道の、惑星がその周囲をめぐることになる$\alpha$にある物体からの離心値が、どれくらいの大きさか、ということも知らなければならない。こうして、この惑星の主動者は多くの仕事に同時に気を配ることに

なる。これを避けようとしたら、惑星は全く物体のない、つまり実在する目印のないβという点に注意を払って、その点から等距離になるように自らを保つと主張せざるをえない。

　一方、前のほうの図は自然学的には以下のように説明される。すなわち、自らは物体を伴わずに同心円B上にあり、力を均一に発揮してAにある物体の周囲を自ら旋回し、かつAから等距離を保つような原動力が考えられるが、それとは別に、惑星の本体Cには、物体に依存しないBの原動力に留意し、それと自分との近さを考慮して保持し、結局はそのBの周りをも等速で旋回できるようなもうひとつの原動力がある、ということになる。そこで再びこの原動力はいっそう多くの仕事に携わるだろう。しかし、非物質的な原動力が物体でないものにあって、ある場所である時間に運動するが基体はもたない、つまりその原動力自体がある場所から別の場所へと動く、というのはとても信じがたい。そこで私はこれらの不条理を想定してこの議論を進め、結局は、全ての運動の原因が惑星本体もしくは惑星軌道に内在する、とするのは不可能なことを主張して、それとは別の、もっと容易な運動の形態を納得してもらえる道を立てよう。

　以上の説明は、これらの図に関して天文学が惑星軌道はここに見えるような完全な離心円だと証言しているとして、仮説の形で行ってきたが、天文学が別の事柄を発見するようであれば自然学的な考察もまた変わるだろう。

　さて、これらの仮説が理論上等値である場合、Aとαでの見かけの角度だけでなく、天空の大気中を通るきわめて真正な惑星の通り道そのものもそれぞれの仮説で同一のままに止まる。惑星が角CAEをめぐってCからEにかけて描き出す弧の形状と大きさは、そのまま、それと等しい角γαεをめぐってγからεにかけて惑星が描き出す弧の形状と大きさでもあるからである。

# 第3章

## 相異なる観点や量的に異なる仮説が
## 理論上等値となり一致して
## 同一の惑星行路を形成する

次に、この同じ惑星運動が相互に等しいままなのに、どのようにして別々の外見を呈しうるのか、またどのようにしてここで2説の形が理論上等値になるか、示そう。

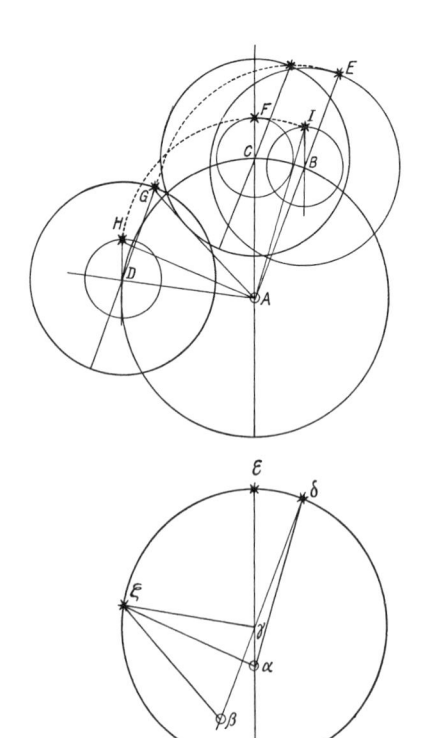

Aとγを中心とし、等しい距離ACとγεを半径として円CDおよびεζを描き、これらの円に、相互に平行な中心を通る線分CAおよびεγを引き、さらにこれらの線分に対して傾斜するように、同様に中心を通る別の平行な線分AB、γδ、同じくAD、γζを引く。またBを中心とし距離BEを半径とする周転円と、同じくDを中心としBEと等しい距離DGを半径とする周転円を描き、惑星がEやGにあり、DGとABが平行であるようにする。同じく距離BEと等しい線分を直線δγ上のδとは反対側に作り、それをγβとする。そしてGとA、ζとβを結ぶ。そうすると、前章によりこれらの仮説は等値となるだろう。そしてAとβに視点を置くと、角EAGと角δβζとが等しくな

第1部——仮説の比較について　　112

り、同様に、EAとδβ、またGAとζβとが等しく、最後に、弧EGと弧δζも等しくなる。

さらに、B、C、Dを中心とし距離BI、CF、DHを半径とする、より小さな周転円を描き、ACをFまで延長し、BI、DHがCFと平行だとする。惑星はI、F、Hにあるものとする。そうするとまたしても第2章により、円IFHが円δζと等しくなるだろう。

そこで点δから弧IFを伸ばしてεで終わるようにし、εからγを通るεγを引き、εγがCAと平行になるようにする。そして距離CFと等しい線分を直線εγ上のεと反対側に作り、それをγαとする。さらにIとHをAと結び、同様にδとζをαと結ぶ。すると再び前章により、これらの仮説は等値となるだろう。そして視点をAとαに置くと、角FAHと角εαζが等しくなり、角FAIと角εαδも等しくなる。またFAとεα、HAとζα、IAとδαも等しくなり、最後に、弧FHとζ、同様に弧FIとεδも、作図の仕方から同様に等しいものとなる。

したがって、惑星の行路を固定したままで視点をβからαに移し替えると、結果として異なった外見が現れるだろう。周期の同一時点にあっても、そうである。δとζは同じ場所であってもβから眺めるのとαから眺めるのとでは違って見えるからである。これに対して、視点をAに固定して惑星の道EG、IHの大きさを変えなくても、その行路の位置が変わると、再び惑星は行路上の同じ場所にあるのに異なる場所に現れるだろう。行路全体が移行したからである。そこで、αから眺めようとβから眺めようと、惑星はどちらの場合にも同一時点ではδないしはζにあり、またそれぞれの仮説は等値だから、それ故に惑星は同一時点において相異なる周転円上の場所I、Eを占めると言わなければならない。G、Hについても同様である。ただ、第1の図では視点が固定されていて惑星の行路は周転円の変動によりその位置がずれるが、第2の図では惑星の行路の位置が同じままでも視点の位置が先の行路のずれと同じ分だけ反対側にずれる点で、違っているにすぎない。けれども、もし必要ならば、上の章で論証したことによって、固定するものを移し替えて、第1図で

113　　　第3章　相異なる観点や量的に異なる仮説が理論上等値となり……

は行路を、第2図では視点をそのままにすることもできる。

　この論証を用いれば以下のような結果が得られよう。すなわち、第2章の単純な仮説により上位惑星の第1の不整をうまく説明できるのであれば、確かに、この不整を平均太陽との衝のときに検討しようと視太陽の衝のときに検討しようと、困難は全く生じないだろう。行路は実際には同一のままで、惑星もどちらの図であれ任意の時点において行路の同一点にあるだろうからである。ただ、この行路の位置が第1図では太陽の離心値の分だけ変わり、第2図では（行路の位置は同じままでも）離心値を算出する起点となる点がやはり同じ分だけ移動するだろう。

　自然学的考察では上述の事柄はそのままだが、ただ原動力の強さの点でその大きさつまり量的数値が変わってくる。

# 第4章

## 同心円上の2重周転円ないしは離心周転円と離心円におけるエカントの間[*010]に認められる不完全な等値

　上位惑星の第1の不整をうまく説明するときの第3章の単純な仮説の論点は、以上のとおりであろう。だが実際には、プトレマイオスは惑星の第1の単純な不整を論証するためにもっと手の込んだ仮説を用いる。

　Bを中心として離心円DEを描き、BAを離心値とし、視点をAとする。BAを通る直線を引いてDを遠地点、Fを近地点とする。この直線のBの上方に、BAと等しい線分BCを取る。そうするとCはエカントの点になる。すなわち、円の中心がCではなくてBであっても惑星はこの点Cの下において等しい経過時間で等しい角を作る。

　コペルニクスは第4巻第7章と第5巻第4章で他の事柄とともにこの仮説も挙げ、不等な天体の運動を立てて自然学的原理において誤りを犯すものとしている。すなわち、惑星の本体が通過していく円周上に点Eを選び、EをC、B、Aと結ぶ。そしてDCEもECFも直角とする。そうすると、確かに等しい経過時間によって作られたこれらの角は等しく、外角DCEは内角CBE、CEBの和に等しいから、その一部CEBを除くと、残るCBEつまり角DBEは角DCEよりも小さい。故に、角FBEはDCEつまりFCEより大きい。一方、弧DEは角DBEを測り取り、弧EFは角EBFを測り取る。したがって、弧DEは弧EFより小さい。しかも惑星はこれらの弧を同じ時間をかけて通過する。故に、惑星が固着している固体の天球（これがコペルニクスの見解である）は同一でも、天球に運ばれる惑星がDからEに進むときは遅くて、EからFに行くときは速い。だから、固体の天球全体があるときは速く、あるときは遅い。これをコペルニクスは不条理として斥ける。

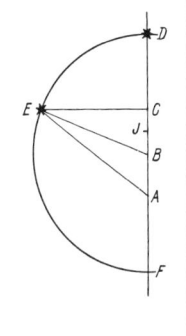

原動力が裸の惑星ではなくてどんな所も均一な〔惑星のはまった〕固体の天球を支配しているのであれば、当然のことながら私もこのような説を不条理として斥けるだろう。だが、固体の天球がない以上、今や下記のような事柄についてほんの少しだけ変更すれば、この仮説が自然学的な整合性をもつと認めてよい。しかもこの仮説は（たとえプトレマイオスが気づかなかったとしても）惑星を運ぶ2つの原動力を立てたのである。そのひとつはAにある物体（天文学改革ではまさに太陽そのもの）に想定される。この原動力が自身の周囲に惑星を旋回させようとするわけだが、Aから隔たった所にある無限に多くの点に応じて無限に多くの強度を取るとされる。そこで、ADが最も長くてAFが最も短いのに応じて惑星もDでは最も遅くFでは最も速くなる。そして一般に、以下の第3部で十分に論証するとおり、ADとAEの比がDにおける遅さとEにおける遅さの比となる。もう一方の原動力は、この仮説では惑星自体に帰される。惑星にとっては、この原動力が角の強度にもとづくか太陽の視直径の増減を考慮に入れて太陽に接近するか遠ざかるかを調整して、ABに等しい、平均距離と最大距離および最小距離との差を作り出してくれれば、それで十分なのである。したがって、エカントの点Cは、自然学上の仮説に従って均差を算出する幾何学上の全く便宜的な手段にすぎない。けれども、プトレマイオスの好みにあったように、惑星の通り道が完全な円だとすれば、惑星は、自身がもうひとつ別の外来の原動力に運ばれていくさいの速さと遅さとを知覚する何らかの感覚をもたなければならない。惑星がこの感覚の指示に

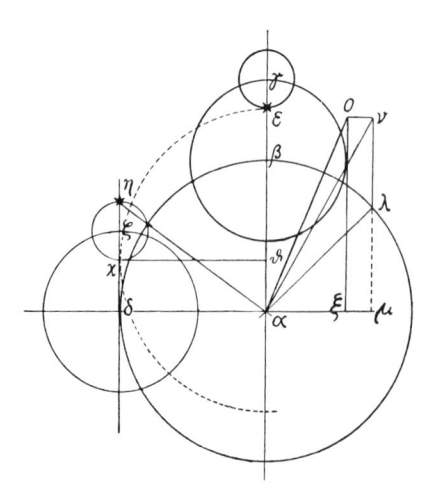

第1部——仮説の比較について　　116

従って、近づいたり離れたりする自身の動きを調整し、通り道のDEが円になるようにするためである。したがって、惑星には円を熱心に求める気持と知力とが具わっていて、自身に固有な遅さと速さの比が外来の原動力の強度と相異なるようでなければならない。だが、観測結果に支持された天文学の論証によって、この仮説の前提に反し、惑星の通り道が完全な円になるわけではないことが明確になった暁には、この自然学的な考察の立て方を変えて、惑星の力をこういう手の込んだ要求から解放するだろう。

　コペルニクスに戻ろう。彼は自らの見解に従って明らかにされた上述の不条理を回避して、以下のような手順でエカントを別の周転円に置き換えた。[★011] 中心 α の周りにBDに等しい距離 αβ を半径として同心円〔つまり導円〕βδ を描き、α を視点とするようにして、BDと平行な線分 αβ をその両側に延長する。また角DCEに等しい角 βαδ を立てる。一方、BCをJで2等分する。そして β と δ を中心とし、AJに等しい距離 βγ と δζ を半径として第1の大きな周転円を描き、δζ を αβ と平行とする。最後に、γ と ζ を中心としJCと等しい距離 γε と ζη を半径とする第2の周転円を描き、その動きは順行方向を取り、第1の周転円の動きに比べ2倍の速さとする。第1の周転円の動きは逆行方向を取り、速さは離心円の動きと等しいとする。[★012] そこで、γ が直線 αβ 上にあるとき惑星は β に最も近い点 ε にあるものとする。だが、βαδ が直角となるとき惑星は大きな周転円の中心 δ から最も離れた点 η にあるものとする。ティコ・ブラーエも敬虔にもコペルニクスのこの特殊な仮説に細心綿密に従っている。

　この仮説は、自然学的に考察した場合、固体の天球を容認するのであれば確かに何とか成り立つ。しかし、ブラーエのように当然のこととして固体の天球を排除すると、その主張はほぼ不可能である。運動を導く3つの知性が惑星ひとつに集結することを別にしても、その中の2つが残るひとつの知性による運動や α にある物体への接近と相互に混同されているからである。実際、知性が（全く物体によって限定されずに動き回っている）自身の中心を看視することは、いくら

考えても想像できない。しかもコペルニクスは運動の均一性の点でプトレマイオスに優ろうとしながら、逆に、惑星軌道の完全さの点ではプトレマイオスに劣る。すなわち、プトレマイオス説では惑星は天空の大気中を通りながら本体によって完全な円を描く。一方、コペルニクスは著書の第5巻第4章で、自説では惑星の通り道が円ではなく脇の方に逸れることを認めている。それは、ここに掲げた図で容易に証明される。

すなわち、遠地点における惑星の位置εから軌道半径の距離αβをθまで延長して、θからαδと平行な線分θκを引くと、θを中心に描かれた円εκは確かにεと近地点にあるεの反対側の位置とを通る。だが、円はただκだけで直線δηに接するのに惑星はηを通るので、惑星は円εκ上に止まらず、この道筋を越え出る。こうして惑星の通り道が完全な円から逸脱するので、プトレマイオスならば当然コペルニクスに反対しただろう。だが私は反対しない。以下の第4部で論証するが、作用の単純な2つの物理的な原動力が惑星を運動させるために協働すれば、惑星は必ず一時的に円から逸れるからである。ただし、このコペルニクスの仮説のように円から外に出るのではなくて、反対側に、つまり円の中心へと入り込む。

さらに、コペルニクスが周転円相互の比を思うように構成する自由も保持していたら、惑星の通り道がついには曲がりくねって、遠地点の前後では遠地点よりも高くなり、近地点の前後では近地点よりも落ち込んだかもしれない。ティコはこの点ではコペルニクスにならったので、月に関する説で実際にそうなった。

この2つの仮説の形が単純には等値にならないことも、いずれ数値を挙げて証明する。

プトレマイオス説でも、以下のようにすればプトレマイオス自身が行っているよりもっと簡略に計算ができる。〔先の図で〕まず三角形CBEにおいて、角ECBつまり平均アノマリアDCEが与えられ、辺CBつまりエカントの離心値と軌道半径BEも与えられる。そこで、軌道半径対角ECBの正弦はCB対角CEBの正弦に等しい〔ここで角

定義——
*▶平均アノマリアとは、惑星が遠地点にあったときを起点とする経過時間を恣意的にそう呼んだものである。すなわち、惑星が遠地点から出発して再び遠地点に戻るまでの時間全体が、円と同じように360°に分割される。
真アノマリアとは、遠地点の位置と(獣帯の中心から見た)惑星の視位置との間にある獣帯〔という円〕の弧である。
均差とは、両アノマリアの差異である。

第1部——仮説の比較について 118

CEBが求められる〕。また角ECDは相対する内角CEBとCBEの和に等しい。したがって、角DCEから角CEBを引くと角CBEが残る。そこで、三角形EBAにおいてBにおける角とそれを囲む2辺が与えられる。BAは離心円の離心値であり、EBは軌道半径だからである。したがって、こういう形の三角形に関する法則により〔一角とそれを囲む2辺の大きさがわかればその三角形は作図できるので、残る辺と角の大きさが知られる〕、角BEAが与えられる。一方、先に角CEBが与えられていた。そこで、均差全体としての角CEAが出てくる。

　さて、われわれはこれから火星の運動によく出てくる数値を用いる。すなわち、プトレマイオスはCBとBAが等しいとしたが、コペルニクスはこの規則にこだわらずに別の比を採用しており、ティコ・ブラーエもそれに倣おうとした。そこで、BEを100000とすると、CBは7560、BAは12600となる。そしてまず角DCEを45°とすると、その正弦は70711である。そうすると、100000対70711は7560対5346となるが、その逆正弦〔アークサイン〕は3°4′52″[013]で、これが角CEBである。それを45°から引くと角CBEの大きさ41°55′8″が残る。この半分は20°57′34″で、その正接は38304である。またEBが100000、BAが12600だから、その差は87400で、これを半径〔100000〕に掛けて〔EBとBAの〕総和の112600で割ると77620が得られる。これを先の正接38304に掛けると、その積は29732となる。その逆正接は16°33′[014]30″である。これを先の角CBEの半分から引くと4°24′4″が残る。これが角BEAである。したがって、プトレマイオス説では、角CEA全体は7°28′56″である。コペルニクス説で均差を求める通常の方法はティコの『予備演習』第1巻に見える月の運動の表やコペルニ[015]クス自身の著書から明らかになるが、私は今は通常の方法とは異なる、45°のアノマリアに適した別の計算法を用いたい。すなわち、角βαλを45°とし、λνつまりβγを16380、γεつまりνοを3780とする。またονλは直角でβαλの2倍であり、νλはβαと平行とする。νλとδαを延長してその交点をμとする。さらにοからνμと平行にοξを下ろす。そこでλαμは45°だから、αμとμλは等しく70711である。それにλν[016]の

16380を加えると μν もしくは οξ は87091となる。そして γε と νο と ξμ は等しいから、αμ から ξμ を引くと αξ の66931が残る。そこで、οξ 対 ξα は全正弦対76852となり、これが角 αοξ もしくは οαβ の正接で、角度は37°32′37″となる。これと45°との差異は7°27′23″である。したがって、コペルニクス説とプトレマイオス説とのこの位置での均差の相違は1′33″で、非常に小さい。[★017]

　再びプトレマイオス説において、DCEを直角とする。すると、ECBは直角でEBが100000なので、BCは角CEBの正弦となり、その角度は4°20′8″になる。だから、EBCは85°39′52″で、それ故、ECは99713である。したがってEC対CAが半径対CEAの正接で、それは20218となる。こうして均差の角CEAは11°25′48″である。一方、コペルニクス説の形では、ηδα が直角で δα が半径だから、CAと等しい ηδ 全体が正接となる。したがって、角 ηαδ は11°23′53″で、その差は1′55″である。[★018]

　こうして、離心円の均差に関しては、両仮説が理論上等値になるための障碍がきわめて小さいことが認められよう。*

　けれども、2つの仮説の形は、α にある視点から惑星までの距離において一致せず、そのために年周軌道のプロスタパイレシスにおいても一致しない。すなわち、プトレマイオス説では、DCEが90°の場合、角AECの正弦対ACが全正弦対AEに等しく、AEは101766になる。一方、コペルニクス説では、ηα は角 ηαδ の正割で102012になる。差は端数の246だが、これが年周軌道のプロスタパイレシスでは、以下の第4部で明らかになるように、やや大きな影響を与えるかもしれない。ブラーエがコペルニクス説において見出した火星の離心値20160をプトレマイオス説で20103と立てれば、そのほんのわずかな均差の相違を消し去ることはできる。だが、均差が43′変わらなければ、コペルニクス説の距離はプトレマイオス説と等しくならない。私は両説の等値を明らかにしようとして、ティコの月の運動表の仮説に従いコペルニクス説の2つの周転円をプトレマイオス説のエカントの点をもつような離心円に置き換えてみた。にも[★019]

**定義**──
＊ ▶ 離心円の均差は第1の不整にある。軌道の均差は第2の不整にある。年周軌道のプロスタパイレシスも同じである。

かかわらず、月のもつ別の特殊な不整のためにやはり周転円を加えることになった。

　最後に、第2章により、このコペルニクス説の〔導円としての〕同心円をもつ大きな周転円を全く完璧に等値なものとして離心値が大きな周転円の半径と等しい離心円に置き換えることができたので、この離心円にコペルニクス説の小さな周転円を重ねて加えると離心周転円が生じるだろう〔次章の図を参照〕。これは、完全に同心円上の2重周転円と理論上等値になり、やはりこの2重周転円と同様にプトレマイオス説のエカントをもつ離心円とそれほど違わない。

# 第5章

## エカントもしくは第2周転円を用いたこの軌道配列も実際には同一(ないしはほぼ同一)でも惑星を平均太陽もしくは視太陽との衝で観測するのに応じて同一の時点でどの程度まで異なる外観を呈しうるか

この課題を2つの方法によって進める。そのひとつでは、プトレマイオス説とコペルニクス説とが理論上等値になる。もうひとつはコペルニクス説の形に特有の方法で、先にこちらの方法を、われわれの企図とは性質が異なるものとして述べる。この方法はもうひとつの方法に比べて融通が利かないからである。

$\gamma$を中心に$\gamma\delta$の大きさを半径として離心円を描き*、その離心円で初めに$\alpha\gamma$を長軸線、$\alpha$を視点とする。この直線を$\varepsilon$まで延長する。そして$\gamma\alpha$を離心値つまりコペルニクス説における大きな周転円の半径の大きさとする。両説が等値になることは第4章の末尾で述べたからである。そこで、$\varepsilon$を中心に$\varepsilon\eta$の大きさを半径として小さい周転円を描く。この円の中心が$\varepsilon$にあるとき、惑星は直線$\varepsilon\gamma$上にやって来て$\eta$にあり、こうして離心円$\varepsilon\delta$を、惑星ではなくて惑星を運ぶ周転円の中心が走破するものとする。そこで第4章により、ここに表されたのがコペルニクス説の形となる。さらに第3章により、実際には、つまり惑星の行路を直接表示する場合、その形と理論上は等値だが外見上は異なる別の形を立てる。それを視点の$\alpha$からの移動で行う。第3章末尾により、視点を$\alpha$に置いたままで、離心円を移しても直線のほうは平行を保ち、こうして離心円の大きさを保持しながら、ただその位置だけを変えるようにしても、同じことはできただろう。だが、われわれは着手したことを以下のようにして行っていく。視点の位置を先の長軸の直線外に取ってそれを$\beta$とし、$\beta\gamma$は$\alpha\gamma$と異なった大きさ、つまり新たな離心値ないし新たな大き

**定義――**
*►離心円という語はここでは特殊な意味をもっている。

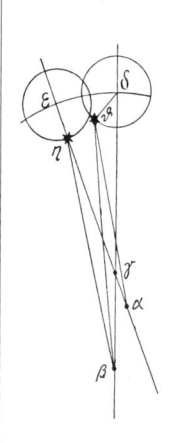

い周転円の半径とする。こうしてβγを通る新たな長軸線βδを引き、δを中心に先のと等しい周転円を描く。ここでは周転円の中心が長軸上のδにあるとしても、今度は惑星を先の場合のようにγにいちばん近い点に置かず、角εγδを考慮して、εのほうに開いたその2倍の角θδγを立て、周転円が長軸線上のδにあるとき惑星をθに置くことにする。たとえ視点がαにあり周転円がδにあったとしても、惑星はこのような位置に置かれるだろうからである。こういうやり方をすると、合成された惑星の真正な行路は完全に同一のままでありながら、外見は変化するだろう。視線がこの場合のβθ、αθあるいはβη、αηのように相互に傾きを取ると、恒星下でそれぞれ相異なる位置に当たるからである。

　視線が平行なときも恒星下で相異なる位置に当たるから、そのために相互に傾きを取る必要はない、という異論があるかもしれない。それに対しては、確かにお説はもっともだが、平行な視線どうしの間隔が恒星天球の半径と比べて感知できるほどの大きさでなければ、各々の視線の間に切り取られた恒星天球の広がりが視覚によって感知できない、と答えられる。

　自然学的考察では、第3章で述べたこと以外に、外見が変化しても惑星行路を同一にしておくために、小周転円に結びついた知性は大周転円の知性と異なる導円上の点を看視する、ということも立てておく必要がある。すなわち、2番目の状態では大周転円つまり離心値が直線βδにくるが、小周転円は視点を通らない直線αεにくる。（αに視点を置いた）最初の状態では大小いずれの周転円も同一の直線εαにきたのに、2番目の状態では視点がβに置かれるからである。こうして、同一の惑星行路を得るために、自然学では仮説の形が単純に同じままではすまなくなる。2番目の状態でも大小各々の周転円を同一の長軸線βδ上にもってくることによって同じことを再現しようとしたら、いずれの状態でも離心円も周転円も同一のままでありながら、周転円上の惑星の位置が同一の時点にそれぞれ別々の所に来るだろう。そこで、2番目の状態では完全に同じプトレマイ

オス説の形を表していても、惑星の行路自体は変わるだろう。したがって、ここから以下のような帰結が得られる。すなわち、惑星の第1の不整は第4章で構成された仮説によってすっかり説明されるはずだから、同時に（太陽に関する理論の円軌道と異なって）惑星軌道それ自体を本来の位置からずらすか、第4章のプトレマイオス説の形を変えるかしないかぎり、惑星と平均太陽との衝でも視太陽との衝でも同じように第1の不整を考量できるようにはならない。

　こういう形の移し替えは、メストリンが私の著書『宇宙の神秘』第15章の一覧表を作成してくれたときに用いたものである。実際、コペルニクスは、プトレマイオス説を一般的な自説の形に直すとき、太陽軌道の離心値全体の分だけ太陽本体の中心から離れているような、太陽のすぐ近くにあるほぼ不動の点に視点が固定されていると仮想する。だが私は、コペルニクスの考えを前掲書の自分の主題に適合させるとき、それとは違った仮想を必要とした。すなわち、想像により視点を上述のような点から直接に太陽本体の中心に移して、そこから（つまり太陽本体から）コペルニクスの仮定によってできあがったのと同一の行路にある惑星本体の間隔を算出する必要があった。しかし（すでに明らかなように）いくつかの特殊な時点のために、こういう長軸線の移動によっても完全には同一の行路を作れなかった。ただし、その差異はきわめて小さくて、上述の小著でも全く取るに足りないほどだった。同著書では、こういう手法によって変わらなかった行路の位置だけが問題だったからである。

　だが、以下の議論では混乱を避けるために（星ではなくて周転円の中心が描き出すような）こういうコペルニクス的な離心円をもう用いない。それが本来の惑星行路とは異なるからで、実際の惑星行路は近地点ではそれより高くなり、遠地点ではそれより低くなる。これからは、本来の惑星行路つまり第1の不整を含む運動をもつ点の描く道筋そのものを表す場合にのみ離心円という語を用いることにする*。こうしてわれわれはプトレマイオスふうの離心円（またはそれに近似するもの）だけを想像すればよい。すでに第4章で示したが、（プ

定義──
＊▶離心円という語が今後は何を意味するか。

トレマイオス説の形に依拠した）均差の計算とコペルニクス説との食い違いはせいぜい2′にしかならないからである。それにまた第1の不整の算出法は、コペルニクス説よりプトレマイオス説の形のほうが容易である。最後に、（上述のように）第1の不整についてはこのプトレマイオス説のほうが事象の自然な本性に適っており、また以下の第3部と4部の考察にも相応しい。だが、2説は理論上等値だから、そうしたければいつでも、この第5章まで用いてきたコペルニクス説の離心周転円の場合も推察できるだろう。

　今や提示した仮説どうしの理論的等値を確定する手始めに、専門家たちの特殊な仮説に共通する説明へと進む。すなわち、それをまずプトレマイオス説で論証するだろう。

　中心βの周りにプトレマイオス説の離心円ιζηを描き、ιβが長軸線で、視点はαにあり、γをエカントの点とする。

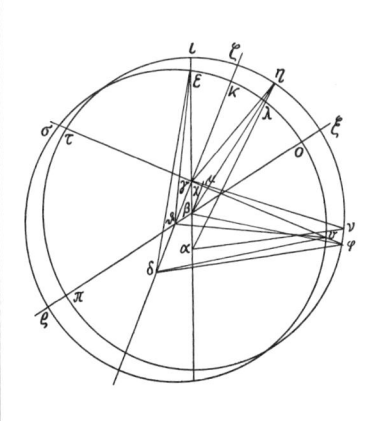

　視点がαにあると言うとき、仮想かもしくは実際に、私はそう理解している。なお物理学から言えば、上述のように、視点をαに置くというよりもむしろ自分の周囲を回る惑星の公転をαへの接近率に応じて遅くしたり速くしたりするような力そのものをそこに置くべきである。さて、長軸線以外の所にある円周上の点（例えばη）をγ、β、αと結ぶ。この仮定により、どんな角ιαηも公転全体を通じて、角ηγιが均一に測り取る一定の時間の後で、αからの観測値とほぼ同じくらいの大きさとして算出できるものとする。天文学的観測によりどのようにして、任意の角ηγιに対し角ηαιがどれほどの大きさになるか把握できるのか、ということは後の第2部で示す。再び視点もしくは運動を引き起こす力が、ια線上から外れた点にあるのものとし、その点

をδとする。そしてδにおいても天文学的観測により一定の時点における一定の視線の角度が把握されているという条件が、つまり任意の時点においてδから眺めた惑星が恒星下でどれだけ前進するように見えるかということが、与えられるとする。さらに、δで出現したこれらの様相が、ただ離心値が変わっている以外は先のと同様の仮説に適合するという条件も、与えられるとする。だが、惑星は同一の時間で天において同一の道筋を描くが、その道筋がδから観測する場合とαから観測する場合とで異なるのは確かなので、（αにいる人とδにいる人の）両者が観測する場合、惑星が同じ経過時間で等しい運動をするように見えるはずがないのも確かである。すなわち、ηを惑星の実際の行路の一部とし、惑星はその道筋を一定の時間、例えば20日間で描くとする。そうすると、αはδよりηに近いので、光学上の論証により、ηはδよりもαから見るほうが大きく見えるだろう。それ故に同じ20日間でも、惑星はδよりもαにいる人から見るほうがより大きく前進したように見える。しかも、どんな惑星も恒星天球上の同じ点に戻るのにいつも同じ一定の日数を守るので、進み方の遅さは逆の速さによって相殺されなければならない。そこで、δにいる人にとってηの部分では惑星がより遅いように見える以上、同じδにいる人には他の部分で惑星がαにいる人から見るよりも速く見えるだろう。そこで、惑星が最も遅く見える位置がδにいる人とαにいる人とでは異なってくる。けれども実際には、惑星そのものが最も遅くなるのはその軌道上で唯一か所しかありえない。

　あらかじめ以上のような準備をして、（前提となる）天における同一の真の惑星行路が、δにいる人とαにいる人に出現するそれぞれの様相を、各々に固有の形で、しかもいずれもプトレマイオス説の計算方式を認めて受け入れるようなものとして提示できるか、問題にする。

　もし惑星の速さが軌道のあらゆる部分で均一であったら、上の問いに対しては第3章によってそうなる、と答えられよう。しかし、

真正な実際の所要時間によると惑星は離心円上の一か所で最も遅くて、それと反対の個所では最も速いから、完全にそうなるわけではない、と答えなければならない。

　その理由は2種の遅れが混合するからである。第1は離心円上の唯ひとつの個所における実際の物理的な遅れであり、第2はもはやひとつの個所ではなくて、任意に取った視点の位置から最も遠い個所における視覚的な見かけ上の遅れである。そこで、視点αが離心円の中心βとエカントの中心γを通って引いた直線上にきて、その直線上でエカントの中心γのある側と反対の部分にあるとき、先の各々の遅れは恒星天球の同一の点ιにくる。ところが、視点がこの直線から離れて例えばδにあるときは、δから円の中心βを通って引いた直線によって視覚的な遅れの位置がηにあることが示される。けれども、物理的な真の遅れの位置はιにある。しかもこういう不等ないし遅れは減殺しあって、例えばδからγを通る直線を点ζの方に引いたときのように、ιとηの中間の位置にそれが蓄積される。そこで、δβが離心円の長軸線で、βγがエカントの離心値を示す線分であるような計算の仕方をしたら、確かにηを惑星の真の行路としたまま、δではαと異なる道筋を提示できるだろう。δにいる人にとって惑星はζで最も遅くなり、αにいる人にとってはιで最も遅くなるからである。だがそれでは、δに出現する様相を、上で先のと同様の仮説によって提示しなければならないとしたようには提示できないだろう。それは以下の点で仮説の形が異なるからである。すなわち、前者の場合、βはαとγの中点であるが（運動を引き起こす力がαにあるとすれば物理的論拠もそれを要請する）、後者の場合には、βは離心円の中心であってもδとγの中点ではないし、（前者の場合のように）エカントの離心値を含む直線は視点δを通過もしないだろう。たとえこの直線がδγのようにδを通過したとしても、円の中心βにはないから、離心円を2等分はしないだろうし、明らかに惑星が互いに反対側に来る一方の位置で最も遅く、もう一方で最も速く進むようには見えないだろう。

したがって、天の惑星行路が全く同じでも仮説の形が完全に同じままにならないのは確かなので、さらに、δで同じ形の仮説を立てると、惑星行路が先の場合と比べてどれほど変わるか、δを基準にしてこのように新たに仮説を立てると、αに出現する以前の様相がどれほど変化するか、という問題が起こる。まずエカントの中心をγから直線δβ上に置き換えてβγと等しい線分βμを作ると、惑星行路の位置は全く同じままだが、惑星はιではなくηで物理的な遅さが最大となる。したがって、惑星行路においては変化しえない事象が変化する。物理的な遅さは視覚的な遅さと異なり、観測者の視点に応じては変わらないからである。また惑星が20日かかって、αでは大きくδでは小さく見えるような同一の道筋ηを描くとしても、この経過時間の各部分を考えると、それをこの道筋の各部分に当てはめるときの分け方に激しい混乱をきたすだろう。それはιの線とηの線の間にない他の部分においていっそうはなはだしい。ことに、δにある視点のために、惑星が最も遅くなるのはιでないという難点を取り除いた場合、つまりエカントの点をγからμに移した場合、αにある視点にとってはその均差の大きさが顕著に変化するだろう。すなわち、γ、μを通る直線を引いて円周との交点をνとし、αとνを結ぶと、この均差ανμだけが先の均差ανγと等しいだろう。だが、νより上のμを起点とする均差は小さくなり、νより下の均差は大きくなる。例えばηでは、角μηαは角γηαよりずっと小さい。ところが、これではわれわれの当初の目論見は果たされない。つまり先の仮説の形がまだ成立していない。βμがβγと等しくてもδβがαβより大きいので、δβ対βμがαβ対βγにならないからである。しかし、δβ対βμがαβ対βγになるようにしたら、βμがβγより大きくなるだろう。ここから出てくる帰結は、離心値が大きくなったために、αで見る者にとってはその均差が非常に大きく損なわれ、しかも最大均差もそうなるだろう、ということである。したがって、惑星が先の場合とは異なった位置で最も遅くなるだけでなく、実際の遅さの程度も先のとは異なりもっと大きくなる。こうして、δから離心円

の中心βを通る長軸線を引いても、われわれの求めた両説の等値を確立できないのは明らかである。しかも同時に、同一のエカントの点γを保持する重要性も明らかになったので、ここで強引に突破するか、どこでもそうせずにすますか、いずれかである。

そこで、δから元のエカントの点γを通る新たな長軸線を引いて、新たな仮説を元の仮説に合わせたら、つまり離心円の中心をβから直線δγ上に移し替えてδθ対θγがαβ対βγになるようにして、θを離心円の中心としたら、どうなるだろうか。当然、天の惑星行路は完全に同じにはならないだろう。すなわち、θを中心にして先のと等しい離心円εκλを描き、θ、βを通る直線を2つの円の円周まで延ばして、β側の交点をξ、οとし、θ側の交点をρ、πとする。そこで、οξおよびρπはθβと等しくなる。そして惑星は、先の離心円を通過する場合に比べ、οではβにθβ分だけ近くなり、ρではβからθβ分だけ遠くなる。しかし、惑星が最も遅くなるのはやはり異なる天の分野においてである。長軸端が先にはιにあったが今はκにあるからである。さらにこういう調整の結果、αに置いた先の視点に対しては、その光景がほぼ元通りのまま残るだろう。実際ここではそれだけを求めている。だが、今度はそれを火星の運動に密接に関わる数値によって調べよう。その数値はブラーエが出したものと少し異なるが、ここでたんにブラーエのいう「予備演習」をしているにすぎないわれわれにとっては、何の差し支えもないだろう。

三角形δγαにおける数値を以下のようなものとする。δαは太陽の離心値の大きさ3584、δγは火星の離心値で、同じ尺度で30138とする。また角αδγは太陽と火星の遠地点の差で47°59′15″とする。これら3つの与えられた数値から、γαも新たな火星の離心値として与えられ、27971となり、角δγαは5°27′47″となる。そこで、δγ上の火星の先の遠地点を獅子宮23°32′16″に置くと、αγ上の火星の新たな遠地点は獅子宮29°0′3″にくる。

一方、βξを100000とし、それに対してαγを18034とする。αγは先には27971で、それに対するδγは30138であった。この新たな尺

度では δγ が19763となる。また δγ と αγ のそれぞれを点 θ と点 β で、δθ 対 θγ が αβ 対 βγ となる、つまり1260対756となるような比に分割するものとする。すると δθ は12352、θγ は7411となり、αβ は11271、βγ は6763となる。こうして、δ と α とに対して第1の不整に関するプトレマイオス説が立てられる。その場合、δα を3584とする先の尺度では θβ もしくは οξ が1344となるが、βξ を100000とすると θβ もしくは οξ が880となる。この数値に留意されたい。

　離心円を ρθο から πβξ に置き換えると δ の視点に出現する様相がどれほど変化するか、を調べるための計算の出発点を見出すためには、以下のようにしなければならない。γ は経過時間を表示する元になる円の共通の中心だから、γει は各仮説において同一の時点を表示するものとする。そこで、惑星が離心円 εο 上を運行する場合は ε の時点で均差 δεγ を取るだろう。だが、離心円 ξ 上を運行する場合には視運動を示す αι と平均運動を示す γι の2直線が一致するので、ι では全く均差を取らないだろう。また ιγζ もしくは εγκ（その対頂角となるのが δγα で、これはすでに5°27′47″だとわかっている）で測定されるような一定時間の経過後に、γκζ で示された共通の時点があるものとする。するとその時に惑星は、離心円 εο を通る場合は κ では均差をもたないが、離心円 ξ を通る場合は ζ で均差 γζα を取る。こうして惑星はいずれの場合も常に γ から引いた直線上にあって、その直線がそれぞれの離心円を切る交点に来る。ところでもし視点が γ にあったとすると、惑星が κ にあろうと ζ にあろうと、様相の相違は全く現れないだろう。ところが、この図では他の専門家たちは δ に、私は α に視点を置くので、δ に視点を置く場合に、円周上のどの位置で、この γ から引いた直線上にある2つの離心円の距離の最も大きな相違が感知されるか、問

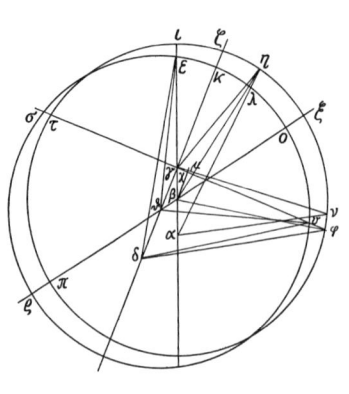

題となる。それが感知されるには以下の3つの事情が協働する。第1は、距離そのものが大きなことで、つまりοξとρπの周囲で最大となる。第2は、δの視点にとって距離の相違ができるだけ正面に提示されることで、つまり光学的原理により、ζκとその反対側の位置では距離差が消失し、ξの下とρの上にある中間の位置で最大の距離差が現れる。第3に、距離差がδの近くにあることで、つまりその位置はξの下よりもρの上の方になる。一方の離心円の中心βがδの右側部分の方に偏っているからである。さて、直線γδ上の点γで直角を作り、その垂線をγから円周に向かって引けば、この見かけの距離差が最大になる位置に近づける。γを通るδγに対する垂線をσφとし、それが離心円θとσ、υで、もう一方の離心円とτ、φで交わるものとする。さらにこの直線に向かって垂線βχを下ろす。すると惑星は、γσの時点ではσとτに、γφの時点ではυとφにあるだろう。何よりもまず求めなければならないのはυφの大きさである。θとυを、βとφを結ぶ。三角形θυγにおいて、θは離心円υの中心だからθυを100000とする。またθγは7411で、θγυは直角である。したがって、γυは99725となる。同じことを三角形βγφでも行わなければならない。だが、まずβγの大きさを明らかにしなければならない。それは三角形βγχから明らかになる。この三角形でβχはθγと平行であり、χにおける角は直角で、角γβχは角θγβと等しいから5°27′47″であり、したがってβγは6763である。ここから辺γχが644で、辺βχが6732だとわかる。それ故に、直角三角形βχφにおいて、βは離心円φの中心だからβφは100000であり、χβは6732なので、χφは99773となる。これにχγの644を加えると、γφの大きさ100417が出てくる。一方、γυは99725であった。それ故、求めるυφの大きさは692である。

　υ、φを視点の位置δと結ぶと、角υδφの大きさは以下のようにしてわかる。先にはδγは今し方の尺度で19763であった。[★024]またγにおける角は直角である。したがって、δγ対γφおよびδγ対γυは正弦全体〔つまり1〕対角γδφの正接および正弦全体対角γδυの正接となる。

ところで、その角はそれぞれ78°51′54″および78°47′30″となる。そこでこれらの角の相違は4′24″となり、これが角υδφである。角σδτはこれよりずっと小さくなる。στは離心円どうしの交点により近いのでυφよりも小さいからである。

そこで、視点を置き換え仮説を変えて天における惑星の新たな道筋を想定しても、δにある視点に出現する様相はかなり近似したままに残ることがわかる。けれども専門家なら、それが役立つとあれば、この5′の不一致すらなくすために、平均運動とそれぞれの離心値の割合を、相互の間でも、また軌道半径に対しても、若干都合して変えることはやはり可能である。

こうして出てきた理論上の等値は主として第1の不整に、つまり離心円の中心の近くにあるδで現れる事象に関連する。だが、第2の不整、すなわち年周軌道のプロスタパイレシス〔この場合は「均差」と同義と見てよかろう〕においては、（もう一方の等値の所で上にも述べたように）惑星がξπ上を周回するか、それともoρ上を周回するかが重要である。先の場合でも（プトレマイオス説とコペルニクス説の差異である）基準値に対する246を無視できなかった。ましてここでは880ないしはもう一方の尺度での1344をなおざりにするわけにはいかない。それが火星の視位置でどれほどの相違を生じるか、ということは次章で見るだろう。

これまでは視点をδからαに移し替えた。今度は、視点をそのままにしておいてエカントの点を移し替えても、ほぼ同じ結果が出てくることを証明しよう。第3章末尾で単純な離心円において起こりえたのと同じ事象が、エカントをもつ離心円においても起こりうることを、この章で明らかにするためである。すなわち先の場合には、移し替えたのが視点であろうと離心円の中心であろうと同じことが起こったが、今度も同様に、移し替えるのが視点であろうとエカントの中心であろうと、ほぼ同じことが起こる。ただし、諸説の相違が大きいので、この証明をこれらの多様性に適合させる必要がある。実際、専門家たちは惑星の第2の不整を論証する場合にそれぞれの

説に従っており、そういう説が次章でわれわれに困難な課題をもたらすことになる。

　点αとδを一か所にまとめて視点が同じ場所に止まるようにする。また δ、θ、γ の記号を付けた点はそのままにしておくが、先の図の直線γβαを無くし、代わりに点δつまり点Aから直線γβαと平行な直線ABΓを延ばす。その一部ABとAΓは先の直線の一部であるαβおよびαγと等しいものとする。すると、エカントの点γの移動によるΓγが先の場合の視点の移動によるαδと等しいだろう。そこで再びBとθを中心にして2つの離心円つまり天空の大気中を通る惑星の2つの行路が描けるだろう。これらの円とともに円周上に付された全ての記号も移し替えられるが、線分の尺度は全く同じであろう。唯ひとつの違いは、惑星が同一の時点で位置すべき2つの離心円上の2点がもはや1本の直線ではなく、各エカントの2点Γとγからそれぞれの離心円に引かれた平行線によって決められることである。例えば、離心円θκにおいて惑星がκにあるとき、離心円ΒΙではその惑星はΖにあるだろう。この場合、γκとΓΖは平行である。また先の離心円で惑星がεにあるとき、後の離心円ではΙにあるだろう。この場合もまたγεとΓΙは平行である。他の事例は論証しなくても図から明らかである。

　そこで、視点を移すことが許されず(実際に次章で述べるように地球を宇宙の中心とする人々はそれを許さない)、惑星が常に平均太陽と衝にあるときに獣帯のいくつかの個所で観測され、専門家がそれらの個所とその間の経過時間とから、δが視点で、δθが離心円θκの離心値、θγがエカントの離心値、κが遠地点となるような仮説を構成したとしても、ケプラーが不意に現れて観測個所と経過時間とを変更し(当然彼は、惑星が平均太陽ではな

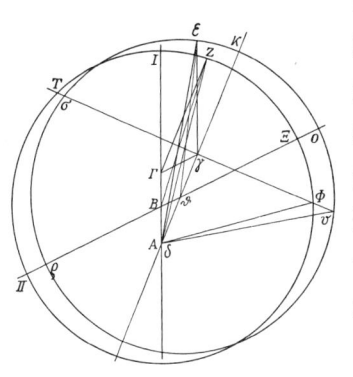

く視太陽と衝にある節目の時点とその位置する点とを観測するだろうから）、これらの個所と経過時間とから、視点はδつまりAに残るが、新たな離心円BIの離心値AB、新たなエカントΓの離心値AΓ、新たな遠地点Iが出てくるような別の仮説を発見するだろう。そこで問題となるのは、先の専門家が自分の元のエカントの点γに新たな離心円BIを結びつけると、先にその離心円γκから見出したのと非常に異なった均差と恒星天球下での惑星の位置が算出されるかどうかである。なお、これは第1の不整に関するかぎりのことと理解されたい。第2の不整と、この方法により第2の不整にどんな変化がどれほど現れるかということは、目下の主題ではないからである。さて、この移し替えの理論上の等値から、先の問題には以下のように答えられる。すなわち、仮説どうしの不一致はきわめて小さく、最大の不一致は点υ、Φの周囲に現れるが、5′より大きくない。それは先に行った視点の移動の場合と全く同じである。ただし、今度は末端のυよりも線分υΦのほうが視点δに近い。そこで、角υδΦは先には4′24″だったが、今度は4′43″となる。また σ、T においてはこれと逆になる。[★025]

プトレマイオスの離心円で、太陽の視位置と惑星との衝を用いて視点なり軌道なりを移し替え新たな離心円を立てると、どんな混乱が生じるか、証明された。

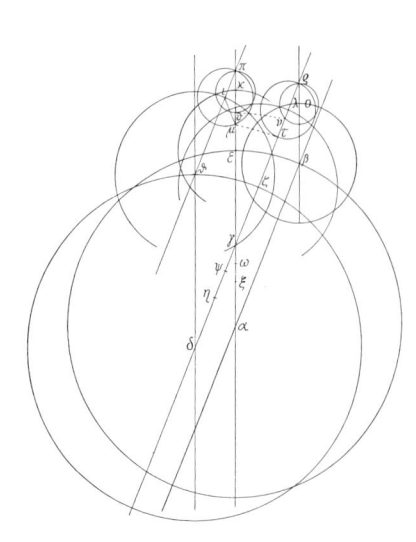

2重周転円を用いるコペルニクス説ないしティコ説の形での同じ等値を繰り返しことばを重ねて証明する必要はないと思う。ただ第3章末尾の所説から、コペルニクスふうの2重周転円を用いて、惑星に相応しい

エカントをもったこの離心円を描き、その離心円の形を変えて異なる大きさと別な視点の位置を取るようにできるが、それで視点は移動しても、天空の大気中を通る惑星の行路は（この第5章で可能なかぎりは）変化しない、ということだけを教示しよう。これは先の第3章でも同じように可能なことを示しておいた。

　先の図と等しい三角形$\delta\gamma\alpha$を作り、その辺と平行な直線、$\alpha$を通る$\delta\gamma$と平行な直線$\alpha\beta$および$\delta$を通る$\alpha\gamma$と平行な直線$\delta\theta$を引く。それぞれ$\delta$と$\alpha$を中心として先の離心円$\delta\theta$と$\alpha\beta$に等しい2つの同心円〔つまり導円〕を描き、$\delta\gamma$を$\zeta\lambda$まで、$\alpha\gamma$を$\epsilon\kappa$まで延長する。$\delta\zeta$および$\alpha\epsilon$は（先の場合と同様に）半径であり、同じ$\gamma$を通るから長軸線でもあるとする。また線分$\delta\gamma$と$\alpha\gamma$を$\eta$と$\xi$で先の場合と同じ比に分割する。さらに線分$\eta\gamma$と$\xi\gamma$を$\psi$と$\omega$で2等分する。そこで$\delta\psi$の距離を半径、$\theta$と$\zeta$を中心として離心円$\iota$と$\lambda$を描き、$\zeta\lambda$は$\theta\iota$と平行とする。さらに$\iota$と$\lambda$を中心とし$\psi\gamma$の距離を半径として、それぞれ$\pi$と$\mu$および$\rho$と$\tau$を通る小周転円を描く。

　また$\alpha\omega$の距離を半径、$\epsilon$と$\beta$を中心として周転円$\kappa$と$o$を描き、$\epsilon\kappa$は$\beta o$と平行とする。さらに$\kappa$と$o$を中心とし$\omega\gamma$の距離を半径として、それぞれ$\pi$と$\upsilon$および$\rho$と$\nu$を通る小周転円を描く。そして角$\theta\iota\mu$と$\beta o\nu$を角$\delta\gamma\alpha$の2倍とする。また惑星は、小周転円$\kappa\pi$上では$\epsilon$にいちばん近い$\upsilon$に、小周転円$\lambda\rho$上では$\zeta$にいちばん近い$\nu$にあるものとする。そうすると惑星は、$\delta$をもとにした仮説では$\tau\mu$上を進み、$\alpha$をもとにした仮説では$\nu\upsilon$上を進む。この場合には、惑星が長軸端の周囲にやって来ると、点$\mu$と$\upsilon$を$\delta$から、点$\tau$と$\nu$を$\alpha$から眺めたとき、$\mu$と$\upsilon$および$\tau$と$\nu$の差が非常に小さいことが認められる。ところが、中間的な長さの所〔つまり長軸端の中間の所〕では、これらの点は、先の図で$\upsilon$と$\Phi$が離れていたのと同じ分だけ相互に離れるだろう。こうしてあらゆる事柄がほとんど等しくなり、証明は全く同じになる。すなわち、直線$\theta\iota$と$\epsilon\kappa$を交点$\pi$まで延長し、$\zeta\lambda$と$\beta o$を交点$\rho$まで延長すると、三角形$\theta\pi\epsilon$と$\zeta\rho\beta$は三角形$\delta\gamma\alpha$と全く合同となり、対応する辺は平行となる。

しかし、これらの証明は自ずから入り組んでくるし、コペルニクスふうないしはブラーエふうの周転円と小周転円を重ねて証明をさらに複雑にするのは賢明でないので、以下の議論では、第1の不整に当てたこのコペルニクス説ないしはティコ説の形にも別れを告げよう。第2の不整に関しては、その仮説の論拠自体が至る所で3重構造となって、非常に多くの難題を提供するだろうからである。

　だが、プトレマイオスふうの離心円とエカントにより証明した事柄は何でも直ちに、このコペルニクスふうないしはブラーエふうの2重周転円ないし離心周転円をもつ同心円でも証明されたこととして受け入れるよう要請する。第4章で、その間の差異は非常に小さなことが見出されたからである。

# 第6章

## 惑星の第2の不整を論証する
## プトレマイオス、コペルニクスおよびブラーエ説の
## 理論上の等値
## また3説を太陽の視運動と
## 平均運動に適用したときの相違

　これまで述べたのは、惑星の第1の不整をめぐる仮説についてだった。この不整は、惑星が獣帯の同一宮に戻るたびに終了する。今度は第2の不整に移る。この不整は、獣帯の特定の一宮ではなくて、太陽と惑星の合もしくは衝の位置で終了する。そこで人々はこの不整に非常に驚嘆した。そして惑星が太陽と合のときには速くなり順行し高い所にあって小さくなるのに、太陽と衝になると逆行し低い所に来て大きくなり、その中間の期間には留の状態になって中くらいの大きさになる事象の原因として、さまざまな人が相異なるものをもち出した。

　ラテン世界の著作家は、太陽光線と太陽が作る星相に力が具わっていて、他の惑星はその力に実際に引き付けられると考えた。だが、彼らの見解は数値によって論証できないので、天文学の説ではない。それに、真の原因が発見されてみると、その見解は真実らしくさえなかったし、明らかに誤っていた。土星は太陽と4分の1対座以上になると逆行しはじめ、木星は3分の1対座のとき、火星は5分の2対座のときか8分の3対座の前のときに逆行しはじめるように、全ての惑星は一様でない間隔をおいて逆行しはじめるからである。[★026]

　プトレマイオスの説は以下のとおりだった。すなわち、第1の不整の説明に役立つ惑星用の円の特定の位置に固定されているのは惑星自体ではなくて、その円周上に固定された惑星を運ぶ周転円の中心であり、その周転円が今度は先の惑星の主要な円〔導円〕によって運ばれる。運動の形としては、周転円の中心が太陽と合になれば惑

星も周転円の最上位〔地球から最も遠い位置〕にあって太陽とともに同一方向に運動するが、（太陽のほうが中心より速いので）太陽がこの周転円の中心から離れていくと同時に惑星も周転円上で下降する。ところが、周転円がその中心の周りで行う運動は、中心〔つまり導円〕が地球の周りで行う運動よりも速いので、そのために、周転円の中心が太陽と衝の位置にやって来て惑星が周転円の下方の部分を走破するときは、これらの運動の合成により惑星が実際に逆行するようになる。こうしてプトレマイオスは自身の見解を数値と幾何学とに適合させたが、驚嘆は取り除けなかった。惑星のあらゆる周転円を太陽と結び付けて常に周転円の中心と太陽が合になるときに周転円の周期の完了をもたらす原因が、依然として問題になるからである。

　コペルニクスは非常に古い時代のピュタゴラス学派やアリスタルコスに与し、この私も彼らとともに、この第2の不整が惑星に固有な運動に内在することを否定して、たんにそう見えるだけで、不動の太陽の周囲を回る地球の年周運動によりたまたま起こるとする。そこで、第1章で日周運動を惑星に固有の運動から切り離したのと同様に、コペルニクスは全く同じ方法で、惑星の第2の不整を第1の不整から切り離す。第1の運動〔日周運動〕が惑星には確かに外来のものと認める他の専門家でも、やはりその運動が本当に惑星にもたらされて内に入り込み惑星を運ぶと考える。だがコペルニクスは、その運動自体が惑星に内在することも外からもたらされることも認めず、地球がその軸を中心に西から東へ自転運動すると、われわれの視覚には地球以外の宇宙が東から西へ回転運動するように見えるために、たんに視覚の錯誤によって惑星に付加されるとする。それと同じ方法でコペルニクスは、惑星が本当に留の状態になったり逆行したりするのではなくて、たんなる見かけだと主張する。すなわち、地球は自転に加えて年周運動によっても非常に大きな円（コペルニクスはこれを大軌道と呼ぶ）上を運ばれるので、地球が静止していると信じる人々は、惑星と太陽が反対方向に運ばれると思い、太陽が地球と惑星の間に位置すると、視覚の上では地球と惑星の運動が

複合して、惑星が速く動くように、一方、地球が太陽と惑星の間に位置すると、地球のほうが惑星よりも速いので、惑星は取り残されて逆行するように、見るのだという。

　ティコ・ブラーエはラテンの著作者たちと似た考えを抱いた。すなわち、太陽は確かに星相によって惑星を引き付けるわけではないが、惑星は太陽に追従する、というのも、惑星は自身の回転軌道のほぼ中央に太陽(ただしこれも動いている)を保持しようと努力し、自ら本当の通り道を太陽の周囲に(あたかも太陽が不動であるかのように)配置するからだ、という。そこで、惑星は天空の大気中で自身に固有の通り道のほかに太陽の通り道をも描き、各々の運動から合成された運動が第1章で述べたようなプトレマイオス説における動きと全く同じもの(つまり螺旋状)になる。そして天文学からいうと、プトレマイオスは離心円上に周転円を立てたが、ブラーエは太陽自体の軌道であるひとつの周転円上に複数の離心円を立てた。

　私は以下の論証では専門家たちの3説の形全てを統合する。実際、私が時折この統合について助言すると、ティコも、何も言われなくても自分がそうするだろうと答えたし(彼が生きながらえていたらそうしただろう)、死に臨んで、私がコペルニクス説に与しているのを知りながら、全ての事象を彼の仮説の下に統合して論証するよう私に求めた。

　これら3説の形が幾何学上は完全に等値であることを、まさにこの場でも、またたとえ他の課題を扱っていても本書全体にわたって、論証していくだろう。さしあたって着手した課題を続行し、この第2の不整の出発点で惑星が衝を作る対象として太陽の視運動の代わりに平均運動を採用したら、第2の不整において結局は大きな誤りを犯すことを、論証しなければならない。

　コペルニクス説から始めよう。$\beta$を中心として、コペルニクスがプトレマイオスを信じていたら思い浮かべたような地球軌道の離心円$\gamma \upsilon$を描き、その円において$\gamma \beta$を長軸線、$\kappa$を不動の太陽の位置、$\beta$を地球の運動を均等化する点〔エカント〕とする。

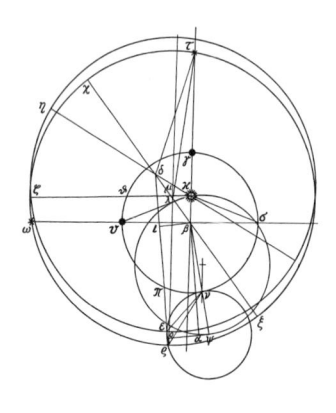

βを通りβγと垂直に交わる直線υβσを引き、その直線が円周と交わる点をυ、σとし、υ、σをκと結ぶ。
　コペルニクスはプトレマイオス説の数値を自説の形に移し替えるとき、惑星の離心値を太陽κからでなく地球の進み方を均等化すると考えた中心〔エカント〕βから計算した。すなわち、βから例えばβγ、βυ、βσのような直線を引いて、惑星と地球がこの直線上にやって来るたびに、例えば地球がυに来るときに惑星が直線βυ上に進んできたと認められたら、地球の運動に準じてたまたま惑星に起こる第2の不整がその惑星にはなくなると想定した。
　さらにコペルニクスは架空の視点を点βに置いた。実際、惑星が直線βυ上にありさえすれば、恒星天球下でのその惑星の位置を表示するには、σから眺めようとβから眺めようと全く関係ない。直線βγやβσ、その他βに集まる無限に多くの直線についても全く同じことが言える。したがって、点βはあらゆる視線の交点であり、あらゆる視点に共通な架空の点である。だが実際には、視点つまりわれわれの住処たる地球は、相異なる時点において円σγυ上のあちこちの違った点に見出される。
　コペルニクスは、地球と惑星がβから延びる一直線上に認められるたびに惑星が第2の不整から解放されると考えたので、惑星と太陽の平均位置とが衝になるときに恒星天球下で見える惑星の位置を、数学的な方法で追跡した。すなわち、惑星と太陽が衝になるころのある晩における惑星の位置を見出しておいて、その時に太陽の平均位置が正確に衝になる点にあることが計算によって認められたら、その位置を周期の節目とした。だが、もしその晩に依然として位置に若干の相違があれば、2晩もしくはそれ以上にわたる晩とそ

第1部——仮説の比較について　　140

の間に介在する火星と地球の日運動の対比によって、ちょうどこの周期の正しい節目と、その節目で惑星が占める点すなわち位置を求めた。自身に必要と考える数の獣帯上の位置で、その回数だけこれを試みたうえで（例えば $\beta\gamma$、$\beta\upsilon$、$\beta\sigma$ で行ったとする）、見出した恒星天球下つまり獣帯上での惑星のこの位置 $\beta\gamma$、$\beta\upsilon$、$\beta\sigma$ を介して、この大家は第1の不整に関する仮説を探求しはじめた。発見した複数の位置が視点の中心 $\beta$ で形成する角度を、それらの位置を取るまでの経過時間と比較して、惑星の円で採用した点 $\beta$ からの離心値がどれほどの大きさになるか、遠地点が獣帯上のどの部分に当たるか、探求したのである。この課題の方法については以下のしかるべき個所で明らかにする。

　そういう仕事をすでに成し遂げたとし、離心円の長軸線 $\beta\delta$、エカントの点の離心値としての線分 $\beta\delta$ が出てきて、離心円の中心がこの直線上で点 $\lambda$ に現れるとする。そしてこの仮説が、惑星が太陽の平均位置と衝を作る節目で観測されたあらゆる位置と対応するものとする。

　さてケプラーよ、ここで君がコペルニクスに求めるのはいったい何なのか。君はこの仮説が観測ないしは天文学者の実地検証にあらゆる点で対応することを否定するのか。今のところ、この問題は論じない。この仕事を始めるときに観測に引かれて異なる見解に傾いたわけでもない。むしろ私が求めたのは以下のことである。$\beta\delta$ を延長して離心円との交点を $\chi$、$\xi$ とする。そして $\chi$ に近い所に離心円上の点を取って $\tau$ とし、それを $\delta$、$\lambda$ と結ぶ。そうすると弧 $\chi\tau$ は角 $\chi\lambda\tau$ を測り取るが、角 $\chi\delta\tau$ は角 $\chi\lambda\tau$ よりも角 $\delta\tau\lambda$ の分だけ大きく、$\delta$ は所要時間を均等化する点〔エカント〕だから、角 $\chi\delta\tau$ によって表示された経過時間が4直角によって表示された公転周期全体に対して占める割合は、弧 $\chi\tau$ が円周全体に対して占める割合よりも大きい。したがって、惑星は弧 $\tau\chi$ を通過するときは（もはや錯視ではなくて）実際に遅く、それと反対の弧を通過するときは速くなり、$\chi$ で最も遅く $\xi$ で最も速い。けれども、惑星は $\chi$ で太陽 $\kappa$ から最も遠ざかるわ

けではなく、ξでκにいちばん近くなるわけでもない。ところが、あらゆる論拠と私が点βに関して論駁するこの仮説の証言自体からも、惑星のこの実際の減速が太陽本体から遠ざかることによって生じ、加速がκに位置する太陽に近づくことによって生ずる、というのが妥当な結果となる。一方、どう考えてみても、惑星がそこから遠ざかったり近づいたりする割合に応じてその惑星をゆっくりと、もしくは速く公転させるような力が、βのすぐ側にある(宇宙の核心たる太陽のある)κではなくて、(物体を欠いている)点βに内在する、というのは理解できない。さらに、自然学的に見てこの種の減速と加速とが離心円どうしの緊密な絡み合いから生じることをもはや認めようとしない人が、こういう運動作用は惑星の本体に存する運動の性能自体に自然にあるという立場をとったとしても、やはり同じことが真実らしいとわれわれは主張する。実際、かの惑星の知性が(かなりの大きさの物体を具えているから運動とは幾何学上の親密な関係をもつ)点κを無視して、わずかに太陽本体の半径(あるいは専門家の説では直径)4つ分しか太陽自体から離れていない、物体の欠如している、たんなる想像による以外のいかなる具体的な事物にも支えられていない点βに注意を向けるような、どんな理由があるというのだろうか。コペルニクス自身が著書の第5巻第16章で、太陽はκに完全に固定されており、それ故に離心値κδは常に一定だと認めているのに、年周軌道の中心と見なされる点βは時代の進展につれてずれてしまい、βδは短くなったと報告していることも、付け加えてよい。こうしてβは今日ではもはや宇宙の中心でないか、もしくはかつては宇宙の中心でなかったかである。ところが、運動の起源は宇宙の中心に由来するか、もしくは運動を司る知性は宇宙の中心を看視する、したがって、βではなくてコペルニクスが固定されていると報告しているκのほうを看視する、とするのが妥当である。κこそ宇宙の中心に相応しい。

　以上の真実らしさに引かれて、惑星の第1の不整を引き出すために用いられる長軸線はβではなくてκそのものを通過しなければな

らない、と私は結論した。ところが、恒星下の惑星の位置として、惑星と太陽の視位置とが衝を作る節目で当の惑星が占める位置を採用する場合に、そういう結論を立てられる。

　実際、点κとβが地球γと同一線上にあり、火星もともに同一線上にやって来たとき、例えば火星がτにあるとしたら、その時には同一の時点で火星が太陽の平均位置とも視位置とも衝を作り、その位置を、βτを通って恒星間にまで延びる線で表示しようとκτを通って延びる線で表示しようと、当の火星の位置は同じまま、第2の不整が地球の視運動に依拠していようと平均運動に依拠していようと、実際のところ火星にはその不整がなくなってしまう。ところが、地球がその離心円の脇つまり平均的な軌道半径の長さを取る所に来ると、かなり大きな差異が現れる。地球はγからυに（太陽はそれに対して近地点の磨羯宮から白羊宮に）移ってしまい、太陽の平均運動の直線υβは白羊宮に、火星の見える直線つまりυωはちょうどその反対側の天秤宮に見出されるようになるからである。そこで、υκはυβを越えてもっと順行方向寄りにくるので、太陽の視位置は火星との衝を越えた所にある。そしてυは視点の座たる地球、ωは火星で、両方ともξの方に向かって下降するが、υの地球のほうが速いので、直線υωはもっと後の時点では太陽の見える位置を示す直線υκに対していっそう傾斜していく。それ故、視太陽との衝は平均太陽との衝の前にあったのである。そこで、βυで記した時点より前にくる時点をβθとすると、この時点では火星はκからθを通って引いた直線上つまりζに来る。そしてその時に火星の見える直線θζは（初心者は細心の注意を払って銘記すべきだが）恒星下で、それより後の時点を示す直線υωよりさらに順行方向寄りにくる。θζは直線υωに先行して逆行方向寄りにあるけれども、θやυ、さらに一般に地球の描く円上にくるあらゆる点は、あたかもひとつの点つまり恒星天球の中心のようなものであり、それ故に線分の端にくるθとυの相互の距離ではなく直線θζとυωの傾斜によって、それらの直線が獣帯上の相異なる位置にくるようになっており、もしそれらの

直線が平行であれば感覚上は同じ所で合致するだろう。ところが、明らかにζはωに対して傾くが、それは、火星がζからωに動くのと同じ時間で地球がθからυに動くと想定するからである。実際に地球は火星より動きが速い。したがって、火星の進む距離ζωよりも地球の描く距離θυのほうが大きい。

しかし、火星が前に来る時点でもっと順行方向寄りにあることは、衝のときに逆行が起こるから、いっそう容易に教示できる。これは周知の事実である。したがって、このように太陽の運動を平均運動から視運動に戻した場合に、第2の不整がなくなった位置においてどんな変化が起こるか、明らかになる。

すなわち、τとその反対側の所で元の位置はそのまま残る。(上述のように)θζはυωよりも順行方向寄りにくるので、ζあるいはωでは視点の位置に増加があり、θζは見える時点がυωよりも前だから経過時間には減少がある。その反対側の所では逆のことが起こり、経過時間には増加が、視点の位置には減少がある。こうしてこれらの火星の位置は元の位置から大きくずれる。それ故、改めて計算を行っても大きく異なる結果が出てくる。もちろん（地球が直線κτとκζ上に来るとき、つまり点γとθにあるときに火星がτとζに位置したのを眺めたから）仮想の視点を太陽κに移し替えたので、今度は離心値の起点がκになる。ところが先の第5章で示したのは、視点をβからκに移し替えて、κから元のエカントの点δを通る直線を引くと、この新たな仮説により確かに新たな離心円を作れるが、その離心円では、βにある視点に対してそこから見える全ての現象がほぼ何の混乱もないままに残されるということだった。したがって、δとκを結び、その線分をδλ対δμ対δβ対δκとなるようにμで分割して、μを中心に、先の離心円ξχと等しい新たな離心円ηεを描き、さらにκとδを通る新たな長軸線を引くと、長軸端がηにくる新たな仮説が立てられる。なお、直線χβではコペルニクス説の円の中心βはプトレマイオス説の地球の位置に代わるものだったので、先にはχを遠地点（apogaeum）と称したが、これは不当なので、今や（コペルニクス説に与

する以上）それに相応しい考え方により、ηを遠日点（aphelium）、それと反対側の点を近日点（perihelium）と言うことにしよう。太陽κはηから最も遠く離れているからである。*

定義──
*▶遠日点と近日点とは何か

　私と専門家たちのこの両説が自然学的に何故異なるか、述べた。それぞれの所説を幾何学的にコペルニクス説の形で描くにはどうすればよいか、も示した。3番目に、合と衝という節目ではそれらに特に重視すべきどんな相違もないことも説いた。そこで次に、第5章で説明しないままに残した課題、つまりそれぞれの仮説に従って初更の状態以外での惑星の位置を算出する場合、それぞれの仮説の間には非常に大きな相違があることを論証しなければならない。

　それぞれの離心円の中心λとμを通るβκと平行な線を引き、延長して各離心円と上下2点で交わるようにすると、下方にλμと等しい離心円どうしの最大の隔たりとして線分ερを作れる。しかし、ここで必要な特定の同一時点を表示するのはλから出る線ではなくてδから出る線だから、直線δρを引いて各離心円との交点をε、ρとし、同一時点で惑星が一方の離心円ではε、他方の離心円ではρに来るようにする。すると地球が直線δρ上でπにあるときには、惑星の取る位置がεであろうとρであろうと、いずれにしても獣帯上の同じ位置に見えるだろう。視覚上の理由で、線分ερは点と同じように見えるからである。ところが、地球がどちら側であれこの直線の脇の方に行くと、斜め方向から見ることになるから線分ερはだんだん大きく見えるようになる。

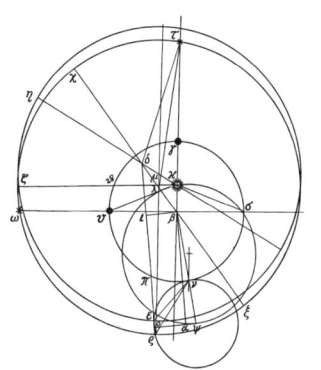

　そこで、その点を起点として、εを通って伸びる視線とρを通って伸びる視線が最も大きくずれて視点に対する最大角を作り、惑星がεに位置したはずのときにρに置かれると誤差が最大となるような、地球軌道上の点を求める。

　まず、その角は上方のτのあた

第6章　惑星の第2の不整を論証するプトレマイオス、コペルニクス……

りよりも下方のεでより大きくなるだろう。地球軌道がβを中心にして描かれているので、視点はτよりもερの方に近づくからである。次に、δρはτβを越えているから、ερは右側よりも左側から眺めるほうがいっそう斜め横から見ることになる。そこで、地球が直線δρから等距離にあっても右側よりも左側から眺めるほうがこの線分は小さく見えるだろう。したがって、求める点は右側の部分にある。地球の円とε、ρを通るように描かれた円との接点に視点を立てると、弦ερに立つ視角が最大になる、と私は主張する。すなわち、ε、ρを通るそのような円が描かれたとし、その円が円υσとσの方にくる部分で接するものとして、接点をνとする。そしてεとρから接点νにも接点の前後にある円υσ上のその他のいくつかの点にも直線を引く。そうすると円と円の接点は唯ひとつしかないので、εとρから円υσ上のある点で交わるように引いた角の辺は、円どうしの接点νを頂点とする辺以外は全てε、ρを通る円によって切断される。ところが、εとρから出て交わる前に円ερによって切断される2辺を、円によって切断された点のどちらか一方で交わるようにすると、エウクレイデス『原論』第1巻21により、この2辺はこうして交わることで先の場合よりも大きな角を作る。そしてエウクレイデス第3巻21により、切片ερ上に作られたあらゆる円周角は等しい。故に、(接点)νを頂点とする角は他の全ての角よりも大きい。これが証明すべきことだった。

　すでにおなじみの数値でその大きさを調べるためには、ερそのものとβからδρへの垂線の大きさを知る必要がある。

　それぞれの大きさは三角形δλρとδμεの解明によって知られる。すなわち、先に三角形δλρにおいてλρを100000とした場合、δλとして7411、角ρλβとして47°59′16″を得た[★028]。ここから、角ρδλが44°59′10″、δρが105123になる。したがって角εδμで、角εδλが44°59′10″で、角λδμが先に5°27′47″だったから[★029]、角εδμは全体で50°26′57″である。また先にμεを100000としたときδμは6763だった。三角形εδμで3つの大きさが与えられたので、残りの大きさも出てくる。

すなわち、角εμκは53°26′17″で、これによってδεが104170になる。一方、先にδρは105123だったから、残るερは953である。先にはλμが880だった。もしε、ρの記号が直線μρ上にあったとすればερはλμに等しかっただろう。しかし、εがここではμρに対して傾斜した直線δρ上にあるので、ερがμλより長くても不思議ではない。さて、βからδρに垂線を下ろして、それをβιとすると、三角形δβιにおいて、ιは直角で角βδιは44°59′10″であり、βδは先に19763だった。そこで、求める垂線βιの大きさは13971でδιは13978であり、したがってιρは91145となる。半径βυの大きさもこれらと同じ基準の数値にしなければならない。すなわち、先にここのβκに対応する3584を得たときには、あらかじめβυを100000と仮定していた。だが、今はλρを100000と仮定しており、λρと先に採用したβυの比はほぼ61対40である。そこから他の数値が立てられる。すなわち、61対40は100000対$65656\frac{1}{2}$になり、これが今度の基準によるβυの大きさである。

ε、ρを通る円が円βυと点νで接するものとする。線分ερをοで2等分してιρに対する垂線ψοを引き、直線βνをψで直線οψと交わるまで延長する。このψが円の中心となる。すなわち、エウクレイデス第3巻11により、円の中心は、その円と接するもう一方の円の中心と接点とを通過する直線上にあるので、直線βψ上にある。さらにまたエウクレイデス第3巻3により、円の中心は、交点εとρを結ぶ弦ερを2等分する垂線上にあるので、直線οψ上にある。それ故、円の中心は両方の直線に共通する点ψにある。εとψを結び、βから、αでοψと交わる、ιρと平行な直線βαを引く。そうすると、βαは線分ιοと等しく、αοは線分βιと等しい。ところがβιはすでに13971だとわかっており、ιοはιρとερから知られる。すなわち、先にιρは91145でερは953であった。ところがορはερの半分だからορは$476\frac{1}{2}$である。そこでιρからορを引くとιοつまりβαの大きさとして90668が残る。αは直角だから、βψの自乗はβαとαψのそれぞれの自乗の和に等しい。一方、βψは既知（つまり65656）のβνとνψとから成る。とこ

ろが（οは直角だから）νψつまりεψの自乗は既知の大きさ$476\frac{1}{2}$をもつεοの自乗とοψの自乗の和に等しく、そのοψは既知のοαと、未知ではあるがすでに先に言及されたαψとから成る。したがって、οψは以下のような条件にかなう長さにしなければならない。すなわち、ψοとοεのそれぞれの自乗を足すと辺εψつまりψεの自乗の大きさと同じになること、さらに、βνとνψから成る線分の自乗からβαの自乗を引くとψαの自乗が残るが、そのψαとαοとを合わせたときに最初に想定したψοと等しくなることである。

ψοをひとつの未知数とする。するとその平方もまた未知数となる。[*032] それにεοの平方の227,052を加えると、ψεつまりψεの平方はこのψοとεοの2つの平方から成る。一方、βνの平方は4,310,747,475で、これをψοの平方に加えて長方形を〔2つ〕補完すると、[*033] ψβ全体の平方ができる。ところが、これらの長方形のひとつは$4,310,747,475x^2+978,763,835,536,363$の平方根である。このようにしてこのβψの1度目の平方が得られる。

一方、αοは13,971なので、ψαは未知数から13,971を減じたものとなる。そこでψαの平方は$x^2-27,942x+195,188,841$である。それにβαの平方8,220,686,224を加えると、2度目のβψの平方$x^2-27,942x+8,415,875,065$ができる。先にはβψは$x^2+4,310,974,527$とさらに$4,310,747,475x^2+978,763,835,536,363$の平方根2つを足したものだった。両者から$x^2$と4,310,974,527を引くと、上の式では$-27,942x+4,104,900,538$、後の式では$4,310,747,475x^2+978,763,835,536,363$の平方根2つが残る。これが等式となる。したがって、平方根ひとつ分と上の式から得られる$-13,971x+2,052,450,269$が等しい。さらにこれが先の式の平方根と等しいので、この式の平方が先の式と等しいことになる。ところが、この式の平方は
$+195,188,841x^2-57,349,565,416,398x+4,212,552,106,718,172,361$である。両者から$195,188,841x^2$と978,763,835,536,363を引き、さらに両者に57,349,565,416,398xを加える。この両者つまり$4,115,558,634x^2+57,349,565,416,398x$と4,211,573,342,882,635,998とが等式となる。さ

第1部——仮説の比較について

らにこれを最小の数値で表すと、$x^2+13{,}934x$ と $1{,}023{,}329{,}690$ とが等しい。この方程式を解くと、未知数 oψ の値として 25772 が出てくる。

　円の半径はすでにわかっているから角度は容易に得られる。すなわち、ψo から oα の 13971 を引くと、ψα として 11801 が残る。また βα は $90668\frac{1}{2}$ で βαψ は直角なので、角 αβψ は 7°30′10″ である。先には αβ もしくは ρδ は βκ もしくは ρλ に対して 3°0′6″ の傾斜角で表示されていたが、この βκ は巨蟹宮 5°30′ にくる。したがって、ρι もしくは αβ は巨蟹宮 8°30′ にくる。だから ψβ は巨蟹宮 16° になる。そこで（以上の数値になると想定した場合）太陽が巨蟹宮 16° を通過し、惑星が一様な平均運動によって磨羯宮 8°30′、視運動によって天蝎宮 27° のあたりに来ると、ερ が最も大きく見える。ところが、惑星が磨羯宮 8°30′ つまり ρε を越えた所にある場合には、たとえ ρε が減少しても、ν を越えた点から見ると、軌道どうしが接近しているために見かけの大きさが増大しうる。その大きさは直ちに得られる。oψ は 25772、oρ は $476\frac{1}{2}$ とわかっているので、角 oψε は 1°3′32″ になる。（これまで調べてきた）角 ρνε は、エウクレイデス第 3 巻 20 により、この角と等しい。中心角 ρψε 全体が円周角 ρνε の 2 倍であり、一方、角 oψε は角 ρψε の半分だから、当然である。また、βδ と κδ が 2 等分されて λμ が βκ の半分になっていると想定した場合（これについては以下で述べる）、ρε と、したがってまたその線分が ν で作る角が、4 分の 1 だけ大きくなる可能性がある。こうして最後に、仮説を太陽の平均運動から視運動へと置き換える私のこの方法が、年周軌道の視差においてどれほどの混乱をもたらすか、わかる。

　私が演繹的に運動原因の考察から導き出したこと、つまり惑星の通る道筋を、動く力の強さと動きの大きさにおいて等しい 2 つの半円に分割する唯一の直線である惑星の長軸線は、（専門家たちの考えたがるように）太陽を外れるのではなく、まさに太陽本体の中心を通るという説を、観測によっても確立するための扉が、今や眼前に開かれている。これを本著作の展開に従って第 4 部と 5 部で実際の観測結果から証明する。

今度は可能な範囲で、同じ事柄をプトレマイオス説でも導き出してみよう。

　Ψを中心として太陽の離心円Γを描き、ΨTをその円の長軸線とし、不動の地球が直線ΨT上でΓよりの点Kにあり、Ψは太陽の運動を均等化すると考えられた点〔エカント〕とする。ΨとKから長軸線に対する垂線ΨΣとKYを引き、ΣをKと結ぶ。そしてKΣが太陽の視運動を、KYが太陽の均等な運動〔平均運動〕を表す線分とする。

　プトレマイオスは各惑星の運行を直線KΣ上ではなくて、太陽本体を通るΨΣと平行にKから引いた直線KY上で考量した。すなわち、惑星がこのKY上で太陽と反対側に来るたびに、（プトレマイオスの説に従うと）周転円によって惑星に起こる第2の不整がなくなると想定した。その時に機器を用いて恒星下に現れる惑星の位置を調べて、周転円の中心がこの時には同一直線上に見出されると想定した。これは時折は獣帯上の相異なる位置でも行われた。それがKΓ、KYの線上で反対側にあるとする。そこで、惑星（もしくはプトレマイオス説で第2の不整の説明に役立つ周転円の中心）のこのような3つの位置をもとに、この大家は、把握した位置が地球の中心で視点の中心でもあるKで形成するこれらの角度を経過時間と対比して、第1の不整に関する仮説の研究に着手した。この課題の方法はプトレマイオスの書〔『アルマゲスト』〕の第9巻に見出される。

　この仕事がすっかり終わって、離心円の長軸線KΛΔXが出てきたとする。Δはエカントの点で、離心円の中心はこの直線上の点Λにあり、XZが離心円とする。さらにこの仮説が、惑星と平均太陽の衝の節目で観測したあらゆる位置に対応するものとする。

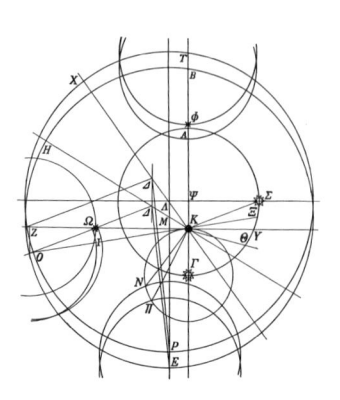

　ここでは、私が自然学的な運動の整合性に関してコペルニクスに反対した事柄が、完全にプトレマ

イオスにも当てはまるわけではない。すなわち、確かに、第2の不整の説明に役立つ周転円の中心は、先の場合の惑星それ自体と同様に、この場合も導円XZ上でKの地球に近づいたり遠ざかったりするのに応じて、ゆっくりとあるいはすばやく動く。だが、このような周転円の中心を公転させる駆動力が（先のコペルニクス説の宇宙の核心たる太陽の場合と同様に）Kの地球に具わっているという説を立てるのは、不条理で奇異である。一方、この仮説は自然学から別途の攻撃を受けるだろう。天球は立体的な固体というのがこの形の仮説にいわば固有の考えだが、（ティコ・ブラーエの彗星の観測により）固体の天球が打破されたので、この仮説自体が自ずから崩れ去るように思われるからである。実際、この説では、駆動力が周転円の中心（つまり物体ではなくて数学上の点）に存し、しかもある場所から他の場所へと自ら移動して、等しい時間内に不等な速さで動く、という説が立てられるだろう。一方で、その力は周転円の直径の近さにまで惑星を自分の方に引きつけるが、同時に惑星を自身の周りに等しい時間内に等しい速さで回転させるだろう。これほどに多様な運動の制御を唯ひとつの主動的知性に帰するのは、その知性が神でないかぎり不可能だと、アリストテレスも『形而上学』第12巻第8章で認めている。個々の知性が全く均等できわめて単純な個々の円運動を司るというのが彼の好む説だからである。それに、あるはたらきがどのようにして物体でないものの中に座を占めて、物体でないものから惑星へと流出していくのであろうか。またそういう務めを分割して主動者の一方の知力を周転円の中心に、もう一方を惑星本体に置くとしたら、中心にある知力は地球（つまり物体）を看視して不等な速さで円を描いて地球の周りを回り、その円周上の点（つまり惑星本体）にある知力は物体の欠如した中心を、しかも等しい速さで回ることになる。そこで、上の場合と同じく、前者の知力は何を補助手段として物体の欠如した点の周りを巡るのか、という問題が生じる。すなわち、それは幾何学的な想像によってではない。そういう点を幾何学的に想像することはできないからである。可動な点が、物体で

ないもの、つまり想像される架空のものの中に存続することも、ありえない。われわれ人間ならこのような点を想像するときは手書きで処理するか処理した覚えのある書板ないしは紙という補助手段を用いる。また（周転円の中心にある）作用が物理的に流出して、その円周と惑星本体に至ることによってでもない。複合した運動を行う務めを2つの知性に分割して与えた以上、作用のこういう流出をすでに排除していたからである。しかも第1の離心運動〔導円上の運動〕において、動きを引き起こそうとしている自然の作用が、あらゆる固有な物体の欠如する点に存続しうるかどうか、疑わしい。さらに、このような非物体的な作用が自ら地球の周りを回転して、ある場所から他の場所へと移動しうるかどうか、いっそう疑わしい。そしてそれが発生源としてのどんな物体にも支えられずにひとりでに流出して他に動きを伝え、もしくは動きを引き起こすことができるかどうか、非常に疑わしい。至福の天使や分離独立した知性の本質、動き、所在、活動に関する崇高な事柄を私に対する反論として立てようとする人もあるだろうが、それはこれには関係がない。われわれの議論が天体という物体の運搬に限定されている以上、対象は尊さのはるかに劣る自然の事物、自身の行動に変化をもたせるためにどんな分別も用いない作用や、全く分離独立していない知性だからである。以上が、一般的にプトレマイオスに対する反論として立てられる。

　だが、さらにプトレマイオスに対しては、個別的なことでも自ら用いた太陽の平均運動から離れ、われわれとともに視運動を選びたくなるようなことを、言わなければならない。実際にもし（それがひとつであろうと2つが対になったものであろうと）惑星を動かす力が、太陽を看視して、周転円の中心が太陽の反対側にくるたびに惑星を周転円の最下位に置くのであれば、上の場合と同様に私は以下の事柄を問題にする。すなわち、何故その力は太陽の本体よりもむしろ架空の点Υ（この点はΣで表された太陽自体に対して時には先立ち、時には後になり、時には上に、時には下に立つ）のほうに注目するのか。また

この周転円は、第2の不整の説明に役立つプトレマイオス説の周転円のこととと理解されたい

第1部——仮説の比較について　　　　　　　152

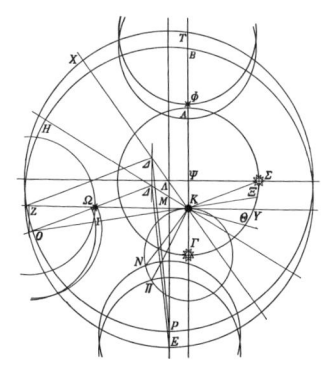

その力は、Ψに物体がないのに、いったいどのようにして地球Kの周りを巡るΥの運動を知覚できるのか。太陽の視位置を示す線KΣが周転円の中心を通るときに、周転円が一巡してこの直線の所に戻ってくるほうが、いっそう真実らしいのではないか。

そこで、太陽の視運動を用いることによって離心円にどういう変化が起こるか、見ていこう。(先の場合と同じく)再び太陽Γと太陽の離心円の中心Ψとが地球Kと同一線上にあり、太陽の視運動の線ΨΥと平均運動の線KΓとが一致するとき、周転円の中心Τは、恒星下の位置がKTで表示されようとΨTで表示されようと、その位置を保持し、かつ惑星は実際に直線KTもしくはΨT上で、周転円のいちばん下の位置Φにある。この位置がΨにもKにもいちばん近いからである。そのために惑星には実際に第2の不整がなくなっている。ところが、太陽がその離心円の脇の方、つまり円の半径が平均的な長さになる所に来ると、かなり大きな差が生じる。すなわち、太陽がΓからΣに移動すると、太陽の平均運動の線KΥは白羊宮に、惑星の見える視線KΩはそれと正反対の天秤宮にあって、ΥKΩが一直線になる。プトレマイオスは、この視線を示す線KΩ上のΩにある惑星が第2の不整を失うという説を立てるので、周転円の中心ZをKΩの線上に置く。だが、KΣはKΥを越えた所にあるので、太陽の視位置は惑星と衝になる位置を越えた所にある。そしてKΩはそれより後の時点になると下降してKΣの反対側にくるのではなく、むしろKΦの方に上昇する。周転円Ωの最下部が逆行し、しかも中心Zより速いからで、その時点で惑星は当然ながら太陽と衝の位置に来る。したがってこの場合、視太陽との衝は平均太陽との衝より前にあったのである。

そこでKΥで表されたときより前にくる時点(それをKΘとする)に

おいて、太陽がKΞの線上に見えるとき、惑星はそれと衝になる位置つまりKΞと一直線となるKIで示された直線上のIの位置に見えるだろう。今度はこの真の衝の状態で第2の不整がなくなると想定するから、周転円の中心もこの直線ΞK上のOの位置に認められよう。また惑星が逆行するので、KΥより前のKΘの時点で惑星はKΩより後のKIの線上にある。しかしKIとKΩは直線KOとKZの部分だから、KOもKZより順行方向寄りにある。

　こうして、太陽の平均運動から視運動へのこの置き換えで周転円の中心を示す線にどういう変化が生じるか、明らかになる。すなわち、Tとその反対側の点では周転円の中心の運動を示す線は元のままである。Zではこの線と線上にある周転円の中心が先に進み、経過時間に対して減算が行われる。その反対側の位置では逆のことが起こる。つまり経過時間に対して加算が行われ、周転円の中心の運動を示す線は逆行方向に引き戻される。こうして周転円の中心を示すこれらの新たな線は元の線と大きくずれる。それ故にまた、周転円の中心の若干の観測位置（すなわち惑星の観測位置で、同一の視線上で惑星の背後に周転円の中心が潜んでいると仮定する）をもとに、再び新たな操作を行って第1の不整の原因とその程度を調べると、結果は先の場合と大きく異なる。すなわち、遠地点のある半円では経過時間が減少して惑星の動きが速くなるので、エカントの離心値はより小さくなる。さらにその半円の、遠地点のある大きいほうの四分円BZでは、残りの小さな部分と同様に等しく経過時間が減っているので、その割合に応じて惑星は半円のその残りの部分におけるよりもさらにずっと速くなった。そこで、近地点はその部分の方に近づき、遠地点はXからZの方に向かって下降したのである。

　新仮説の数値は以下のようにして明らかになる。周転円の中心Zから地球Kを通って引いた直線KZが太陽の視位置を示すKΣと連続して一直線になるときに初めて惑星はΩでこのKZの線上に来ると想定されるので、Zから惑星本体を通って引いた直線とKΣとは絶えず平行のままに進む。しかも太陽の平均運動の線がΩを通っ

て引いたKΥであった時点で、惑星がKΩの線上に見えたことについてはプトレマイオス説を承認したが、周転円の中心Zが同時にKΩ上にあることについてはその説を否認するので、（われわれの想定に従い）惑星の位置ΩからKΣと平行な線を引いて、それをΩOとする。（惑星の位置を表示する）ΩがKZの線上でKに近づいたり遠ざかったりするのに応じて、その時の周転円の中心をΩOの線上かこれと平行でそのすぐ近くにある直線上に想定する。直線KZ上の任意の点（今これをΩとする）から引いた線分ΩZとΩOが等しいとし、OからZKにKΥと平行な線を引き、これをOZとする。そこで、角ZΩOは角KΣΨと等しく、KΣはΨΣないしはΩOよりほんのわずかだけ長い。角KΨΣは直角で、角Σは$2°3'$より大きくないからである（したがってΨΣを100000とするとKΣは100064となる）。それ故にOZもKΨよりほんのわずかだけ小さい。ZとΔを結び、OからZΔと平行な線を引く。そこで、プトレマイオスが周転円の中心をZに置くのと私がOに置くのが同一の時点（その時点は太陽に関する理論では共通してKΥで表示される）であり、その時点は、火星に関する理論ではΔがエカントの点だから先の仮説ではZΔで表されるので、新仮説ではZΔと平行な線によって表されるだろう。したがって、経過時間を算定するさいの中心となる新たなエカントの点は、Oから引いたこの平行線上にあるだろう。

　（プトレマイオスによると）周転円の中心が太陽の平均運動の線KΥのもう一方の側にくるときにも同じことが起こり（それを長々と導き出すのは省略する）、再び周転円の中心の平均運動を示すプトレマイオスの線と平行な線を引ける。したがって、これらの新たに引いたそれぞれ先のと平行な2本の線が交わる点にΔから下ろした線（これをΔΔとする）は、ZOもしくはΨKと平行となり、ZOと等しく、ΨKとほぼ等しくなる。そして新たなΔが新仮説における共通のエカントの点になる。

　ところが、上の第5章末尾で示したように、Δを通ってKΨの平行線ΔΔを引き、KΨとΔΔが等しくなるようにし、新たなΔとKと

を結び、先のKΔがΛで分割されていたのと同じ比になるように新たなKΔがMで分割されるとすると、この新仮説によりやはり新たな離心円ができる。この離心円は、位置が先のと異なるが、Kにある視点に適用すれば、やはり先の仮説における全ての視覚的な事象をほとんど混乱しないままに残す。そこで、Mを中心として先の離心円と等しい新たな離心円を描き、KMを両側に延長すると、Hが新たな遠地点となり、周転円の中心は新たな離心円上の点B、Oにきて、惑星は先の場合に比べてAでは〔Kに〕より近く、Iではより離れるだろう。ところが、第2の不整が絡んだ位置では、(コペルニクスとティコ・ブラーエが発見した事柄の本質をすっかりプトレマイオス説の形に移すにはそうせざるをえないわけだが、太陽の離心円に等しい周転円を惑星に配分すれば)先の視覚的な事象はその事象をめぐる仮説の中にもちこまれたこの新たな離心円によって激しい混乱をきたす。エカントの点Δが同一でなくなるからではなくて、太陽〔軌道〕の長軸端の位置の周囲でプトレマイオスとわれわれの各離心円の中心がΛMの間隔だけ離れているからである。この中心の隔たりから、さらにはそれに等しい惑星本体の位置の隔たりも出てくる。しかもこの食い違いは、周転円の中心が太陽〔軌道〕の平均距離の周囲にくるとき最大になるわけではない。というのも、すでに述べたように、それらの位置では、たとえ各Δから引いた平行線が離れていても、各離心円上にある周転円の中心の位置はほぼ同じだからである。したがって、食い違いが最大となるのは太陽の長軸端の周囲であり、MΛを延長してそれぞれの離心円との交点をP、Eとすると、磨羯宮にある近地点の周囲でより大きくなる。PEもMΛと同じ大きさを取るからである。しかし、エカントの点はM、ΛではなくてΔだから、この一本の線MΛによって同一の時点は表示されない。そこで、各ΔからP、Eの方に平行線を引くと、この平行線が同一の時点を表すだろう。それをΔP、ΔEとし、P、Eを中心として周転円N、Πを描くとする。

　問題は、周転円の円周を考えた場合、この食い違いがどこで最大

となって現れるか、である。それが周転円上で地球Kにいちばん近い部分でないのは確かである。というのも、こういう部分はKと同じ側にあるだろうから。また周転円の最上部でもない。こういう部分はKから遠すぎるだろうから。したがって、周転円の近地点にいちばん近い部分である。つまり太陽がこの惑星とともに完全にその近地点に来るときではなくて、その非常に近くに来るときである。（簡単に言うと）要するに、同一の時点となる点N、Πに来るときで、その時N、Π、Kを通る最小の円ができる。なお、この小円の中心はKを通って引いた直線上にあり、その直線を上方に延長し、同様に延長した直線PΔと交わるようにすると、7°30′の角度を取る。

　この論証に同意できない人は、ここで論証を先の議論に従って調整するとよい。実際、数値は同じままである。ただし、プトレマイオス説では、MΛが先に用いた数値で示したμより大きい。それ故に、視覚上の差異つまり角NKΠも先の場合より大きい。

　すなわち、先にはβκ対λμがδβ対δλで、δλはδβの半分より小さかったが、プトレマイオス説では、βκに等しいΔΛ対MΛが線分全体のKΔ対その半分のKΛとなるだろう。

　最後に、ティコの仮説でも同じことを演繹しよう。*

　Bを中心にして太陽の離心円GSを描き、BGをこの離心円の長軸線、Cを不動の地球の位置、Bをエカントの点とする。やがてわかるように、太陽に関する理論ではエカントの点と離心円の中心は同一でないが、ここでは専門家たちの説に従ってそうしておく。BとCからBCに対する垂線BS、CVを引き、SとCを結び、CVが太陽の平均運動を、CSが太陽の視運動を示す線とする。

　惑星をCVの線とCSの線のどちらにもってくるか、ティコ・ブラーエはまだ完全には結論しなかったけれども、ともかく『予備演習』第1巻477頁と第2巻188頁に残した表明のように、最初の考えではCVのほうを取った。プトレマイオスとコペルニクスの足跡も彼に同じ道を示したのである。プトレマイオスの意図に沿ってティコ

*ブラーエ説では火星の軌道が太陽の軌道と交差するけれども、この第1部では全ての惑星に妥当する一般的な問題を論じているので、ここではこの交差については触れないほうがよいと思った。図では多くの曖昧な点が生じただろうからである。

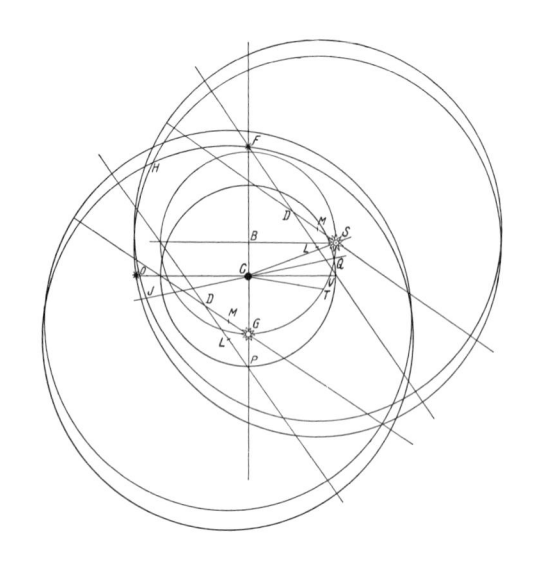

の踏みならしたこの道を歩み続けるとしたら、惑星が太陽の反対側で太陽の平均運動の線CV上に来るたびに、その惑星には第2の不整がなくなる、と言わなければならない。ブラーエ説に従うと、この第2の不整は離心円の中心が太陽と同じ周期で地球の周りを回る運動のために惑星に起こる。

　すなわち、全ての惑星が離心運動を行う基準とすると言われる点、惑星系全体を太陽の軌道に固定すると考えられる点をとると、この共通の点は、いつでも太陽の平均運動の線上にきて、地球CからBSに等しい間隔だけ離れており、離心円GSと等しい同心円〔導円〕Vを描く。これがティコ・ブラーエの所説であった。ただし、彼は固体の天球を否定した。したがって、全惑星系が太陽の軌道に固定されていることについて今まで述べた事柄は、固体の天球を信じている人々に理解してもらうためである。VCを延長して、惑星がこの直線上のCの向こう側にあるとする。ブラーエは、こういう場合、惑星系の固定点をVに置くだろう。したがって惑星を、VCの線を介して見るようになる。しかも視点が地球Cにあっても、その視点は第1の不整の拠り所である点Vにあるようなものとなる。そこで、惑星が直線CV上のCを越えたVとは反対側にある点（この点は直線

第1部——仮説の比較について　　158

CV、CG上でV、Gと反対側にあるものとする）に見えるたびに、機器によって恒星下の惑星の位置を捉えるものとする。すると、惑星系の中心は円VP上に、太陽はSとGに、惑星本体はそれと反対側のOとFにあるだろう。ただし、火星に関する理論ではこの惑星の離心円と太陽の離心円の比がかなり小さいので、火星の離心円と点O、Fが太陽Sよりも地球Cに近くなる。これが、ブラーエが固体の天球を否定する理由のひとつだった。[★034] ティコ・ブラーエは、このような複数の位置と、さらには全体として得られたかぎりでの位置から、第1の不整に関する仮説を調べるのを習慣としていた。そのさい彼は軌道VPの大きさを無視し、惑星系の中心もしくは固定点V、Pが一時停止してしまったかのように、ひとつの点として考えた。こうして彼は経過時間と、（V、Pが一致するときに）一点から出た線VOとPFが作る角度との比較を行った。それらの角度は実際には角OCFやVCPと同じものである。

　仕事が終わって、離心円の長軸線VLDないしはPLDが出てきたとする。Dはエカントの点、Lはこの直線上にある離心円の中心、HOとFHが離心円だとする。そしてこの仮説が、惑星と太陽の平均位置とが衝になる節目で観測された、あらゆる惑星の位置に対応するものとする。

　今のところ、この仮説が一般に自然学的な原理にかなうかどうか、もっと綿密に吟味するのは、先送りする。この仮説では、太陽が動きを司る自身の知性によって地球の周りを公転するが、そのさい太陽は地球を看視するとともに（地球のほうが太陽よりも支配的な力をもつとし、運動を引き起こす太陽の力を地球に移そうとするのでないかぎり）自身が地球に近づくか遠ざかるかに応じて（天球がないから当然だが）不等な速さで進んでいくが、太陽はまた（コペルニクスの場合のように）運動を引き起こす力をあらゆる惑星に送り出し、惑星が太陽に接近する程度に見合った速さで惑星を自身の周りに公転させる。一方、惑星はその間に小さな周転円上で太陽に近づいたり遠ざかったりしようとするが、同時に（太陽が地球の周りのどこに行こうと）同じ足跡

をたどり、隊形を乱して太陽に従おうとする。さらにこうして任意の惑星（特に太陽）は複数の対象に同時に注意を向け、また天空の大気中を通る惑星の進路自体は（プトレマイオス説の場合のように）実際に第1章で描いたような螺旋状になる。それが妥当かどうかは適当な機会に他の個所で検討する。今はこの仮説が一般的には真だと仮定しよう。そうすると、さらに個別的に見て、惑星が太陽の本体S、Gに従うのと、太陽の半径4つ分（それ以上ではない）だけ太陽の中心から離れていて、時には太陽の上に、時には下に、時には前に、時には後にある、物体の欠如した点V、Pに従うのと、どちらが妥当か、という問題が生じる。さらにまた、惑星を太陽の周りの軌道上に公転させる力の発生源が、太陽本体S、Gにあるのと、物体の欠如した点V、Pにあるのと、どちらがより妥当か、という問題もある。要するに、（車に喩えてみると）惑星軌道を太陽の軌道に釘で固定したような惑星系の轂〔ハブ〕があるとして、この轂が太陽のすぐ近くにあるなら、何故太陽自体にないのか、この轂ないし固定点が太陽のすぐ近くにあって太陽と全く同じ周期で地球を回るとしたら、何故固有の道筋を描くのか、何故太陽と全く同じ道を遵守しないのか、という問題である。

　そこで全体として、一般的にティコ・ブラーエの宇宙体系に関する所説が真だとすれば、惑星系の中心はV、Pではなくて直接太陽の道に当たるS、Gにくるのであり、結局は太陽それ自体にあることと、さらに第1の不整つまり離心円の不整を第2の不整から解き放つためには、太陽の平均位置ではなくて視位置と惑星との衝を用いなければならないことを受け入れるべきだという結論になる。ブラーエ自身も晩年にはこういう説明を進んで受け入れた。そこで、離心円にどういう変化が起こるか見ていこう。（先の場合と同様）再び太陽がGのようにBCの線上にあり、惑星が点Pと反対側のFにあるとき、Fの惑星はGの太陽と衝になり、直線GFが直線CPと連続していようとCGと連続していようと、各々の直線は一本になっているから、GFの線によって恒星下の惑星の位置は同じに見える

**定義**──

*►ここで惑星系の轂〔ハブ〕ないし中心というのは、他の個所の固定点ないし固定の中心のこと。

だろう。したがっていずれの説明によっても、惑星には実際に第2の不整がない。ところが、太陽がその離心円の脇つまり平均的な〔軌道半径の〕長さの所に来ると、かなり大きな差が生じる。すなわち、太陽がGからSに進んだとすると、太陽の平均運動の線CVが白羊宮に、惑星の見える線COがそれとちょうど反対の天秤宮に見出され、こうしてVCOが一直線となる。そこで、CSがCVを越えた所にきているから、太陽の視位置は惑星との衝を越えている。そして私の行ったこの変更によって惑星系の中心はVではなくてSにあるが、惑星はCO上に見えるから、SとOを結ぶと地球CがSOの線から外れてしまう。それ故にCOの線によって惑星を見ると、なお第2の不整が混入している。またCOも時間が経つと、順行方向に向かいCSと反対側にくるのではなく、むしろCFの方に上昇する。太陽の運動と、それとともに惑星系の中心およびその系のあらゆる部分（したがって惑星O自体と離心円の中心L）の運動も、COの線から上方のFに向かい、しかもその速さは、離心円の動き、つまりOにある惑星がLを中心として点Hから下方に向かう動きよりも、ずっと速いからである。したがって、Oは離心円に固有な動きではなくて外来の動きによって、いくらか逆行方向に引き戻される。それはまさに、惑星が太陽と衝の状態で逆行するという周知の事実のとおりである。それ故、CVによって表示された時点より前の時点（それをCTとする）で、太陽がCQの線上に見えるとき、惑星はその太陽の視位置と衝になる所つまりJに見えるだろう。そしてこの場合は第2の不整がなくなると想定するので、QCJは一直線となる。つまり、離心値の起点はCQの線上にあるだろう。逆行する惑星の見える線CJは時間的に先行して、後になって惑星の見える線、したがってむしろ逆行方向にくる線COを越えた所にあるので、CQもCVを越えた所にあり、惑星系の新たな中心Qも、かつての中心Vを越えた所にあるだろう。そしてOVから角OCJの分だけJQが順行方向にいっそう隔たっても、（運動の出発点となる）長軸線VDないしPDは円運動全体において相互に平行を保つから、惑星は、以前に大き

な経過時間で系の中心Vを巡ったときよりも、系の中心Qを巡るほうが小さな経過時間でもっと先まで来た、という説が立てられるのは明らかである。

　こうして、太陽の平均運動から視運動へのこの置き換えで離心円の視運動にどんな変化が生じるか、明らかになる。すなわち、惑星系の中心がGとその反対側の点にくるときは離心円の視運動の線は元のままに止まり、Qではより先に進み、その反対側では後に引き戻される。Qでは経過時間に減算が、その反対側では加算が行われるからである。こうしてこれらの線は元の線から大きくずれる。それ故にまた、こういう惑星の若干の観測位置（それらの位置の反対側に、太陽自体にある惑星系の中心が見出されると仮定する）をもとに、新たに計算を繰り返して第1の不整の原因と程度を調べると、その計算の結果は先のと大きく異なる。

　すなわち惑星系の固定点を、ブラーエがそれを公転させた円VPから円GSつまり太陽本体に移し替えると、その固定点は常に、CBと平行でCBの距離の分だけ、元のブラーエの点より上にある線上に、つまりV、Pより上のS、Gに位置するから、エカントの点Dがそのままに止まりながら（つまりCVで表示された時点は同一のままである）惑星がOに、固定点がSにあるようにするためには、点DとSあるいはDとGを通る新たな長軸線を引かなければならない。そこで（先にコペルニクス説の説明で挙げた）第5章の論証から、線分DSあるいはDGを引き、DPあるいはDVをLで分割したのと同じ比でその線分を分割して、その分割点をMとし、この点Mを中心にして先の離心円と同じ長さの半径で新たな離心円を描くとする。そうするとこの離心円は、この円を構成する拠り所にした後のこの観測結果を表すだけでなく、この円を先の仮説に導入すれば、先に適用された観測結果をも5′の精度内で救うだろう。

　なお、先の離心円によっても、この新たな離心円によっても、初更の位置以外で計算を行うのであれば、ブラーエの算出した火星に該当する周知の数値に従うかぎり、その計算はある所（つまり太陽の

近地点の周囲)では1°以上ずれてくる可能性がある。

　その論証を繰り返し行う必要はない。先のコペルニクス説の図で、地球νからβκと平行な線を引き、その線上でνの上にβκの長さ分だけ太陽の離心円の中心を測り取り、これを中心にしてκを通るブラーエの太陽の離心円を描き、コペルニクスの地球の離心円を消せば、図示するのは非常に簡単である。

　仮説相互のこういう相違と、第1の不整では仮説が理論上等値であること、第2の不整では食い違いがあることを説き明かしたので、本著作の第1部を終えよう。この第1部は(私の見るところでは)著作全体の中で最もむずかしい。ほとんど抜け出せないような諸説の迷路と、ことばの絶えざる曖昧さ、あるいは非常に骨の折れる迂言のためである。なお、どんな必要に迫られてこういう学説をあらかじめ述べなければならなかったか、第7章で直ちに明らかになるだろう。頭のはたらきがあまりよくないような人は、もっと簡単なことが理解できるまで、第1部全体〔の把握〕を先に延ばしてもよい。

ヨハネス・ケプラー『新天文学』●全5部

【第2部】

# 古人の説にならった
# 火星の第1の不整について

# 第7章

## どんなきっかけで火星論に出会ったか

人間に天文学を学ぶよう命ずる神の声があるとすれば、その声は語句ではなく、むしろ事象そのものと、人間の知力・感覚と一連の天体やその作用との感応によって、直接に宇宙の中に表れている、というのは真実である。けれども、また何らかの運命によってひそかにそれぞれの人間が相異なる学術へと駆り立てられ、さらにある人間は創造の御業の一部でありながらまた神の摂理の一部にも与る。

私は年ごろになって哲学の魅力がわかるようになるとすぐに途方もない情熱によってその全体像を把握したが、特に天文学に関しては全く気にも止めていなかった。確かにその才能はあった。図形や数や比を頼りに学校教育で与えられた幾何学や天文学の課題を理解するのも、むずかしくなかった。しかしそれは必須の学業であって、天文学に対する特別の性向を証明するようなものは何ひとつなかった。だがヴュルテンベルク公の出費に支えられて勉学しながら、公が要請を受けて外国に派遣しようとしたわが僚友たちが故国愛から言を左右するのを見たので、彼らより厳しい状況にあったが、私は早くから指定された場所がどこであろうと進んで従おうと覚悟を決めていた。[001]

最初に与えられたのは天文学に関わる職務であった。(実を言えば)私は教師たちの権限によってこの職務を引き受けるよう迫られたのである。任地の遠さにはたじろがなかった。実際、(上述のように)私は学友のそういうことを恐れる気持を非難していた。むしろ私をたじろがせたのは、この種の職務が思いがけないものであり、また軽視されていたことと、哲学のこの分野における学殖の乏しさだった。そこで私は学識よりもむしろ才能をもってこの職務に就いたが、

そのさい当然の権利として、もっと輝かしく思われる別の生き方に対する気持を決して断念するわけでないことを繰り返し明言した。[★002]最初の2年間にわたるこの研究の成果がいったいどういうものだったかは、私の『宇宙の神秘』から明らかである。[★003]さらにわが恩師メストリン[★004]が私に天文学の残された課題に専念するよう、どれほど私を励ましてくれたか、上掲の小著と、レティクスの『第一解説』の序文とした先生の書簡を読めば、わかるだろう。私はこの発見を全体に非常に高く評価した。メストリンも同様にこの発見を認めてくれたので、ますます高く評価したのである。だが彼はまた、読者に対して（彼が言うところの）私の全体的な天文業（opus uranicum）を時宜に適わない仕方で約束して、私自身が天文学を再建したうえで、この発見がどんなに精度の高い観測にも通用するかどうか探求しようと燃え立つほどには、私を激励もしなかった。従来どおりの天文学の精度の範囲内では私のこの考えが成り立つことは、すでに同書で証明されていたからである。

　こうしてその時から、観測結果を入手したいと真剣に考えはじめた。そして私の小著に関する意見を求めて1597年にティコ・ブラーエに手紙を書いた。[★005]返書をくれた彼が自身の観測にも言及していたので、私は彼の観測結果を見たいと渇望した。それ以来、私の運命の重要な一部ともなったティコ・ブラーエ自身も、自分のもとに来るようにと絶えず私をせき立てたのである。あまりにも遠隔地なので躊躇していたところ、彼のほうがボヘミアにやって来たのを私は再び神の配剤としたい。そこで、修正された各惑星の離心値を学び取ろうという希望を抱いて、私は1600年の初めに彼の所にやって来た。初めの半月で、ティコもプトレマイオスやコペルニクスと同様に太陽の平均運動を用いていることが判明したが、視運動のほうが私の小著には適切だったので（それは私の著作から直接に明らかになる）、ティコ本人に頼んで、観測結果を私自身の手法で利用できるようにしてもらった。当時、火星論はティコの助手のクリスチャン・セヴェリン[★006]が手がけていた。人々が初更の位置の観測つまり火星と

太陽の獅子宮9°での衝の観測にたずさわっていたので、時期的な巡り合わせで彼が火星論を手がけていたのである。もしクリスチャンが他の惑星を扱っていたら私も彼と同じ惑星に出会っただろう。

だから、彼が火星に専念していたちょうどその時機に私がやって来たのも、神の配剤によるものだと思う。火星の運動からの全く必然的な帰結である天文学の秘密を知らなければ、われわれはいつまでも無知のままだからである。

1580年から平均太陽との衝の一覧表は改訂されてきた。経度において2′以内の精度であらゆる衝を表示できると称する仮説がすでに考え出されていた。私が第5章で用いたのはその表の数値もしくはそれと少し異なる数値である。遠地点は1585年の初めには獅子宮23°45′に想定されていた。各小円の半径から合成される最大離心値は20160だったので、大周転円の半径は16380だろう。したがって、第1の不整に関するプトレマイオス説の形では、エカントの点の離心値は20160かそれよりいくらか小さかった。

この仮説から1°ごとの離心円の均差と訂正された平均運動の一覧表も立てられていたが、『プロイセン表』の平均運動に対して1′45″の加算が行われた。これらの平均運動、遠地点および両交点は400年間にわたるものだった。それは『予備演習』第1巻の太陽と月の運動の場合と同様である。クリスチャンはただ初更の位置における緯度と年周軌道の視差で行き詰まっていた。確かに仮説と緯度のための表はあったが、そこからは観測された緯度が引き出せなかったのである。この問題が、月の運動に取り組もうとする彼にとっての障碍だった。

そこで私は、事実とされていた仮説がよくないのではないか、と疑いを抱いたので、私の『宇宙の神秘』で明らかにした既成の所説に従って、自ら仕事に立ち向かう心構えをした。最初はわれわれの間に非常に頻繁に論争があった。論点は、惑星のかくも多くの離心円上の位置を完全に表せるような仮説の論拠を別に立てられるか、またこれまで獣帯のあらゆる円周上で証明してきたような先の仮説

が誤っている可能性があるか、ということである。

　私は、先に第1部で述べたことから、離心円が誤っている可能性はあるが、エカントの点さえ正しければ、観測結果と5′以内かもっとよい精度で対応することを示した。一方、年周軌道の視差と緯度に関しては、勝利の栄冠はまだ真ん中に置かれたままで、彼らの仮説ではそれを得られなかった。したがって、残る課題は、彼らが計算のどこかで観測結果と5′のずれを生じさせていないかどうか、探求することだった。

　こうして私は、彼らの演算の確実性を吟味しはじめた。この労苦からどのような成果があったか、繰り返すのは退屈で無益である。だが、私はこの4年間にわたる労苦の中でも、われわれの認識方法に関わってくる事柄だけは述べたい。

# 第8章

## ティコ・ブラーエが観測し算出した
## 火星と太陽の平均運動の線との衝の表
## およびその表の検討

　上述の表は以下のようなものである。

　20年間（1580年から1600年まで）にわたりわれわれの機器により多様な配置を誠実に吟味した、確実な初更の観測結果から得た、離心円上での火星の運動の精確な再現は次頁の表のとおり。

　平均運動の訂正。火星の経度は1585年初めで、『プロイセン表』の計算による数値より少なくても1′30″あるいは最高で1′45″過剰なことがわかった。こうすると全てにわたっていっそうよく合うように思われる。だがその場合、両者をコペルニクスふうの仕方で白羊宮の最初の星をもとに比較してみると、火星の遠地点の位置が同一の時点で計算よりも5°2′だけ不足した。ここからの帰結として、われわれが春分点をその星から逆行方向に引き離したとき、その値が28°2′30″だったのに応じて、火星の遠地点が獅子宮23°25′になった。この場合、最初の観測結果で獅子宮23°20′、最後ので獅子宮23°45′になる。

　また各小円の半径から合成される最大離心値が20160であることも見出されたが、同じ基準で、大きな周転円の半径もしくはコペルニクスの用いた円の中心どうしの距離は16380になる。けれどもこのいずれの数値も、コペルニクス自身のものともプトレマイオスのものとも一致しない。太陽の視差を適用した場合、必要に応じて大気差に注意を払った。

　以下がブラーエの表である。

　表から明らかになるかぎりの表示された均等な時間を経た時点での太陽の平均運動を検討していこう。なお太陽の平均位置は、ここの表で黄道上において火星がそれと衝にあるのが見出されたという

| 火星の均等な経過時間[*1] ||||| 火星の円軌道での観測経度 ||||| 観測された真の緯度 |||| 黄道での観測経度 |||| 差異[*2] ||| 火星の単純な経度[*3] ||||| 火星の遠地点 ||||| われわれの分点歳差 |||| 算出経度 ||||
|---|---|---|---|---|---|---|---|---|---|---|---|---|---|---|---|---|---|---|---|---|---|---|---|---|---|---|---|---|---|---|---|---|---|---|---|---|---|---|---|
| 年 | 月 | 日 | 時間 ||| | 度 | 分 | 秒 ||| | 度 | 分 | 秒 | | 度 | 分 | 秒 || | 分 | 秒 || 宮[*4] | 度 | 分 | 秒 ||| 宮 | 度 | 分 | 秒 ||| 度 | 分 | 秒 || 度 | 分 | 秒 |
| 1580 | 11月 | 17 | 9:40 ||| 双子宮 | 6.50.10 ||||| 1.40. 0北 ||||| 6.46.10 ||||| 4.10＋ || 0. | 27.29.46 ||||| 3. | 25.21.40 ||||| 27.58.50 ||||| 6.50.40 |||
| 1582 | 12月 | 28 | 12:16 ||| 巨蟹宮 | 16.51.30 ||||| 4. 6. 0北 ||||| 16.46.10 ||||| 5.20＋ || 2. | 11.34.56 ||||| 3. | 25.22.17 ||||| 28. 0.38 ||||| 16.51.26 |||
| 1585 | 1月 | 31 | 19:35 ||| 獅子宮 | 21. 9.50 ||||| 4.32.10北 ||||| 21.10.26 ||||| 0.36－ || 3. | 22.37.46 ||||| 3. | 25.22.55 ||||| 28. 2.25 ||||| 21. 9.41 |||
| 1587 | 3月 | 7 | 17:22 ||| 処女宮 | 25. 5.10 ||||| 3.38.12北 ||||| 25.10.20 ||||| 5.10－ || 5. | 3.27.46 ||||| 3. | 25.23.32 ||||| 28. 4.10 ||||| 25. 4.50 |||
| 1589 | 4月 | 15 | 13:34 ||| 天蠍宮 | 3.54.35 ||||| 1. 6.45北 ||||| 3.58.10 ||||| 3.35－ || 6. | 16.53. 7 ||||| 3. | 25.24.10 ||||| 28. 5.55 ||||| 3.54.33 |||
| 1591 | 6月 | 8 | 16:25 ||| 人馬宮 | 26.40.30 P 42. 0N ||||| 3.59. 0南 ||||| 26.32. 0 ||||| 10.20－ || 8. | 7.47.30 ||||| 3. | 25.24.48 ||||| 28. 7.47 ||||| 26.40.23 |||
| 1593 | 8月 | 24 | 2:13 ||| 双魚宮 | 12.35. 0 ||||| 6. 3. 0南 ||||| 12.43.45 ||||| 8.45－ || 10. | 10.53.50 ||||| 3. | 25.25.26 ||||| 28. 9.40 ||||| 12.34.36 |||
| 1595 | 10月 | 29 | 21:22 ||| 金牛宮 | 17.56. 5 ||||| 0. 5.15北 ||||| 17.56.15 ||||| 0.12＋ || 0. | 8.26.47 ||||| 3. | 25.27.35 ||||| 28.11.27 ||||| 17.57.14 |||
| 1597 | 12月 | 13 | 13:35 ||| 巨蟹宮 | 2.34. 0 ||||| 3.33. 0北 ||||| 2.28. 0 ||||| 6.0＋ || 1. | 24.55.47 ||||| 3. | 25.29. 5 ||||| 28.13.20 ||||| 2.32.20 |||
| 1600 | 1月 | 19 | 9:40 ||| 獅子宮 | 8.18.45 ||||| 4.30.50北 ||||| 8.18. 0 ||||| 0.45－ || 3. | 6.46.16 ||||| 3. | 25.30. 6 ||||| 28.15. 5 ||||| 8.19.57 |||

＊Pは、マージニー(＊007)がプラーエの弟子のグリウス・サスケナデスとともにパドヴァでの観測を行った観測時を表す。

[＊1　ほぼ2年おきの観測結果を採っている。
＊2　火星軌道の円に関する経度と黄道に関する経度とを比較して得たもので、前者のほうが大きければ＋、小さければ－となるはずである。ただし、必ずしもそうなっていない個所もある。しかし、この翻訳では特にケプラーの計算の仕方にコペルニクス流の白羊宮での白羊宮の最初の星をもとに出したもの。
＊3　右欄の火星の遠地点も、下記の本文にあるように、コペルニクスふうに黄道12宮で30°になるから、それを経度計算に用いたから、本来の起点にさらに春分点があるときた白羊宮時代の最初の星をもとに出したもの。
＊4　黄道12宮が1宮で30°になるから、それを経度計算に用いたから、コペルニクスもそれをそれにならった。それを数える一種のガンマである。コペルニクスも30°未満の度数を加えたのである。すなわち「1宮」「2宮」というのは、この星は牡羊座のガンマである。ケプラーはそれをそれにならったのだが、この表では0という宮数を加えることを意味した。したがって、ここでタベネルニクスの時代にコペルニクスの時代に彼の時代の黄道の歳差を表す数値を掲げている。この白羊宮第1星はケプラーの時代には分点近くに移動していることがわかる。ただし、英訳本のDonahueの注によれば、ティコの「恒星表」(Stellarum inerrantium Restitutio)では白羊宮歳差は27°23′30″になる。そうすると、1585年1月1日の時点で白羊宮27°37′にあったことになるので、それをもとに1601年1月末の分点歳差に計算することができる。そうすると、この表にはいくらかずれが出ているが、そのままにしておく。]

| 年 | 月 | 日 | 時間 | 太陽の平均位置<br>宮 度 分 秒 | 黄道で火星の<br>見えた位置[*5]<br>分 秒 | 差異<br>分 秒 |
|---|---|---|---|---|---|---|
| 1580 | 11月 | 17 | 9:40 | 8. 6. 48. 32 | 46. 10 | 2. 22 − |
| 1582 | 12月 | 28 | 12:16 | 9. 16. 50. 58 | 46. 10 | 4. 48 − |
| 1585 | 1月 | 31 | 19:35 | 10. 21. 10. 13 | 10. 26 | 0. 13 + |
| 1587 | 3月 | 7 | 17:22 | 11. 25. 5. 57 | 10. 20 | 4. 23 + |
| 1589 | 4月 | 15 | 13:34 | 1. 3. 53. 32 | 58. 10 | 4. 38 + |
| 1591 | 6月 | 8 | 16:25 | 2. 26. 45. 24 | 32. 0 | 13. 24 − |
| 1593 | 8月 | 24 | 2:13 | 5. 12. 34. 36 | 43. 45 | 9. 9 + |
| 1595 | 10月 | 29 | 21:22 | 7. 17. 56. 17 | 56. 15 | 0. 2 − |
| 1597 | 12月 | 13 | 13:35 | 9. 2. 28. 51 | 28. 0 | 0. 51 − |
| 1600 | 1月 | 19 | 9:40 | 10. 8. 18. 43 | 18. 0 | 0. 43 − |

[*5 ▶ この列に見える数値は、前頁のブラーエの表の第4列目に記された火星の黄道での観測経度の分と秒だけを取り出したものである。したがって、実際には1580年の行は双子宮6°46′10″を表す。以下、前頁の表を参照。]

位置である。

　ここでは太陽の平均位置が黄道で火星の見えた位置と衝になる場所から時に13′30″離れているのが認められる。これは、仮説の置き換えによって生じる可能性のあった誤差のほぼ3倍である。それ故に、私は彼らの仮説が確かだという考えに束縛されずに別の仮説を求めることができた。★008

　しかし、彼らは意図的にこの不一致を容認した。以下に述べるように、交点が金牛宮と天蝎宮17°の近辺にあり、極限が獅子宮と宝瓶宮17°の近辺にあるので、加算と減算が特に巨蟹宮17°、処女宮25°、天蝎宮4°、人馬宮27°、双魚宮13°という中間の位置で行われて、獅子宮21°、天蝎宮18°という交点と極限では全く行われなかったことから、それは明らかである。したがって、軌道上の惑星と同じくらい太陽が交点から遠ざからないと、惑星には第2の不整がなくならない、と考える理由が彼らにはあった。けれども、この意図も不変ではなかった。実際、彼らのこういう考えによると、変動は巨蟹宮3°で最大でなければならなかった。巨蟹宮は、こういう変動がよく最大となる〔交点から〕45°の場所にいちばん近いからである。ところが彼らは、巨蟹宮17°で5′の減算を行ったが、巨蟹宮3°では1′しか引かなかった。そのために別の表が出てくる。この表では、これらの時点で(火星軌道に還元された)位置を太陽の平均位置と比較

第2部——古人の説にならった火星の第1の不整について

| 太陽の平均位置 | | 軌道上で見えた火星の位置 | | 差異 | |
|---|---|---|---|---|---|
| 分 | 秒 | 分 | 秒 | 分 | 秒 |
| 48 | 32 | 50 | 10 | 1 | 38 + |
| 50 | 58 | 51 | 30 | 0 | 32 + |
| 10 | 13 | 9 | 50 | 0 | 23 − |
| 5 | 57 | 5 | 10 | 0 | 47 − |
| 53 | 32 | 54 | 35 | 1 | 3 + |
| 45 | 24 | 42 | 0 | 3 | 24 − |
| 34 | 36 | 35 | 0 | 0 | 24 + |
| 56 | 17 | 56 | 5 | 0 | 12 − |
| 28 | 51 | 34 | 0 | 5 | 9 + |
| 18 | 43 | 18 | 45 | 0 | 2 + |

| ブラーエの表から私が算出した値 | | 表で明らかにされている値 | | 差異 | |
|---|---|---|---|---|---|
| 分 | 秒 | 分 | 秒 | 分 | 秒 |
| 29 | 9 | 29 | 46 | 0 | 37 + |
| 35 | 26 | 34 | 56 | 0 | 30 − |
| 37 | 4 | 37 | 46 | 0 | 42 + |
| 27 | 16 | 27 | 46 | 0 | 30 + |
| 52 | 33 | 53 | 7 | 0 | 34 + |
| 46 | 45 | 47 | 30 | 0 | 45 + |
| 53 | 18 | 53 | 50 | 0 | 32 + |
| 26 | 5 | 26 | 47 | 0 | 42 + |
| 54 | 48 | 55 | 47 | 0 | 59 + |
| 45 | 39 | 46 | 16 | 0 | 37 + |

する。

したがって、このようにしてもやはりあらゆる差異を一掃できなかった。

彼らのこういう意図についてはもう少し後で論ずるだろう。

今は火星の平均運動を検討しよう。そのために左の表を参照されたい。

〔上の表の第1列目は172頁の表の太陽の平均位置として掲げられた数値から分と秒を取り出している。第2列目は171頁の表の火星軌道の円に関して観測された経度として掲げられた数値の分と秒の部分を取り出している。下の表の第2列目は171頁の表の火星の単純な経度として掲げられた数値の分と秒の部分を取り出したものである。〕

### 平均運動の分と秒

私のものは平均的な長さを取る所〔長軸端から遠い所〕でずれが非常に少ない。すなわち、至る所でほぼ30″だけ多いが、そういうことが起こりうるのは、私がいちばん新しい表から平均運動を算出したからで、その表では、おそらく、一定の意図によって変更されたところがある。

次に来るのは火星の離心位置の表である。★010

人馬宮27°以外の全ての位置は許容できる範囲内にある。この人馬宮の位置にはさまざまな理由からくる小さな違いが総計として蓄積されるからである。まず太陽の位置は双子宮26°45′24″である。すでに算出された火星の軌道上の位置は人馬宮26°34′43″である。

| ブラーエのものから私が算出した値 | | 表で明らかにされている値 | | 差異 | |
|---|---|---|---|---|---|
| 分 | 秒 | 分 | 秒 | 分 | 秒 |
| 49 | 37 | 50 | 40 | 1 | 3 + |
| 52 | 59 | 51 | 26 | 1 | 33 − |
| 9 | 47 | 9 | 41 | 0 | 6 − |
| 4 | 49 | 4 | 50 | 0 | 1 + |
| 54 | 46 | 54 | 33 | 0 | 13 − |
| 34 | 45 | 40 | 23 | 5 | 38 + |
| 33 | 59 | 34 | 36 | 0 | 37 + |
| 57 | 37 | 57 | 14 | 0 | 23 − |
| 31 | 48 | 32 | 20 | 0 | 32 + |
| 45 | 39 | 46 | 16 | 0 | 37 + |

これを黄道に還元するためには、表の見解に従ってその数値から10′20″を除去すべきである。したがって算出された黄道上の位置は人馬宮26°24′13″となり、その太陽との衝の位置からの差異は21′11″となっただろう。

〔第2列目の数値は171頁の表で最右列の算出経度欄の分と秒。ただし、最後の列の数値だけは173頁の下表の最後の列のものをそのまま掲げている。今はこのままにしておく。〕

# 第9章

# 火星の黄道上の位置を その円軌道に還元する

　今や基礎となる黄道あるいは惑星軌道への還元について精確に論ずべきときである。

　まず観測にもとづくこの表から次のようなことがわかる。すなわち北緯は金牛宮18°から高くなり、その経線上では5′だった。次いで観測された最大北緯は獅子宮21°の経線上にくる。後はまた減少したが、天蝎宮3°の経線上でもなお1°40′だった。だが、人馬宮27°の経線上ですぐに南緯となり、かなり大きくて4°である。双魚宮13°ではもっと大きい。そこから大まかに見て、昇交点は金牛宮18°の少し前にあり、降交点は天蝎宮3°のずっと後にある、という結論が下せる。したがって、両交点は金牛宮17°と天蝎宮17°の近辺にあり、極限は獅子宮17°と宝瓶宮17°の近辺にあることになる。そこで、火星の離心円の面は黄道面に対して傾斜しているので、黄道各部の赤経において起こるのとほぼ同じことが起こり、交点から始まって極限で終わる弧を除き、一方の円の見かけの弧に他方の円の同じ見かけの弧が対応しなくなる。なお、見かけの弧というのは、ここでは、惑星の離心値を考慮の外に置き、火星の行程が黄道と同様に恒星天球内にあって、しかも黄道と本当に交わるかのように扱わなければならないからである。さらに、惑星の黄道上の位置とは何かと問われたら、天文学者は、恒星下で惑星本体の位置を通る（黄道と直交する）緯度を示す円〔当の惑星の緯度が来る経線〕が黄道と交わる、黄道上の点であると定義する。[*]

　そこで、テオドシオスの『球体論』[011]の証明から明らかなように、この円が（黄道と惑星の道筋の）両方の円の極を通らない場合は、その交点によって、常に円どうしの共通な交点から算定したら不等な大きさになる弧を切り取るだろう。その緯度を示す円は、黄道と直交

---

定義——
[*] ▶惑星の黄道上の位置とは何か。それと対照されるのが、軌道上の位置もしくは軌道を考慮した場合の位置である。

するので、惑星軌道の極を通らなければ、軌道に対して傾斜する。したがって、軌道上にある惑星の位置とそれに近い両交点との間にある弧は、惑星の黄道上の位置とその交点との間にある弧より常に大きい。

われわれが惑星を観測する場合、惑星本体を通る緯度を示す円が見出される黄道上の点を決めることによって惑星を黄道に還元して初めて惑星の確実な位置を限定したと考える。したがって、黄道上の位置は記憶と把握のためのものである。一方、仮説で惑星の計算をする場合は、黄道上の位置ではなくて、黄道に対して傾斜している惑星の道筋自体を対象とする。そこで、観測位置と算出位置とを比較できるようにするためには、黄道上の位置と近いほうの交点との間にある弧を延長するか、惑星本体とその交点との間にある弧を短縮しなければならない。こうして、前者の弧からは軌道上の位置が、後者の弧からは黄道上の位置が出てくる。つまり、交点が惑星の位置より前か後かに応じて、加算か減算をすればよい。

プトレマイオスは惑星に関してこういう配慮が必要だとは考えなかった。コペルニクスは月の場合にはそれを無視しなかった。だがティコ・ブラーエは精確を期するために注意深くそれを取りあげた。

さらに、すでに適用したこういう還元のさい問題としたい2つの事柄がある。それらの各々を同一の考究と図によって示す。

図のように恒星下での交点の位置をA、黄道の弧をABとし、ABに等しい弧ACを作り、Cの下に惑星が見えるものとする。またCから黄道に直交する弧を引き、それをCEとする。

まず古人の考えでは、惑星Jの黄道上の位置がEで、軌道上の位置がCだから、惑星が太陽と衝になると、その時には惑星がCに見えても衝はEにあるとされた。ところが、上述のように、表の作成者たちは、（交点から惑星までの視距離である）弧ACと、その交点から惑星の太陽との衝までの隔たりである弧ABが等しくなければ、惑星は精確には太陽と衝の状態にはないと考えた。

しかし事実はそうならない。確かにその時に惑星は精確に太陽と

惑星を黄道に還元するとはどういうことか。

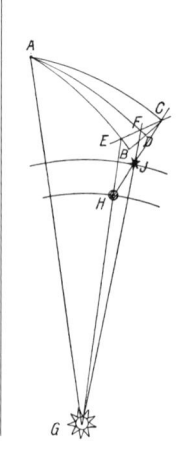

衝の状態にあるように見えるが、実際にはそうではない。しかも、惑星と太陽の衝に求められる利点は、精度の向上を目指した表の作成者の意図に反し、ACとABを等しくすることによってかえって損なわれる。何故わざわざ太陽と衝の状態にある惑星を観測するのか。言うまでもなく、その時には惑星に経度における第2の不整がなくなるためである。ところが、太陽との衝の位置がB、惑星がCに来て、しかもそれが交点と極限の間だと、太陽との衝がEにあり惑星がCに止まる場合よりも、経度における第2の不整の影響が惑星にいっそう強く現れる。すなわち、Gを、あらゆる円軌道が黄道と交わる、惑星系の中心たる太陽とする。なお、これはコペルニクス説でもブラーエ説でも可能である。Gを黄道上の点AおよびEと結ぶ。またEGの線上で点Hに地球があるとし、HとCを結ぶ。そして点Hからは太陽GがEの反対側にあるように見え、惑星は同じHからはHCの線上で恒星下の位置Cに見えるものとする。このように見えるときは惑星は確かに直線HC上にあるが、実際には恒星よりはるか下方にある。そこで惑星が直線HC上の点Jにあるとする。GからJを通る直線を引くと弧CEと交わる。CEHGで表された面全体が弧ECの下にあるからである。その交点の位置をFとし、AからFを通ってBCまで第3の弧AFを引き、BCとDで交わるものとする。そうすると明らかに、HからCに見えた惑星の離心円の面は弧ACではなく弧AFの下にあり、いずれの場合も惑星がCの下に見えるが、太陽との衝がEに来ると惑星は実際にはFの下にあり、その衝がBに位置すると惑星はDの下にあるだろう。ところが、ADは二等辺三角形BACの等辺より短い。したがって、Aから太陽との衝の位置Bまでは、表の作成者たちが取った時点で惑星がその下にあるDの位置までより遠く離れている。それ故、太陽は実際には惑星の真の位置と衝になる所を越えた位置にある。だが、これは彼ら自身の意図に反する。

　しかしまた惑星の軌道面が弧ACの下にあるとしても、そのためにABをACと等しく取るべきではなかろう。というのも、この軌

道面が実際にはADの下にあるからABをADと等しく取るべきだ、ということにもならないからである。すなわち、経度における第2の不整がないために惑星を太陽と衝の位置で観測するが、経度は惑星の真の軌道かその上に立つ弧AD上で計算すべきだから、確かに太陽との衝の位置が、軌道と直交する惑星の位置を通って引いた弧と交わらなければ、つまりADBが直角でなければ、太陽との衝の位置Bは経度がDと一致しないだろう。だが、もしADBが直角であれば、その場合はABがADよりも長く、それ故にADと等しくない。そこで表で望んだ、弧ACと弧ABが等しいことは、全く根底から崩れる。

しかし実際の結果に関していうと、こういう相違は微細で、識別できるほどではない。だから私も、むしろAFEが直角でなければならないと証明されたが、AEFが直角で、AFEが鋭角となって、太陽との衝がEにあるとすることを忌避はしない。だが、新たに精確さを求めるにはやはり精確な論拠によらなければならなかった。そこでこうした精確さに起因する不都合も出てくる。

したがって第2に、表中の還元すべき数値があまりよくない方法に従った点を問題とする。すなわち表の作成者は、火星の黄道上の位置がEで、視緯度がECになるときに、ACの経度を算出したが、その場合、軌道上の惑星はACの大きさだけ交点から離れていると想定した。ところが、(その第1の不整を求めている) 当の惑星の軌道は、すでに示したように、弧ACではなく弧ADの下にある。したがって、弧ACは第1の不整とは全く関係がなく、むしろAからの惑星の真の離隔を偽る。しかも確かに視緯度は角EHCだが、点Fの真の緯度つまり直線GFの黄道に対する傾斜は角EGFである。そこで、経度における第2の不整が太陽と衝の状態で消失しても、緯度における第2の不整はその時にほぼ最大となり、その度合いは角HJGである。したがって、緯度全体であるECのためにACがAEより弧EBの分だけ長くなるのと同じように、第2の不整に由来するこの視緯度の部分であるFCつまり角HJGのために同じくACがAFより長くなる。

したがってそれは適正な値より長い。しかもこの誤りは軽視できない。9′にも及ぶからである。

　彼らが黄道面と火星軌道面との傾斜角とした角BACが同じままでないことからも、誤りを把握できた。実際、表が表明している加算分だけ弧ACが増加したと想定して、この増加分とACとから角EACを算出してみればわかる。すなわち、付加した小さな表のような角が出てくる。その表から、大体において彼らが〔天の〕北半球では4°33′の最大北緯を、南半球では6°26′の最大南緯を想定したのは明らかである。したがって、太陽もしくは地球を通る両交点を結ぶ弦で、離心円の面がいわばたわんでいる。上方〔北〕の部分の傾斜が下方〔南〕の部分の傾斜より小さいからである。あるいはむしろ、恒星下で火星の視緯度によって描かれた円にならない道がそうであるように、惑星の道筋全体ないしは離心円の面がうねっていることになるだろう。

| 度 | 分 |
| --- | --- |
| 4. | 58. |
| 4. | 58. |
| 4. | 0. |
| 4. | 33. |
| 5. | 29. |
| 6. | 20. |
| 6. | 26. |
| 4. | 30. |
| 4. | 22. |
| 3. | 10. |

　ところが、以上の全ては天体運動の単純さに相反している。それは経験が多くの実例によって教えてくれるだろう。

　したがって、軌道へと還元する真の方法は次のとおりである。すなわち、観測から黄道における惑星の位置Eがわかったら、その位置の傾斜角EGFを以下に述べるような手順によって求めなければならない。すなわち、その時にはEが直角だから、AEと、角EGFの度合いを示すEFとから、三角法によってAFを求めるべきである。あるいはEFの代わりに不変な角EAFを適用してもよい。なお以下に述べる議論から明らかなように、火星では角EAFは約1°50′より大きくはないので、あらゆる還元の中で最大となる交点から45°の周辺の還元も1′を越えない。けれども、それに対して表ではある個所で8′、10′を加えるよう勧めている。それ故に、こういう理由のためにも仮説は誤りが7′、9′に及ぶことがある。基礎となった観測結果がこの還元によってかなりの損傷を被ったからである。こうして、私が新たな仮説を探求するのを妨げる障碍は以前にも増してずっと少なくなった。

# 第10章

## ティコ・ブラーエが太陽の平均位置と衝になる時点を求めたさいの拠り所である観測結果そのものの考察

か くも精緻な探求では基礎的な事柄の徹底的な検討を省略すべきではなかったし、ブラーエのおかげで私はその観測結果を利用できるようになっていた。そこで次のようなことを発見した。

I.　1580年11月12日10時50分に、火星は双子宮8°36′50″に置かれたが「地平偏差」(variationes horizontales)への言及はなかった。これは以下においては日周視差と大気差の意味である。そこでこの観測結果は隔たりが大きくて孤立している。観測結果は『プロイセン表』の日運動を用いて衝の節目に還元したものだった。実際、メストリンの天体表では、火星は12日正午には双子宮8°20′、17日正午には双子宮6°25′に置かれる。したがって、5日間全体の動きは1°55′になるだろう。スタディウスの天体表では、これが1°52′となる。そこで、17日の全く同じ時刻である10時50分には、火星は双子宮6°41′50″もしくは6°44′50″に見えるはずだった。(ティコが衝の節目を置く)9時40分だと1′4″だけさらに先に進んでいるので6°42′54″か6°45′54″になるが、双子宮6°46′10″に置かれる。

定義——
*▶地平偏差とは何か。

(精密さに関していうと)この衝はいくらか正確さの劣ることが認められる。観測された日運動ではなく他から借用した日運動を用いるからであろう。その値自体がさまざまな専門家の説の間でこの5日間に3′だけ相互にずれている。

II.　1582年12月28日11時半に、火星は観測により巨蟹宮16°47′に置かれた。その46分後にはティコが衝に指定した時点がくるが、それだけの時間では火星は1′も逆行しない。だから、ティコは火星を巨蟹宮16°46′16″に置いている。ここで紙片を添付して大気差による2′の修正を試みようとした。この修正は当時生じつつあった大

気差に関する見解の発端であったと思う。だが、ティコは観測された位置にそのまま従った。火星が位置を一変するようなものとは考えていなかったのである。またその必要もなかった。火星が大気差の影響を受けない巨蟹宮に、しかも巨蟹宮でも経度の視差が全くない中天にあったからである。

III.　1585年1月31日12時には、火星は獅子宮21°18′11″に置かれる。日運動は観測結果の対比によれば24′15″だった。それから7時間35分経った19時35分に衝の時点がくる。その間の日運動は7′41″の逆行に相当する。したがって指定された時点には獅子宮21°10′30″にあった。これが採用された値でもある。視差は全く言及されていない。火星は高い所で中天に位置していたので、大気差も考える必要はなかった。そこで、大気差についてのささやかな助言は（当然のことながら）表では無視されたことがわかる。

IV.　1587年3月7日19時10分の火星の位置は観測結果から導き出されたもので、処女宮25°10′20″だった。表でもそれが保持されたが、時刻を17時22分に変更した。1時間48分の差は24′という日運動によって同じ端数(1′48″)を生じるが、それ以上ではない。したがって、本来ならば処女宮25°8′32″とすべきであった。これは太陽の衝にもっと接近するが、この差はほとんど取るに足りない。

V.　1589年4月15日12時5分の火星の位置については、非常に綿密な注意を払って天蝎宮3°58′21″に立て経度の視差により訂正し、3°57′11″とした。指定された衝の時点まではまだ1時間30分あるので、22′という日運動により、この時間で火星は1′22″だけ逆行し、3°55′49″に来るだろう。だが、採用されたのは3°58′10″だった。先の値のほうが太陽の平均運動にいっそう近い。

VI.　1591年6月6日12時20分に、火星は人馬宮27°15′に置かれる。指定された時点まではまだ2日と4時間5分ある。そして4日間で1°12′47″進むのが認められた〔衝の前後では進行方向が反転する。以下同じ〕。そうすると2日と4時間5分に相当するのは39′29″である。したがって、指定された時点に火星は人馬宮26°35′31″にある。経度

に対する地平偏差は考慮する必要がない。火星は中天の磨羯宮の初めに来るからである。表では人馬宮26°32′となっている。

VII. 　1593年8月24日10時30分の火星の位置は双魚宮12°38′に来る。観測された日運動は16′45″で、しかもそれは経度の視差の全くない第90°[★016]のあたりだった。指定された衝の時点は8時間17分前(つまり2時13分)に過ぎてしまっていた。その間の動きは5′48″の順行に相当する。したがって火星は双魚宮12°43′48″に来る。なお、表では12°43′45″となっている。

VIII. 　1595年10月30日8時20分に、火星は金牛宮17°48′に見出された。日運動は22′54″だった。指定された衝の時点は11時間48分前に過ぎていた。その間の動きは11′7″の順行のはずだから、火星は金牛宮17°59′7″にあったことになる。だが、視差のために東方に突出していた。そこで、おそらく別の子午線観測に従って表では金牛宮17°56′15″に置かれる。

IX. 　1597年12月10日8時30分に、火星はいったん巨蟹宮3°30′に、2回目は巨蟹宮4°1′に置かれ、その平均は巨蟹宮3°45′30″である。続いてその3日と5時間5分後に衝の時点がきた。その間の動きはマジーニによれば1°15′の逆行に相当する。したがって、火星は巨蟹宮2°30′30″にあったはずだが、表では巨蟹宮2°28′に置かれる。ラディウス[★017]による粗雑な観測が行われた理由は〔観測の行われた〕日時から明らかである。すなわち、ティコはこの衝を看過したくなかったにもかかわらず、その当時はすでにラディウス以外の観測機器を残して島から立ち去ってしまっていた[★018]。せめてこの時まで彼がかの地に止まってくれたらよかったのにと思う。というのも、この衝は火星の視差を証明するための絶好の(しかも人の生涯の中でそれほど頻繁にはもうやって来ない)機会だったからである。

X. 　1600年1月13／23日[★019]11時50分の火星の赤経は以下のとおりだった。

| | |
|---|---|
| 双子座の輝く足〔双子座のγ〕によると、 | 134°23′39″ |
| 獅子座の心臓〔レグルス〕によると、 | 134°27′37″ |
| ポルックス〔双子座の星〕によると、 | 134°23′18″ |
| 12時17分には、乙女座の翼の第3の星〔乙女座のβ〕によると、 | 134°29′48″ |
| 公正な平均 ………………………………… | 134°24′33″ [020] |

ここから、火星は獅子宮10°38′46″にあったとされる。それは補整してウラニボルク子午線に還元した時刻で11時40分である。一方、1月24日／2月3日の同時刻には火星は獅子宮6°18′に置かれていた。ここから23′44″という日運動が出てきた。そして1月19日／29日9時40分には、火星の位置は、表でそうしたように、獅子宮8°18′45″に置かれる。[021]

なお、私がこの赤経の食い違いをもち出したのは、どんな好機にあっても至る所に非常に綿密な注意を払わなければ、観測結果自体にも数分の不確かさがあることを示すためだった。当時、(非常に大きなものは別にして)観測機器はすでにボヘミアに来ていたが、それらはまだ十分にきちんと据え付けられてはおらず、長旅の悪い影響も受けていた。けれども、2つの星から導き出された赤経が3′の食い違いを示すことは、フヴェーン島での観測においてもしばしば起こっていた。この点について私がクリスチャン〔ロンゴモンタヌスLongomontanusのこと；第2部注006参照〕に、観測ないしは視力の欠陥から起こるものと考えるべきかどうか、意見を聞いたとき、こういうことはよくあると答えた。

最後にここで、火星の位置を訂正するさい太陽の視差を用いたとティコが表の中で率直に認めていることも、想起すべきである。やがて明らかになるように、火星の視差の問題は不確実で捉えにくい。けれども、この問題はこの表の火星の位置の確かさにはほんの少ししか影響していない。火星はほとんどいつも中天にあって経度の視差のない状態で観察できるからである。

# 第11章

# 火星の日周視差

　**私**の新たな仕事と運動の再構築は先に中断したところから始まる。確かに火星の位置は実際に太陽と衝になる節目で捉えなければならないが、そうしても第2の不整が全くなくなるわけではなくて、黄道上で算定した弧を火星軌道に還元する必要があることは、第1部から明らかである。ところが、火星軌道はまず面どうしの傾斜と両交点の把握を通じて探求しなければならない。さらに傾斜と交点とは、日周視差がある程度大きい場合、その視差を伴わずには知られない。そこで、視差から始めなければならない。視差を探求する方法は2つ立てられる。

　最初の方法（これは他の人々にもよく用いられてきた）はブラーエの観測結果で検討されよう。

　1582年に火星が巨蟹宮で太陽と衝になったとき、ティコが手書きした表題のある『火星の視差を探求するために』(*pro inquirendis parallaxibus Martis*) では、信じがたいほど綿密細心の観測がなされた。しかし、そこからは火星の視差は全く何も出せないか、ほんの少ししか出せないだろう。（慣例に従って）火星が、黄道上では隣接していても、たいていの場合はるかに離れている星と対比されたのは、言うまでもない。そこで、明け方と夕方の観測の対比によって動く星（というのも、火星は太陽と衝になったときに逆行するから）の視差を探求する習慣なので、そのために、火星観測の基準となる明け方の星と夕方の星はほとんどいつも別だった。明け方に用いることのできた恒星は（火星より高い所にあるので）、黄道上で隣接しているとすれば、（火星がすでに西の方向に来ている）夕方には没するか、大気差のためにこの微妙な仕事には不適切になるからである。そこで、他の恒星が取って代わらなければならなかった。だが、恒星が代わると、同一の恒

星を保持する場合に比べて、仕事の信頼性が常に低下する。

　なお、ブラーエは至る所で有識者たちに、この年の観測結果から火星の視差が明らかに太陽よりも大きいことを発見したと言明したので、私はこの計算ないしは操作をもっと徹底的に究明できるように、著述全体を非常に綿密な注意を払って点検した。そして確かにその年の観測から火星の視差を探求する手立てを示すような表題を見出した。しかしここに思いがけないことがあった。彼の助手たちが、観測によって見出された火星の位置を、非常に苦心しかつ綿密に描いたコペルニクス説の図に適合させたのである。その図で、同心円〔つまり導円〕上にある2重周転円のために生じる全ての三角形を非常に長たらしい数値によって解こうと、途方もない苦心をした。そして結局のところ計算の末に、火星の視差が実際に太陽よりも大きくなることを公表した。それ故、ブラーエが先に提案していたことと助手たちの計算が追求したことは別の事柄だった。ブラーエは助手たちに、明け方と夕方の観測を相互に対比して火星の視差を探求するよう求めていた。ところが助手たちは、コペルニクス説の図で視差がどれくらいになるか、探求したのである。ブラーエが視差について公表したのは、このような助手たちを信頼してのことかどうか、私にはわからない。

　(当面の課題に関わる限りで) 観測結果そのものを調べてみよう。

　1582年11月23日から24日の夜間は観測時刻が違っても火星の恒星からの離隔は同じだった。だから、これが留の境界だった。

　次の2日間の動きは11′と15′だった。

　12月26日の夜間には火星が双子座の第2の星〔ポルックス〕と第7の星〔双子座のγ〕の間を通過した。(ラディウスによる観測では) 双子座の下方の頭つまり第2の星からの離隔は2°25′ないしは2°26′、第7の星からは1°6′ないしは1°7′で、緯度は約4°9′となった。8時28分にはその牡牛座の目〔アルデバラン〕からの離隔が44°41′だった。1600年には、この牡牛座の目の緯度は南緯5°31′、経度は双子宮4°12′30″である。ここから、火星の経度は1600年ころには巨蟹宮17°53′

20″になり、1582年末には巨蟹宮17° 38′ である。高度は40° 50′ だから、大気差の影響の埒外にある。

それに対して、12月27日明け方の7時15分には火星の獅子座の心臓〔レグルス〕からの離隔が36° 43′ だった。この星の緯度は0° 26′ 30″ で、ここからだと1582年末の火星の経度は巨蟹宮17° 28′ 20″ となる。高度は14° 4′ だから、大気差の影響の範囲内にある。夕方の8時28分半から19時15分〔つまり翌日の明け方の7時15分〕までの10時間と46分半をかけて火星が9′ 40″ 逆行するのが見られた。

日運動に関しては、29日7時47分に馭者座の南の足元〔つまり牡牛座のβ〕からの火星の離隔は29° 38′ 30″ と記された。30日8時8分の火星の同じ星からの離隔は29° 13′ 30″ だった。したがって、24時間と21分で火星は25′ 変わった。さらにこの日運動は27日もやはり同じままだった。したがって、10時間と46分半で11′ 30″ になるはずだった。ところが、9′ 40″ の動きしか見られなかった。このことを検討してみよう。

視差のために、前日の夕方に出てくる（逆行しているので）かなり東方寄りにある火星は東方に突出し、明け方に没する西方寄りにある状態では西方に突出する。そこで、月の日周視差のために動きが見た目には遅くなるように、逆に火星の日周視差によって逆行の動きが速くなる。したがって、視差が感知される場合は、過度に増大した逆行運動を介して感知されるだろう。ところが、この運動は減少していた。それ故に視差は全くない。だが、逆に視差とは反対の大気差が感知される。高度13° の大気差は恒星の表からだと4′、太陽の表からだと8′ である。だが、蟹座は非常に斜めに傾いて下降するので、大気差の非常にわずかな部分しか経度に影響を生じない。したがって、経度における大気差はせいぜい3′ にしかならなかった。この3′ を9′ 40″ に加えると、10時間45分にわたる大気差のない動きとして12′ 40″ が出てくる。この動きは、視差も欠如していたとすれば11′ 30″ になるはずだった。したがって過剰分の1′ 20″ がそれぞれの観測の経度における視差である。これは非常に小さく不確かで無

視してよい。

　1583年1月16日夕方7時30分には、馭者座の足元の輝く星からの火星の離隔は23°29′、高度は51°だった。翌日の明け方5時には獅子座の心臓からの離隔が43°58′、高度は15°だった。しかも火星は定規を当てるとそれらの星とちょうど同一直線上に現れていた。そこで、火星の動きがこの直線上にあるから、ブラーエは、火星の日運動を用いればここから経度における視差が与えられると注記した。これは以下のようにして得られる。馭者座の足元の輝く星からの火星の離隔は1月16日10時半に23°27′で、1月17日10時36分には同じ星からの離隔が23°12′30″だった。したがって日運動は14′30″だっただろう。そこでブラーエの教示に従うためには、馭者座の足元と獅子座の心臓との離隔を算出しなければならないが、これは67°21′だとわかる。ここから火星と馭者座の足元の輝く星との離隔23°29′を引くと、夕方7時半における火星と獅子座の心臓との離隔43°52′が残る。その離隔は次の日の明け方5時には43°58′で、6′だけ増えた。その間の経過時間は9時間半で、日運動でそれに相当する分は$5\frac{5}{8}$′である。したがって、ここでは各々の視差の総計は$\frac{3}{8}$′を越えない。ただしそれには、高度15°での火星の経度の大気差分が加わっている。だが、これは非常にわずかである。蟹座と獅子座は非常に斜めに傾いて下降するからで、しかも火星の北緯が大きいために、火星と獅子座の心臓とはほぼ同じ高度にあっただろう。

　1月17日夕方5時20分に、火星は馭者座の足元から23°16′の所にあった。翌18日明け方3時のこの離隔は23°9′で、夕方の5時5分には23°1′30″だった。そこで、この23時間45分の動きは14′30″で、9時間40分の動きは7′だった。だが、これは6′となるはずだった。そこで経度の視差として1′以下の値が得られる。大気差は何の混乱も生じない。いずれの場合も火星の高度は約30°だったからである。

　同様にして、7時34分には、双子座の第7の星からの火星の離隔は7°51′で、明け方4時52分にはそれが7°59′だった。したがって、9時間18分で8′動いた。得られたこの値は先の場合よりも1′多い。（双

子座の腋の下にある)この星について、ブラーエは以下のように書き記した。「私がこの星からの火星の離隔を取るのは、火星の行路がまるでこの星から伸びているようで、そのために明け方と夕方の離隔を対比すると、それによって火星の視差が明らかにできるからだということに、留意されたい」。私がこのことばを書き写したいと思ったのは、ブラーエが明確な構想をもっていたことを読者に納得してもらうためである。

　1月18日夕方8時52分に火星と獅子座の心臓との離隔は44°22′で、明け方4時45分には44°27′20″だった。したがってこの7時間53分の動きは5′20″だった。翌1月19日7時3分にこの離隔は44°32′30″だった。したがってこの22時間11分の動きは10′30″である。そこで8時間だと4′より小さな値になるはずで、視差として約1′30″が得られる。

　1月17日に、慣例的に太陽の視差と思われている値よりも大きな視差にもとづいて、時間ごとの動きの増大がどれほどの大きさでなければならないか、算出してみよう。太陽の視差は3′と考えられているので、[023]火星には4′の視差があるとしよう。

| 1583年1月17日 | 5時20分 | | 15時0分[024] | |
|---|---|---|---|---|
| 太陽の位置 | 7°22′ | 宝瓶宮 | 7°31′ | 宝瓶宮 |
| 太陽の赤経 | 309°47′ | | 309°56′ | |
| 加算すべき時角 | 79°0′ | | 225°0′ | |
| 中天の赤経 | 28°47′ | | 174°56′ | |
| 中天の経度 | 0°56′ | 金牛宮 | 24°29′ | 処女宮 |
| 赤緯 | 11°50′ | | 2°12′ | |
| 出点の赤弧 | 118°47′ | | 264°56′ | |
| 出点の経度 | 19°41′ | 獅子宮 | 26°0′ | 天蝎宮 |
| 出点からの第90° | 19°41′ | 金牛宮 | 26°0′ | 獅子宮 |
| 中天の経度と第90°の間隔 | 18°45′ | | 28°29′ | |
| 中天の経度と天頂との間隔 | 44°5′ | | 53°43′ | |
| 故に第90°の天頂距離 | 40°40′ | | 47°41′ | |

| 第90°の高度 | 49°20′ | 42°19′ |
| --- | --- | --- |
| 対応する経度における地平視差 | 2′36″ | 2′58″ |
| 火星のおよその位置 | 10°0′ 巨蟹宮 | 10°0′ 巨蟹宮 |
| 故に火星と第90°の経度差は | 50°19′ | 46°0′ |
| 対応する経度における視差 | 東方に 2′0″ | 西方に 2′8″ |

〔上掲の表2行目の赤経は春分点と観測対象となった星の時圏の間に含まれる赤道の弧で、黄道上の太陽の位置と黄道傾斜とから太陽の赤経が得られる。3行目で時角と訳したのは、5時20分と15時のそれぞれを度分秒の角度に直したもので、1時間＝15°だから79°は実際には80°としなければならない。中天とは、天の極と天頂を結ぶ円が通る黄道上の点ないしは子午線と黄道の交点で、その赤経は、太陽の赤経と時角を足して出したものである。中天の角度は赤経と黄道傾斜とから算出されている。7行目の「赤弧」の原語はascensio obliquaで、上に赤経と訳したascensio rectaとは異なる。観測対象となった星と同時に地平線に来る赤道上の点と春分点との間に含まれる赤道の弧をいうので、一応「赤弧」と訳した。出点の赤弧は中天の赤経に90°を足したものである。第90°（nonagesimus）とは、黄道が地平線と交わるそれぞれの点から90°に当たる黄道上の点で、東方からの第90°は、12宮を逆にたどってこの点から取った黄道の90°目である。この第90°の高度の余角に当たるのが第90°の天頂距離である。第90°が重要なのは、天頂とここを通る円が常に黄道に垂直であるため、惑星がここに来るときには、緯度の視差のみが出てくるからである。しかもそれは惑星の位置にかかわらず一定である。一方、経度の視差は惑星と第90°との離隔によって変化する。ケプラーは天頂の高度を掲げていないが、ここに見える数値から計算すると55°55′となる。これはフヴェーン島にあったティコ・ブラーエの天文台ウラニボルクの地理緯度である。火星の位置については、時間による動きがほとんどないものとして扱われている。16行目の数値は、9行目と15行目の黄道上での差異を算出して得たものである。

なお、ここでは地平視差全体を4′として経度の地平視差および経度の視差を求めているが、この数値は、ケプラーが自著の『天文学の光学的部分』に付けた視差一覧表から出してきたものである。実際の算出法は、地平視差全体を$p_o$、第90°の天頂距離を$z$、第90°の高度を$h$、火星と第90°の経度差を$l$とし、経度の地平視差つまり火星が黄道と地平線の交点に来たときの黄道上における視差を$p_e$、緯度の視差を$p_b$、経度の視差を$p_l$とすると、

$$p_e = p_o \sin h$$

$$p_b = p_o \sin z$$

$$p_l = p_o \sin h \cdot \sin l$$

として求められる。したがって、14行目の経度における地平視差として掲げられた値は誤りで、実際には緯度の視差であり、経度の地平視差はそれぞれ3′2″、2′41″となり、ここに見える火星の位置における経度の視差はそれぞれ2′20″、1′56″となるはずである。なお、地平視差とは日周視差つまり地心視差の最大値で、視差を問題にするのは、地心視差の補正によって天体の位置を地心位置に直さなければならないからである。〕

結果としては、火星の時間ごとの動きが日運動に比例して出てくる値より4′だけ大きく見えるはずだった。ところが、それは観測結果により斥けられるので、火星の視差はそれほど大きくはない。

1585年でも1595年でも、またいずれの年でも、観測結果は同様であることがわかる。その結果、非常に小さい視差しか認められないか、しばしばどんな視差も認められない。時折は「事態が反対の結果に至ったこと」もブラーエは手ずから記した。火星の視差を探求する第1の方法は以上のとおりとしておこう。

第2の方法をそのみごとさの故に加えよう。この方法ではブラーエの観測を利用できない。そこで私のものを用いるので、何のためにブラーエにはあれほど綿密な注意と機器の精密さと助手たちと、他の装置まで必要だったのか、実例によって読者にご覧いただく。

私には、寛厚なるヨハン・フリードリッヒ・ホフマン男爵[025]のおかげで使用している、2つの機器がある。鉄製の六分儀[026]と真鍮製の方位四分儀[027]である。四分儀は直径2ペス半〔約75cm〕、六分儀は3ペス半〔約105cm〕で、どちらも1′まで測れる目盛が付いている。

私が視差について考えている1604年のちょうどこの時に（太陽と火星のどちらの視差のほうが大きいか、断定することはできない。実際、わが『ヒッパルコス』はその月食にも火星の助けを求めている[028]）、観測者が別の地方にいて火星がもう少し高い所を進んだとしたら、非常に適切な観測の機会が出現した。すなわち、この1604年2月19日／29日のころ、火星は経度と緯度において同時に留の状態になった。それは天秤宮においてだった。したがって、火星の出から太陽の出まで地平線と黄道の作る角は連続的に減少する。『天文学の光学的部分』[029]

第9章により、緯度の視差がどこかにあれば視差は連続的に増大する。この書の視差一覧表の各欄により、黄道と地平線の作る角の最初と最後のものに対して求めた増加分から、欄の冒頭で地平視差全体が知られる。

**以下は私の一連の観測結果である**

2月17日／27日の木曜日から金曜日の夜、烏座が中天にかかる間、火星とスピカ〔乙女座のα〕の離隔は9°44′、火星と北の皿〔天秤座のβ〕の離隔は17°41′、火星とアルクトゥルス〔牛飼い座の主星〕の離隔は29°13′だった。六分儀を試験するためにアルクトゥルスとスピカの離隔も測定してみたところ、32°57′だった。だが、ティコが『予備演習』第1巻でこれらの星に割り当てた赤経と赤緯ないしは経度と緯度〔たんに経度と緯度とあるのは黄経と黄緯である〕を適用して計算すると明らかなように、この値は33°1′45″でなければならなかった。したがって、私の得た距離は正しい値より4′45″小さかったので、その数値によって火星と恒星の距離を修正して、スピカからは9°48′45″、皿からは17°45′45″、アルクトゥルスからは29°17′43″〔単純に加算すればここは45″〕とした。

　四分儀で火星の子午線高度も取ってみたところ32°4′、スピカのほうは30°50′だった。このスピカの赤緯は9°2′なので、火星の赤緯として7°48′が残る。だが、スピカの高度から私の錘重があまりよくないとわかった。というのも、私の観測位置では赤道の高度は39°54′だからである。したがってスピカの子午線高度は30°52′、火星のは32°6′である。火星の赤緯と恒星からの距離とから、以下のような火星の赤経が出てくる。

|  |  |
|---|---|
| スピカから出てくる値 | 305°57′36″ |
| 皿から出てくる値 | 306°3′17″ |
| 差異 | 0°5′41″ |
| 故に平均は | 306°0′26″ |

第11章　火星の日周視差

実際のところ、私の照準尺は鉄製で重いので、勢いがついて揺れ、固定装置が緩んでぶつかり（実際こういうことは何回か起こった）、ずれやすく外れやすい小さな視準板の位置が動かなかったかどうか、確信はない。だがこの赤経から、まず初めにティコの赤経表に従い、球面上で赤道と直交する線が黄道と交わる点の経度として天秤宮28°1′0″を取り出す。*その点の赤緯はこの著者〔ティコ〕の別の表によれば10°48′30″だが、火星の赤緯は7°48′である。したがって赤緯の円〔赤緯の度数を示す大円で、赤経線のこと〕に対して傾斜した黄道からは3°0′30″隔たっている。一方、赤緯の円が黄道と作る角度は特別の表に従えば68°59′で、その余角は21°1′である。そして私の視差一覧表では68°59′に対しては60′の見出しの下で56′1″を、30″の見出しの下で28″を見出せる。ところが、黄道（これを私は緯度の基礎と呼ぶ）**からのこの火星の距離には60′の3倍が含まれるから、60′で取り出した数値に3を掛ける。すると緯度として2°48′31″が出てくる。21°1′に対しても同じ操作を行うと、赤道と直交する線の黄道上の位置で引き去るべき数値がわかり、1°5′4″となる。そこで、火星の位置は天秤宮26°56′となる。こういう大きさは、この著作で私がその基礎をこれから語ろうとしている計算の仕方からも、1′の精度内で引き出せる。

　火星の緯度を確かめるために、ティコによる星の経度と緯度およびすでに見出された火星の経度上の位置を適用して、火星とアルクトゥルスとの離隔も調べてみた。そうするとティコのものによれば火星の緯度は2°47′48″になったが、先には2°48′31″だった。

　2月19日／29日に、視準板を動かして昇りつつある火星の観測を始めた。火星とアルクトゥルスとの離隔は以下のように書き留められた。

$$29°22′30″$$
$$24′$$
$$20′$$
$$22′$$

*計算せずに表の助けにより星の黄経と黄緯を求めること。

★030

定義——
**▶緯度の基礎とは何か。

ここでは10′ほど大きな値を出しているように思う。というのも、風が強く吹いていたので、目盛を読み取るためには、真っ赤に燃えている炭火で目盛に光を当てるしかなかったからである。その時には火星の高度は11°だった。その後、錘重を修正してみると、獅子の背〔獅子座のδ〕が高度62°37′で正中した。したがって、赤道の高度39°55′は正しい値にほぼ近いものを示していた。その節目で、火星の高度は23°だった。そこで、先の離隔を調べ直して、以下のような値を得た。

| 29°14′ | | 29°12′30″ |
|---|---|---|
| 19′ | したがって、おそらく | 14′ |
| 13′ | 先の値は右のとおりであった。 | 10′ |
| 18′ | | 12′ |

すなわち、大気差のために、地平線の近くにあった火星は初めはアルクトゥルスの方に押し上げられたが、その後、火星がある高度に達したときに落ち込んだ。しかし、一瞬の間に観測にこれほどの変化をもたらしたのは、寒さと非常に強い突き刺すような風であった。実際、素手では鉄の器具を操作し固定装置を締め付けられなかったし、手袋をしていてはぶれないように照準尺をしっかり固定できず、分単位の目盛を読み取れなかった。ブドウ摘み〔Vindemiatrix乙女座のε〕は子午線上で53°5′の高度を示していた。これは正しい値より少し大きい。だがスピカの高度は30°54′で、これは1′の精度内で正しい。正中しつつある火星の高度は2日前のように32°6′、アルクトゥルスは61°13′で、これは正しい。ここから計算により、火星とアルクトゥルスの離隔として29°18′20″が得られた。したがって、この時点では『プロイセン表』も私の計算も一致して経度上では火星が留の状態にあったから、黄道でのぶれのために子午線高度に変化が起こることは全くありえなかった。それ故、子午線高度は完全に同じままだったので（実際には私の観測機器では1′の精度については疑わしい

第11章 火星の日周視差

ままに残る)、その間には緯度の変化も起こらなかった。

　2月22日ないし3月3日には、先にそれを使用したのと同様に六分儀の試験をして、小犬〔プロキュオン〕とオリオンの上の肩〔ベテルギウス〕の離隔として26°2′を見出した。計算で示される値は26°2′15″である。同様にして同じく小犬とパリリキウム〔ヒュアデス星団のひとつ。アルデバランのこと〕の離隔として46°22′30″が見出された。ティコは書簡の中でこの値が46°22′だと指摘している。そこで、獅子座の第5星〔獅子座のζ〕が正中するときに機器の照準尺を29°17′に固定したところアルクトゥルスと火星の離隔はそれより小さく、29°13′30″にしたところそれより大きかった。結局、29°15′とすれば誤りがなかったのであろう。ついで空全体が思いがけず雲に覆われた。けれども、3月4日の朝には晴天が戻った。アンタレスがすでに正中してしまっていたときに、照準尺を29°19′に合わせたところ、アルクトゥルスと火星がその両側に等しく認められた。けれども、若干の値を加えなければならないように思われた。しかし、29°20′では加えすぎだった。観測が終了したとき土星は子午線の手前に来つつあったが、子午線との間隔は土星とその手前にあった木星との間隔より小さかった。

　それに続く2月29日ないし3月10日までには機器の位置を変えていたが、その夜は、この2つの星の離隔が、まず海蛇の心臓〔海蛇座のα〕が正中する半時間前には29°9′と29°10′の間だった。再度調べてみると、29°12′と29°13′の間のように見えた。火星がすでにより高い所に来ていて大気差から免れていたからであろう。実際、この観測が終わったとき高度は19°10′だった。だが、少し後になると(視準板がずれたからかどうかわからないが)この値は認めることができなかった。29°9′30″に見えたからである。獅子の尾〔獅子座のβ〕は中天から約30′離れていた。その時の火星の高度は24°45′だった。獅子の尾は正中して精度1′の範囲内で高度56°44′の正しい値を取った。火星とスピカの離隔の3分の1が子午線を通過してしまったとき、初めはその離隔が同じく29°9′30″のように見えたが、非常に長い

円筒部〔六分儀の上に取り付けられる装置〕が完全にきちんとは取り付けられていなかったからであろう。そこで、その少し後ではこの値を認めることができなくなって、29°10′15″か少し小さな値が必要なように思われた。なお、火星は円筒部の両側から観測された。

その時に火星とスピカの離隔は9°26′で9°27′より小さかった。

火星が正中していたときの高度は30°19′30″だった。

その時に火星と北の皿〔天秤座のβ〕との離隔は18°25′だった。

六分儀を検査するためにスピカと皿の離隔が27°39′であることを把握したが、これは27°34′でなければならなかった。同様にしてスピカと蠍座前頭部の北の星〔蠍座のβ〕の離隔が39°32′30″となったが、これも39°26′30″でなければならなかった。したがって、六分儀は5′だけ大きな値を示した。火星の位置を算出してもそれは証明される。すなわち、火星と恒星の離隔から5′引かないと、スピカや皿による赤経は10′ずれるだろう。ところが、(検査の結果に従って)5′引けば、その数値は非常に精確に一致して205°27′10″となり、赤緯は7°35′30″となる。したがって、火星の位置は天秤宮26°18′48″、緯度は2°47′20″である。火星は経度では38′逆行したが、その間に明らかに緯度は同じままだったことが看取される。一方、こうして見出された火星の位置によって火星とアルクトゥルスの離隔を求めると29°9′10″が得られるが、欠陥のある機器では29°14′になる。

蠍座の心臓〔アンタレス〕がすでに正中してしまっていたとき、われわれの得たこの離隔(ただし、機器をずらしてからまもなく据え直した)は29°13′30″だった。そこで再び六分儀の試験をした。すると北極星と白鳥座の尾〔デネブ〕の離隔として44°45′を示したが、これは44°39′30″でなければならなかった。したがって、機器の状態は元のとおりだった。土星がすでに子午線を1°だけ通り過ぎたときには29°13′30″は認められなかった。けれども、29°12′30″より大きく、29°13′にほとんど近い値だった。

以上が一連の観測結果だった。この観測から非常に精緻な事柄を

構成しようと努力したら頭がおかしくなるだろう。したがって、別に論証を掲げるわけではなくて、より注意深く幸運に恵まれた他の人に実例を提示するのである。さらに私は、読者がこの不確かな観測を嫌悪して、それだけにますますティコの非常に確実な観測を求めるよう望んでいる。だが、当の事柄に移ろう。

　初日と2日目はともにただ緯度上の運動が留であることを証明するために当てられる。いずれの場合も火星とアルクトゥルスの離隔は29°18′で、子午線高度は32°7′もしくは6′だった。私はこの日々の観測のおかげで、必要な機器がありさえしたら、以降の仕事により適切に取り組めるようになった。

　3月3日に獅子座の口〔獅子座のλ〕が正中したとき〔火星とアルクトゥルスの〕離隔は29°15′で、蠍座の心臓が正中したときは29°19′以上だった。したがって、これだけの時間が経過する間に離隔は約4′15″変化した。ところが、アルクトゥルスと火星はその間にほぼ同じ経度を占めていたから、この離隔の変化は緯度の視差に変化のあることを示す。29°19′は29°18′とほんの少ししか違わないこと、そして前日との類比によれば、火星が留の状態にあるから、むしろ後者の値のほうがやはりほぼ同様の時刻における離隔でなければならないことは気づいている。さらに、獅子座の口が中天にあるときの火星の高度は12°30′で、なお大気差の影響を受けていることも知っている。けれども、これらの点については後で述べる。今は実際の例に混乱が生じないように、そういうことは全く無視する。さて、獅子座の口が正中しつつあるとき、第90°の高度は(約)57°20′で、最後に蠍座の心臓が正中した後では20°20′だったので、視差表を用いて、天頂距離が32°40′から69°40′までのどの欄で変化の幅が4′15″か、調べられる。そして冒頭が9′の欄でそうなることを見出した。★031
そうすると、火星の最大視差は9′ということになろう。そしてこの日には地球から火星までの距離と太陽から火星までの距離の比は28対60だから（これは、あらかじめティコとコペルニクスの仮説を把握しておけばその知識からごく普通に得られる）、視差はその逆比となり、太

第2部——古人の説にならった火星の第1の不整について

陽の最大視差は約4′24″となろう。これを3′0″と想定しているわけである。

　フヴェーン島で作成された恒星大気差表がプラハでも有効だとすれば、火星が高度12°30′で大気差の影響を受けていたということについて、考量してみよう。この高度では大気差は4′20″だが、その中の2′18″は緯度によるもので、それによって火星はアルクトゥルスにより接近した。ところが、太陽の大気差を火星にも適用すれば（そうする必要はかなり頻繁に起こる）、この高度では大気差は8′45″で、2倍大きくなる。そこで緯度の視差も2倍大きくなって4′36″になる。こうすると、この2つの相異なる時点に観測によってはっきりと示された変化全体はただ大気差のみに由来していたことになろう。だが先に挙げたようにすると、変化は緯度の視差の2′に委ねられよう。視差がこの2′の変化を示すのは、冒頭〔の地平視差全体〕が5′となる欄である。こうして最大視差のただ2′25″だけが太陽に属するとされよう。そこでわれわれにとっては大気差のおかげで3日目の観測もあやふやで疑わしく、結局は全く役に立たなくなる。アルクトゥルスと火星が9°離れており、その値はアルクトゥルスの緯度が火星の緯度を上回る分の3分の1だから、緯度の大気差の全てがアルクトゥルスと火星との距離から取り除かれるわけではなくなるのも、視差がアルクトゥルスからのこの距離よりもむしろ火星の緯度のほうを大きく変化させることになるのも、わかっている。だが、それは非常に小さいので、もっと大きな懸念の中では無視すべきだと考えた。そういう小さなことはもっと精密な機器を具えている人が観測すべきである。

　4日目には火星のあらゆる視差が破棄されたこと以外にはどんな問題もないように思われる。子午線上の離隔は修正された機器で29°9′30″、したがって調整不良の機器で29°14′のはずだった。ところが、緯度の視差が（もしどこかにあるとすれば）より大きくなり、その視差によってアルクトゥルスとの離隔がより大きくなるはずなのに、結局、見出された離隔は29°13′30″だった。火星が高度19°

に来た時点から後は、見出された離隔が29°12′30″で、最後に1′だけ大きくなった。これは視差としては非常に小さいだろう。その理由は何か。（海蛇座が正中しつつあるときの）火星の高度9°のときに、離隔は調整不良の機器で29°9′だったが、大気差の影響下にあった。その後、高度25°で中天の近くに来たときにもまた29°9′で、異なる時点にそれが2回あった。この場合、初めは大気差が何も影響を及ぼしえず、そのために弧が不変のままに止まったのであろうか。それとも（自分では非常に綿密な注意を払ったつもりだが）、ことに装置の円筒部が長いために、私が観測で誤りを犯したと言うべきであろうか。

　だが、どのような種類の観測であれ、これらの観測から火星の緯度の視差は確かに4′以上ではなかったことが確実になる。この大きさは機器の不確実性が取る値だが、むしろ視差は非常に小さいとするほうが、より信憑性がある。第64章にこの問題のもっと詳しい議論が出てくる。

　なお、火星の視差のほうが太陽の視差より大きいことは、ティコ説やコペルニクス説の理論から証明され、その理論に従えば、太陽の視差が確実になったら火星の視差は容易に算出できるだろう。では、蝕から太陽の高度と視差を求めていく方法は不確実なのだろうか。全体に、数値に関してはやや不確実だが、事柄自体に関しては非常に確実である。太陽は地球の半径の230倍より近くはないが、その半径の無限倍離れているわけでもない。だが、半径の700倍と2000倍の間で（これらの値全体の中で先に挙げた230倍は私の『宇宙の神秘』で、700倍と2000倍は蝕の観測で最低限度と最高限度の値として提示されている）、証明された確実な数値がまだないように思われる。それは私の『ヒッパルコス』の中でやがて証明するとおりである。

# 第12章

# 火星の交点の探求

**第**2の不整が絡んでいるときでも、観測によって惑星の第1の不整を探求する手立てが欠けているわけではないが、この第2部では信頼を克ちえるために先人の足跡と初更の観測に従おう。ただし、彼ら固有の方法の茂みに隠れたと非難されないように、先人の教説に反する若干の主張も表明したい。

ティコがよく用いた火星の日周視差には重要なことで欠如しているようなものは何ひとつないことがすでに明らかになったので、火星の視位置を太陽の視位置に対する衝へと徐々に還元していこう。

まず交点を知る必要がある。ティコ・ブラーエは交点を次のような仕方で求めるのを習慣としていた。

第9章の図で、Aは交点の位置、Eは1595年の火星の黄道上の位置、Cは恒星下で金牛宮17°56′5″にある火星の視位置、ECは視緯度で北緯0°5′15″とする。なお、角EACはほぼ4°34′30″と仮定する。この値は同じような仕方で1585年に観測された最大北緯の大きさである。さて、直角三角形CEAで(二等辺三角形CBAでもよい。この課題ではその相違は全く重要でない)、ティコは辺CEと角EACとから黄道上の位置と交点との距離EAの長さを求めた。この操作には別に誤りはない。ECが小さくて交点に近いからである。だが、論証の精確さを求めるなら別の方法のほうがよい。第9章で述べたように角EACは不変でないからで、さまざまな衝の緯度の相違によって交点としての位置も相異なるものが出てくるだろう。実際、角EACも最大視緯度と同じ大きさではない。ACが曲線の弧だからである。さらに太陽の中心から見えるような惑星の通り道もACではなくて、もっと内側にある弧(つまりAF)である。したがって、こういう操作をした場合、Aは必ずしも交点にはならない。

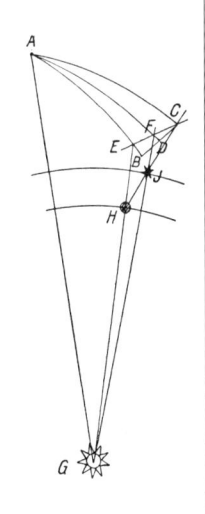

そこで私は別の仕方で交点を探求し、観測対象が交点にあるような日の観測結果から直接に求めた。この方法は若干の予備知識を必要とするので以下の第5部でもっと精密に扱うが、ただそれに対する同意を得るために手短に触れておかなくてはならない。

　なお、惑星が離心運動しても真に交点にあるときは、地球もしくは太陽との配置がどんなものであれ交点以外の所に現れるようなことはない、と仮定した。というのも、コペルニクス説では、ある星の運動の性能がそれとは別の星（その中には地球も含まれる）の観測と結びつかず、公転に固有の法則をもつことは、それ自体として事物の本性に適っているからである。プトレマイオス説では、これはあたかも、周転円が太陽からその円の中心を通って引いた線を看視するのではなくて、黄道面で惑星が位置する恒星下の特定の位置を看視する、と言うようなものだろう。ティコ説でも、離心円について同じことが言える。

　上の仮定が正しいことを私は以下の観測によって認めた。

I.　　1590年3月4日夕方7時10分の火星の赤緯は北緯9°26′、赤経は22°35′10″だった。ここから火星の位置として白羊宮24°22′56″、南緯3′12″が得られる。視差と大気差は相反する影響を与え、しかもほぼ等しいので、無視される。

II.　　1592年1月23日夜10時15分に火星は白羊宮11°34′30″にあり、緯度は南緯0°2′、高度は25°だった。したがって、（恒星表によると）[★032]大気差はなく、視差は太陽のとほぼ同じ値だった。火星と太陽の離隔が6分の1対座になるので[★033]、地球からの距離がほぼ等しいからである。なお、視差はほぼ全てが緯度のものとなる。したがって、視差の影響から解放するために火星を北緯の方に約2′高くしなければならない。こうすると火星は黄道に来る。実際、2月6日にはすでに北緯約7′の所にあった。

III.　　1593年12月10日夕方に火星は昇交点に観測された。地平偏差を修正しても北緯0°0′45″より大きな値を取らなかったからである。

IV.　　1595年10月27日12時20分の視差を除いた後の火星の真の緯

度は南緯0°2′20″だった。28日には同様に視差を除くと北緯0°0′25″だった。したがって、その間の時点で昇交点にあった。*

離心円上の火星の公転周期687日を〔1595年〕10月28日正午から逆算すると、その一端は1593年12月10日に当たる。その時には前日の夜に火星がほぼ交点に観測された。再度687日を逆算すると、1592年1月23日になる。その時には火星はちょうど交点に観測された。3回目にまた同じことをすると、1590年3月7日に当たる。その時にはこの日を入れて数えて4日前にある値の南緯を取ったが、残る4日のうちにその値を清算して7日ころには交点に来ている。

以上から次のことがわかる。火星が黄道面上に来るためには、地球が恒星下であれ火星に対してであれ、どこにあろうと差し支えない。プトレマイオス説では、太陽が火星の周転円の中心に対してであれ周転円上の火星に対してであれ、どこにあろうと差し支えない。ティコ説では、周転円の中心つまり太陽が火星から地球を通って引いた直線に対してどこに来ようと差し支えない。コペルニクス説とプトレマイオス説では両交点を結ぶ直径が常に同じであり、またティコ説ではその直径が常に平行だからである。ただし、時代の移り行きによって交点がわずかに移動することは除外する。その動きはこの6年間の範囲内では感知されなかった。

今度は反対側にあるもう一方の交点〔降交点〕を求めよう。
I.　1595年1月4日の明け方、火星が7時10分に乙女座のスピカと蠍座の心臓〔アンタレス〕から8°の高度に観測されたとき、火星の視緯度は北緯0°3′46″で、火星自体は人馬宮13°36′40″にあった。視差は小さい。火星は太陽とともに地球から離れていたが、火星と地球は太陽と地球よりも倍以上離れていたからである。一方、大気差は大きい。恒星表によると6′45″、太陽表によると11′20″であり、★034 第90°の高度の低さのためにいずれもほとんど全て緯度のものとなる。そこで、火星は太陽の大気差を適用すると実際には南緯数分(約2′か3′あるいはもう少し多い値)にあった。

*現在の企図に対してはこういう大まかな議論で十分である。以下の第61章と67章では全ての事柄をもっと注意深く考量して、29日15時に交点にあったことが見出される。

第12章　火星の交点の探求

II.　1589年4月15日夜には、火星の視緯度は北緯1°7′だったが、火星と地球の接近のために年周軌道の視差が非常に大きくなっていた。21日後に緯度は北緯6′40″という小さな値にまで減少した。したがって、5月6日には火星が地球から離れつつあったので減少の仕方がもう少しゆっくりになるけれども、減少した60′と残る6′40″の比が、21日間と火星が黄道に来るまでの残りの日数の比になるようにしても、それほど誤りはないだろう。すなわち、この比例算だと2日と3分の1になり、火星は5月9日に交点にあったことになる。そこからさらに687日の3倍を数えると、1594年12月30日明け方になる。この日に火星は交点にあって、その時から5日経った1月4日明け方までには南に没したはずである。そしてさらに上述の1月4日の観測から火星に数分の南緯を与えた。離心円上のこの位置では火星はそれほど頻繁には観測されなかったが、この1595年の観測結果がわれわれの見解と齟齬をきたさなければそれで十分である。一方、1589年のものについては疑わしい点は何もない。なお、1589年には2日間と3分の1に6′40″の緯度上の動きを与えたのに、1595年1月4日のころには5日間にそれだけの大きな動きを与えないからといって、心を乱さぬように。というのも、この著作でやがて明らかになるように、緯度は年周軌道の視差によってたいていの場合（1595年のように）太陽と合のときは減少するが、（1589年のように）衝のときは増大するからである。したがって、1595年に緯度上の日運動が小さく見え、1589年に大きく見えるのは、妥当なことである。

　恒星下における両交点の位置はどのようにして捉えられるだろうか。おそらく、（そのために前提している）火星表から大雑把に両交点における火星の平均運動を出せばよい。『プロイセン表』を用いようとティコの表を用いようと、真の分点歳差を適用してそれを行えば、1594年12月30日明け方に火星の平均位置は天蝎宮27°14′30″にあり、1595年10月28日明け方に金牛宮5°31′にあることが見出せよう。そこで、両交点を結ぶ直径は運動が均等な速さで行われる場合の中心を通らず、それよりずっと下を通ることが明らかになる。金

牛宮5°31′から天蠍宮27°14′30″までの値は、後者から前者までの値より大きいからである。

　しかしティコの均差を用いれば、1595年の値には11°17′を加え、1594年の値からは11°30′を引かなければならないだろう。そうすると、前者は金牛宮16°48′、後者は天蠍宮15°44′30″となり、これが平準化された火星の離心位置となる。★036（ご覧のように）両交点は惑星系の中心から見るとほぼ反対側の金牛宮と天蠍宮の16°20′のあたりにある。★037この惑星系の中心をプトレマイオスは地球だと言い、コペルニクスとティコ・ブラーエは太陽の非常に近くにある点だと言ったのである。

　なお、太陽に関する理論を太陽の平均運動から視運動へと移し替えて均差が変化した場合、この両交点の位置にどれほどの大きさの変化をもたらすか、ということは第5部で明らかになるだろう。

# 第13章

# 黄道面と火星軌道面の傾斜の探求

上の章でブラーエと私の見解に従い両交点と極限〔両交点から90°離れた所〕とが非常に精確に見出されたので、今やさらに火星軌道の面が黄道面に対して実際にどれほど傾斜しているか、探求しなければならない。*

これを観測から直接導き出すのはそれほど簡単ではない。この傾斜の角度は惑星系の中心に作られるが、この中心がコペルニクスとティコにとっては太陽である。

ところが、視点は決して太陽にもっていけないので、この傾斜は恒星下で見て初めて測れる。だが、極限と黄道の最大の隔たりは異なる位置からだとやはり異なる角度で見えるだろう。プトレマイオス説ではもっと簡単なように思われるかもしれないが、実際にはそうではない。周転円の面が常に黄道面と平行のままに止まることが証明されるからである。そこで、周転円の面の中心がどちらか一方の極限にあり、惑星が視点の中心から周転円の中心を通る同一経線上にあるものとする。そうすると、惑星は周転円の中心よりも視点から遠く離れるから、黄道からの惑星の距離が同じ黄道からの周転円の中心の距離よりも小さく見えるか、あるいは惑星が視点により近くなり、距離が求める値より大きく見える。

こういう困難な状況でわれわれにとって慰めとなるのは、基本的な出発点のひとつとして傾斜を求める当の目的が精緻さの極みを要求するようなものではないことである。したがって、傾斜の大きさを間接的に立証する方法を用いても許されるだろう。その3つの方法を掲げよう。

すでに述べたことから明らかなように、われわれにとって最も適切な支援となるのは、火星が地球からも太陽からも等しく離れた所

定義──

*▶傾斜（inclinatio）と緯度（latitudo）とは異なったものとして理解すべきである。傾斜は太陽もしくは惑星系の中心にできる角度についていうもので、コペルニクスによれば、この角度を作るのは〔太陽もしくは惑星系の中心から〕火星の本体に引いた線とその黄道上の位置に引いた線である。緯度は任意の傾斜が地球からある角度で見える場合のその角度のこととしておく。プトレマイオスによれば、傾斜は地球から周転円の中心を通って引いた直線とその黄道上の位置を通って引いた直線とが作る角度である。緯度は地球の中心から一方は惑星本体を通って、もう一方は黄道上でそれに対応する位置を通って引いた、2本の直線が作る角度である。

にある、太陽から火星を通って(極限の位置である)獅子宮もしくは宝瓶宮16°ないし17°まで引いた線上に来るような時点で、火星の観測結果が得られたような場合である。プトレマイオス説では、それは、周転円の中心が獅子宮もしくは宝瓶宮16°ないし17°にきて、火星が周転円の中心とともに地球から等しく離れた所にあるような時点となる。ただ水星の場合はこの問題は立てられないだろう。

　Bを太陽、Aを地球とする。AB上に二等辺三角形ACBを作り、火星の位置を黄道面上の点Cとする。火星軌道に垂線CEを引き、火星の本体がEにあるとする。そうすると、ECが太陽Bからも地球Aからも等しく離れた所に見えることは、自ずから明らかである。

　どういう配置になると火星が太陽と地球から等しく離れているか知るためには、火星Cと地球Aから太陽Bに線を下ろして角CBAが直角になるときはCBがCAより短いことに留意するとよい。そうすると、角CABと角CBAが等しくなるためには、太陽と相対する位置を示すBAと火星の離心位置を示すBCの離角が90°より小さくなければならない。そこで、BCが獅子宮17°にくるときは太陽が金牛宮17°を超えた所で天蝎宮17°より前の所になければならない。それに対して、BCが宝瓶宮17°にあれば太陽は天蝎宮17°を超えた所で金牛宮17°より前の所になければならない。このように限定された状況では明け方の出もしくは夕方の没が火星と太陽の6分の1対座〔60°〕もしくは5分の1対座〔72°〕として示される。

　プトレマイオス説の形では、Cが地球、Aが周転円の中心、Bが火星とすると、CAとCBが等しくなるためには角CABは直角ではないだろう。したがって、変換アノマリア[★038]が90°より大きいか270°より小さくなければならない。

　もう少し正確に仕事を進めたければ、コペルニクス説もしくはティコの更改説から(コペルニクスの場合は)火星と地球の軌道半径の比を、(ティコの場合は)火星と太陽の軌道半径の比を、(プトレマイオスの場合は)離心円と周転円の半径の比を採用して、大まかに1525対1000とし、その比を獅子宮16°、17°では5対3、宝瓶宮16°、17°では11

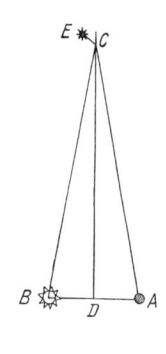

対8とするとよい。

　三角形ACBが二等辺三角形でAC、CBが等辺とすると、ABを1000とすれば獅子宮17°に引いたBCは$1666\frac{2}{3}$である。したがって、（垂線CDを下ろして）ABの半分のADを1000とすればACは$3333\frac{1}{3}$となる。これを正割表で求めると角CADもしくは角CBDが72°33′となる。同様にして、宝瓶宮16°、17°にBCを引けばABを1000とした場合ACは1375で、ADを1000とすればACは2750であり、これは正割表では68°40′の角度を示す。

　したがって、BCが獅子宮16°か17°もしくはそのあたりにくると、火星の視位置ACと太陽の視位置ABの離隔は72°30′でなければならない。またBCが宝瓶宮16°、17°にくると、離隔は68°40′でなければならない。そして獅子宮17°における2角（CABとCBA）の合計は145°だから、獅子宮17°における角ACBは35°になる。それ故、直線ACによって火星は処女宮22°（太陽はABにより人馬宮5°にある）か巨蟹宮12°（太陽は白羊宮30°に来る）に見えるはずである。

　同様にして、宝瓶宮17°では（CABとCBAの）合計が137°20′だから、角ACBは42°20′となる。それ故、火星はACによって磨羯宮4°20′（太陽はABにより天秤宮26°にある）か白羊宮0°（太陽は双子宮9°に来る）に見えるはずである。★039

　まず第1にこれにほぼ近い状況になりえたのは、1586年ないし1588年の11月である。2番目に近いのは、1581年、1583年、1596年、1598年の4月、3番目は、1587年、1589年の9月ないし10月、4番目は、1580年、1582年、1595年、1597年の5月ないし6月である。最後の事例では適切な観測結果がない。（双子宮にある太陽のおかげで夜が明るかったし）火星が白羊宮にあって上昇がわずかでほとんど観測できなかったか、全く見えなかったからである。

　そこで1588年11月10日を取りあげると、明け方6時半に火星は処女宮25°31′に見えた。緯度は北緯1°36′45″で、太陽は天蝎宮21°にあった。したがって、（この問題に必要な）三角形が二等辺三角形となるためには離角が72°でなければならないのに、太陽と火星の離隔

は62°30′しかない。それ故、火星はまだ太陽よりも地球のほうから、より遠くにある。そこで、その位置での緯度は真の傾斜より小さく見えた。

続いて12月5日明け方6時に火星は天秤宮9°19′24″に見えた。緯度は北緯1°53′30″で、太陽は人馬宮23°にあった。そこで太陽と火星の離隔が73°30′となるから、(その時に火星の占めていた)軌道上の点の離角は1°53′30″より少し小さかった。ところが、離隔は72°でなければならなかった。今の場合、離隔が72°より大きいので、火星と地球の隔たりが、結局、火星と太陽の隔たりよりも小さくなる。したがって、黄道面からのこの点の見かけの傾斜角はより大きくなる。けれども、12月5日には火星が離心運動によってすでに極限を数度超えていたので、その黄道からの真の離角は再び減少しつつあり、したがって、ちょうど極限においては離角はもっと大きかったのである。それ故、これらの原因が相殺されて、黄道面と軌道面の最大傾斜角は約1°50′となる。

1586年10月22日明け方6時の夜明けの光の下で、火星と獅子座の心臓〔レグルス〕の離隔が順行方向に6°9′だった。火星の赤緯は北緯13°0′40″だった。ここから見出される火星の視経度は処女宮0°7′、緯度は北緯1°36′6″である。太陽は天蠍宮8°にあって、火星からの離隔は68°だった。この離隔はもっと大きくなければならなかった。しかしそうでないから、火星と地球を結ぶ線分のほうが火星と太陽を結ぶ線分より長い。そこで、視緯度は火星の黄道からの真の離角より小さくて極限よりずっと手前のほうにある。

だが、11月2日明け方4時40分（太陽は天蠍宮19°24′に来ていた）には、火星が処女宮5°52′に見えた。緯度は北緯1°47′で、太陽と火星の離隔は73°30′であり、これはほぼ適切な基準となる値である。火星は北の極限より数度手前に来た。その値は約16°17′で、この位置の緯度はほぼ正しく見えた。しかし、ちょうど極限にあるときの緯度は1°47′より大きいことが証明される。つまり約1°50′である。

次の12月1日明け方7時半に、獅子座の心臓と火星との赤道上の

隔たりは25°12′15″で、火星の赤緯は6°2′15″だった。ここから見出される火星の経度は処女宮20°4′30″、緯度は2°16′30″である。太陽は人馬宮18°にあり、火星との離隔は88°だった。だが、離隔は72°30′でなければならなかった。そこで、火星と地球の間の線分は火星と太陽の間の線分より小さくなった。そして地球と火星が近いから離角は実際より大きく見えた。したがって、火星の位置を示す点の黄道からの離角は2°16′30″より小さく、しかもずっと小さい。だが、1°47′よりずっと大きいわけではない。そこでこの場合でも、最大傾斜角の大きさは1°50′であることが間接的に確かめられる。

1583年4月22日夜の9時45分の観測では、火星と犬〔小犬座のプロキュオン〕の離隔が20°58′、犬と獅子座の心臓の離隔が22°47′30″だった。ここから見出される火星の位置は獅子宮1°17′、北緯1°50′40″である。太陽は金牛宮11°にあり、火星との離隔は80°だったが、これは72°30′でなければならなかった。だから、火星は適正な位置より地球に近くなる。したがって、視緯度は火星の黄道からの真の離角より大きい。しかし、火星は21°以上北の極限を超えた所にある。だからちょうど極限の所では再び火星の黄道からの離角がより大きくなるだろう。こうしてまたしても相反する原因が相殺されて最大傾斜角が1°50′となる。

1596年3月9日夕方8時に火星は双子宮15°49′、北緯1°49′40″に見えた。太陽は双魚宮30°にあり、火星の位置との離隔は76°だった。離角はもう少し小さくなければならなかった。だから、火星の黄道からの真の離角は視緯度よりもう少し小さい。しかしこの離角も最大ではなかった。火星はまだ極限に来ておらず、極限から約25°の範囲内にあったからである。そこでまたしても間接的に極限の最大離角として約1°50′が支持される。

もう一方の極限である宝瓶宮17°での観測はかなり稀ではあるが、ひとつだけ明らかになっている。

1589年9月15日夕方7時15分に火星は人馬宮16°47′20″、南緯1°41′40″に見えた。この低高度のもたらす光の屈折を補正すると、位

置は16°45′40″、南緯1°52′20″だった。太陽は天秤宮2°にあり、火星との離隔は74°20′だったが、これは68°40′でなければならなかった。したがって、視緯度はその点の黄道からの離角よりも大きい。しかし、その点がいちばん遠いわけではない。かなりの経度を介して極限の手前にあるからである。こうして、ここでも数値を変化させる原因が相殺される。

次の11月1日〔午後〕6時10分に火星は磨羯宮20°59′20″、南緯1°36′に見えた。太陽は天蝎宮19°にあった。したがって、今や火星との離隔は62°以上ではないけれども、これは68°40′でなければならなかった。だから、視緯度は黄道からの真の離角より小さい。だが同時に、この点の離角も極限の離角より小さい。この点が極限を超えた所にあるからである。そこで、最大傾斜角は1°36′よりずっと大きく、9月15日の視緯度と全く近い値すなわち約1°50′となる。

私はこれでひとつの方法を説明したわけだが、この方法では軌道どうしの比がすでにある程度わかっていることを前提している。この方法は、込み入った計算をしなくても観測結果を伴っていれば、それによって軌道面と黄道面の最大傾斜角がかなり簡単に示せる。

2番目の方法も示そう。この方法ではより厳選された稀な観測結果が必要になる。そういう観測結果が得られれば、あらかじめ軌道どうしの比を考えず全く計算の苦労にも巻き込まれずにわれわれの求めた結果が出てくる。

黄道と火星軌道の2面が互いに交わるとき、両面の交線上にある同一の点に任意の2本の線を引いて交線と直角に交わるようにすれば、2本一組の線は常に同一の角を挟む。

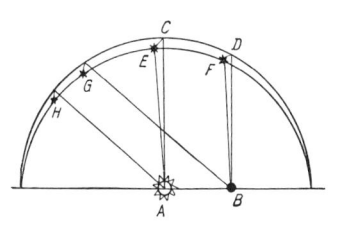

黄道面をACDB、火星軌道面をAEFB、両者の交線をABとし、太陽がAに、地球がBにあるとする。AとBから直線ABに直交する線を

第13章　黄道面と火星軌道面の傾斜の探求

引いて黄道面上にAC、BDを、火星軌道面上にAE、BFを作り、火星がFにあるとする。すると極限Eの傾斜角（EAC）は火星のFにおける視緯度つまり角FBDに等しくなる。そこで以下のように考えてみるとよい。すなわち、直線BAつまり太陽が金牛宮16°ないし17°、あるいは天蝎宮16°ないし17°に来て、たまたま太陽と火星が完全に4分の1対座になったら、つまり地球から太陽を通って引いた直線BA（この直線はこの場合は両面の交線でもある）と地球から火星を通って引いた直線BFの角度が90°すなわち円全体の4分の1になったら、その時に火星の視緯度FBDの大きさが両面の最大傾斜角EACの大きさにもなる。Fにおける火星の黄道からの離角はEにおける値と同じでなくてもよい。

　最初のこのような日は、私がつい先ほど挙げた1583年4月22日に出現した。太陽は金牛宮11°に来ていて交点より5°ないしは6°下方にあった。したがって、地球は交線より上方の火星寄りにあった。そのために、視緯度は位置がより近いから正しい値より大きくなる。だが一方では、太陽と火星の離隔が90°ではないので、そのためにこの視緯度が正しい値より小さくなる。そこでこれらの相反するずれが相殺し合うとすれば、両方の面の傾斜角がほぼ視緯度と等しくなるだろう。そして視緯度は1°50′40″だったから、両方の面の傾斜角の大きさもほぼそれに近いだろう。

　1584年10月30日には絶好の機会があったが、観測結果が全くない。だが、11月12日に続く夜1時半〔13日午前1時30分〕には、太陽がすでに交線である直径の下方14°ないし15°に沈み、（コペルニクス説では）地球がその分だけ昇り、もしくは（ティコ説では）交線の直径がその分だけ地球の方に下がり、火星が獅子宮23°14′、北緯2°12′24″に見えた。太陽は人馬宮1°に来ていた。この場合、さしあたりこの角度については、火星の見える線が交線に対して傾斜しているためにいくらか減った分もあるわけだが、その一方で、地球に接近しているために非常に大きく増えた分がある。したがって、傾斜角は2°12′よりずっと小さくなって、つまりは1°50′である。

1585年4月26日〔午後〕9時42分に、火星は獅子宮21°26′、北緯1°49′45″に見えた。太陽は交点にほぼ近い金牛宮16°にあった。火星が獅子宮16°を超えた所にあるので火星の見える線は少し傾斜していた。したがって、2つの面の最大傾斜角は1°49′45″よりほんの少しだけ大きい。つまり1°50′かそれより少し大きい値である。

　同様にして、もう一方の極限のあたりでは、1591年10月16日夕方6時半に、火星が宝瓶宮1°27′20″に見えた。緯度は南緯2°10′50″で減少しつつあった（実際、先の10月10日に緯度は南緯2°18′40″で、10月2日には南緯2°38′30″だった）。太陽は交点の上方の天蝎宮2°30′にあった。したがって、地球は交点の下方の火星寄りにあった。そこで、両者が近いために火星の視緯度は黄道面に対する傾斜角より大きかった。14日後に太陽が交点と交わったとき（先行する14日間で減少した分に相当する）28′の減少がまた生じたとすれば、1°45′が残るだろう。ところが、地球が星から遠ざかりつつあるとき、もしくは星が地球から遠ざかりつつあるときは、減少する割合が同じにならない。遠くなるほど減少の仕方が小さくなるからである。したがって、ここでも最大傾斜角としての1°50′に反対するような論拠は何も出せない。むしろ間接的にそれが確かめられる。

　論証をさらに押し広げることもできる。地球から太陽本体を通って交点の位置である天蝎宮ないしは金牛宮17°まで直線BAを引いて、火星が獣帯上の任意の位置に見えるものとする。そうすると、火星が取るように見える緯度は、火星が極限からそれだけ離れているように見える離隔の大きさだけ、実際に極限から離れている軌道面上の点の傾斜角を測り取る。すなわち、火星がBG上に見えるとする。このBGと平行に直線AHを引く。そうすると、点Hでの傾斜角は、Bから見たGでの視緯度の大きさと等しくなる。そしてBGとAHは平行だから恒星下では同じ経度の所に向かう。例えば、1585年4月26日の観測では、太陽が金牛宮16°、火星が獅子宮21°26′に見えており、火星の緯度は1°49′45″だから、離心運動で獅子宮21°26′に来た点での傾斜角が1°49′45″である。また獅子宮21°

26′は極限から5°離れており、85°の正弦全体〔90°の正弦つまり1〕より$\frac{1}{250}$小さいので、この場合も最大傾斜角は1°49′45″の$\frac{1}{250}$だけ大きいだろう。すなわち約1°50′30″である。

　プトレマイオス説ではこの課題の論証は以下のようになる。

　Aが地球、ABが太陽とその反対側の位置を通り、金牛宮もしくは天蝎宮17°にくる線、ADが火星の見える線、Dが火星で、BADは直角とする。すると、ADは獅子宮もしくは宝瓶宮17°にくる。そしてDが火星だから、DからBAに平行な線を引くと（周転円上の火星の動きはその軌道上にある太陽の動きに従うので）周転円の中心Cを通る。AD上に点Eを取り、AEとACが等しいとする。すると、ACは獅子宮もしくは宝瓶宮17°にはこないから、Cも北の極限Eほどには黄道から隔たっていない。そこで、DもEほど黄道から隔たっていない。仮説どうしを理論上等値にするために周転円の面が常に黄道面と平行になると仮定するので、CDも周転円上の全ての点も黄道からの隔たりが等しいからである。ところが、DないしCの黄道からの隔たりがEより小さい分だけ、EよりDのほうがAに近い。そこで、〔地球から見ると黄道からの〕Dの離隔がその分だけ大きくなり、D〔ないしはC〕とEの各々の〔黄道からの〕離隔がAから見ると同じ角度を取ることになる。円ECBはABに対して傾いているので、傾いた円に関する球面三角法によれば、Cの黄道からの離隔とEの黄道からの離隔の比が、弧の正弦CB（すなわちAD）と正弦全体AEの比になる。ところが、すでに述べたように、CとDの黄道からの隔たりは等しい。したがって、Dの離隔（つまりDから黄道上に下ろした垂線）とEから黄道上に下ろした垂線の比は、AD対AEである。そこで、三角形ADDとAEEは相似になる（黄道面上の点D、Eにおける角度が直角であり、その角を作る2辺の長さの比が等しいからである）。だが、黄道面上で同一の点（A）から描いた2辺（AD、AE）はまた同じ経度を示す点つまり獅子宮ないし宝瓶宮17°にくるので、この2つの三角形は重なる。したがって、軌道上の直線AD、AEも重なる。すなわち、地球Aから火星Dを通る線を引くと、その直線はこの状態で周転円の中心の

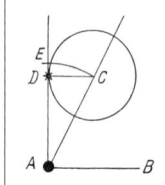

位置が極限にあるときは周転円の中心Eにくる。こうしてこの状態では極限の最大傾斜角と火星の視緯度が同じ角度になる。

3番目の方法では、あらかじめ軌道どうしの比を知ることと計算とが必要だが、この方法については結果が合致することを示すために言及するだけに止める。この方法の適切で入念な取り扱いは第5部の特に第63章に取っておくので、ここでは必要ないからである。

ティコの衝の表では獅子宮21°16′における〔火星の〕視緯度は4°32′10″だった。

太陽がA、地球がB、離心円上にある火星がCとする。そうすると、地球Bを通り恒星間にまで延びる直線AEは黄道と交わり、ACは火星軌道と交わる。そして火星が非常に極限に近い獅子宮21°にあるので、角EACも最大傾斜角に非常に近い。その角は以下のようにして調べられる。BAを1000、ACを1664、EBCを4°32′10″とする。すると AC対角EBCがBA対角BCAで、それは2°43′27″となる。[041] この角度を角EBCから引くと、求める角BACとして1°48′43″が残る。ここから、ちょうど極限においては約1°49′となろう。なお、BA対ACの比が変わればこの値もいくらか変わるが、この点については後で述べる。この方法では、緯度がやや大きくなっているような任意の初更の観測から、まず軌道のその点の傾斜角を求め、その後に、交点もしくは極限からの隔たりを考慮して最大傾斜角を求める。例えば、1593年8月24日は太陽と衝になるときの視緯度として南緯6°3′が出てくる。火星は双魚宮12°30′にある。そこで、あらかじめ採用した数値に従いBAを1000、ACを1389とする。すると、CA対角CBEの正弦がBA対角BCAの正弦となり、その角は4°21′10″である。これを角CBEから引くと、求めていたBACの角度として1°41′50″が残る。ところが、その位置は極限からは約26°、交点からは64°隔たっている。したがって、64°の正弦とこの黄道からの離角1°42′の比が、正弦全体と両面の最大傾斜角の比となり、その値として1°53′が出てくる。この場合の3′の過剰については気にする必要

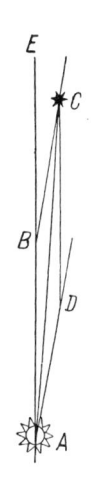

がない。これは採用した軌道どうしの比から生じるものだからである。この点については第4部で述べる。

　プトレマイオス説の形では、Aが地球、Cが火星の周転円の中心、Dが周転円の最下部の点となる。火星が太陽と衝になる位置に来ているからである。そして太陽を示す線EAが黄道上にあり、周転円の面は黄道面と平行と想定するので、CDはEAと平行になる。そこで、離心円〔つまり導円〕と周転円の傾斜角のBACとACDは等しい。ところが、仮説どうしは理論上完全に等値だから、CDもBAと等しい。つまり確かに、コペルニクス説におけるAB対ACの比が、プトレマイオス説における周転円の半径DCと地球から周転円の中心に至る線分CAとの比に等しい。したがって、角CDAとCBAが等しく、角EBCとBADも等しい。そしてこのBADが視緯度である。

# 第14章

# 離心円の面は
# ぶれずに平衡を保つ

　プトレマイオスは、自説が錯綜していたために、緯度に関する理論では多くの不自然な事柄を積み重ねざるをえなかった。すなわち、周転円の面があらゆる方向に歪むと考えた。また自説の霞に幻惑されて周転円の面が黄道面と平行になるとすぐには見て取れなかったので、3要素から成る緯度を考案して相反するものどうしが支え合うようにし、*自説の周転円を平行な位置からすっかりずらしてしまった。そしてそれほど多くは得られなかった観測結果の信頼性にも拠らず、また（確実さが当てにならなかったので）得られた場合でも観測結果を基準ともせず、極端な数値に疑いを抱き、平均的な数値を選んだのである。

　以上から、一般に（マジーニの『天体暦表』のような）普通に用いられてきた計算では、（いわゆる）本体によらないような火星と太陽の合は全く起こらないことがわかるだろう。惑星の本体によらないような合が本当にあるなら、本体による合がしばしば起こって月下の力が過剰に惹起されないように自然が緯度による調整を考え出したのは、無駄だったことになろう。

　コペルニクスは自説の豊かさがわからず全体としてプトレマイオスを模倣しようとした。諸問題の本質を直接に模倣しようとしたわけではないが、あらゆる問題で本質に非常に近いところにまで立ち至ってしまった。この点についてはレティクスの『第一解説』を読んでみるとよい。すなわち、コペルニクスが好んで行ったのは、地球を惑星に接近させて外見上の緯度を増大変化させることだったのに、プトレマイオス説に残る他の緯度の増大（それはこうして地球を接近させても出てこない）を斥けようとせず、（そういう増大変化を表すために）離心円面の秤動（librationes）を考え出し、こうして（プトレマイ

---

\*メストリン『天文学概要』（*Epitome Astronomica*）の外惑星理論に関する説明の最後の頁を参照。

緯度の作用

オスが不変で確定したものとした)傾斜角をその秤動によって変化させた。しかも(不自然なことに類するのだが)その傾斜角の変化が惑星に固有の離心円の動きではなく、それとは全く関係のない地球軌道の動きの規則に従うようにした。コペルニクスの著書第6巻第1章を参照。

私は(疑いで武装して)、運動を説明するためにさまざまな軌道を何の関係もなくこのように結合することに対し、まだティコの観測結果も見ないうちから常に戦ってきた。それだけに、あらかじめ考えていた他の多くの見解と同様に観測結果も私の味方をしてくれるのを見出したことに、いっそう大きな喜びを抱いている。

だが、予断をもって観測結果を扱っているからというので私の説に不信感をもつ人が現れないように、離心円の傾斜にはどんな秤動もないことをすでに非常に堅実な方法で証明した。すなわち、最大傾斜角を探求する3つの方法を提示したが、第1の方法では太陽が火星とほぼ6分の1対座ないし5分の1対座にあった。つまり火星と合になる位置に近いから、それだけ容易に火星を見て観測しやすい。第2の方法では太陽が火星と4分の1対座にあり、第3の方法では火星と完全に衝の位置にある。ところが、太陽が3つの位置のどこに来ようと、火星がその離心円上で同一の位置にあるときは、北に来ても正反対の南に来ても極限での傾斜角が同一(約1°50′)であることを示した。同様にして第12章で明らかにしたように、火星が離心円上の運動によって交点に来るときは、太陽がその軌道上のどこの位置にあろうと(つまり火星に非常に近かろうと遠く離れていようと)、火星の緯度が全く認められなかった。なお第5部では、火星軌道上のどんな位置であろうと黄道に対する傾きが一定であることを、もっと多くの論拠によって証明しよう。

そこで断固として、黄道に対するどんな離心円面の傾斜も全く変化しないと結論しよう(これを唯ひとつの惑星に限られた特性とするどんな理由もない以上、一般にこういう結論を下してもよかろう。実際、同じことは金星や水星の場合も観測結果から証明できるだろう)。そしてプトレ

マイオスに従う人は、ここから、周転円の面がいつでも黄道面に平行なことを学ぶだろう。周転円の中心が極限にくる場合についてはすでに証明した。一方、中心が交点にくるときには周転円があらゆる個所で完全に黄道の円と重なることは、すでに第12章で証明した。

今や私に涙の種を提供する人は誰か。私はアピアヌスの痛ましい努力に対し涙を流しつつ嘆くだろう。彼は皇帝にささげる作品の中でプトレマイオスを信じて、螺旋、輪、弦巻線、渦巻、非常に入り組んだ曲線から成る全くの迷路のような線によって、事物の自然なあり方からすれば自然なものとは全く認められない人間だけの虚構を再現するために、延々と貴重な時間を浪費し、奇才に満ちた思弁を巡らした。だが、かの人物は、非常に明敏な天賦の資質によって容易に自然にも匹敵しうることをわれわれに示した。ともかく彼は図表の中に盛り込んだ非常に傑出したこういう小手先の芸（彼はその芸で自然そのものに挑戦した）で自分の心を楽しませ、この幸運によって作品自体が何かしら損なわれたとしても、不朽の名声という栄冠を勝ち得た。しかし褒賞を求めるべく、その作品の中で緯度（つまり人間の虚構）を再現しようと、600いやそれどころか1200もの小さな輪を細工するからくり製作者たちの空しい技については、何と言ったらよかろうか。

★042

ペトルス・アピアヌスの皇帝のための作品

# 第15章

## 夜の始めと終わりに見えた位置を太陽の視運動の線に還元する

以上の探求を終えて、交点の位置、面どうしの傾斜角、その傾斜角が一定であること（以上はこれから行う還元に必要だった）を論証したので、太陽が火星と正反対の位置で相対するとき火星が軌道上のどの位置を占めるか、決めていく。議論にさいし、1580年と1597年は省くこともできた。その年の資料は観測に確実性がないので、適切な証言が何も得られないはずだからである。

I. けれども、1580年11月12日10時50分に、火星が双子宮8°37′に見えたとし、5日間の動きが1°55′だったと想定すると、上述の時点に太陽は人馬宮0°45′36″に止まり5日間の動きが5°5′だから、両者の動きの合計は7°0′になる。一方、太陽の火星〔と衝になる位置〕からの離隔は7°51′24″である。それによって、5日間つまり120時間で完全に7°になる。そこで、同じ割合でいうと、残る51′24″は14時間41分となる。したがって、衝の節目は11月18日1時31分だった。火星の黄道上の位置は双子宮6°28′である。この時は金牛宮16°30′から20°離れている。私が知りたいのは、交点から双子宮6°28′を通って緯度の弧まで引いた軌道の弧の長さがどれほどになるか、ということである。そこでフィリップ・ランスベルゲの三角法の学説に従い（私がこの人の名を挙げるのは敬意と感謝を表すためである。彼は豊かで手近で時間もかからない天文学計算の土台作りのための最適で最良の斧を私に提供してくれた。彼がいなかったら柄の合わない、操作に大きな支障のある斧を、遠くから求めなければならなかっただろう）、20°の辺の正接を傾斜角1°50′の正割に掛けて最後の5桁を切り捨てると、小単位分で〔つまり100000に対して〕わずかに$18\frac{1}{2}$だけ大きくなる。これに対応するのは約35″である。したがって、火星はまさに双子宮6°28′にあって、その軌道上を35″だけ進んでいる。そうすると火星は

> ランスベルゲの三角法の学説

双子宮6°28′35″の位置に想定すべきで、わずかな修正すら全く必要ない。緯度は北緯1°40′である。

II.　1582年12月28日から次の日にかけての夜11時30分に火星は巨蟹宮16°47′に見えた。太陽の真位置は磨羯宮17°13′45″だった。したがって衝の節目はすでに過ぎてしまっていた。太陽の日運動は61′18″で火星は24′だから、合計は85′18″だった。この時点での星どうしの離隔は26′45″だった。そこで、1°25′18″対24時間の比は26′45″対7時間32分となる。この時間を11時30分から引くと、真の衝の節目として12月28日午後3時58分が残る。その黄道上の位置は巨蟹宮16°54′32″で、（50″を加える）軌道への還元によって巨蟹宮16°55′30″となる。緯度はブラーエの衝一覧表を信じると北緯4°6′である。実際は、緯度は相異なる観測結果の間に見出される。12月26日から次の日にかけての夜は4°6′ないしは4°2′で、12月29日から次の日にかけての夜は4°8′ないしは4°6′30″である。

III.　1585年1月31日12時0分〔つまり31日から2月1日にかけての真夜中〕に火星は獅子宮21°18′11″に見えた。太陽は宝瓶宮22°21′31″にあった。したがって真の衝はすでに過ぎてしまっていた。離隔は1°3′20″だった。太陽の日運動は61′16″、火星は24′15″で、合計は85′31″だった。1°25′31″対24時間の比は1°3′20″対17時間46分で、火星の動きについていうと、この時間に対応するのはほぼ18′である。そこで、衝の時間は1月30日19時14分〔31日午前7時14分〕、火星の黄道上の位置は獅子宮21°36′10″である。火星はすでに極限を越えているので、還元のために非常にささやかな引き算を行うと、軌道の弧の延長線は次の交点から逆行方向へ向かう。しかし、火星は交点から4°か5°しか離れていないので、引き算の結果は全く感知されない。緯度はティコの表を信じると北緯4°32′10″である。実際には観測結果によると1月31日12時には4°31′である。ティコの表の剰余分は日周視差のために加えられたものである。

IV.　1587年3月4日から次の日にかけての夜、真夜中を過ぎた1時16分に、火星の位置は獅子座の心臓〔レグルス〕と乙女座のスピカか

ら処女宮26°26′17″に見出された。視緯度は北緯3°38′16″だった。だが火星は地平線の上に37°30′も出ていたので、日周視差を考慮すべき状態になっており、それによって経度をほんの少しだけ減じると、火星は処女宮26°26′に来る。緯度は少し大きくなる。すなわち、太陽と地球の間隔が火星と地球の間隔のほぼ2倍になるので、火星の視差も太陽の視差のほぼ2倍になる。そして太陽の視差を3′と仮定すると火星の視差は約5′となる。出点が人馬宮9°にあるとき、第90°の天頂からの離隔は55°になる。〔『天文学の光学的部分』に載せた〕われわれの視差表でこの値の所から5′の小見出しの下を見ると緯度の視差として出てくるのは4′である。そこで、地球の中心から見た緯度は北緯3°42′22″となる。これは第5部でわれわれが火星の視差をもっと精密に検証するのに役立つだろう。そこでは、傾斜角も、地球から火星のこの位置までの距離も、比類ない精度で明らかになるだろう。太陽の真位置は双魚宮23°59′11″だった。したがって、真の衝はこれからくるはずだった。星どうしの離隔は2°26′49″だった。太陽の日運動は59′35″、火星のは24′で、合計は1°23′35″となる。これと24時間との比は2°26′49″対1日と18時間7分となる。火星の動きでこれだけの時間に相当するのは42′7″である。そこで、真の衝の時刻は3月6日7時23分である。火星の黄道上の位置は処女宮25°43′53″である。軌道上に還元するためにここから55″を減じなければならない。したがって、軌道上の位置は処女宮25°43′だった。緯度は増大しつつあった。だから、北緯3°38′ないしは視差によって修正した3°42′より少し大きかった。

V. 1589年4月15日から次の日にかけての夜12時5分に火星は天蠍宮3°58′20″に見出された。緯度は北緯1°4′20″で減少しつつあった。火星の高度は22°12′だった。この場合、恒星表では大気差が全くなかったが、太陽の表では3′30″の大気差があった。視差は太陽の約2倍で、地平視差で6′である。出点は人馬宮24°だった。したがって、天頂から第90°までの離隔は64°で、緯度の日周視差は5′24″になる。その値が実際にこれだけだったかどうかは後の精密な

緯度の考察から明らかになる。その時の北緯は、日周視差を除けば（大気差を全く受けなかったとすると）北緯1°9′45″になる。そして第90°の高度は26°だから経度の地平視差は2′38″である。一方、第90°からの火星の離隔は天蠍宮4°から処女宮24°までを数えると40°になる。この値で2′38″の小見出しの下を見ると、示される適切な経度の視差は1′42″である。地球の中心から眺めた場合よりも火星はその分だけ順行方向に突出している。なお、これは大気差を全く受けなかったと想定した場合である。だが、太陽と火星の衝は大気をかき乱すが、恒星は非常に澄明な大気の中で観測されるはずだから、太陽と同様の大気差（もちろんそれは恒星のものよりも大きい）を受けたとするほうがいっそう確かなように思われる。けれども、とにかく大気差が全くないとし、火星が天蠍宮3°57′にあるものとする。その時点に太陽は金牛宮5°36′20″にあった。したがって、火星はすでに太陽と衝になる位置を1°39′20″越えていた。火星の日運動は4月13日との対比から明らかなように22′8″で、太陽は58′10″なので、合計は1°20′18″である。この値と24時間との比は1°39′20″対1日と5時間42分となる。したがって、衝の節目は4月14日午後6時23分だった。その位置は天蠍宮4°24′30″、もしくは大気差があったか、先に日周視差をあまりに大きく取ったとすれば、それを少し越えた所である。交点からはかろうじて12°くらい離れているので、軌道上に還元するためには感知できない程度の減算が必要で、その値は約24″となるが、これはそれほど重要なものではない。そして火星は天蠍宮4°24′にあっただろう。緯度は先の値より3′大きくなる。実際、緯度は3月8日からずっと減少しつつあって、衝の時点でも最大値を取らなかった。

VI. 　1591年6月6日から次の日にかけての夜12時20分に火星は人馬宮27°14′42″、南緯3°55′30″に見出された。この場合、確かに大気差（火星は南中するときも6°以上の高度をもたなかったので、この大気差は大きかった）には恒星の大気差表に従い注意を払ったが、視差には全く言及しなかった。だが、火星と地球の間隔は太陽と地球の間隔

の半分になっているから、(太陽の視差を3′と想定すると) 地平視差は6′以上である。けれども私はそれを省く。その理由はひとつには、太陽の表からの大気差(先に述べたようにこういう大気差のほうがありそうなものである)が、ここでブラーエが用いた値より4′30″大きな値を与えるので、そのために視差はほとんど除去されるからである。またもうひとつには、子午線上で冬至点の近くにある火星には経度の視差が全くなかったからである。ただし緯度については、視差のために火星が南に非常に大きく突出していたから、数分小さくならなかったかどうか、第5部で調べてみる必要がある。

　太陽は双子宮24°58′10″にあった。星どうしの離隔は2°16′10″だった。太陽の日運動は57′8″、火星は6月10日11時50分に人馬宮26°2′18″にあったから、火星の(4日間の)動きは1°12′24″で、1日の動きは18′12″になり、日運動の合計は1°15′20″になる。これに相当するのは1日と19時間24分である。(これから衝になるので)これを6日〔実際は7日の午前〕12時20分に加えると8日の〔午後〕7時43分になる。火星の位置は人馬宮26°41′48″である。軌道上に還元するためにこの値にさらに52″を加えると、ほぼ人馬宮26°43′になる。緯度は6月6日より6′大きい。観測結果を信じると、この場合、緯度は衝の時から40日目まで増大しつつあり、6月6日から10日までの間でほぼ13′になるからである。したがって、視差は無視して大気差の値だけをそのまま取れば、緯度は4°1′30″だっただろう。

VII.　1593年8月24日10時30分に火星の黄道上の位置は双魚宮12°38′、南緯6°5′30″に見出された。高度は地平偏差が相殺しあうような値だった。それに続く8月29日10時20分に火星は双魚宮11°15′24″、南緯5°52′15″に見えた。すなわち、緯度は急激に減少しつつあった。実際、緯度は衝より14日前の8月10日以前に最大だった。5日間の動きは1°22′36″だから、1日の動きは16′31″である。8月24日10時半の太陽の位置は処女宮11°2′31″だった。星どうしの離隔は1°35′30″である。太陽の日運動は58′20″で、日運動の合計は1°14′51″である。衝に至るにはこれだけの動きが必要で、これは1日

と6時間57分なので、衝は8月26日明け方5時27分だった。火星の位置は双魚宮12°16′で、実際に地平偏差が相殺しあうとすれば緯度はほぼ南緯6°2′である。

VIII. 1595年10月30日8時20分に火星は第90°から遠くない金牛宮17°47′15″に見出された。したがって視差に注意を払うにしても特に心配はしなくてよい。緯度は北緯0°5′10″だった。太陽の位置は天蝎宮16°50′30″で、星どうしの離隔は56′45″である。その日時の近辺の観測結果の対比から明らかなように、太陽の日運動は1°0′35″、火星は22′54″で、日運動の合計は1°23′29″である。星の離隔をこの値で割ると1日の40′47″〔$\frac{2447}{3600}$日〕、つまり16時間19分になる。そこで、真の衝は10月31日午後0時39分である。火星の位置は金牛宮17°31′40″で、ほぼ交点に来ているからこの値を軌道上に還元する必要はない。緯度は北緯約0°8′である。しかし、この日の前後の日から類推すると緯度は北緯約5′になる。

IX. （上述のように）1597年12月10日8時30分の火星の位置が実際に巨蟹宮3°45′30″、太陽の位置が人馬宮29°4′53″にあるものとする。2つの星の離隔は4°40′37″である。太陽の日運動は61′20″、火星は23′40″（というのも、日運動は1580年には双子宮で23′、1582年には巨蟹宮17°24′だったからである）、したがって日運動の合計は1°25′0″である。これらの要素から、真の衝の時刻が3日と7時間14分後の12月14日明け方3時44分にくるとわかる。火星の位置は巨蟹宮2°27′20″である。軌道上に還元するには（観測自体に数分の不確実性があるから、ここでそうするのは確かにおかしいが）約52″を加えなければならない。そこで、修正された位置は巨蟹宮2°28′である。緯度は表を信じれば北緯3°33′である。

（12月10日に続く）同じ夜間の12時10分に、ファブリキウスはオストフリースラントで火星の位置を巨蟹宮3°40′15″、北緯3°23′に見出した。この観測で確かに経度の点ではほぼ同じ結果になる。すなわち、火星の3時間40分の動きは3′30″になるので、ブラーエの観測でも12時10分には火星が巨蟹宮3°42′に来るだろう。これはファ

ブリキウスの得た位置を2′上回るだけである。

X.　ウラニボルク時間に調整された1600年1月13日／23日11時40分に、火星は獅子宮10°38′46″に見えた。太陽の位置は宝瓶宮3°26′30″だった。星どうしの離隔は7°12′16″である。太陽の日運動はこれに続く数日間は1°1′3″、火星は23′44″だから、合計は1°24′47″になる。したがって、衝は5日と2時間22分後にくるはずだった。つまり、1月19日／29日夜明け前の2時2分である。火星は獅子宮8°38′にあった。極限の非常に近くにあるので還元の必要はない。緯度は表を信じれば北緯4°30′50″である。

XI.　1602年2月18日／28日夕方10時30分に、私はティコの機器を用いて（ティコの勤勉な弟子だったマティアス・ザイファルトの助力により）[★047]火星と大熊座の尾の中心〔大熊座のζ〕の離隔として52°22′を得た。だが、獅子座の心臓とプロキュオンの離隔は37°22′20″で、これは37°19′50″でなければならなかったから、ここから六分儀が2′30″大きな値を示すことがわかった。したがって、火星と熊の尾の修正された離隔は52°19′30″である。一方、この恒星の緯度は56°22′だから、引き算を行うと4°2′30″が残る。ただし、これは火星が恒星と正確に同一の経度上にあったとした場合である。（以下に続く観測から明らかなように）実際には3°45″の差異があったから、若干の修正を適用しなければならない。

　黄道に非常に近い平行線上でABが3°43′30″、Bが火星、Cが恒星で、BCが52°19′30″とする。BCの正割をABの正割で割ればCAの正割として52°14′が出てくる。これを56°22′（恒星の緯度）から引けば、火星の視緯度として北緯4°8′が残る。同じ時刻に火星と獅子座の心臓との離隔が19°23′（修正すると19°20′30″）、火星と乙女座の翼の明るい星〔乙女座のγ〕の離隔が21°20′（修正すると21°17′30″）であることを発見した。これら2つの離隔から（火星と恒星の緯度を介して）火星の経度が処女宮13°19′6″にあることを見出した。この値は相互に一致している。

　それとは別に、2台の四分儀によって12時40分に火星の子午線高

＊特別な工夫のいらない近似計算の仕方は『蛇使い座の足元に現れた新星について』という書に掲げた（★048）。

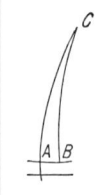

第2部——古人の説にならった火星の第1の不整について

度が50°19′であることを見出した。獅子座の尾〔獅子座のβ〕は56°45′だった。そこで恒星の赤緯と赤経およびわれわれの得た離隔から、火星の位置として処女宮13°19′30″を立てた。緯度は4°7′55″である。これはティコの方法に拠ったものだが、私はさらにもうひとつの方法を加えた。それは、結果が一致することを示すためであるとともに、論拠はそれほど優れてはいないけれども、どこかでわれわれの計算や理解が簡略化できることを明らかにするためである。というのも、先の方法では手間よりもことばのほうが多くなるからである。さて、プラハでは出点が天蝎宮5°だった。故に、第90°の天頂からの離隔は約32°30′である。そして火星と地球の間隔は太陽と地球の間隔の半分より大きいから、（われわれの視差表では）32°30′に対する約5′の視差が2′41″の緯度の視差を示す。そこで、地球の中心から見る北緯の値は4°10′40″になる。また第90°の高度は57°30′だから、経度の地平視差は4′13″である。だが火星と第90°の離隔は38°だから、対応するこの位置の経度での視差は2′36″で、これを除くと火星はほぼ処女宮13°18′に位置するだろう。その時点における太陽の位置は双魚宮10°16′42″だった。星どうしの離隔は3°1′18″である。太陽の日運動は1°0′4″、火星は24′5″である。1585年に獅子宮21°で24′18″、1587年に処女宮26°で24′だったからである。日運動の合計は1°24′9″である。したがって、真の衝は2日と3時間43分後にくるはずだった。つまり、2月21日／3月3日夜明け前の2時13分で、火星は処女宮12°27′35″にあった。軌道上に還元するためには40″を引かなければならない。そこで、火星は処女宮12°27′に来るだろう。緯度は減少しつつあったので、先の場合よりも少し小さくなる。したがって、約4°10′あるいは視差を無視すると4°7′20″である。

　だが、ティコの死去によってわれわれの観測はかなり稀になり、しかも連日は行えなかったので、確実な結果を得るために、オストフリースラントの熱心な天文学愛好者ダヴィッド・ファブリキウスが私に伝えてくれた観測も参照するのがよいと思う。

★049
　旧暦の2月16日朝5時にファブリキウスは緯度を調べるために火星と獅子座の尾の離隔を取り、2重の論拠によってその緯度を確認すべく、火星と獅子座の首〔獅子座のγ〕の離隔と、反対に乙女座の南翼の輝く星との離隔も取った。

　（この場合のように）火星の赤緯が欠如しているときは、ティコが『予備演習』第1巻でよく用いていた議論の進め方もできるだろう。しかし、その方法では計算の手順が10段階にも及ぶので、簡略にするためにむしろ先に私自身の観測で行ったような手法を採りたい。実際、それはどんな危険も伴わない。

　まず、われわれの捉えた時点では乙女座の翼は天秤宮4°36′30″、北緯2°50′にある。ファブリキウスは火星がその翼から逆行方向に20°18′離れているのを見出した。そこで火星はほぼ処女宮14°18′30″に置ける。これをあらかじめ大まかに知っておく必要がある。この経度は少し後で修正される。一方、獅子座の尾は処女宮16°4′、北緯12°18′にある。火星はその尾から8°17′離れているのが見出された。経度の差は1°45′だから、尾と火星の平行線の隔たりを求める〔224頁の図を参照〕。8°17′の正割を1°45′の正割で割ると、求める弧の正割から8°6′が出てくる。この値をその恒星の北緯12°18′から引くと、火星の北緯4°12′が残る。今これを確かな値として採用し、三角法の規則に従い恒星の緯度と対比すると、火星の経度として乙女座の翼によれば処女宮14°19′、獅子座の首によれば処女宮14°23′36″が見出される。その平均値は処女宮14°21′18″である。六分儀が適正な値より大きな離隔を示していたから、緯度も北緯4°14′を示したのであろう。

　2月23日から翌日にかけての夜12時に、ファブリキウスは5つの恒星を起点にして火星を観測した。すなわち緯度のために獅子座の尾とアルクトゥルス、経度のために初めは順行方向に乙女座のスピカ、次いでそれと反対の逆行方向に獅子座の首と尾を起点にした。

　機械的に推測で、私は火星が処女宮11°15′に来ると予測し、それが獅子座の尾から9°24′離れていることを認めた。ここからその緯

第2部——古人の説にならった火星の第1の不整について

度 $4°6'$ が出てくる。この緯度と恒星の緯度に拠りながら、レグルスからの離隔 $17°26'$、獅子座の首からの離隔 $17°51'$、スピカからの離隔 $37°28'$、アルクトゥルスからの離隔 $44°15'$ を加えれば、火星の位置は、レグルスに拠れば処女宮 $11°21'23''$、獅子座の首に拠れば $11°20'52''$、スピカに拠れば処女宮 $11°17'40''$ になる。(ご覧のように) 再び離隔が大きすぎて誤っている。すなわち、心臓〔レグルス〕と首によって火星は順行方向にほんの少し突出し、スピカとアルクトゥルスによって逆行方向に突出するが、ことにアルクトゥルスによって大きくずれる。この星が大きな北緯を取るからである。(アルクトゥルスを無視した場合の) 位置の平均である処女宮 $11°19'20''$ が真の値に非常に近い。緯度もまた大きめで北緯 $4°7'40''$ である。したがって、2月15日17時から2月23日12時まで7日と19時間の間に火星は $3°0'$、つまり187時間で $180'$ 動いた。1時間でほぼ $1'$ の動きである。この点も読者が考量するなら、(視差があるとしたら) 2月16日には視差を経度から減じ、2月23日には経度に若干加えてもよかろう。

最後の観測は私が見出した衝の時間より2日と21時間47分後にくるので、この時間に対応する $1°7'$ を加えなければならない。すると、火星の位置は処女宮 $12°26'$ になる。われわれはそれぞれ離れた場所にいて、ティコ・ブラーエのような諸便宜も具えていなかったわけだから、一致は非常にみごとで、これ以上の成果はありえない。

なお緯度は16日に $4°12'$、23日に $4°7'40''$ だった。したがって、その間の21日には $4°9'$ で、視差を除くとそれより少し大きいとするのが妥当である。私も $4°10'40''$ より少し小さな値すなわち $4°10'$ と想定していた。

XII.　最後に1604年は、火星が3月29日から30日／4月8日から9日の夜にアルクトゥルスとスピカを結ぶ線上に来るとする既述の天体暦表を示したので、以下のようになるのは明らかだった。すなわち、火星は4月8日の夕方にはこの線の東方に寄り、4月9日にはもう西方に寄っていた。その時 (ヨハン・シューラーを助手として) ホフマンの贈ってくれた六分儀で、アルクトゥルスとスピカの間が $33°4'$ で

あるのを見出したが、これは33°1′30″でなければならなかった。したがって2′30″だけ大きな値を示していた。すぐにアルクトゥルスと火星の間を測ったところ29°43′30″だった。したがって修正すると29°41′となる。アルクトゥルスの緯度は北緯31°2′30″だから、火星の緯度として2°21′30″が残る。その時に獅子座の心臓と火星の間は54°8′30″で、すぐに獅子座の心臓とスピカの間を測ったところ同じ値だった。だが、これは54°2′のはずだったから、6′30″大きな値を示したことになる。ところが、先には2′30″にすぎなかった。この4′の曖昧さがどこから来ているか、障碍に妨げられてわからなかったので、観測を続けて最後まで追求できなかった。だが、(先の場合と同じく)過剰分は2′30″としておく。そうすると火星と獅子座の心臓との離隔は54°6′で、スピカをめぐって誤りがあったのである。おそらく、スピカと火星が互いに接近していたので、火星をスピカと取り違えてしまったからであろう。以上から火星の緯度2°21′30″が出てくる。経度は天秤宮18°25′である。時刻は獅子座の背が南中していたことから得られる。観測時におけるこの星の赤経は163°13′である。太陽の正午における位置は白羊宮18°56′24″で、赤経は17°27′55″である。ここから得られる赤経の差は145°45′で、これは〔時角で〕9時43分になる。出点は天蝎宮22°30′だった。したがって、第90°の天頂からの離隔は39°で、火星と地球の間隔は太陽と地球の間隔の半分よりも少し大きい。したがって、視差は約5′30″で、緯度の分は3′28″である。そうすると、視差分を除いた緯度は2°25′だが、これが適切に視差を除いた値かどうかは後で考察する。第90°の高度は51°で、火星の第90°からの離隔は56°だから、経度の視差は3′32″である。そうすると、火星は天秤宮18°21′30″にあっただろう。太陽の位置はわれわれが捉えた時点では白羊宮19°20′8″で、2つの星の離隔は58′30″である。太陽の日運動は58′38″、火星は22′36″である。1587年に処女宮にあったときは24′、1589年に天蝎宮4°にあったときは22′8″だからである。日運動の合計は1°21′14″になる。以上の要素により、真の衝は17時間20分先

行したことになる。すなわち、3月29日／4月8日朝4時23分である。火星の位置は天秤宮18°37′50″である。軌道上に還元するために約39″を引くと、火星の位置は天秤宮18°37′10″になる。緯度は2°25′よりほんの少し大きいが、視差を無視すれば北緯2°22′である。

　火星のこれら12の離心位置〔日心位置〕（経度に関するかぎり第2の不整は全くない）はあらんかぎりの注意を払って決めたものである。これほど骨の折れる苦労をしてもなお何か私の見逃したことがあるとすれば、もはやそれに気づく方法はなかろう（ただしある時、18か月もの期間にわたり、うっかりしてまちがった土台つまり誤って適用された観測に依拠し、非常に長い間徒労を重ねたことがあった）。

　そこで、以下の表に全ての位置を掲げ、ティコに従い平均経度を合わせて挙げておこう（『プロイセン表』もしくはプトレマイオスが自身の論証の前提としたような特別の計算に従うこともできたが、その必要はない。平均運動に修正が必要であれば、それはやがて発見されようから。さしあたり、時間の間隔を顕著な誤りもなく測るために、これが役に立つだろう）。

|  | 旧暦 |  |  |  |  | 経度 |  |  |  | 緯度 |  |  | 平均経度 |  |  |  |
|---|---|---|---|---|---|---|---|---|---|---|---|---|---|---|---|---|
|  | 年 | 月 | 日 | 時 | 分 | 度 | 分 | 秒 | 宮 | 度 | 分 |  | 宮 | 度 | 分 | 秒 |
| I | 1580 | 11 | 18 | 1 | 31 | 6 | 28 | 35 | 双子宮 | 1 | 40 | 北 | 1 | 25 | 49 | 31 |
| II | 1582 | 12 | 28 | 3 | 58 | 16 | 55 | 30 | 巨蟹宮 | 4 | 6 | 北 | 3 | 9 | 24 | 55 |
| III | 1585 | 1 | 30 | 19 | 14 | 21 | 36 | 10 | 獅子宮 | 4 | $32\frac{1}{6}$ | 北 | 4 | 20 | 8 | 19 |
| IV | 1587 | 3 | 6 | 7 | 23 | 25 | 43 | 0 | 処女宮 | 3 | 41 | 北 | 6 | 0 | 47 | 40 |
| V | 1589 | 4 | 14 | 6 | 23 | 4 | 23 | 0 | 天蝎宮 | 1 | $12\frac{3}{4}$ | 北 | 7 | 14 | 18 | 26 |
| VI | 1591 | 6 | 8 | 7 | 43 | 26 | 43 | 0 | 人馬宮 | 4 | 0 | 南 | 9 | 5 | 43 | 55 |
| VII | 1593 | 8 | 25 | 17 | 27 | 12 | 16 | 0 | 双魚宮 | 6 | 2 | 南 | 11 | 9 | 55 | 4 |
| IIX | 1595 | 10 | 31 | 0 | 39 | 17 | 31 | 40 | 金牛宮 | 0 | 8 | 北 | 1 | 7 | 14 | 9 |
| IX | 1597 | 12 | 13 | 15 | 44 | 2 | 28 | 0 | 巨蟹宮 | 3 | 33 | 北 | 2 | 23 | 11 | 56 |
| X | 1600 | 1 | 18 | 14 | 2 | 8 | 38 | 0 | 獅子宮 | 4 | $30\frac{5}{6}$ | 北 | 4 | 4 | 35 | 50 |
| XI | 1602 | 2 | 14 | 13 | 13 | 12 | 27 | 0 | 処女宮 | 4 | 10 | 北 | 5 | 14 | 59 | 37 |
| XII | 1604 | 3 | 28 | 16 | 23 | 18 | 37 | 10 | 天秤宮 | 2 | 26 | 北 | 6 | 27 | 0 | 12 |

# 第16章

## 第1の不整をうまく説明するための仮説を探求する方法

　プトレマイオスは『アルマゲスト』第9巻第4章で惑星の第1の不整に取り組むさい、用いようとする仮定について前もってひととおり明らかにしている。その概要は以下のとおりである。惑星が相対する半円に留まる時間が不等なことを事実として認める。例えば、巨蟹宮2°40′から獅子宮を通って人馬宮26°45′までは半円より小さく、人馬宮26°から宝瓶宮を通って巨蟹宮までは半円より大きい。ところが、均等性の規則に従えば逆になるはずだったのに、惑星は後者の半円より前者の半円のほうに長く留まることが発見された。実際、平均経度2宮23°18′から9宮5°44′までは6宮〔180°〕と12°26′で半円以上ある。つまり惑星の公転周期の半分より多い。同様にして、双魚宮12°16′から獅子宮を通って処女宮12°27′まではほぼ半円に等しく、11′だけ多い。ところが、先の位置の平均経度（11宮9°55′）を後の位置の平均経度（5宮14°59′）から引くと、その間が6宮と5°5′で半分より5°5′多いのが認められる。したがって、惑星が処女宮から宝瓶宮を通って双魚宮までに要する時間はその分だけ短くなる。相隣り合う位置をひとつずつ検討していき、その間にある弧を所要時間つまり平均経度の弧と比べてみると、惑星が獣帯上の特定の位置で最も遅く、その反対の位置で最も速く、中間の位置では（どちらか一方の位置に接近する度合に応じて）徐々に運行の速さを増したり減じたりすることが認められよう。

　これによってまず第1に惑星の運動は（たとえ変則的に見えようとも）円運動によって統御されており、こういう連続的な運動の調整も同一状態への回帰も円運動のひとつだということが示される。惑星が角を成す直線に沿って進むのであれば（例えば、五角形の各辺を通過していくような場合である。かつて私はこういう考えを抱いたことがあった）、

直線に応じて、はっきりわかるような形で速い運動から遅い運動への突然の転換が起こるだろう。しかもそれは獣帯上のひとつの位置ではなく、辺の多さに応じて複数の位置で起こるだろう。だが、太陽による不整を取り除いた後でも、惑星運動にはなお大きな不整が残るので、（その中心に視点が立てられるような）単純な円を想定するだけでは、その不整を統御も論証もできないだろう。ところが（プトレマイオスが著書の第3巻で前もって述べたように）複数の円を組み合わせるかそれに近いことをすれば、非常に単純に2通りの方法でそれができる。すなわち、離心円を用いるか周転円付同心円を用いるかである。

プトレマイオスは第1の不整のために離心円を選んだ。周転円は第2の不整に必要だったから、両者を区別して理解を助けようとしたのであろう。次に、この一般的な所説に思いをめぐらしつつ惑星には離心円だけでは十分でないと主張する。すなわち、第2の不整と第1の不整をうまく説明するための周転円と離心円とが同時に円運動するとき、どういうことが起こるのが妥当なのか、繰り返し検討した後に、観測結果を対比して、周転円の中心が、遠地点では第1の不整をもたらす単純な離心円によって認められるよりもずっと地球に接近し、近地点ではむしろ遠くに逃れることを明らかにした。ここから議論を続けて、この接近の仕方の基準に及び、周転円の中心を運ぶ離心円の中心が、視点つまり地球の中心とエカントつまり第1の不整を説明するための離心円の中心の、ちょうど真ん中の位置にあることを発見した、とされる。彼はどんな論証も出さなかったが、上位3惑星の説明ではこの原理に依拠している。

コペルニクスは（他の場合もしばしばそうするように）この場合も生真面目に先生に従い、自身の仮説の形をこの基準にも合わせた。*

だが、天文学者たちがそのことに困惑したのは当然だったし、（メストリンに言われたように）私もそうだった。それは『宇宙の神秘』第22章79頁に見えるとおりである。しかも同書のその個所でプトレマイオスが以上のような説を立てるために盲目的な憶測を用いたと考

＊この点については第19章の欄外を参照。

第16章　第1の不整をうまく説明するための仮説を探求する方法

えたが、実際はそうではない。これから証明するように、彼は適切な観測に従い最善の論証によってそれを証明できたからである。ただ彼が論証とともにその観測結果を後世の人々に伝えなかった点において、この大家に物足りなさが感じられるだろう。

　こうして私は、この〔離心値に関する〕公準が非常に重要なものだと判断したが、火星の離心値の変化について論ずるさい、その数値が離心値の2等分からずれるためにコペルニクスも明らかにこの公準には疑念を抱いているのを見たので、（上述のようにそれが2倍比となることは確かでなかったから）各離心値の比を知る方法について思案した。またプトレマイオスは3つの初更の観測と離心値の比に関する先入観とによって、遠地点の位置も平均的な〔軌道半径の〕長さの修正も果ては離心値の大きさまで立証しているので、この課題が（離心値の比に関する公理を取り去ることで）やがてうやむやになり、結着の付かないものとなるようであれば、さらに第4の初更の観測結果によって補強すべきだと考えた。1600年にティコのもとにやって来たとき、私はこの〔離心値に関する〕技法を修得していた。そしてティコ自身もまたその数値が示すように、この比を探求して得たのであり、仮定ではないということを学び知って、喜んだ。すなわち彼は、（コペルニクスふうの*）離心円の中心が視点から13680単位分隔たっており、それとは別にエカントの点がこの視点から3780単位分隔たっているとする。これをプトレマイオス説の形にしたとすれば、視点の中心と離心円の中心の隔たりが9900単位分となり、離心円の中心とエカントの点の隔たりが〔13680＋3780＝17460の〕残りの7560単位分になるだろう。

*この定義は本書第5章の冒頭にある。

　私自身も、『宇宙の神秘』第22章でその自然学的な理由を挙げたから、離心値の2等分を確実なこととして、しかもプトレマイオスより正当な形で利用できた。実際のところ、私がティコのもとにやって来た理由は、まさに同書で公にした私の学説をティコの観測結果によってもっと確実に検討するためだった。私は予断なしにそうしてきたし、今も現にそうしている。ところで、天文学がその純粋さ

『手引き』つまり『宇宙の神秘』について

第2部——古人の説にならった火星の第1の不整について

と完全さを獲得し、(同書で私がそういう天文学の法廷にもち出した)訴訟の判決が下るまで生き長らえることができたら、同書を改訂して真実だと発見した事柄を証明し、その他のそうでない事柄は誠実に明らかにすることを読者に約束する。[★053]

　本題に戻る。Bを中心として離心円FGを描く。この離心円でBを通る長軸の直径HIは数年にわたって不変だとする。この想定がたとえ誤りを犯す危険をもっていても、この危険を避ける手立てもあるだろう。この直径上でBの下に視点Aがあり、Bの上にあの〔エカントの〕中心Cがあるものとする。このCは、(少し上に述べたように)Aの周りでは角度が経過時間に比例しないのに、それを基準にすると角度が経過時間に比例するようになる点である。さて、円周上に4つの観測された位置F、G、D、Eを取り、第2の不整を失った惑星が、視点をAに置くとそこに見えるように配列されたとする。実際、プトレマイオス説ではAは視点の位置つまり地球の中心であり、ティコ説とコペルニクス説では視点は直線FA、GA、DA、EA上にあり、Aは太陽である。だが、先に述べたとおり、いずれの理論でも惑星は同じように第2の不整を失う。[★054] さて、以上の全ての点を相互に結び、AFは処女宮25°43′、AGは人馬宮26°43′、ADは双魚宮12°16′、AEは金牛宮17°31′40″にあるものとする。ここから、Aを中心とする4つの角の大きさが与えられる。すなわち、角FAGは91°0′、角GADは75°33′、角DAEは65°15′40″、角EAFは128°11′20″である。これらの値は分点歳差のために若干修正しなければならない。火星は、恒星下で最後に観測された位置ではこれらの数値が示すほど遠く離れた所には進んでいなかったからである。したがって、角FAEは少し大きくなり、他の角はその分だけ小さくなる。同じ手順で経度の減算からCを中

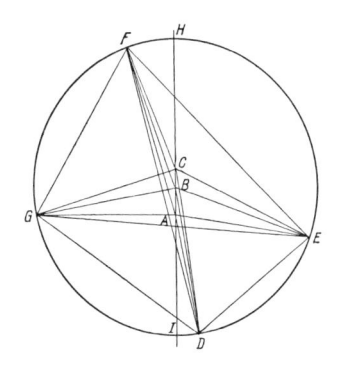

心とする角度も得られる。

　命題。以上の想定をしたうえで、さらにF、G、D、Eの各点がひとつの円周上にあり、かつその円の中心Bが直線CA上の点CとAの間にくるような大きさの、角FAHと角FCHを取り出さなければならない。

　代数学は幾何学とは違うので解法は幾何学的ではない。ところが、解き方は2重の仮の措定による。すなわちこの場合、われわれは代数学にも見捨てられる。直線に関連する問題では、おそらく正弦の学説全体〔ここでは三角法に関する学説全体を指すと考えたほうがよい〕をひとつの演算に投入しないかぎり、線分によって角度まで考えていけないからである。

　どういうことをせざるをえなかったか、ご覧いただきたい。今、角FAHを仮定したら、線AFは恒星下で一定の位置をもつから、もう一方の辺AHも恒星下で一定の位置を取ると仮定されよう。またAHを遠地点の線、コペルニクスとティコの考えによって遠日点の線とする。したがって、求めるべきことをあらかじめ仮定し措定せざるをえない。というのも、われわれはこの遠日点を突き止めるためにこの道を歩みはじめたからである。同様にして、AH（つまりCH）もわれわれの措定によれば恒星下である位置を占め、エカントの円の中心C（したがってまたその各部の大きさを数値で示すさいの起点つまり当然のことながら上方のHに考えられるような長軸端）を通らなければならない。しかも角FCHの角度をあらかじめ措定する必要がある。そうすると、線CFもエカントの円周上に位置を占めることになろう。ところが、これがFにある惑星の視位置に対応する平均経度で、われわれはこの平均経度を求めていたのである。したがって、遠地点以外にさらに求めていた別の事柄までわれわれはあらかじめ措定しているわけである。

　しかし幾何学者にとっても算術家にとっても論理学者にとっても、不可能に導く議論の形〔帰謬法〕を用いるのは突飛なことではない。つまり前提から何か不条理な結論が出てきたら、その前提を誤

りとして斥けながら、過剰と不足とを削ぎ落として真実そのもの(それは数学の分野では過剰と不足の平均の中に隠れている)を発見するのである。現在の課題ではそれは以下のように行われる。

　線分CAを基準として所与のものとする。そうすると、角FCHとFAH、さらにそれによって直線HCAに対する残る他の直線の傾斜角も想定される。またACは4つの三角形(CFA、CGA、CDA、CEA)に共通な辺で、この4つの三角形の角も与えられている。したがって、線分ACの大きさを基準にして4本の線分AF、AG、AD、AEの大きさが与えられるだろう。さらに新たな4つの三角形FAG、GAD、DAE、EAFにおいて、各々の2辺に挟まれたAにおける角とともに辺もすでに与えられている。したがって、各三角形の底辺における各々の角つまりAFG、ADG、ADE、AFEも知られるだろう。ところが、角AFGとAFEは角GFEの部分である。一方、四辺形DEFGでは、当然、相対する2組の角(例えば角GFEとGDE)はともにその和が2直角に等しい(実際その四辺形が円に内接するとすればそうなる。そして内接することはここでは措定のひとつである)。そこで、見出した4つの角を合わせてみて、その総和が2直角の大きさと異なったら、われわれは措定が誤っていると判断するだろう。誤りが仮定のどちらか一方にあろうと両方にあろうと同じことである。

　そこでさらに一方の角FCHをそのままにして残る角FAHを変えて初めに戻り、改めて4つの角の和を求めるだろう。そしてもしその和が初めの和より2直角から遠く離れてしまったら、それが角FAHの変え方を誤って想定した証拠である。したがって、それと反対のことを行わなければならない。例えば、加算したなら今度は減算するし、逆の場合もあろう。もし適切な大きさに近づいてきたら順調に進んでいる証しなので、初めにあった欠陥を今残っているものと対比して、角FAHを大きくしたり小さくしたりしながら同じ割合で続けていくだろう。

　だからといって、確実に、4つの角に対する2回目の修正が直ちに適切な大きさになるわけではない。円周上にあるものの増大の割

合は直線上にあるものと同じにはならないからである。そこで、求めた角の和が180°になるまで、何回も繰り返し苦労を重ねなければならない。あるいは180°に非常に近い値でもよい。非常に小さな数値であれば無視しても差し支えないからである。

　角FとDが（したがって残る角GとEも）真に同一円周上にくるようにしたら、今度は当然その後にくるもうひとつの問題、つまり、その円の中心Bが同一直線上でCとAの間にくるかどうかということも、調べなければならない。実際、この点については上述のように、プトレマイオスが完全にそうなると想定していたし、物理学上の論拠からも、Hにある場合のように星が太陽から最も遠く離れた所で動きが最も遅くなる必要がある。これはA、B、Cが同一直線上にある場合以外には起こりえない。それを調べるために、既知の角（GAD、DAE）を足して角GAEの大きさを知り、三角形GAEにおいてこの角と2辺（GA、AE）とから辺GEを求めなければならない。三角形GFEにおいて角GFEは円周角である。したがって、中心角GBEはその2倍である。ところが先にGFEはその部分である角GFAとAFEによって求められた。そこでまた二等辺三角形GBEにおいて、角GBEと辺GEが与えられる。したがって、底角と、初めに想定した離心値ACに応じた円の半径GBもわかる。そして今やBGと角BGEが得られ、先にはAGと角AGEが得られたので、角BGEからAGEを引くと（あるいは必要に応じて引き方を逆にする）角AGBが残る。そこで三角形AGBにおいて、辺AGとBG、その2辺に挟まれた角AGBが与えられる〔したがって、ここから角BAGが得られる〕[★055]。この角BAGが最初に想定した角CAGと一致しなければ、予期に反してBが直線CAから外れたところにある証拠である。そこで再び仮定した角FCHとFAHが誤りだったと判断される。ところが、角FCHをそのままにしておいて角FAHを変えたところ、別の不条理にぶつかった。それは、（最終的に角FAHの値を決める前提だったはずなのに）D、E、F、Gの位置が円周上にきていないことである。したがって、角FCHも変えなければならないのは明らかである。そこでこれを変

第2部——古人の説にならった火星の第1の不整について　　236

えることになる。すなわち、角FCHの大きさを随意に別の値に想定し直して、そのうえで、再度F, Dにある4つの角の合計が2直角になるまで、角FAHを4回、5回、6回と変えていく。その時は三角形GAE、GFE、GBE、BGAにより、角BAGをすでに最終的に決めた角CAGと比較して、角BAGの2回目の吟味に努力しなければならない。そして再び真実からいっそう遠ざかったか接近したかを見て、過不足の大きさと加算の割合に従って、その回の吟味で仮定した角CAGないしはHAGの大きさに等しい角BAGを見出すまで、しばしば繰り返す。首尾よくそういう角BAGを得たら、最後に三角形BGAにおいて、BGに基準値（100,000）を与え、それとの比率から、（角を介して）離心円の離心値BAとエカントの離心値CAを求める。このCAからBAを引くとCBが残る。そしてその時こそ、遠地点の位置と（最後の操作で仮定した）平均運動の修正については、少なくともこの仮説の形に関するかぎりうまく行ったと判断することになる。

　この労苦に満ちた方法にうんざりする読者なら、当然、膨大な時間を費やしてこの方法を少なくとも70回も行った私に同情してくれるだろう。また、1603年はほぼ丸1年を光学の研究に費やしたとはいえ、私が火星に取り組んでから今年ですでに5年目になることにも驚かなくなるだろう。[056]

　いずれはヴィエトのような鋭敏な幾何学者が現れて、この方法の[057]拙さの証明を使命のように考えるだろう。こういう課題ではヴィエトは、プトレマイオスもコペルニクスもレギオモンタヌスも方法が[058]拙劣だと非難したからである。では、幾何学者がこの問題に立ち向かい自身で図形を幾何学的に解いてほしい。そうすれば彼らは私にとって偉大なアポロンとなろう。[059] ひとつの議論（4つの観測と2つの仮説を含む）から4つか5つの帰結を組み立てるため、つまり迷宮から正道に戻るために、私としては、幾何学の光の代わりに拙い糸[060]（けれども、出口へと導いてくれるだろう）を提示しただけで十分である。方法を理解するのは困難だとしても、この問題を方法なしに探求するのはずっと困難なのである。

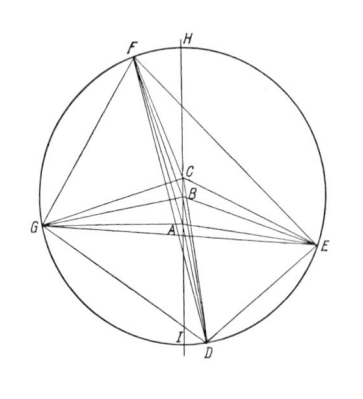

以下は提出された4つの観測によるこの考えの例証である。[★061]

歳差があるからあらゆる位置を最初の観測の時点に引き戻す。そうすると、〔1587年3月6日の〕視経度が処女宮25°43′、平均経度が6宮0°47′40″で、恒星の年間の動き〔1年間の分点歳差による春分点の移動〕はティコが『予備演習』で証明したとおり51″である。そこで、1587年3月6日から1591年6月8日までは4年と3か月で、これに対応する歳差の動きは3′37″である。したがって、1591年の視位置は人馬宮26°39′23″、平均経度は9宮5°40′18″としなければならない。同様にして、1587年3月6日から1593年8月25日までは6年と5か月半で、これに対応する歳差の動きは5′30″である。そこで、火星は双魚宮12°10′30″、平均経度は11宮9°49′34″としなければならない。最後に、1587年3月6日から1595年10月31日まではほぼ8年7か月で、これに対応する動きは7′18″である。そこで火星は金牛宮17°24′22″、平均経度は1宮7°6′51″に置き直さなければならない。

まず最初にわれわれは1587年の遠地点ないしは遠日点を獅子宮28°44′0″に置く。2番目に平均経度は3′16″だけ増すと想定する。そうすると、それぞれの平均経度は6宮0°50′56″、9宮5°43′34″、11宮9°52′50″、1宮7°10′7″となる。

|  | CH | 28°44′0″ | 獅子宮 |
|---|---|---|---|
|  | CF | 0°50′56″ | 天秤宮 |
| 故に | 角FCH | 32°6′56″ |  |
| 同様にして | CH | 28°44′0″ | 獅子宮 |
|  | CD | 9°49′34″ | 双魚宮[★062] |
| 故に | 角HCD | 168°54′26″ |  |

第2部——古人の説にならった火星の第1の不整について

|  |  | 補角 | 11°  5′ 34″ |  |
|---|---|---|---|---|
| 同様にして |  | CH | 28° 44′  0″ | 獅子宮 |
|  |  | CG | 5° 40′ 18″ | 磨羯宮 |
|  | 故に | 角HCG | 126° 56′ 18″ |  |
|  |  | 補角 | 53°  3′ 42″ |  |
| 同様にして |  | CH | 28° 44′  0″ | 獅子宮 |
|  |  | CE | 7°  6′ 51″ | 金牛宮 |
|  | 故に | 角HCE | 111° 37′  9″ |  |
|  |  | 補角 | 68° 22′ 51″ |  |

### 均差の角度に対して[063]

| CF | 0° 50′ 56″ | 天秤宮 | CG | 5° 43′ 34″ | 磨羯宮 |
|---|---|---|---|---|---|
| AF | 25° 43′  0″ | 処女宮 | AG | 26° 39′ 23″ | 人馬宮 |
| CFA | 5°  7′ 56″ |  | CGA | 9°  4′ 11″ |  |

| CD | 9° 52′ 50″ | 双魚宮 | CE | 7° 10′  7″ | 金牛宮 |
|---|---|---|---|---|---|
| AD | 12° 10′ 30″ | 双魚宮 | AE | 17° 24′ 22″ | 金牛宮 |
| CDA | 2° 17′ 40″ |  | CEA | 10° 14′ 15″ |  |

Aからの線分に対して

ACを基準値10000と取る。線分ACに対する均差の角度〔の正弦〕の比はAから引いた線分に対するCにおける角度〔の正弦〕の比に等しい。そこで、Cにおけるそれぞれの角度の正弦に10000を掛けた値を均差の角度の正弦で割る。

| sin.FCH | 53163 |    | sin.GCH | 79928 |    | sin.DCH | 19240 |    | sin.ECH | 92966 |    |
|---------|-------|----|---------|-------|----|---------|-------|----|---------|-------|----|
|         |       | AF |         |       | AG |         |       | AD |         |       | AE |
| sin.CFA | 8945  |    | sin.CGA | 15764 |    | sin.CDA | 4004  |    | sin.CEA | 17773 |    |
|         | 44725 | 5  |         | 78820 | 50 |         | 16016 | 4  |         | 88875 | 5  |
|         | 84380 |    |         | 11080 |    |         | 3224  |    |         | 40910 |    |
|         | 80505 | 9  |         | 11035 | 70 |         | 3203  | 80 |         | 35546 | 2  |
|         | 3875  |    |         | 45    | 3  |         | 208   |    |         | 5364  |    |
|         | 3578  | 4  |         |       |    |         | 200   | 5  |         | 5333  | 30 |
|         | 297   |    |         |       |    |         | 8     | 2  |         | 31    | 2  |
|         | 268   | 3  |         |       |    |         |       |    |         |       |    |
|         | 29    | 3★064 |       |       |    |         |       |    |         |       |    |

Aにおける角度に対して

| AF  | 25°43′ 0″   | 処女宮 | AG  | 26°39′23″    | 人馬宮 |
|-----|-------------|------|-----|--------------|------|
| AG  | 26°39′23″   | 人馬宮 | AD  | 12°10′30″    | 双魚宮 |
| FAG | 90°56′23″   |      | GAD | 75°31′7″     |      |
| 補角 | 89° 3′37″*  |      | 補角 | 104°28′53″*  |      |

| AD  | 12°10′30″    | 双魚宮 | AE  | 17°24′22″   | 金牛宮 |
|-----|--------------|------|-----|-------------|------|
| AE  | 17°24′22″    | 金牛宮 | AF  | 25°43′ 0″   | 処女宮 |
| DAE | 65°13′52″    |      | EAF | 128°18′38″  |      |
| 補角 | 114°46′ 8″*  |      | 補角 | 51°41′22″*  |      |

FとDにおける角度に対して

角AFG、AFE、ADG、ADEはAにおける角の補角のほぼ半分とな
る。けれども、Fにおける角はそれより小さい。線分AG 50703と
AE 52302は線分AF 59433より短いことが見出されたからである。
またDにおける角はそれより大きい。上述の線分AG、AEは
AD 48052より長いからである。さらに、Aを囲む4つの角は4直角
に等しいから、その補角も足せば4直角に等しくなる。4つの半円
は8直角だからである。したがって、補角の和の半分は2直角であり、

われわれは角GFE、GDEを足すと2直角になるよう望んでいる。そこで、Fにおける角がその補角の半分に足りない分だけ、Dにおける角はその補角を超過しなければならない。ところで、この種の三角形では、2辺の差を2辺の和で割って、得た商を補角の半分の正接に掛けると、底角の差の〔半分の〕正接が得られる。それ故、Fの2組の角の差の和がDの2組の角の差の和と等しければ、Fにおける角とDにおける角の和は2直角に等しくなる。[066]

|  | FAG | GAD | DAE | EAF |
|---|---|---|---|---|
| 半分 | 44°31′48″ | 52°14′27″ | 57°23′4″ | 25°50′41″[067] |
| 正接 | 98373 | 129093 | 156271 | 48438 |
|  | AF 59433 | AG 50703 | AD 48052 | AE 52302 |
|  | AG 50703 | AD 48052 | AE 52302 | AF 59433 |
| 差 | 8730 | 2651 | 4250 | 7131 |
| 和 | 110136 | 98755 | 100354 | 111735 |
|  | 770952 \| 7 | 197510 \| 2 | 401416 \| 4 | 670410 \| 6 |
|  | 102048 | 67590 | 23584 | 42690 |
|  | 99123 \| 9 | 59253 \| 6 | 20771 \| 2 | 33520 \| 3 |
|  | 2925 | 8337 | 3513 | 9170 |
|  | 2203 \| 2 | 7900 \| 8 | 3016 \| 3 | 8938 \| 8 |
|  | 722 \| 6 | 437 \| 4 | 497 \| 5 | 232 \| 2 |
| 商 | 7926 | 2684 | 4235 | 6382 |
| 正接 | 98373 | 129093 | 156271 | 48438 |
|  | 6886 \| 11 | 2581 \| 86 | 6250 \| 84 | 2906 \| 86 |
|  | 885 \| 33 | 774 \| 54 | 312 \| 54 | 195 \| 34 |
|  | 19 \| 66 | 103 \| 20 | 46 \| 86 | 38 \| 72 |
|  | 5 \| 88 | 5 \| 16 | 7 \| 81 | \| 96 |
| 正接 | 7797 | 3465 | 6618 | 3142 |
| 差 | F   4°27′30″ | D   1°59′4″ | D   3°47′10″ | F   1°47′59″ |
|  |  | 3°47′10″ |  | 4°27′30″ |
| Dにおける2つの差の合計 |  | 5°46′14 | Fにおける2つの差の合計 | 6°15′29″[068] |

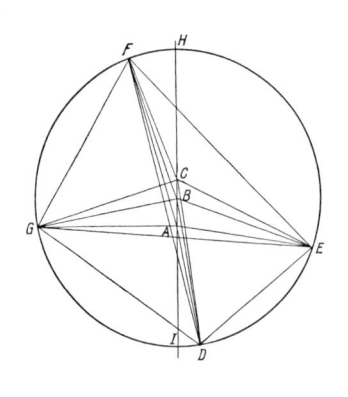

そこでこの場合には明らかに、FとDの角の総計が2直角よりも小さい。減少分の差異が増加分の差異を上回るからである。

不足分は24′15″である。[★069] こういう苦労を何回も繰り返してから、私は遠日点の位置に3′20″を加算すると総計が一致することを知った。それを次に証明しよう。

均差の角とその正弦はそのまま、Aにおける角の補角の半分の正接もそのままとする。

| だが、HCF 32°3′36″ | | | GCI 53°7′2″ | | | DCI 11°2′14″ | | | ECI 68°19′31″ | | |
|---|---|---|---|---|---|---|---|---|---|---|---|
| 正弦 | 53081 | AF | | 79986 | AG | | 19145 | AD | | 92929 | AE |
| sin CFA | 8945 | | sin CGA | 15764 | | sin CDA | 4004 | | sin CEA | 17773 | |
| | 44725 | 5 | | 78820 | 5 | | 16016 | 4 | | 88875 | 5 |
| | 83560 | | | 11660 | 0 | | 3129 | | | 40540 | |
| | 80505 | 9 | | 11035 | 7 | | 28028 | 7 | | 35546 | 2 |
| | 3055 | | | 625 | | | 3262 | | | 4994 | |
| | 2683 | 3 | | 630 | 4 | | 2803 | 8 | | 3555 | 2 |
| | 372 | | | 5 | 0 | | 459 | 1 | | 1439 | |
| | 358 | 4 | | | | | 10 | 5 | | 1244 | 8 |
| | 14 | 1/2 | | | | | | | | 195 | 1 |
| | | | | | | | | | | 8 | |

第2部——古人の説にならった火星の第1の不整について

| AF | 59341 | | AG | 50740 | | AD | 47815 | | AE | 52281 | |
|---|---|---|---|---|---|---|---|---|---|---|---|
| AG | 50740 | | AD | 47815 | | AE | 52281 | | AF | 59341 | |
| 差 | 8601 | | | 2925 | | | 4466 | | | 7060 | |
| 和 | 110081 | | | 98555 | | | 100096 | 4 | | 111622 | |
| | 770567 | 7 | | 197110 | 2 | | | 4 | | 669732 | 6 |
| | 89533 | | | 95390 | | | | 6 | | 36268 | |
| | 88065 | 8 | | 88700 | 9 | | | 2 | | 33486 | 3 |
| | 1468 | | | 6690 | | | | | | 2782 | |
| | 1101 | 1 | | 5913 | 6 | | | | | 2232 | 2 |
| | 367 | | | 777 | 8 | | | | | 550 | 5 |
| | 330 | 3 | | | | | | | | | |
| | 37 | 3 | | | | | | | | | |

| 正接 | 98373 | | | 129093 | | | 156271 | | | 48438 | |
|---|---|---|---|---|---|---|---|---|---|---|---|
| | 7813 | | | 2968 | | | 4462 | | | 6325 | |
| | 6886 | 11 | | 2581 | 86 | | 6250 | 84 | | 2906 | 28 |
| | 786 | 96 | | 1161 | 81 | | 625 | 08 | | 145 | 29 |
| | 9 | 83 | | 77 | 40 | | 93 | 72 | | 9 | 68 |
| | 2 | 94 | | 10 | 32 | | 3 | 12 | | 2 | 40 |
| | 7686 | | | 3831 | | | 6973 | | | 3064 | |
| F | 4°23′41″ | | D | 2°11′37″ | | D | 3°59′10″ | | F | 1°45′18″ | |
| | | | | | | | 2°11′37″ | | | 4°23′41″ | |
| | | | DとFにおける差の合計 | | | D | 6°10′47″ | | F | 6°8′59″ | |

ここでは差の合計はもはや1′48″しか違わない。そこで、今度は遠地点を先に動かしすぎたので、それをさらにまた12″だけ引き戻さなければならない。だが、それほど小さな差異にはわざわざ配慮する必要がない。われわれの方法で議論をさらに推し進めることができるように、その差異を公平かつ適切に埋めていく。すなわち先に、29′15″の不足によって誤ったときは、FとDにおける角の差の合計

は12°1′44″だったが、今度、1′48″の過剰によって誤ったときは、この合計が12°19′46″になった。したがって、合わせて31′が差の合計では18′になったので、1′48″が〔差の合計では〕ほぼ1′になる。だから、結局、合計のほうを12°18′44″にすれば最も適切であり、その半分の6°9′22″がFもしくはDにおける角の差の合計である。

<table>
<tr><td colspan="3">三角形GFE、GBEに対して</td><td></td><td></td></tr>
<tr><td>補角の半分</td><td>FAGで</td><td>44°31′48″</td><td></td><td></td></tr>
<tr><td></td><td>FAEで</td><td>25°50′41″</td><td></td><td></td></tr>
<tr><td></td><td>合計</td><td>70°22′29″</td><td></td><td></td></tr>
<tr><td>ここから差の合計を引く</td><td></td><td>6°9′22″</td><td>そして角GAD</td><td>75°31′7″</td></tr>
<tr><td>残る角GFE</td><td></td><td>64°13′7″</td><td>DAE</td><td>65°13′52″</td></tr>
<tr><td>したがって、角GBEはその2倍</td><td></td><td>128°26′14″</td><td>故に　GAE</td><td>140°44′59″</td></tr>
<tr><td>その補角</td><td></td><td>51°33′46″</td><td>補角</td><td>39°15′1″</td></tr>
<tr><td>その半分</td><td></td><td>25°46′53″</td><td></td><td></td></tr>
</table>

| | | | | | | |
|---|---|---|---|---|---|---|
| GA | 1回目 | 50703 | | AE | 1回目 | 52302 |
| | 2回目 | 50740 | | | 2回目 | 52281 |
| | 差 | 37 | | | | 21 |
| したがって今 | GA | 50739 | | | AE | 52282 |

そこで、辺GA、AEと角GAEからGEを求める。

| GA | 50739 | | 角GAEの補角の半分 | 19°37′30″ |
|---|---|---|---|---|
| AE | 52282 | | 正接 | 35658 |
| 差 | 154300 | | | 1497 [★071] |
| 和 | 103021 | 1 | | 356 \| 58 |
| | 51279 | | | 142 \| 63 |
| | 41208 | 4 | | 32 \| 08 |
| | 10071 | | | 2 \| 49 |
| | 9272 | 9 | | 534 \| 0°18′21″ [★072] |
| | 799 | 7 | 補角の半分 | 19°37′30″ |
| | | | 角AGE | 19°55′51″ |

角AGEの正弦対AEは角GAEの正弦対GEに等しい。

| sin GAE | 63271 | | *3307935 | GE |
|---|---|---|---|---|
| AE | 52282 | sin AGE | 34088 | |
| | 3163550 | | 306792 | 9 |
| | 126542 | | 240015 | |
| | 12654 | | 238616 | 70 |
| | 5062 | | 1399 | |
| | 127 | | 1363 | 4 |
| | 3307935* | | 36 | 1* |

三角形GBEにおいて、角GBEの正弦対GEが角BGEの正弦対BEに等しい。

| 43494 | sin BGE | | *4218701 | |
|---|---|---|---|---|
| *97041 | GE | | 78327 | sin GBE |
| 3912460 | | | 391635 | 5 |
| 304458 | | | 302351 | |
| 1740 | | | 234981 | 3 |
| 43 | | | 67370 | |
| 4218701* | | | 62662 | 8 |
| | | | 4708 | |
| | | | 4699 | 6 |
| | | | 9 | 0* |

第16章 第1の不整をうまく説明するための仮説を探求する方法

| | | | | | |
|---|---|---|---|---|---|
| BG | 53860* | | また角AGE | 19°55′51″ | |
| AG | 50739 | | 一方、角BGE | 25°46′53″ | |
| 差 | 312100 | | 角BGA | 5°51′2″ | |
| 和 | 104599 | | 補角 | 174°8′58″ | |
| | 209198 | 2 | 半分 | 87°4′29″ | |
| | 102902 | | 正接 | 1957200 | |
| | 94140 | 9 | | *2984 | |
| | 8762 | | | 39144 | |
| | 8368 | 8 | | 17615 | |
| | 394 | 4* | | 1564 | |
| | | | | 78 | |
| | | | | 58401 | 30°17′8″ |
| | | | | | 87°4′29″ |
| | | | 角BAG | | 117°21′37″ |

最後に遠日点をさらに3′8″だけ押し進めた。

| したがって、 | AH | 28°47′8″ | 獅子宮 |
|---|---|---|---|
| | AG | 26°39′23″ | 人馬宮 |
| 角HAGつまりCAG | | 117°52′15″ | |

そこで、BはさしあたりGの方に向かって直線CAから外れることになる。角CAGが角BAGより30′38″大きいからである。だが、試行錯誤を重ねた末に、平均経度に30″を加えるとBが直線CA上にくることがわかった。同時に、四角形が円周上にくるためには遠日点を2′先に進める必要がある。今それを吟味して同時に離心値をも論証したい。そこで、CFやその仲間に30″を加え、CHには2′を加えて、HCFからは1′30″を引く。したがって、
HCF 32°2′6″　GCI 53°8′32″　DCI 11°0′44″　ECI 68°18′1″

一方、均差の角は30″増減する。したがって、

第2部——古人の説にならった火星の第1の不整について　　246

| CFA 5°8′26″ | | | CGA 9°4′32″ | | CDA 2°17′10″ | | CEA 10°13′46″ | |
|---|---|---|---|---|---|---|---|---|
| sin HCF | 53044 | AF | 80012 | AG | 19102 | AD | 92913 | AE |
| sin CFA | 8960 | | 15758 | | 3989 | | 17758 | |
| | 44800 | 5 | 78790 | 50 | 15956 | 4 | 88790 | 5 |
| | 8244 | | 12220 | | 3146 | | 4123 | |
| | 8064 | 9 | 11030 | 7 | 27923 | 7 | 35516 | 2 |
| | 180 | | 1190 | | 3537 | | 5714 | |
| | 179 | 2 | 1103 | 7 | 3191 | 8 | 5327 | 3 |
| | 01 | 0 | 87 | 5 | 346 | | 387 | |
| | | 1 | | | 319 | 8 | 355 | 2 |
| | | | | | 27 | 7 | 32 | 2 |

| AF | 59201 | | AG | 50775 | | AD | 47887 | | AE | 52322 | |
|---|---|---|---|---|---|---|---|---|---|---|---|
| AG | 50775 | | AD | 47887 | | AE | 52322 | | AF | 59201 | |
| | 8426 | | | 2888 | | | 4435 | | | 6879 | |
| | 109976 | | | 98662 | | | 100209 | | | 111523 | |
| | 769832 | 7 | | 197324 | 2 | | 400836 | 4 | | 669138 | 6 |
| | 72768 | | | 91476 | | | 42664 | | | 18762 | |
| | 65986 | 6 | | 88796 | 9 | | 40084 | 4 | | 11152 | 1 |
| | 6782 | | | 2680 | | | 2580 | 2 | | 7610 | |
| | 6599 | 6 | | 1973 | 2 | | | 6 | | 6691 | 6 |
| | 183 | | | 707 | | | | | | 919 | |
| | 110 | 1 | | 690 | 7 | | | | | 892 | 8 |

| 正接は元のまま | | 98373 | | 129093 | | 156271 | | 48438 | |
|---|---|---|---|---|---|---|---|---|---|
| | | 7661 | | 2927 | | 4426 | | 6168 | |
| | | 6886 | 11 | 2581 | 86 | 6250 | 84 | 2906 | 28 |
| | | 590 | 22 | 1161 | 81 | 625 | 08 | 48 | 44 |
| | | 59 | 02 | 25 | 82 | 31 | 25 | 29 | 06 |
| | | | 98 | 9 | 03 | 9 | 36 | 3 | 87 |
| | | 7536 | | 3779 | | 6917 | | 2988 | |

第16章　第1の不整をうまく説明するための仮説を探求する方法

|  |  |  |  |
|---|---|---|---|
| 4° 18′ 36″ | 2° 9′ 52″ | 3° 57′ 24″ | 1° 42′ 41″ |
|  | 3° 57′ 24″ |  | 4° 18′ 36″ |
| Dにおける差の合計 | 6° 7′ 16″ | Fにおける差の合計 | 6° 1′ 17″ |

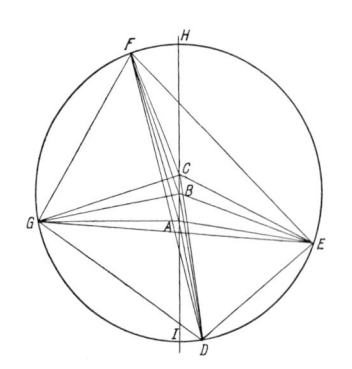

6′過剰だが、これは遠日点を38″戻すことによって取り除ける。そこで、先には獅子宮28°49′8″にあったから、今や獅子宮28°48′30″にくるだろう。

## 吟味

| HCF 32° 2′ 44″ | | GCI 53° 7′ 54″ | | DCI 11° 1′ 22″ | | ECI 68° 17′ 23″ | |
|---|---|---|---|---|---|---|---|
| 53060 | | 80001 | | 19120 | | 92905 | |
| 8960 | | 15758 | | 3989 | | 17758 | |
| 4480 | 5 | 78790 | 50 | 15956 | 4 | 88790 | 5 |
| 8260 | | 12110 | | 3164 | | 4115 | |
| 8064 | 9 | 11031 | 7 | 27923 | 7 | 35516 | 2 |
| 196 | | 1080 | | 3717 | | 5634 | |
| 179 | 2 | 945 | 6 | 3591 | 9 | 5327 | 3 |
| 170 | 1 | 135 | 9 | 126 | | 307 | |
| 79 | 9 | | | 120 | 3 | 178 | 1 |
| | | | | 6 | 1 | 129 | 7 |

数値の基準の取り方は上述の場合と同じ。

第2部——古人の説にならった火星の第1の不整について

|  |  |  |  |  |  |  |  |  |  |  |
|---|---|---|---|---|---|---|---|---|---|---|
| 59219 |  |  | 50769 |  |  | 47931 |  |  | 52317 |  |
| 50769 |  | 先 | 47931 |  | 先 | 52317 |  | 先 | 59219 | 先 |
| 8450 |  | に | 2838 |  | に | 4386 |  | に | 6902 | に |
| 109988 |  | は | 98700 |  | は | 100248 |  | は | 111536 | は |
| 769916 | 7 | 7 | 1974 | 2 | 2 | 400992 | 4 | 4 | 669216 | 6 | 6 |
| 75084 |  |  | 864 |  |  | 37608 |  |  | 20984 |  |
| 65993 | 6 | 6 | 7896 | 8 | 9 | 30074 | 3 | 4 | 11154 | 1 | 1 |
| 9091 |  |  | 744 |  |  | 7534 |  |  | 9830 |  |
| 8799 | 8 | 6 | 691 | 7 | 2 | 7017 | 7 | 2 | 8922 | 8 | 6 |
| 292 | 3 | 2 | 53 | 5 | 7 | 517 | 5 | 6 | 908 | 8 | 8 |
| 差 | 21 |  | 差 | 52 |  | 差 | 51 |  | 差 | 20 |

|  |  |  |  |  |  |  |  |
|---|---|---|---|---|---|---|---|
|  | 98373 |  | 129093 |  | 156271 |  |  |
|  | 21 |  | 52 |  | 51 |  | 48438 |
|  | 98373 | 2 | 58168 | 1 | 56271 |  | 20 |
| 19 | 6746 | 64 | 5465 | 78 | 1355 | 9 | 68760 |
| 21 |  | 67 |  | 80 |  | 10 |  |
|  | 41″ |  | 2′ 14″ |  | 2′ 39″ |  | 19″ |
|  |  |  | 2′ 39″ |  |  |  | 41″ |
|  | 先には | 6°7′16″ |  | 先には | 6°1′17″ |
|  | 今 | 6°2′23″ |  | 今 | 6°2′17″ |

正接の増加分

弧の増加分

等しいことを見ていただきたい。

そこで四角形が円に内接したので、再度、Bが直線CA上にあるかどうか、調べる。先に得られた合計の70°22′29″[★074]から今見出された差の6°2′22″を引く。すると残るのは、

| | | | |
|---|---|---|---|
| 角GFE | 64°20′19″ | 角GAEの補角の半分の正接は | |
| 2倍の角GBE | 128°40′18″ | そのまま | 35658 |
| その補角 | 51°19′42″ | | 1502* |
| 角BGE | 25°39′51″ | 356 | 58 |
| 最後に得たGA | 50769 | 178 | 29 |
| AE | 52317 | | 71 |

$535\frac{1}{2}$　18′24″
　　　　19°37′30″ ★075
角AGE　19°55′54″

```
        154800
        103086 | 1
         51714
         51543 | 50
           171 | 2*
```

```
sin GAE 63271
AE    52317
     3163550
      126542
       18981
         633
         442
     3310148*
```

```
              *3310148
sin AGE  34089
         306801 | 9
         242138
         238623 | 7
           3515
           3409 | 10
            106 | 3   GE
```

| BG | 53866 | | AGE | 19°55′54″ |
| GA | 50769 | | BGE | 25°39′51″ |
| | 309700 | | BGA | 5°43′57″ |
| | 104635 | 2 | 補角 | 174°16′3″ |
| | 209270 | | 半分 | 87°8′$1\frac{1}{2}$″ |
| | 100430 | 9 | 正接 | 1997100 |
| | 94172 | 6 | | *2960 |
| | 6258 | 0* | 1198 | 26000 |
| | | | 17973 | 9 |
| | | | 39942 | |
| | | | 59114 | |

| | | | | | |
|---|---|---|---|---|---|
| 遠日点 | 28°48′30″ | 獅子宮 | | 30°35′22″ | |
| AG | 26°39′23″ | 人馬宮 | | 87°8′1″ | |
| CAG | 117°50′43″ | | BAG | 117°43′23″ | |
| | | | 補角 | 62°16′37″ | |

Bは直線CAからなお7′20″だけGの方に外れている。

　ここからわかるのは、先にわれわれは平均運動に30″、遠日点に82″を加えることによって23′18″推し進めたのだから、平均運動に9″、遠日点に25″を加えれば、残る7′20″をなくせるだろうということである。したがって、ティコの経度に加算する分は全部で3′55″である。[★076]そして遠日点は獅子宮28°48′55″に置かれる。

　だが、これほど小さな違いでは、三角形CAGにおいてBがあたかも正確に直線CA上にあるかのようにして既知の角と辺とからBAを求めても、何の不都合も起こらない。

| | | |
|---|---|---|
| sin BGA | 998800000 | |
| sin BAG | 8852 | 1 |
| | 11360 | |
| | 8852 | 1 |
| | 2508 | 2 |
| | 17704 | |
| | 7376 | 8 |
| | 7082 | |
| | 294 | 3 |

したがって、BGを100000とすると、BAは11283である。
だが、BG 53866対100000が100000対ACに等しい。

251　　第16章　第1の不整をうまく説明するための仮説を探求する方法

|  |  |  |
|---|---|---|
| BG | 53866 | 1 |
|  | 46134 |  |
|  | 430928 | 8 |
|  | 30412 | 5 |
|  | 26933 |  |
|  | 3479 | 6 |
|  | 3232 | 4 |

したがって、　　　　　　　AC　　18564

　そしてBGを100000とすれば　　BC　　7281

しかし、あらゆる誤りを排除するために、補間法を用いることにしよう。

| | | | | | | | | |
|---|---|---|---|---|---|---|---|---|
| 最初の値 | BG | 53860 | AG | 50739 | BGA | 5°51′2″ | BAG | 62°38′23″ |
| 今の値 |  | 53866 |  | 50769 |  | 5°43′57″ |  | 62°16′37″ |
| 差 |  | 6 |  | 30 |  | 7′5″ |  | 21′46″ |
| さらになお3分の1を増減する |  | 2 |  | 11 |  | 2′25″ |  | 8′ |
| 修正された値 | BG | 53868 | AG | 50780 | BGA | 5°41′32″ | BAG | 62°8′37″ |
|  |  |  |  |  |  |  |  | 5°41′32″ |
|  |  |  |  |  |  |  |  | 67°50′9″ |

|  |  |  |  |  |  |
|---|---|---|---|---|---|
|  | 100000 |  | sin BGA | 99190 |  |
| BG | 53868 | 1 | sin BAG | 88414 | 1 |
|  | 46132 |  |  | 11776 |  |
|  | 430428 | 8 |  | 8841 | 1 |
|  | 30392 |  |  | 2935 |  |
|  | 26933 | 5 |  | 2652 | 3 |
|  | 3459 |  |  | 283 |  |
|  | 3232 | 6 |  | 265 | 3 |
|  | 227 | 4 |  | 18 | 2 |

したがって残るのは、　　　　　離心値全体　　　　18564

　　　　　　　　　　　　　　離心円の離心値　　　11332
　　　　　　　　　　　　　　　　　　　　　　　　★077
　　　　　　　　　　　　　　エカントの離心値　　 7232

コペルニクス説とティコ説の形だと、小周転円の直径が3616、大周転円の直径が14948ということになろう。あるいは、第4章末尾の記述に従えば、以下のような仕方で正弦の代わりに正接を取ってもよい。

　第90°における最大均差を調べる必要がある。角HCGを90°とする。そうするとBCは角BGC 4°8′51″の正弦になる。そしてGBCは85°51′9″、またGCは99738である。ところが、コペルニクス説の形ではCが同心円〔つまり導円〕の中心にくるので、GCが100000となる。そこで、均差の角CGAを不変のままにするためには、ティコとコペルニクスに対しては上掲の同じ数値を同じ割合で増加しなければならない。

| 1856400000 | |
|---|---|
| 99738 | 1 |
| 85902 | |
| 79790 | 8 |
| 6112 | |
| 5984 | 6 |
| 128 | 1 |
| 99 | 3 |

コペルニクス=ティコ説の離心値全体が得られた。そしてこの値は正接表では10°32′38″で、これがアノマリア90°における共通の均差の角を示す。

したがって、修正された小周転円の直径は　　　3628
　　　　　　　　　大周転円の直径は　　　　14988

以上の全ての事柄を、ティコの〔地球の周りを太陽が回り、その太陽の周りを各惑星が回るという〕更改説を私が太陽の平均運動から視運動

へと置き換えた第5章と対比して、相違がどれほどわずかか見ていただきたい。

こうして火星の初更における4つの位置にもとづくこの方法によって第1の不整に関する仮説を調べた。その場合、私はプトレマイオスに与して以下のように想定した。すなわち、天に配置された惑星の位置は全てひとつの円の円周上に順序よく並ぶ。同様に、惑星が(プトレマイオスによれば)地球の中心もしくは(ティコとコペルニクスによれば)太陽の中心から最も遠ざかる位置で、物理的な遅さが最大となる。そしてこの遅さを測る標準となる点は固定されている。その他の全ての事柄は、帰謬法によって、私が証明したものである。証明すべき事柄の中で私が仮定したこれらのことが実際にそのとおりであるか否かは、以下に続く章で明らかになるだろう。

　今度はこの仮説に一致させるべく残る8つの位置も吟味しよう。吟味が普遍的で理に適うようにするために、私は遠地点の動きも取り込むだろう。そこでまずこの動きを調べよう。

# 第17章

# 遠地点と交点の動きの一応の探求

　この探求は観測結果（あるいはむしろプトレマイオス的な伝統）の確実さと同程度に確実なものとなるだろう。この専門家〔プトレマイオス〕がいなかったら、今でもこういう非常に遅い動きについてもっとわずかなことしか明らかになっていなかっただろう。しかも人々が学芸の研鑽に励むようになってよりこの方、この分野でわれわれの助けになるような人は彼以外に誰も見出せない。

　ここでプトレマイオス説に見出される以下の事柄が、必ずしもあらゆる点で非常に確実なわけではないと想定してみる。第1に、恒星がプトレマイオスの配置した獣帯上の位置に正確にあったこと（プトレマイオス第7巻）。第2に、軌道半径を100000としてプトレマイオスが算出した4153という太陽の離心値が正しい値であったこと（プトレマイオス第3巻第4章）。第3に、太陽の遠地点を双子宮5°30′に固定したこと（同じ個所）。第4に、（火星の動きを太陽の平均運動に合わせた場合）火星の遠地点が巨蟹宮25°30′に認められたこと（プトレマイオス第10巻第7章）。第5に、火星の軌道半径を100000とするとその離心値が20000だったこと（同じ個所）。第6に、（プトレマイオスの）周転円ないしは（ティコとコペルニクスの）年周軌道と火星軌道の比が100000対151900だったこと。そうすると、太陽の軌道もしくは大軌道〔地球の軌道〕の半径を100000とすると火星の離心値が30380となる（プトレマイオス第10巻第8章）。

　以下、第5章のように議論を進めよう。Aを大軌道〔地球軌道〕を描いたときの中心点、Cを火星のエカントの点、Bを太陽の軌道の中心とする。またABが双子宮5°30′にあり、ACが巨蟹宮25°30′にあるから、角CABは50°である。そしてABが4153、ACが同一尺度で30380とされる。そこで、2辺とその挟角が与えられているから、

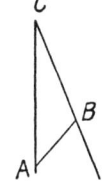

角CBA 123°27′が得られる。またBAが人馬宮5°30′に向かうから、(そこから123°27′を引くと) BCはほぼ獅子宮2°3′に向かう。なお、これはプトレマイオスの時代のことである。同時に、太陽の真運動に置き換えた後のエカントの離心値CBは18353だった。先に私はティコの仮説の置き換えからこの値が18342であることを発見した。それは一点を変更したからで、つまり私が火星軌道の大きさとして151386の代わりにより正しい値である152500を用いたからである。閑話休題。

### 遠日点の動きについて

プトレマイオスの時代には分点歳差が突出していたが、その時代の後にも先にもそのような疑念は全く残されていない。私は歳差を切り離して恒星をもとに長軸端の位置を考量していこう。さて、その時代には獅子座の心臓が獅子宮2°30′にあった。そこで、火星の長軸端つまり遠日点は紀元140年ころにはこの星より27′だけ前にあった。現代は、ティコ・ブラーエが1587年にこの星を獅子宮24°5′に見出した。その時には遠日点は獅子宮28°49′に進んでいて、獅子座の心臓からは順行方向に4°44′離れていた。これに上述の27′を加えると、その和 (5°11′) が紀元140年から1587年までの1447年間の動きである。したがって、年間の動きはほぼ13″であり、30年間の動きは6′29″である。これにさらにティコの出した恒星ないしは歳差の動きを加えてみる。この動きはほぼ均一で (ただプトレマイオスの時代だけを除く) あらゆ

遠日点と交点の動きの一覧表

| 年 | 遠日点 分 | 秒 | 極限と交点 分 | 秒 |
|---|---|---|---|---|
| 1 | 1 | 4 | 0 | 40 |
| 2 | 2 | 8 | 1 | 21 |
| 3 | 3 | 12 | 2 | 1 |
| 4 | 4 | 16 | 2 | 42 |
| 5 | 5 | 20 | 3 | 22 |
| 6 | 6 | 24 | 4 | 3 |
| 7 | 7 | 28 | 4 | 43 |
| 8 | 8 | 32 | 5 | 24 |
| 9 | 9 | 36 | 6 | 4 |
| 10 | 10 | 40 | 6 | 45 |
| 11 | 11 | 44 | 7 | 25 |
| 12 | 12 | 47 | 8 | 6 |
| 13 | 13 | 51 | 8 | 46 |
| 14 | 14 | 55 | 9 | 27 |
| 15 | 15 | 59 | 10 | 7 |
| 16 | 17 | 3 | 10 | 48 |
| 17 | 18 | 7 | 11 | 28 |
| 18 | 19 | 11 | 12 | 9 |
| 19 | 20 | 15 | 12 | 49 |
| 20 | 21 | 19 | 13 | 30 |
| 21 | 22 | 23 | 14 | 10 |
| 22 | 23 | 27 | 14 | 50 |
| 23 | 24 | 31 | 15 | 31 |
| 24 | 25 | 35 | 16 | 11 |
| 25 | 26 | 39 | 16 | 52 |
| 26 | 27 | 43 | 17 | 32 |
| 27 | 28 | 47 | 18 | 12 |
| 28 | 29 | 51 | 18 | 53 |
| 29 | 30 | 55 | 19 | 33 |
| 30 | 31 | 59 | 20 | 13 |

る時代において同一で、30年間で25′30″である。そうすると、和は31′59″となる。したがって、現時点では分点からの火星の遠日点の年間の動きは1′4″となる。

**交点の動きについて**

| 月 | 遠日点 分 秒 | 極限と交点 秒 |
|---|---|---|
| 1 | 5 | 3 |
| 2 | 11 | 7 |
| 3 | 16 | 10 |
| 4 | 21 | 13 |
| 5 | 27 | 17 |
| 6 | 32 | 20 |
| 7 | 37 | 23 |
| 8 | 43 | 27 |
| 9 | 48 | 30 |
| 10 | 54 | 33 |
| 11 | 59 | 37 |
| 12 | 1  4 | 40 |

それほど必要ではないが、遠日点の動きとも関係してくるので、交点の動きも説明しておこう。プトレマイオスは著書の第13巻第1章で、火星の北の極限は蟹座のはずれあたりのほぼ遠地点の所にあるという。したがって、巨蟹宮29°つまり獅子座の心臓より3°30′前にあった。プトレマイオスは計算を容易にするために第3巻第6章では北の極限を遠地点の位置つまり巨蟹宮25°30′に置き換える。けれども、今日ではそれはほぼ獅子宮16°20′にある。つまり獅子座の心臓より7°45′前である。ここから3°30′を引くと、北の極限と、したがって交点も、獅子座の心臓から4°15′後退したことがわかる。これはまた月の動きとも合致する。恒星下では同じように月の遠地点は前進し、交点は後退するのである。そこで、年間の逆行方向への動きは10″$\frac{34}{60}$で、30年間の動きは5′17″である。これを歳差の動きの25′30″から引くと20′13″が残る。火星の交点はこの30年間に分点からこれと同じ値だけ同じように順行方向に動いている。

# 第18章

## 発見された仮説[★078]による初更の12の位置の検証

　これからは先に第4章で説明した計算方式[★079]を用いる。そのほうが簡略だからである。なお、コペルニクスないしはティコの所説の形では1′30″の増減もない（むしろそれよりも若干小さい）のは確かであって、これは同所で示したとおりである。

　熱心な読者よ、諸君には、上述の方法で調べた仮説が、そのための4つの基本的な位置を逆に計算によって再現するのみならず、残る全ての観測結果も2′の範囲内で保持することがわかるだろう。実際のところ、この2′という大きさは、この星がいつでも初更の位置でその本体の大きさ〔視直径〕によって占める値であり、この星はそれを上回る大きさにもなるのである。そこでこの議論によって、観測結果の中からあれこれの4つ組を想定して上述の方法を繰り返せば[★080]、いつでも同一の離心値、同じ離心値の分割の仕方、同じ遠日点、ほぼ等しい平均運動が得られることがわかる。したがって、この計算による初更の位置が、ティコの六分儀による観測結果が確実であるのと同じ程度に確実な値を示すと断言できる。ただし、（先に述べたように）これらの観測結果は、火星本体の直径がかなり大きいため、大気差と視差がまだ完全に確実には知られていないために、若干の曖昧さ（いずれにしても2′以内）がある[★081]。

　最後に、ティコの計算の確実さは、太陽の平均運動を議論の進み方に応じて放棄しようとしていた私の障碍となっていたが、初更の観測を太陽の平均運動から視運動に置き換えても、その計算の確実さに匹敵するのみならず、さらにはそれを凌駕するのも全く妨げなかったことがわかるだろう。

第2部——古人の説にならった火星の第1の不整について

## 第18章 数値表

| | 1580年<br>宮 度 分 秒 | 1582年<br>宮 度 分 秒 | 1585年<br>宮 度 分 秒 | 1587年<br>宮 度 分 秒 | 1589年<br>宮 度 分 秒 | 1591年<br>宮 度 分 秒 |
|---|---|---|---|---|---|---|
| 1587年の遠日点 | 獅子宮 28. 48. 55. | 4. 28. 48. 55. | 4. 28. 48. 55. | 4. 28. 48. 55. | 4. 28. 48. 55. | 4. 28. 48. 55. |
| その間の動き | 6. 42. | 4. 28. | 2. 14. | 0. | 2. 15. | 4. 32. |
| 上揚年の遠日点 | 4. 28. 42. 13. | 4. 28. 44. 27. | 4. 28. 46. 41. | 4. 28. 48. 55. | 4. 28. 51. 10. | 4. 28. 53. 27. |
| 平均経度 | 1. 25. 49. 31. | 3. 9. 24. 55. | 4. 20. 8. 19. | 6. 0. 47. 40. | 7. 14. 18. 26. | 9. 5. 43. 55. |
| 加算分 [*1] | 3. 55. | 3. 55. | 3. 55. | 3. 55. | 3. 55. | 3. 55. |
| 平均経度の修正値 | 1. 25. 53. 26. | 3. 9. 28. 50. | 4. 20. 12. 14. | 6. 0. 51. 35. | 7. 14. 22. 21. | 9. 5. 47. 50. |
| 角C [*2] | 87. 11. 13. | 49. 15. 37. | 8. 34. 27. | 32. 2. 40. | 75. 31. 11. | 126. 54. 50. |
| その正弦 | 99880 | 75767 | 14909 | 53058 | 96823 | 79961 |
| エカントの離心値 | 7232 | 7232 | 7232 | 7232 | 7232 | 7232 |
| | 65088 | 50624 | 07232 | 36160 | 65088 | 50624 |
| | 6509 | 3616 | 2893 | 2169 | 4339 | 6509 |
| | 579 | 506 | 651 | 36 | 578 | 651 |
| | 58 | 43 | 6 | 6 | 14 | 43 |
| | | 5 | | | 2 | 1 |
| 均差分 [*3] | 7223<br>4° 8′ 33″<br>91. 19. 46 | 5479<br>3° 8′ 26″ | 1078<br>0° 37′ 4″ | 3837<br>2° 11′ 57″ | 7002<br>4° 0′ 55″ | 5783<br>3° 18′ 55″ |
| 角B [*4] | 88. 40. 14. | 46. 7. 11. | 7. 57. 23. | 29. 50. 43. | 71. 30. 16. | 123. 35. 28. |
| その半分 | 44. 20. 7. | 23. 3. 36. | 3. 58. 42. | 14. 55. 21. | 35. 45. 8. | 61. 47. 44. |
| その正接 | 97706 | 42572 | 6955 | 26650 | 72002 | 186464 |
| 二辺の差を和で割って得た商 | 79643 | 79643 | 79643 | 79643 | 79643 | 79643 |
| | 716787 | 318572 | 47786 | 159286 | 557501 | 796430 |
| | 55750 | 15929 | 7168 | 47786 | 15929 | 637144 |
| | 5575 | 3982 | 398 | 4779 | 16 | 47786 |
| | 48 | 557 | 40 | 398 | | 3186 |
| | | 16 | | | | 478 |
| | | | | | | 32 |
| 正接 | 778160<br>37° 53′ 22″<br>44. 20. 7. | 33906<br>18° 43′ 47″<br>23. 3. 36. | 5539<br>3° 10′ 13″<br>3. 58. 42. | 21225<br>11° 59′ 0″<br>14. 55. 21. | 57344<br>29° 49′ 54″<br>35. 45. 8. | 148506<br>56° 2′ 40″<br>61. 47. 44. |
| Aにおける角 [*5] | 82. 13. 29. | 41. 47. 23. | 7. 8. 55. | 26. 54. 21. | 65. 35. 2. | 117. 50. 24. |
| 遠日点 [*6] | 148. 42. 13. | 148. 44. 27. | 148. 46. 41. | 148. 48. 55. | 148. 51. 10. | 148. 53. 27. |
| 火星の計算上の位置 [*7] | 双子宮 6. 28. 44. | 巨蟹宮 16. 57. 4. | 獅子宮 21. 37. 46. | 処女宮 25. 43. 16. | 天蝎宮 4. 26. 12. | 人馬宮 26. 43. 51. |
| しかるべき位置 [*8] | 6. 28. 35. | 16. 55. 30. | 21. 36. 10. | 25. 43. 0. | 4. 24. 0. | 26. 43. 0. |
| 差異 | 0′ 9″ | 1′ 34″ | 1′ 36″ | 0′ 16″ | 2′ 12″ | 0′ 51″ |

| | 1593年 宮 度 分 秒 | 1595年 宮 度 分 秒 | 1597年 宮 度 分 秒 | 1600年 宮 度 分 秒 | 1602年 宮 度 分 秒 | 1604年 宮 度 分 秒 |
|---|---|---|---|---|---|---|
| 1587年の遠日点<br>その間の動き | 4. 28. 48. 55.<br>6. 48. | 4. 28. 48. 55.<br>9. 14. | 4. 28. 48. 55.<br>11. 30. | 4. 28. 48. 55.<br>13. 43. | 4. 28. 48. 55.<br>15. 56. | 4. 28. 48. 55.<br>18. 11. |
| 上掲年の遠日点<br>平均経度<br>加算分 | 4. 28. 55. 43.<br>11. 9. 55. 4.<br>3. 55. | 4. 28. 58. 9.<br>1. 7. 14. 9.<br>3. 55. | 4. 29. 0. 25.<br>2. 23. 11. 56.<br>3. 55. | 4. 29. 2. 38.<br>3. 4. 35. 50.<br>3. 55. | 4. 29. 4. 51.<br>5. 14. 59. 37.<br>3. 55. | 4. 29. 7. 6.<br>6. 27. 0. 12.<br>3. 55. |
| 平均経度の修正値 | 11. 9. 58. 59. | 1. 7. 18. 4. | 2. 23. 15. 51. | 4. 4. 39. 45. | 5. 15. 3. 32. | 6. 27. 4. 7. |
| 角C<br>その正弦<br>エカントの離心値 | 11. 3. 16.<br>19174<br>7232 | 111. 40. 5.<br>92934<br>7232 | 65. 44. 34.<br>91171<br>7232 | 24. 22. 53.<br>41280<br>7232 | 15. 58. 41.<br>27528<br>7232 | 57. 57. 1.<br>84759<br>7232 |
| | 07232<br>6509<br>072<br>51<br>3 | 65088<br>1446<br>651<br>22<br>557<br>08 | 65088<br>0723<br>072<br>51<br>1 | 28928<br>0723<br>145<br>58 | 14464<br>5062<br>362<br>14<br>6 | 57856<br>2893<br>506<br>36<br>6$\frac{1}{2}$ |
| 三辺の差を和で割って得た商 | 1387<br>0° 47′ 42″ | 6721<br>3° 51′ 14″ | 6593<br>3° 46′ 50″ | 2985<br>1° 42′ 40″ | 1991<br>1° 8′ 26″ | 6130<br>3° 30′ 52″ |
| 均差分<br>角B<br>その半分<br>その正弦 | 11. 50. 58.<br>168. 9. 2.<br>963600[*9]<br>79643 | 107. 48. 51.<br>53. 54. 26.<br>137171<br>79643 | 61. 57. 44.<br>30. 58. 52.<br>60045<br>79643 | 22. 40. 13.<br>11. 20. 6.<br>20046<br>79643 | 14. 50. 15.<br>7. 25. 8.<br>13021<br>79643 | 54. 26. 9.<br>27. 13. 5.<br>51433<br>79643 |
| 三角形ABGにおける角 | 7167870<br>477858<br>23893<br>4779 | 796430<br>238929<br>55750<br>0796 | 477858<br>00318<br>40 | 159286<br>319<br>48 | 079643<br>23893<br>159<br>8 | 398215<br>07964<br>3186<br>239<br>24 |
| 正接 | 767440<br>82° 34′ 30″<br>84. 31. | 109247<br>47° 31′ 49″<br>53. 54. 26. | 47822<br>25° 33′ 30″<br>30. 58. 52. | 15965<br>9° 4′ 14″<br>11. 20. 6. | 10370<br>5° 55′ 14″<br>7. 25. 8. | 409628<br>22° 16′ 32″<br>27. 13. 5. |
| Aにおける角<br>遠日点<br>しかるべき位置 | 166. 39. 1.<br>148. 55. 43. | 101. 26. 15.<br>148. 58. 19. | 56. 32. 22.<br>149. 0. 25. | 20. 24. 20.<br>149. 2. 38. | 13. 20. 22.<br>149. 4. 51. | 49. 29. 37.<br>149. 7. 6. |
| 火星の計算上の位置 | 双魚宮 12. 15. 54.<br>12. 16. 0. | 金牛宮 17. 31. 54.<br>17. 31. 40. | 巨蟹宮 2. 28. 3.<br>2. 28. 0. | 獅子宮 8. 38. 18.<br>8. 38. 0. | 処女宮 12. 25. 13.<br>12. 27. 0. | 天秤宮 18. 36. 43.<br>18. 37. 10. |
| 差異 | 0′ 42″ | 0′ 14″ | 0′ 3″ | 0′ 18″ | 1′ 47″ | 0′ 27″ |

[*1 ── 本文にあるように、最初に平均経度に3′16″を加え、次に30″を加えて最後に9″を加算したので、3′55″になる。
*2 ── この表の計算は第16章にくり返し出てきた図に従って行われる。角Cは、その図の三角形GBCにおける角BCGで、これはその年の遠日点と平均経度の差異を計算して得た値、もしくはそれを180°からくり返し、それから180°をひいて得た値である。
*3 ── 均差分とされるのは三角形GBCにおける角CGBで、sin CGB/BC = sin C/100000 故に、sin CGB = BC/100000 × sin C = 7232/100000 × sin Cとなる。
*4 ── 角Cから均差分をひいたものが三角形GBCにおける角CGBで、1580年の注で挙げたキエビの公式を使って算出されている。
*5 ── 三角形ABGにおける角。
*6 ── ここに挙げた値は、3行目の遠日点の右の注で挙げた角を180°から、もしくは角を120°を加えて、春分点に対する遠日点までの角度として算出されている。
*7 ── Aにおける角が全て獅子宮の注でもあるところから、その角度からAにおける角度をひいたものは、角Aは角度を挙げたもの。
*8 ── 第15章末尾のBHの表の右の注。遠日点の右の左にあたって、その補角の2分の1の正接を取っている。
*9 ── ここでは角Bの2分の1の正接をもってくる角度を挙げきさを挙げる代わりに、その補角の2分の1の正接を取っている。]

# 第19章

## 大家たちの見解に従い
## 初更の全位置により確証された
## この仮説に対する初更の緯度による論駁

こんなことが起こるなどと誰が考えただろうか。この仮説は初更の観測結果にほとんどぴったりと一致するけれども、観測結果を太陽の平均位置にもとづいて検証しても視位置にもとづいて検証しても誤りなのである。プトレマイオスが、エカントの点の離心値は惑星を運ぶ離心円の中心によって2等分されなければならないと教えることで、われわれにそう指摘した。実際、ティコも私もこの場合にはエカントの離心値を2等分しなかった。確かにコペルニクスは、ある場合にそういうことを躊躇なく無視した。というのも、おそらくプトレマイオスも『アルマゲスト』に言及されている以上に多くの観測結果は用いなかったのだろうと考えて、コペルニクスは全体に非常にわずかな観測結果しか用いなかったからである*。ここでティコ・ブラーエは途方に暮れた。コペルニクスに倣って、初更の観測が要求するような、こういう離心値の割合を立てたからである。ところが、こういう割合はたんに初更の緯度によってのみならず（というのも、初更の緯度には第2の不整から生じたいくらかの増加も起こるからである）、さらにそれよりもずっと強く、第2の不整の影響を受けた太陽との別の相対的な位置の観測によっても、論駁された。そこで、ティコはここで中断して月の問題に方向を転じた。ところが、その間に私が登場したわけである。

若干の前提が適切であれば火星についての一般的な理論を容易に仕上げられるような方法、またさらにそういう前提が適切でないことを証明する方法は、以下のようなものである。

まず初更の位置での緯度による。コペルニクス説の形で、火星の離心軌道面上に直線DEを引き、その上に太陽A、北の極限D、南

---

*コペルニクスは土星と木星の場合には単純に2等分した。つまりコペルニクス説では周転円の半径に〔離心値の〕4分の1が割り当てられた。火星の場合にはプトレマイオスの離心値の4分の1を周転円に割り当てたが、現在ではプトレマイオスの離心値全体を小さくしすぎていたと主張したかもしれない。けれども、周転円には元の大きさの値を残した。そこで、彼は〔プトレマイオスに倣って言うと〕離心円の中心を40単位分だけエカントの円の中心よりも年周軌道の中心の方に近づけた。彼の著書の第5巻第16章またさらに本書の第16章を参照。

の極限Eもしくはそれに非常に近い点があるとする。さらに地球の離心軌道面に重なる直線HLがAを通るものとする。また、AHとADは緯度を表す同一の〔経線の切り取る〕円の平面に含まれ、AL、AEも同様とする。そして地球は1585年に直線AH上のBに、1593年に直線AL上のCにあるとする。すると、ABとADは獅子宮21°の方に向かうが、その時、太陽AはBから見ると宝瓶宮21°に見える。これに対して、EとCは双魚宮12°に向かうが、その時、太陽Aは地球Cから見ると処女宮12°に見える。そして処女宮12°のほうが宝瓶宮21°より太陽の遠地点に近い。したがって、BAのほうがACよりも短い。これらの線分の長さをティコ・ブラーエの『予備演習』第1巻98頁から取り出し、後で（われわれを導く方法に従い）それらの値が若干異なっていることを証明するけれども、ともかくそれが適切な値だと想定しよう。そうすると、そこではBAが97500、ACが101400とされる。なお、後で行う修正ではBAがそれよりいくらか長くなり、ACのほうはいくらか短くなるが、やはり等しくはならない。さて、先に第13章では現在の課題と関連しない2つの相異なる方法で、角BADが極限の獅子宮16°のあたりでは約1°50′であることが見出された。そこで、この場合には極限から4°か5°離れているから1°49′30″である。一方、視緯度の角HBDは1585年には4°32′10″だった。ここから2つの角HBDとBADが与えられるから、その差異である角BDAの2°42′40″も与えられる。角BDAの正弦対既知の線分BAは角DBAの正弦対DAに等しい。そこでBAを97500とすればDAの163000が出てくる。BAを100000とすればDAは167200となる。

　同様にして、CとEは1593年には双魚宮にあり、火星は極限からは26°、交点からは64°離れているので、正弦全体〔sin∠Rつまり1〕対最大傾斜角1°50′の正弦が64°の正弦対この位置での傾斜角CAEの正弦に等しい。したがってCAEは1°39′である。だが視緯度LCEは6°3′だった。したがって角AECは4°24′である。そこでまた角AECの正弦対既知の線分ACが角ACEの正弦対AEに等しい。とこ

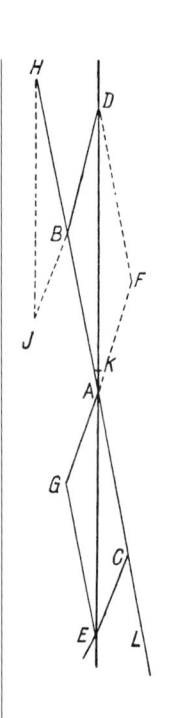

第2部────古人の説にならった火星の第1の不整について　　262

ろで、ACを101400とすればAEはほぼ139300となる。だがACが100000であれば、AEはほぼ137380となる。さて、獅子宮21°は遠日点から約8°離れているので、線分ADは遠日点では約150単位分長くなる（これは先に発見した仮説から距離を計算してこれらの数値に移し替えてみれば明らかだろう）。つまりADは163150ないしは167350となる。また双魚宮12°は近日点から約13°離れているので、AEは近日点では約300単位分短くなる。つまりAEは139000ないしは137080となる。こうして長軸端にあるときの線分ADとAEの長さが得られる。その時にはこれらは同一の線分DEの部分である。

そこでDAとAEを足す。　　　DA　163150ないしは167350
　　　　　　　　　　　　　　AE　139000ないしは137080
　　　　　したがってDE全体は　　302150ないしは304430
　　　　　　　　半分のDKは　　　151075ないしは152215
　　　　　故に離心値AKは　　　　 12075ないしは15135

これらの数値を、離心円の半径を100000とした初めの数値に移し替えるとする。そうすると、　　151075対100000は12075対8000、
　　　　　　　　　　　ないしは152215対100000は15135対9943。

したがって、離心円の離心値は（初更の緯度を指標とすれば）、離心軌道の半径を100000とすると、8000と9943の中間を占めるとするのが最も正しいだろう。ところが、経度の初更における観測から引き出したわれわれの仮説では離心円の離心値が11332となったので、8000と9943の間にくるほぼ中間の位置からは大きく異なっている。したがってわれわれの仮定の中の何かがまちがっているはずである。われわれが仮定したのは、惑星が通過する軌道は完全な円であるということと、長軸線〔遠日点と近日点を結ぶ線〕上に唯ひとつの点〔エカント〕があって、その点は、そこから見ると火星が同じ時間で同一の角度を描くような離心円の中心から、一定不変の間隔をもっているということだった。そこでこれらのいずれか、もしくは両方と

も、まちがっている。というのも、採用した観測結果に誤りはないからである。

　同じ論証は、太陽の平均運動と衝になる位置から導き出した観測結果にもとづく、先の仮説に対しても妥当する。緯度は各々の節目の間にくる時刻でもほぼ同一のままに止まるからである。それによって離心円の離心値9943が示される。けれどもこの離心値は、先の第5章ではブラーエの想定した宇宙体系の更改説に従うと12600、またプトレマイオスのエカントの円で12352と想定された。その場合には、エカントの点の離心値全体が20160ないしは19763だった。

　われわれの図をプトレマイオス説の形に置き換えるために、DEを長軸線〔遠地点と近地点を結ぶ線〕とし、Aを地球、D、Eを長軸端の最高位と最低位における周転円の中心とする。点DとEから、地球Aに向かって黄道面BCと平行な直線を延ばし、その直線上に、BAおよびACと等しい周転円の半径DFおよびEGを取り、火星はFおよびGにあるとする。すると傾斜角FDAは傾斜角BADに等しく、観測者の視線AFは初めの直線BDと平行になる。したがって、視緯度HAFとHBDは同じである。合同な三角形ACEとEGAについても同じことが言える。それ故、証明も対応する線分の大きさも同じである。

　どうして火星の周転円の半径を相互に不等にするのか、すなわち、なぜDFを長いほうのBAと、EGを短いほうのCAと等しくするのか、という疑問が読者に起こるかもしれない。それに対しては〔本書の〕第1部に従い、平均太陽との衝から視太陽との衝へと観測結果を置き換えたからこうなる、と答えられる。もし太陽の平均運動の下にそのまま止まるとすれば（実際にはその場合も現在の議論の進め方には論争の余地がある）、DFとEGも少なくともここまでは等しいままに止まるだろう。なお、この点については第1部第6章を参照。

　ブラーエ説の形のためには、一方の三角形DBAをそのまま残して、Bを不動の地球、Aを1585年の太陽とし、ABを延長してBHがACと等しくなるようにする。また1593年の太陽Hが処女宮12°にあるも

のとする。そしてHJがそれと同じ分野でAEと等しくかつ平行になるようにして、火星が近地点ではJに、遠地点ではDにあるようにする。HBAは黄道、BHJ、BADは傾斜角、JBAは近地点での緯度、DBHは遠地点での緯度である。するとまたDAとHJの和が初めの場合と同じ値になり、その半分がDKで、離心値がKAとなる。唯ひとつの相違は、プトレマイオスでは周転円の面が、ティコでは離心円の面が、相互に平行なまま北から南に、またその逆に置き換えられるが、コペルニクスの場合には、両方とも同じ位置にそのまま止まることである。

　さしあたり次の点にも留意されたい。すなわち私は第16章で、全てを合わせた離心値として18564を見出したが、その半分の9282は8000と9943のほぼ中間に位置する値である。ところが（上述のように）プトレマイオスも、初更の位置から見出された値の半分を離心円の離心値に割り当てるべきことを教示していた。したがって、プトレマイオスの考えを突き動かしたことも全く空しいわけではなかったし、われわれもまた、観測された緯度がこれを証言している以上、この2等分を軽々しく斥けるべきではない。

　むしろ見出された18564を2等分すると、離心円の半径が平均的な長さとなる〔長軸端から90°離れた〕あたりでの初更の位置は十分正確に表せるだろう。しかし八分円〔長軸端から45°ないし135°離れた〕あたりの位置と長軸端にくる所では同じように正確には表せない。

　例として1593年の衝を取る。単純なアノマリアは前章では6宮11°3′16″だった。この11°3′16″の正弦19174を9282に掛ける。これは先には7232に掛けなければならなかった。そこで1780の逆正弦1°1′12″が出てくる。これは均差の一部である。これを11°3′16″に加えると半平準アノマリアは6宮12°4′28″となる。12°4′28″の補角は167°55′32″で、半分は83°57′46″となる。その正接は約945500で、これを近日点距離の90718に掛け、次いで遠日点距離の109282で割ると、正接の値784880が出る。その逆正接は82°44′20″で、これを先の83°57′46″から引くと、もう一方の均差の部分として1°13′26″

が残る。これを半平準アノマリアに加え、さらにその和を遠日点に加えると、火星は双魚宮12°13′37″に来る。その場合、先の仮説と3′の差があり、得られた観測結果とはいっそう遠く隔たる。というのも、それは双魚宮12°16′のはずだったからである。

これは1582年の巨蟹宮17°でもっとはっきりする。すなわち、2等分を適用すると火星は巨蟹宮17°4′45″に来るが、この計算結果は遠日点から45°のあたりでわれわれのものとは7′40″の差があり、観測結果とは9′の差がある。

さらに8′というこれほどささやかな相違から、2等分を必要としたときに、何故プトレマイオスが動かせないエカントの点で満足したか、その理由が明らかになる。すなわち、平均的な長さを取るあたりで最大均差が確実に必要とするほどの大きさのエカントの離心値を2等分すると、観測結果との8′の最大誤差が生じるのが見られる。しかもそれは離心値が最大となる火星においてであって、他の惑星ではもっと小さい。＊その一方でプトレマイオスは、観測時の精度を10′つまり1°の6分の1より小さな値までは上げられない、と明言している。したがって、観測結果の不確実さないし（いわゆる）観測結果の幅は、このプトレマイオスの計算上の誤差を上回る。

われわれは神の恩寵により非常に勤勉な観測者たるティコ・ブラーエを賜った。彼の観測結果から、8′というこのプトレマイオスの計算の誤差が実際に火星において証明される。そこで、感謝の気持をもってこの神の恩恵を認め尊ぶのが公正な態度である。もちろんわれわれは、（いったん認めた前提の誤りを示すこういう論拠を手がかりに）最後には天体運動の真正な形を発見すべく努力しよう。以下の章では、他の人々に先駆けて私自身が能力の最善を尽くしてその道を進むだろう。実際、私が8′の経度を無視してもよいと考えたのであれば、第16章で見出した仮説を（離心値を2等分して）訂正しただけで、すでに十分だっただろう。ところが、それは無視できなかった。それ故に、この8′だけが天文学全体を改革するための道を先駆けて、本書の重要な部分の資材となったのである。

＊ただし年周軌道のプロスタパイレシスだと、ある個所ではその8′の誤差が30′にまで増大する。

# 第20章

## 初更の位置以外での観測結果による
## 同仮説の論駁

　今度は、第17章で見出した離心円の離心値が誤っている（ただし経度上の真正な運動を示すことは妨げない）ことを証明するもうひとつの議論に取りかかろう。これは、火星が離心円の長軸端に来て観測されたときから選んだ、太陽との相対的な位置が衝から外れる場合の観測結果にもとづく。

　1600年3月5日／15日の真夜中ごろ火星は巨蟹宮29°12′30″、北緯3°23′に見えた。平均経度は加算によって修正すると、4宮29°14′58″で、遠日点は4宮29°2′45″にあった。したがってアノマリアは0宮0°12′13″だった。そのために、先に立てた離心位置の仮説により、均差の2′を引く必要がある。すると、火星の離心位置は獅子宮29°13′で、太陽の位置は双魚宮25°45′51″である。[★083]

　この図でAを太陽、Bを火星、Cを地球とする。CB（巨蟹宮29°12′30″）をAB（獅子宮29°13′）から引くと、角CBAは30°0′30″となり、CA（双魚宮25°45′51″）をCB（巨蟹宮29°12′30″）から引くと、角BCAは123°26′39″となる。角CBAの正弦対CAは角BCAの正弦対BAに等しい。また太陽と地球の距離CAはティコの表によると99302である（この値は不完全ではあるが、真の値も第30章でわかるように、この値と100000の間にある）。したがって、ABは165680と166846の間である。

　近日点では、1593年7月30日から翌日の夜1時45分に得た観測結果を取りあげよう。火星は双魚宮17°39′30″、南緯6°6′15″に認められた。火星の平均経度は10宮26°16′38″、遠日点は4宮28°55′43″である。したがって火星は近日点から2°39′5″離れている。先に見出した仮説によれば、この分に対応して減らすべき均差は32′だから、火星の離心位置は10宮25°44′30″で、太陽の視位置は獅子宮17°3′0″にある。

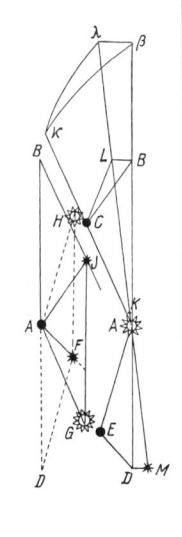

この図で、BAをDまで延長して、ADが宝瓶宮25°44′30″にあり、EDが双魚宮17°39′30″にあるとする。するとEDAは21°55′0″である。EDは双魚宮17°39′30″で、EAは獅子宮17°3′だから、AEDは149°23′30″である。EDAの正弦対EAはAEDの正弦対ADに等しく、太陽と地球の距離EAはティコの表によると102689である。この値は不完全ではあるが、確かに100000よりは大きい。したがって、ADは140080と136409の間の値になる。ところが、火星は近日点からは2°40′隔たっているので、ADは近日点では約15短くなり、140065と136394の間の値となる。だが、遠日点距離も近日点距離もそれぞれ増加しなければならない。これらの値は黄道に関連づけた観測結果によって算出したものだからである。したがって、ADとABは黄道面上にある線分である。この問題については次の事柄を了解されたい。

---

### 以下でかなり頻繁に用いることになる予備定理

●

**黄道に関連づけた火星の観測結果とそれによって黄道面上に求めた線分を介して、固有の軌道面上で直接それに対応する線分の長さを明らかにする。**

　線分BADを黄道面上に取り、太陽ないしは宇宙の中心を示すAを通り軌道面上に直線LAMを引き、火星はLとMにあるものとする。また地球がCにあり、三角形CABは黄道面の一部とする。三角形LBAのある面はこの面に対して直角だと了解しておく。そして点C、L、Bを結ぶ。それぞれの直線を恒星天球面まで、すなわちABをβまで、ALをλまで、ACをκまで延長して、κβを黄道の弧、βλを緯度を示す円の弧〔つまり黄経線の一部〕、κλを斜交する弧とする。そうすると、黄道κβに対して直角な緯度を示す円の弧を火星の視位置を通るように引けば、恒星下での火星の位置の観測結果を黄道に関連づけられる。三角形CLBはこうしてできた円の面の一部である。

だが λβ も黄道 κβ に対して直角な緯度を示す円〔の弧〕と想定している。したがって、同じく黄道に直角な2つの円の面 (CLB と LBA) は互いに線分 LB で交わる。そこで、エウクレイデス第11巻19により、交線 LB は黄道面 CBA とその面上の線分 BA に垂直となる。つまり LBA は直角となる。それ故、黄道上の BA の長さを見出し、角 LAB の大きさがわかれば、求める LA の長さは自ずから知られる。これが明らかにすべきことだった。

　現在の課題では、傾斜角すなわち角 LAB はこの位置では 1°48′ だから、LA は現在の基準単位の取り方だと BA より 82 長く、AM は AD より 72 長い。

したがって以下のようになる。

|  |  |  |  |  |
|---|---|---|---|---|
| 修正した遠地点距離 AL | | 165762 | ないしは | 166928 |
| 近地点距離 AM | | 140137 | ないしは | 136466 |
| 合計 | LM | 305899 | ないしは | 303394 |
| 半分 | KL | 152950 | ないしは | 151697 |
| 離心値 | KA | 12812 | ないしは | 15371 |

〔実際は15231〕

これらの数値を KL ないし KM が 100000 となるように置き換えると、離心円の離心値は 8377 と 10106 の間にくる。ところがわれわれの仮説は 11332 となることを要求していた。この値は上のどちらの値も超えている。したがって誤ったことを要求していたのである。

　AC と AE を等しいものとして用いて立てた、10106 という第2の値が 11332 にいくらか接近することに、心を動かさないようにしてほしい。というのも、この場合、太陽の視位置をもとにして観測結果を考量し、太陽本体の中心から直接に離心値を立てる以上、AC と AE は等しくないからである。したがって、この離心値は 10106 よりずっと小さく、この論証の必要からはどうしても 100000 と 100000 としなくてはならない太陽と地球の距離を 99302 と 102689 とするのが

正しいとすれば、離心値はまさに8377だっただろう。だが、以下ではティコのこれらの距離を訂正してもっと半径の平均値に引き寄せるので、ここで求める離心値がこの8377と10106の2つの項の間にあるのは確かである。実際には先に見出した離心値全体18564の半分の値つまり9282に近い。

　第2の不整に関するプトレマイオスの仮説で同じ論証を進めていくためには、先の章と同様にすればよい。すなわち、大きなほうの図のCB、CA、ED、EAと平行な線分AJ、BJ、AF、DFを引く。そして地球がAにあり、周転円の中心(より正しくは、周転円の中心から太陽の離心値全体の分だけ離れていて、周転円がその周囲を回転する点)がD、Bにあると想像する。太陽はH、Gにあるとする。そうするとAHはEAと、AGはCAとそれぞれ等しくかつ平行になる。そこで角HAD、GABを変換平準アノマリア(anomaliae commutationis coaequatae)★084の角度とする。火星はBないしLの代わりにJに、DないしはMの代わりにFにあることになる。すると太陽の動きを示す線分(AG、AH)は(周転円上の火星の動きを示す線分)BJとDFと平行になる。他の事柄は自ずから明らかである。

　第2の不整に関するティコ説とその形のためには、地球がAに、太陽がH、Gにそのまま止まるものとする。HF、GJをAD、ABと平行で等しいとする。すると火星は再びFとJにあることになる。したがって、火星を見る線AF、AJもプトレマイオス説の場合と同じで、大きな図のほうの火星を見る線ED、CBと平行になる。故に、それらの線分は太陽から見ると同一方向に向かっており、線分HFとGJの和は先のBDと等しくなる。そしてそれらの線分は平行だから、論証は本章の初めで行ったものと全く同一になる。

　(前章の場合のように)離心円の離心値として不完全なものを立てたことを示す同一の証明を、太陽の平均運動に依拠するブラーエの宇宙体系の更改説にも適用しておこう。この不調和は、観測結果を太陽の平均運動から視運動に移し替えたことがまちがいだから起こる、と考える人が出ないようにするためである。

1600年3月5日は、ティコの見解に従うと、火星の平均経度が4宮29°11′3″で、遠地点が獅子宮23°41′にあった。したがって単純なアノマリアは5°30′で、彼の説では、そのために均差の1°7′11″を引く必要がある。すると火星の離心位置は4宮28°3′52″となる。太陽の平均運動〔の示す位置〕は双魚宮23°44′31″だった。先の図で、Aを太陽の平均運動の示す点とする。これは太陽の中心から太陽の離心値全体の分だけ隔たっている。したがって角CBAは28°51′22″で角BCAは125°28′0″である。またこの場合、論証の必要からAEもACも等しく100000と想定せざるをえない。古人やティコの想定がそのまま保持されるのである。なお第3部ではこの点を討議する。そこでは、太陽の平均位置の点から地球までの距離がもう少し小さいこと、すなわちプトレマイオスの周転円ないしはコペルニクス=ティコ説の年周軌道が、等しい時間で等しい角を描くときの中心となるような点の周囲に均等に配列されるわけではないことが示されよう。だが今は想定した基本的事項に止まりCAを100000とすれば、ABは168760となる。

　ブラーエの説に従うと、近地点では、1593年7月30日に、火星の経度が10宮26°12′43″で、遠地点が獅子宮23°34′にあったので、単純なアノマリアは182°38′43″で、それによって均差の35′52″を加えなければならない。そこで火星の離心位置は10宮26°48′35″、太陽の平均位置は18°24′31″となる。したがって図では、角EDAが20°50′55″で、角AEDが158°45′0″となる。(上述のように)後にはもう少し大きくなるけれども、再びEAを100000とする。するとADは137300となる。近地点にぴったり合わせるためにこの値から15を減じて137285とする。もうひとつの値のほうは遠地点にぴったり合わせるために約100を加えて168860とする。さらに(先の場合と同様)軌道面の傾斜のために各々の値を増し、遠地点では82を加え、近地点では72を加える。そうすると最終的な値は以下のようになる。

| | |
|---|---|
| AB | 168942 |
| AD | 137357 |
| BD | 306299 |
| BK | 153150 |
| KA | 15792 |

　このKAが、太陽の平均運動の点からの、あるいは(プトレマイオス説では)周転円の中心を通って引いた長軸線上の離心値である。

　BKを100000とするとこのKAは10312である。だが第8章に示した初更の観測結果に合わせたティコの宇宙体系の更改説では、KAとしてもっと大きな値の12352を必要としていた。

　そこで離心円の離心値が、初更の観測結果から算出されたものと、その他の残る観測結果から算出されたものとで異なる、という不都合がティコの更改説にも起こることが、明らかになった。

　さしあたりこのティコの説も、観測結果に従うと2等分への道をたどる。ティコによればエカントの点の離心値全体が20160で、その半分が10080であり、あるいはプトレマイオス説のエカントの形では9882となるが、ここでわれわれの見出した値は10312で、これは2等分した値に接近するからである。だが、この値はもっとずっと接近して、後にはこの半分の値を下回る（すなわち非常に適切な値の9282になる）。その場合には、大きな図のACつまり小さな左側の図のBJが、ABないしGJ（遠地点距離）とともに減少し、それに対して右側の図のAEと、それに等しくて左側の図でその代理となるDFが、ADないしHF（近地点距離）とともに増大する。すなわち、小さな部分が増大し、大きな部分が減少して、両者の差異が小さくなる。

　離心値を求めるさまざまな方法の間に生じるこの不一致（忘れないように同じことをかなり頻繁に繰り返そう）の責めは、もっぱら仮定の欠陥にある。私はこれまで故意にティコや他の専門家たちと共通な仮定を取ってきた。実際にはここから出てくる確かな帰結は、惑星が絶えず同じ時間で同じ角度を描くさいの中心となるような一定の

固定した点が、惑星の離心円にはない、ということである。というのも、一般にそういう点は（ともかくも惑星の軌道が円だという一方の仮定を保持するなら）長軸線上で上下に秤動するようになるはずだからである。それが自然の法則とどのようにして調和できるか、私にはわからない。

　むしろ逆に後の第44章では仮定の一方も破棄するだろう。すなわち、惑星軌道は完全な円ではなくて卵形（ovalis）であり、長軸端を結ぶ直径が全体で最も長くて、平均的な長さで卵形図形の中心を通る直径が最も短い、とするだろう。したがって、太陽と衝になる場合以外の観測結果が第16章で立てたこの仮説と合致しないのも不思議ではない。その仮説では2つの誤った事項を措定したからである。

# 第21章

# 誤った仮説から正しさの生じる理由と正しさの程度

　私は誤りから正しさが出てくるという弁証家の公準をひどく嫌っている。それによって（宇宙体系のいっそう普遍的な仮説において私淑する）コペルニクスの喉元が狙われるかもしれないからである。だからこそ、この場合どのようにして誤りから正しさが出てくるか、読者に示すだけの価値があると考えた。

　まず、すでに見たように、完全に正しいことが出てくるわけではない。すなわち、離心円のひとつの面を通る火星軌道は2通りの仕方で考えられる。獣帯の円周上で一定の度、分を取る経度によるものと、獣帯の位置の相違に応じて異なる値を示す、公転の軸となる宇宙の中心からの高度もしくは離隔によるものである。われわれの誤った前提によって確かに火星は決まった時間に決まった経度上の位置に来たが、決まった高度は与えられなかった。だから、この誤った仮説から完全に正しいことが出てきたわけではなかった。

　次に、（経度だけについても）未知の正しい仮説とわれわれの誤った仮説の結果は、感覚的に同一に見えるからといって同一であるわけではない。感覚が把握できないような非常に小さなまちがいがあるかもしれないからである。

　経度に関して感覚の捉えられる精度の範囲内で、誤った仮説が正しい仮説と同じはたらきをすることが起こりうる場合を、これから論証しよう。

　宇宙の中心Aを通って獣帯の相反する側つまり獅子宮29°から宝瓶宮29°に直線MPを引く。そして正しい仮説では、惑星がその周期の半分で線分AMとAP間の左側の部分に、残る半分の周期で右側の部分に来るようにして、常に一周して戻る時間の半分が経過すると交互にこの線分（AM、AP）のどちらかにあるものとする。さら

に正しい仮説のこの特殊な結果を発見ずみの別の仮説によって表さなければならないとする。こうして、どんな円ないし曲線の道筋でも、それが宇宙の中心Aを囲み直線MPによって2等分されるのであれば、その図形は直線MP上に中心を取ると描けるものとする。すると、惑星が(直線MP上の固定した、あるいは揺れ動く一点を中心として規則的であるような)均一の運動によって円を走破すれば、例えばAを中心として円OPを描き均一な速さで動くとすれば、前提としていることが起こるだろう。したがって、これら全ての円と他の図形とに共通するものがあり、それによって、前提していたこと、つまり円や図形が宇宙の中心の周りを巡り直線MP上の点の周りを規則的に運行することが、果たされる。この場合、同一の類概念に含まれる項の中から特定のあれこれの図形ないし円、あれこれのエカントの点を立てたら誤りが起こりうる。むしろ前提としていたことを実現したのは、こういう誤った種概念ではなく、用いた誤った種概念の中に類概念的真が含まれていたからである。

　先に進もう。惑星が周期の4分の1でAM、AK、AP、ALの線上に来るとする。そうすると直角より小さな角MAK、MALが出てくる。この場合に先の円OPは両脇でずれが出てくる。この円はAを中心として均一だと想定したので、AをってMPに垂直な線VXを引くと、角MAV、MAXが4分の1の周期を測る角度となるからである。そしてこの仮説では、惑星が改めてAV、AXの線上に置かれる。ところが、惑星はAK、ALの線上にあるはずだった。

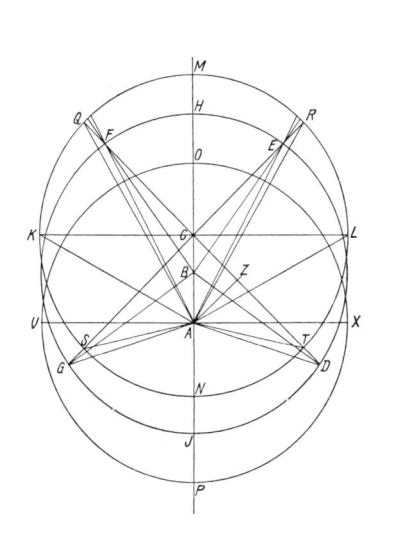

　しかも経験からわかるように、(おそらく完全には円

になりきれなくても）惑星運動が円を描こうとするのはきわめて確実であり、しかもその運動の自然本性は突然の変化を全く許容せず、徐々に速くなったり遅くなったりするものなので、円OPを想定するこの仮説の誤りはAMの線から少しずつ始まり、そこからだんだん増大していってAKで最大となり、再びAPに向かうにつれて徐々に消失していくだろう。したがって、均一な同心円OPを想定する仮説が最も大きな誤りに至るのはAK、ALの線においてだろう。その時の誤差になる角KAV、LAXは火星では10°30′である。

　さらにまたAK、ALの線も提示できるような別の仮説があるとしよう。だが、それを実現するような仮説もまた多様でありうる。すなわち、AK、ALの線が円OPと交わる点を結び、この直線が直線MPと交わる所に円OPの運動を均一化する点〔エカント〕を想定できたとしよう。そうすると円OPの運動は不等になる。そうすればAK、ALの線も〔惑星の周期の4分の1を表すものとして〕保持されるだろう。しかし、ある種の閃きによってわれわれは最も単純で規則正しいものを選ぶ傾向があるので、その中心の周りを均一に運動して、前提を実現するような円を求めるだろう。そこで、AK、AL上にAを始点とした等しい部分つまり線分AK、ALを立て、点K、Lを結んでこの直線とMPの交点をCとし、Cを中心にCKを半径として、その運動が中心の周りで規則的になるような離心円MNを描くとしよう。この仮説によれば惑星をしかるべき位置つまり4本の線AM、AN、AK、AL上に表示できるだろう。だが、こういうことを行えるのは、この仮説だけではなく他にもたくさんある。他の仮説も、運動を均一化する点〔エカント〕はAK、ALの線上に来る惑星の位置を結ぶ直線上の、しかもこの線と直線MPとの交点になる所にある、という類概念的で全く正しい命題を含んでいるからである。そして前提から、この仮説は円OPを立てる先の仮説の最大の誤差つまり周期の4分の1の所にくる角KAV、LAXを吸収してしまい、（AM、APの所では先の仮説と理論上等値だから）新たな誤りも犯さないだろう。したがって、この仮説になお誤りがあるとしても、それは

角KAVの誤りよりもずっと小さくなるだろう。また仮説はCM、CN、CK、CLではきちんと務めを果たしたから、(誤りがなお残っているとしても)誤りは上述の中間の4つの位置では引っ込み、周期の8分の1の所で起こるだろう。周期を測る基準がCにあるからである。そこで、角MCK、KCNを2等分してCを通る新たな2本の直線を引き、円周との交点をQ、T、R、Sとしよう。すると、誤差があればこれらの4点の所で最大となるだろう。この仮説では、惑星が周期の8分の1の所でAQ、AR、AS、ATの線上に来る。今(火星の場合のように)惑星が一巡する周期の8分の1の経過後、AQ、AR、AS、ATの線上ではなくて、前2者ではもっと上方のAF、AEの線上に、後2者ではもっと下方のAG、ADに現れるとしよう。そうすると、先に角KAVの誤差が10°30′だったとすれば、今度の角QAFの誤差はかろうじてほんの数分になるにすぎないだろう。なお、火星の場合に見出された誤差は角QAF、RAEでは約9′だが、角SAG、TADでは約28′である。

　そこで第3に、この仮説も修正すべきである。修正はさまざまな形で(そして特に直線CA上での点Cの秤動によって)行うことができるので、何の気兼ねもなく、角KAVのためにエカントの点CをCAの距離に固定したまま保持し、惑星軌道もやはり円のまま保持して差し支えない。論証の力に負けたわけではなく随意にこの3つを受け入れると、離心円の中心を、運動を均一化するエカントの点CからBに引き下げざるをえなくなる。そこで、円HJが円MNの代わりに出てきて、惑星の本体は(周期を測る基準が相変わらずCにあるから)CQ、CR、CS、CTの線上にあり続けるけれども、Q、R、S、Tから下に下がり、F、E、G、Dの記号の所に来て、線分QF、ER、SG、TDは角QAF、EARが9′、角SAG、TADが28′となるような大きさを取るだろう。こうすると、周期の8分の1の所の誤差も吸収されてしまい、仮説は8つの位置で非常に適切な経度を示すだろう。したがって、また何らかの誤差が残るとすれば、それはその中間の位置である周期の16分の1の所にあるだろう。だが、この第3の離

心円HJはAM、APの位置では第1の仮説と理論上等値であり、その他にAK、ALの位置でも第2の仮説ともやはり等値なので、どんな新たな誤差ももたらさない。さらに第2の仮説の誤差は周期の8分の1の所で最大だったが、それがすでに吸収されてしまったので、周期の16分の1の所に残る誤差は旧誤差よりずっと小さくなる。比を用いると、第1の離心円の誤差が10°30′、第2のが9′ないし28′つまり第1の誤差の70分の1ないしは25分の1なので、再び第3の離心円の誤差を第2の誤差の割合と同じにすれば、周期の16分の1の所でも課題を完全に感覚の及ばない範囲内に圧縮できただろう。

　こうして今や、誤った出発点からどのようにして、どの程度の正しさが出てくるか、明らかになる。すなわち、この出発点における誤りは種概念的なもので、遠ざけることができる。一方、真理に必然性をもたらすのは類概念的な論拠の下にある全体としての正しさであり、まさに正しさそれ自体である。

　結局、この誤った出発点は〔軌道の〕円全体を通じてただ特定の位置のみに適合するので、差異を判別できないほど感覚が鈍化しないかぎり、それらの特定の位置を除いても完全に正しいものになるわけではない。

　しかも同じこの感覚の鈍さによって、周期の8分の1の場合になお残る以下の小さな誤差も覆い隠される。だが、それがなお残ることは以下のようにして証明される。

　すなわち、再びBを中心にして完全な離心円を描いて、線分BD、BE、BF、BGが等しくなるようにし、また線分BCを、角QAFが指示された大きさで現れるような長さにしたとする。確かに角SAGを任意の大きさにすることまでは、もはやわれわれの意のままにはならない。その大きさは必然的に決まってくるからである。さて、AからQTに垂線を下ろして、それをAZとする。（先の場合のように）CQを100000に取ってACを18564とする。角ACZは45°だから、AZないしZCは（両方ともこれと同じ基準単位で）13127となる。したがってZQは113127、角AQZは6°37′5″で、角QAZは83°22′55″、

第2部——古人の説にならった火星の第1の不整について

その正接は864092である。角FAZをそれより9′小さいとすると、その正接FZは844900となる。だが、AZを13127とするとZFは110910となる。したがってQFは2217である。ところがQFはTDより大きい。その証明は以下のとおりである。QTは円の直径だから、半径のFBとBDを合わせたものに等しい。だが、BFとBDを合わせたものはFDよりも大きい。故に、QTもFDより大きい。そこからこの両者に共通なFTを引くと、残るQFはTDより大きい。けれども、仮にこれを等しいとしよう。CZ 13127をCTから引くとZT 86873が残る。したがってAZ、ZTから角ATZが知られ、これは8°35′33″である。したがって角ZATは81°24′27″である。そしてZTが86873だから、ZTに、QFと等しい長さ2217をTDであるかのように見なして加える。するとZDは89090となる。ところが、AZを100000とすると角ZADの正接のZDは686291となる。そこで、この角は81°42′35″である。だが、角ZATは81°24′27″だった。したがって、角TADもしくはSAGはその差の18′8″より小さい。それはTDが2217より小さいからである。

　ここに、必要な角TADが得られた。これは27′36″でなければならなかった。そこで、角QAFを9′の代わりに12′にすると角TADは24′になる。いずれの場合も惑星は適切な位置より3′高くなる。したがって、均差は大きすぎるように見えるだろう。そうすると離心値も大きすぎる。そこで、これを一時的に減らして、惑星がAK、ALの線上で約1′30″下がり、D、E、F、Gで同じだけ（つまり1′30″）高くなるようにする。

　こうして、さまざまな原因を調整することで誤差を相殺して計算を感覚の精緻さの及ばぬ範囲内にまで導き、仮説の種概念的な誤りを把握できないようにすることも可能になる。そこで、この狡猾な下層階級の遊女は、真理（それは非常に貞潔な少女にほかならない）がその悪所に引き寄せられても、それを自慢はできないだろう。誠実な婦人でも、道が狭くて多くの男がひしめき合っているために、よく前を行く遊女に付き従ったりする。むやみに細かい論理学を教える

愚かで目の利かない先生たちは、無邪気な態度と厚かましさとを識別できないで、こういう婦人を遊女の侍女だと考えたのである。

　しかもおそらくこれが、第18章で巨蟹宮、獅子宮、天蝎宮その他の至る所においてなお1′から2′の欠陥がある理由である。しかし、用いた観測結果が長軸端や公転周期の4分の1、8分の1の所には当たっていないから、誤差も容易に発見できないのであろう。

## 第2部の帰結

以上で太陽の平均運動による第1の不整に関する仮説（この仮説ではブラーエはコペルニクスと同意見だが、2人ともその説の形においてプトレマイオスとは若干の見解の相違がある）を説明し終わった。3人の大家はみな太陽の平均運動を視運動の代わりとした。次いで、太陽の視運動と第16章で発見した仮説に従おうと、太陽の平均運動と第8章でブラーエの宇宙体系の更改説によって提示された仮説に従おうと、いずれの場合も、太陽（コペルニクスとブラーエの場合）もしくは世界〔つまり地球〕（プトレマイオスの場合）の中心から惑星までの距離として誤った値が出てくることを明らかにした。こうして先にブラーエの観測結果から築きあげたことを、後で再び彼の別の観測結果によって打ち壊した。（上に挙げた従来の専門家たちに倣って）正しそうだが実際には誤っているいくつかの仮定に従ったわれわれは、必然的にそうせざるをえなかったのである。

　こうして先輩の専門家を模倣しようとかくも多くの努力を払った。ここでこの注解の第2部を終える。

ヨハネス・ケプラー『新天文学』● 全5部

【第3部】
## 火星の運動についての注解

## 第2の不整すなわち
## 太陽もしくは地球の運動の研究

あるいは運動の物理的原因に関する
多彩にして深遠な天文学の鍵

●

# 第22章

## 周転円ないし年周軌道は運動を均一化する点〔エカント〕の周囲に均一に位置しない

**先**人たちは初めにこれまで述べたような方法で第1の不整を考えた。その後で任意の時点における惑星の離心位置を表示できる計算の仕方を立てて、見えた位置つまり視位置を、離心円と第1の不整だけによって惑星に割り当てられるような位置と対比しながら、（太陽に依拠する）第2の不整の探求に向かった。

だが、これと同じ小径をたどっていくと先の第19章と20章で紛らわしい分岐点が現れて、（最も信頼できる道案内である）観測結果どうしも対立するのが認められた。そこで以下に述べる方法によって、たどるべき道の計画全体を立て直さなければならなかった。

この第3部ではまず第2の不整に取り組まなければならない。そしてこれまで出発点にはしたが、疑いながら同意していた事柄を、確実な観測結果によって論証し確認しあるいは反駁する。実際、いわばこの鍵を発見したら、他のことは明らかになるだろう。その後に第4部で第1の不整に進むのがよい。

『宇宙の神秘』第22章で、プトレマイオス説のエカントもしくはコペルニクス＝ティコ説の第2周転円の自然学的な理由を説明したとき、その章の末尾で自らの見解に異議を唱えた。すなわち、私の提出した理由が真実だったら一般に全ての惑星に妥当するはずだった。ところが（コペルニクス説では）惑星のひとつである地球ないしは（他の人々の説では）太陽には、従来エカントが必要なかったので、さらに詳しいことが天文学者に明らかになるまではその思索を不確かなままにしておこうとした。けれども、この〔地球や太陽の〕理論にも特有のエカントが出てくるのではないか、という疑念を抱いた。ティコと知り合った後に、この疑念が心の中で強固になった。実際、シュタイアマルク在住の私に宛てた1598年の書簡の中で、ブラーエ

第3部───第2の不整すなわち太陽もしくは地球の運動の研究

は以下のようなことばを記している。

「コペルニクスによる年周軌道もしくはプトレマイオスによる周転円は、離心円そのものと対比するかぎり、常に同じ大きさをもつわけではないように見える。むしろそれには上位3惑星全てにおいて感知できるような変動が起こり、火星の場合にはその差異の角度が1°45′にまで達するほどである」。

ブラーエは同じ時期に『機械学』の付録つまり自身の研究の解説の中で同じことに言及した。彼の『書簡集』[★001]第1巻209頁のことばもこれとほぼ同じである。そこでは彼は、太陽の離心値のために、離心円の均差と初更の位置にもいくらかの不整が混入すると考えている。第1部では確かにこれを論駁して、それは初更の位置には影響を及ぼさないか、もしくはあったとしても非常にわずかだとしたが、火星と太陽が4分の1対座になる場合については、若干修正して理解しなければならないように思われる。

年周軌道が膨らんだり縮んだりすると聞いたとき、コペルニクスの年周軌道あるいはプトレマイオスの周転円が、その周囲において等しい時間で等しい角を描くと想定される当の中心〔エカント〕からいつも等距離にあるわけではないから、そういう錯覚が起こるのでは、という霊感が閃いた。実際、どんな物理的理由によって、(ティコ説の)惑星系の中心*の周回路あるいは(コペルニクス説の)地球の周回路あるいは(プトレマイオス説の)惑星を運ぶ周転円が、膨らんだり縮んだりするのだろうか。天文学に前例のないこの新奇さ、真実とは思えない不条理はいったい何なのか。むしろ(コペルニクス説の)太陽あるいは(ティコ説の)惑星系の中心あるいは(プトレマイオス説の)惑星の本体が、採用された(コペルニクス説とティコ説では静止し、プトレマイオス説では離心円の円周上を周回する)エカントの点から場所により遠く離れたり近づいたりし、しかもそれは長軸の線上で著しい、と考えるほうが当を得ていた。さらにこの問題に相応しい機会を提供するように思われたのは、私の『宇宙の神秘』から出てきた、太陽の理論(あるいはいわばプトレマイオス的周転円の理論)にエカントが

定義──
* ►惑星系の中心とは、個々の惑星の長軸端を通って引いた直線の共通の交点である。しかもその点は初めのブラーエの見解のように太陽本体に非常に近いか、私が修正するように太陽の中心そのものである。

第22章　周転円ないし年周軌道は運動を均一化する点〔エカント〕の……

導入されるかどうか、という私の疑念だった。

（太陽の視運動を用いる私の変革がこの課題で怪しまれないように）従来の専門家たちの見解どおり、第2の不整が太陽の平均運動の線を起点とするものとしよう。そして現在のこの図で、コペルニクス説における惑星の離心値の起点が太陽の中心Aではなく、地球の運動がその周囲で規則的になると想定される点Cにあるとする。ところが、この点Cは地球軌道DEの中心ではなくて、たんにエカントの点にすぎず、太陽Aからは地球軌道EDの中心Bよりも遠く離れているとする。以上のことを認めると、年周軌道DEが膨らんだり縮んだりする、という憶測のもとになる観測結果が出てくるだろう、と私は主張する。今、Cから直線DEに対する垂線を立ててCFとする。また火星は、地球がDとEにあるときの2回ともFにあるとする。Fを点D、Eと結ぶ。そうすると、Cは〔軌道〕DE上での地球の運動を均一化する点だから、角FCDとFCEが変換アノマリアとなり、★002（われわれの想定のように）両側で等しいだろう。したがって（これまで考えられてきたように）CDとCEが等しければ、角DFCとEFCつまり軌道の視差も各々の変換アノマリアの下では両側で等しいだろう。ところがCEはCDより大きいので、角CFEも角CFDより大きく見えるだろう。故に、この増大がEないしはその近くの位置だけで起こり、反対の減少が反対側のDの位置だけで起こることに注意を払わない人は、年周軌道全体がある時にはCEの程度まで大きくなり、ある時にはCDの程度まで小さくなると考えるだろう。それは、そういう人が旧来の天文学によって、運動のエカントの点Cと円DEの中心が同一だとあらかじめ仮定するからである。

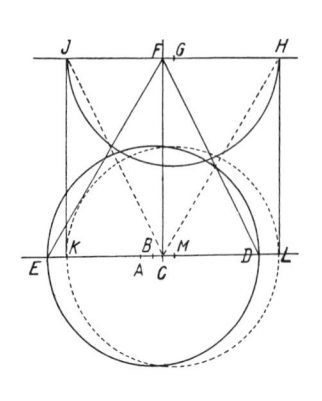

プトレマイオス説の形では地球がCにあるとする。太陽の平均運動の線は、先にコペルニクス説で

第3部────第2の不整すなわち太陽もしくは地球の運動の研究

はDCとECだったが、その代わりにCKとCLとする。周転円の運動がその周りで規則的になる中心はFにあるとする。JHをEDと等しくかつ平行に取れば、CJをDFと、CHをEFと平行に引ける。プトレマイオス説に従い、地球つまり視点Eを宇宙の中心Cに移したので、火星FもHに移される。同様にして、DをCに移したからFはJに移される。プトレマイオスは、周転円JHの運動をその周りで均一化する点Fは周転円JHの中心でもあると考えるので、FJとFHも全く等しいとする。そのために各々の平準アノマリHFCとJFCつまり（この図に従うと）90°と270°において周転円の均差は同一であ
る、すなわち角HCFとJCFは等しいと想定した。ところが、観測によってHCFのほうがJCFより大きいことが立証されると、周転円の中心は運動を均一化する点Fではなくて H 寄りの G にあることになる。それにもかかわらずFを周転円の中心と考えるならば、火星が離心運動によって（つまりCFの線によって）いずれの場合も恒星天球の同じ位置に来るのに、全体として周転円はHの周囲のアノマリ90°で大きくなり、Jの周囲のアノマリ270°で小さくなったように見えるだろう。

　ティコ説の形では地球はそのままCに止まり、DEが太陽の円軌道で中心はBだが、エカントの点はAとされる。惑星の見える線（つまりCJとCH）はプトレマイオスの場合と同一とする。HとJからFCに平行な線HLとJKを下ろして、KとLが惑星系の中心となるようにし、惑星系の中心が描く円軌道の中心を太陽の近地点寄りのMとする。こうして、太陽の周回路の真の中心Bが予期に反して同じ太陽の周回路の仮想の中心Aの下に下がるときは、下がったのと同じ分だけ円軌道KL（この円軌道上に火星の離心値の起点が見出される）の中心MもCの下に下がるようにして、ACとBMが等しいとする。すると離心円上の均一化された運動の線（つまりKJとLH）は火星が公転して完全に元に戻った後に相互に平行になる。そこで、ティコは地球Cがそれぞれの惑星の離心円を運ぶ導円KLの真ん中にあると考えるので、変換角CLHとCKJが等しいときは角CJKとCHLが

等しいとする。だが、その角が等しくなくて角CHLのほうが大きいと認められたら、CLもCKより大きいことになる。そして惑星系の中心を運ぶ導円のKLはLで膨らみKで縮むように見えるだろう。惑星系を運ぶ導円の中心Mが、それを中心として周囲で導円の運動が均一になる地球C以外の所にあるとは考えられないからである。

このようにして、地球から太陽までの距離CEが長くなる所では地球から惑星系の中心までの距離CKが短くなり、逆に太陽までの距離CDが短くなる所では惑星系の中心までの距離CLが長くなることは、こういう相違の真の原因を覆い隠すのに、つまり太陽の離心値を疑惑から免れさせるのに、大いに役立つ。

長軸端がこういうふうに逆になる理由は以下のとおりである。すなわち、コペルニクス説の地球はティコ説の太陽やプトレマイオス説の周転円と反対の分野を走破する。だが、DCとCEつまり太陽から地球までの距離、地球から太陽までの距離、周転円の動きを均一化する中心Fから火星HないしはJまでの距離は、3説全ての形を通じて同じ大きさの角に対する辺となる。したがって、コペルニクス説の太陽と地球の距離も、ブラーエやプトレマイオスによって反対側の領域に移し替えられる、つまりCEがCLないしはFHに、CDがCKないしはFJに移される。

そこで、この考察を観測結果によって確認もしくは覆すために、私は以下のような道を取った。太陽の遠地点は巨蟹宮5°30′にあるので、第1の不整を考慮して火星が2回にわたり天秤宮もしくは白羊宮5°30′にあり、太陽がその中の1回は巨蟹宮5°30′に、次は磨羯宮5°30′にあったときの観測結果があるかどうか調べた。ところが、こんな短い期間（20年もしくは30年）内にそういうことが起こるのは不可能である。火星と太陽の周期運動は通約不可能で、各々がその周回路を何回か回り切ったり、半周や4分の1周して4分の1対座や衝の位置に来たりすることは、決してないからである。そこでいちばん近いものを求め、最近20年間にわたり、火星を観測した日で、火星が白羊宮もしくは天秤宮6°（あるいはその近辺）に来るときに変

*これは私にとって思いがけないことである点に留意されたい。宇宙体系についての一般的なプトレマイオス説ないしブラーエ説が真であるならば、そして同時に太陽の平均運動を用いるとすれば、その場合には、プトレマイオス説の周転円、ブラーエ説の惑星系を運ぶ導円は離心円になり、その遠地点は太陽の遠地点のちょうど反対側にくる。一方、その離心値は、以下に述べるように、太陽の真の離心値とちょうど等しい、つまりこれまで考えられてきた値の半分になる。

換アノマリアが90°か270°あるいはそれに非常に近い値になる多くの日を確定した後で、その時点の観測があるかどうか火星観測目録に照会しなければならなかった。勤勉なティコ・ブラーエが非常に頻繁に火星を観測してくれていなかったら、この選別は手の込んだものだったので私の願いはかなわなかっただろう。だが、ティコは火星の遠地点を獅子宮23°30′に置いており、離心円の均差によって修正された火星の位置として天秤宮5°30′が得られるので、平準アノマリア42°が得られた。ティコの一覧表によると平準アノマリア42°に対応する均差は8°15′36″だったので、離心軌道の平均アノマリア50°16′が得られ、この値によって、1579年から1600年までの20年間にわたり12の節目の時点が示された。

　これらの時点の中に変換平準アノマリアが1回目は90°、2回目は270°になるものがあるか、もしくは90°より大きいか小さい分だけ270°のほうが小さいか大きくなっているものがあるか、以下のようにして巧みに追跡した。

　火星の1公転周期日数は687日、太陽の2公転周期日数は730日半[*005]で、日数の差は43日半であり、この日数に対応する太陽の平均運動は42°54′23″である。したがって、火星が公転を終えると変換アノマリアにはこれだけの変化が生じる。そこで、2年を一組としてその範囲内で、火星が離心円のそれぞれの側で同じ位置に来て互いに等しい2つの変換アノマリアを求めると、それぞれの変換角は21°27′でなければならない。4年では42°54′、6年では64°22′、8年では85°49′となる。われわれが求めていたのは90°となりうるかどうかだった。そこで8年の隔たりのある2つ一組の観測結果を探さなければならなかった。だが、そのような観測結果の組はすでに行われた観測の目録の中には見出せなかった。

　そこで6年間の隔たりのあるものに転じて、ついに1585年5月18日と1591年1月22日に適切な観測結果があるのを発見した。実際には、これは1585年5月30日5時と1591年1月20日0時に対応していた[*006]。それぞれの場合に、火星の平均経度は6宮22°43′だった。ここ

からティコの均差の9°14′52″を引かなければならない。したがって、離心軌道を考慮すると火星は天秤宮13°28′16″にあった。1585年の平準変換[*007]は8宮4°23′30″だった。それによれば、プトレマイオスふうに言うと火星が周転円の近地点を64°23′30″越えていることが示された。同様にして、1591年の平準変換は3宮25°36′30″だったので、火星は周転円の近地点の64°23′30″手前にあることが示された。したがって、先の図において両側の変換角FCDとFCEあるいはCFJとCFHが等しい。ところが、1585年には太陽は双子宮18°にあって遠地点より18°手前であり、1591年には宝瓶宮9°にあり近地点を33°越えていた。こういう不整は避けられなかった。

　観測に戻ると、1585年5月18日夜10時半に火星は処女宮0°50′45″、北緯1°19′30″に見えた。マジーニはそれを処女宮1°5′に置くので、14′ないし15′過剰である。彼は火星を30日夕方5時には処女宮6°48′にもってくるから、再び先の11日間の誤差を除こう。すると、火星は処女宮6°34′に落ち着くだろう。ここには数分の誤差が想定される。12日もの長い間にわたって日をとばしているし、ここでマジーニが採用している〔火星の〕日運動も実際には同じ値でないからである。例えば、この日に先行する4月18日10時には火星は獅子宮17°37′30″に見出された。それをマジーニは獅子宮18°0′に置く。その差は22′30″で、この差が5月18日まで33日間にわたって14′15″程度に減じた。その割合に従って算定すると、35日間で差の8′がなくなったから同じ割合で行くと次の12日間で3′が消失するので、差は5月30日で11′15″となる。それ故、さらに修正を加えた火星の位置は処女宮6°37′である。

　1591年1月22日朝7時に火星は乙女座のスピカから34°32′45″離れていた。赤緯は南緯17°25′、高度は16°だった。したがって、地平偏差に注意すると赤緯は17°30′である。そこで赤経は230°23′12″、経度は天蝎宮22°33′、緯度は北緯1°0′30″になる。この時点はわれわれの要するものと1日19時間隔たっている。マジーニによると日運動は33′だから、その間の動きは59′となる。したがって、1月20

日0時（この時点が先のものに対応することはすでに述べておいた）における火星の位置として残るのは、天蝎宮21°34′である。

そしてティコの宇宙体系の更改説によると、かなり確実に

|  |  |  |
|---:|:---:|:---:|
| CF | 13°28′ | 天秤宮 |
| 一方、1585年には　　DF あるいは CJ | 6°37′ | 処女宮 |
| 故に、角DFC あるいは FCJ | 36°51′ |  |
| 同様にして1591年には再び CF | 13°28′ | 天秤宮[*] |
| EF あるいは CH | 21°34′ | 天蝎宮 |
| 故に、角EFC あるいは FCH | 38°5′30″ |  |

*この期間の歳差は5′にもならないので、ここでは無視される。

ここには年周軌道のプロスタパイレシス〔この場合は「視差」の意にとってよい〕の大きな相違があるが、それにもかかわらず、変換アノマリアが両側で同一になる見込みがある。その理由はコペルニクス説が教示してくれる。地球はDとEにおいて運動を均一化するエカントの点Cから等距離にあると考えられていた。ところが、その距離は不等なことが発見され、こうして地球の周回路の中心は太陽A寄りのBにくる。したがって、理論上の等値性により、プトレマイオス説における周転円HJも、初更の観測によってその通り道が離心円を描くとされ、周転円の運動がそれを中心としたとき規則的になる点Fの周りに、均等に配されているわけではない。そして周転円の中心Gは太陽の近地点の側にあるEの方にくる。同様にティコ説においても、惑星系を運ぶ導円KLは、その軌道の動きがその周りで規則的となる地球Cを中心にして均一に回転せず、その周回路の中心Mは太陽の近地点寄りにくる。

第22章　周転円ないし年周軌道は運動を均一化する点〔エカント〕の……

# 第23章

## 地球から太陽までの2つの距離と獣帯上の位置および太陽の遠地点を知って
## 太陽(ないしはコペルニクス説の地球)行路の離心値を求める

こから線分BCの算定を試みるのもむずかしくない。すなわち、FCを100000とする。角DFCが36°51′でFCDが64°23′30″だから、残るFDCは78°45′27″〔30″の誤り〕である。またこの角FDCの正弦対FC 100000の比が角DFCの正弦対DCの比に等しいのでDCは61148である。

同様にして、角EFCが38°5′30″弱でFCEが64°23′30″だから、FECは77°31′0″強で、ECは63186弱となる。

地球の軌道NEDを描く。そこに長軸端を結ぶ直線CBNを引き、Nを近日点、Rを遠日点、Bを軌道の中心、Cを運動を均一化する点、E、Dを2つの観測位置とし、この2点とCおよびBを結ぶ。そうするとECとCDは上に算出したのと同じ数値で既知であり、角ECDも既知で128°47′19″である。ECを延長して、その直線上にDから垂線DOを下ろす。同様にしてDE上にC、Bから2本の垂線を下ろしてそれをCP、BQとする。角DCOが51°12′41″、CDOが38°47′19″だから、DCを61148とするとDOは47660、COは38305になる。

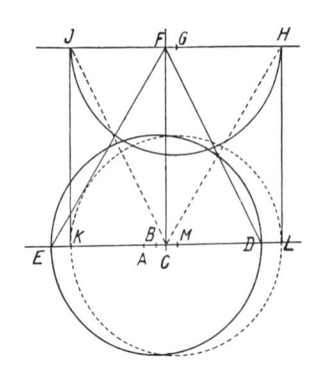

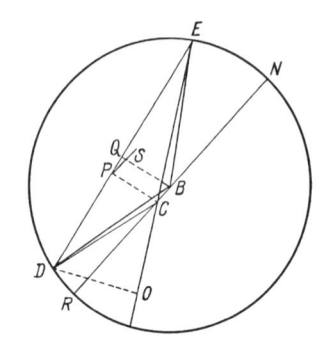

COをCEに加えるとEOが101491になる。直角を囲む2辺DOとOEが与えられたので、そこから角DEO 25°9′20″が得られる。したがってDEは112125である。DBとBEは等しいからDQはDEの半分で56062$\frac{1}{2}$になる。また角DECが25°9′20″だから、角EDCつまりPDCは26°3′21″になる。したがってDCを61148とすると、CPは26858、PDは54932になる。PDをQDから引くとPQとして1130$\frac{1}{2}$が残る。ここから、直線EDとNCの傾きを知ればCBの長さが容易に得られる。CRは遠日点の線で磨羯宮5°30′にあり、太陽が双子宮17°52′にあるからCDは人馬宮17°52′にあるので、角DCRは17°38′になる。一方、角EDCは26°3′21″だった。そこで減算を行うと、上述の直線どうしの傾きとして8°25′21″が残る。PからCBに平行な線PSを引く。そうするとPSはCBに、CPはBSに等しくなる。したがって、直角三角形PQSにおいて、正弦全体対角QPS 8°25′21″の正接および正割が既知の線分PQ対QS 167およびSP 1143になる。★008 このSPがCBである。またPCとSBは等しくて26858だから、QSを加えるとQBとして27025が得られる。そこで、直角三角形DQBにおいて直角を囲む2辺が与えられているので、DBとして62237が得られる。したがってDB対BC(つまり半径対求める離心値)はこの値と同じで、62237対1143である。だが、62237対100000は1143対1837であり、結局、これが求める離心値である。なお、分点歳差を考慮するとCEはもっと小さくなるから、離心値ももっと小さくなる。

　こうして、この2つの観測と太陽〔実際は地球〕の遠日点の真の位置として取りあげたものから(中心と考えた)エカントの点CもしくはFと軌道の真の中心BもしくはCもしくはMとの距離が立てられる。これは軌道半径を100000とすると1837である。ところがティコ・ブラーエは、太陽の離心値つまり(コペルニクス説では)エカントの点Cと太陽本体の中心Aとの距離、(ティコとプトレマイオスの説では)太陽の運動を均一化する点Aと地球の中心Cとの距離が3584であることを発見した。その半分の1792は1837とほんの少ししか違っていない。したがって、太陽の理論に離心値の2等分を適用できるという

のは理に適っており、この2等分は先の第19章と20章でも火星の離心円に適用できた。実際、(とばした期間が長いのと異論の多い日運動を用いたために)私の用いた観測結果は、100000分の45について確実な[★009]ことを決められるほど精密ではない。したがって、火星と太陽の離心運動において節目の間の時点における歳差を無視したことにもふれないでおく。

　ここで地球の周回路について論証したことは、全く同様の手順でプトレマイオスの周転円やティコの惑星系を運ぶ導円についても論証できる。ただ図で、長軸端が反対向きに逆転するだけである。

　ここでは太陽の遠地点をティコが正しい位置に立て、また太陽(つまり地球)がその本体によって走破する軌道が円になると仮定した。この点については、他の惑星との類比から以下の第44章では異なることも証明されるが、それでも円とのずれが小さいから、われわれの論証には何の妨げにもならない。

# 第24章

## 周転円もしくは年周軌道がエカントの点から離心していることのより明白な証拠

以上がこの探求の手始めだった。それは臆病なほど慎重で、両側で等しい変換アノマリアが得られるように、かくも多くの用心を重ねた骨の折れる仕事だった。

いったんこの課題の吟味を始めた以上は、大胆さに身を任せてこの戦場でもっと自由に振る舞おう。すなわち、火星が常に離心円上の同じ位置に来るときの3つもしくは任意の数の視位置を捜し出し、それらの位置をもとに三角法により、運動を均一化する点から周転円もしくは年周軌道上の同数の点までの距離を求める。さらに3点が決まれば円を描けるので、このような3つの観測結果をもとに、円の位置と、先にあらかじめ立てた仮定に従って用いたその円の長軸端の位置と、エカントの点の離心値とを求める。こうしてもし4番目の観測結果もそれに加えられるようであれば、それが証拠の代わりとなるだろう。

第1の時点を1590年3月5日夕方7時10分に取る。この時には火星の緯度がほぼ0°だったからで、これは、緯度に囚われて見当違いの疑念を抱き、論証を理解する妨げが生じないようにするためである。これに対応する火星が恒星天球下で同一点に戻ってくる時点は、1592年1月21日6時41分、1593年12月8日6時12分、1595年10月26日5時44分である。火星の〔平均〕経度は第1の時点ではティコの更改説に従うと1宮4°38′50″で、それに続く時点ではそのたびに1′36″ずつ増えていく。これが火星の公転周期に合致した歳差運動だからである。またティコは遠地点を獅子宮23°30′に置くので、その均差は11°14′55″になる。したがって1590年の平準経度は1宮15°53′45″になる。

同一時点における変換角つまり太陽の平均運動と火星の平均運動

の差は10宮18°19′56″で、平準変換角つまり太陽の平均位置〔平均運動によって占める位置〕と火星の平準離心位置〔獣帯上での実際の日心位置〕の差は10宮7°5′1″である。

まず最初に、これを感覚的により単純に理解できるようなコペルニクス説の形で提示しよう。

αを地球の周回路のエカントとし、その周回路はαを中心として描かれた円δγと想定する。太陽はβの側にあって、太陽の遠地点の線αβは巨蟹宮5°30′にくるとする。これが何度かということは第25章で未知の値として自由に探求するが、今はそうしておく。1590年には地球がαθ、1592年にはαη、1593年にはαε、1595年にはαζにあるとする。またαはエカントの点であり、あらかじめ火星の周期は等しいと仮定しているので、角θαη、ηαε、εαζは等しい。さらに火星は以上に挙げた4回にわたってκにあり、火星の長軸線がαλだとする。そうすると角θακは変換平準アノマリアの指示するところに従って127°5′1″である。[★010]

火星の視位置についていうと、前日の3月4日はほぼ同時刻に白羊宮24°22′にあった。その日の日運動は44′だったようである。したがって、われわれの挙げた時点では白羊宮25°6′に見えた。それが直線θκの位置である。ところが、直線ακのほうは金牛宮15°53′45″に向いている。そこで、角θκαは20°47′45″である。したがって、2直角を作る残りの角αθκは32°7′14″である。

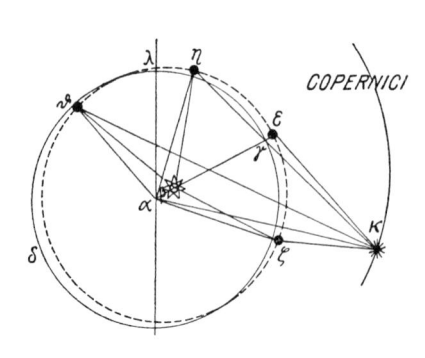

そうすると、ακを100000とするから、角αθκの正弦対線分ακが角θκαの正弦対求める線分θαで、したがってθαは66774となる。

残る線分ηα、εα、ζαが同一の長さになることが明らかになれば、私の推測は誤りだろう。だが、その長さ

が違ってくれば、私の考えは完全に勝利を収めるだろう。

2番目の1592年は、われわれの取りあげた時点で、平準経度が1宮15°55′23″、平準変換角が8宮24°10′34″、つまり角ηακが84°10′34″である。火星は1月23日7時15分には視差による修正を行うと白羊宮11°34′30″に見えた。2日間の動きは1°25′である。したがって、21日7時15分には白羊宮10°9′30″に見えた。残る数分で30″が減じられる。したがって、角ηκαが35°46′23″、角αηκが60°3′3″で、αηは67467となり、αθより長い。明らかに、太陽が近地点の方に下り、地球もθからηに移って、そのあたりでは太陽がβを越えたもっと近い点に見出されたからである。

3番目の1593年は、われわれの取りあげた時点で、平準経度が1宮15°56′56″、平準変換角が7宮11°16′16″で、つまり角εακが41°16′16″である。

火星は12月10日7時20分には視差に留意すると白羊宮4°45′に観測された。2日間の動きは1°8′である。したがって、12月8日7時20分には白羊宮3°37′に見えた。われわれの挙げた6時12分には白羊宮3°35′30″に来る。ここから、角εκαが42°21′30″、角κεαが96°22′14″となり、αεは67794で、またしてもαθより長い。地球が太陽の近地点にいっそう近いからである。

4番目の1595年は、われわれの取りあげた時点で、平準経度が1宮15°58′30″、平準変換角が5宮28°21′55″で、つまり角καζが1°38′5″である。

火星は10月27日12時20分〔ここもわれわれの時間の数え方では28日夜中の12時20分になる〕には逆行して金牛宮18°52′15″に観測された。1日の動きは23′である。そこで26日12時20分には金牛宮19°15′15″、われわれの挙げた時刻には金牛宮19°21′35″に来る。故に角ακζが3°23′5″、角αζκの補角が5°1′10″となり、αζは67478になる。だが、この最後の演算には三角形の角が小さいために危なっかしいところがある。そういう三角形では、観測において、あるいはティコ説に従った火星の離心位置の計算で、1′やそこらの誤りを犯しても、角

どうしの比がはっきりわかるほどたやすく変わってしまうからである。今4本の線分全てを対照しやすい形で掲げよう。

| 太陽の平均位置 | 22°59′ | 双魚宮 | αθ | 66774 |
|---|---|---|---|---|
| | 10°6′ | 宝瓶宮 | αη | 67467 |
| | 27°13′ | 人馬宮 | αε | 67794 |
| | 14°20′ | 天蝎宮 | αζ | 67478 |

したがって、線分αεが最も長く、また太陽の近地点にいちばん近い。最も短いのはαθで、これはやはり太陽の近地点からもいちばん遠く離れている。αζとαηはほぼ等しい。やはり近地点からほぼ等しい距離だけ離れているからである。

なお、近地点により近いαηよりαζのほうが少し長いが、それはζにおける角が小さいためで、角が小さいとそれだけささやかな誤差が生じやすい。そこで、コペルニクスが地球の運動を均一化する点αを中心にして描いた円δγは地球の通り道ではなく、地球が公転するのは別の円θηεζである。そしてその中心は太陽があるのと同じ側つまりβの方にくる。

プトレマイオス説の形では地球がAにあり、太陽の運行する天球がΞΟΙΤで、周転円の仮想の中心をKとする。つまり、Kを中心にして仮想の周転円ΔΓがあり、その円は太陽の円と等しい。両者が等しい公転周期をもちさえすれば、太陽の軌道と惑星の周転円の大きさがどんな比を取ろうと現在の論証には全く関係がないが、コペルニクスとブラーエの説を理論上完全に等値にするためにはどうしても2つの円は等しくなければならない。

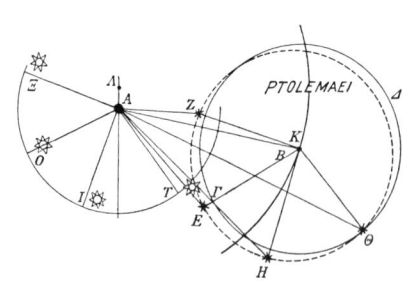

AΛを火星の長軸線とし、AK、AΛはコペルニクス説の形における先のακ、αλと平行とする。地球の中心Aから先のκθ、κη、κε、κζと平行で等しい線分AΘ、AH、AE、AZを引く。こうして、火星が1590年にはΘ、1592年にはH、1593年にはE、1595年にはZにあるようにする。また同時にその時点における太陽の平均運動が上と同じ順にAT、AI、AO、AΞだとして、プトレマイオス説に関する周知の事柄に準じ、KΘとATが平行となり、その他の線分どうしも平行とする。そこで、Θ、H、E、ZをKと結ぶ。そのとき(先のように)線分と角とが全く同じ数値を取って、これらの線分が予期に反し不等であること、したがって火星は、その中心が運動を均一化する点Kにあるような円ΓΔにくるのではなくて、その中心がほぼ地球Aから太陽の近地点を通って引いた直線と平行な直線KB上にあって、KからBの方に寄るような円ZEHΘにくることも論証される。

そこで、周転円の遠地点は太陽の近地点の方にくる。そしてすでに述べたようにあらゆる点で論理的に等値だから、周転円は太陽の周回路と等しく、ZKはΞA、EKはOA、HKはIA、ΘKはTAと平行と想定されるはずなので、やはりΞA、OA、IA、TAは不等であり、太陽の平均位置の点(ブラーエの考えでは太陽の周転円の中心)は周回路全体を通じてエカントの点からの距離が不等になる、というのが正しいように思われる。なお、私が議論の途中に差し挟んだことは、論証の範囲をいっそう拡張する以外に現在の論証には全く何の影響もない。

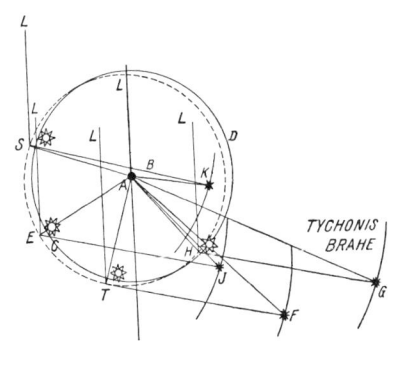

ティコ説の形ではAが地球で、それを中心に、惑星系を運ぶ導円と考えられる太陽の同心円CDが描かれるとする。Aが太陽の同心円の運動を均一化する点だからである。したがって、太陽自体は別の離心円上に

297　第24章　周転円もしくは年周軌道がエカントの点から離心している……

来る。その円の中心はAからBの側に寄っているとする。ALを火星の長軸線の標準として、長軸線が火星の離心円の周回と移動によっても常にALと平行を保つようにする。一方、われわれの取りあげた4つの時点での太陽の平均運動の線をAH、AT、AE、ASとする。そしてAから、上に描いたように火星の見える線を獣帯上のあれこれの度数に当たる所に向けて引く。すると、火星は4回とも全て離心円上の同一位置に置かれるので、太陽の平均位置の点から火星までの距離の線分は全て等しく互いに平行になる。そこでGH、FT、JE、KSが全て等しく、角LHG、LTF、LEJ、LSKが先のΛAKあるいはλακと等しくして、われわれの取りあげた時点で火星がG、F、J、Kにあるようにする。なお、途中で示したように、これら4つの点G、F、J、Kは事実上はプトレマイオス説の形における先の弧ΘHEZと全く長さも位置も等しい弧を作る。プトレマイオスが太陽の円と等しい周転円を離心円上に回転させ、ティコが離心円を太陽の円つまりプトレマイオスの周転円と等しい円上に回転させる以外に、両者の説にはどんな相違もないからである。

　したがって、またしても角度や長さの数値は同一のままに止まり、予期に反して線分AH、AT、AE、ASは不等であることが証明される。そうすると、火星や他の全ての惑星の離心値の起点となる、離心円のあの点（今でも旧来の専門家たちの意向に沿って太陽の平均運動の線上に想定される）は、Aを中心として等しい時間に等しい角を作るあの円CD上を公転するのではなくて、これまでに線そのものによって大体明らかになったように、その中心が太陽の離心円の中心Bとは反対側にくる円HTES上を公転する。

# 第25章

## 世界の中心から太陽までの3つの距離から
## 獣帯上の位置を知り
## 遠地点と太陽もしくは地球の離心値を求める

　今度はさらに3説全ての形に適合する唯ひとつの円で離心値の大きさと遠地点の位置とを調べてみよう。相互の関係がたんに反対になっているだけであることは容易に明らかになるからである。例えば、コペルニクス説ではいちばん長い線分が双子宮にくるが、他の説では人馬宮にくる。それは、コペルニクスが視線を中心の方に向けるのに、他の人々は中心から視線を送るからである。故に、コペルニクスも中心の向こう側へは他の人々と同じ獣帯の部分に視線を向ける。

　βを中心として円θηεζを描き、その円において、取りあげた点αからの線分αθ、αη、αε、αζが先のように与えられているとする。またαを頂点とする角も与えられている。その角の大きさはどれも42°52′47″だからである。線分αβがどれくらいの大きさか、その線が恒星間のどこにくるか、あるいは他の直線から見てどこにくるか、求める。θ、η、εを取って、それらを相互に結ぶ。この探求には3点で十分だからである。

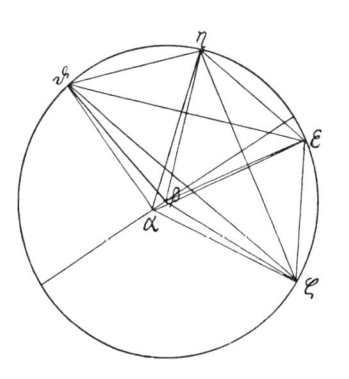

　まず最初に、三角形θαηにおいて2辺とその挟角が与えられているので、θηを求めると、その大きさは三角法により、先の場合のαθ、αηと同一基準で49169になる。

　2番目に、三角形αεηにおいて角αεηを求めると、68°12′26″になる。

　3番目に、三角形θαεにおいて

角αεθを求めると、46°39′10″になる。これを角αεηから引くと21°33′16″が残る。これが円周角θεηの大きさである。したがって、この2倍の43°6′32″が中心角θβηの大きさになる。βは円の中心と想定しているからである。したがって、二等辺三角形θβηにおいて先に見出された辺θηの大きさとともに2角の大きさが与えられる。そこで円の半径θβの大きさを求めると66923になる。またβθηは68°26′44″であり、先にθηを求めたときαθηは69°18′46″だったので、βθαは0°52′2″である。したがって、三角形βθαにおいて2辺とその挟角からθαβとαβが得られる。ところが角θαβは97°50′30″になるので、αβは双子宮15°8′30″にくる。αθは処女宮22°59′にくるからである。一方、ティコは太陽の遠地点を巨蟹宮5°30′に置く。そうすると、この独力で非常に自由に行った探求によってティコの得た真実に20°の範囲内まで近づくことがわかる。またαβは1023になる。そこでθβを100000という基準値に取れば、αβは1530になる。一方、太陽の離心値全体は3592で、その半分は1796つまり1800である。したがってここでは、われわれの円の離心値として太陽の離心値の半分よりも少し小さな値が要求される。しかし、観測結果は非常に小さな値の近辺では若干の誤差が起こりうること、そしてティコから借用した平均経度と均差には異論の多いことを思い起こす必要がある。角θηζ、ηεζ、θεζのそれぞれも用いて同じ演算を実行してみれば、それは容易に明らかになる。そのたびにαβの大きさが少しずつ違った値になり、恒星下での位置も磨羯宮と巨蟹宮の5°30′の近辺のあちこちに当たるからである。

したがって、以下ではこの点に関していっそうの注意を払うだろう。実際、これからも明瞭な論証によって太陽の離心値の半分になる値とティコのものに非常に近い遠地点とがかなり頻繁に出てくる。

地球の周回路の中心が太陽本体とその周回路のエカントの点の中間の位置にあること、すなわち地球はその軌道上を不等な速さで進み、太陽から遠く離れると遅くなり太陽に近づくと速くなることを、コペルニクス説の形において証明した。これは物理的な論拠にも他

の惑星との類似にも符合する。

　同様に、プトレマイオス説の形で、周転円の動きがその周囲で均一となる点から周転円が離心していることと、離心値が普通に見出された太陽の離心値の半分で、反対側にくることを証明した。

　最後にティコ説の形で、各惑星の離心値の起点は、太陽の同心円〔158頁の図の円VP〕上を動くのではなく、その規則的で均一な速さの回転運動の中心となる地球から、公転運動を通じて不等な隔たり方をし、太陽の近地点の方ではより遠く隔たり、遠地点の方では隔たりが小さくなること、その隔たりがまたしても太陽の離心値の半分であることを証明した。そうすると、プトレマイオスの周転円もブラーエの導円も太陽の理論とこれほどの類似性をもつ以上、さらに大きな類似性もあることが真実らしい。つまり、太陽の真の離心値も最大均差から算出される値の半分にすぎないだろう。あるいは同じことだが、太陽は離心円の離心値の2倍になる離心値を取るエカントを用いるだろう。

　専門家たちにならって太陽の平均運動を用いるかぎり、この議論の進め方がプトレマイオス説やティコ説の形に関しては少し弱くなることを、私も認める。そこで、上の第6章で挙げた論拠に促されて太陽の視運動に対する火星の動きを考量すれば、以上の点がいっそう明らかになるだろう。

# 第26章

**周転円が固定点つまり軸から、
年周軌道(太陽を回る地球の軌道ないしは地球を回る太陽の軌道)も
太陽ないし地球の本体の中心から、
ティコ・ブラーエが太陽の運動の均差によって
発見した値の少なくとも半分は
離心していることの、同じ観測結果による証明**

　**観**測結果を再度注意深く用いていく。1590年3月4日7時10分に、火星は慎重な観測と計算によって白羊宮24°22′56″、南緯0°3′20″に見出された。その時刻に入りが白羊宮8°にあった。だから火星の高度は全く低かった。そうすると、大気差によって順行方向にもち上げられていたので、大気差がなければ白羊宮24°20′に見えたとしてよい。その視差は特に経度では非常に小さな値にしかなりえない。火星は太陽に隣接しており、それ故に地球の中心から非常に遠く離れてしまっていたからである。

　1592年1月23日7時20分に、他の恒星からの証拠はないが、ともかくひとつの恒星との隔たりから、火星は白羊宮11°32′44″、南緯0°1′36″に認められた。したがって地平偏差によって変更されるような点は何もない。ただし、1′か2′の不確実さが疑われる。

　1593年12月7日8時0分に、火星は白羊宮3°6′50″に見出された。地平偏差の恐れはない。緯度は南緯7′9″だった。けれども、3つの恒星から立てられた赤経は互いに4′ずれていた。そこで両端の値の平均を真の値と見なした。

　1595年10月25日8時10分に、火星と3つの恒星との離隔が観測され、全て一致して火星は金牛宮19°39′25″、南緯0°12′41″にあると認められた。

　後続の3つの時点を最初の時点に還元してみる。こうして、火星が1590年3月4日7時10分に恒星下で離心円上において占めたのと同

じ位置に戻ってくる、3つの年の時点を挙げる。

| 1590年 | 3月 4日 | 7時 | 10分 |
| 1592年 | 1月20日 | 6時 | 45分 |
| 1593年 | 12月 7日 | 6時 | 15分 |
| 1595年 | 10月25日 | 5時 | 45分 |

1592年には3日間と35分の火星の動きはマジーニによると2°9′4″である。そこで、われわれの挙げた時点で火星は白羊宮9°23′40″に見えた。1593年には1日の動きが33′だから1時間45分の動きは2′25″である。したがって、われわれの挙げた時点での火星の位置は白羊宮3°4′27″になる。同様にして、1595年には1日の動きが22′11″だから2時間25分の動きは2′14″で、われわれの挙げた時点での火星の位置は金牛宮19°41′39″になる。

---

**そこで火星と太陽の位置の表は以下のようになる。**

|  | 観測による火星の位置 |  | ティコの計算による太陽の位置 |  |
|---|---|---|---|---|
| 1590年 | 24°20′ | 白羊宮 | 24°0′25″ | 双魚宮 |
| 1592年 | 9°24′ | 白羊宮 | 10°17′8″ | 宝瓶宮 |
| 1593年 | 3°4′30″ | 白羊宮 | 25°53′24″ | 人馬宮 |
| 1595年 | 19°42′ | 金牛宮 | 11°41′34″ | 天蠍宮 |

---

地球が太陽の中心からどれほど離れているか、調べようとしているので、まず太陽の視位置との衝から上の第16章で立てた仮説を用いて、太陽の中心から火星の本体を通って獣帯まで引いた直線の位置を探求しなければならない。その直線は1595年10月25日5時45分には金牛宮14°19′52″に見出される。したがって、残る3つの時点ではそのたびに〔歳差運動によって〕1′36″だけ逆行方向の位置にくる。つまり、1593年には金牛宮14°18′16″、1592年には金牛宮14°16′40″、1590年には金牛宮14°15′4″にある。

## 最初の図はコペルニクス説の形で作成する。

αを太陽の中心、βをoを通る火星の離心円の中心、χを火星の離心運動にとってのエカントの点、γを地球の離心円の中心、δ、ε、ζ、ηを太陽の視位置と対置する4つの地球の位置、θを離心円上における火星の位置とする。これら全ての点を相互に結ぶ。

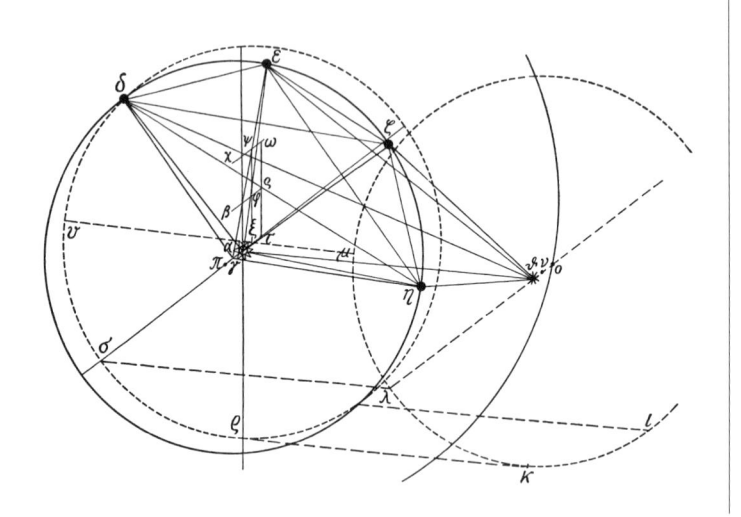

| そうすると、三角形δαθにおいて | | | | 同じ方法で、三角形εαθにおいて | | | |
|---|---|---|---|---|---|---|---|
| | δα | 24°0′25″ | 双魚宮 | | εα | 10°17′8″ | 宝瓶宮 |
| | δθ | 24°20′0″ | 白羊宮 | | εθ | 9°24′0″ | 白羊宮 |
| 故に、角 δαθ | | 30°19′35″ | | 故に、角 αεθ | | 59°6′52″ | |
| また δθ | | 24°20′0″ | 白羊宮 | また εθ | | 9°24′0″ | 白羊宮 |
| | αθ | 14°15′4″ | 金牛宮 | | αθ | 14°16′40″ | 金牛宮 |
| 故に、角 δθα | | 19°55′4″ | | 故に、角 εθα | | 34°52′40″ | |
| αθを100000として三角法によりαδを求めると αδ | | 67467 | | したがって εα | | 66632 | |

| 三角形ζαθにおいて | | | | 最後に、三角形ηθαにおいて | | | |
|---|---|---|---|---|---|---|---|
| | ζα | 25°53′24″ | 人馬宮 | | ηα | 11°41′34″ | 天蝎宮 |
| | ζθ | 3°4′30″ | 白羊宮 | | ηθ | 19°42′0″ | 金牛宮 |

| | | | | | | | |
|---|---|---|---|---|---|---|---|
| 故に、αζθの補角 | | 82°48′54″ | | 故に、αηθの補角 | | 8°0′26″ | |
| また | ζθ | 3°4′30″ | 白羊宮 | また | ηθ | 19°42′0″ | 金牛宮 |
| | αθ | 14°18′16″ | 金牛宮 | | αθ | 14°19′52″ | 金牛宮 |
| 故に、角 ζθα | | 41°13′46″ | | 故に、角 ηθα | | 5°22′8″ | |
| したがって ζα | | 66429 | | したがって ηα | | 67220 | |

ここで地球から太陽の中心までの距離を簡単にまとめて示す。　δα　67467

εα　66632

ζα　66429

ηα　67220

　これらの距離からどれくらいの離心値が立てられるか、試してみよう。太陽の理論にエカントがないとすると、この円の離心値は約3600になる。われわれが太陽の真の位置つまり視位置を用いたからで、そのエカントの点は、ブラーエが太陽の観測から証明したように、必然的にその間隔(つまり3600)だけ世界の中心から離れている。だが、もっと小さな離心値が出てきて、それがブラーエが出した値のほぼ半分になれば、ブラーエが発見したあのエカントの点は太陽の離心円の中心ではないことの証明に成功して、われわれは完全に勝利を収めるだろう。

　(ついでに言うと)一見してわかるように、αζが太陽の近地点のあたりにあるので最も短く、次いでαεが近地点から34°離れた宝瓶宮にあるのでそれより長く、それからαηが近地点から54°離れているので次にきて、最後にαδが近地点から80°離れているので最も長い。さらに、αζはほぼ近地点にあるので、最小値よりほんの少し長いだけだろう。同様にして、αδは平均的な長さに近いから、中程度の距離よりも少し短いだろう。したがって離心値は、δαとζαの差である1038より少し大きな値となるだろう。そしてδαを100000という基準値にすれば1038は1539になる。離心値は結局ほぼこれくらい、実際にはこれよりほんの少しだけ大きな値になる。なお、それはティコの全体の値3600より半分の値1800のほうにずっと近い。

太陽の遠地点についても同じことが言える。すなわち、ζαが最も短いので近地点は人馬宮25°53′のあたりにある。εαはηαより短いので近地点は天蝎宮11°42′よりも宝瓶宮10°17′に近い所にある。平均的な長さの線分は人馬宮25°57′にくる。だから近地点は人馬宮25°57′を越えた所、宝瓶宮10°17′の手前、つまり磨羯宮にある。

　以下に続く労苦を軽減するために、以上のことを手短に述べたかったのである。今度は幾何学の手法によって遠地点の位置と離心値を探求していこう。3点で決まった円を描けるので、初めにδ、ζ、ηを用いる。

　先の第25章のように議論を進める。3点δ、ζ、ηはγを中心とする同一の円周上に想定されるので、角δηζは角δγζの半分であり、その角の尺度は弧δζである。そこで、弦δζ対半径δγの比、および角δαγとともにδζ対離心値γαの比が与えられる。αγは長軸線の方向に向くからである。だが、角δηζと線分δζの大きさを知るためには3つの三角形を解く必要がある。

| | | | |
|---|---|---|---|
| 最初に三角形δαζにおいて、 | αδ | 24°  0′ 25″ | 双魚宮 |
| | αζ | 25° 53′ 24″ | 人馬宮 |
| 故に、　角δαζ | | 88°  7′  1″ | |
| 歳差による3′ 12″を加えると | | 88° 10′ 13″ | |
| 残る2角δ、ζの和 | | 91° 49′ 47″ | |
| 　その半分 | | 45° 54′ 54″ | |
| 　その正接 | | 103246 | |
| | αδ | 67467 | |
| | αζ | 66429 | |
| 　以上から得られる角αδζ | | 45° 27′ 22″ | |
| 　その正弦 | | 71271 | |
| 　それと辺αζから得られるδζ | | 93159 | |

|  |  |  |  |
|---|---|---|---|
| 2番目に三角形δαηにおいて、 | αδ | 24°0′25″ | 双魚宮 |
|  | αη | 11°41′34″ | 天蝎宮 |
| 故に、　角δαη | 132°18′51″ |  |  |
| 歳差による加算 | 4′48″ |  |  |
|  | 132°23′39″ |  |  |
| 残る2角δ、ηの和 | 47°36′21″ |  |  |
| その半分 | 23°48′11″ |  |  |
| その正接 | 44110 |  |  |
| αδ | 67467 |  |  |
| αη | 67220 |  |  |
| 以上から得られる角αηδ | 23°51′0″ |  |  |
| 3番目に三角形ζαηにおいて、 | αζ | 25°53′24″ | 人馬宮 |
|  | αη | 11°41′34″ | 天蝎宮 |
| 故に、　角ζαη | 44°11′50″ |  |  |
| 歳差による加算 | 1′36″ |  |  |
|  | 44°13′26″ |  |  |
| 残る2角ζ、ηの和 | 135°46′34″ |  |  |
| その半分 | 67°53′17″ |  |  |
| その正接 | 246120 |  |  |
| αζ | 66429 |  |  |
| αη | 67220 |  |  |
| 以上から得られる角αηζ | 67°3′12″ |  |  |

| | | | | | |
|---|---|---|---|---|---|
| したがって、 | αηδ | 23°51′0″ | αδζ |  | 45°27′22″ |
|  | αηζ | 67°3′12″ | γδζ |  | 46°47′48″ |
| そこで | δηζ | 43°12′12″ | γδα |  | 1°20′26″ |
| 故に | δγζ | 86°24′24″ | 残る2角γ、αの和 |  | 178°39′34″ |
| 残る2角δ、ζの和 |  | 93°35′36″ | その半分 |  | 89°19′47″ |
| その半分つまりγδζ |  | 46°47′48″ | その正接 |  | 8540000 |
| その正弦 |  | 72893 | γδを基準単位とする |  | 100000 |
| これとδζから得られるδγ |  | 68141 | その場合のαδ |  | 99011 |

| | | |
|---|---|---|
| ここから得られる角δγa | 68°26′ 7″ | |
| 出てくるαγの位置 | 15°34′18″ | 磨羯宮 |
| δaγの正弦 | 93000 | |
| γδaの正弦 | 2340 | |
| それによって示される離心値αγ | 2516 | ★011 |

ところが先に述べたとおり、ζが近地点にいちばん近いと想定したので、離心値はδとζによると1539より少し大きくなる。なお、この場合（ζの代わりにηを加えてみると）離心値がずっと大きくなるので、（見当違いによるのだが）近地点の線分はαζよりさらに短いような示唆を受ける。そこで、近地点のこの線分をαζより短くするために、近地点を磨羯宮16°に移した。つまりこの議論の仕方によってαζからさらに遠くに離した。

しかし、われわれは太陽の近地点が磨羯宮16°ではなくて磨羯宮6°にあることをあらかじめ知っているので、この小さな誤りの原因は点ηと長すぎる線分 αηにあるはずである。その結果として、円δεζが大きすぎ、円の半径δγが長すぎる、したがって、γαも長すぎ、γは線分δηから垂直方向に、点ζからは斜め方向に遠ざかり、今度は線分γαが順行方向に行きすぎる、ということになる。そこで、δζはそのままにしておいてαηが短くなると想定する。すると、中心γが線分δηに垂直に近づいてδγが短くなる。そしてγがδηに向かって垂直に近づくので、現在のγαからは斜め方向に遠ざかる。したがって、αからγの新たな位置を通る直線を引くと、その線はδに対してさらに逆行方向に傾くだろう。

αηの短縮で2重の助けが得られることがわかる。またそれぞれの角が小さいからαηは非常に軽度の変更によって短くなる。つまり、火星がθからηに下ろした線によってもう少し前の位置に見えたと言えばよい。例えば、火星が金牛宮19°40′に見え、αηθの補角が7°58′26″、ηθαが5°20′8″だとすれば、αηは67030になる。そこで2番目と3番目の三角形も変わり、αηδが23°53′0″、αηζが67°15′32″に

なる。したがってδηζは43°22′26″、δγζは86°44′52″になり、残る2角δ、ζの和が93°15′8″、その半分のγδζが46°37′34″、γδαが1°10′12″になる。そこで、δγが67892になる。これを100000とするとαδが99416となり、δγαが73°24′39″になる。こうして近地点が磨羯宮10°36′にくるが、離心値はそれでもなお約2100である。

　したがって、真の近地点に近づくにつれて離心値が減少するので、正しい近地点に完全に行き着いたら、やはり完全に離心値の半分の値に達するだろう。

　だが、線分αθを変えることで、つまり1595年の(すなわち点ηからの)観測の仕方を変えずにそのままにしておき、算出した火星の離心位置に1′を加えると、どれほどの結果が得られるか、探求してみるのも有用である。そこでαθを先に進めると、ηθ、ζθや他の視線がそのままであれば、αθはηθとこれまでのθより上の位置で交わり、それに対してζθやその同類の線とはθより下の位置で交わるようになる。そうするとαθは同じ長さを保てなくなる。ところが、火星は4回とも全て離心円上の同じ位置にあると想定しているから、やはり4回とも全てαθの長さは同一だろう。したがって、交点θは同じだが視線は獣帯上の元の位置にくるようにするために、ηθより少し下方にそれと平行な線を引いてαηを小さくし、それに対してζθより外側にそれと平行な線を引いてαζを大きくし、また他の線に対しても同様にしなければならないだろう。そこで仕事全体を初めからやり直さなければならない。すると、δθαが19°56′4″、εθαが34°53′40″、ζθαが41°14′46″、ηθαが5°21′8″になる。したがって、δαが67522、εαが66660、ζαが66451、ηαが66963である[★012]。ここから、αδζが45°26′37″、αηδが23°54′4″、αηζが67°20′48″になる。またδηζは43°26′18″、δγζは86°52′36″、γδζは46°33′42″、γδαは1°7′5″となる。基礎の出発点が異なると角度も異なってくる。一方、αζをαδζの正弦で割り、その商をδαζの正弦に掛けると、δζの93252が出てくる。さらにまたδζをδγζの正弦で割り、その商にδγの正弦を掛けると、積としてδγの67823が出てくる。ここから角δγαが

76°37′30″となって、近地点は磨羯宮7°23′にあり、離心値が約1880になる。そこで、近地点を磨羯宮5°30′にもってくれば離心値は完全に1800となるが、それは各々の原因の相互関連によって起こる。

今1595年の観測結果から少なくても30″を取り去れば目的に到達するだろう。しかも第16章の仮説によって見出した離心軌道の均差では1′のずれは容易に起こりうる。

だが、1595年の観測結果によると容易に誤差が生じるので、それを放置して、離心位置の最終的な修正はそのまま残し、残る3点δ、ε、ζによって仕事に取りかかる。その場合に新たな三角形はδαεとεαζになる。

| | | | |
|---|---|---|---|
| すなわち、 | αδ | 24°0′25″ | 双魚宮 |
| | αε | 10°17′8″ | 宝瓶宮 |
| 故に、 | 角δαε | 43°43′17″ | |
| 分点歳差による加算分 | | 1′36″ | |
| | | 43°44′53″ | |
| | αδ | 67522 | |
| | αε | 66660 | |
| 以上から得られる | 角αδε | 67°12′35″ | |
| 先のままと同じ | 角αδζ | 45°26′37″ | |
| 故に、 | 角εδζ | 21°45′58″ | |
| | εγζ | 43°31′56″ | |
| 同様にして、 | αε | 10°17′8″ | 宝瓶宮 |
| | αζ | 25°53′23″ | 人馬宮 |
| 故に、 | 角εαζ | 44°23′44″ | |
| 分点歳差による加算分 | | 1′36″ | |
| | | 44°25′20″ | |
| | αε | 66660 | |
| | αζ | 66451 | |

| 以上から得られる | 角 $\alpha\zeta\epsilon$ | 68° 0′ 34″ |
| --- | --- | --- |
| | 角 $\alpha\delta\zeta$ | 45° 26′ 37″ |
| それに加える | 角 $\delta\alpha\zeta$ | 88° 10′ 13″ |
| | | 133° 36′ 50″ |
| そこで、 | 角 $\alpha\zeta\delta$ | 46° 23′ 10″ |
| 故に、 | 角 $\epsilon\zeta\delta$ | 21° 37′ 24″ |
| | $\epsilon\delta$ | 43° 14′ 48″ |
| そこで、 | 角 $\delta\gamma\zeta$ | 86° 46′ 44″ |
| | $\gamma\delta\zeta$ | 46° 36′ 38″ |
| 一方、そのままの | 角 $\alpha\delta\zeta$ | 45° 26′ 37″ |
| 故に、 | 角 $\gamma\delta\alpha$ | 1° 10′ 1″ |

また $\delta\zeta$ は先の場合と同じく93252のままなので、$\gamma\delta\zeta$ の正弦を $\delta\gamma\zeta$ の正弦で割り、その商を $\delta\zeta$ に掛けると、$\gamma\delta$ の67873が出てくる。だが $\alpha\delta$ は67522である。

 これと $\gamma\delta$ とから得られる角 $\delta\gamma\alpha$  75° 8′ 40″
     近地点 磨羯宮 8° 51′ 45″

これは先の場合と非常に近い。

2000より少し大きな離心値は、近地点を磨羯宮5°30′にもってくれば(先の場合と同じく)1800にまで減少するはずである。これは $\alpha\epsilon$ の延長によって行われる。ところが、火星が白羊宮9°24′より1′か2′手前に見えたと言えば $\alpha\epsilon$ は長くなる。その時は他の火星観測の視線によって構成した点 $\theta$ から、$\theta\zeta$ に対して $\theta\epsilon$ より外側に引けるような線があるだろうからである。

与えられた数値に対してこのように自由に非常に小さな変更を加えることに疑問をもち、観測結果の中で気に入らない点を同じように自由に変更すれば、結局はティコの離心値全体にも至る、と考える人は、こういう類のやり方を試して自身の変更とわれわれのとを比べたとき、どちらが感覚の捉えきれない〔観測誤差の〕範囲内に止

まるか、判断すべきである。しかもまたこういう類の手順が一度だけうまく行ったからといって有頂天になり、いずれ後で、非常にさまざまな太陽の遠地点が見出されたときになおいっそう見苦しい手法に没頭しないように、用心しなければならない。

確かに私は自分の先入観も性向も全てここで白日の下にさらしたので、読者にあまり信頼できない人というよりも、むしろ執拗な人と思われはしないかと恐れている。

さらにこれから利用するために、ついでに、γδを100000とすればαθが147443になるだろう、そして今まで問題としてきたような事柄が正しければ、その値はさらに大きくなるだろう、ということも述べておく。

最後に、冗長にならないように付言すると、αθが147700で1595年の火星の離心位置が金牛宮14°21′7″にあり、地球の離心値が1800で地球の軌道が第30章および第44章で述べるように卵形だとすれば、

| 視線の位置は以下のようになるだろう。 | しかるべき位置 |
|---|---|
| 24°21′13″　白羊宮 | 24°20′ |
| 9°23′20″　白羊宮 | 9°24′ |
| 3°2′30″　白羊宮 | 3°4′30″ |
| 19°42′40″　金牛宮 | 19°42′ |

今度はαθが約147750と結論される。

さらにこうして、ティコの発見をコペルニクス説の形と太陽の視運動に合わせると、αγは3600でなければならなかったのに約1800であることが証明された。そこで、地球の運動を均一化する点πをαπの線上に求めてγπとγαとが等しくなるようにすべきである。すなわち、地球がπの周りを均一に動けば、つまり角δπε、επζ、ζπηが等しい値で出てくれば、太陽をめぐるティコの観測結果は変わらないままに止まり、παは3600となる。一方、地球が点δ、ε、ζ、ηで点γから等しい距離だけ離れていたら、火星の観測結果もやは

り変わらないままに止まるだろう。

**周転円理論の輪郭**

プトレマイオス説では図解が2通りありうる。第1に、地球が太陽本体の位置αに来るとする。その時は、αからδθ、εθ、ζθ、ηθと平行な視線を引く。こうしてコペルニクス説における地球の位置δ、ε、ζ、ηはプトレマイオス説における唯ひとつの地球の位置に合体する。一方、コペルニクス説ではいつも一点θにあった火星が今度はθを囲む円周上の4つの位置ι、κ、λ、μに置かれる。この円の描き方は以下のとおりである。θを通ってその上方にγαと平行で等しい線分θνを引く。そしてνを中心としγεを半径として円ικλμを描く。こうして、先にコペルニクス説では火星が本体によって走破した離心円上を今度はθが回る。このθは〔周転円の〕固定点と言ってよい。

**固定点については第1部を参照**

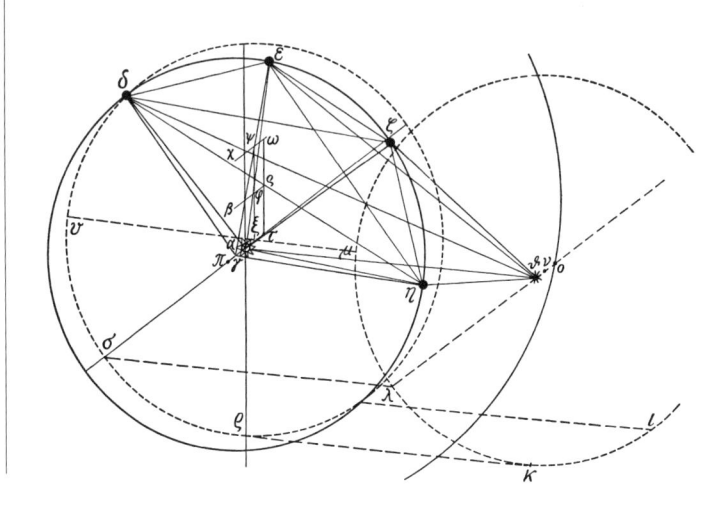

こうして周転円が導円上を運ばれ、中心νはθの周りを巡り、θαから出たり入ったりする。しかしθνはどこに来ても相互に平行で、またαγとも平行である。なお周転円が均一な動き方をするのは、それを固定するθの周りでも中心νの周りでもなく、その上方のοの周りであり、θοはθνの2倍になる。地球も同様にして均一な動き方をしたのはπの周りであって、軌道の中心γの周りでもなく、αにある太陽の周りでもなかったからである。

第26章　周転円が固定点つまり軸から、年周軌道……

プトレマイオスの周転円にこういう特徴があることは、適切に論証される。だが周転円から太陽の理論に移行したとき、プトレマイオスの教説に合わせて構成した真実らしい考えによる場合のみ、こういう特徴が結果として出てくる。実際に以上に述べたことがそのとおりだとして、同じ直線上の反対側にαπに等しくατを取る。するとτは太陽の動きを均一化する中心となる。専門家たちはそれをこれまで太陽軌道の中心と考えてきた。したがって、直線θνοは太陽の遠地点を示す線ατと常に平行となるだろう。火星の日周視差と太陽の視差との比がティコの提示した比を保持しなければならないと考えるなら、円ικλμも太陽理論での円と等しくなるだろう。したがってθοも、太陽の動きを均一化する中心である点τの離心値と等しくなるだろう。ところが円ικλμも、プトレマイオスによれば太陽が自身の円周上でその方向に動くとされるのと同じ方向に動く。そして自らの離心円上にある太陽も周転円上にある火星も、ともに同じ時間に同じ位置もしくはそれに対応する位置に見出される。こうしてプトレマイオスが教示したのと同様に、τから太陽を通って引いた線とοから火星を通って引いた線は常に平行となる。そこで、他の全ての点について見解が同じである以上、次の点でも見解はやはり同じにならざるをえない。すなわち、円ικλμは中心νの周りではなくてそれより上方の点οの周りを均一に運動する。それはこの個所では地球の離心円を周転円に移し替えることによって証明された。その周転円ではわれわれは点αの代わりにθ、γの代わりにν、πの代わりにοを見出した。だから、同じように太陽自体でもこういう点には区分があって、太陽の観測から発見される離心値ατはξで2等分すべきであり、ξが太陽の離心円λρσυの中心ではないか、ということである。実際、プトレマイオスはこういう議論の進め方をしているので、彼が太陽の視位置を用いたなら、太陽において発見したのと全く同じ離心値を火星の周転円にも用いるようになったことは明らかである。そこで、プトレマイオスの周転円の離心値が2倍になっている点については観測結果が証拠となるので（上述のよ
★013

うにそれぞれの直線が平行になるので、各三角形がコペルニクス説の形の場合と同じになるからである)、プトレマイオスの霊が、直線λι、ρκ、σλ、υμが互いに平行を保つように、太陽の離心値も2等分することを勧めてくれる。

こういう論拠により、ティコが発見した太陽の動きの離心値ατをξで2等分して、太陽軌道の中心がξに、運動を均一化する点がτにあるようにすべきことは、プトレマイオスにも納得してもらえるだろう。

ついでにプトレマイオス説に反論する

(つい先ほど述べ始めたような)プトレマイオス説のこの議論はプトレマイオスの宇宙構造そのものほど堅固ではない。プトレマイオスを信じて、上位3惑星には、完全に全ての動きでも線分でもその大きさと性質とにおいて太陽の理論と全く正確に等しい周転円の理論がその惑星と同数の3つ具わっているとする人は、こういう唯ひとつの不一致すら容認せず、まるで鏡像から目をそむけて顔自体のせいにするように、喜んでこの2等分も周転円からそらして太陽の理論に転嫁するだろう。

だが結局、仮説どうしの対比を行って、ひとつの本物の顔から複数の像が派生するように、地球の理論ひとつから〔いわゆる地動説を採ることによって〕4つ(あるいはむしろ他の個所で述べるように6つ)の太陽の理論が出てくるかもしれないということが明らかになると、真理の最も輝かしい光である太陽自体が、まるでバターを溶かすようにこのプトレマイオスの機構全体を溶かし去って、プトレマイオスの信奉者たちをコペルニクスやブラーエの陣営へと追いやるだろう。 ★014

プトレマイオスの周転円には注目すべき3つの点がある。中心νと、いわゆる固定点θと、周転円の運動がその周囲で均一になる点οである。その一方で、円運動全体を通じてθοの線はατと平行を保つと述べた。そうするとここで、残る2点νとοによってどのような円が描かれるのか、疑問を投げかける人がいるかもしれない。それを明らかにするために、ξとτからαβに平行な線を引き、同じくβとχからατに平行な線を引いて、相互に交わるまで延長し、ξとβ

から引いた直線の交点をφ、ξとχから引いた直線の交点をψ、τとβから引いた直線の交点をς、τとχから引いた直線の交点をωとする。そうすると、点θがβを中心にして描いた離心円上を走破しながらχの周囲で規則的な運動を行うように、νはφを中心にして描いた離心円上を走破しながらψの周囲で規則的な運動を行い、oもςを中心にして描いた先のと等しい第3の離心円上を走破しながらωの周囲で規則的な運動を行う。だが、直線αχ、ξψ、τωは平行だから、これら3つの離心円全ての遠地点は獣帯上では同一である。だが、最初の点θを除けば、他のどんな点についても遠地点という語を用いるのは適切でない。θの離心円の長軸線αβχはαに想定された地球を通って引けるが、ξとτには地球がないからである。

確かに、地球αから残る2つの離心円の中心φとςとを通る線を引くことはできるし、この線を遠地点の線と言うのが相応しいのは事実である。この線は遠地点の線αχより逆行方向にくる。すなわち、αφは獅子宮約24°、αςは獅子宮約19°に当たる。けれどもその場合、これらの線は各離心円に固有なエカントの点を通らないだろう。したがって、プトレマイオスの信奉者の中で、周転円を点θで〔導円の〕離心円に繋ぎ止めようとせずに、中心νのほうに結び付けようとする人は、2本の長軸線つまり一方は離心円のαφ、もう一方はエカントのαψと、2つの離心値αφおよびαψとを用いざるをえないだろう。それがどれほど錯綜した不都合なことか（実際、その不条理については第6章で十分に述べた）、考えてみるとよい。

周転円をその均一な回転運動の中心である点oで離心円に固定しようとしても同じだろう。点oの導円である離心円には、ας線上の中心のものとαω線上のエカントの点のものと、2つの遠地点と離心値が出てくるからである。したがって残るのは、周転円をθで固定するか、点νとoの導円となる2つの離心円の遠地点を不適切な形で採用して、地球を示すαからではなく点ξとτとから離心値を算出するかである。

以上はプトレマイオス説の第1の図解だった。第2の図解は、コ

ペルニクス説の地球の位置 δ, ε, ζ, η を α ではなくて γ に寄せ集めて、この図で α ではなく γ が宇宙の中心たる地球を表示するものとすればよい。当然、周転円も、周転円の点 θ, ν, ο の3つの離心円〔導円〕も、αγ の距離の分だけ位置がずれるが、理論上は全く等値となるだろう。読者があまり混乱しないように、さらなる説明は差し控える。以上の言及はただ浅学者あるいは詮索好きな人たちのために行っただけだからである。

ティコ説でも新たな図解は全く必要ない。きわめて手短に示せば十分である。離心円の固定点を λ, ρ, σ, υ にある相異なる4つの位置に想定して、火星が ι, κ, λ, μ にあり、ιλ, κρ, λσ, μυ と θα が平行とする。ティコは、2重周転円の導円とする火星の円の中心が、α を中心として太陽の同心円〔158頁の図の円VP〕上を均等な速さで公転するのであって、それはプトレマイオスの意にも適うと主張したが、第1部第6章では、プトレマイオスやコペルニクスと同じく彼にも、同心円の中心であろうと離心円の固定点であろうと、そういう点をむしろ太陽本体の中心に直接に求めるよう勧めた。しかも物理学的論拠とすでに明らかにした幾何学的な可能性とからである。第22章と23章でこれにさらに強力な議論が加わった。もしそうしないと、観測結果を太陽の平均運動に関連づけても、プトレマイオスの周転円とブラーエの導円は太陽の離心値がある側とちょうど正反対の側にくる離心円になることである。また私は先に、ブラーエの固有の観測結果から導き出した太陽の同心円を放棄すべきいっそう強力な議論を約束したが、以下の第52章と67章でそれを提示しよう。だが、すでにこの第26章で、この火星の同心円の中心（あるいは火星の離心値の起点）は、ブラーエや専門家たちが考えていた、太陽のエカントの点 τ の周りに描かれた等しい離心円上ではなくて、α と τ の中間の位置にある ξ の周りに描かれた離心円上に見出されることを、すでに証明した。

したがって、火星の同心円の中心が太陽とともに公転し、その一

方でξの周りに描かれた離心円上を公転するのであれば、太陽そのものもξの周りに描かれた離心円上を公転するだろう。ところが、太陽の運動はτの周りで規則的に行われる。それ故に、太陽の離心値ατはξで2等分しなければならない。火星の同心円の中心と太陽の中心とが同じように公転し、同じように遠地点にきて、同じように遠地点をずらし、同じように動きが速くなったり遅くなったりし、同じ円軌道を描きながら、それにもかかわらず地球からのそれらの円の隔たりが同一の側にあっても相異なりうる、というのは真実らしくないからである。

　以上で3説における証明の形を示したので十分であろう。以後は同じ論証が必要になったら、冗長になりすぎないように、より単純な形としてコペルニクス説だけを用いたい。すでに勤勉な読者は、これらの各々の図を平行線を用いながらどのようにしてプトレマイオス説やコペルニクス説の形に変えられるか、わかっただろうから。

# 第27章

## 初更の位置ではないが同じ離心位置にある火星の別の4つの観測結果から、地球軌道の離心値、遠日点、獣帯上の火星の離心位置と合わせて地球の各位置での軌道相互の比を論証する

これまでは大体、平均運動の修正や先に見出した均差の仮説と合わせて火星の遠日点を用いてきた。獣帯上の火星の経度を決める場合、こういうものにたった1′でも誤差が出ると、この課題では大きな不都合が生じる。しかもこれは容易に起こりうる。

そこで今度は、どんな疑いもありえない火星の公転周期とティコの算出した獣帯上の太陽の位置以外には何ひとつとして受け入れないようにしよう。不可能に導く証明〔帰謬法〕でよく行われるように、われわれは離心位置を想定はするが、その位置自体も想定を繰り返しやり直して証明しよう。

観測結果は以下のとおりである。

| | | | | |
|---|---|---|---|---|
| 1585年 | 5月 7日 | 11時26分 | 獅子宮25°55′ | 北緯1°33′ |
| | 5月12日 | 10時 8分 | 獅子宮28° 3′30″ | 北緯1°24′30″ |
| 1587年 | 3月27日 | 9時40分 | 処女宮18°21′45″ | 北緯2°55′40″ |
| | 4月 1日 | 9時30分 | 処女宮17°11′ | 北緯2°43′30″ |
| 1589年 | 2月12日 | 朝 5時13分 | 天蠍宮 8°48′ | 北緯2° 9′ |
| 1590年 | 12月28日 | 朝 7時 8分 | 天蠍宮 8° 6′ | 北緯1°14′ |
| 1591年 | 1月 5日 | 朝 6時50分 | 天蠍宮12°44′24″ | 北緯1°23′15″ |

1589年には他の日につながるような日がたった1日しかなくて、前後に長期にわたって観測結果が全くないので、他の時点はこの時点に換算しなければならない。そうすると、太陽と火星の視位置、火

星の離心位置を伴うそれらの時点の一覧表は以下のようになる。

|  時点 | 太陽 | 火星 | 最初の想定による離心位置 |
| --- | --- | --- | --- |
| 1585年 5月10日朝6時11分 | 28°55′45″金牛宮 | 26°54′30″獅子宮 | 5°22′ 2″天秤宮 |
| 1587年 3月28日朝5時42分 | 16°50′24″白羊宮 | 18°12′　　処女宮 | 5°23′38″天秤宮 |
| 1589年 2月12日朝5時13分 | 3°41′40″双魚宮 | 8°48′15″天蝎宮 | 5°25′14″天秤宮 |
| 1590年12月31日朝4時44分 | 19° 6′48″磨羯宮 | 9°47′10″天蝎宮 | 5°26′50″天秤宮 |

図は先のようなものとする。すなわち$\alpha$は太陽、$\beta$は地球の離心円の中心、$\zeta, \delta, \varepsilon, \gamma$は地球の4つの位置、$\eta$は離心円上の火星の位置である。あらゆる点を相互に結ぶ。与えられた資料から出てくる数値は以下のとおり。

| 既知の角 | | | ここから与えられる線分の大きさ | |
| --- | --- | --- | --- | --- |
| $\alpha\zeta\eta$ | 87°58′45″ | $\alpha\eta\zeta$ | 38°27′32″ | $\alpha\zeta$ | $62227\frac{1}{2}$ |
| $\alpha\varepsilon\eta$ | 151°21′36″ | $\alpha\eta\varepsilon$ | 17°11′38″ | $\alpha\varepsilon$ | 61675 |
| $\alpha\delta\eta$ | 114°53′25″ | $\alpha\eta\delta$ | 33°23′ 1″ | $\alpha\delta$ | 60658 |
| $\alpha\gamma\eta$ | 69°19′38″ | $\alpha\eta\gamma$ | 34°20′20″ | $\alpha\gamma$ | 60291 |

第26章の手法による

エウクレイデス第3巻21により、$\zeta\delta\varepsilon$と$\zeta\gamma\varepsilon$の2角は弧$\zeta\varepsilon$の上に立つ円周角だから、この2角は等しいはずである。そこで2角が等しくなるように、さしあたりは獣帯上で$\alpha$に立つ$\alpha\eta$を前後に動かして行かなければならない。この最初の想定で獣帯上の$\alpha\eta$の位置が与えられているので、$\zeta\delta\varepsilon$と$\zeta\gamma\varepsilon$が等しくなりうるかどうか、吟味する。そうすれば$\alpha\eta$の想定が正しいかどうか明らかになる。

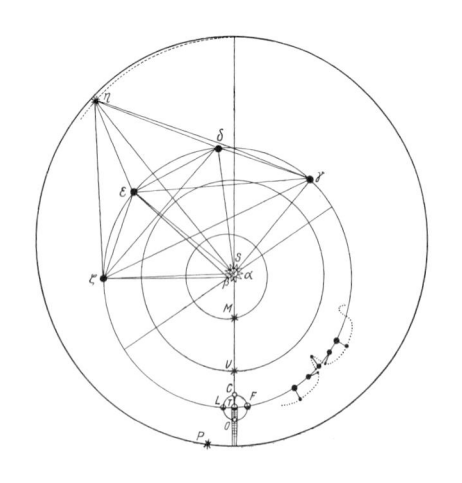

第3部——第2の不整すなわち太陽もしくは地球の運動の研究

次の4つの三角形で ……………………ζαδ、δαε、εαγ、ζαγ
次の4つの角を求める ……………………ζδα、εδα、εγα、ζγα
そうすると次の角が得られる…………εδζ、εγζ

これらの三角形はどれを取っても、ティコの出した太陽の位置と分点歳差による修正により、αにある角が与えられる。一方、その角を挟む2辺はついさっき見出した。したがって、他の角も与えられる。

| わかっている角 | | 見出された角 | | | |
|---|---|---|---|---|---|
| ζαδ | 85°17′17″ | ζδα | 48°8′59″ | ここから | |
| εαδ | 43°10′20″ | εδα | 69°37′0″ | εδζ 21°28′1″ | 9′の差 |
| εαγ | 87°46′48″ | εγα | 46°47′36″ | ここから | |
| ζαγ | 129°53′45″ | ζγα | 25°28′30″ | εγζ 21°19′6″ | |

この2角が完全には等しくならなかったので、第2の想定を用いて恒星下でαηを2′進めた。するとεδζが21°40′9″、εγζが21°22′14″となるのを見出した。差は18′で、これは先の不一致の2倍である。ここから、αηを順行方向に進めるのではなく逆行方向に戻さなければならないとわかった。

経度上の位置での第16章の仮説の錬磨

1585年における火星の離心円上の位置を天秤宮5°20′2″とする第3の想定では、εδζは21°15′54″、εγζは21°13′54″となる。なお2′の差があるが、これは無視しても大丈夫だろう。けれども、比例を使うと、第22章で火星の位置を反対側の半円で1′順行方向に進めたように、この個所では火星の離心円上の位置を2′30″だけ逆行方向に置くべきことがわかる。こういうことはいずれも離心値の増大と遠日点の若干の引き戻しによって起こる。

残る課題の探求に向かおう。求める角がどちらも小さくなったので、αηの引き戻しによってそれらの角はいっそう小さくなるだろう。そこで、各々の角を21°13′、その中心角のζβεを2倍の42°26′としよう。そうするとζεβは68°47′になる。

三角形ζαεにおいて角ζαεは42°6′57″で、その角を挟む2辺は新たな修正から与えられ、αζが約62177、αεが約61525となる。ここからζεαは69°43′31″、ζεは44518となる。ところが、この同じζεは（ζεを弦とする）中心角ζεβから算出すると、εβを100000とした場合72379である。そこでεβを100000とするとαηは162818であり、したがってαεは100174である。またζεαからζεβを引くとβεαの0°56′31″が残り、βαεは83°30′である。そこで遠日点は磨羯宮10°19′にあり、離心値のαβは1653となる。

　再びすっかり3600の半分の値に接近した。ちょうど遠地点に至ったとき、おそらく完全にその値に到達するだろう。

　ただし、地球軌道が完全に円ではなくて両脇で狭くなっていると想定すると、αηが163100より少し小さくなると知るべきである。その場合には離心位置から1′30″を引き、地球の離心値として1800を用い、遠日点として磨羯宮5°30′を取ると、火星の見える位置は以下のようになる。

獅子宮26°55′　処女宮18°11′40″　天蠍宮8°49′　天蠍宮9°44′20″
先の表に掲げたしかるべき位置
獅子宮26°54′30″　処女宮18°12′　天蠍宮8°48′15″　天蠍宮9°47′10″

　この想定は1604年2月29日ないし3月10日の私の観測結果にも合致する。この日から次の日にかけての夜に私は自身の機器で火星が天秤宮26°18′48″で正中するのを発見したが、以上の想定から計算すると、それは天秤宮26°17′30″になる。なお、観測する数時間前の8時40分にも火星は同じ離心位置にあった。

　しかも、ここでは火星が緯度を取るので、先ほど見出したばかりのαηは黄道面における太陽の中心から点ηまでの距離で、この点には、先に第20章で明らかにしたように、火星の本体から垂線を下ろせる。そこで太陽の中心から火星の本体までの真の距離は37単位分というほんの少しだけ長くなるだろう。

第3部——第2の不整すなわち太陽もしくは地球の運動の研究　　　　322

# 第28章

**獣帯上の太陽の位置だけでなく
離心値1800から地球と太陽の距離も想定し、
同じ離心位置に来る火星をかなり多く
観測することによって、太陽から火星までの距離と
離心位置とがあらゆる所で一致するかどうか見る
この議論により、太陽の離心値がちょうど1800であり、
想定の正しかったことが確認される**

3度目も火星の離心位値を、先に発見した初更の観測結果による仮説に従って立てられると想定していないが、読者はそれに驚かないでほしい。すでに述べたように、その仮説はたんなる代用仮説（hypothesis vicaria）で自然に即しているわけではなく、したがってその信頼性は観測結果から強いられるかぎりのものであり、観測結果の中間にある位置では若干ずれる可能性があるからである。それに、太陽と火星の距離を円軌道全体の至る所で確実に探求できるような種々の論証法を自由に使えるのは、われわれにとって有益である。ここでも新たな形を以下に掲げる。

観測結果は次のとおりである。

| | | | | |
|---|---|---|---|---|
| 1583年 | 4月22日 | 9時40分 | 獅子宮 1°17′ | 北緯1°50′40″ |
| 1585年 | 3月 9日 | 9時10分 | 獅子宮11°49′6″ | 北緯3°29′6″ |
| | 3月11日 | 5時 | 獅子宮11°45′30″ | 北緯3°24′10″ |
| | 3月12日 | 5時 | 獅子宮11°45′45″ | 北緯3°21′40″ |
| 1587年 | 1月26日 | 朝5時 | 天秤宮 4°41′45″ | 北緯3°26′ |
| | 1月28日 | 朝5時 | 天秤宮 4°41′ | 北緯3°27′ |
| 1588年 | 12月 5日 | 朝6時30分 | 天秤宮 9°23′ | 北緯1°44′45″ |
| | 12月15日 | 朝6時10分 | 天秤宮14°35′40″ | 北緯1°54′ |
| 1590年 | 10月31日 | 朝6時15分 | 天秤宮 2°57′20″ | 北緯1°15′30″ |

火星を最後の時刻の離心円上の位置に置き換えるために他の観測時刻を調整すると、以下の時点が出てくる。必要な太陽の位置と、これまでに立てた仮説から算出した太陽と地球の距離とをこれに書き加えた。こういう苦労をして吟味しているのは、まさにこの距離にほかならない。なお、これらの距離を計算する技法は少し後の第30章に出てくる。

| 午前 | 火星の位置 | 太陽の位置 | 太陽と地球の距離 |
|---|---|---|---|
| 1583年 4月23日8時 6分 | 獅子宮 1°29′30″ | 金牛宮12°10′ 3″ | 101049 |
| 1585年 3月10日7時40分 | 獅子宮11°48′20″ | 双魚宮29°41′ 4″ | 99770 |
| 1587年 1月26日7時10分 | 天秤宮 4°41′45″ | 宝瓶宮16° 5′55″ | 98613 |
| 1588年12月13日6時45分 | 天秤宮13°35′40″ | 磨羯宮 1°44′53″ | 98203 |
| 1590年10月31日6時15分 | 天秤宮 2°57′20″ | 天蠍宮17°28′33″ | 98770 |

観測結果を観測日からわれわれの掲げた時点に導くことについていうと、第1の時刻では日運動をマジーニから採った。わずかな時間の間隔では誤差を生じる恐れがないからである。他の時刻にはその前後の観測結果があった。ただし最後から2番目の時刻ではマジーニの一連の日運動を調べてみた。12月15日のころには日運動が30′だったが、12月5日ころは32′だったからである。最後の時刻には火星が23°の高度にあって大気差の影響下にあり、緯度ではたやすく2′の不足が起こりえた（ティコは、恒星の大気差を惑星にも適用すべきだがこの高度では影響がなくなるのに対して、太陽の大気差はもっと高い所まで影響を及ぼし、この高度では約4′だと主張した。だが、こういう区別は『天文学の光学的部分』137頁で検討して打破した。太陽の視差に変更すべきことが何かあったとしたら、この区別はいっそう疑わしくなるだろう）。けれども、この大気差は火星の経度をそれほど損なわない。

　$\alpha$は太陽の本体、$\alpha\beta$は地球の離心値で1800とし、長軸線が巨蟹宮5°30′にあり、$\zeta$, $\varepsilon$, $\delta$, $\gamma$, $\theta$は地球の位置で、火星の本体は5回とも1公転周期を完全に終えたので離心円上の同じ位置$\eta$にあると

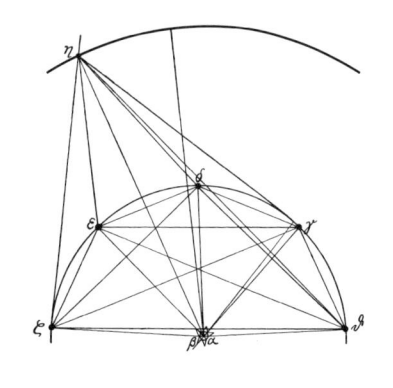

する。あらゆる点を相互に結ぶ。求めようとするのは$\alpha\eta$とその獣帯上での位置、つまり角$\eta\alpha\theta$や角$\eta\alpha\gamma$、その他の$\alpha$を頂点とする角である。これを地球の2つの位置から以下の手順で行う。まず、この2つの位置を$\varepsilon$, $\delta$とする。すると三角形$\varepsilon\alpha\delta$において2辺$\varepsilon\alpha$ 99770と$\alpha\delta$ 98613および角$\varepsilon\alpha\delta$は与えられており、他の項つまり角$\delta$、角$\varepsilon$と辺$\delta\varepsilon$を求めなければならない。

| | | | | |
|---|---|---|---|---|
| $\alpha\varepsilon$ | 99770 | | 29° 41′ 4″ | 双魚宮〔1585年の太陽の位置〕 |
| $\alpha\delta$ | 98613 | | 16° 5′ 55″ | 宝瓶宮〔1587年の太陽の位置〕 |
| | 1157 | 〔$\alpha\varepsilon - \alpha\delta$〕 | 43° 35′ 9″ | |
| | 198383 | 〔$\alpha\varepsilon + \alpha\delta$〕 | 歳差の分 1′ 36″ | |
| | 991915 | 5 | $\varepsilon\alpha\delta$ 43° 36′ 45″ | |
| | 165085 | | 136° 23′ 15″ | 〔角$\varepsilon\alpha\delta$の補角〕 |
| | 158706 | 8 | 68° 11′ 38″ | 〔補角の半分〕 |
| | 6379 | 3 $\left[583 = \dfrac{\alpha\varepsilon - \alpha\delta}{\alpha\varepsilon + \alpha\delta}\right]$ | その正接 249813 | |
| | | | 583 | |
| | | | 12491 | |
| | | | 1998 | |
| | | | 75 | |
| | | | 1456 | 〔積つまり249813×583の最初の4桁〕 |
| | | | 68° 11′ 38″ | |
| | | | 50′ 3″ | 〔$\tan^{-1} 0.01456$〕 |
| | | $\alpha\delta\varepsilon$ | 69° 1′ 41″ | |
| | | $\alpha\varepsilon\delta$ | 67° 21′ 35″ | |

第28章 獣帯上の太陽の位置だけでなく離心値1800から……

| | | | | | |
|---|---|---|---|---|---|
| 68977 | | [sin. εαδ] | 99770 | | [αε] |
| 93376 | | [sin. αδε] | 73870 | | |
| 653632 | 7 | | 664830 | | |
| 36138 | | | 66483 | | |
| 28013 | 3 | | 5171 | | |
| 8125 | | | 517 | | |
| 7470 | 8 | | 73700 | δε | [積つまり |
| 655 | 7 | | | | 99770×73870 |
| 654 | 0 | | | | の最初の5桁] |
| 1 | | [73870 = $\frac{\sin \angle εαδ}{\sin \angle αδε}$] | | | |

以上の値を調べたら上の三角形 εηδ に移る。

|  | εα 29°41′ 4″ 双魚宮 | δα 16° 5′55″ 宝瓶宮 |
|---|---|---|
|  | εη 11°48′20″ 獅子宮 | δη 4°41′45″ 天秤宮 |
| 故に、 | αεη 132° 7′16″ | αδη 131°24′10″ |
| 一方、先に | αεδ 67°21′35″ | αδε 69° 1′41″ |
| したがって残る角 | ηεδ 64°45′41″ | ηδε 62°22′29″ |
| これらの角と2直角を作る残りの角 | | εηδ 52°51′49″ |

こうして、角 ε、角 η、角 δ と1辺 εδ が与えられ、辺 εη も出てくる。

| 角 εηδ の正弦 79718 | | | εδ 73700 | | |
|---|---|---|---|---|---|
| 角 ηδε の正弦 88600 | 8 | | 89972 | | εη |
| 8838 | | | 719776 | 8 | |
| 7974 | 9 | | 17224 | | |
| 864 | | | 8997 | 1 | |
| 797 | 9 | | 8226 | | |
| 67 | | | 8097 | 9 | |
| 62 | 7 | | 129 | | |
| 5 | 1 | | 90 | 1 | |
| | | | 39 | 5 | |

最後に三角形 ηεα も解く。この三角形で与えられている値は、

|     | εη | 81915 |
|-----|----|-------|
|     | εα | 99770 |

| 差 | 17855   |       |       | 先のとおり | αεη | 132° 7′ 16″ |
|---|---------|-------|-------|----------|-----|-------------|
| 和 | 181685  |       |       | 補角      |     | 47° 52′ 44″ |
|   | 1635165 | 9*    |       | その半分   |     | 23° 56′ 22″ |
|   | 150335  |       |       | その正接   |     | 44396       |
|   | 145348  | 8     |       |          |     | *9823       |
|   | 4987    |       |       |          |     | 39956       |
|   | 3834    | 2     |       |          |     | 3552        |
|   | 1153    |       |       |          |     | 89          |
|   | 1150    | 3     |       |          |     | 13          |
|   |         |       |       |          |     | 4361        |

23° 56′ 22″　〔角 αεη の補角の半分〕
 2° 29′ 50″　〔tan⁻¹ 0.04361〕
εαη 21° 26′ 32″

ところが1585年の αε の位置は　　29° 41′ 4″　処女宮
したがって1585年の αη の位置は　　 8° 14′ 32″　処女宮

| 角 εαη の正弦 | 36556 |   |   | εη | 81915 |
|---------------|-------|---|---|----|-------|
| 角 αεη の正弦 | 74173 | 2 |   |    | 202903 |
|               | 73112 | 0 |   |    | 1638300 |
|               | 10610 |   |   |    | 16383 |
|               | 7311  | 2 |   |    | 7372 |
|               | 3299  | 9 |   |    | 25 |
|               | 3290  | 0 |   | 求めていた αη | 166208 |
|               | 9     | 3 |   |    |       |

ζ、γ、θ における残る3つの観測によってもこれと同じ αη の位置と長さが認められたら、それには非常に大きな確信をもてるだろう。

そこで、これまでε、δによって行ってきたのと同様に、今度はζ、γによって計算を進めて同じαηを求めてみよう。

### 角ζ、角γと線分ζγの算定のために

| | | | | | |
|---|---|---|---|---|---|
| αζ | 101049 | | 12° 10′ 3″ | 金牛宮 |
| αγ | 98203 | | 1° 44′ 53″ | 磨羯宮 |
| | 2846 | | 130° 25′ 10″ | |
| | 19925 | 1 | 歳差の分 4′ 48″ | |
| | 8535 | | 130° 29′ 58″ | |
| | 7970 | 4 | 49° 30′ 2″ | |
| | 565 | | 24° 45′ 1″ | |
| | 399 | 3 | 46101 | |
| | 166 | | 1438 | |
| | 159 | 8 | 4610 | |
| | | | 1844 | |
| | | | 138 | |
| | | | 37 | 24° 45′ 1″ |
| | | | 663 …… | 22′ 48″ |
| | | | αγζ | 25° 7′ 49″ |
| | | | αζγ | 24° 22′ 13″ |

| | | | | |
|---|---|---|---|---|
| 76041 | | | 179055 | |
| 42468 | 1 | | 101049 | |
| 335730 | | | 1790550 | |
| 297276 | 7 | | 17905 | |
| 38454 | | | 716 | |
| 38221 | 9 | | 162 | |
| 233 | 0 | ζγ | 180933 | |
| 212 | 5 | | | |
| 21 | 5 | | | |

今、三角形ζηγにおいて

| | | | | | | |
|---|---|---|---|---|---|---|
| | ζη | 1°29′30″ | 獅子宮 | γη | 13°35′40″ | 天秤宮 |
| | ζa | 12°10′3″ | 金牛宮 | γa | 1°44′53″ | 磨羯宮 |
| 故に、 | ηζa | 79°19′27″ | | ηγa | 78°9′13″ | |
| だが、 | γζa | 24°22′13″ | | ζγa | 25°7′49″ | |
| 故に、 | ηζγ | 54°57′14″ | | ηγζ | 53°1′24″ | |

これらと2直角を作る残りの角　γηζ　72°1′22″

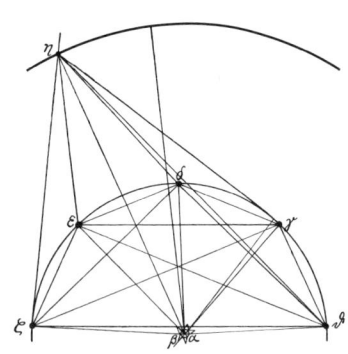

以下のことからも同じ角度が　　ζηの位置　1°29′30″　獅子宮
出てくる。　　　　　　　　　　γηの位置　13°35′40″　天秤宮
中間の時点での歳差を減じると　　　　　　13°30′52″　天秤宮
　　　　　したがって　γηζ　　72°1′22″

そこで三角形ζηγの3つの角と辺γζが与えられたので、辺ζηを求めると、

| | | |
|---|---|---|
| 79887 | | 180933 |
| 95118 | | 83987 $\frac{1}{2}$ |
| 760944 | 8 | 1447464 |
| 37926 | | 54280 |
| 28535 | 3 | 16284 |
| 9391 | 9 | 1447 |
| 8560 | 8 | 151960 |
| 831 | 7 $\frac{1}{2}$ | |
| 761 | | |

これがζηである。

第28章　獣帯上の太陽の位置だけでなく離心値1800から……

最後に、三角形 η ζ α において2辺とそれに挟まれた角が与えられる。

| ζη | 151960 | | | 79° 19′ 27″ | |
|---|---|---|---|---|---|
| ζα | 101049 | | | 100° 40′ 33″ | |
| | 50911 | 2 | | 50° 20′ 16″ | |
| | 253009 | 0 | | 120612 | |
| | 506018 | | | 20122 | |
| | 3096 | | | 241224 | |
| | 2530 | 1 | | 1206 | |
| | 562 | 2 | | 241 | |
| | 506 | | | 24 | |
| | 56 | 2 | | 24270 | |
| | | | | 50° 20′ 16″ | |
| | | [+αη⁻¹ 0.24270] | | 13° 38′ 39″ | |
| | そこで ζαη | | | 63° 58′ | |
| ところが1583年の αζ の位置は | | | | 12° 10′ 3″ | 天蠍宮 |
| したがって1583年の αη の位置は | | | | 8° 11′ 31″ | 処女宮 |
| | 歳差分 | | | 1′ 36″ | |
| そうすると1585年の位置は | | | | 8° 13′ 8″ | 処女宮 |
| 先に算出した1585年の位置は | | | | 8° 14′ 32″ | 処女宮 |
| | 差異 | | | 1′ 24″ | |
| 98269 | | | | 151960 | |
| 89861 | 10 | | | 109357 | |
| 84080 | | | | 1519600 | |
| 80875 | 9 | | | 136764 | |
| 3205 | | | | 4559 | |
| 2696 | 3 | | | 760 | |
| 509 | 5 | | | 106 | |
| 449 | | | 出てくる αη の値 | 166179 | |
| 60 | 7 | | 先の値 | 166208 | |
| | | | 差異 | 29 | |

こうして、ζとγにおける別の2つの観測結果によっても観測上の誤差の範囲内で同一の数値に至る。というのも、観測する場合ないしは観測した位置を観測しなかった日に導く場合に、1′30″の誤差を犯すことはありうるからである。

5番目のθの位置つまりθにおける観測結果の語る証言も見てみよう。

| | | |
|---|---|---|
| 既知のθαの位置 | 17°28′33″ | 天蝎宮 |
| | 想定するθαの値 | 98770 |
| 観測されたθηの位置 | 2°57′20″ | 天秤宮 |

したがって角αθη　　　44°31′13″　この角にもっと長いαηを対置すると、αηをその分だけ順行方向にもっと遠く推し進めることになり、その反対のことをすれば逆になる。

そこで最初に認めたようにαηを166208とする。

αη対角αθη〔の正弦〕はαθ対角αηθ〔の正弦〕に等しい。

| 98770 | | 70116 | |
|---|---|---|---|
| 166208 | | 59426 | |
| 831040 | 5 | 415982 | |
| 156660 | | 594 | |
| 149587 | 9 | 59 | |
| 7073 | | 41665 | |
| 6648 | 4 | | |
| 425 | | | |
| 332 | 2 | | |
| 93 | 6 | | |

| | | |
|---|---|---|
| 算出される角αηθ | 24°37′28″ | |
| 1590年のθηの位置 | 2°57′20″ | 天秤宮 |
| したがって1590年のαηの位置 | 8°19′52″ | 処女宮 |
| 歳差分 | 4′48″ | |
| そこで1585年のαηの位置は | 8°15′4″ | |
| 最初に算出された位置は | 8°14′32″ | |
| 差異 | 0′32″ | |

したがって、αηそのものを非常にわずかだけ短縮することによってαηは最初の2つの観測結果と全く同じ位置にくる。

ここから、αζ、αε、αδ、αγ、αθの距離と離心値αβとして適切な想定のもとに適切な値を取ったことが、明らかになる。これとは違った距離を取ったら（やはりそういう距離はほぼひとつの円周上にきて、獣帯上のしかるべき位置にあっただろうが、それでも）5つの観測結果の全てから同一のαηの距離とその獣帯上の位置が出てくることは、ありえないからである。

αη自体の長さについては、主としてζ、γ、θにおける観測結果を信頼しよう。地上で物の距離を測る通常の方法では、物の占める位置が相互に遠く離れているほど、表示目盛の差も明確になるからである。

一方、獣帯上の位置においては、むしろε、δにおける観測結果のほうを信頼しよう。αηの長さに何か小さな誤差があっても、ε、δに視点を置けばその誤差は完全に斜め方向に提示されて、はっきりとは角度を変えないからである。

またαηは1583年から1590年までの7年間の範囲内では、遠日点の進み方が非常に遅いために感知できるような伸張が全く起こらないことも、忘れてはならない。

要するに、1590年10月31日朝6時15分に火星は離心運動によって処女宮8°19′20″にあったが、初更の観測結果から立てた仮説では処女宮8°19′29″に置かれる。その距離は166180だが、これは緯度のために伸張されるべきで、それ故に太陽の中心から火星の本体までの距離は約166228となる。

# 第29章

# 離心値を知り太陽と地球の距離を定める方法

　ティコの発見した離心値を半分にすると太陽と地球の距離が定められることは、十分に証明されたと思う。『天文学の光学的部分』第11章で示したように、これは太陽の直径を夏と冬に観測することでもしばしば証明されるが、『宇宙の神秘』でも第15章53頁の小さな一覧表で驚くほどみごとに証明されている。そこでは、火星、金星、水星のプロスタパイレシスが月の軌道を入れると不足し、省略すると過剰になった。したがって、月の軌道を保持して太陽の離心値を2等分すればほぼ適正な値に到達するだろう。

　同じことは、(すでに前章で始めたように)2等分によって得られるこれらの距離を用いると結果として現れることを見れば、いっそう頻繁にきわめて明瞭に証明される。そこで、これらの距離を自由に使えるようにするために、それがどのようにしたら容易に算出できるか、幾何学的証明を用いて示そう。

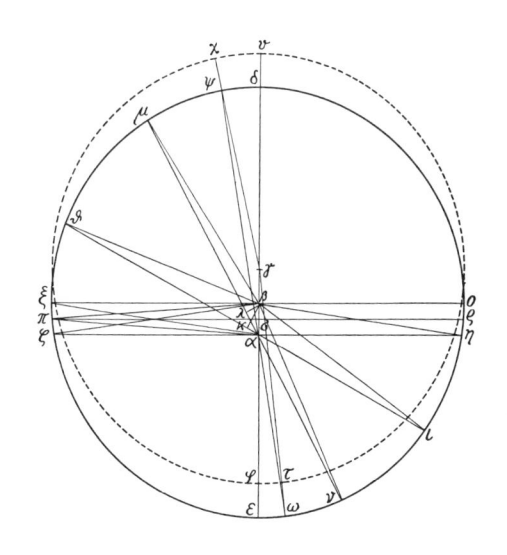

直線αδにおいてαを太陽の本体(ティコにとっては地球の本体、プトレマイオスにとっては周転円を固定する中心)とする。βは地球の離心円ζδηの(ティコにとっては太陽と年周軌道の、プトレマイオスにとっては周転円の)中心とする。αβを延長して離心円との交点をδ、εとする。するとδが遠日点もしくは遠地点、εが近日点もしくは近地点になる。またβγがαβに等しくなるようにして、γを運動の中心つまりエカントとする。この点から見ると地球(プトレマイオスでは周転円の中心、ティコでは太陽と全ての離心円の固定点)が等しい時間で等しい角を作るわけである。ティコとヘッセン方伯の観測結果に従ってαγを3600とする。一方、私がこれまで論証してきた変更に従ってαβを1800とする。αを通ってδεと直交する線ζηを引き、円との交点をζ、ηとする。同じくαを通ってδεに対し傾斜した直線θιを引き、円周との交点をθ、ιとする。そして4点θ、ι、ζ、ηを中心βと結ぶ。地球(太陽もしくは惑星)はγの周りを等速で動き、したがってβの周りでは等しい速さで動かないとしても、地球はやはりβを中心として描いた円の円周上にある、ということも初めに想定しておこう。なお、第2章で論証した理論的等値性(混乱を避けるためにそれを一般的なプトレマイオス説には適用しない)により、上に述べたことは、地球(もしくは太陽)が、αを中心とし周転円の半径がαβと等しい同心周転円上を不等な速さで動く、そして周転円の中心が描く同心円の弧は地球(もしくは太陽)が描く周転円の弧と類似しているので、地球(もしくは太陽)も周転円の中心も等しい時間で動く距離が不等になり、こうして共に遅くなったり再び速くなったりする、という主張と同じになる。この説の物理的な説明は少し後に延ばす。

今は以上のように想定して距離を定める仕事に取りかかろう。βδが100000でβαが1800でありαβδは直線だから、遠日点距離αδはβδとβαの両者を足すと得られる。またβεも100000だから、ここからαβを引くと近日点距離αεが残る。

またβαζは直角でζβが100000つまり正弦全体の値〔sin∠R = 1〕だから、αβは角αζβの正弦なので、角αζβは1°1′53″である。これがつ

最長距離と最短距離

中間位置の距離

まり太陽もしくは地球の均差の視覚的部分である。すなわち、視覚的部分と物理的部分とから成る、平均的な長さ〔遠日点と近日点の真ん中あたりに来る場合〕の最大均差は、正弦の値として離心値全体の3600（あるいは3592）を取る。そこで太陽もしくは地球がδからζに来ると、公転周期の4分の1より2日多くかかるけれども、1周する場合の全行程の4分の1より1日分だけ多い道筋しか描かず、この間つまり公転周期の描く四分円では、物理的な減衰から、かかるはずの日数より1日だけ長い日数しか費やさない。

　ところがαζの距離を見ると、直角三角形ζαβにおいて鋭角の一方は与えられているので、もう一方の角ζβαは1直角からこの角を引いた残り、つまり88°58′7″となる。したがってαζはこの角の正弦つまり99984であり、反対側のαηもやはり同じ距離になる。

残りの距離

　中間にある、互いに反対側にくる平準アノマリアの2つの角度における距離を見出すには、離心値を算出する起点となる〔太陽の〕本体αを通る線分θιを見てみるとよい。★016 例えば、δαθとδαιは平準アノマリアで、θとιがαを間に置いて同一直線上にあるから、互いに反対側にある。βからθιに垂線を下ろしてこれをβκとすると、θκとκιは等しい。そこで直角三角形βκαにおいて、底辺βαは与えられており、また取りあげた平準アノマリアの角度そのままの値からκαβと、その余角のκβαも与えられる。したがって辺καとκβも知られる。またκβは角κθβもしくはκιβの正弦で、これが与えられれば、その余角のθβκもしくはιβκとその正弦も知られよう。それが線分θκもしくはκιである。そこでκαをκθに足すとαθが得られ、καをκιから引くとαιが得られる。αθが平準アノマリアδαθにおける距離であり、αιが平準アノマリアδαιにおける距離である。このαιと等しい距離はαθのある半円のほうにもあって、それは、αιがδη側の半円において遠日点から離れているのと等しい分だけ、δθ側の半円において遠日点から離れている。

簡便な方法

　今、αを通る直線μνを引いて円との交点をμ、νとし、κβαと等しい角μαδを作る。βからμνに垂線βλを下ろしてμνをλで2等分し、μ、

第29章　離心値を知り太陽と地球の距離を定める方法

νとβを結ぶ。καβは先の角度そのままの大きさの角だから、残る角κβαもそれと等しいμαδも先の角度そのままの大きさの角となる。そして三角形βκα、βλαにおいて、辺καは同類の辺λβと、κβはλαと等しくなる。またλβは角λμβ、λνβの正弦であり、角λμβの余角が角λβμ、λβνで、この角の正弦が線分λμ、λνである。そしてλμ、λνとαμ、ανとの差がλαである。ところが、λα、λβの大きさは三角形αβκにおいてすでに見出されている。したがって、唯ひとつの三角形の助けによって、長軸線とαを通って長軸線に直交する垂線ζηとから隔たった、αを中心にして等しい角を取る4つの距離を見出すことができる。角μαζはθαδと等しく、角ναηはιαεと等しいからである。

こうして、距離はδで最長、εで最短となるが、線分βζと等しい平均距離は、ζ、ηにはないし、またβを通りζαと平行な線分をξoとすると、ξ、oにもない。というのも、αζは、直角であるζαβより小さな角ζβαに対する辺なのでβζより小さく、また線分αξを作ると、これは（直角である）大きな角ξβαに対する辺となり、一方、ξβはそれより小さな角ξαβに対する辺なので、αξのほうがβξより長いからである。

平均距離を取る位置を幾何学的に表示するには、αβをσの記号の所で2等分し、σを通ってαβと直交する直線πρを引き、円との交点をπ、ρとする。この記号で表された点がαとβとから等距離にある、と私は主張する。

すなわち、一方の記号πをαおよびβと結ぶと、παとπβは（直角となる）等しい角πσα、πσβに対する辺となり、ασとσβは等しく、πσは共通の辺となる。したがってπαとπβは等しい。こうしてラインホルトがαγ全体とその中点βについて用いた論証は、点σと〔αγの〕半分のαβについてもそのまま真となる。

★017

そこで、πにおいてはその距離απが半径のβπと等しくなるので、角βπαもβζαより大きく、こうして最大均差がπにくる、と考える人がいるかもしれない。その場合に用いられる論拠は、線分βαがζよりもπのほうの正面にきていることである。だが、提出された

最長と最短の平均となる距離のある所

最大均差を取る所

第3部――第2の不整すなわち太陽もしくは地球の運動の研究　　336

論拠は正しくない。πσのほうがζαより長いので、ζが線分βαを斜めに見ている分だけ、逆にπのほうがζよりβαから遠くに離れているからである。なおπσのほうが長いのは、角πβσがζαに対する角ζβαより大きいからである。

したがって、最大均差（離心円単独の均差ないしは視覚的均差）がζにくる、とプトレマイオスが論証し、彼に従ってラインホルトも『惑星論』でそう論証したのは正しい。けれども、私はその論証をここで別のもっと簡単な形で提示しよう。ζより上にθのような任意の記号を付し、またηないしζより下にιのような任意の記号を付す。これをαと結ぶ。βからθαないしはιαに垂線を下ろして延ばし、これをβκとする。δαζとβκαは直角で等しく、κβαとκαβは足すと1直角に等しい。したがって、同一の角であるδαθつまりβακを等しい角δαζ、βκαから引くと、残る角θαζとκβαも等しくなる。そこでまず、点ζより上に先のθαのようなαを通る直線を引く。このθはζに非常に近かろうと隔たっていようと差し支えない。同時に、θαに対する垂線βκをβαと斜角を作るように下ろす。そうすると、βαは直角βκαに対する辺であるが、βκはそれより小さな鋭角βακに対する辺だから、βαはβκのようなどんな垂線よりも大きい。ところで、βζ、βθ、βιは等しく、βαζ、βκθ、βκιは直角なので、いずれもその直径がβζ、βθ、βιに等しい同じ大きさの円の半円上にくる。そこで、このような半円において、βαは（他より長いから）βκあるいは任意の垂線よりも大きな円弧に張る弦となる。したがって、その弧に立つ角βζαは角βθκあるいはπとかξのようなζより上にくる任意の点のプロスタパイレシスの角〔つまり均差〕より大きいことになる。これが証明すべきことだった。

この章で太陽と地球の距離の算出について述べたことは、惑星軌道を完全な円とする仮定に立つかぎり、火星の場合にも妥当する。その仮定が誤りだと発見したら、別の距離算出法をもってこよう。

# 第30章

# 太陽の地球からの距離の一覧表およびその用法

半円全体の（半円の反対側も遠地点から等角度にあれば等距離にある）平準アノマリアのいわば全角度に対する太陽の距離を、以上に述べた方法で立てて、ここで表にまとめた。この表は3つの欄から成る。平均アノマリアという第1の欄にあるのは、δβμ、δβθ、δβξ、δβι、δβνのような角で、これは整数の角度を取るδαμ、δαθ、δαξ、δαι、δανのような角と、その視覚的均差ないしは離心円の均差となるβμα、βθα、βξα、βια、βναのような角から成る。第2の欄には、それに対する距離αμ、αθ、αξ、αι、ανが並ぶ。第3の欄では、平準アノマリアという表題の下にここでは表示しなかった角が並ぶ。ただし、この角の出てくる根拠は一部はすぐに、一部は第31章と40章で明らかにする。なお、これはδαμ等々の角からαμβ等々の視覚的均差を引くと出てくる。そこで、整数の角度を取るδαμ等々の角にはどんな欄も設けなかった。それは両脇の欄にある角度の算術平均なのですぐ知られるし、後でわかるようにこの角は用いないからである。

そこで、必要に応じて固有の欄にある求める平均アノマリアか平準アノマリアのいずれから入っていくか、半円〔平角〕を上回る場合にはそのいずれかの角度を円全体〔360°〕から引いた角から入っていくと、地球から太陽までの求める距離が見出せる。なお、その数値は軌道半径を100000、離心値を1800としたときの値である。

こういうやり方をすると（つまり角δαζの距離αζを、角δαζがδβζより小さい分だけδαζより小さな角に割り当てるかぎり）、αの周りの地球（もしくは太陽）の周回路には、完全な円ではなくて卵形の道筋を適用するのが正しい。すなわち、（例えば）距離αζはそのままでは90°という整数になる角δαζによって立てられたものであって、演算ではこの角δαζを平準アノマリアと想定したが、その一方で、距離は、こ

★018

表の使用法

この表によって太陽ないし地球の軌道は卵形と仮定されること

の表で平準アノマリアと命名する、均差の$\beta\zeta a$を減じたアノマリアの角度によって引き出すよう指示される。したがって先には90°から99984が立てられたのに、90°からは99984を引き出せないようになる。この表では99984に対して平準アノマリア88°58′7″が見出せるが、これは念頭にあったアノマリアではないからであり、また90°を提示したら、円の規則に従い$\alpha\zeta$あるいは$\alpha\eta$は99984でなければならなかったのに、その距離はもっと下に求められて99953を示すからである。したがって、全ての距離は両脇ごとに$\zeta$と$\eta$のあたりで最も減少し、$\delta$と$\varepsilon$では全く減少しない。こうして円形の道筋の代わりにすっかり卵形の道筋に置き換えられる。[★019] 表の随所に掲げた平均アノマリアから入っても同じことが起こる。上で図を描いたときは平均アノマリアは$\gamma$を頂点とする角を指していたが、今は$\gamma$を頂点とする角よりも視覚的均差の分だけ小さな$\beta$を頂点とする角から入るからである。そして平均アノマリア91°1′53″が99984を示す。ところが、上ではこれは角$\delta\beta\zeta$の値だった。ただし、そこではこれは平均アノマリアでもなかった。平均アノマリアはこれより大きな角$\delta\gamma\zeta$だったからである。したがって、その平均アノマリア91°1′53″は先の場合には、ここで同じ大きさを取る平均アノマリアの91°1′53″がこの場合に示す距離よりも長い距離となった。これは全て正しいと言ってよい。しかし当惑したままでいる理由は何もない。実際のところ1°の相違が問題となっているので、距離の変化は1°の範囲内では100000分の31以上にはならないことがわかるからである。したがって、たとえ手法が粗雑であっても感知できるような誤差は全く生じないだろう。なお、他の惑星から類推して太陽の理論にもこの問題を持ち込むべき理由は、以下の第44章およびそれに続く章に見出されよう。惑星が描くと推定された図形の性質に関していうと、こういう手法は、粗雑どころかきわめて正当なのである。

　だが、図形の取る量的な数値に関していうと、救済策が適切な程度を越えるほどである。すなわち、平均アノマリア91°1′53″に対

応する平準アノマリア88°58′7″は99984ではなくて100000を示さなければならなかったが、この数値は図の距離と表の距離の平均なのである。こう言う理由は後回しにして第55章以下に述べることにしよう。

　すでに述べたとおり、誤差が100000分の31でもわれわれは感知できるような誤りを犯さないだろう。したがって、誤差がその半分の16だと感覚的にはきわめてささいな支障しか生じないだろう。そこで、さしあたりこの小さな誤差は容認しても差し支えない。それは、ここまで読み進んできた読者の理解に合わせ、また論証すべきことをあらかじめ前提していると思われないようにするためである〔以下の表の表題にあるAnom.は「アノマリア」の略語。この表ではケプラーのいう真アノマリアを45°で一組としているので、45°、90°、135°の行は重複して記載されている〕。

| 平均 Anom. | 距離 | 平準 Anom. | 平均 Anom. | 距離 | 平準 Anom. |
| --- | --- | --- | --- | --- | --- |
| 度　分　秒 |  | 度　分　秒 | 度　分　秒 |  | 度　分　秒 |
| 0. 0. 0 | 101800 | 0. 0. 0 | 45. 43. 45 | 101265 | 44. 16. 15 |
| 1. 1. 5 | 101800 | 0. 58. 55 | 46. 44. 30 | 101242 | 45. 15. 30 |
| 2. 2. 10 | 101799 | 1. 57. 50 | 47. 45. 15 | 101219 | 46. 14. 45 |
| 3. 3. 14 | 101797 | 2. 56. 46 | 48. 45. 59 | 101195 | 47. 14. 1 |
| 4. 4. 18 | 101795 | 3. 55. 42 | 49. 46. 42 | 101172 | 48. 13. 18 |
| 5. 5. 23 | 101793 | 4. 54. 37 | 50. 47. 24 | 101147 | 49. 12. 36 |
| 6. 6. 27 | 101790 | 5. 53. 33 | 51. 48. 5 | 101123 | 50. 11. 55 |
| 7. 7. 31 | 101786 | 6. 52. 29 | 52. 48. 46 | 101098 | 51. 11. 14 |
| 8. 8. 36 | 101782 | 7. 51. 24 | 53. 49. 25 | 101073 | 52. 10. 35 |
| 9. 9. 40 | 101777 | 8. 50. 20 | 54. 50. 4 | 101047 | 53. 9. 56 |
| 10. 10. 44 | 101772 | 9. 49. 16 | 55. 50. 41 | 101022 | 54. 9. 19 |
| 11. 11. 48 | 101766 | 10. 48. 12 | 56. 51. 18 | 100995 | 55. 8. 42 |
| 12. 12. 52 | 101760 | 11. 47. 8 | 57. 51. 54 | 100969 | 56. 8. 6 |
| 13. 13. 55 | 101753 | 12. 46. 5 | 58. 52. 29 | 100942 | 57. 7. 31 |
| 14. 14. 58 | 101746 | 13. 45. 2 | 59. 53. 3 | 100915 | 58. 6. 57 |
| 15. 16. 1 | 101738 | 14. 43. 59 | 60. 53. 35 | 100888 | 59. 6. 25 |
| 16. 17. 3 | 101729 | 15. 42. 57 | 61. 54. 7 | 100860 | 60. 5. 53 |
| 17. 18. 6 | 101720 | 16. 41. 54 | 62. 54. 38 | 100832 | 61. 5. 22 |
| 18. 19. 8 | 101710 | 17. 40. 52 | 63. 55. 8 | 100804 | 62. 4. 52 |
| 19. 20. 9 | 101700 | 18. 39. 51 | 64. 55. 37 | 100775 | 63. 4. 23 |
| 20. 21. 10 | 101689 | 19. 38. 50 | 65. 56. 5 | 100747 | 64. 3. 55 |
| 21. 22. 11 | 101678 | 20. 37. 49 | 66. 56. 32 | 100719 | 65. 3. 28 |
| 22. 23. 11 | 101667 | 21. 36. 49 | 67. 56. 58 | 100690 | 66. 3. 2 |
| 23. 24. 11 | 101654 | 22. 35. 49 | 68. 57. 22 | 100660 | 67. 2. 38 |
| 24. 25. 10 | 101642 | 23. 34. 50 | 69. 57. 46 | 100631 | 68. 2. 14 |
| 25. 26. 9 | 101628 | 24. 33. 51 | 70. 58. 9 | 100601 | 69. 1. 51 |
| 26. 27. 8 | 101615 | 25. 32. 52 | 71. 58. 30 | 100571 | 70. 1. 30 |
| 27. 28. 6 | 101600 | 26. 31. 54 | 72. 58. 51 | 100542 | 71. 1. 9 |
| 28. 29. 3 | 101586 | 27. 30. 57 | 73. 59. 11 | 100511 | 72. 0. 49 |
| 29. 30. 0 | 101570 | 28. 30. 0 | 74. 59. 46 | 100481 | 73. 0. 31 |
| 30. 30. 56 | 101555 | 29. 29. 4 | 75. 59. 46 | 100451 | 74. 0. 14 |
| 31. 31. 52 | 101539 | 30. 28. 8 | 77. 0. 2 | 100420 | 74. 59. 58 |
| 32. 32. 47 | 101522 | 31. 27. 13 | 78. 0. 18 | 100389 | 75. 59. 42 |
| 33. 33. 42 | 101505 | 32. 26. 18 | 79. 0. 32 | 100359 | 76. 59. 28 |
| 34. 34. 36 | 101487 | 33. 25. 24 | 80. 0. 45 | 100328 | 77. 59. 15 |
| 35. 35. 29 | 101469 | 34. 24. 31 | 81. 0. 57 | 100297 | 78. 59. 3 |
| 36. 36. 22 | 101451 | 35. 23. 43 | 82. 1. 7 | 100266 | 79. 58. 53 |
| 37. 37. 14 | 101432 | 36. 22. 46 | 83. 1. 16 | 100235 | 80. 58. 44 |
| 38. 38. 6 | 101412 | 37. 21. 54 | 84. 1. 25 | 100203 | 81. 58. 36 |
| 39. 38. 57 | 101392 | 38. 21. 3 | 85. 1. 32 | 100172 | 82. 58. 29 |
| 40. 39. 47 | 101372 | 39. 20. 13 | 86. 1. 38 | 100141 | 83. 58. 22 |
| 41. 40. 36 | 101351 | 40. 19. 24 | 87. 1. 43 | 100109 | 84. 58. 17 |
| 42. 41. 24 | 101330 | 41. 18. 36 | 88. 1. 46 | 100078 | 85. 58. 14 |
| 43. 42. 12 | 101309 | 42. 17. 48 | 89. 1. 49 | 100047 | 86. 58. 11 |
| 44. 42. 59 | 101287 | 43. 17. 1 | 90. 1. 51 | 100015 | 87. 58. 9 |
| 45. 43. 45 | 101265 | 44. 16. 15 | 91. 1. 53 | 99984 | 88. 58. 7 |

| 平均 Anom. 度 分 秒 | 距離 | 平準 Anom. 度 分 秒 | 平均 Anom. 度 分 秒 | 距離 | 平準 Anom. 度 分 秒 |
|---|---|---|---|---|---|
| 91. 1. 53 | 99984 | 88. 58. 7 | 135. 43. 45 | 98719 | 134. 16. 15 |
| 92. 1. 51 | 99952 | 89. 58. 9 | 136. 42. 59 | 98698 | 135. 17. 1 |
| 93. 1. 49 | 99921 | 90. 58. 11 | 137. 42. 12 | 98676 | 136. 17. 48 |
| 94. 1. 46 | 99890 | 91. 58. 14 | 138. 41. 24 | 98655 | 137. 18. 36 |
| 95. 1. 43 | 99858 | 92. 58. 17 | 139. 40. 36 | 98634 | 138. 19. 24 |
| 96. 1. 38 | 99827 | 93. 58. 22 | 140. 39. 47 | 98614 | 139. 20. 13 |
| 97. 1. 32 | 99796 | 94. 58. 28 | 141. 38. 57 | 98595 | 140. 21. 3 |
| 98. 1. 25 | 99765 | 95. 58. 35 | 142. 38. 6 | 98575 | 141. 21. 54 |
| 99. 1. 16 | 99734 | 96. 58. 44 | 143. 37. 14 | 98557 | 142. 22. 46 |
| 100. 1. 7 | 99703 | 97. 58. 53 | 144. 36. 22 | 98538 | 143. 23. 38 |
| 101. 0. 57 | 99672 | 98. 59. 3 | 145. 35. 30 | 98520 | 144. 24. 30 |
| 102. 0. 45 | 99641 | 99. 59. 15 | 146. 34. 36 | 98503 | 145. 25. 24 |
| 103. 0. 31 | 99610 | 100. 59. 29 | 147. 33. 42 | 98486 | 146. 26. 18 |
| 104. 0. 18 | 99580 | 101. 59. 42 | 148. 32. 47 | 98469 | 147. 27. 13 |
| 105. 0. 2 | 99549 | 102. 59. 58 | 149. 31. 52 | 98453 | 148. 28. 8 |
| 105. 59. 46 | 99519 | 104. 0. 14 | 150. 30. 56 | 98437 | 149. 29. 4 |
| 106. 59. 29 | 99489 | 105. 0. 31 | 151. 30. 0 | 98422 | 150. 30. 0 |
| 107. 59. 11 | 99459 | 106. 0. 49 | 152. 29. 3 | 98407 | 151. 30. 57 |
| 108. 58. 51 | 99429 | 107. 1. 9 | 153. 28. 6 | 98393 | 152. 31. 54 |
| 109. 58. 31 | 99399 | 108. 1. 29 | 154. 27. 8 | 98379 | 153. 32. 52 |
| 110. 58. 9 | 99370 | 109. 1. 51 | 155. 26. 9 | 98366 | 154. 33. 51 |
| 111. 57. 46 | 99341 | 110. 2. 14 | 156. 25. 10 | 98353 | 155. 34. 50 |
| 112. 57. 23 | 99312 | 111. 2. 37 | 157. 24. 11 | 98341 | 156. 35. 49 |
| 113. 56. 58 | 99283 | 112. 3. 2 | 158. 23. 11 | 98329 | 157. 36. 49 |
| 114. 56. 32 | 99254 | 113. 3. 28 | 159. 22. 11 | 98317 | 158. 37. 49 |
| 115. 56. 5 | 99226 | 114. 3. 55 | 160. 21. 10 | 98307 | 159. 38. 50 |
| 116. 55. 37 | 99198 | 115. 4. 23 | 161. 20. 9 | 98296 | 160. 39. 51 |
| 117. 55. 8 | 99170 | 116. 4. 52 | 162. 19. 8 | 98286 | 161. 40. 52 |
| 118. 54. 38 | 99142 | 117. 5. 22 | 163. 18. 6 | 98277 | 162. 41. 54 |
| 119. 54. 7 | 99115 | 118. 5. 53 | 164. 17. 3 | 98268 | 163. 42. 57 |
| 120. 53. 35 | 99088 | 119. 6. 25 | 165. 16. 1 | 98260 | 164. 43. 59 |
| 121. 53. 3 | 99061 | 120. 6. 57 | 166. 14. 58 | 98253 | 165. 45. 2 |
| 122. 52. 29 | 99034 | 121. 7. 31 | 167. 13. 55 | 98245 | 166. 46. 5 |
| 123. 51. 54 | 99008 | 122. 8. 6 | 168. 12. 52 | 98239 | 167. 47. 8 |
| 124. 51. 18 | 98982 | 123. 8. 42 | 169. 11. 48 | 98232 | 168. 48. 12 |
| 125. 50. 41 | 98957 | 124. 9. 19 | 170. 10. 44 | 98227 | 169. 49. 16 |
| 126. 50. 4 | 98931 | 125. 9. 56 | 171. 9. 40 | 98222 | 170. 50. 20 |
| 127. 49. 25 | 98906 | 126. 10. 35 | 172. 8. 36 | 98217 | 171. 51. 24 |
| 128. 48. 46 | 98882 | 127. 11. 14 | 173. 7. 31 | 98213 | 172. 52. 29 |
| 129. 48. 5 | 98857 | 128. 11. 55 | 174. 6. 27 | 98210 | 173. 53. 33 |
| 130. 47. 25 | 98833 | 129. 12. 35 | 175. 5. 23 | 98207 | 174. 54. 37 |
| 131. 46. 42 | 98810 | 130. 13. 18 | 176. 4. 18 | 98204 | 175. 55. 42 |
| 132. 45. 59 | 98787 | 131. 14. 1 | 177. 3. 14 | 98202 | 176. 56. 46 |
| 133. 45. 15 | 98764 | 132. 14. 45 | 178. 2. 10 | 98201 | 177. 57. 50 |
| 134. 44. 31 | 98741 | 133. 15. 29 | 179. 1. 5 | 98200 | 178. 58. 55 |
| 135. 43. 45 | 98719 | 134. 16. 15 | 180. 0. 0 | 98200 | 180. 0. 0 |

# 第31章

## 太陽の離心値を2等分しても
## ティコの提示した太陽の均差は
## 感知できるような混乱をきたさないこと、
## および4つの均差算出法

　次の課題に進むさいに疑念が何らかの障碍とならないように、よく用いられるプトレマイオス説の第1の不整の形で[*]、離心値を2等分したら太陽に何らかの均差の相違が起こるかどうか、探求してみる。

　まず、長軸線AF上に全離心値3600を取り、CE、CDを軌道半径とする。アノマリアFAEを45°、FADを135°とする。不一致がどんな大きさであってもこのアノマリアの位置の周囲で最大となるのは明らかである。実際、〔軌道半径が〕平均的な長さの所で全く同一の均差が生じる。正弦で求めても正接で求めても3600が同一の弧を示すからである。したがって、半径CEと角CAEもしくはCDAの正弦の比が、離心値CAと均差の角CEAもしくはCDAの比と等しくなり、この角度はいずれの場合も1°27′31″である。プトレマイオスはこの第1の方法で太陽の均差を算出した。プトレマイオスに従ってコペルニクスもそうしたし、この2人に従ってティコもそうした。彼らはいずれも自身の観測結果から発見したのと同じ値の離心値ACを用いた。

　第2の計算法からも同じ均差が出てくる。この計算法はプトレマイオスが他の惑星で用いたが、この第3部で、離心円の中心が運動を均一化する点Cではなくて宇宙の中心AとエカントのCの中点Bにあることを証明した私も、その計算法を用いなければならない。

　CAをBで2等分し、EB、BDを軌道半径とする。そうすると同様の方法によって均差の〔視覚的〕部分のBEAとBDAは0°43′46″となる。これを角EAB、DABに加えると、角EBCは45°43′46″、DBCは

[*] 以下に続く章では、軽率な読者には混乱が生じるだろう。（ブラーエでは）太陽の、（コペルニクスでは）地球の、（プトレマイオスでは）周転円の運動は、他の惑星には第2の不整の原因となるが、この運動そのものは第1の不整にも関与している。

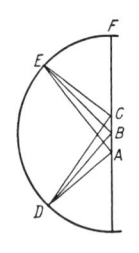

135°43′46″になる。そこで2辺とその挟角から角BECが43′38″、BDCが43′42″となる。こうして均差全体のCEAは1°27′24″、CDAは1°27′28″となり、全く先の値と同じである。したがって、ティコ・ブラーエの『予備演習』付録821頁には各々の計算の差異が1′10″になるとあるが、ここは0′10″に読み替えるべきである。[★021] この値は代用仮説から出てくる第4章の学説にも従っている。

　この特殊な仮説をプトレマイオス説の形にしたとき、均差の各部分がどれほど近似しているか（実際、視覚的部分は43′46″、物理的部分はEで43′38″、Dで43′42″だった）見たので、前章で表を作成するさい、何故均差全体を出すために〔視覚的〕均差を2倍しただけなのか、その理由がここから明らかになる。そしてこれが太陽の均差の第3の計算法である。すなわち、遠地点と近地点では均差の両方の部分が消失するが、平均的な長さの所では再び各部分が出てくる。それは先ほど述べたとおりである。したがって、これら3通りの均差の計算法は円全体に配分された8つの位置で完全に符合するので、どこでもはっきりと結果が一致する。それは離心値の小ささからくる。離心値がもっと大きかったら確かに全体にわたってそういうことが起こりはしなかっただろう。

　今度は作られた仮説によらず直接に事物の自然本性に従って均差を算出する第4の方法のために、以下の8章を用意する。そうすれば最後に第40章で、この第4の方法を述べられるだろう。

# 第32章

# 惑星を円運動させる力は
# 源泉から離れるにつれて減衰する

　上述のように、プトレマイオスは観測結果に示唆されて上位3惑星の離心値を2等分し、コペルニクスはそれを模倣した。ティコの火星観測の結果も同じことを勧める。それは第19、20章でも明らかだったが、第42章でさらにいっそう確実に明らかになる。またティコは、これをほとんどそのまま月の場合にも模倣した。すでに（ティコの）太陽もしくは（コペルニクスの）地球の動きの理論においても同じことを論証した。金星と水星についても同様に考えて差し支えない。これらの惑星の離心円の中心が小さな年周軌道上を公転するという説がここから出てきたことは、すでに論証した。したがって、あらゆる惑星で2等分が行われるわけである。8年前に公刊した私の『宇宙の神秘』では、太陽もしくは地球もエカントの点を用い、その離心値が2等分されるのか、従来の天文学からは言えないという理由だけで、プトレマイオスふうのエカントの原因に関する論争を先に延ばした。だが、今や確かに一般に太陽もしくは地球の理論にはエカントが含まれることをより純粋な天文学の証言によって確認した以上、この問題は解決したとしてよい。すでに以上のことが論証されたので、『宇宙の神秘』の中で指示したプトレマイオスのエカントの原因を正当で理に適ったものと見なすべきである。それは全ての惑星に共通する普遍的なものだからである。その理由をここでさらに詳しく述べよう。

　説明が全体に通ずるので、「惑星」という語を用いたい。だが読者は、この章と以下の数章ではいつでも特にコペルニクスの地球もしくはティコの太陽の意と理解されたい。

　まず、このプトレマイオスふうの形になったあらゆる仮説では、離心値がどのような大きさであれ、近日点における動きの速さと遠

*今ではそれ以上になる

日点における遅さは、宇宙の中心から惑星に引いた線分の長さにほぼ比例することを知るべきである。

　第29章の図では、αが宇宙の中心、βが離心円δεの中心、γがエカントの点で、中心γの周りにβδを半径とするエカントの円υφが描かれていた。離心値を算出する起点となる宇宙の中心α（現在の課題ではコペルニクスにとっては太陽、他の人々にとっては地球である）を通って直線ψωを引き、離心円との交点をψとωとする。そうすると、惑星はψとωにあって、離心円上で遠日点もしくは遠地点からは弧δψを、近日点もしくは近地点からは弧εωを作る。これらの弧はαからは等しい大きさに見えると想定される。直線ψωが対頂角として等しいψαδとωαεを作るからである。また弧δψとεωは当然長軸端δとεそのものにあって最小と想定されるから、これらの弧は感覚的には直線と全く違わない。そこで、δαψとεαωを直線から成る三角形、δとεを直角、αを共通の頂角とすれば、δα対εαは弧δψ対弧εωと等しいだろう。ところがαδはαεより長い。したがって、弧δψもεωより長い。これらの弧は（実際には不等だが）αからは等しく見える。問題は、惑星がエカントを用いる場合、プトレマイオスの教示と仮説に従うと惑星はそれぞれの弧の通過にどれくらいの時間がかかるか、である。そこで中心γからψとωの記号の所を通る直線を引き、エカントとの交点をχとτとする。そうするとプトレマイオスの主張によれば、エカントの円全体υφが惑星の公転周期を表示する場合、υχが、惑星が離心円の弧ψδで費やす時間の尺度となり、φτが、惑星が離心円の弧εωで費やす時間の尺度となる。

　プトレマイオスの意図に沿って、経過時間を表示する弧υχと行路の弧δψの比は、宇宙の中心から弧δψまでの距離αδと平均距離であるαから点π、ρまでと等しいδβの比にほぼ等しく、同様にして、経過時間の弧φτと行路の弧εωの比は、宇宙の中心αから弧εωまでの距離αεと π、ρの記号の所で取りうる宇宙の中心からの平均距離であるεβ、απの比にほぼ等しい、と私は主張する。すなわち、先のようにυχ対δψはγυ対γδであり、φτ対εωはγφ対γεである。しか

しγδ対γυはβδ（つまりγυ）対αδにほぼ等しい。それは、βδがγδとαδの算術平均であることから明らかである。実際、プトレマイオスはαβとβγを等しいとする。だが、比率の小さな項の間の算術平均は感知できないほどではあるが幾何平均よりも大きい。例えば、10と12の算術平均は11だが、幾何平均はほぼ$10\frac{19}{20}$で、この場合、両方の平均の間には20分の1より小さな違いがある。こういう数値は、プトレマイオス説では全ての惑星の中で最大の離心値をもつ火星の動きの理論によく出てくる。

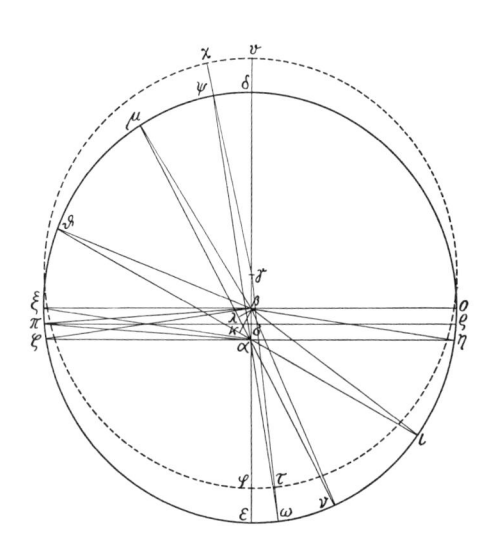

　そこで、γυ対γδの比はαδ対δβの比より微かに大きいので、χυ対ψδの比もαδ対δβの比より微かに大きいだろう。同様にして、εω対φτはγε対γφに等しいが、γε対γφはほぼεβ対αεに等しい。だが明らかに、γε対γφの比はεβ対αεの比より微かに小さい。したがって、εω対φτの比もεβ対αεの比より微かに小さい。

　ここで入れ換えを行う。すなわち、αδ対δβの比はδβもしくはβε対εαの比より微かに小さい。上述のように、βδもしくはβεがαδとαεの算術平均だからである。またすでに証明したように、υχ対δψの比が先の2つの比の中で小さいほうのαδ対δβの比よりも大きく、

εω対φτの比が先の2つの比の中で大きいほうのεβ対αεの比よりも小さい。そして2つの比αδ対δβとεβ対αεでは、前者の比が小さく後者の比が大きいが、その差異の分だけ、2つの比υχ対δψとεω対φτでは前者の比が大きくて後者の比が小さい。そこで、その微かな差異もやはりある種の相殺がなされて、υχ対δψの比がεω対φτの比とほぼ完全に等しい、ということがずっと真に近くなる。

　したがってこれまでは不等としていた弧δψとεωが等しいと仮定すれば、δψ、εωの各弧は、遠日点における所要時間υχと近日点における所要時間φτの比例中項となるだろう。それ故、（δψとεωが等しいとすれば）υχ対φτはαδ対δβもしくはβε対εαの比の自乗となる。ただし、微かではあるがαδ対δβの比のほうが小さく、βε対εαの比のほうが大きい。ところが、αδ対αεも、αδ対δβもしくはβε対εαのどちらか一方の比の自乗である（αδ対αεは、ほぼ等しいαδ対δβとβε対εαの各々の比から成り、算術平均のδβもしくはβεを除いたものだからである）。故に、離心円の弧δψとεωが等しいとすると、所要時間の比υχ対φτはαδ対αεの比と等しいだろう。さらに、αδがαεより長い分だけ、εにくる離心円弧よりもδにくる、それと等しい離心円弧の通過のほうに惑星が長い時間をかけるのは、いっそう明らかである。[★022]。この帰結は、遠地点と近地点に近接する位置に関しては、確実で理に適った証明によりプトレマイオスふうの*形の配置とそのエカントの点からも出てくる。それ以外の位置では非常に小さな相違しか現れず、〔「ほぼ等しい」などが「等しい」と言えるくらいに〕証明が明瞭であるほど結果として現れる相違は小さい。例えば、全ての比の中では最大のαδ対αε〔$\frac{α\delta}{α\varepsilon}$〕より、αμ対ανの比〔$\frac{α\mu}{α\nu}$〕は小さく、さらにαθ対αιの比〔$\frac{α\theta}{α\iota}$〕はもっとずっと小さいので、現れる相違もαδ対αεで最大となるからである。

＊第1の不整の説明にも役立つ特殊な形のことと理解されたい

# 第33章

# 惑星を動かす力は太陽本体にある

　**前**章で証明したのは、離心円上の等しい弧(つまりエーテルの大気中の等しい空間)における惑星の所要時間が、離心値を算出する起点から各空間までの相互の隔たりに比例すること、もっと簡単に言うと、惑星が宇宙の中心として想定される点から遠く離れているほど、その点を巡って惑星を動かしていく力が弱くなることである。したがって必然的に、この力の減衰の原因は惑星の本体そのものにあるか、惑星に具わった動かす力にあるか、宇宙の中心とされたもの自体にある。

　自然哲学一般を通じて非常によく用いられる公理に、同時に同じ仕方で起こり、あらゆる場合に同一の尺度を受け入れる事象は、その一方が他方の原因であるか、もしくは両方とも同じ原因からの結果である、というものがある。そこでこの場合、運動の強さの増減は宇宙の中心への接近と離反に応じた連続的な比例関係に符合するので、それ故に、その力の減衰が宇宙の中心から惑星が離反する原因であるか、離反することが力の減衰の原因であるか、もしくは両者に共通な別の原因があるか、いずれかであろう。しかし、これら2つの事象に共通する原因となるような第3の事象が協働することは全く考えられない。また次章以下で明らかになるように、2つの事象は互いにそれだけで十分なので、こういう第3の事象を捏造する必要は全くない。

　さらに、描く線の長さで示される運動の強弱を中心からの距離の原因とするのは自然本性に合致しない。中心からの距離は思考においても自然本性においても描き出す線の長さとなる運動に先行するからである。確かに、長さとなって表れる運動は、その運動が行われる空間を必要とするから、中心からの距離がなければならないが、

中心からの距離は運動がなくても思い描ける。したがって、距離が運動の強さの原因であり、距離の長短が所要時間の多少の原因であろう。

　また距離は関係の一種で、その本質は両端という2つの項にあるが、（項を考慮に入れないような）純然たる関係そのものには作用するどんな力もありえない。そこで先に述べたように、運動の力が変化する原因は2つの項つまり両端のどちらか一方に関係している、と帰結される。

　ところが、惑星の本体は離れたからといって自らいっそう重くはならないし、接近したからといってより軽くもならない。

　また星に運動をもたらす霊的な力が惑星の可動な本体に座を占めていて、それが倦み疲れることも老いることもなく何度でも強くなったり弱くなったりするというのも、おそらく愚かしいだろう。しかもティコ・ブラーエが証明したようにどんな固体の天球もないが、球状の惑星本体には、鳥が空中を翼の圧す力と大気からの押し返しとによって移動するように、霊魂が動かしてエーテルの大気中を進む翼とか足のような補助手段もないので、こういう霊的な力がどのようにして宇宙空間で自身の本体を運んでいくのか、わからない。

　したがって残るのは、力がこのように弱くなったり強くなったりする原因がもう一方の項、つまり距離を算出する起点となる、宇宙の中心として採用したもののほうにある、ということである。

　こうして宇宙の中心が惑星本体から遠ざかると惑星を遅くし、近づくと速くするのであれば、運動を司る力の源泉は必然的に宇宙の中心として採用したものに内在するだろう。以上のように想定すると、原因のはたらき方も明らかになる。すなわちここから、惑星がほぼ竿秤ないしは梃子の原理に従って動くことがわかる。惑星が中心から遠くなるほど中心のもつ力によって動かすのが困難になる（要するに遅くなる）とすれば、確かにこれは、荷重が支点から遠く離れていくほど重くなるのは荷重そのもののためではなく、距離に作用する荷重を支える梃子の肘のはたらきのためである、という主張に

> 動かす力が惑星系の中心にあること

第3部——第2の不整すなわち太陽もしくは地球の運動の研究

似ているからである。実際、竿秤ないしは梃子でも惑星の運動でも、作用の減衰は、距離の比に応じて生じる。

太陽が惑星系の中心にあること　だが、中心にはいったいどんな本体があるのか。天文計算を行うときのコペルニクス説やティコ説の一部のように、全く何もないのか。プトレマイオス説やティコ説の一部のように、地球なのか。それとも結局、太陽そのものなのか。この最後の説が私の意に適うし、また宇宙のあり方を構想するときのコペルニクスの意にも適う。私はそれを第1部で物理的な論拠によって論じはじめた。そこでは、先ほど第32章で幾何学的方法により明白に証明したことを基本原理のひとつに入れておいた。それは、惑星の離心値を算出する起点となる所から惑星が遠ざかると動きが弱くなることである。

　この基本原理に従って、宇宙の中心となる点には、物体の欠如した点よりもむしろ太陽ないしプトレマイオス説の地球のあるほうが真実らしい、と論じた。この章でも、すでに証明した原理に従って同じく真実らしい議論を繰り返すのを許されたい。次いで、私が第2部で証明した、視太陽と火星との衝を参照すれば、結果として初更の現象がみごとに出てくることを想起してほしい。そうすれば、太陽本体の中心から同時に離心値と距離とを立てられ、太陽自体がまたしても(コペルニクスでは)宇宙の中心あるいは(ティコでは)少なくとも惑星系の中心に来るだろう。だが、これら2つの議論の一方は自然学的な蓋然性に依拠し、他方は蓋然性から現実性へと進む。そこで第3に、敢えて年周軌道のプロスタパイレシスによって許容されないような離心円を容認しないかぎり、惑星としての火星を太陽の視位置に関係づけて、離心円を2等分する長軸の直径を太陽本体を通るように引かざるをえないことを、観測結果から証明したが、この証明は理解するのがむずかしいので第52章に先送りした。待ちかねる人は、この問題について先に第52章を読まれたい。そして読んでからさらにこの個所を読むように。というのも、そこでは純然たる観測結果以外には何も想定していないからである。また第5部には、緯度の計算からの同様の論証が見出されよう。

太陽が星々の系の中心に来る以上、運動を司る力の源泉をすでに証明されたことから太陽に置くのが相応しいだろう。この源泉自体も先ほど宇宙の中心に見出されたからである。

　実際に、私がすでにかなり長い推論を通じて（観測結果から）帰納的（a posteriori）に証明したこと、つまり宇宙の生命（こういう生命は星の運動の中に認められる）の源泉が、全宇宙機構の装飾を構成する光の源泉でもあり、またあらゆる生命の元たる熱の源泉でもあるものにほかならないことを、（太陽の尊厳と卓越性とから）いわば演繹的（a priori）に証明したら、私の説は公正に耳を傾けて聴くに値するものになっただろうと思う。

　ティコ・ブラーエ自身も、あるいは第2の不整に関する彼の一般的な仮説に従おうとする人も、主要な部分では受け入れたこの自然学的な均斉（太陽の視位置を用いればティコにとっても太陽が惑星系の中心に来る）を、見かけ上の真実によって部分的に排除しようとしていると気づくだろう。[★023]

　実際のところ、すでに述べたことから明らかなように、太陽にある全惑星を動かす力が地球も動かすとするか、太陽とその動かす力によって太陽につながれた惑星とが、地球に座を占める別の力によって地球の周りを運ばれるとするか、結局、この2つのいずれかである。

　天球が実在するという説はティコが自ら打破した。それに対して私は、太陽もしくは地球の理論にはエカントがあることをこの第3部で証明して、打破しがたいものとした。ここから出てくる帰結は、太陽が地球によって動かされるとすれば、太陽そのものの運動も地球に近づいたり離れたりするのに応じて強くなったり弱くなったりする、というものである。ところが地球が動くとすれば、地球もまた太陽に動かされ、その動きは太陽に近づいたり離れたりするのに応じて速くなったり遅くなったりするが、太陽本体にある力は恒常不変で永続的である。だから、先に提出した2つの命題の間にはどんな中間的なものもない。

> 動かす力は太陽にあること

> 太陽は宇宙の中心にあり動かないこと

月は地球を回るが太陽も他の惑星もそうではない。むしろ地球のほうが太陽を回る

　私はコペルニクスに与し、地球は惑星のひとつだと認める。

　私が5惑星についてティコに反論したのと同じことが、月に関してはコペルニクスに対する反論として挙げられるかもしれない。すなわち、〔コペルニクス説では〕月は地球に動かされ、しかも地球につながれ結合されるが、月自体も副次的に太陽により太陽の周りを連れ回される。それも不条理ではないか、ということである。けれども私は、太陽の運動も太陽につながれた全惑星の運動も、全て同じく地球に帰するよりは、少し後の第37章で述べるように、地球に固有のもので太陽にも若干及ぶ力に、(『天文学の光学的部分』〔第6章2〕で論証したように)星の本体の配列ではひとつだけ地球と親しい関係にある月を動かすはたらきを認めたい。

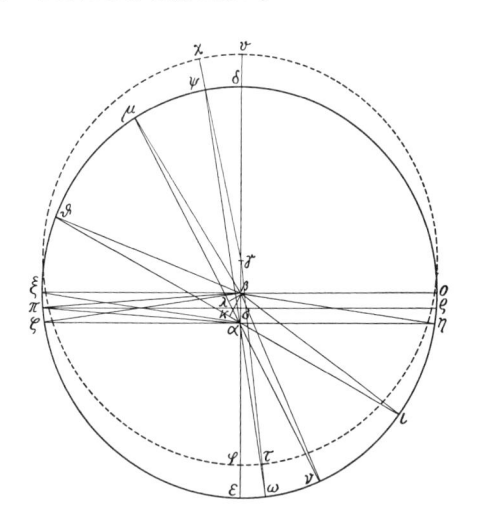

太陽の動かす力と光との親縁性

　太陽にある、運動を司るこの力をめぐる考察をさらに続け、今度はこの力と光との非常に緊密な親縁性を見てみよう。

　相似の正多角形も円周の長さもその半径と互いに比例する。そこで、$α\delta$対$αε$の比は、$α$を中心として$\delta$を通るように描いた円周の長さと同じく$α$を中心として$ε$を通るように描いた円周の長さの比に等しい。ところが、$α\delta$対$αε$は、第32章の証明によれば、$ε$における力の強さと$\delta$における力の強さの比に等しいので逆比例になる。故

第33章　惑星を動かす力は太陽本体にある

に、円δと狭いほうの円εの比は、εの力とδの力の比に等しくて逆比例になる。つまり、力は分散すればその分だけ弱くなり、逆に収斂すればその分だけ強くなる。ここから、δを通る円の周囲全体にある力は、εを通る狭いほうの円の周囲にある力とちょうど等しいことがわかる。これは、『天文学の光学的部分』第1章で光について論証したことと全く同じである。したがって、太陽から発する動かす力と光とは至る所で全ての属性において符合する。

そしてたとえ太陽の光が動かす力そのものではありえないとしても、光が動かす力の用いる手段か運搬者に相当しうるかどうかくらいは、他の人にもわかるだろう。

| 光は動かす力の運搬者か

確かに以下のような反論もあるだろう。まず、光は不透明体によって遮られる。だから、動かす力が光を運搬者とするのであれば、闇が現れると可動体〔惑星〕は静止するだろう。また、光は真っ直ぐに流れ出て球状に広がるのに対して、動かす力は確かに真っ直ぐに流出するが円盤状に広がる。つまり西から東へとただ宇宙の一方向だけに向かい、逆方向や極の方向その他には向かわない。だが、これらの反論に対してはおそらく次章以下で答えられよう。

最後に、離れた所にある広い円〔軌道〕と近くにある狭い円に具わる力は等しいから、源泉から発したこの力は途中で全く消失せず、源泉と可動体〔惑星〕の中間で全く分散しなかった。したがって光と同様に、この力の放射は非物質的で、元になる物質の減少を伴う匂いとも違うし、灼熱する炉から出る熱とも違う。また間隙を満たす何かのようでもない。したがって残るのは、地上の万物を照らす光が、太陽本体の中にある火の非物質的な形象(species)であるのと同様に、惑星本体を取り囲んで運ぶこの力は、太陽自体に座を占める、計り知れない強さをもつ力の非物質的な形象であり、しかも宇宙のあらゆる運動の原動力だということである。

| 動かす力は太陽本体の非物質的な形象である

したがって、この力の形象は(『天文学の光学的部分』第1章で述べた)光の形象と全く同様に、源泉と可動体の間の空間を通るうちに分散してしまうものではなくて、可動体〔惑星〕の占める〔軌道の〕周囲の

| この形象は連続的な量を取る副次的な形象に含まれ、平面的なものである

第3部―――第2の不整すなわち太陽もしくは地球の運動の研究

大きさの分だけ可動体の中に収斂していると考えられるので、この力（つまり形象）は幾何学的な立体ではなく、光と全く同様にある種の平面のようなものであろう。そこで一般論として言うと、非物質的なものとして出ていく事物の形象は、たとえ物体から（例えばこの場合には太陽本体から）発するとしても、出ていくことで直接には物体の取る3次元空間に広がらない。これは全く光の流出の法則に従っている。すなわち、流出そのものには境界がないけれども、照らされる物の表面が光の流出を受け入れて境界を定めるので、この表面のおかげで、光はある種の平面のように見なされる。それと同じく、物体の立体的な広がり全体が、動きを司るこの形象の流出の境界を定め受け入れるので、動かされる物の取る立体のおかげで、この運動を司る力がある種の幾何学的な立体であるかの如く見なされるように思われる。したがって、可動体〔惑星〕の本体以外には、この形象は全宇宙のどこにもありえないし存続もできない。さらにそれは光と全く同様に、源泉と可動体の間の空間に実際に存在するのではなくて、まるで存在するかのようなものである。

> 太陽本体の非物質的形象はどのようにして量を取るか

ここで同時に反論の一部に答えられる。すなわち上述のように、この運動を司る力は宇宙空間に広がり、ある所では分散し、ある所では収斂して即惑星運動の強弱となる。また、この力はその源泉の非物質的な形象であり、惑星本体のような可動な基体以外のどんな所にも受容されない。だが、物質を欠いているのに幾何学的な3次元に従属すること、宇宙の広がりを通じて伝播するのに可動体のある所以外のどこにもないことは、矛盾するように思われる。

それには以下のように答えられる。たとえ運動を司る力が物質の形を取るものでないとしても、それは物質つまり惑星本体を運ぶ用に充てられるので、少なくとも運行という物質に関与するこのはたらきのために、幾何学上の法則を免れない。多言を弄する必要もない。源泉から発して宇宙空間を伝播する力や、それによりある場所で時間をかけて遂行される運動などは全て幾何学的な事柄である。それ故、実際にこの力は他の幾何学的な必然性にも従属する。

さらに法外な理論を駆使しすぎると思われないように、読者に全く真正な光の実例を提示しよう。光自体も太陽本体を発生源とし、そこからこの運動を司る力の随伴者として宇宙全体に放射される。ところでいったい、誰が光を物質的なものと言うだろうか。けれども、光は場所と関連してはたらき、相互作用を受けて反射されたり屈折されたりしながら、量的限定を受けて濃密になったり希薄になったりし、照らされる物に受容される所で面と見なしうるほどになる。すなわち、『天文学の光学的部分』で述べたように、光も、この運動を司る力と全く同様に、源泉と照らされる物の間の空間においては、たとえこの空間を通過しても実際に存在するのではなくて、存在するかのようなものである。また光はそれ自体としては確かに時間をおかずに流出するのに対して、この力のほうは時間をかけて運動を与えるけれども、よく考えれば、両者のはたらき方は全く同一である。光は自らの属性を一瞬にして発揮するが、物質と共働する場合には光も時間をかけて作用する。光は一瞬にして表面を照らし出す。この場合、照明は全て表面もしくは表面的なものに関して行われ、立体の次元をとる物の広がりに関してではないので、物質が作用を受ける必要は全くないからである。これに対して、光が色を白っぽくするには時間がかかる。この場合は、物体として存在する当の物質に作用して、それに熱を与え、表面ではなくて本体の物質の中に定着した、熱とは反対の冷を追い払うからである。全く同様にしてこの動かす力も、太陽から適切な可動体のある所に絶えず時間の間隔を置かずに現れる。たんに現れるだけなら可動体から何も受容しないからである。だが、動かすのには時間がかかる。可動体が物質の形を取っているからである。

　あるいは、以下のように対比してみるのもよかろう。力と運動の関係が光と照明の関係と同様なのは確かだからである。すなわち、光は最高の照明のためにできることを全て行う。けれども、色を最高の状態に照明することはうまく行えない。色は光による照明とともにそれとは異なる固有の形象を混ぜ合わせて、第3の何かを作り

*量から見た光と動かす力との対比*

*時間から見た場合*

*惑星は何故それを動かす太陽の非物質的な形象と速さが等しくないのか*

あげるからである。同様に、動かす力も、相応の速さを惑星に生じさせるようにすることを妨げられているわけではないが、だからといって、惑星の速さがそれに相当するものになるわけではない。途中の、どのような性質にせよエーテルの大気という物質の抵抗があるからか、もしくは静止を保とうとする可動体の傾向による（「重さによる」と言う人もあろうが、地球が問題になっている場合でなければ私はそういう言い方を単純には是認しない）抵抗があるからである。そういう事情と、動きを司る力の作用との調整により、結果として惑星の公転周期が出てくる。

# 第34章

# 太陽の本体は一種の磁石であり、自らの占める空間で自転する

　直接に惑星本体に及んでそれを動かす力について、如何にして生じ、光とどのような親縁性があるのか、形而上学的な本質において何か、ということは述べた。次の課題は、この流出する（原型としての）形象を指標としながら源泉のさらに深遠な自然本性も考察することである。実際、太陽本体には、惑星を公転させる形象が流出する元となる、われわれの魂にも似た神的な何かが潜んでいるように思われる。それは例えば、運動の形象が小石を投げる人の魂から小石に付与されて、手を放した後も小石を運んでいくようなものである。しかし、慎重に考察を進めていくと少し違った考えも出てくる。

　太陽から惑星へと広がった力は、不動の太陽本体の周りに惑星を回転運動させる以上、全惑星と同じ道を進んで発現するほかないし、思考を巡らしてもそう考えるほかない。弩砲の発射や全ての強制的運動でも部分的には同様のことが認められる。そこで、フラカストロ[025]やその他の人々は、太古のエジプト人たちの話から、首を傾げながらも、惑星のあるものは徐々に軌道が宇宙の極を越えて傾斜していき、やがて他の惑星の軌道や当の惑星の現在の道筋とは反対の道を運行するだろう、と言っていたようである。実際には惑星本体は、太陽から放射される力が向かう方向に永久に運ばれていく。

　この形象は非物質的で、時間をかけることもなく発生の本体からしかるべき距離を進むなど、あらゆる点で光に似ている。したがって、創造の当初から本体つまり源泉の粒子に対応していた非物質的な形象の微粒子も、粒子といっしょに分割され、永久に太陽本体の粒子が向かうのと同じ宇宙の方向に向かうのは、形象の自然本性から必然的であるのみならず、光との親縁性からも推察できる。そう

惑星を動かす力は自ら回転する

でないとしたら形象は存在しなかっただろうし、形象が本体から直線ではなく曲線を描くように飛んでいくこともなかっただろう。

そこで、形象が回転運動をして、その動きによって惑星に運動をもたらす以上、必然的に、太陽本体つまり源泉もともに運動している。だが、宇宙空間から宇宙空間への運動でないのは確かである。すでに述べたように、私はコペルニクスに賛成して当の太陽本体を宇宙の中心に静止させるからである。むしろ不動の自らの中心つまり軸の周りを、（本体の全体は同一の空間に止まるけれども）その各部がある場所から他の場所へと移っていく〔つまり自転している〕。

**光の事例**　似た論拠によって説得力を増すために、読者には、視覚の対象となった物の表面から目の中へ閃光が発散することによって視覚が生じる、という『天文学の光学的部分』の証明を想起していただきたい。輪になって取り巻いている大勢の人々の真ん中にいる演説家が、顔や体もいっしょに巡らすようすを思い描いてみよう。すると、演説家が直接に目を向ける聴衆もやはり演説家の目を見るが、演説家の背後にいる聴衆は目を見交わすことができない。だが、演説家が身を巡らすと輪になった聴衆全体に目を一巡させることになり、全ての人々が非常に短い時間だけ演説家の目を一瞥できる。つまり演説家の目から出ていった閃光つまり色の形象が見物人の目の中に到達するのである。演説家は、自分の頭部のある狭い空間の中で目を一巡させながら、同時に、見物人の目がぐるりと配置された非常に広い輪の中で閃光を一周させる。その閃光が目とともに一周しなければ見物人は彼の目を一瞥することに与れないだろう。ここではっきりと看取されるのは、光の非物質的な形象が、その形象の元になる物が回転運動するか静止しているかに応じて、回転運動したり静止したりすることである。

**太陽は自転する**　故に、源泉の形象つまり惑星を動かす力が宇宙の中心の周りで回転するので、形象の元になっている当の物つまり太陽もまた自ら回転するという結論を出しても、以上に述べた事例によれば不条理ではない。

同じことは以下の論拠によってもわかる。すなわち、場所と時間の限定を受ける運動を純然たる非物質的な形象には当てはめられない。力そのものが非物質的であるように、受容した運動が無時間的なものでないと、運動がもたらされても形象はその作用を受容できないからである。★026 動かす力が回転することはすでに証明したが、この力が際限のない速さをもつとは認められないので（さもないと、物体に際限のない速さを与えることになる）、ある時間をかけて回転運動するだろう。したがって、動かす力自体はこの時間を伴う運動を直接に遂行はできない。ただ依拠する物体が動くから、それにつれてこの力も必然的に運動するだけである。

　さらにやはり同一の論拠によって、太陽本体の境界内に非物質的なものがあって、その回転によって同時にこの非物質的なものから出ていく形象も回転するわけではない、という結論が正しいように思われる。この場合も、時間を伴う場所的な運動を非物質的なものに帰するのは正しくないからである。そこで結局、太陽の本体そのものが上に述べた仕方で自ら回転し、その回転の両極（本体の中心からその両極を通って恒星の間まで引いた直線）によって獣帯の両極を、またその本体の大円によって黄道を示し、かくしてこれらの天文学上の事項の原因が自然に即したものとなるのである。

　しかもわれわれが見るとおり、個々の惑星は軌道上で太陽からどんな距離にあっても、また全惑星は相異なる距離にあっても、等しい速さに急き立てられることなく、土星は所要時間が30年、木星は12年、火星は23か月、地球は12か月、金星は7か月半、水星は3か月と決められているけれども、先ほど述べたことにより、太陽から放射される力の輪は（最下位の水星を囲む所でも最上位の土星を囲む所でも）全て太陽本体と等しい回転運動によって同じ時間で回転する（この個所では不条理なことは何ひとつ立てていない。太陽から放射される力は非物質的で、もともと重さがないから重さにも、途中の物体との出会いにも、妨げられたりしないので、他からそれに運動がもたらされたりしたら、自然本性において無限の速さになるだろうからである）。したがってそこから

傍注: 獣帯の自然な原因

傍注: 惑星の本体には、単独で置かれたらどんな場所でも静止しようとする物質的な傾向が具わっていること

明らかなように、惑星が、運動を司る力の速さに追いつくのは困難である。土星は木星よりもそれが困難である。上星の通り道にある力の輪が木星の通り道にある力の輪と等しい速さで一巡しても、土星のほうがゆっくり一巡するからである。同様にして順次水星にまで至る。おそらく水星もまた上位惑星の例にならって、やはり自身を運ぶ力よりは遅いだろう。したがって必然的に、惑星本体の球は自然本性において物質的で、万物の始原から付与された特性に従い、静止ないし運動の喪失へと向かう傾向がある。こういう対立によって闘争が生まれる。そこで、力の弱い所にある惑星は力を克服する度合が大きいのでゆっくりと動き、太陽に近い惑星ほど克服する度合は小さくなる。

以上から類比の教示に従って、あらゆる惑星、最下位の水星にさえも、太陽の力の輪から自らを解き放つ物質的作用がいくらかは具わっているという説が立てられる。

そこで、太陽本体の自転はあらゆる惑星の公転周期よりずっと速く行われるので、太陽の自転周期は少なくとも〔水星の公転周期である〕3か月よりは短いことがわかる。

さらに『宇宙の神秘』で教示したように、太陽本体と水星軌道の各半径の比は地球本体と月の軌道の各半径の比とほぼ等しいので、ここから、水星の公転周期と太陽の自転周期の比は、月の公転周期と地球の自転周期の比と等しい、という結論を出しても不条理ではなかろう。そして月の軌道半径は地球本体の半径の60倍だが、月の公転周期（つまり1か月）は地球の自転周期（つまり1日）の30倍より少し小さくて、大きさの比〔60：1〕が周期の比〔30：1〕の2倍になる。したがって、太陽と水星でもやはり2倍比が支配しているとすれば、太陽本体の直径は水星軌道の直径の約60分の1だから、太陽球の自転周期は水星の公転周期である88日の30分の1となる。そこで結局、太陽が約3日で自転するというのが真実らしい。

だが、もし太陽の自転周期を1日と決めて、地球の1日の自転がある種の磁力によって太陽球の1日の自転からの制御を受けるよう

*惑星の運動は受動的である*

*太陽本体の自転にどれほどの時間がかかるか*

*地球の1日の自転は太陽球の自転に由来するのか*

第34章 太陽の本体は一種の磁石であり、自らの占める空間で自転する

にしたいというなら、私はそれに特に異を唱えはしないだろう。確かにそういう速い自転も、あらゆる運動の原動力を具えている太陽の本体と相容れないものではないように思われる。[★027]

（太陽本体の回転が他の惑星にとって運動の原因であるという）この見解は、地球と月の実例によって非常にみごとに裏づけられる。すなわち、毎月の主要な月の運動は、第32章と33章で用いた論証によって、全く源泉としての地球に由来する（つまり、ここでの太陽と他の惑星との関係が、その論証での地球と月との関係となる）。そこで、わが地球がどのようにして月に運動をもたらすか、考えてみるとよい。明らかに、この地球とその非物質的な形象が地球の軸の周りを回転する回数は29回半である。放射されたこの形象が、その間に、地球自体が回転していくのと同じ方向に同時に月を1回公転させるだけの作用を月に及ぼす。

その一方で、月の中心が任意の時間に地球の中心の周りを、地表で最大の赤道の大円上に位置する地点が走破する曲線に対比されるものより2倍も長い曲線を走破するのは、不思議である。実際、もし両者が等しい時間に〔地球の中心を頂点として相対的に〕等しい空間を走破するのであれば、月の軌道の大きさは地球本体の大きさの60倍だから、月は60日目に1周して戻るはずだった。

おそらく、地球の非物質的な形象の作用がそれだけ強く、月の本体が非常に稀薄で抵抗が弱いのである。そこで不思議さを取り除くために、上のような原則を想定すると一般に次のような帰結になることを考えてみるとよい。すなわち、地球が外部からもたらした運動に対して月が全く物質的作用によって抵抗しなければ、月は地球の非物質的な形象つまり地球自体と全く同じ速さで運び去られて、地球の自転に要するのと同じ24時間で公転する。実際、地球半径の60倍の距離では地球の形象が非常に稀薄になるとしても、1対0の比は60対0の比と同じなのである。だから、月が全く抵抗しなければ地球の非物質的な形象が完全な勝利を収めるだろう。

運動を司るこの形象の発生源である太陽の本体をどういうものと

> 月の1か月の運動は地球の1日の自転に由来する

> 太陽の本体はどういう性質のものか

第3部―――第2の不整すなわち太陽もしくは地球の運動の研究　　362

考えているのか、私に問う人がいるかもしれない。そういう人に対しては以下のように類比を導き手としてさらに深く考えるよう勧め、少し前に言及した磁石の例をさらに精確に吟味するよう助言する。磁石の力は磁石の本体全体に具わっており、塊だと力は大きいまま保持されるが砕くと力も分割される。同様に太陽の場合も、その本体は全宇宙で最も密というのが真実らしいから、動かす力もそれだけにいっそう強いように思われる。

太陽の本体は磁石に準えられる

また磁石からは鉄を引き付ける力が輪になって伝播して一定の領域を占有し、その圏内に置かれた鉄を引き寄せる。しかも鉄がその圏の絆の内に近づくほどより強く引き寄せる。全く同様にして、惑星を動かす力も太陽から輪になって広がり、その圏内の遠く離れた部分になるほど弱くなる。

太陽本体と磁石の相違

だが、磁石のどんな部分にも引き付ける力があるわけではなく、磁石の長さ全体にわたって広がった(いわば)繊条ないしは(動かす力の座たる)真っ直ぐな筋があって、鉄の細片を磁石の両端の中間で脇に置くと、細片を引き付けず、ただその筋と平行な方向に向けるだけである。そこで、太陽には磁石のように惑星を引き付ける作用は全くなくて(もしあったら惑星は太陽と完全に合体するまで接近し続けるだろう)、たんに方向指示の作用だけがあり、したがって獣帯の円によって示される方向に丸く広がった輪状の筋がある、というのが確かなようである。

太陽と磁石の動かす作用の説明は同じ

そこで、太陽が恒常的に自転すると、運動を司る力、つまり太陽の磁力の筋から惑星間のあらゆる間隔へと拡散した形象の流出も、輪になって回転する。しかも太陽と同じ時間で回転する。それは、磁石を動かすにつれて磁力そのものも移動し、鉄もいっしょに磁力の後を追いかけるのと同様である。

地球の実例によって天に磁石のあることが証明される

確かに私のふれた磁石の実例は非常にみごとで全くこの課題に相応しい。しかも真相に迫る。何故、私が実例として磁石について語れたのか。それは、イギリス人のウィリアム・ギルバートの論証によれば、地球自体がある種の大きな磁石だからである。またコペル

第34章　太陽の本体は一種の磁石であり、自らの占める空間で自転する

ニクスの擁護者である同著者によれば、私が太陽は自転すると推測しているように、地球自体も毎日自転している。その自転のためと、地球が自らの運動の線と直交する磁力の筋をもっていることにより、それらの筋がさまざまの運動と平行な円を描いて地球の極を取り囲むという。そこで、月はこの地球の自転とその磁力の移動によって運び去られるがその自転より30倍遅い、という説を私が立てたのは今や至当だろう。

地球の繊条とその運動が赤道を指し示すのに対して、月の周行路が獣帯のほうにいっそうぴったり適合することは、わかっている。この問題については第37章と第5部で論じる。これはひとつの例外で、その他はうまく一致する。すなわち、地球は月の周期と密接な絆をもっている。それは太陽と他の惑星の場合と同じである。また惑星軌道が太陽に対して離心円となるように、月の軌道も地球に対してそうなる。そこで、他の惑星に固有の主動者〔各惑星を動かす者〕が太陽を目指すのと同様に、月の主動者もやはり北極星を仰ぎ見るかのように地球を目指すのは確かである。これについては第38章で述べる。そこで、地球が形象を介して月を動かし、かつ磁性体である以上、太陽も同様に放射した形象を介して惑星を動かすので、太陽もやはり同じように磁性体であるとしてよかろう。

惑星にもたらされた運動から見た地球と太陽の対比

# 第35章

# 太陽に由来する運動も光のように遮蔽によって惑星に届かないことがあるか

よい機会だから第33章で出された反論を再び取りあげたい。そこでは光と運動を司る力との親縁性に対する反論として、まず星どうしの遮蔽のこと、次いで各々の形象の放射の仕方の相違が挙げられていた。

最初の点についていうと、考察すべきは、不透明体が相互に太陽の光を遮り合うように、可動体〔惑星〕どうしも太陽と同一線上に来たとき互いに運動を妨げ合うかどうかで、そうなれば、光が完全に運動を司る力の運搬者もしくは伝達手段ということになろう。

<aside>緯度と長軸端の動きの原因について</aside>

実際、できるだけ遮蔽し合わないように、神は全ての離心軌道相互の傾斜、黄道からのずれ、交点の移動、さらには惑星本体の比率、影が先細りに薄くなることを適用されたと思われるかもしれない。それでもやはり時折星々が太陽と同一線上に来るのを避けられなかったので、遠地点と交点の非常に緩慢な動き（それはいわば周転円の公転周期からのある種の逸脱である）はそのためではないか、という臆測を招きやすい。

しかしそれに対しては、まず、安易に光と運動を司る力の特性を混同して類比を乱用すべきでない、と答える。光は不透明体によって遮られるが、物体によって遮られるわけではない。それは、光があくまで光であって、〔3次元の〕物体に作用するのではなく〔2次元の〕面もしくは面に類するものに作用するからである。力は不透明体であろうと物体に作用する。故に、不透明体との相関関係はないから、不透明体によって妨げられもしないだろう。

そこで、光線が遮られても、光線の到達が阻止される方向に光の効果が残る実例を自然界に発見できないかぎり、私は光と動かす力とを一応分けたい。むしろここでは光と運動を司る力との結び付き

には特にこだわらない。

　運動が妨げられるのではないかという疑念を解消するために、磁石の別の実例を取りあげよう。磁石の力は物質を前に置いても全く遮られず（まさにこの力が非物質的だからである）銀、銅、金、ガラス、骨、木等の薄片を透過し、その背後に置いた鉄を、間に何もないかのように引き付ける。確かに、磁石の小板を間に置けばその力は妨げられる。だがその理由は明らかで、小板が先の磁石に対抗するはたらきをするからである。こうして小板がその背後のより離れた所にある磁石の強さに優る。また鉄の小板を間に置いて遮ったとしても、鉄の小板もたちまち磁石の力を吸収して磁石の性質を帯び、まるで固有の力のように用いる。

　そこで星々の運動が、中央で2星の合によって遮られることを否定するために、次のように言う必要がある。すなわち、磁石の性質が鉄の性質と異なる以上に太陽の自然本性は他の惑星の性質とは異なり、鉄が瞬時に磁石の力を吸収するように惑星が太陽の力を吸収することはない。なお、惑星が何らかの力を吸収するかどうかという問題の解明は、第57章に回す。

　遠地点が動く原因として考えられる事柄についていうと、それは全く太陽の共通な力が遮蔽によって妨げられることを証明するものではない。遠地点の動きには霊的な原因といったような別の原因の可能性もあるからである。これについての漠然たる見解は第57章を参照されたい。

再び長軸端の動きについて

　さらに、太陽を回る惑星の運動が太陽から放射される運動の形象の遮蔽で妨げられ、それによって遠地点の動きが生じるのであれば、経度上の動きは遅れるだろう。しかし緯度上の動きは〔順向方向に〕先行するか（こうして遠地点は逆行する）、あるいは等しく遅れるだろう。そうすると、観測結果によって遠地点が順向方向に進むことが証明されているのに、それが静止することになるだろう。

　なお、太陽に由来する運動が損なわれなくても惑星に固有な運動は遮蔽によって妨げられるか、という問題も、第57章で述べよう。

# 第36章

## 太陽から発する運動を司る力は宇宙の広大さによってどの程度弱められるか

**続**いて別のもう少しむずかしい反論がある。これは、第33章で光と運動を司る力との親縁性に対して2番目に立てられた異論から出てくる。この反論は非物質的な形象に関するわれわれの考察に著しく抵触するように思われ、見通しの立てられなかった私を長い間悩ませた。

第32章で証明したように、惑星運動の強弱は〔太陽からの〕距離の単純な比に従う。ところが、太陽から放射される力の強弱は距離つまり流出線の比の2乗ないし3乗に比例すべきように思われる。そうすると、惑星運動の強弱は太陽から放射される力の減衰によるわけではないだろう。この帰結は、光の場合も運動を引き起こす力の場合も、以下の方法で証明されるように思われるが、光に関する議論のほうが明瞭である。読者はその背後にある運動を司る力のことを念頭に置かれたい。初めに、太陽本体の1点を α とする。この点は四方八方に球状に光線を放つだろう。そうすると『天文学の光学的部分』の証明により、この光線の仮想の境界となる大きな球面の大きさ γ と小さな球面の大きさ β の比が、小さな β 球における光の密度と大きな γ 球における光の密度の比となる。

次に、太陽本体の光の大円を δε とする。そうすると、その円の無限に多くの点がひとつひとつ上記の比で β と γ の各半球に光線を放つだろう。しかも（遠くからは直線のように見える）このような円弧からの長いほうの距離 αγ と短い距離 αβ の比が、短い距離にある円の視直径の角 δβε と長い距離にある円の視直径の角 δγε の比となる。そこで、この円の直径が先のと同一の比で、遠くの γ よりも近くの β からは長く見え、その任意の点の明るさが遠くの γ よりも近くの β のほうからは強く見える。したがって、遠くの γ と近くの β から

見たときの円の明るさの比はαβ対αγの比の2乗になるように思われる。

　3番目に、太陽本体の視表面である円板をδαεとする。すると、(この場合の視表面たる円板のような) 相似形の面積の比は直径の2乗に比例し、太陽の視直径の比は距離αγとαβの比の単純な逆比となる。故に、視表面の円板は距離αγとαβの比の2乗に比例するだろう。一方、円δεのγとβにおける明るさの比が距離αβとαγの比の2乗になることはすでに証明した。これらはともに明るさの密度の原因である。以上のことから、円板の明るさの比は、密度ないしは強さに関しては距離αγとαβの比の3乗になるように思われる。

　例えば、距離αγとαβの比が2対1とすると、光の密度については、αγの距離にある点とαβの距離にある点の明るさの比は1対2となり、γとβにおける視直径の比は1対2となるだろう。

　したがって、γとβにおける円δεの直径の明るさの比は1対4である。だが、円板の比は直径の比の2乗に比例する。故にγとβにおける視表面の円板の比は1対4となろう。これは、円板δαεがβから見るとγから見る場合に比べて4倍多くの点を含むように見える、と言うようなものである。しかもその点のいずれもがβではγの場合より2倍強く光る。したがって、以上の比を合成すると、γにおける円板全体δαεの明るさの密度とβにおける円板全体δαεの明るさの密度の比は1対8となろう。

　この場合、半球の表面が対象なのに太陽の視表面の円板を計算の対象としている点は、全く混乱をもたらさない。球面と視表面の比は等倍となって相互に同一の比だからである。アルキメデスによって、球面はその球の中に描かれた大円の面積の4倍であることが証明されている。そこで一般に、βより2倍遠く離れたγにある物体の光り方は、βにおけるよりもたんに2倍暗くなるのではなく、8倍暗くなるはずである。そして実際に、物体が接近すると大きく見えることからも、光線の明るさが強くなるにちがいないと思われる。例えば、金星は周転円の近地点にある場合のほうが、遠地点にある

ときよりもくっきりした影を天体の間で描く。したがって、われわれが立てた光と運動を司る力との対比により、同じことが運動を司る力についても考えられるはずである。

　この反論に対しては、点に関する最初の命題に誤った想定があると応じられる。すなわち『天文学の光学的部分』で、光学の課題とともに、光学でいう点と線は明確に区分はできない、と言ったことも想起されたい。実際に点は大きさを全くもたないが、明るさは物体の大きさとともに増大するので、点の明るさというものが別にそれ自体としてあるわけではなく、明るさがない以上その密度の強弱もないだろう。だから、こういうものにαβ対αγという距離の比を初めに用いたのが誤りである。

　便宜上、われわれにとって大きさの大小によって点の光り方が強くなったり弱くなったりすると主張するのである。

　2番目の円の命題と3番目の円板の命題には2つの誤りが含まれている。第1に、幅をもたない数学的な円が光ると考えることである。けれども、その軌跡で円を作ると解される点は光ることができないのと同様に、数学的な円もやはりそれ自体では光らない。3ペスより3スタディウムの線を想定したほうが面の概念により近づく、などということは全くない。
★030

　第2に、直径もしくは円板の視覚的増大が光線の強さを増すという思い込みがある。それはたんなる目の錯覚であり、現実的な作用の全くない机上の空論にすぎない。したがって、γから眺めようとβから眺めようと、事物自体としては円δεは同一のまま、（光の問題では）面δαεは同一のまま、（力の問題では）物体δεは同一のままで、恒常的に同じものを提供し同じ作用をし、広い球γにも狭い球βと同じだけの力ないし光を発散するだろう。途中の消失が全くないからである。どんなに遠く離れていても、本来の形象が完全にそのまま到達する。ただ球の拡張によって減衰するので、例えばγとβのような球の個々の点においてγでは希薄に、βでは濃密になって、距離αβ対αγの逆比に比例することになる。そしてこれが減衰の唯

ひとつの原因で、源泉δεが消失するわけではない。消失は実際には起こらず目の錯覚にすぎない。

むしろエウクレイデスの『光学』によって論ずるなら、近くのβに来る光は遠くのγに来る光よりも少ない。光の元であるδεの見かけの半球を区切る円が、γよりもβのほうで小さくなるからである。故に、太陽δεの粒子はβから見るとγから見るほどたくさんは見えない。しかし、その差は全く感知できないほどで、法外に小さな数値でもほとんど表せない。

こう自答した後で、私はこういう蒙昧から生じた自らの嘆かわしい混乱ぶりを滑稽に思う。

しかし以下のように逆に反論されるかもしれない。光が広大な球には分散し狭小な球には収斂して、どちらにも同じ分量あるとしても、力がどちらにも同じ分量あることにはならないだろう。力の広がりは光のように球の形ではなくて、惑星が運行する道筋となる円の形で考えられるからである。すなわち、先に太陽の磁力線もただ経度方向〔横方向の座標〕に広がり、極やその他の方向には広がらないと想定されていた。

これに対しては、光の原因と運動を司る力の原因は全く同一で、推論の仕方に思い違いがある、と答える。すなわち、光の場合、光線は本体の点や円のみから対応する球体の点や円へと流出するのではない。例えば、γにはαのみから流出するのではない（さもないと光が点から出ていく以上、元は全く量をもたないので、球において光に密度を与えることが全くできなくなるだろう）。むしろ光線は光源の半球全体から仮想の球の表面にある個々の点へと流出する。例えば、γにはδからの光線もεからの光線も流出してくる。力の問題においてもこれと同じことが起こる。すなわち、太陽本体の磁力線が獣帯の経線に従って〔横方向に〕配置されても、また獣帯ないしは黄道そしてほぼ惑星軌道の下でも、ただ太陽本体の大円しかないとしても、最後に（ついには極の下で点にまで小さくなってしまう）太陽本体の片側のもっと小さな小円が惑星本体の球でそれに対応する円の下に配置

第3部──第2の不整すなわち太陽もしくは地球の運動の研究

されるとしても、なお力の線は太陽本体の（片一方の半球の側にある）全ての繊条から出ていって、ひとつの惑星の道筋にある個々の点やさらに太陽本体の極の方に向く極においてすら合流する。そして惑星の本体は、あらゆる力の繊条から成るこの損なわれることのない完全なままの形象の密度に応じて運ばれる。

何故惑星は常に獣帯の近辺に止まるのか

しかしだからといって、太陽があらゆる方向に一様に輝くのと同様に、惑星も無差別にあらゆる方向に運動するのではないか、と怖れるのは杞憂である。他と切り離された太陽の磁力線が運動を引き起こすわけではなく、太陽がその占める空間で非常にすばやく自転して、繊条とともに繊条から広がる運動を引き起こす形象を回転させるかぎりにおいて、運動をもたらすからである。したがって、惑星は逆方向には進まないだろう。太陽が絶えず順行方向に自転するからである。（極に位置する点にも太陽本体の形象が若干あるとしても）惑星は極の方向には進まないだろう。太陽本体の繊条は極の方向に広がっていかないし、太陽もその方向には自転せず、繊条が促す方向に自転するからである。

以上のように想定すると、惑星は極の方向に運び去られるどころではない。むしろ極と極の中間に獣帯の唯ひとつの領域があって、全ての惑星は、自身に固有の運動を止めたら（この運動については第38章で述べる）、全く逸れることなく必然的にこの領域を通って経度方向〔つまり黄経を変えていく方向〕へと進むはずである。すなわち、獣帯上の一点つまり現在のこの図で点ζにある太陽半球の形象は、例えばθからκを通る、またλからμに至る、等々の、ともに同一方向に向かう半球の繊条の総計である。ところが、例えばηのような宇宙の極の方向に離れていくと、その場合には太陽本体の一方の極νと、極νを取り囲む繊条の小円全体λμとがημの視野の下にあるとされるから、形象は相互に逆方向に向かう繊条から合成されるだろう。円の反対側の部分λとμが相反する向きに進むからである。したがって、極の方向に出た形象θημは惑星に運動をもたらすにはあまり適さないのである。

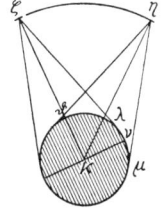

# 第37章

# 月を動かす力は
# どのようにして得られたか

　第34章では途中で月の運動に言及したので、この課題全体をもう少しはっきりさせておくほうがよい。読者が月から生じた迷いによりこの論考全体を疑い、私の説に速やかに同意するのを控えないようにするため、さらには月の運動の非常に明晰な考察によってその同意を驚くほど確実にするため、最後に、本書の天文学の物理学的部分を完璧にするためである。ある少数の事柄は月の理論に回すか、別の述べ方をするか、あるいはより詳細に説明すべきではあっても、その出発点は以下の議論にあるからである。

　ティコ・ブラーエが、太陽とのあらゆる位置関係において月を継続的に非常に頻繁に観測して気づいたのは、月においては、周転円のアノマリアを除いても、またプトレマイオスも知っていた毎月起こるあのアノマリアを除いても、(これら2つの不整を考慮して述べた)[★031]平均運動自体はまだ完全に平均的なものではなくて、太陽と合および衝の位置にあるときには運動が強まり、矩象にあるときには弱くなるので、周転円による混乱が全く起こらないとしても、月自体は地球を中心として同心円上を公転しながら不規則な公転の仕方をすることである。[★032]

　太陽の本体をS、水星の軌道をM、金星の軌道をV、地球の軌道をT、火星の軌道をPとし、全ての惑星が次頁の図の上方で常に右から左に連続的に動いていくものとする。月の軌道をCLOFとし、Oは衝のときの、Cは合のときの、LとFは矩象のときの月とする。今、CLOFがTにある地球を中心に描かれた同心円としてそのままの状態にあるとし、OFCLの順にその方向に動くとする。そこで問題になるのは、思考の上で離心値と周転円を排除したとき、何故、月がTの周囲でCとOにあるときはFとLにあるときより速いのか、

その理由である。(思うに)ここで読者が私の主張として予期するのは、月の動きがOではあらゆる惑星の動きと同一方向に向かうからOでは速くなる、ということだろう。しかし、これは真の理由ではない。というのも、それならば普通は、FCLへの月の固有の動きは左側に向かい共通の動きに若干逆らうので、月は合成された動きによってCでは非常に遅くなるはずだからである。すなわち、地球が〔δにあるときに〕その軌道上で左側に運ばれる分よりも月がその軌道上でCから右側のLへ運ばれる分のほうが小さく、したがって月は、固有の動きと地球と共有する動きとから合成された動きによって、地球がδに来る上方では常に右側に運ばれ、地球が下方のTに来るこの図では左側に運ばれるが、Cのあたりでは遅く、Oのあたりでは速くなり、この図で描かれた螺旋状の線がほぼそのような動きを表す、ということを知るべきである。

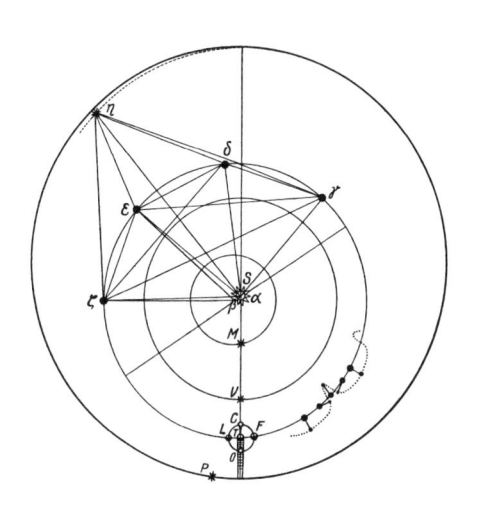

あるいはまた、この現象は、運動を司る太陽の力がOでは弱くてCでは激しいことからくる、という主張が予想されるかもしれない。だが、こういう主張はさらに通りそうもない。というのも、そうすると、月がOとCの両方で遅くなりFとLで速くなるわけだが、これは問題にした事実と相反する。すなわち、月がOでは弱い力で推

し進められて遅くなり、Cでは〔太陽の自転とは〕逆向きにCからLに向かわないようにより強い力で妨げられて、再びCからLへはゆっくり動くことになるからである。明らかに、月を地球から解放して太陽に委ねるのは適切でない。さもないと最後には月は地球から逸れ、遠地点も本来の位置からは逸れるだろうからである。むしろ鎖のように月を繋ぎ止める力は地球に帰すべきである。月が完全に円を描きつつ地球の周りを公転しなくても、この鎖はあるだろう。そしてこう仮定すると、月は地球といわば同じ船つまり太陽の同一の力で運ばれており、さらに月は太陽に由来するこの動きから解放されているかのように、それとは別に地球によって回転させられるのである。

　したがって、OとCで速くなる原因は、まさに、地球Tが月を動かす力を太陽Sから汲み取って、その力を直線TSの延長部で保持するからだと思う。そこで、SCTOを力の直径と呼んでよい。このTとSの2つがそれぞれの運動の源泉だからである。

　以上のように想定すると、プトレマイオスの知っていた毎月起こるあの不整〔出差〕もその帰結として出てくる。すなわち、同一の源泉Tから流れ出た力がC、OではF、Lよりも強いとすれば、またそれ故、遠地点がC、Oにくれば、遠地点がF、Lにある場合よりも速さが大きく失われる。したがって、遠地点OないしCからF、Lに取る均差のほうが、遠地点FないしLから合と衝の位置C、Oに取る均差より大きくなる。

　こうして、この物理学的な思索が、月に起こる現象を十分説明できるように立てられたことがわかる。さらに、月を推し進めて地球の周囲を回転させるのは、第1の源たる太陽ではなくて地球自体の中に潜む力で、この力が地球からその非物質的な形象を月の本体に放射することもわかる。ただし、この力は(第1の源泉である)太陽の中心と地球の中心とを結ぶ直線上でいっそう強くなる。

　ところが、この力の直径がどのようにして強さを増すのか、明瞭に説明するのはむずかしい。月に放射される太陽の力も地球の力も、

第3部——第2の不整すなわち太陽もしくは地球の運動の研究　　374

月がこの直径にかかるときにより速くなるわけではない。太陽や地球の本体（それ故にまた形象）の自転が均一で常に不変であるのは至高の原理だからである。したがって結局、地球から流れ出た力が直線STにより近い部分ではより速くではなく、より強大になることが確かであり、それは、その力が本来は太陽から地球に向かってまさにこの直線を通って放出されたからだ、ということになる。

なお、太陽が直接に、あるいは地球に年周運動を与えることによって、地球が月にもたらす運動の主要な導き手となっていることは、月にその毎月の運動をもたらす地球の日々の運動が赤道下で進行しているのに、月の公転軌道が地球の中心の年周軌道と同様に獣帯上に描かれることによって、特によく証明される。

# 第38章

## 惑星には運動を司る太陽の共通な力のほかに
## 本来の固有な力が具わっている
## また個々の惑星の運動は2つの原因から成る

太陽の周りに惑星を回転させ、地球の周りに月を回転させる運動の起源について、つまり惑星の理論で専門家たちのさまざまな考案に応じて離心円あるいは同心円と呼ばれる円の自然な原因については、すでに述べた。今や離心値あるいはコペルニクスの特別な説では同心円上の周転円の、自然な原因についても述べなければならない。これまで、太陽由来の動かす力は等しくて、ただ〔軌道となる〕円の大きさの相違によって強度が異なるにすぎなかった。その力の本来の性質は、惑星が太陽から同じ遠さの所にあれば太陽による運動の強弱には左右されず全く一様に惑星を公転させるものだった。ところがこの力が作用するさい、ある不整が発見された。それは、惑星の運行によって太陽からの距離が変わり、太陽由来の力の強度が変化することから起こる。そこで問題は、ブラーエが証明したように固体の天球が全くないとすれば、惑星が太陽から離れたり近づいたりするのは何によって起こるのか、これも太陽に由来するのか、ということである。これは太陽に由来するところもあれば、ないところもあると言える。

自然の事物の実例と、これまで取りあげた天と地上の事象の親縁性とからわかるのは、単純な物体にかなり広く共通する作用というのは単純なもので、もし(例えば各惑星の運動における太陽からの距離の変化ないしは離心値のような)多様性があるなら、その多様性は協働する外的な原因から出てくるということである。

川の場合には、水の単純な属性は地球の中心に向かって流れ下ることである。ところが、水の道筋は真っ直ぐではない。窪んだ所があれば逸れて流れ込み、底が平らな所に来れば淀み、急な傾斜にさ

> 離心値による第1の論拠

しかかると激しい音を立てて運び去られる。突き出た岩に激しくぶつかれば回転して渦になることもある。水自体が本来具わった力により地球の中心に向かって下る以外に何もしない場合、単純な属性による単純なはたらきがあるだけだが、逸れたり淀んだり激しく波立ったり渦巻いたりするあらゆる変化が、上記のような外来の偶発的な原因によって起こる。

　ことにわれわれの課題にいっそう適切で面白い光景は船の進み方に示される。川の上に縄か綱を渡し、滑車をつけて両岸に固定する。〔その滑車に繋いだ〕別の縄で川に漂う小舟を係留する。一方、船頭は小舟の舵か櫂を適当に取り付けるほか何もせずにいる。すると小舟は、滑車が綱に沿って動くにつれ、下流に向かう川の単純な力で川を横切る方向に運ばれて対岸へ動いていく。もっと広い川だと、ただ下流に向かう川の非常に単純な流れに任せれば、川底や川岸には全く触れず櫂のはたらきだけで小舟に旋回運動をさせたり、あちこちに動かしたりと、限りなく多くの面白い遊びができる。

　これとほぼ同じやり方で、形象によって太陽から宇宙へと出た力は、全ての惑星やさらにはおそらくエーテルの大気全体も西から東へと運び去る一種の急流となるが、それ自体では惑星本体を太陽に引き付けたり太陽から遠ざけたりはできない。そういうことをしたら限りない気苦労を要する仕事となろう。したがって必然的に、惑星自体が小舟のように一種の水先案内人か船頭のような固有の運動力をもっていて、そういうものの配慮により、太陽に接近したり離れたりするだけでなく、（これが第2の論拠となりえよう）緯度の偏りを制御して、対岸へと移動するように、北から南へ、また南から北へと（それ自体ではただ黄道の道筋のみに従う）この川を動いていく。

　上に述べたことから、太陽由来の力が単純なことは確実である。ところが、現に惑星の離心円は黄道からの偏りがあるだけでなく、さまざまな方向へ向かっていき、相互に交差したり黄道と交わったりする。したがって、太陽に由来する運動の力には他の原因も結び付いている。

緯度による第2の論拠

第38章　惑星には運動を司る太陽の共通な力のほかに本来の……

# 第39章

## 惑星に内在する力が、エーテル大気中の惑星軌道を一般に信じられているような円にするには、どういう経路と手段で運動を起こすべきか

証明した命題の中で以下の公理は真実性が非常に高いとしよう。第1は、孤立した惑星本体はその場所に自然本性として静止しようとする。第2は、惑星は太陽由来の力によって獣帯の経度に従い〔黄経を変えて〕場所を移動する。第3は、惑星と太陽の距離が変わらなければ、この移動によってできる道筋は円になる。第4は、公転軌道を運行する惑星が太陽からの2つの異なる距離を取るなら、その公転周期は距離つまり円の大きさの比の2乗になる。第5は、惑星本体に具わっている単独の力だけでは、その本体をある場所から他の場所へと運ぶのに十分ではない。惑星本体にはエーテルの大気中で自らを支えるような足や翼や羽がないからである。第6は、それにもかかわらず惑星が太陽に近づいたり離れたりするのは、惑星に固有の力に起因する。以上は全て自然本性にも適うし、またこれまで証明してきたことである。

任意の惑星軌道を表すのにどういう法則が必要か明らかにするために、幾何学図形を利用しよう。これまで信じられてきたように惑星軌道が円で、その円は力の源泉である太陽からは離心しているとする。Bを中心にBCを半径としてこの離心円CDを描いたとする。BCはその円の長軸線で、Aが太陽、BAが離心値とする。長軸線上に取ったCを起点として離心円の円周を任意の数に等分し、その弧の端をAと結ぶ。するとCA、DA、EA、FA、GA、HAが等分した弧の端と力の源泉との距離になるだろう。今、βを中心に、ABと等しくしたβγを半径として周転円γδを描き、γを起点として円周を離心円と同数の互いに等しい弧に分かつ。そしてγβを延長しβαが

---

*右注:*
天体の運動を考察するための公理

I. 惑星の合成された道筋から完全な円ができる場合、惑星はその本体の運動によってどういうはたらきをするか。つまり、どういう種類の太陽からの距離に作用するか

BCと等しくなるようにする。また点αを周転円の等しい弧の端と結び、線分γα、δα、εα、ζα、ηα、θαとする。そうするとこれらの線分はこの順序で離心円上に取ったAからの距離に等しくなるだろう。これは上の第2章で証明した。そこで、αを中心にδαを半径として弧διθを描き、直径γζとの交点をιとする。また同じくαを中心にαεを半径として弧εληを描き、直径γζとの交点をλとする。そして周転円の遠日点γから等距離にある弧の端どうしを結んで線分δθ、εηとし、それと直径γζとの交点を記号κ、μで示す。そうすると、αδつまりαιはακより長く、αεつまりαλはαμより長い。

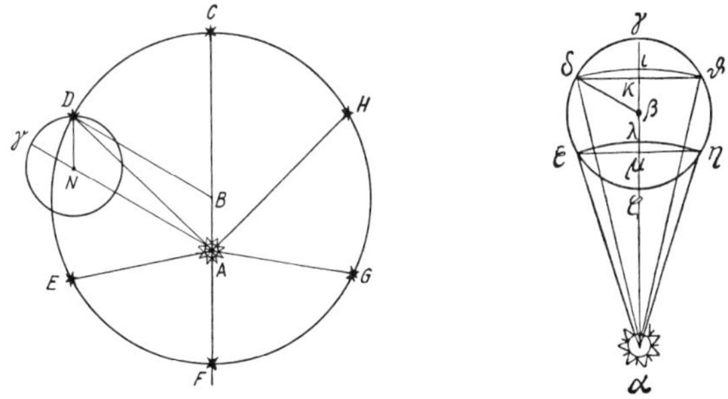


惑星自体が周転円を走行する第1の動き方。第49章はほぼこの仕方による

惑星が自身に内在する力によって完全な周転円を走行し、同時にその軌道が完全な円となることが可能なら、離心円と周転円で相似の弧が同時に作られると考えなければならない。そこで、どういう手段で、どんな尺度により、距離αιがADと等しくなるか、直ちに明らかになる。すなわち、αιとαθが等しいので、惑星がγからθに行くと距離αθは特に意図しなくても必然的にちょうどADと等しくなるだろう。

こういう動き方は不条理である

ところが、惑星が内在する力によってγからθへ移っていくと主張すれば、第5の公理に抵触するように思われるだけでなく、他にも多くの不条理を伴うだろう。

①BDに平行な線ANを引き、ANをBDと等しくし、Nを中心にDを通る周転円を描くとする。CDは完全な円となるから、Dに惑星

を有する周転円NDの直径とABとが宇宙において平行を保てば、（第2章で証明した理論的等値により）惑星Dが離心円の中心Bに対して作る角と、周転円の中心Nが太陽Aの中心に対して作る角とが、全く同じ大きさになるだろう。したがってこの場合、太陽Aを巡る周転円の中心Nの速さと離心円の中心Bを巡る惑星Dの速さは同じと想定されよう。そうすると、それらの動きは同時に強くなったり弱くなったりすることになるだろう。②動きの強弱は惑星本体と太陽との距離の大小によるから、周転円の中心は、同じ距離のままでも、惑星と太陽の距離が長くなったり短くなったりするために動きが遅くなったり速くなったりすると想像されよう。

③また、第34章で明らかにしたように、惑星を運ぶ力は完全にあらゆる惑星より速くても、ここでは想像の上で、太陽から射出される一本の力の線ANを、周転円の中心Nが常にその上に留まる直線のように仮定しなければならないだろう。④この直線は中心のNそれ自体とともに遅くなったり速くなったりするだろう。これは再び上述の、同一距離にある力は常に同一の速さをもたらすということと相反する。⑤ところが、この架空の力の線AN自体が速くなったり遅くなったりするのに応じて、惑星がこの力の線に従い、等しい時間に不等な仕方で相反する方向に回転運動していくように想定しなければならないだろう。*こういう考え方をすると確かにわれわれは古人たちの幾何学的な仮定にはいっそう近づくことになるだろうが、第2章で明らかにしたように、物理学的考察からはこれ以上ないほどに外れるだろう。それに私が思考をこらしても、そういうことがどのようにして自然に起こりうるのか、十分に解明できない。

周転円の直径〔半径〕NDが常に相互に平行を保つことに着目すれば、以上のことはもっと単純に考えられるだろう。その場合、周転円ではなくて離心円の中心Bを思い描き、この中心から絶えず同一の距離を保つことによって、惑星はこの運動を遂行するだろう。

ところが、本書冒頭の第2章で述べたように、（たとえ惑星に知性を具えさせたとしても）中心に指標としての特別な物体が何もないのに、

\*他の不条理は変わらないが最後のこの不条理は第49章で回避される

惑星が離心円を作る第2の動き方

不条理1

惑星が自分で中心と中心からの距離とを思い描くというのは、不条理である。

　惑星は太陽Aの方を見た時点で完全な離心円になるにはどのような太陽との距離が順次生じなければならないか、記憶によってあらかじめ知っていると言われるかもしれない。けれども、まず第1にこれはいっそう迂遠であり、やはり知性がはたらくのであれば、完全な円となる道筋の実現を太陽の視直径の増減という目印と結びつけるような媒介物が必要である。だが、この媒介物は太陽から一定の距離にある離心円の中心Bの位置のほかにはない。そしてつい先ほど述べたこと〔中心を示す目印が何もないのにそれを識別すること〕はたんに知性だけではできない。

　中心とそれを巡る円を考えることができるのは私も否定しない。だが、時間を無視し外的な目印もなく、ただ思考のみによって中心を立てたら、実際にその中心を巡る可動体の道筋を完全な円になるように配置することはできない、と私は主張する。

不条理2　しかも惑星が、円の規則に従って配置された太陽までの自分の適正な距離を記憶から引き出しているなら、不等な経過時間で、しかも太陽からくる外部の力によって走破するはずの等しい離心円弧も、『プロイセン表』もしくは『アルフォンソ表』から引き出すようにやはり記憶から引き出すだろう。すると惑星は、太陽からくる外部の非理性的な力がもたらす事柄を記憶によってあらかじめ知っていることになろう。こういうことは全て不条理である。

不条理3　ことにアリストテレスを証人とすれば無限定な事柄を対象とする学知はないのに、この力の増減には無限定なものが混入するだろう。

　しかし都合のよいことに、第44章では観測結果自体によってCDは完全な円と認められなくなるだろう。またこの（考えようによっては）無力な思索もそれだけが切り離されて出てくるわけではないので、不当な非難をこうむらなくてすむ。

惑星が内在する力で周転円の直径上で秤動する第3の動き方　したがって、周転円も離心円も惑星自体には全くどうでもよいことで、むしろ惑星が遂行する仕事ないしは惑星が協働して果たす仕

381　　　　　　　　　　　　　第39章　惑星に内在する力が、エーテル大気中の惑星軌道を……

事は、太陽αの方に延びる直径γζにおける秤動の道にあるとするほうが、いっそう妥当である。

　今や問題は、惑星が何を尺度にして任意の時間における適正な距離を測るかということである。

　確かにわれわれにとっては、幾何学と図から尺度は明らかになる。すなわち、惑星が太陽由来の力によって直線DA上に推し進められるたびに、われわれは角CBDを調べて、それに等しい角γβδを作る。こうしてαδないしはそれと等しいαιがDに来る惑星のAからの正確な距離だと主張する。しかし、人間に提示されたこの尺度は、われわれが惑星を周転円の広がりから直径γζの狭さに押し込めたことによって、すでに惑星から取り除いてしまった。

惑星は秤動の尺度を実際の周転円からは求めない

　おそらくこの探求では、〔尺度が〕何であるかよりも何でないかを言うほうが容易である。というのも、太陽がAからC、D、E、F、G、Hを通って引いた直線上に惑星を置いた時点で、惑星自体はγα、ια、λα、ζα、λα、ιαの距離をこの順で取ったと想定されるからである。そこで惑星の行路が完全な円であれば、離心円の等しい弧CD、DE、EFに対応するのは直径上での惑星の不等な下降の大きさγι、λ、λζである。しかも順序が乱れて、いちばん上のものが最小、いちばん下のものが最大とならず、中間にくるιλが最大で、両端のγι、λζはそれより小さいが、上位のγιのほうが対応する下位のλζより少し小さい。γκとμζは等しいが、γιはγκより小さく、λζはμζより大きいからである。

描かれた離心円弧からでもない

　さらに同じ理由によって、γι、ιλ、λζは、等しい弧CD、DE、EFを描いた時間もしくは太陽を頂点とする角CAD、DAE、EAFと比例しないだろう。惑星が離心円の等しい部分CD、DE、EFにある時間つまりその弧の走行に要する時間は最上位から下位へと連続的に減少し、太陽を頂点とする角の大きさは連続的に増大するが、秤動γιはιλのような中間で大きくなるからである。

経過時間からでもないし太陽に対する角つまり平準アノマリアからでもない

　したがって、惑星の行路が完全な円であれば、直径γζ上の惑星の下降の尺度は、時間でもなく、離心円上に描かれた空間的な大き

さでもなく、太陽を頂点とする角でもない。

　これらの尺度も物理学的思索によって斥けられる。

　それでは、これについて何と言ったらよいのか。惑星運動が周転円上では起こらないとしても、太陽からの距離が、実際に周転円を走行した場合に現れるのと似たものになるように、この秤動が調整される、と言うべきであろうか。

　まず、太陽までの距離を調整するときに架空の周転円とその作用を認知することは惑星の固有の力に帰せられる。太陽に由来する共通の運動が原因となるような、招来される速さと遅さの認知も同様である。この場合、必然的に、真の離心円の運動の強弱と同一になるような架空の周転円の動きの架空の強弱が想定されるからである。しかしこういうことは、惑星本体の運動が周転円ないしは離心円の認知と結びついていた先の場合よりも、いっそう信じがたい。そこで、先の場合に反論として掲げられたことがこの場合にも繰り返されると理解されたい。どちらの見解もほぼ一致するからである。

　けれども、これ以上の見解がないかぎり、さしあたりこの見解に従わなければならない。そしてこの見解に不条理が多く含まれているほど、以下の第52章ではいっそう快く惑星の行路が円ではないという観測結果の証言を受け入れてくれる自然学者もあるだろう。

　以上でこの秤動の形を看視する尺度について述べた。残る課題は、この尺度の基準つまり各位置ごとの大きさないし動きの基準も探求することである。惑星にとってはどれくらい太陽から離れるべきか知るだけではやはり不十分で、さらにどうしたら適切な距離を保てるかを知ることも必要だからである。

　惑星行路を真円と仮定したために、この秤動を司る知性を惑星に設定せざるをえなかった人は、この点について、惑星の知性が太陽の視直径の大きさの増減に注意を向け、これを目印に用いて任意の時間に太陽と自身の本体との距離をどれくらいにするか理解する、と言わざるをえないだろう。例えば船乗りたちは、航路の里程標がないので、自分たちがどれほど広大な海原を越えてきたのか海から

架空の離心円あるいは周転円からでもない

第57章でこの秤動の尺度が開示される

II. 惑星はどういう手立てもしくは基準によって太陽との距離を把握するか

太陽本体の大きさをとらえる感覚をどの程度まで感星に帰すべきか

383　　　　　　　　　第39章　惑星に内在する力が、エーテル大気中の惑星軌道を……

直接知ることはできないが、波風が一定で変化せず船も休止しなければ、航行の継続期間から算出できる。あるいは風向きと北極星の高度の変化から、または以上の全てか少なくともそのいくつかを合わせて判断できる。あるいはうまく行けば、波間に下ろした水かき板の助けで動くいくつかの小輪を組み合わせた道具からわかるだろう。いかさま臭い機械発明家たちはこういう類の装置を宣伝するが、彼らは大陸の静けさが大洋の波浪にもそのまま通用すると思っている。全く同様に、宇宙にはどんな里程標もない純粋なエーテルの大気があるだけだから、惑星の知性も位置ないし太陽の方に走破した空間を自分では測れない。経過時間とその間に均一に傾注した力とを利用するのか。しかしこれはすでに上述の議論で否定した。それとも物体的な機械装置を用いるのか。だがこれはばかばかしい（太陽と月を実例としてわれわれは星を丸いと想定しており、しかもエーテルの大気の場全体が惑星とともに進むというのが真実らしいからである）。それとも結局、惑星と太陽の距離の変化につれて変わっていく何らかの適切な目印を用いるのか。そのようなものとしては太陽の視直径しかない。われわれ人間も同様に、太陽の視直径が30′になるときは太陽がわれわれからその半径の229倍、31′になるときは222倍だけ離れていることを知る。

　そして周転円の直径上におけるこの固有の動きは、惑星の質料的・物体的な力もしくは磁石の力によっても、また純然たる霊的な力によっても遂行できず、惑星の知性によって支配されることが確かだとしたら、何も不条理なことを立ててはいないだろう。惑星から観察しても太陽が違って見えることは、緯度によっても立証されるからである。実際、惑星が運行するとき太陽を看視して、太陽の中心を通って伸びる直線上で太陽に近づいたり遠ざかったりしなければ、第38章で述べたように、惑星は緯度のために、川の奔流から外れるように太陽から出るこの力の真ん中を通る王の道〔黄道〕から脇に離れていくだろう。その場合、地球もしくは宇宙の中心から見ると惑星は大円よりも小さいが大円と並行に見えるような円を描く

*そうすると惑星は、現在の位置のみによって、つまりそこから見える太陽本体の大きさから、自身と太陽との距離を測る幾何学者になるだろう

惑星には太陽本体を看視する知性のようなものがある

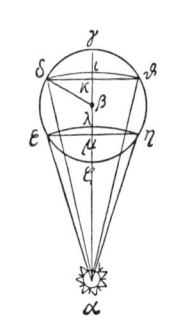

だろう。ところが、惑星は全て太陽から見て正反対の位置で黄道と交わる大円を描く。これは、先の第12、13、14章で火星について観測結果から証明した。したがって、秤動の直径γζも太陽の方に向いており、緯度も完全に太陽と関連している。ただし、こういう緯度に関することも私は第5部では知性の役割から自然の役割つまり磁石の性能へと移すだろう。*

\*第63章の欄外を参照

太陽本体をとらえる感覚に対して可能な反論
1. 対象の小ささ

太陽の視直径もその変化も非常に小さいので物差しとして役に立たない、と言ったりしてはならない。どんな惑星においてもそれが完全に消失しないのは確かだからである。実際、それは地球では30′だが、火星では20′、木星では7′、土星では3′になるだろう。だが金星では40′、水星では実に80′さらには120′にもなるだろう。また太陽本体の小ささに不満を言ってはならない。むしろこれほど小さなものを知覚しようとはしない人間の感官の粗雑な鈍さに不満を向けるべきである。

先に論証したように、どんなに小さくても太陽本体がかくも遠く離れた惑星本体を円運動させるのに相応しいことを見るとよい。宇宙の輝きがかくも小さな本体によることは万人が知っている。したがって、各惑星の主動者が太陽の直径を観測する何らかの性能を具えているなら、落ち着きのない混乱したわれわれの仕事よりもはるかに堅実なはたらきぶりと永続する運動から見て、そういう性能がわれわれの眼より鋭敏であることには、信憑性がある。

2. 感覚器官の欠如

では、ケプラーよ、個々の惑星に両眼があるのか。いや決してそんなことはない。またその必要もない。動けるようにするために惑星に脚や翼を与える必要もないからである。固体の天球はブラーエがすでに除去してしまった。それでもわれわれの思索は、どれほどの感官がなければならないか、学知（scientia）によって確定できるほどに自然の宝庫全体を探り尽くしたわけではない。実際にまた驚嘆すべき実例が眼前にある。すなわち、月下の万物の霊的性能がどのような眼で星々の獣帯上の位置を眺め、その間に（星相と言われる）調和的な配列を見出すと躍動して自らの務めに熱中するのか、自然

第39章　惑星に内在する力が、エーテル大気中の惑星軌道を……

学の立場から述べてみるとよい。私の母も星々の位置を自身の目で見分けて、自らが土星、木星、火星、金星、水星の星位が6分の1対座と3分の1対座になるときに生まれたことを知り、できるだけ多くの同じ星相、特に土星と木星の同一の星相が戻ってくる日か、星の本体やその4分の1対座や衝がなるべく多く元の位置を占めるような日に、自分の子供たち特に初生児の私を産んだではないか。ともかくこれら全ての事例の中に私が発見したことは、いずれも今日まで起こってきた。しかし、何故こういうことを先のと同様に不条理とするのか。ただし、今日普通に行われているよりも周到に自然研究をしてきた人々にとっては別だろう。

そこでまた、惑星の道筋が完全な円だと主張するような人は、等しい離心円の弧を通った後で見える太陽の視直径が、$\iota\alpha$、$\lambda\alpha$、$\zeta\alpha$と等しい線分$\delta\alpha$、$\varepsilon\alpha$、$\zeta\alpha$と、最長の$\gamma\alpha$との比と、逆比例でほぼ同じになるように*、惑星は自らの秤動によって調整し、こうして太陽の異なる視直径を考慮することで、上述の時間の節目に$\gamma$から$\iota$、$\lambda$、$\zeta$に近づいてくると主張するだろう。

*第57章では少し違った比になるだろう

けれども、周転円の弧と太陽の視直径の増大は相互にうまく釣り合わないことを知るべきである。したがって、周転円の弧の不等な正矢を太陽の視直径の均等な増大に合わせる場合、運動を司るこの知性には、非常に優れた記憶力がなければならない。この点については第56、57章を参照。

通過した空間を見分ける目印については以上で述べ終わったとしよう。残るのは、第3に、惑星本体をあちこちに移動させる霊的性能について二言三言解説することである。惑星本体が内在する力によって移動すると主張するような人は全く真実らしいことを述べていない。実際、われわれはそれを初めに否定した。だが、この力を単純に太陽に移し替えることもできない。そうすると惑星を引き付けるのと同じ力が逆に惑星を遠ざけることにもなるからで、これは太陽本体の単純さに抵触する。ところが、ある特別な論拠によって、こういう動き方を惑星と太陽の本体の相互の協働に帰すると、本章

*035

III. どんな霊的性能によって知性は惑星本体と太陽の距離を目指す間隔にするか

第3部――第2の不整すなわち太陽もしくは地球の運動の研究

の題材全体が別の形になる。そこで、以下においては特に第57章をこの問題に当てた。

　慎重で賢明な読者なら、惑星の通り道を完全な離心円とするこの見解が、信じがたい数多くの事柄を物理学的考察の中に巻き込むことがわかる。それは、太陽の視直径を惑星の知性に対する目印として想定するからではない。非常に正しい説を立ててみてもおそらくそうなるだろう。むしろ信じがたい事柄を、運動を司る霊魂や知性に帰するようになるからである。

　だが、われわれは真実に近づいている。そこで、まだあらゆる点で完全とは言えないながら太陽の動きに適っているこの考察を、今やさらに数値に投入することを学んでいく。われわれがここで前もって練習しておいたことは、結局、真実のより厳密な考究に役立つだろう。だが、この探求は第57章にもち越される。

# 第40章

## 物理学的仮説から均差を算出する不完全な方法
## ただしこの方法は
## 太陽もしくは地球の理論には十分である

自然な形の均差に至る道を整えるためにはご覧のとおり長々とした議論が必要だった。均差の問題については第4部でさらに多くを論じよう。今は特に太陽の離心円の均差に戻らなければならない。それがこの第3部の主要な題材で、そのために先行する8章にわたって一般的な事柄をあらかじめ提示したからである。

私の第1の誤りは、惑星の行路を完全な円としたことだった。これは時間を奪った盗人で、あらゆる哲学者たちの権威で武装しているうえに特に形而上学にも相応しいので、とりわけ有害だった。そこで、惑星の行路が完全な離心円だとしてみよう。卵形がこの円から取り去る大きさは太陽の理論では感知できないからである。なお、このずれのために他の惑星に起こる必然的な結果は第59章と60章で引き続き述べる。

惑星が費やす離心円の等しい弧での所要時間どうしの比は、それらの弧の〔太陽の中心からの〕距離と比例する。だが、離心円の半円全体にある個々の点の距離は変わる。そこで、どのようにして個々の距離の総和を得ることができるか探求するために、私はかなり苦労した。実際、個々の点の距離は無限に多くあるけれども、全ての距離の総和を得られなければ、各々の距離における所要時間がどれほどか、言えないだろう。したがって、均差はわからないだろう。距離の総和全体と公転周期全体との比は距離の総和の任意の部分とそこで費やす時間の比と等しいからである。

初めに私は離心円を360等分して、これらが最小部分であるかのようにし、このような種類の小部分ひとつひとつの範囲内では距離が全く変わらないと想定した。そこでこれらの部分つまり各度数の

太陽の中心からの惑星の距離によって均差の物理的部分を見出す

（〔*〕については注036参照）

初めに来る距離を第29章の方法に従って見出し、その距離をひとつの総和にまとめた。その後で、公転周期は365日6時間と決まっているけれども、その周期に端数のない別の数値を当て、その数値が360°つまり円全体に相当するとした。これが天文学者のいう平均アノマリア*である。さらに私は、距離の総和対時間の総和の比が、任意の距離対その距離で費やす時間の比に等しくなるようにした。最後に、1°ごとの時間を加算したうえで、これらの時間つまり平均アノマリアの度数を、離心アノマリアの度数つまりそこまで距離を求めていった当の小部分の数と対比して、物理的均差を出した。そして均差全体を得るために、第29章の方法によってその距離とともに見出した視覚的均差をさらにそれに加えなければならなかった。

定義──
\* ▶ 平均アノマリアとは何か

面積によって均差の物理的部分を見出す

　けれども、この計算法は機械的でやっかいなうえに、他の度数から切り離して孤立した1°ごとの計算からは均差を算出できないので、私は他の手段を見つけようと思案した。そして離心円上の点は無限に多く、そこまでの距離も無限に多いとわかったとき、離心円の面の中にはこれらの距離が全て含まれているという考えが心に浮かんだ。かつてアルキメデスも直径に対する円周の比を求めたとき円を無限に多くの三角形に分割したことを思い出したからである。これがアルキメデスの背理法の隠れた力である。そこで、先のように円周を360等分する代わりに今度は離心値算出の起点となる点から線を引いて離心円の面を360等分した。

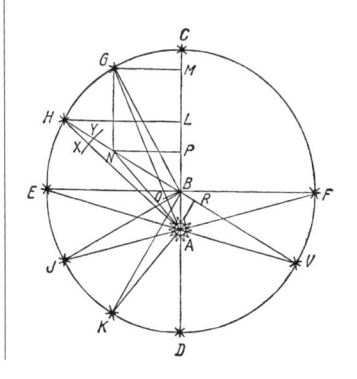

　ABを長軸線とし、Aを太陽（もしくはプトレマイオス説の地球）、Bを離心円CDの中心とする。その半円CDを任意の数に等分してCG、GH、HE、EJ、JK、KDとし、点A、Bとそれらの分割点とを結ぶ。すると、ACが最長距離、ADが最短距離で、他は順にAG、AH、AE、AJ、AKと短くなってい

389　　　　　　　　　　第40章　物理学的仮説から均差を算出する不完全な方法……

く。さて、高さの等しい三角形の大きさは底辺に比例し、扇形あるいは三角形CBG、GBH、その他は、円周の最小部分の上に立っており、したがって直線と異ならないから、全ての三角形は等しい脚BC、BG、BHにより同じ高さをもつので、全ての三角形は等しいだろう。ところが、半円CDEの面積の中にはこれら全ての三角形が含まれており、円周の半分CEDには全ての弧つまり底辺が含まれている。したがって、それらの組み合わせにより、面積CDE対弧CEDの比が面積CBG対弧CGの比に等しく、また相互に、弧CED対弧CG、CH以下順にそれぞれの弧の比は、面積CDE対面積CBG、CBH以下順にそれぞれの面積の比と等しい。したがって、こういう方法で弧の代わりに面積を、離心アノマリアの角度CBG、CBHの代わりに面積CGB、CHBを計算に取りあげても、全く誤りは生じない。

さらに、Bから円周上の無限に多くの部分に引いた直線は全て半円CDEの面積の中に含まれており、Bから弧CHの無限に多くの部分に引いた直線は全てCBHの面積の中に含まれている。Aから円周あるいは弧の、同じく無限に多くの部分に引いた直線も同様である。最後に、Bから引いた直線もAから引いた直線も両方とも同一の半円CDEを満たすが、Aから引いた線分がすなわち距離で、その総和を求めているので、ここから、CAHないしはCAEの面積を算出すればCHないしはCE上の無限に多くの距離の総和が得られる、という結論が出てくるように思われた。それは、無限を走破することができるからではない。所要時間を集計するために集められた距離を有効にはたらかせる性能の尺度がこの面積にあると考えたからで、こうして最小部分の計算をいちいち行わなくても面積を知ればその尺度が得られるだろう。

そこで以上から、CDEの面積と180°に換算した公転周期の半分との比が、CAG、CAHの面積とCG、CH上における所要時間の長さとの比に等しい。[★036]こうして、平均アノマリアは時間を測るものだから、CGAの面積が離心円の弧CGに対応する時間つまり平均アノ

マリアの尺度となるだろう。

　だが、先にはこの面積CAGの一部CGBが離心アノマリアの尺度だった。その視覚的均差が角BGAである。したがって、残る面積つまり三角形BGAの面積が（この個所では）離心アノマリアに対する平均アノマリアの超過分であり、同じ三角形の角BGAが平準アノマリアCAGに対する離心アノマリアCBGの超過分である。こうして、同じひとつの三角形がわかれば平準アノマリアGACに対応する均差のそれぞれの部分が出てくる。

　さらにここからは、上の第30、31章で太陽の理論では均差の各部分がほぼ等しいと私が主張した理由が明らかになる。すなわち、（先のCGと角CBGのような）任意の弧とその上に立つ中心角を測り取るのは、CBGの面積のような扇形と呼ばれる面積である。そこで、コンパスの脚をGに置きGBの間隔を取って円弧を描き、GAとの交点をOとする。するとGBCの面積と角GBCの比がBGOの面積と角BGOの比に等しい。ところが角BGOは均差の視覚的部分である。そこで先に説明したわれわれの計算では、均差の物理的部分のためにGBAの面積全体を考慮すべきなのに、均差の部分を2倍にしてみてもGOBの面積ではやはり均差の視覚的部分を測り取るものになるだろう。

　したがって、均差の物理的部分の真の尺度は面積AGBだから、視覚的部分の尺度を提供する面積OGBを小面積つまりOABの面積の分だけ超過する（近地点の方にくると、視覚的部分のほうが逆にこういう小面積の分だけ物理的部分を上回る）。けれども、この第3部で扱う太陽ないし地球の離心値のような小さな値ではこれは感知できない。実際、長軸線に近づくほど三角形AGBの全体が小さくなり、それ故その小部分AOBも、高さAOがその時にどれほど増そうと、やはり小さくなる。一方、平均的な長さの所では、〔AOBに相当する部分がきわめて小さいから〕角BEAとその扇形は随所で完全にBEAの面積によって測り取れる。そしてその個所で超過分と不足分が入れ代わりはじめる。

第31章の第3の計算法で均差の部分を2倍した値を均差全体とした理由

かくして、起こりうる最大の差異は長軸線と四分弧の線の中間の位置である八分弧の線の所に集まる。その差異がどれほどか、これから明らかにする。
　しばらくの間、火星の理論において面積による同じ計算法を用いたとき、火星の離心値が大きいからこの差異は無視できなかった。均差の視覚的部分を2倍にすると感知しうる誤りも生じた。それ故、均差の三角形の面積を調べなければならなかった。これはさまざまな手立てで行えるが、私はいちばん手短なものを書き添えよう。
　高さの等しい三角形の大きさが底辺の大きさに比例するのは周知のことだが、底辺の等しい三角形の大きさは高さに比例すると私は主張する。

均差の三角形の面積の手短な探求

　三角形AGB、AHBが、延長するとCに至る共通の底辺AB上にあるとする。Gから共通の底辺ABに平行線GNを引き、HBとの交点をNとして、NとAを結ぶ。3つの三角形の頂点G、H、Nから底辺に、三角形の高さを決定する垂線GM、HL、NPを下ろす。そうすると、GNとMPは平行でGM、NPは垂線だから、GMとNPは等しい。ところが、GMは三角形AGBの高さで、NPは三角形ANBの高さだから、三角形ANBとAGBは高さが等しい。そして同時に同一の底辺AB上にあるから、2つの三角形の大きさは等しい。また三角形ANBはAHBの一部であり、底辺は共通な線分HBで頂点は共通なAだから、三角形NABとHABは高さが等しい。したがって、底辺NB対BHは三角形NAB対HABである。ところが、三角形NABとGAB〔の大きさ〕が等しいことは証明されている。故に、NB対BHは三角形GAB対HABである。一方、三角形NBPとHBLは相似だからBN対BHはNP対HLである。故に、NP対HLも三角形GAB対HABである。ところが、NPとGMは等しい。したがって、高さどうしの比GM対HLは面積GAB対HABの比に等しい。以上が証明すべきことだった。
　今、BEをCDに対する垂線とする。そうすると三角形BEAはBが直角の直角三角形であり、BEが高さ、BAが底辺となる。そこで（太

離心アノマリア90°の三角形の面積の値

陽では1800となる）底辺BAの半分の900を高さのBEつまり円の半径である100000に掛けると、エウクレイデス第1巻41により三角形BEAの面積90000000になる。だが、半径100000の円の面積は（きわめて創意工夫に富む幾何学者アドリアン・ファン・ローメンの最新の検証に従うと）細部の数字に1の誤りもなく31415926536である。そしてこの円の面積と平均アノマリアつまり時間の360°すなわち21600′または1296000″の比が、三角形の面積90000000と3713″つまり1°1′53″の比と同じになる。したがって、BEAの面積は1°1′53″に相当する。ところが、第29章と30章によれば、角BEAも1°1′53″だった。故に、この90°の近辺の位置では均差の各部分は等しい。[★037]

　他の度数を取る離心アノマリアの場合は以下のようにする。角BEAが3713″だから、この三角形の高さEBと他の三角形の高さHLあるいはGMの比すなわち正弦全体〔つまり1〕と離心アノマリアHBC、GBCの正弦の比が、3713″とBEA以外の三角形の面積の比になる。そこで、3713″をBにおける角の正弦に掛けて最後の5桁の数字を切り捨てると、Bにおける角に対応する均差の物理的部分の秒数が残る。例えば、角HBCを第31章に出てきた値45°43′46″とする。その正弦の値71605を3713″に掛けて最後の5桁を切り捨てると2659″つまり44′19″になる。上掲の表ではこの均差の部分を視覚的部分の43′46″に等しいと想定した。

　したがって、この小面積ABOは最大でも33″を越えない。

　そしてこれが、第34章末尾で述べはじめた、離心円の均差を算出する第4の計算法であり、これは事柄の自然な本質と第32、33章で前もって述べた考察に非常に近いものを表す。

　しかし、大して重要でないとはいえ私の議論の進め方には偽推理がある。その発生の元は次の点にある。すなわち、アルキメデスは確かに円を無限に多くの三角形に分割したが、それらの三角形は頂点が円の中心Bにあるから〔半径と接線となる辺とが作る〕直角で円周上に立つ。ところが、Aを頂点として円周上に立つ三角形の計算法はそれと同一ではない。点CとDを除く全ての所で円周がAから引

> 円軌道を想定し三角形の面積によって行われるこの演算の欠陥

第40章　物理学的仮説から均差を算出する不完全な方法……

いた直線によって〔その直線と接線とが直角にならないので〕斜めに切られるからである。

　試してみれば誤りは発見できるだろう。私も、角CBG、GBHの整数角度の各々に対する距離AC、AG、AHを全て取りあげて、それらを加えてひとつの総和にしてみた（個々の距離は第30章の一覧表であらかじめ述べておいたが、その距離は位置としてはAを頂点とする角のそれぞれの整数角度、したがってBを頂点とする角の細分化された角度[*]に対応している。けれども、Bを頂点とする角の任意の整数度に、比例を用いて〔つまり補間法によって〕そのAからの距離を容易に割り当てられる）。すると、Bからの360の距離の総和は36000000以外にはならないはずなのに、総和が36000000より大きくなる。ところが、各々の総和が円の同一の面積を測るものであればこれらの総和は等しくなるはずだった。

　また誤りは以下のような手順で証明される。Bを通るCD以外の直線を引き、円周と交わらせ、その線分をEFとする。そして交点E、FをAと結ぶ。そうするとA点は線分EF上にないから、EAFはひとつの図形つまり三角形になる。したがって、エウクレイデス第1巻22により、EAとAFを合わせた線分はEFより長い。ところが、円の面積は全てのEFの総和を含む。したがって、それは全てのEAとAFの和より小さくなるような総和を含む。離心円上の相対する位置にある任意の点とAの間には、上のような三角形が作れるはずだからである。ただし、C、DとAとの間においては別で、その場合には三角形ではなくて直線になる。

　さらに（ついでながら付け加えると）同じ計算法で、（上の第30章の一覧表にある）Aを頂点とする360全ての整数角度に対応するAからの距離をまとめてひとつの和にしたものが36000000より小さいことも証明される。すなわち、点Aを通るDC以外の任意の直線を引き、この線分をEVとして、E、VとBを結ぶ。三角形EBVにおいて、線分EBとBVを合わせたものは相対する2つの距離EAとAVを合わせたものより長い。ところが、360全てのEB、BVをまとめると36000000になる。そこで、360全てのEA、AVをまとめたものは

[*] 細分化された角度と私がいうのは度数に細かな端数が加わっているからである

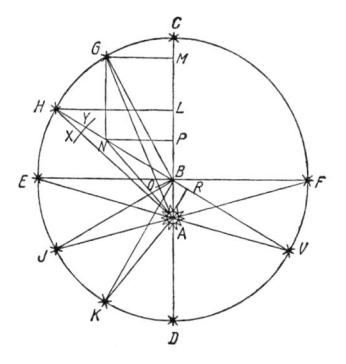

36000000より小さくなるだろう。

そこですでに述べたことを繰り返すと、均差を出すこの方法は確かに非常に手短で、これまで説明した運動の自然な原因に依拠しながら、また太陽もしくは地球の理論では非常に細かなところまで観測結果に適っている。それにもかかわらず、2つの誤りを犯している。第1は、惑星軌道を完全な円としていることで、これが真でないことは以下の第44章で証明する。第2に、太陽から全ての点までの距離を測るのに面を用いるのは精確でないことである。けれどもこれらの誤りの原因は、奇しくも第59章で証明するように、各々が非常に精確に相殺し合う。

現代は、時折それほど明らかな有用性をもたない問題に非常に長い間にわたって苦労を重ねる傑出した幾何学者も何人かいるので、私はそういう幾何学者ひとりひとりに、ここで全体の距離を集めたものと等値になるような面積を求めるのを手伝ってくれるよう呼びかける。確かに私も（ことばの意味を広く取れば）それを幾何学の上で発見はした。だが、私が幾何学的な粗描で得たことを数できちんと出せるよう教えてほしい。あるいはむしろ発見した図形の求積法を教えてほしい。すなわち、半円周CEDを展開して直線とし、それを点G、H、E、J、Kで先の場合と同数に等分する。分割点から半径CBに等しい垂線を立てて平行四辺形（parallelogrammum）を作る〔実際には長方形としてもよい〕。この図形は、アルキメデスが半円の面積を測るのに用いる三角形の2倍になるだろう。こういう仕方で個々の扇形からそれぞれの平行四辺形を作ると、そのときは部分に分かれた平行四辺形全体が半円の面積全体と理論上等値になり、どこでも2対1の〔面積〕比が支配するだろう。

これと同じ方法でさらにCA、GA等々の距離を展開して、それぞ

＊楕円の惑星軌道を想定するとこの計算法には全く誤りがない。そこで楕円軌道に留意されたい

コンコイドの作る空間の求積法について幾何学者に課せられた問題

第40章　物理学的仮説から均差を算出する不完全な方法……

れのA点を、個々の点（可能性としてはこういう点が無限に多くある）を通って引いたコンコイドA.A.A.A.*で結ぶと、図形AACDはAからの距離の全てと理論上等値になるだろう。同様にして、個々の線分AG、AHからはほぼ平行四辺形に近いひとつの図形ができあがる。ただし、コンコイドはCDと平行ではない。円の場合でも距離が円周に対して傾斜するのと同様に、コンコイドも半径GA、HA、EAに対して傾いている。したがって、コンコイドAAのほうが半円CDより長くなっても何の差し支えもないだろう。

また、EAはEBより長い。各点とBとの距離を示す線に対してAから下した垂線が定める大きさをもつ、CA、GQ、HR、EB、JS、KL、DAを取れば（例えば、円のほうの図で、HBを延長した線に垂線ARを下すと、これはHAより短いHRを定める）、その場合に、コンコイドAQRBSLAとCDの間にできる図形が完全に図形CBBDと等しい大きさになるだろう。実際、このコンコイドはEAの線上でBBと交わる。またいちばん上のBAといちばん下のBAは等しく、さらにBQとLB、BRとSB等々も等しい。したがって、図形BBRQAとBBALSは合同になるだろう。そしてその各々は等しい図形CBBEとEBBDの超過分と不足分である。そこで、AQRBSLAとCDの間にできる図形全体はBBとCDの間にできる図形全体と大きさが等しい。そうすると、2つのコンコイドAQRBSLAとAAAAAAの間の小さな領域の面積が、Bからの距離に対するAからの距離の超過分を測る尺度であり、確かにその尺度においては平行四辺形がBからの距離の全てと等しいと想定される。

また、この小さな領域は線分EAからの距離が等しい場所でも同じ幅ではなくて下のほうが広いことに注意されたい。すなわち、円のほうの図でHBRをVまで延長して、AH、AVがそれぞれに真ん中の2点E、Fから等間隔離れた、等しい大きさをもつ上方の角HBEと下方の角FBVに対応するようにする。Aを中心にAVを半径

*私がコンコイドと言うのは、無限で、貝殻（concha）に似ていることからそう言われた、ニコストラトス〔★038〕のコンコイドではなくて、ニコストラトスのコンコイドに似た曲線の意であって、菱形Rhombusに似た図形を偏菱形Rhomboidesと言うようなものである。

2つのコンコイド間の領域は真ん中からの隔たりが等しい場所でも幅が不等である

としてAHとBHを通る円弧XYを描く。そこでAYを結ぶと、三角形AYRはAVRと全く合同になる。AVとAYおよびAXは作図によって等しく、直角三角形の長辺であり、一方、VRとRYも短辺で等しいからである。円周XYの外側にある点Hから2本の線が引けるが、HXは中心Aを通り、HYは中心以外の所を通る。したがって、HYのほうがHXより長い。それ故に、長いほうのAVつまりAXは短い増加分XHをもち、短いほうのVRつまりRYは長い増加分YHをもつ。けれども、RH全体はAH全体より短いままである。したがって、RHとAHの差異はRYとAXの差異つまりVRとVAの差異より小さい。そこでコンコイドにおいては、JEとEHが等しいが、SAのほうが長くてRAのほうが短い。だから、2つのコンコイドの間の小領域はEAによって2等分されない。だが、BBによっては2等分されるように思われる。しかしこの問題は、幾何学者が探求し、それとともにコンコイド間の小領域の求積法を教示して、数値で表すのに適した形にすべきである。第43章にはこの小領域の面積の大まかな算定の仕方が見出せよう。

　物理的均差の算出に関する以上の事柄をあらかじめ一般的な形で述べておきたかったのは、まだ幾何学からの必要な援助が十分にはなく、惑星の不整の全ても明らかになってはいないが(それは特に、太陽ないし地球の通り道が完全な離心円という前提に立っているからである。けれども、火星については第44章と53章でそれが否定されるだろう)、この計算の仕方が先に述べた考察と乖離しすぎないようにするためである。実際のところ、これまで携わってきた太陽の理論に関しては、まだ全てが明らかになっているわけではないが、当面判断できるかぎりにおいて、コンコイドの小領域を適切な大きさより小さく取って疎略に扱おうと、割合からすると実際より過剰になるように思われる完全な離心円を仮定しようと、何の支障もない。むしろこの章で偽推理の刻印を押して斥けた以上のようなことは、後で均差を出すいちばん正しい方法に及んだとき再び取りあげるだろう。そのときには偽推理の生じるきっかけとなったものが仮説から除去されて

いるだろう。

　視覚に対して惑星が留や順行、逆行の状態にあるように見せる第2の不整の起こる原因とその程度を測る尺度を、私は非常に確実な観測結果と論証とによってすっかり記述した。またこの第2の不整もやはり第1の不整と共通するものをもつことと、（コペルニクスの）地球もしくは太陽の理論あるいは（プトレマイオスの）周転円の理論が他の惑星の理論と類似していることを示し、さらにこの第1の不整の物理的原因を発見してそれを太陽の理論のための計算に合わせた。そこでここでは当然の権利として、昼食を取るために午前の日課を終えるように、この第3部を終える。心をくつろがせる名人が私のために次のように歌ってくれる。

企図の一部はまだ残っているが、骨の折れる仕事の一部は終えた。
　　　ここで錨を投じてわれらが船を止めよう。[★039]

ヨハネス・ケプラー『新天文学』● 全5部

【第4部】
火星の運動についての注解

# 物理的原因と独自の見解による第1の不整の真の尺度の探求

●

　第3部で論証したことは全ての惑星に関わるから、「深遠な天文学の鍵」と言っても不当ではない。火星の観測による以外にその探求法が全くなかったのは確かなので、とりわけこの鍵の発見は喜ばしい。プトレマイオスは確かに金星と水星の場合も太陽の離心値の2等分を発見し、そのために離心円の離心円あるいは同じことになるが周転円の中心の回転運動を導入した。そういう論証が保持されて、これらの惑星に関する特有の議論になっている。けれども、火星によらずに説を立てたら、観測自体の条件と、夜間に低い所にあるときだけ観測できる金星と太陽の離隔の小ささが、この問題を組織立った方法で探求する非常に大きな妨げとなっただろう。水星でそういうことを試みるのはなおいっそうばかげていた。水星が太陽光線の外に現れるのは非常に稀だし、水星は、いちばん近くに見えるときの火星と金星より地球から遠く隔たっているからである。したがって、プトレマイオスとともにわれわれは非常に広く開けた場で、濃い影を通して手探りをするように真実を追求していかなければならなかっただろう。

　今度は、離心円を採用したときに起こる、各惑星に固有な第1の不整について、どれほどのものが第3部で発見した各惑星に共通なこの第2の不整に帰されるか、火星の実例によって明らかにしていこう。

●

第4部——物理的原因と独自の見解による第1の不整の真の尺度の探求　　　400

# 第41章

## すでに用いた太陽と衝になる位置以外での観測結果から長軸端、離心値、軌道相互の比を調べる試みただし誤った条件を伴っている

**第**2部では、古人にならって初更の観測結果から遠日点と離心値、同時にまた円軌道全体における太陽から火星までの距離を見出そうとした。そして離心円の均差は確かに初更の位置以外での他の観測結果にもほぼ対応した。だが、離心値と太陽からの距離は経度と緯度の年周視差によって斥けられた。そこで離心円の行路全体にわたって太陽の中心から惑星までの距離を調べられるように、まず（プトレマイオスでは周転円の、ティコとコペルニクスでは年周軌道の）第2の不整を第3部で解明しなければならなかった。実際、惑星の道筋が完全な円だとしたら、離心円による惑星の第1の不整はおそらく今すぐにも究明できるだろう。第25章では、円周内の一点から円周上の3点への3つの距離と、その一点を頂点とする角とから、その点から見た円の大きさと位置、長軸端とともに中心と離心値を求める方法を述べた。

第26章で、太陽の中心から火星までの距離が、交点のある金牛宮14°21′7″で147750であることを見出した。この観測は1595年10月25日のものだった。一方、第27章では、火星の距離が天秤宮5°25′20″で163100より少し小さいことを見出した。この観測は1590年12月31日のものだった。そして火星が交点から41°離れているから、41°の正弦を、第13章で発見した最大傾斜角の正弦に掛けると、その位置の傾斜角1°12′40″が出てくる。その正割は100000分の22だけ基準とした半径を上回る。これはわれわれの大きさの取り方では34である。したがって、この位置での修正距離は163134より少し小さくなる。今163100をそのままにしておくとする。41°の正割

にこの傾斜角の正割を掛けると50″だけ長い弧の正割が出てくる。そこで火星の位置から50″を減じるべきで、その位置は天秤宮5°24′30″になる。

3番目に、第28章では、火星の距離が処女宮8°19′20″で166180であることが見出された。この観測は1590年10月31日のもので、交点からは68°離れていた。したがって、この位置の傾斜角は1°42′40″で、その正割は100000分の45だけ半径より大きい。これはわれわれの大きさの取り方では75になる。そこで、修正距離は166255である。これを黄道に還元するために火星の位置から16″を引く。

これら3つの位置を分点歳差を考慮して1590年10月という同じ年月に還元すると、以下のようになる。

147750　14°16′52″　金牛宮
163100　 5°24′21″　天秤宮
166255　 8°19′ 4″　処女宮

その距離が他より長いから、遠日点が他の位置よりも処女宮8°に近い所にあるのは明らかである。そこで第25章の論証に従って、αを太陽本体の中心とする。その中心から、ここで数値に出てきた距離と同じ比になるようにαθ、αη、ακを引き全ての点を結ぶ。角καθを金牛宮14°から処女宮8°までと同じ114°2′12″、同様に角καηを処女宮8°から天秤宮5°までと同じ27°5′17″とし、角ηαθをこの2角から成るとする。太陽は獣帯の中心と想定されているからである。

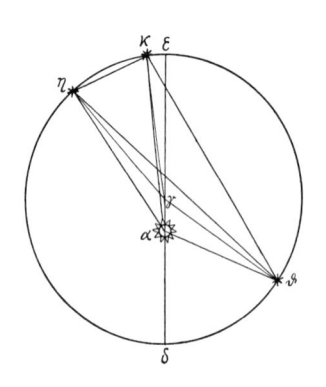

今、η、κ、θを通り、η、κ、θが火星の3つの位置となるような円を求めなければならない。なお、プトレマイオス説の形では、αが地球で獣帯の中心となり、η、κ、θが周転円の固定点の3つの位置となるが、他はそのままである。

三角形ηαθにおいて2辺とその挟角が与えられているので、角

αθη は20°26′13″とわかる。同様に三角形καθでは角αθκが35°10′17″になる。その角からαθηを引くと、ηθκの14°44′4″が残る。γを求める円の中心とし、αγを引き、この線を遠日点εと近日点δまで延長して、γとη、κとを結ぶ。

そうすると、ηθκは円周角、ηγκは中心角で、同一の弧ηκの上に立つから、角ηγκはηθκの2倍で、29°28′8″になる。またηγを100000とすると、κηはηγκの半分の角の正弦を2倍にした値で、50868になる。

三角形ηακにおいて再び2辺とその挟角が与えられているので、角κηαの78°44′1″が見出され、ηαを163100とするとκηは77187になる。そこで先にはκηが50868でηγが100000だったから、この大きさの取り方だとηαは107486になる。そしてηγκは29°28′8″で、ηγとκγが等しいから、κηγはこの角の補角の半分になる。したがって、κηγは75°15′56″である。κηαからこれを引くとγηαが残る。

三角形γηαにおいて2辺とその挟角が与えられる。そこでηαγは38°15′45″とわかる。したがって（αηは天秤宮5°24′21″にあるから）長軸線αγは獅子宮27°8′36″にあるだろう。一方、角ηαγによって、ηγを100000とした場合の離心値αγとして9768も見出せる。最後に、αηを163100とする大きさの取り方だとηγは151740になる。ところが、同じ基準では年周軌道〔地球軌道〕の半径は100000だった。したがって、2つの軌道の比は100000対151740になるだろう。

これらの数値がみな全くまちがっていることは、上に用いた距離αθ、αη、ακの中のひとつか複数の代わりに、同じように確実で反駁の余地のない議論によって見出された、離心円上の他の位置に対応する別の距離を適用してみれば、そのたびにそれらの数値が別の形で出てくることから、推論されよう。

そして次章では、非常に確実な方法で100000対ほぼ152640という比が見出されよう。離心値は半径を100000とすると9264である。なお、第16章では1590年10月31日の遠日点が獅子宮28°53′に見出されたが、次章ではこの値が11′の誤差の範囲内で確証されるだろう。

# 第42章

## 火星が遠日点の近くに来るときの
## 初更の位置以外での若干の観測結果と
## 近日点の近くに来るときの別の若干の観測結果とにより
## 最も確実な遠日点の位置、平均運動の訂正、
## 真の離心値、軌道相互の比を求める

読者はわれわれがやり直さなければならないのを見た。離心円上の火星の3つの位置と、円の規則に従って改めた太陽からその位置までの3つの距離によって（先にもそれほど不確実な立て方ではなかった）遠日点が斥けられることがわかったからである。こうして惑星の通り道が円ではないのではないか、という疑念が生じた。したがって、3つの距離からは残る距離を知ることができないだろう。そこで、任意の位置における距離、ことに遠日点距離と近日点距離を、それぞれ固有の観測結果から立てなければならない。この両距離の対比から真の離心値を調べられる。

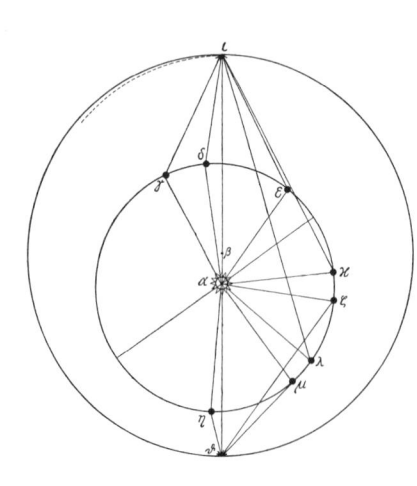

宇宙の中心が $\alpha$、長軸の線が $\alpha\beta$ で、離心円 $\iota\theta$ は $\beta$ を中心とし、$\iota$ が遠日点、$\theta$ が近日点とする。第41章さらにはむしろ第16章のほうから、火星が $\iota$ の近辺に来る場合にいちばん近い観測結果は以下のとおりだとわかる。

I.　1585年2月17日10時に、火星は獅子宮15°12′30″、北緯4°16′に見えた。

II.　1586年12月27日朝4時、処女宮29°42′40″、北緯2°46′36″に

あった。

　また1587年1月1日朝7時8分には天秤宮1°4′36″、北緯2°54′にあり、1月9日朝には、天秤宮2°51′30″、北緯3°6′にあった。

　1588年11月10日朝6時30分には、火星と獅子座の心臓〔レグルス〕との離隔が31°27′、火星の赤緯が北緯3°16′15″で、したがって火星の位置は処女宮25°31′、北緯1°36′45″だった。12月5日朝6時には火星と獅子座の心臓との離隔が45°17′、赤緯が南緯2°5′で、したがって火星の位置は天秤宮9°19′24″、北緯1°53′30″だった。だが、これらの観測結果は後に来る恒星によって確かめられたものではない。

　1590年10月6日朝4時45分に火星は獅子座の尾〔デネボラ〕と海蛇座の心臓〔アルファルド〕から隔たった12°30′の高度に赤緯を伴って観測された。だが、どちらの恒星も火星とは真っ直ぐな経線上に並んでいなかったことから、それぞれにおいて、赤緯を介して立てた赤経が6′の不一致をきたすことになった。こういうことは、赤緯にほんの少しでも不足があると容易に起こりうる。観測者もそれをあまり信頼しなかったように思われる。同一経度上にある獅子座の尾から火星を測定して、離隔が全て緯度上の隔たりとなるようにしていたからで、これは赤緯よりもこういう方法から火星の緯度をより確実に知るためだった。だが、赤緯を6°14′、海蛇座の心臓からの離隔を34°33′30″のままにしておくと、その赤経は168°56′15″だったことになる。そうすると火星の位置は処女宮17°16′45″、北緯1°16′40″である。恒星大気差表によれば、この高度では4′の差を示し、太陽の大気差はそれより大きな値を示す。そうすると乙女座は高く上昇する。そこで火星については、大気差によって高められた所から順行方向に向かって、約3′あるいは〔太陽の大気差によって〕もう少しそれを上回る分だけ、突出させなければならない。視差はきわめて小さかった。したがって、大気差から減じた分はほんの少しだけだった。そこで火星の位置は処女宮17°20′だったことになる。

　1600年3月5日／15日午後8時半には〔午後の場合にはケプラーは特に

指示しないが、午前の観測結果が続いたので、あえて入れたのであろう〕巨蟹宮29°12′30″、北緯3°23′にあった。また3月6日／16日の8時半には、巨蟹宮29°18′、北緯3°19′45″にあった。

　火星が離心円上の同じ位置に戻る時点は、相互に以下のような数値と対応する。

第30章による

|  | 火星の視位置 | 太陽の視位置 | 太陽と地球の距離 |
| --- | --- | --- | --- |
| 1585年 2月17日午後10時 0分 | 15°12′30″ 獅子宮 | 9°22′37″ 双魚宮 | 99170（αδ） |
| 1587年 1月 5日午後 9時31分 | 2°8′30″ 天秤宮 | 25°21′16″ 磨羯宮 | 98300（αε） |
| 1588年11月22日午後 9時 2分半 | 2°35′40″ 天秤宮 | 10°55′8″ 人馬宮 | 98355（ακ） |
| 1590年10月10日午後 8時35分 | 20°13′30″ 処女宮 | 26°58′46″ 天秤宮 | 99300（αλ） |
| 1600年 3月 6日午後 6時17分半 | 29°18′30″ 巨蟹宮 | 26°31′36″ 双魚宮 | 99667（αγ） |

　観測結果のしかるべき時点への還元法は以下のとおりである。1587年は、マジーニの3日にわたる観測でも明らかなように、火星の日運動が減少しつつあったので、私は日運動として、17、16、16、16、15、15、14、14、13、13、13、12、12〔分〕という値を用いた。

　1588年11月10日は、観測結果の値がマジーニの正午の位置より39′少なく、12月5日は、33′少ない。そしてわれわれの取った時点は両者の中間にある。したがって、相違も中間の値の36′を用いる。

　1590年は観測結果が孤立していて、すでに明らかなようにその観測自体もうまくいっていない。けれども、マジーニの観測では日運動は数日にわたって常に37′である。

　本題に戻る。離心位置と距離を求めたり確認したりする多くの方法をこれまで示してきたが、ここではまた別の方法に従おう。それがいちばん簡便だからである。地球の位置を$\delta$、$\varepsilon$、$\kappa$、$\lambda$、$\gamma$とし、$\delta$、$\gamma$で離心円の左側の位置、$\varepsilon$、$\kappa$、$\lambda$で右側の位置に来るものとする。線分$\alpha\delta$、$\alpha\varepsilon$、$\alpha\kappa$、$\alpha\lambda$、$\alpha\gamma$と角$\alpha\delta\iota$、$\alpha\varepsilon\iota$、$\alpha\kappa\iota$、$\alpha\lambda\iota$、$\alpha\gamma\iota$はすでに与えられているので、全ての三角形に共通な第3項として求める項のひとつである辺$\alpha\iota$を想定し、この辺によって$\iota$を頂点とする角を求め、

それらの角が獣帯の同じ位置に線分αιを立てるかどうか調べよう（ただし、分点歳差のためにその位置が後に続く時点でどこまで先に進むか、ということは除外する）。そこから、想定したαιが適切かどうかわかるだろう。

　この方法の基本原理は、αιと角δ、ε、κ、λ、γの正弦の比がαδ、αε、ακ、αλ、αγとιを頂点とする角の正弦の比に等しいことである。

| γα | 26°31′36″ 双魚宮 | δα | 9°22′37″ 双魚宮 | εα | 25°21′16″ 磨羯宮 |
|---|---|---|---|---|---|
| γι | 29°18′30″ 巨蟹宮 | δι | 15°12′30″ 獅子宮 | ει | 2°8′30″ 天秤宮 |
| αγι | 122°46′54″ | αδι | 155°49′53″ | αει | 113°12′46″ |
|  |  | κα | 10°55′8″ 人馬宮 | λα | 26°58′46″ 天秤宮 |
|  |  | κι | 2°35′40″ 天秤宮 | λι | 20°13′30″ 処女宮 |
|  |  | ακι | 68°19′28″ | αλι | 36°45′16″ |

これらの角度の正弦を太陽と地球間の距離に掛けて、想定したαの距離166700で割ると、角度の正弦が出てくる。これらの角度を火星のγ、δにおける視位置に加え、ε、κ、λにおける視位置から引くと、線分αιは以下の位置に置き直される。

| γ | δ | ε | κ | λ |
|---|---|---|---|---|
| 29°28′44″ 獅子宮 | 29°18′19″ 獅子宮 | 29°19′21″ 獅子宮 | 29°20′40″ 獅子宮 | 29°20′30″ 獅子宮 |

しかるべき位置

| 29°30′51″ | 29°18′0″ | 29°19′36″ | 29°21′12″ | 29°22′48″ |

あるいは

| 29°29′51″ | 29°17′0″ | 29°18′36″ | 29°20′12″ | 29°21′48″ |

　当然、5つの位置は分点歳差による差異分しか違わないはずだった。
　先の図から看取されるように、他の値はそのままにしておいてαιがもっと短いと想定すれば、αιはγ、δでは順行方向、ε、κ、λでは逆行方向にくるが、間隔があらゆる位置で等しくなるわけではない。

第42章　火星が遠日点の近くに来るときの初更の位置以外での……

しかもそうするや否や δ、κ、λ の位置では不都合に、γ、ε の位置では好都合になるだろう。αι を長めに取ったらそれとは反対になる。だが、こういう小さな誤差は全ての位置にわたって配分しておくのがよい。したがって、距離 αι には何ら変更を加えるべきでなく、火星は所定の時点で最後に挙げた位置にある。

これで一致するかどうか調べるために第28章の方法を用いたければ、以下のようにするとよい。点 δ、ε を結ぶと δε の値74058、角 δεα の68°36′ 0″、εδα の67°21′ 3″ が見出せる。そうすると角 εδι は88°28′ 50″、δει は44°36′ 46″、ειδ は46°54′ 24″ で、したがって ιε は101380、角 εαι は33°58′ 33″ である。そこで、αι は1587年には獅子宮29°19′ 49″ にある（われわれはすでに29°18′ 36″ を選んでいる。1′ の差異は他の位置もそのまま保持するためのものである）。最後に、αι は166725で、κ の位置がこれと一致する。

さらに $166666\frac{2}{3}$ は半径100000の $1\frac{2}{3}$ 倍だから、これが太陽から地球までの平均距離と太陽から火星までの最長距離の比と考えられる。しかし、今のところ私は何ごとも推測に委ねるつもりはない。

ここでは離心円の平面は黄道に対して1°48′ の角度で傾斜しており、その正割は〔100000より〕49だけ多い〔1°48′ の正割は1.00049である〕。これはわれわれの大きさの取り方だと82に相当する。したがって、火星と太陽の最も正しい距離は166780になる。確かにこれらの観測結果からはこの値になるはずである。ただし、これらの観測結果の値はやや長めに導き出されており、観測日に最善の状態で観測が遂行されたわけでないことを想起しなければならない。

近地点にも触れておこう。その場合には列挙された観測結果の一覧と平均運動についてのおおよその知識からほぼ以下のような非常に近い位置での観測結果が示される。

I. 　1589年11月1日夕方6時10分に、火星は磨羯宮20°59′ 15″、南緯1°36′ にあった。

II. 　1591年9月26日7時10分に、磨羯宮18°36′、南緯2°49′ 12″ にあった。

III.　1593年7月31日明け方1時45分には双魚宮17°39′30″、南緯6°6′15″、8月11日明け方1時45分には双魚宮16°7′30″、南緯6°18′50″にあった。

その時点は以下のような形でそれぞれの数値に対応する。

第30章による

|  | 火星の視位置 | 太陽の視位置 | 太陽と地球の距離 |
|---|---|---|---|
| 1589年11月 1日午後6時10分 | 20°59′15″ 磨羯宮 | 19°13′56″ 天蝎宮 | 98730 |
| 1591年 9月19日午後5時42分 | 14°18′30″ 磨羯宮 | 5°47′ 3″ 天秤宮 | 99946 |
| 1593年 8月 6日午後5時14分 | 16°56′ 双魚宮 | 23°26′13″ 獅子宮 | 101183 |

　1591年については、われわれは日運動がマジーニの出した値と同じだと信じなければならない。観測が孤立しているからである。そしてマジーニのものでは火星の動きが7日間で4°16′なので、9月19日7時10分には磨羯宮14°20′、6時10分には磨羯宮14°18′30″にあったことになる。7月16日ないし17日の留のあたりでは、計算上はマジーニの説よりも約1°16′進んだ所にあった。9月26日でもなお0°53′進んでいる。したがって、差異は70日間で約23′の減少となる。比例を用いて推論する〔補間法による〕と、この差異は9月19日には約2′大きいだろう。そこで、われわれの取った時刻においては火星は磨羯宮14°20′にあると考えよう。

　1593年には火星は留から離脱した。そして7月30日真夜中から翌日にかけての火星の位置はマジーニの正午の位置から3°25′30″、8月10日には3°59′30″ずれているので、差異は徐々に増え方が少なくなってはいるものの増加している。だから私は8月6日における差異を3°46′と想定して、真夜中より後の翌日の1時45分には火星が双魚宮16°52′にあり、日運動は10′とした。これはわれわれの取った時点より8時間30分後になる。その間の火星の逆行の動きは約4′になる。したがって、われわれの取った時点においては火星は双魚宮16°56′にあった。（こういうわけで）どちらの側にも1′以上ずれることが全くないのは確かである。

第42章　火星が遠日点の近くに来るときの初更の位置以外での……

近地点では火星はそれほど頻繁に観測されなかった。すなわち、1595年には火星が真夏に近地点に来ることがあったが、その時デンマークでは薄明が一晩中続いた。1597年にはティコ・ブラーエが旅行中だった。それに冬期の半円で太陽の近くにあるときは、速さが太陽よりそれほど大きくは遅れないために長い期間にわたって隠れるものである。

図で火星の離心位置をθ、地球の位置をζ、μ、ηとして、以下のとおりとする。

| | | | | | | | |
|---|---|---|---|---|---|---|---|
| ζa | 19°13′56″ 天蝎宮 | μa | 5°47′3″ 天秤宮 | ηa | 23°26′13″ 獅子宮 |
| ζθ | 20°59′15″ 磨羯宮 | μθ | 14°18′30″ 磨羯宮 | ηθ | 16°56′0″ 双魚宮 |
| | | | あるいは 14°20′ | | |
| 故に、aζθ | 61°45′19″ | aμθ | 98°31′27″ | aηθ | 156°30′13″ |
| | | | あるいは 98°32′57″ | | |

そこで、共通な辺 aθ の長さを138400と想定すると、それぞれの観測点から以下のような火星の位置が出てくる。

ζによれば、宝瓶宮29°55′20″、μによれば、宝瓶宮29°53′6″ないしは54′36″、ηによれば、宝瓶宮29°59′10″。

ところが、火星がζで55′20″だったら、μでは56′56″、ηでは58′32″となるのが妥当だった。分点歳差がそれだけの分になるからである。したがって、図から明らかなように、直線 aθ は η によれば順行方向にずれすぎるし、μ、ζ に拠ったら η と比べて逆行方向にずれすぎる。他の条件はそのままでもこうなるのは、aθ を過度に短く想定したからである。そこで、さらに100単位分だけ長くして138500と想定すると、以下のような位置が出てくる。

ζからは宝瓶宮29°57′10″、μからは宝瓶宮29°55′36″ないし29°57′6″、η からは宝瓶宮29°58′17″。

そうすると今度は aθ の位置が互いに近づきすぎてしまう。そしてこの場合には近づいて生じる誤差が、先の場合の離れていて生じ

た誤差より大きくなる。それ故に、αθのきわめて真に近い長さは約138430だろう。

　ここでは（先に反対側の位置にあったときのように）軌道面の傾斜は1°48′で、その正割は半径〔100000〕より49だけ大きい。一方、100000対138430は49対68である。したがって、訂正された半径の長さは、少なくても長々とたどってきた以上の観測結果からすると、ほぼ138500である。

**以上の検証にもとづく長軸端の探求**

3点観測の全ての結果を考慮して、1589年11月1日午後6時10分における直線αθの位置を宝瓶宮29°54′53″と想定しよう。そうすると1591年には宝瓶宮29°56′30″、1593年には宝瓶宮29°58′6″にあったことになる。第16章の代用仮説によれば、その線が最初の時点で宝瓶宮29°52′55″にある。

　一方、先にわれわれは同様の方法で1588年11月22日9時2分30秒におけるαιを獅子宮29°20′12″に想定した。

　1588年11月22日9時2分30秒から1589年11月1日6時10分までは344日より2時間52分30秒少ないが、同じ恒星までの火星の完全な一回転の日数は687日より28分少ない。したがって、公転周期の半分はわれわれの取った間隔から数時間だけ引けばよいことは明らかである。

以下を見よ。

| 公転周期の半分 | 343日11時間46分 |
| --- | --- |
| われわれの間隔 | 343日21時間52分30秒 |
| 超過分 | 10時間 6分30秒 |

そして先の時点の位置の獅子宮29°20′12″から後の時点で火星が占めた位置の宝瓶宮29°54′53″までは180°34′41″で、歳差分の48″を引くと残りは180°33′53″である。それ故、半円を超過した分の33′

53″が近地点における離心円上の火星の日運動の10時間6分30秒に相当するとすれば、ここから、遠日点が獅子宮29°20′12″にあることがわかるだろう。

一方、すでに見出した距離と第32章の論証から、離心円上の火星の遠地点と近地点の近辺での火星の日運動がわかる。すなわち、日運動は距離の逆比のほぼ2乗となる。つまり日運動の平均が31′27″だから、遠地点における日運動は約26′13″、近地点では38′2″である。

そこで、火星が同じ遠地点から出発して公転周期の半分を費やした時点では、完全に180°を描いて近地点に来ることを考量されたい。今これに等しい時間の始点を遠地点にあった時より1日後とすると、遠地点より26′13″離れた所から走行が始まり、180°38′2″の所で終わることになる。したがって、半分の時間で半分の道筋より11′49″だけ多く走行するだろう。遠地点にある時より1日前に走行しはじめたら、これと逆になるだろう。

それ故、われわれの得た時間も〔半円より〕大きな弧になったから、われわれの遠日点をもっと先に動かさなければならない。まず、われわれの時間の半分を遠日点の前に、半分を近日点の後にもってきてみる。そうすると火星は遠日点の5′16″前から走行しはじめたことになる。こうすると遠日点の位置は獅子宮29°25′28″になる。そして終わりは近日点を8′1″越えた所にくる。つまり描く道筋は180°を13′17″越える。ところが、その道が先には180°を33′53″越えていることを見出した。だから、さらにまだ20′36″速い。そこで、道を11′49″増やすために1日が必要だから、つまり火星を遠日点から26′13″先に進める必要があるから、道を20′36″増やすには、火星を遠日点からどれほど先に進めたらよいか。

そこで比の規則によると、1日と17時間54分つまり遠日点から45′42″の離隔が示される。したがって遠日点を、われわれがすでに当てた位置である獅子宮29°25′28″から逆行方向に45′42″引き離さなければならない。

第4部——物理的原因と独自の見解による第1の不整の真の尺度の探求

|  |  |  |
|---|---|---|
| その場合の遠日点の位置 | 28°39′46″ | 獅子宮 |
| 上の1588年11月22日の位置 | 28°50′44″ | 獅子宮 |
| 差異 | 10′58″ |  |

どちらの遠日点の探求結果のほうを信頼すべきか、はっきりしない。観測の不備があるために、線分 αι、αθ の位置を想定する場合、αι で 2′、αθ で 2′ という形で 4′ の誤りを犯してしまうことが容易に起こりうるからである。競合する誤差からこういう値が蓄積されるはずなので、遠日点を 11′ 変更することもできただろう。ただしここでは、われわれは現在の計算操作を信頼するのがよい。

### 平均運動の訂正

遠日点の位置が変わると平均運動も変わる。すなわち、上述の遠日点の探求を通じて、火星が均差を失い遠日点に来ると考えられる時点に、火星はすでに遠日点を 11′ 越えていた。したがって、減ずべき 4′ の均差がある。こうして平均運動で元の平均位置を 4′ 越えてしまった。

### 離心値の探求

まず、必要があれば先に見出した距離を訂正しなければならない。さしあたりはそういう距離を取る位置がすでに見出した長軸端から遠日点で 40′、近日点では 75′ ずれるからである。だが、長軸端にこれほど近い場合には感知できるような変化は全くない。

そこで

| 遠日点距離つまり αι | 166780 |
|---|---|
| 近日点距離つまり αθ | 138500 |
| 合計　　つまり ιθ | 305280 |
| その半分つまり半径 ιβ | 152640 |
| 離心値　　つまり αβ | 14140 |

152640対100000は14140対9264で、後者が離心値である。一方、エカントの離心値の半分は9282だった。その差は18で、全く大したことはない。火星においては、離心円の中心と宇宙の中心の距離を立てるために、エカントの点の離心値をどれほど正確に2等分すべきか見てみるとよい。なお、第32章ではこれを基礎として用いはしたが、証明は以下の章ですべきこととして後回しにした。だが、今やそれを果たした。

# 第43章

## 惑星軌道が真円になると想定したときに離心値の2等分と三角形の面積から立てられる均差の欠陥

**第**3部で太陽の理論についても証明したことを火星の離心値の2等分について非常に確実に論証し終えたら直ちに、この成果を完全に信頼したうえで、あらゆる惑星に共通するはずのものとしての、第32章やそれに続く章の物理的考察へと向かうべきだった。けれども、私はある意図から物理的考察をあらかじめ述べるほうがよいと思った。同所で、太陽ないしは地球の理論をとにかく完全なものにするために、物理的原因にもとづく均差の計算法を仕上げなければならなかったからであり、均差を算定する方法を火星の理論に適用しようとすると、ずっと考察の困難な問題が生じるだろうとわかっていたからである。

　また実際、きわめて真正な軌道の形状を発見すれば、第16章で調べた代用仮説のみを用いて考えてきた離心円の均差も必ずそこから導かれるに違いない。だから今度は、その問題を検討してみよう。

　そこで第40章の論証に従い、論証全体をつぶさに繰り返すことを認められたい。第41章ですでに円軌道について疑いを抱かざるをえなくなったけれども、一応、第40章の論証に従って、これまでの通念どおり惑星軌道を円とする。そうすると、90°の離心アノマリアでは第42章で見出した離心値9264が均差の視覚的部分を示す正接となって、その値は5°17′34″である。そして90°の離心アノマリアでは、三角形の面積が直角三角形だから半径と離心値の半分の4632を掛けると、その面積463200000が出てくる。円の面積31415926536対360°つまり1296000″が、ここで見出された面積463200000対19108″つまり5°18′28″で、これが均差の物理的部分である。したがって均差全体は10°36′2″である。そこで平均アノマリア95°18′28″〔90°

+5°18′28″〕に平準アノマリア84°42′26″〔90°−5°17′34″〕が対応するだろう。ところが第18章の方法に従うと、経度に関しては十分に信頼できる代用仮説によって、同じ平均アノマリア95°18′28″に対応しなければならない平準アノマリアとして84°42′2″が示された。その差異は24″である。

今度は、45°と135°の離心アノマリアを取ってみよう。そうすると、全体の値とこれらの角の正弦の値の比が、最も大きな均差の三角形の面積19108″とこの位置における三角形の面積の比となり、13512″つまり3°45′12″が得られる。そこでこの均差の物理的部分を離心アノマリアに加えると平均アノマリア48°45′12″と138°45′12″が出てくる。一方、与えられた角の2辺も出ているので、これらの平均アノマリアに対応する平準アノマリアの角度として41°28′54″と130°59′25″が出てくる。ところが第18章のように、代用仮説によると、同じ単純なアノマリア〔平均アノマリア〕48°45′12″と138°45′12″を想定した場合、前者に対する平準アノマリアは三角形の面積から算出したものより小さな41°20′33″が出てきて、三角形の面積から算出した値の超過分が8′21″となる。後者に対する平準アノマリアは三角形の面積から算出したものより大きな131°7′26″が出てきて、三角形の面積から算出した値の不足分が8′となる。これだけの誤差を代用仮説に帰することができないのは確かだから、私はどうしてもこの均差の算出法がまだ不完全だと考えざるをえなかった。[001]

第19章で火星における〔離心値の〕2等分を試み、プトレマイオスふうに不動のエカントの点によって均差を算出したときも、離心アノマリア45°の近辺でほぼこれだけの差異を見出したが、それは反対側にきた。すなわち、適切な位置に比べると、火星は上方の四分円では遠日点に近く、下方の四分円では近日点に近かった。それに対してここでは、適切な位置に比べて、上方の四分円では遠日点から、下方の四分円では近日点から遠く離れすぎる。したがって、上方では遠日点からの動きが速すぎ、下方では近日点からの動きが同様に速すぎる。それ故に、〔軌道半径が〕平均的な長さの所では適切

第4部―――物理的原因と独自の見解による第1の不整の真の尺度の探求

な動きより遅くなるだろう。

この不完全さを誤った理由に帰することに対する反論

　すでに読者は、面積は速さと遅さを調整する距離と等値ではないのだから、誤差の原因はおそらく第40章で述べたように、面積を介したこの計算法の欠陥に由来するのではないか、と考量されたことだろう。ところが、それはありえない。まず、距離の総和が円の面積を超過する分は小さいからである。この超過分はコンコイド間の小領域であって非常に小さい。次に、確かに面積によって全ての距離は適正な値より短めになるが、いちばん短くなるのは中間の平均的な長さにある距離である。したがって、ここからくる誤りがあれば、その誤りは、平均的な長さの所で火星の所要時間を十分長くしていないことにある。だが、発見した誤りは、それと反対の結果になっている。すなわち、平均的な長さの所で惑星の所要時間を過度に長くしたのである。

　惑星軌道を卵形にするコペルニクスとティコの2重周転円を放棄して、さしあたりプトレマイオスふうの真円を採用したことに、ことさら疑念を抱くような人に対しても、同じ反論ができる。すなわち、第4章末尾で述べたように、コペルニクスの軌道が中心の方に寄っていたら、所要時間が距離に比例するという考えに従うわれわれには、ここで役立っただろうが、その軌道は中心の方に入り込まないで、中心から〔半径を100000とした場合〕246外の方にずれる。それによってここでは誤りがむしろ増大するだろう。

2つのコンコイド間の領域の算定

　第40章のコンコイド間の面積が非常に小さくなることを目に見える形で明らかにするために、(視覚的均差の最大値)5°19′の角度の正割が100432、つまり線分EAであることを考量されたい。そうすると、この超過分の432が線分EAの一部である小線分BAであるが、この超過分から、QA、RA、BA、SA、LAというこれら全ての超過分のおおよその合計が以下の方法で知られよう。

正弦の総和を直ちに集計する簡便な方法

　『精巧さについて』(*De subtilitate*)という書の円の特性を説明している個所でカルダーノが手ずから教示するところに従うと、89°の正割と正接とを合わせたものは、半円全体のあらゆる角度の正弦と

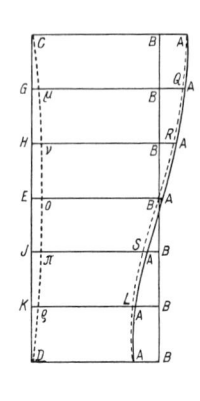

ちょうど等しくなる。ヨスト・ビュルギはこの課題の証明をしたと明言している。[003]

そこで、半径と半円の各側の正弦の比が最大値432とその他の全超過分の比になるとすれば、100000対89°の正割と正接の和つまり11458869は、432対49934となり、これがほぼ半円の1°ごとにおける全ての超過分の総和であろう。[004] 上方の四分円における距離の〔半径に対する〕超過分はこの正割の〔半径に対する〕超過分より長いが、下方の四分円ではほぼそれに見合う分だけ短いからである。

ところが、QA、RA、SA等々の超過分は依然としていくつかの度数の正弦のようには相互に比例せず、ほぼ正弦の比の2乗を取る。例えば、90°の正弦は30°の正弦の2倍である。今90°の視覚的均差は5°19′で、その正弦の値の半分は同様にほぼ最初の角度の半分に当たる、離心アノマリア30°の視覚的均差としての2°39′15″の弧を示す。この角度の正割は100107である。そして直角の正弦に対する正割のこの超過分107は、先の超過分432のほぼ4分の1である。けれども、30°の正弦は90°の正弦の2分の1なのである。この命題が証明可能かどうかは、幾何学者が調べてみるとよい。私にとっては、当面、今扱っている最小限の課題に答えられれば十分である。

こうして、432まで合計される部分は正弦には比例せず、いつもそれよりは小さくて、45°もしくはその近辺ではわずかに半分となり、45°より前では半分より小さく、30°のあたりではたった4分の1となり、最後には感知されなくなる。

したがって、(全ての距離を個々に計算してひとつの総和に集約すると経験的に検証されることだが)総和の49934の中で保持されるのはわずかにその7分の1つまり約7000にすぎない。[005]

そして距離のひとつ100000が60′〔つまり1°〕に相当するから、この小さな総和に当たるのは4′12″以上にはならないだろう。それにもかかわらず、その値を成す部分が円周全体に分散している。そこ

離心した点から離心円上の各点までの距離の超過分つまりコンコイド間の領域の幅はどんな比率で増大するか

第4部──物理的原因と独自の見解による第1の不整の真の尺度の探求 | 418

でこの小さな誤差はそれが最大となる45°と135°の所でも火星においてすら、結局、感知できなくなる。

そこで、この不一致を論ずる機会をまた別に求めることにしよう。

# 第44章

## 第1の不整を切り離して無視し、ブラーエとプトレマイオス両大家の説で第2の不整に由来する螺旋の連鎖も理論的に除外しても、エーテルの大気中を通る惑星の道は円ではない

離心値と軌道相互の比をきわめて確実に立てたのに、天文学での勝利を阻む別の障碍が依然として残るのは、天文学者には納得しかねるだろう。だが実は、私はまる2年にわたってすでに勝利を収めていた。しかも、先行する第41、42、43章で立てた事柄を対比してみれば、何がなお欠けているか容易に明らかになる。それぞれに立てた遠日点の位置、離心値、軌道相互の比が非常に大きく異なっていた。算出した物理的均差も（代用仮説が表す）観測結果とは合致しなかった。第41章の図を再び取りあげよう。同図では$\gamma\eta$を151740とすると$\gamma\alpha$は14822だったので、$\gamma\alpha$と$\gamma\eta$つまり$\gamma\varepsilon$を足すと、$\alpha\varepsilon$は166562になる。ところが第42章で見出した値は166780である。同様にして、$\gamma\delta$から$\gamma\alpha$を引いた残りの$\alpha\delta$は136918になるが、この値は第42章では完全に138500であることが見出された。

また第42章では線分$\gamma\varepsilon$、$\gamma\alpha$、$\alpha\varepsilon$、$\alpha\delta$の正しい長さを見出した。したがって第41章の想定を用いて、惑星の通り道を円とすれば、$\alpha\kappa$、$\alpha\eta$、$\alpha\theta$がどれほどの長さになるべきか述べるのはむずかしくない。すなわち、$\alpha\varepsilon$は1590年10月には獅子宮28°41′40″にあり、$\kappa$、$\eta$、$\theta$も第41章に見えるような位置にあるので、角$\kappa\alpha\gamma$、$\eta\alpha\gamma$、$\theta\alpha\gamma$が与えられる。したがって、視覚的均差

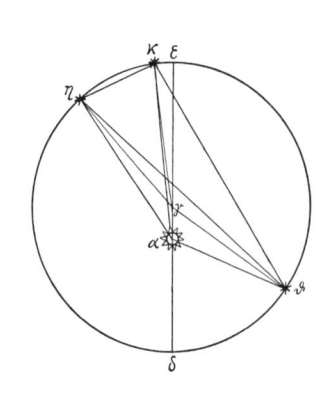

もακγが0°53′13″、αηγが3°10′24″、αθγが5°8′47″となる。そしてこれらの角の正弦と最も正しい離心値αγ14140の比が、角κγε、ηγε、θγαの正弦と線分ακ、αη、αθの比になる。

| | | | | | |
|---|---|---|---|---|---|
| したがって、出てくる値 | | ακ 166605 | αη 163883 | αθ 148539 |
| 観測によって見出された値 | | 166255 | 163100 | 147750 |
| 差異 | | 350 | 783 | 789 |

　この差異を、当てにならない観測の偶然の結果に帰そうとする人なら、確かにこれまで用いてきた論証の説得力に注意を払いもせず、それを受け入れもしないに違いない。そして悪質きわまる欺瞞でブラーエの観測結果を台無しにしたと無遠慮に私を責めるだろう。そこでこれより後の年は熟練した観測者が確立した観測結果を参考にして、一方の側で私が自分の要望に合わせたりすることがあったら、その分だけ他方の側でそれがより大きな誤差になって出てくるようにすべきだろうか。しかしその必要はない。私が語りかけているのは、他の学術分野では非常に頻繁に繰り返されるような詭弁を用いた逃げ道が天文学では使えないことを知っている、天文学上の問題に熟練した読者である。私は読者に訴える。そうすれば読者は、κでは円に少し足りないこと、さらに両側にあるηとθでは不足は非常に大きくて、観測の不確実さ（そのために第42章では私は合計でおそらくは〔100000分の〕200ないしは300が疑わしいと想定している）によって説明できないほどであることに、気づかれよう。

　それでは何と言うべきか。先に第6章で述べた、仮定の基本を太陽の平均運動から視運動へと置き替えて太陽の近地点側へ突出するような別の離心円を立てることか。決してそうではない。離心円はこちらで突出する分だけあちらでは近づくからである。ところがここでは、惑星は両方の側で円軌道からずれて中心の方に近づくように見える。これは、第51章と53章で部分的に拠り所とする他の多くの観測結果によって裏づけられる。

したがって、惑星軌道が円ではないことは明らかである。円ではなくて、両方の側で徐々に円の内側に入り込み、近地点で出てきて再び円の大きさになる。このような軌跡の図を卵形（ovalis）と呼ぶ。

　しかもこれと同じことは先行する第43章からも証明される。そこで想定したのは、完全な離心円の平面が、運動を支配する力の源泉から、任意の数に等分したその円周の部分までの距離全体とほぼ等しいので、平面のそれぞれの部分は、惑星がそれに対応する離心円の円周の部分で費やす所要時間を測り取る、ということだった。そこで、惑星が境界線を描いていく平面は完全な円ではなく、両脇では長軸線上で取る幅より小さくなっているが、不規則な軌道の描いたこの平面がそれでもなお、惑星が外周全体とその等分した部分にかかる所要時間を測り取るとすれば、この小さくなった平面は先の小さくなっていない平面の場合と等しい時間を測り取る。したがって、小さくなった平面では、遠日点と近日点にいちばん近い部分がより多くの時間を測り取るだろう。その部分では減少がわずかだからである。だが、中間の〔距離が〕平均的な長さの部分は先の場合よりも少ない時間を測り取るだろう。その部分には平面全体の中で最も著しい減少が起こるからである。そこで、この小さくなった平面を均差の調整のために用いるとすれば、先の欠陥のある均差の形の場合に比べて、惑星は遠日点と近日点の周辺ではより遅くなり、平均的な長さになる周辺ではより速くなるだろう。ここでは距離が減少するからである。したがって、ここから引き出された所要時間は、上と下でその埋め合わせをすべく遠日点と近日点とに集積するだろう。それはちょうど、腹のふくれたソーセージを真ん中の所で握りつぶし、この圧迫によって、中に入っているミンチ肉を腹の所から手の上下に飛び出している両端に絞り出すようなものだろう。
★006

　だが、相反するものが相互に癒し合うならば、これは明らかに、第43章でわれわれの物理学的仮説が困難に陥る元と認めた欠陥を一掃する最適の療法である。これで惑星は平均的な長さの所では先には適切な速さより遅いことが認められたのに、そこでより速くなり、

第2の論拠

また長軸端の周辺の上下では先には惑星があまりに速すぎて周期の8分の1〔45°と135°〕に当たる所の均差を損なっていたが、そこでは遅くなるだろうからである。
　したがってこれは、惑星軌道が定まった円から外れ、両脇で離心円の中心の方に入り込むことが非常に確からしい、と証明する、第2の論拠である。
　だが実はこの論拠は、私の心の中では、惑星軌道の円からのずれについて考える手がかりになるほどの重要性をもたなかった。実際、私は非常に長い間にわたってこの形の均差を出そうと骨を折ったけれども、結局は〔面による〕測定法の不条理さに落胆してこの課題全体を放棄してしまった。それでも、ついに第41章で採った方法によって軌道が円とずれていることが距離によってわかり、その後で再びこの均差の問題も取りあげた。
　またこれによって、先の第20章と23章でやがて証明すると約束したこと、すなわち惑星軌道が円ではなくて卵形だということを証明もした。

## 第45章

## 惑星が円からこういう形で外れる自然な原因について 最初の説の検討

　私はこの方法でブラーエの非常に確実な観測結果から、惑星軌道が正確には円ではなく両脇で円より小さくなることがわかると直ちに、こういうずれの自然な原因も明かせると思った。第39章ですでにこの問題には非常に熱心に取り組んだからである。そこで読者には、この個所に進む前に第39章全体を注意深く再読するよう勧める。すなわち、同章では離心の起こる原因を惑星本体に具わるような力に帰したので、こういう離心円からのずれが起こる原因も同じく惑星本体に帰されるとした。だが私には、諺に言う「慌てる犬は目の見えない子犬を産む」ことが起こった。実際、第39章では、(いつも何か不条理があると、それを惑星本体に座を占める力に帰すべきものとしていたので) どうして惑星軌道が完全な円になるのか、十分に確からしい理由を説明できなくて、この問題に非常に苦労した。だが観測結果から、惑星軌道が完全な円ではないことを発見したとき、直ちにその説得力ある勢いに推されて、第39章で円を形成するのには不適切と言われていた事情をより確からしい形に変えていけば、観測結果に合致する適切な惑星軌道ができるだろうと考えるようになった。この道を私がもう少し慎重に歩んでいたら、直ちに真相に到達できたかもしれない。ところが、私は夢中になって目が見えなくなっており、周転円運動の均一性のためには意外に確からしい考え方として初めに出てきたものにこだわり、第39章の個々の項目全体に注意を向けなかったので、新たな迷路に入り込んでしまった。この第45章と以下に続く第50章までででこの迷路から抜け出さなければならないだろう。

　そこで第39章の図を再び取りあげよう。同章では、完全な円を描くために惑星が内在する力によって周転円運動を行い、その本体を

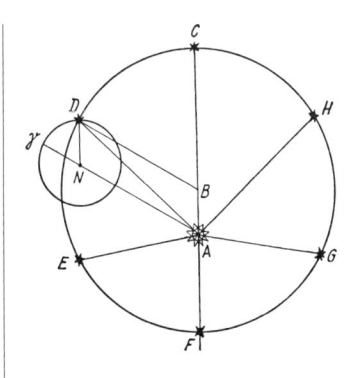

太陽の力線から解放する、というあまり適切でない考え方をした。例えば、太陽の力線をACとして、それが不等な歩調でACからAγに進んでいくとする。一方、惑星は初めはCにあり、その時を起点として内在する力により自身をACないしはAγから解放していくとする。そうすると惑星は、ACがAγにくるときに、CないしはγからDに来て、かつAC自体がそうするのと同じ割合で速さを緩めたり強めたりしながら、不等な歩調で移動することになる。こうすれば、周転円の中心と惑星とを通る直線NDが常に直線ABと平行になるからである。しかし第39章で述べたのは、惑星が不等な歩調でγからDに向かいながら太陽の力線から自身を解放すること、つまり自らに固有の力によって太陽からくる外部の力に順応し、しかもその速さの増減をあらかじめ知ることは、不条理に思われるという主旨だった。そこでともかく、この不条理を避けるために、ACは確かに不等な速さで進むが、惑星はγからDへ等しい速さで進むとしてみよう。そして前章で観測結果から証明したのと同様の結果が出てくるかどうか見てみよう。

　周転円の中心Nと線分ACからAγに向かう周転円の遠日点は、離心円の遠日点Cの周辺にあるからCからγまでは進み方が遅い。そこで惑星はγからDへとゆっくりではなくて平均的な速さで進んだと想定する。すると、角γNDは角γACより大きくなるだろう。だからNDはABと平行ではなくなり、AC側の方に傾斜する。したがって、惑星Dは、Cから描きはじめた円つまりC、Fを通過する円上に止まらず、円周上の点Dや平行線分NDからCA側の方に入り込むだろう。しかもこれと同じことは先の章で観測結果から算出した距離ADによって裏づけられた。すなわち、その距離は円CFの円周までは到達しない。これと同じことは、距離AC、ADを集計

第45章　惑星が円からこういう形で外れる自然な原因について……

していって立てた物理的均差によっても証明された。すなわち、惑星は離心円の両脇では動きがより速くなる必要がある。つまり太陽から惑星までの距離がより小さくなければならないのである。こうして、以上のように一致した結果が得られることによってみごとな説得力が出てくるので、私は直ちに、惑星がこのように両側で円の内部に入り込むのは、惑星を動かし円の規則に従って距離を加減する力が太陽の力より優先することに起因する、と結論した。惑星を動かす力が等しい時間に等しい道のりを進ませて、惑星を周転円の規則に従い均一に太陽の方に向かわせるのに対して、太陽の力は距離の差異による作用の強弱の相違に応じて、影響下にある惑星を不等な仕方で動かし、高い所にあるほどゆっくりと進ませるからである。それによって、周転円の等しい弧までのそれぞれの距離〔を示す線分〕は遠日点Cと近日点Fの方に集積し、平均的な長さを取る中間ではより疎らに分散する。こうしてあらゆる距離〔を示す線分〕は近日点までの近さが適切な所から上方に引きあげられ、短い距離が長い距離を取る位置にくるだろう。そこで、第39章で幸運にもいったん反論しはじめていたのに、惑星本体を周転円の小道で回転運動させるのは惑星の力に固有のはたらきであるという、あの誤りを支持する気持が私の中で強くなりはじめた。もし周転円の直径NDがABと平行を保っていたら、私はこの誤った見解を捨て去ってしまえただろう。そして第39章で部分的にしたように、黄経を変えながら進む動きの元を全て太陽に帰して、惑星には直径γζ上の秤動だけを残せただろう。実はこれこそ全く正しいのである。しかし、この周転円の直径が平均的な長さの所で傾斜することが観測結果によって裏づけられたので、太陽Aから周転円の中心Nを通っていく直線ANγから見ると規則的になるような周転円の円周上における惑星の動きに関するこの誤りが、私の考えの中で驚くほどに強く支持されるようになった。読者は自身で考えてみるとよい。そうすれば議論のもつ力というものが認められよう。そのために、惑星軌道が卵形になることは、他のどんな手立てによっても起こりえないと

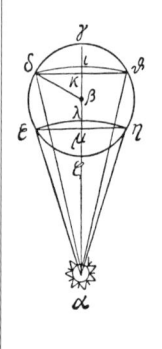

思ったのである。

　そこで、この考えが私の心に浮かんだとき、両側でのこの食い込みの大きさについても、当然、数値相互の一致についても、全く心配することなく、今や火星に対するもうひとつの勝利を祝った。数値の間になおいくらかの不一致があったとしても、最小限度の必要な補正を加えればそれを周囲に消散して感知できないようにするのはむずかしくないと思われた。

　さて、よき読者よ、この華やかさを喜びもしないで失うことのないように、さしあたり新たな反抗の噂を抑えて、かくもすばらしい勝利をわれわれが暫時（つまり以下に続く5章で）楽しむのは、相応しいことである。何か他にも課題があるとしても、相応しい時期と順序でわれわれはそれを克服するだろう。かつては性急かつ懸命だったが、今や快活な気持である。

# 第46章

## 第45章の説によれば惑星の動きを表す線は
## どのようにして描けるか
## またその線はどのようなものになるか

　惑星が円軌道から逸れるようになる理由は先の章で述べたが、その図では通り道の幾何学的な輪郭を明らかにはできない。周転円は距離の取る長さに応じて傾斜するが、距離の取る長さとその数の多さは周転円の回転運動のほうに依拠するからである。そして第40章で証明したように、距離の総和は離心円の面に含まれているので、この周転円を離心円に変換しないと、その総和は見出せない。第2章で証明し、第39章で繰り返し、第40章で利用したのは以下のことだった。すなわち、αを中心としてβδに等しい半径で導円を描き、そこにαβを半径とする周転円を描く。次にβを中心として離心円δλを描き、その離心値をαβとする。そして周転円と離心円δλの両方の円周を等分する。すると、先に取りあげた点αから、周転円と離心円の各円周上の分割点までの距離はそれぞれの円において長さが等しくなる〔第2章の2つの図も参照〕。これをあらかじめ述べておけば、第40章で離心円を仮定して容易でわかりやすい証明と距離の算出法を述べたので、ここでも離心円における距離を調べてみることができる。ただし、距離は惑星の周転円の均一な運動によって調整されると想定する。こうすると、第45章の仮説から結果として出てくる惑星の道筋を幾何学的に作図する道が開けてくるように思われる。そこで、わかりやすくするために以下のように言おう。惑星が周転円を回ることによって、あたかも完全な離心円δλ（これを線分λαβδで区切られた半円としよう）の円周上で等しい時間に等しい弧つまりδε、εζ、ζθ、θι、ικ、κλを描くかのような距離だけ、太陽αから離れるものとする。すると、βを頂点とする角はいずれも等しく、βは距離について問題にするこの場合のエカントの点である。これ

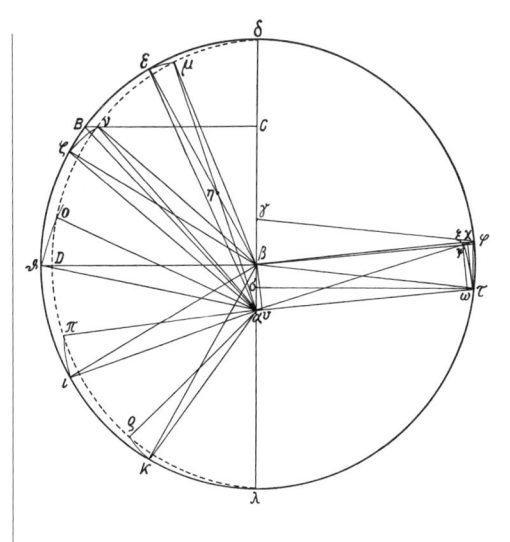

らの分割点をαおよびβと結ぶ。したがって、この離心円の半円はたんに架空のもので、ただ距離の総和を算出するために描いただけである。惑星自体も周転円の回転運動を常に均一に行うと想定しているのと同様に、惑星がδにおいてもλにおいても同程度の太陽の力によって推進されるとすれば、実際に惑星は、距離を定める基準にしたこれらの離心円の等しい弧を等しい時間で踏破するだろう。そして分割の記号で示した各時間での距離がこのαδ、αε、αζ、αθ、αι、ακ、αλになるだろう。これらは距離の大きさのみならず位置の同定も示しているので、一言でいえば、惑星の道筋は円δθλになるだろう。

　ところが惑星自体は、確かに周転円の均一な回転運動のために量的には指示された距離を取るが、等しい時間でも太陽によって不等な速さで推し進められ、δでは進み方が小さくλでは大きい。そこで惑星は、δβεで表示して測った時間では*δεの行程を通過し終えないが、その距離の長さはαεを取る。また（角εβδと等しい角λβκによって測った）同じ時間でκλより大きな行程を通過し終えるが、距離の長さはακを取る。したがって、惑星の距離の長さは実際にεに進んでくる前にαεになり、κに進んでくる前にακになる。それに対して、εとκに進んできたときにはすでにαεとακの距離は取り終えており、そのために今度は距離がそれよりいくらか短くなるだろう。だから惑星は、εやκなどのような記号の全ての個所で円周上の記号εやκよりも点αに近い。それ故、惑星は円δλの決まった大きさから

＊距離αεつまりαμだけを算出するこの場合、角δβεが時間を測る。だがそれ以外では時間の物理的な真の尺度は、以下に明らかになるように、平面δαμである。

第46章　第45章の説によれば惑星の動きを表す線はどのようにして……

中心βの近隣の点aの方に食い込んできて、δとλ以外の所では決してこの円周上には来ない。反対側の半円でも食い込んでくる割合は同じである。

そこで面δaε、δaζ等々は、第40章により弧δεと相似になる周転円の弧の上にくるあらゆる点の距離の総和を含んでいる。一方、惑星は（δε、εζによって測れる）等しい時間でその真の道筋の部分となる不等な大きさの弧を描く。実際、太陽から遠く離れているときの弧は短く、太陽に接近するときは長い。こうして、等しい時間で走破される惑星の道筋となる弧は、第32章によれば距離の逆比となる。したがって大まかに言うと、εaδの領域の面積が角εβδないしは弧εδで測れる扇形εβδの面積を上回る分だけ、（この場合の時間の尺度である）弧εδの長さはμδで示した走破された道筋の弧の長さを上回ることになる。

円周や公転周期と同じく平面全体を360°とすると、時間つまり（この個所では）δεの取る数値は、距離の総和つまりεaδの面積の取る数値と惑星の道筋つまりμδの取る数値の算術平均もしくは幾何平均（実際には両者の相違は小さい）にほぼ等しい。だが、ここには多様な困難が現れる。第1に、第40章で証明したように、円の面積は距離の総和と完全に等しいわけではない。ただし、第43章末尾で述べたように、不足分は非常に小さい。

第2に、上述の比は厳密には幾何比ではない。個々の実際の距離と個々の平均距離の比は、惑星の通る道筋となる個々の弧と平均の弧の逆比となるけれども、一定数の距離の総和と同数の平均距離の総和の比は、それと同じだけの弧の総和と平均の弧の総和の逆比とは同じにならないからである。次の実例によって理解されたい。2つの距離を12と11、平均距離を10、平均の弧も10とする。そして距離12対平均距離10が、平均の弧10対12の距離に対する弧$8\frac{1}{3}$とする。また距離11対10が弧10対$9\frac{1}{11}$とする。12と11の距離の総和を取ると23になり、2つの平均距離の総和は20、2つの弧の総和は

卵形を描く第1の試み

第48章はこういう不都合を除くことに当てられている

$17\frac{14}{33}$ となる。この場合、10は確かに12と$8\frac{1}{3}$の、また11と$9\frac{1}{11}$の比例中項だったが、平均の総和の20は23と$17\frac{14}{33}$の比例中項ではなくて、23と後者より大きい$17\frac{19}{23}$[★008]の比例中項となる。

　けれども、算術平均の場合にはこの比は妥当である。例えば、10を12と8、同様にして11と9の算術平均とする。12と11の総和は23、8と9の総和は17となる。そこで、20が再び17と23の算術平均となる。また第32章で、この課題では算術平均と幾何平均の差異が小さいことを証明したので、ここであらゆる場合にわたって真実というわけでないと否定していることも、真実からさほど外れていない。

　第3に、εδの面積が厳密にεαδとμβδの面積の幾何平均だったとしても、その面を幾何学的に作図することはできないだろう。扇形εβμを三角形αεβと等しくする必要があるが、幾何学者にも与えられた角を与えられた比に分割する方法はないからである。

　第4に、以上に挙げた全てが何ひとつ妨げにならないとしても、円の扇形μβδと卵形面の（いわゆる）扇形μβδ*は決して同一ではない。したがって、弧μδを円周上の弧のように定めてみても、そこからは、円ではない惑星の通り道の弧のようなμδについては何も出てこないだろう。したがって、εβδがεαδとμβδの平均だとわかったから数値を用いてみようとする人々には、こういう方法が手助けになるとしても、幾何学的な解法の道を求めるわれわれはこの道を通れない。

　そこで別の方法を試してみよう。仮想の離心円δθλでは距離αε、αζを求めるための時間を測る尺度はδε、δζであるが、扇形δβε、δβζ相互の比は弧δε、δζ相互の比と同じである。一方、惑星の本当の通り道では、通り道となる弧と太陽αとの間に挟まれた面が、第40章により、先の場合と同じように実際には惑星が上掲の弧に要する時間を測る尺度である。そこで、直径上の点αから、εβδ、ζβδと等しい面積を囲むような直線を引き、面εβδから切り取る面εημが、同じ面εβδに加わる面ηαβと等しいとする。この直線をαμ、ανとする。

定義──
＊▶厳密に言うと、扇形とは中心から出た2本の直線によって切り取られた円の面積の一部である。したがって、扇形という語を完全な円以外の面について使用するのは適切でない。

卵形を描く第2の試み

そしてαを中心として半径αε、αζの弧εμ、ζνを描き、これらの直線との交点をμ、νとする。さて、こういう方法でμ、ν、ο、π等々の点を正しく取り出すと、惑星がδε、δζ、δθ、δι、δκの時間にそれらの点に来るだろうか。確かにこうすれば真実に近いけれども、この場合にも3つの欠陥がある。まず、先の場合と同じく、面は厳密には距離の総和と等しくない。次に、与えられた半円を、直径上の与えられた点から引いた直線によって、与えられた比に分割する方法を教えてくれるような幾何学的解法が、全くない。3番目に、μ、νが円周からずれているために任意の面μαδ、ναδ等々に生じる不足分の比が、他の項の取る比と同じになるかどうか、わからない。しかしこれもまた、幾何学の慣習に反し数値の助けによって非常に細かいところまで調べていこうとする人々にとっては、やはり有効だろう。

そこで、幾何学には見捨てられるが、第45章の考察から出てくる線を何とか作図するために、われわれは第16章の代用仮説をもってきて、試行錯誤しながら手助けを求めていこう。この仮説に拠れば惑星を一端とする直線αμ、αν等々を適切な時間に獣帯の適切な位置に置ける。この仮説を、第45章の考察によれば線分αε、αζつまりαμ、ανの適切な長さを引き出せると確信される拠り所たる現在の仮想の離心円δθλと組み合わせよう。

さらにはっきりさせるために、2つの仮説をひとつの図にまとめたうえで相互に比較してみるのがよい。確かに各々の仮説はどこかしら人を誤らせるところがあるが、しかしそれぞれに（これまでに知りえた限りでの）個別的な真実を探求するのに役立つ。このひとつの図によって今まで述べてきた多くのことが一目瞭然となる。

地球（あるいはコペルニクス説では太陽）の中心をAとし、AJを長軸の線、ADをエカントの点の離心値とする。点Dが不動でかつADも同じ大きさのままであることを第19章では否定したけれども、これはDAを2等分した場合についてだけ言えると解すべきである。第16章のようにDAを自由に分割してよければ、この点は不動のま

第45章で生じた卵形を描く第3の試行的方法

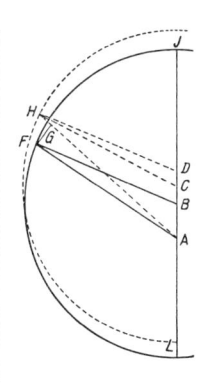

までありうる。そこで、ADを第16章で見出した比に分割するものとし、Cを分割点としてACを11332、CDを7232とする。そしてCを中心にして半径CHを100000とするようなHを通る離心円を描く。これが点線で示した円である。第16章の仮説は以下のようになる。平均アノマリアとして任意の既知の角を取りあげて、エカントの中心Dから円周に点線の直線を引き、これをDHとする。この線分と長軸線とが、提示された時間を示す尺度となる指定された角を挟む。点HをAと結ぶ。すると、角JAHが平準アノマリアとなり、第16章と18章により、AHの獣帯上の位置は正しく、惑星も与えられたアノマリアと時間の下では直線AH上にあることは非常に確実だろう。だが、AHの距離は誤りとなり、惑星も点Hにはないだろう。ADをCで分割することとCを中心にしてHを通る離心円を描くことは、第19、20、42章により、誤りだからである。それらの章で明らかにしたのは、ADはBで2等分すべきであり、こうしてBを中心により正しい離心円JLが描けるが、それは完全な円ではないことだった。もう一方の仮説も大まかに述べておこう。ADをBで2等分して、ABを9282（ないしは第42章の数値に従うと9264）とし、Bを中心にCHを半径として第2の離心円JLを描くとする。この章で、適切な距離を算出するために描いたこの離心円も仮想の円と呼んだ。これはひとつ前の図でβを中心にして描いた∞λと同じ円である。（先に時間を示す手がかりとして提示した）平均アノマリアをDからBに移し替えて、先のDHと平行になるような直線BFをBから引いたことにする。そして新たな離心円との交点FをAと結ぶ。

　この第46章の説によれば、AFが（第45章の仮説が必要とする、Fにある惑星の）Aにある太陽の中心からの距離となる。しかし、角BAFは誤っており、獣帯上のAFの位置も誤りである。取りあげた時間と平均アノマリアでは惑星がAF上に見出せないからである。一方、

*第16章の代用仮説ではこれが時間を測る適切な尺度である。その説ではエカントの点Dを古人の見解に従って想定するからである。

**形に関しては、惑星の通り道は円ではないから、これを仮想の円としたのは正しい。だが、位置と中心Bに関しては、この円は仮想ではなくて実際の円である。したがって、ここでBを中心にして描いた離心円は、先のCを中心にして描いた仮想の離心円と対置される。

先には、惑星の来る直線AHは正しく、AHの長さが誤りだった。そこで、Aを中心にAFを半径として弧FGを描き、AHとの交点をGとする。そうすると、線分AGは明らかに誤っている2つの仮説から作図されたものではあるが、獣帯上の位置〔黄経〕においては正しく、長さにおいても第45章の仮説と一致するだろう。

　こうして、点A、C、Dと離心円Hとから成る第16章の代用仮説によって幾何学の不十分な点を補った。幾何学では、第45章の仮説によって必要になった（適切な距離AFを移すべき）線分AGの位置を明らかに示せなかったからである。

　だが、次のように訊ねる人がいるかもしれない。先の図でも後の図でも同様に、エカントの点としてγを採り、その点からβε、βζ、βθ、βι、βκと平行にγμ、γν、γο、γπ、γρを引いて、この2本の平行線と交わる弧εμ、ζν、θο、ιπ、κρを描くことはできないのではないか。平行線を切る交点によっては決まった場所と距離の位置を知ることができないのではないか。 : 第4の描き方は斥けられる

　これに対してはできないと答える。こういう方法では、後のほうの図から容易に明らかになるように、距離〔の線分〕をあまりにも高く上方に移しすぎて誤りを犯すだろうからである。実際、その図では真の距離AFの長さを取る線分AHは常にエカントの点DからBFと平行に引いた線DHより下方にある。

　今や、惑星本体が直線を上述のどのような方法で描こうと、点δ、μ、ν、ο、π、ρ、λによって表示されたこの道筋は実は卵形であって楕円ではない、ということになる。技術者が楕円に卵（ovum）に由来する〔ovalisという〕名称を当てるのは誤用による。卵は一方が丸っこくて他方が尖った2つの頂点と円より内側に入り込む両脇の線とをもつ丸形として識別されるからである。そしてできあがったのはこういう形だと私は主張する。すなわち、惑星はλで速くδで遅いが、λでの速さはδでの遅さに劣る。半径を超える長い距離の数のほうが短い距離の数より多いからである（すなわち、距離は92°40′までは半径より長く、そこから87°20′にわたって半径よりも短い。これ : 以上に挙げた描き方からどういう種類の卵形が生じるか

★009

デューラー

---

第4部──物理的原因と独自の見解による第1の不整の真の尺度の探求

は第29章の説によって証明できる)。さらに、数の多い長い距離は上方に移って離心円のより狭い弧に密集しているが、数の少ない短い距離は広々とした弧に拡散している。こうして$92\frac{2}{3}$の距離を形成する〔時間を表す面積つまり〕平均アノマリア92°40′が、離心アノマリアの約87°20′に対応し、半径より短い$87\frac{1}{3}$の距離を含む残りの平均アノマリア87°20′が離心円の残りの中心角92°40′に分散する。したがって、近日点の近辺の短い距離相互の間隔は、遠日点の近辺の長い距離相互の間隔より大きく開いている。そこで、近日点の側の隣接する2つの距離の比が〔遠日点の側のものと〕同じだとしても、ρ、κ、λの部分よりも ε、μ、δ の部分の近辺の円の切片〔初めの図で円の内側に切り出された三日月形〕のほうが細くなるだろう。δにおいてはλよりもより短い間隔で、短い線分をより長い線分の位置に移せるからである。ところが、近日点に近い周転円の等しい部分の距離相互の比も遠日点に近い部分の距離相互の比より大きい。実際、上の第40章で、コンコイド間の小面積は上部よりも下部のほうが広いことを証明した。したがって必然的に、コンコイド間の図形は上よりも下のほうで大きな間隔を取りながら面積が狭くなって先細りになる。さらにその大きな間隔が短い距離の線分に準えられる。そこで、以上の両方の理由で比がより大きくなる。これだけの原因が協働して、われわれの離心円の切片が長軸端から等しく離れている所でも、上よりも下のほうでずっと幅広くなることは明らかである。これは、はっきりわかる値を取るような離心値を想定して任意の数値を用いるか機械的に作図すれば、容易に調べられる。

\*ここで拠り所とする第45章の誤った見解ではこれだけの数値になる。

\*\*この種の形〔卵形〕は、水星の理論におけるポイエルバッハの理論に対するラインホルトの注解や天球についての小著に出てくる。

# 第47章

## 第45章で得られ第46章で描こうとした卵形面の求積法試論およびそれによって均差を出す方法

取りあげた仮説と、正しいものとしてここで従う第45章の物理的原因から、距離だけでなく適切な均差も立てておかないと、全く先に進めなかった。さて、均差は離心円上の各点の視差と所要時間とから成る。その中の前者を私は均差の視覚的部分、後者を物理的部分と呼び慣わしている。所要時間は、何か他の手立があるにせよ、ともかく惑星の通り道によって囲まれた面によって（きわめて完全にというわけではないが）非常に簡単に測れる。そこで離心円の卵形面の測定に戻る。その描き方の規則は先に述べた。ただし、この時間の尺度を真正なものとして立てるには若干の問題がないわけではない（それは、その円周上の部分を力の源泉と結ぶ直線の傾きが卵形の円周ではきちんとした円よりも急であり、しかも中心から完全な円の円周に引いた半径が全て〔接線に〕直角なのに、離心円の中心から卵形円周の同一部分に引いた直線はやはり傾斜していることである）。そこから、面積によっては距離の総和を正確には測れないし、卵形の円弧も正確には距離に比例しない、という結果が出てくる。これはいずれも第40章と32章を読み直せば明らかだろう。けれども、そういう違いがどれほど小さいか、第43章から推測できるだろう。

切片つまり切り取られた三日月形に等しい矩形を見出す以外に、どのようにしてこの面積を測定して円の面積と比較し、それを指示どおりの部分に分割できるだろうか。そこでここではギリシア悲劇から、危急を救うべく、からくり仕掛けで登場する神 (theos)〔いわゆる deus ex machina〕あるいはむしろ何らかの理論 (logos) を呼び出さなければならない。卵形あるいは第46章の初めの図における縁つまり円の面 δλθ からそれを切り取ると卵形 δoλ を生じる三日月形 δoλθ の求

定義――
*▶均差の視覚的部分と物理的部分とは何か

積法を得る急場しのぎの方法を教えてもらうためである。第40章のコンコイド間の面積の場合と同様に、今や再び卵形（ないしは小間壁形）の面積の場合も、幾何学者に呼びかけて支援を懇請する。

もしわれわれの図形が完全な楕円だったら、その課題はアルキメデスがすでに成し遂げている。彼は球状体に関する著書の命題6、7、8で、楕円の面積と、楕円と長径を共有する円の面積との比が、楕円の長径と短径の積（つまり楕円をそこから切り取れる長方形）と円の直径の平方〔直径を辺とする正方形〕との比に等しいことを証明している。

この図形が完全な楕円だとする。われわれの図形は楕円と少ししか違わないからである。そこからどういう帰結が出てくるか、見てみよう。

そうすると、半円から切り取った三日月形δολθは、半径が離心値9264つまりαβである小半円より感知できないほどわずかだけ大きいだろう、と私は主張する。すなわち（第29章のように）αβをσで2等分してσからαβに対する垂線στを延ばし、τと点α、βとを結ぶ。またβτに平行な線γφを引き、点βとφ、αとφを結び、αを中心にατを半径として弧τψを描き、αφとの交点をψ、βφとの交点をξとする。

点τはαとβから等距離にあるので（アラビア人にならって最も相応しい言い方をすると）平均の長さ、つまり惑星τの太陽αからの平均距離にある。さらにγφはβτと平行なので、前章の図の描き方により線分αφ上の点ψはατをαψに移したときの最も正しい真の位置である。そこで、ψも惑星の平均距離を表す点である。したがって、直線βψのψと円周との間にある小さな部分は、平均の長さを取るあたりでの三日月形の幅を測る。それに対して、小線分ξφはこの幅よりも感知できないほどだが若干大きい。

βからατに垂線を下ろして、これをβυとする。線分βφの一部であるξφはこのαυの2倍だと私は主張する。

すなわち、τとφを結び、τからβφに垂線τχを引く。同様にして、ξからατに垂線ξωを引く。平行な2直線γφとβτとに直線αγが交わ

定義──
*▶楕円は、円錐をその軸を通る平面で切断すると出てくる正則図形である。これを長円（circus oblongus）と言う人もいる。

定義──
*▶これが、アラビア人たちにとっての平均の長さとは何か、ということである。今日、われわれが誤って平均の長さと言っているのは、平均の長さをもつ円周上の点であって、つまりそれは宇宙の中心から平均値の分だけ離れている点なのである。

るので、角βγφと角αβτは等しい。また作図からγβとαβは等しい。ところがβφとατも等しい。どちらも作図から同じく〔半径の〕βτと等しいからである。したがって、三角形γφβと三角形βταは合同である。それ故、γφとβτも等しいだろう。ところが、これらの線分は作図から平行である。したがって、平行で等しい線分の同じ側の両端を結び付けるβγとτφも平行で等しいだろう。だがβγはαβと等しい。故に、αβとτφは平行で等しい。したがって、βφとατも平行となる。そしてχとυを頂点とする角は直角で、底辺τφとβαは等しく、角βατつまりβαυと角τφβつまりτφχとは等しいので、αυとχφも等しく、同様に垂線のβυとτχも等しいことになる。

さらにまた平行線どうしの間の平行線であるτχとξωは等しく、βτとαξも等しく、χとωを頂点とする角は直角なので、それぞれの三角形の残る辺どうしであるβχとαωも等しいだろう。一方、βυとξωという平行線どうしの間の平行線であるβξとυωも等しい。したがって、等しいβξとυωをそれぞれβχとαωから引けば、残るξχとαυも等しいだろう。ところが先にはχφとαυが等しかった。したがって、ξφはαυの2倍である。

以上の証明を行ったうえでさらにわれわれの命題に迫っていく。

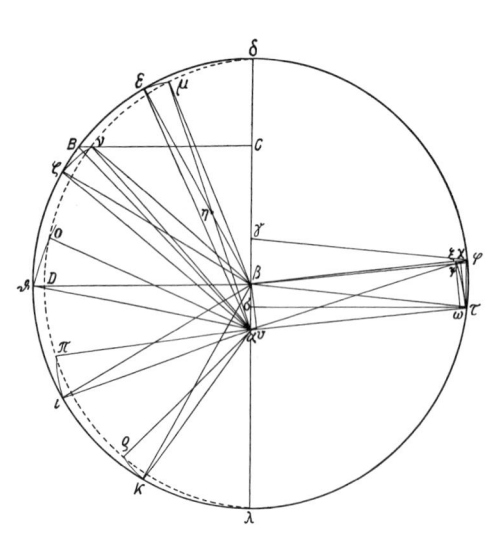

φβを含む円の直径（φβをもう一方の円周上まで延長したものと解されたい）に円周上の点τから垂線を下ろして、これをτχとする。そうすると、φχ対χτがχτ対直径の残り〔直径からφχを引いたもの〕となる。したがって、φχと直径の残りの部分

との積はτχの平方に等しい。

またτφつまりαβの平方はτχの平方とχφの平方の和である。したがって、等しいものを加えたことになるから、χφと直径全体の積がαβの平方に等しい。

そしてφξはφχの2倍だから、（三日月形の幅であるψφより感知できない程度に長い）φξと半径φβの積がαβの平方に等しい。

ところが、ξφとφβの積は、ξβとβφの積と、βφの平方との差であり、三日月形のほうもやはり楕円と完全な円の面積の差である。そしてξβとβφの積対βφの平方の比が、ほぼ*楕円の面積対円の面積の比となる。それ故にまた、βφの平方対ξφとφβの積つまりαβの平方の比が、ほぼ円の面積対2つの三日月形の面積の比となる。項を入れ換えると、βφの平方対円の面積の比がほぼαβの平方対2つの三日月形の面積の比になる。

ところが、βφの平方対βφを半径とする円の面積の比は、αβの平方対αβを半径とする円の面積の比に等しい。それ故、αβを半径とする円の面積は、感知できないほどではあるがψφを幅として切り取った両三日月形の面積を上回る。実際、この円の面積は適切な値より少しだけ広い幅のξφを取る2つの三日月形と等しい。初めに述べたように、ξφは感知できないほどではあるがψφそのものよりも長いからである。*

そこで、われわれが想定したように、卵形が上で楕円を超過する分と下で不足する分は相殺されるから、楕円の面積と卵形の面積の差は感知できないほどわずかだと認めたうえで、三日月形とさらに卵形の求積法も考えた。あるいは適切な言い方をすると求積（quadratura）つまり正方形にして面積を求めるというよりも、円にして面積を求めようとした。円と正方形の面積の比はアルキメデスが教えてくれるからである。

今、これを以下のようにして実際に用いよう。卵形の面積は離心値によって描いた小円の分だけ円の面積より小さい。そこで小円の面積を算出する。円の面積の比は直径の比の自乗になる。そし

*「ほぼ」と言うのは、もしβξが楕円の短半径でξφが長半径の短半径に対する超過分となる場合には、円の面積と楕円の面積の比は完全にこれと同じになっただろうが、実際にはβξが完全には短半径でないからである。

*この証明は真の物理学的仮説でも有効である。

てβφ100000対βα9264がβα対ξφ858だから、βφ対ξφの比がβφ対βαの比の自乗になる。したがって、βφ100000対ξφ858が、円の面積31415900000対小円の面積で、これは269500000になる。

そこで円の面積から小円の面積を引くと卵形の面積31146400000が残り、これが公転周期を360等分したもの全体に等しい。

これまでに述べたことは確かに第45章の見解と一致する。しかし、それを実際に用いるためには卵形の面積の大きさを知るだけでは不十分である。なおそのうえに、その面を中心βないしは点αを基準にして与えられた割合に分割する方法に通じる必要がある。例えば、先の図で点θを取って、惑星は直線αθ上に眺められるが円周上のθから太陽αの方に離れていたとする。そうすると、離心値αβと角θαβが与えられており、火星が円周上の点θにあると想定したので、角θβδが与えられる。したがって、完全な円の扇形θδβと三角形θβαの面積つまりθδαの面積全体が与えられるだろう。もし惑星が完全な円軌道δθを通ったとすると、（上の第40章で述べたことを別にすれば）この面積が、火星がδからθに来るまでに経過した所要時間を示す尺度となるはずだった。ところが、惑星はその内側に来る卵形を描き、完全な円の面積全部を含まなかったので、実際には、先ほど卵形全体の面積を知る必要があったように、今度も直線δαとαθによって切り取られる卵形の一部がどれほどか、つまり三日月形の一部δθの面積が、2つの三日月形を測る面積すなわち離心値を半径とする小円のどれほどの部分になるか、知る必要がある。これを直線αθとαδによって切り取られた円の一部から引けば、同じ直線αθとαδによって切り取られた卵形の一部が残るからである。こうして結局、時間つまり惑星が直線αδとαθの間で取る所要時間を知るために、卵形全体とその一部δαθとの比較を適切に行えるだろう。

再度どこかの幾何学者に教えていただきたい。第40章の最後の図を再び掲げよう。その図では、半円CDを直線に伸ばして等分したのでDEが四分円だった。そこで直線EA上にEからAに向かって線

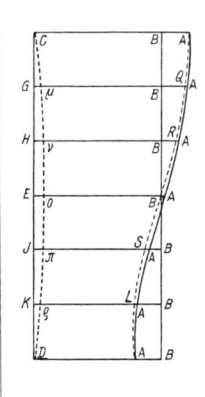

分〔Eo〕を延ばし、その線分と（CAの線上にある）最長の線分BAの比がBAとBCの比になるようにする。同様にして他の線分Gμ、Hν、Jπ、Kρを適切な大きさになるように取り、それぞれの位置で三日月形の幅をもつようにする。そうすると第46章の証明に従い、（それぞれCとDから等距離の位置にあるが）GμはKρよりいくらか短く、HνはJπより短くなる。こうして、三日月形を各部分で直線に展開して描き、三日月形の距離を簡略化する。

そして、CDとAAの間にできた面積全体は半円CDを展開した面積の2倍なので、曲線CμνοπρDと直線CEDの間にできる小さな面積も円の面積から切り出した三日月形の2倍になるかどうか、幾何学者に考えてほしい。

この考えは正しいとしても差し支えないように思われる。三日月形が本当に三日月形であればCDは曲線だが長さは同じままだからである。しかし、今やCEDより長くなった曲線CμνοπρDはその時にはずっと短いので、囲める三日月形の面積は今よりずっと小さい。しかし幾何学者たちよ、これも証明されていないのだ。だから諸君の助けが必要になる。そしてもしこれが正しいことが明らかになったら、次は方法を教えてもらいたい。これまで離心値を元にした小円に等しいと主張してきた直線CEDと曲線CοDの間の小面積全体の大きさ（2つの三日月形が小円に等しいが、この小面積が今やひとつの三日月形の2倍になると想定するからである）がわかるだけでなく、CG、CHの部分の与えられたどの長さにおいても、その任意の部分の面積の大きさもわかり、それをCDとBBの間の面積と比較できるような方法である。

だが、第46章と同じく、またしても幾何学によるこの問題からの脱出口を見出せないので、拙い手法で試行錯誤を重ねることになる。そうしたところで何の不思議があろうか。われわれをこういう困難

な状況に導いたのは第45章で出てきた見解だが、これがまさに誤っているからである。

そこで再び第46章の図を取りあげよう。平面δoλは実際には卵形だが完全な楕円だとし、共通の長径δλ上に楕円δoλと円δθλを描き、各々の図形の面を長径の一方の側から順に規則的に引いた線分BC（つまり長径に対する垂線）によって分割したとすると、楕円の小部分νδCの円の小部分BδCに対する比が常に等しくなる。これは『円錐曲線論』(Conica)の著者が証明しており、アルキメデスも『球状体論』(Sphaeroides)の命題5で取りあげている。したがって、卵形面を知る必要もなくなるだろう。楕円の面の代わりに円の面を、楕円の一部の代わりにそれに対応する円の一部を用いてもよいからである。

δoλが完全な楕円だとする。卵形と楕円の差はほんの少ししかないからである。楕円上の一点つまりνからδλに垂線を下ろしてこれをνCとし、円とBで交わるまで延長してB、νとαを結ぶ。すると、完全な楕円とした仮定と『球状体論』の命題5から、βφ対βξはCB対Cνに等しく、BC対CνはBδCの面積対νδCの面積に等しい。ところが、BC対CνはまたBαCの面積対ναCの面積に等しい。したがって、βφ対βξはαBδの面積対ανδの面積に等しい。

そこで、惑星の起点をδとして経過時間を想定し、まず、公転周期対4直角が、想定した経過時間対βの周りの中心角つまり角δβζになるとして、ανと等しい距離αζを算出する。

さらにまた公転周期の半分と既知の半円δθλの面積の比が、与えられた経過時間（距離αζを算出するときは、その時間の尺度が別のもの、つまりδζであることは、つい先ほど述べた）とαBδの面積の比になるものとする。そうすると面積が出てくる。今、角Bβδの正弦BCをαβの半分に掛けた値つまり三角形αBβの面積を扇形Bβδの面積に加えたものが、すでに先に時間から得られた面積の総和となるような、角Bβδの大きさを求めなければならない。この場合、推測と挟み撃ち法が必要である。*角Bβδが得られたら、三角形Bβαにおいて角βと既知の辺αβ、βBから、角Bαδが知られる。そうすると

太陽から惑星までの距離を求めるための時間をどこで数えるか

離心円の均差を求めるための時間をどこで数えるか

*この補整法に留意されたい。結局、われわれは最後にこの方法に従うことになるからである。その場合、惑星軌道は完全な楕円であることが確定するだろう。ただし半分は円のほうに近い。だが距離だけは別の方法で求めねばならないだろう。

Bν対BCの比がわかるから、角Bαν もわかる。それを角Bαδ から引けば、取りあげた時間に対する適正な平準〔アノマリアの〕角ναδ が残るだろう。

例を挙げる。第43章のように、平均アノマリアつまり人為的もしくは天文学的な時間を示す数値が$95°18'28''$とする。*そして$360°$が完全な円の面積31415926536になるから、$95°18'28''$は8317172671の面積に相当するだろう。これを角θαδ とする。一方、推測による仮定の値として離心アノマリアδθ が$90°$だとすれば、その扇形θβδ は7853981670になるだろう。また$90°$の正弦θβ は100000であり、これを離心値αβ の半分つまり4632に掛けると三角形θβα の面積463200000が出てくる。これらの面積の和8317181670がθαδ で、この値はそうなるはずの値をほんの少し上回るだけである。したがって、角δβθ つまり離心アノマリアを$90°$と推測したのはよかったわけである。さらに$90°$の正弦は100000だから、θ における三日月型の切片の幅θD は858になる。そうすると短い半径Dβ は99142になる。これと100000の比は9264対9344で、これが角αDβ の正接の値だから、この角は$5°20'18''$である。こうして平準アノマリアDαδ として$84°39'42''$が出てくる。代用仮説の示すこの値は$84°42'2''$だから、差は$2'20''$である。

ついでに以下の点に留意しなければならない。すなわち、第42章の離心値の探求では遠日点距離と近日点距離に依拠したが、これらの距離には非常に小さいけれども誤差がありうる。その誤差が離心値を立てるときは10倍に拡大する。したがって結局、さまざまな物理的原因を通じて完璧な補整法を見出せたら、初めて最も正しい離心値を立てられる。そしてその値によって遠日点距離と近日点距離をすっかり訂正できるだろう。例えば、(ともかく獣帯上の惑星の経度上の位置について代用仮説を信じ、第45章でも仮定したことが全て正しいとすれば)ここでは均差が$2'20''$大きすぎる。一方、この場合のように平均的な長さの所〔遠日点と近日点の中間あたりにくる位置〕では、均差の視覚的原因と物理的原因が等しくなる。そこで誤差を2等分して

---

定義——
*►平均アノマリアとは何か

ついでに挿入しておく離心値訂正法

その半分の1′10″を最後に見出した角の5°20′18″から引くと5°19′8″になる。その正接は9310〔つまり0.09310〕である。先には9344だった。その差の34を離心値の9264から引くと訂正された離心値9230が残る。しかし今はこの値に従わない。仮定に非常に小さな誤りがあるからである。すぐ後に続く章で使用する場合のためにこの点を教示しただけで十分としよう。

　経過時間が八分円になる場合に、こういう均差を算出する形から出てくる結果も調べてみよう。第43章のように、平均アノマリアを48°45′12″とする。どちらの尺度の数値を取って面積を表示しても同じことなので、円の面積を表す数値として360°、最大三角形を表す数値として19108″（先ほどの別の数値表示の仕方では463200000だった）を取ろう。推測で離心アノマリアつまり図のBβδが45°とする。するとその正弦つまりBCは70711である。これを最大三角形の19108″に掛けて桁数を切り落とすと、この位置での三角形Bαβは13512″つまり3°45′12″になる。これを扇形Bβδの45°に加えるとBαδの面積が48°45′12″になる。この値は平均アノマリアとして想定したものである。したがって、βを頂点とする角度の推測はよかったことになる。今、半径βφ〔100000〕対βξ99142がBC 70711対Cνで、これは70104である。また正弦BCが70711なので、同じ角の余弦Cβはこの位置ではやはり70711になる。したがってCαは79975である。ところが、この値と100000の比が、Cνと求める角ναCの正接の比となるから、角ναCは41°14′9″である。代用仮説ではこれが41°20′33″だった。

　下方の八分円でも同じことを容易に調べられる。平均アノマリアを138°45′12″とする。また面積の表し方も同じとすると、その面積がαを頂点とする求める角を示す。βを頂点とする角135°の正弦70711が扇形と三角形の面積から成るこの総和を作ることが認められよう。そして先の場合のように、正弦の70711は規則正しく楕円となる線を描くために短くなって70104となるので、この値を、135°の余弦つまり70711に先のように離心値のαβを加えたものでは

なく、今度はそこからαβを減じたもの、すなわち61447と、比べなければならない。そうすると、61477対100000の比が、70104対求める角の正接の比になるので、この角度は48°45′55″つまりその補角の131°14′5″になる。代用仮説ではこれが131°7′26″だった。これらの数値を以下の表によって第43章やその他の方法で得た値と対照されたい。

| 共通の平均アノマリア | 単純な離心値による場合 | 離心値の2等分と上方の均差の部分を2倍にする方法による場合 | プトレマイオスふうに離心値の2等分と固定したエカントの点による場合 | 自由な分割の仕方によって結果において真実と非常によく一致する代用仮説 | 完全な円を仮定することによる物理学的仮説 | 第45章の見解と完全な楕円を仮定することによる物理学的仮説 |
|---|---|---|---|---|---|---|
| \multicolumn{7}{|c|}{以上に対応するさまざまな平準アノマリア} |
| 48°45′12″<br>95°18′28″<br>138°45′12″ | 41°40′14″<br>84°40′44″<br>130°40′46″<br>第20章と29章 | 40°45′52″<br>84°37′48″<br>131°45′0″<br>下方の部分を2倍にすると過剰と不足の向きが逆になる<br>第29章 | 41°15′31″<br>84°41′22″<br>131°15′31″<br>第19章 | 41°20′33″<br>84°42′2″<br>131°7′26″<br>第16章と29章 | 41°28′54″<br>84°42′26″<br>130°59′25″<br>第43章と29章<br>真実がこれらの値のちょうど中間にあることに気づかれよう。 | 41°14′9″<br>84°39′42″<br>131°14′5″<br>現在の第47章 |

以上の証拠からついには均差とさらには天の運動の自然で非常に正しい原因へと導く道の途上にあることが確信される

　そこで、離心円の均差を算出する2つの物理学的仮説のうち、先に第45章でより正しい距離も与えていたほうが真実に近い均差を示すが、それは後の仮説である。また不思議に思われるかもしれないが、この説は離心値を少し増やすと、不動のエカントの点を用い離心値を2等分するプトレマイオスの方法と理論上等値になる。

　なお、このプトレマイオス説は誤っていることを先に証明したので、結果においてこのプトレマイオス説と等しくなる物理学的仮説も、必然的にやはりなお真実から若干逸れることになる。実際、惑星は長軸端の周辺では遅いが、〔軌道半径が〕平均的な長さになる所の周辺では速すぎる。これが最初の議論で、これによって第45章の見解に欠陥があることか、もしくはその見解が欠陥のある方法によって数値で示されたことが、証明される。

　だが、円の面積は距離の全てを集積したものと等値でもないし、

第45章の見解に従って火星が描く卵形がこれまで仮に用いてきたような完全な楕円でもないので、真実と食い違う原因は相変わらず見えていない。実際、この2つの計算法の誤り以外にも、基本的な事柄自体の、つまり第45章の見解のもつ第3の誤りが協働しているかもしれない。それ故に、まだ第45章の見解の規則に従って均差を立てなかったし、そこで取りあげた説に十分な注意を払わなかった。幾何学から見捨てられたからである。したがって、その説が誤っていると告発するのは時期尚早である。実際、やがて計算によって告発していけば、その計算自体によって落ち度のない規則が明らかになる。

# 第48章

## 第46章で描いた卵形円周の数値による測定と分割を介した離心円の均差の算出法

**前**章で用いた計算法には多くの点で幾何学の支援がなく、離心円の均差に発見した超過や不足は誤りではないかと疑われたので、結局、私は算術的な数値計算に逃げ道を求め、それによって第46章で惑星軌道を描こうとしたときの障碍となっていた不都合を回避しようとしてみた。すなわち、第1に、平面は距離の総和を測る尺度としてはよくなかったので、平面を放棄して、等分した円周の個々の部分の距離を直接に算出した。第2に、若干の幾何比の項を加えると比が同じままに止まらなかったので、個々の距離とそれに応じた非常に小さな弧とのそれぞれの比を別々に調べてみた。第3に、第46章の若干の距離の和が幾何学的な方法では立てられなかったので、ここでは算術的な方法で立ててみた。そうしても何の支障もなかったからである。第4に、こういう方法においては円のであろうと卵形のであろうと扇形は全く関係なかった。そこで、それらの扇形が相互に差異のあることも私にとっては全く障碍となりえなかった。

　こうして私は新たな準備をして、代用仮説によって明らかになった均差がやはり適切な距離を導く仮説（言うまでもなく第45章の見解である）から結果として出てくるかどうかを、ともかく最終的に知ろうとした。

　私は以下のようにして課題に取り組んだ。Bを中心にBDを半径とする円DGRを描き、この円でDRを長軸線、Aを力の源泉つまり太陽の中心とする。円DG上に点Gを取り、これをBおよびAと結び、初めに角GBDを、距離を算出する場合の経過時間の尺度とする。そうすると、たとえ惑星がDからまだGまでたどり着かなくても、GAがAと惑星の真の距離になるだろう。実際、第45章に従い距離

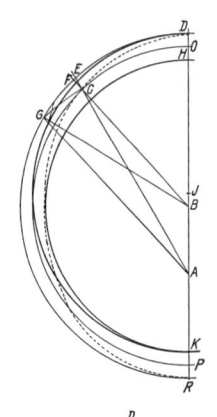

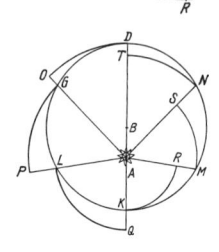

を算出ないし表示するこの手法をこれまで前提としてきた。DGが360°の中の1°のような円の微細な部分としよう。そうすると、角度全体のDGの両端D、Gにおけるこのような類の距離AGは全て第29章の論証によりこういう方法で計算できるので、私は非常に長い加算を行って360のAGの距離の全てをひとつの和にしてみた。そしてこの総和が（離心値を9165とした場合）36075562になることを見出した。これが火星の全卵形軌道に対する値である。今、Aを中心にAGを半径としてDの方に向かって弧を描き、これをGCとする。〔太陽からの〕距離が長くなるほど惑星の描く道筋は短くなるから、円弧DG（この弧はGAの距離を計算する間はただ経過時間を計るだけものにすぎない）が与えられれば、取りあげた時間DG（つまり1°の単純なアノマリア）で惑星が描く卵形軌道DCの長さも与えられる。卵形円周全体の長さと全距離の総和の比が、（弧DGによって見出した）弧DCの〔太陽からの〕距離とその卵形円周の弧DCの長さの比になるからである。実際、描かれた弧と〔その弧の太陽からの〕距離とが相互に逆比例することは、第33章で証明して（この計算の仕方の基礎を築いた）第46章ですでに用いた。★013 だが私は、ADとAGつまりAから両端のCとDまでの距離を足して、その和の平均を弧DC全体の正しい距離として用いるように注意した。理由は以下のとおりである。Bを中心にして描いた離心円DKをD、G、L、K、M、Nで任意の数に等分し、宇宙の中心Aを中心としてそれらの部分の始点から弧を描き、Aから各部分の弧の終点を通って引いた直線と交わるようにし、それらの弧をDO、GP、LQ、KR、MS、NTとする。そうすると、左側の半円にある面ADO、AGP、ALQは適切な面〔ADG、AGL、ALK〕より大きく、右側にある面ANT、AMS、AKRは適切な面より小さくなるだろう。したがって、

第4部──物理的原因と独自の見解による第1の不整の真の尺度の探求　　448

非常に小さな弧では互いに相殺されてTNAとODAを合わせるとGDNAの面とほぼ等しくなる。

　こうして先の図において与えられた経過時間DGと距離GAつまりCAに対応するような弧DCの長さが得られたら、さらに平準アノマリアCADの角度を出さなければならない。CとBを結び、ACを円との交点Eまで、BCを円との交点Fまで延長する。そうすると、DCの長さを知るだけでは不十分で、角CBDの大きさも求めなければならなかった。弧CDはFDより短いのでCDによって角FBDつまり角CBDを測れないからである。また逆に、CDはFDより短いが、Bに視点があると想像すれば、BからはCDも角CBDを測る弧FDと同じ大きさに見える。さらに（第32章の証明により）感覚を非常に鋭くはたらかせると、FDがCDよりBから離れている分だけまたFDのほうがCDより長いことは事実だが、このような課題では同じようにたとえどんなに感覚を鋭敏にはたらかせようと、（エウクレイデス第3巻命題7により、実際にはCEのほうが中心から出ているCFより長いことは確かだが）CEとCFが等しくなることも事実である。そこで私は最初に、弧CDとFDが等しく、両方とも角CBDすなわち角FBDさらにまた角EBDをも測る尺度となり、弧EFの大きさは感知されないかのように想定してみた。したがって、CDの大きさがわかると角EBDも出てきた。そこで、三角形EBAにおいて、角EBAと両辺EB、BAからAEの長さを求め、そこから、先に算出したACつまりAGを引いた。そうすると弧CDの一端が中心Bの方に接近する値を示す線分CEないしはCFが残る。故にCEを2等分すると（実際これは感覚的に可能である）、円周上のどんな点においても等しく接近した場合のCDのBへの接近率が知られた。ところが、接近率からは視覚上の視差つまりCDの見かけの大きさも出てくる。これが修正された角CBDで、われわれの取った数値に全く誤りはなかったが、この値は先には少し小さめに想定されていた。そこで修正された角CBDつまり角CBAの補角と辺CAと離心値BAとが与えられて、求める平準アノマリアCADが出てきたのである。

こういう手法では、平均アノマリア1°での最初の均差以外のどんな均差も個々に独立して立てられなかった。180°までの残る全ての均差は常にいちばん近くで前にくる既知の均差を前提とした。これを読んだだけでうんざりしないような人はいないだろうと思う。それでもなお読者は、逐一離心値を変えて180°までのアノマリアにわたりこの方法を3回も行ったわれわれ（私と私のために計算をしてくれた人）がどれほど苦労したか、判断されたい。

　だが、この計算の出発点はまだ説明していなかった。卵形円周全体の長さを既知と前提すると先に言ってしまったからである。それでは、この長さはどこから知られるのか。実際のところ、私はひとたびこの拙劣な数値計算法に入り込んでしまったので、拙劣な方法であってもその長さを前提せざるをえず、課題全体を片づけてから、180回目の演算で、見かけのうえで180°より大きな数値が出てくるか、それ以下になるか、見てみるほかなかった。完全に180°が出てきたら、卵形の長さ自体の想定はよかったことがわかるが、それ以下ならば適切な長さより小さく、以上であれば大きかったことがわかるからである。

　けれども、卵形の長さについて適切な推測を行うための幾何学上の手助けがないわけではない。すなわち、BD対BAがBA対DHとなるようにDからBの方に向かって線分を取る。そうすると、（第46章の証明によって）三日月形の幅と円の半径の積は離心値の自乗とほぼ等しいので、エウクレイデス第6巻17により、離心値は三日月形の幅と半径の比例中項である。ところが、これと同じことを上に決めたDHの作図の仕方によって行っている。したがってDHは三日月形の幅である。

　さらにHDの半分を取り、これをBからDの方に向かって延ばし、BJとする。そしてJを中心にJDを半径としてDで離心円に接する円DKを描く。またBを中心にBHを半径として先に描いた円にKで接する円HKを描く。円HKがDKより小さく、円DGRがDKより大きいことは、明らかである。また円周相互の比はその半径の比と等

しいから、BDのDJとBHに対する比は大きな円DGの小さな円DKとKHに対する比と等しい。ところが、BJはHDの半分だから、DJはDBとHBの算術平均である。したがって、同じくBを中心にして描いた小さな円と大きな円とに接する円DKも、この円DKに接するこれら2つの円の算術平均である。

ところで、卵形軌道を連続して描けば、仮定から、この軌道も遠日点Dと近日点Rで大きな円に接し、〔半径が〕平均的な長さになる所では小さな円HKに接するので、卵形は小円HKよりは大きく、大円DRよりは小さいということになる。したがって、卵形円周はDKの円周の長さとそれほど違わないとしてよい。

けれども、以下の論証によれば、その軌道はそれよりもう少し大きいと思われる。

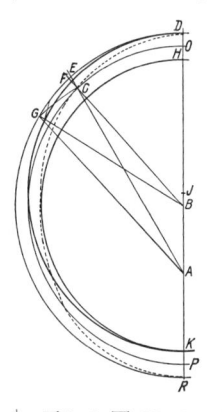

BHとBDの比例中項を取り、これをBOとする。Bを中心にBOを半径として円OPを描く。そうするとアルキメデスの『球状体論』5により、この円OPの面積はBDを長半径、BHを短半径とする楕円の面積に等しいだろう。ところが、等周の図形の中で最大の面積を取るのは円だから、逆に（共通の考え方により）等積図形の中では円の周囲の長さが最も短いだろう。したがって、DBとBHを長短の半径とする楕円と先に提示した円OPは、すでに挙げた命題により等積なので、楕円の周囲は円OPの円周より長いだろう。一方、BOは同じ2項の幾何平均、JDは算術平均と想定しているから、BOはJDよりかすかに短い。すなわち、エウクレイデス第5巻の教えるところによれば、BOはHBとBDの比例中項だから、小項HB対大項BDは小項に対する平均の過剰分HO対大項に対する平均の不足分ODとなる。そうするとHBはBDより小さいので、HOもODより小さいだろう。ところが、BJはHDの半分に等しい。したがって、BJはHOより大きく、ODより小さい。そこで、最小の円HKの共通の半径HBに、相互[*014]

に等しくない線分、つまりDHの半分より小さなものを加えるとBOになり、DHの半分を加えるとDJになる。故に、DJはBOより大きい。したがって、円DKは円OPより大きい。ただし、DHはDBの100分の1よりも小さいから、そのことは感覚的にはわからない。そこで、さらに特別にこれらの円が等しいと仮定し、また卵形を完全な楕円と仮定すると、卵形の円周は円DKの円周より少し長く、円OPの円周よりは確実に長いだろう。そして第47章ではDBを100000とするとDHは858だったから、DHの半分の429をDBの100000から引くと99571が残る。そうすると100000対99571がほぼ円の円周と求める卵形円周の比になるだろう。また円周は360°つまり21600′つまり1296000″だから、〔360°に0.00429を掛けた〕5560″つまり92′40″という小部分を引くことになる。そうすると卵形円周の半分からは46′20″を引かなければならない。あるいは卵形がそれを測る基準として考えた円DKを上回るとすれば、引くべき値はさらに小さくなる。いずれにせよ実際には私は論証によらず非常に粘り強い多大な労苦に満ちた計算によって、卵形半円の不足分が45′45″になることを発見した。そこで完全な半円を180°とすると半卵形は179°14′15″になるだろう。

　さらに卵形円周のこういう短縮は必然的にそれと反対の視覚的増大に等しい（この卵形は短くはなっていても2直角つまり正確に180°の広がりの下にあるように見え、円周もそれだけの長さがあると見なされるからである）。そこで読者は当然のことながら、この手順では、まず最初に卵形全体を短縮して、その後に改めて各部にわたり視覚的に大きくする必要があるのではないか、と疑問をもつかもしれない。実際、図からは明らかに、中心Bに最も接近する所でほぼ最大の短縮が起こり、その反対の所では逆のことが起こるように見える。

　この変化の進行の仕方が均一であれば、均差を算出する以下のような方法が出てくる。

　最初に、GBDを平均アノマリアとしておき、そこから距離GAを算出する。それを弧GD（この弧は常に1°である）の前にある一端の距

離ADに加え、その和を2等分して弧CDの平均距離（その弧に含まれる全ての点の距離）を立てる。そうするとこの場合、半円の長さと半円上にある全ての距離の総和の比が、弧GDのこの距離とFDの長さ、つまりBから眺めた弧CDの見かけの長さの比と等しくなる、と言えよう。こうして、いわば角CBDを測る尺度であるFDと、AC、ABとから、先のよりも短い道筋による平準アノマリアCADを求めることになるだろう。

　だが読者には、この2つの変化が等しい歩調で進行するわけではないと知ってほしい。すなわち、道筋となるDCが中心Bに接近することから生じる視覚的な増大は、特に平均的な長さを取るあたりで起こり、遠日点と近日点ではほとんどない。これに対して、惑星が中心の方に入り込むことから生じる卵形軌道の短縮は、軌道全体にわたってほぼ等しい。実際、離心円上の平均的な長さの所にある相対する2つの距離の和は、長軸の近くにくる遠日点に近接した距離と近日点に近接した距離の2つを足した和と等しい。ところが、卵形円周の弧はその位置の距離と逆比例する。したがって、平均的な長さの所にある卵形の2つの弧の和も、遠日点と近日点のそれぞれの近くにある2つの弧の和と等しいだろう。卵形軌道の弧そのものが等しければ、これらの弧の減少の仕方も4つの位置全てにおいてほぼ等しいだろう。このことは試算によって確かめられる。すなわち、卵形半円の不足分が45′15″であれば、この卵形の180分の1の弧の不足分は遠日点の近くでは約14″だろう。ところが、中心への接近から生じる卵形の弧の視角の増大は遠日点の近くでは1″にも相当しない。

　そこで、上に挙げた図の見た目の評価についていうと、卵形の短縮とその視覚的な増大が相殺されるという先の異論の主張のようには単純にいかない。確かに、卵形軌道のあらゆる弧が中心Bに対して正面に対置されるのであれば、そうなっただろう。ところが、そうなるのはただ平均的な長さを取る位置だけであって、長軸端のほうに行くとこれらの弧はその両端の中心に対する接近の度合いが不

等になる。したがって、短縮によって弧が短くなった分だけ、中心への接近と見かけの効果によって弧が大きくなるわけではない。

そこで、この方法に従って離心円の全角度における火星の均差を立ててみた。しかもそれを3回行った。まず最初は、十分な大きさではないが離心値として9165を取ってみた。面積を操作することでこの値を非常に確実なものにしたと考えたのである。次いで、もっと小さな値を想定しなければならなかったのに、180°より大きな値も標準に想定した。

そうすると、この場合には最後の演算から180°より大きな値が出てきた。これは不条理だった。そこで2回目には半卵形を179°14′15″と仮定した。そうすると以下のような結果が出た。

平均アノマリア45°　―　平準アノマリア　……　38° 5′ 33″
第16章の代用仮説による値　　　　　　　　……　38° 4′ 54″
　　　　　　　　　　　　　差異　　　　　　　　　　39″

平均アノマリア90°　―　平準アノマリア　……　79° 31′ 31″
　代用仮説の正しい値　　　　　　　　　　　……　79° 27′ 41″
　　　　　　　　　　　　　差異　　　　　　　　　3′ 50″

平均アノマリア135°　―　平準アノマリア　……　127° 0′ 1″
　代用仮説の正しい値　　　　　　　　　　　……　126° 51′ 9″
　　　　　　　　　　　　　差異　　　　　　　　　8′ 52″

さらにこれによって、特にアノマリア90°からわかったのは、離心値の9165が小さすぎることである。そこでこの値を先の章でついでに述べた方法に従って訂正した。例えば、平均的な長さを取る所では最大均差で3′50″大きな値を必要とするので、半分の1′55″を均差の視覚的部分、残りを物理的部分に与える。また9165は5°15′30″の正弦の値なので、5°17′25″を取ると、その正弦は9227になる。そこで新たな離心値9230（これは第42章で見出した9264とほんの少ししか違っていないし、第16章におけるエカントの離心値の半分である9282から

もそれほどかけ離れていない）を取って、この仕事全体をやり直した。
すなわちまず最初に、距離用平準アノマリアGADの1°ごとの整数
角度に対して距離GAつまりCAを立てた。次いで、それを距離用
平均アノマリア[★015]のGDつまりGBD全体に移し替えた。第3に、GA
とADのような隣接する一対の距離を足していった。第4に、それ
を除数にして180回の割り算を行った。被除数は総和の358°28′30″[★016]
で、つまり卵形軌道の長さである。第5に、卵形軌道の個々の弧を
ひとつひとつ相互に加えた。第6に、視覚的な増加分は先の徒労に
終わった演算から借用した。すでに2回にわたって計算したが、食
い違いはほんの少しのように思われたからである。そこでこの値も
ひとつひとつ上に挙げた値の総和に加えていった。第7に、弧の総
和を視覚的な増加分の総和によって増やした。第8に、こうして見
出した離心円の中心Bを頂点とする角CBDと、それ〔その補角〕に相
対する辺となる距離のCAと、第3の辺としての離心値ABから、
180°全体にわたる視覚的均差の角ACBを求め、そこから均差の全
体と平準アノマリアとを出した。各アノマリアで出てきた値。

| 平均アノマリア | 平準アノマリア | 代用仮説の値 | 差異 |
| --- | --- | --- | --- |
| 45° | 38° 2′ 24″ | 38° 4′ 54″ | 2′ 30″ |
| 90° | 79° 26′ 49″ | 79° 27′ 41″ | 0′ 52″ |
| 135° | 126° 56′ 25″ | 126° 52′ 0″ | 4′ 25″ |

したがって、離心値はさらに大きくできる。そうすると惑星は上方
の遠日点からの動きが適切な速さよりほんの少しだけ遅くなり、近
日点のほうでも同様である。したがって、平均的な長さになる所で
は適切な速さより速くなる。これは先に第47章でも述べたとおりで
ある。そうすると、長軸端のあたりに多くの距離が集中しすぎて、
平均的な長さを取るあたりでは十分に多くの距離がないか、もしく
は距離の長さが十分ではないように思われる。しかしこの問題の考
察は適当な個所で続ける。

さて、第45章で導入した物理的原因の援用の仕方がより巧妙で、かつ計算法の調整にかなったものになるほど、常に第16章の代用仮説から出てきた正しい均差に近づくのを見たので、私は大いに喜び、第45章の説を堅持するようになった。

　反対に、この章で格闘した度重なる拙劣な試行錯誤に嫌気がさしたので、どうしてもっと確実で容易な道を歩めないのかと落ち着かなかった。また同時に、こうしても第45章の説によって課せられた仕事を計算によって完全に果たしたことにならないのではないか、という疑念も抱きはじめた。

# 第49章

## 先の均差算出法の検証と第45章の説による卵形軌道の構成原理にもとづくさらに整備された方法

**先**ほど終えたばかりの方法の拙劣さの原因を見るために、それがどういう基礎にもとづくか考量されたい。惑星は、周転円上を一様な速さで動くが、距離に応じて不等な力で太陽によって引き付けられると想定される。この2つの運動原理から卵形軌道が生じる。ところがこの方法では、所与の各経過時間に対応する卵形軌道の部分がどれほどになるか、知ることができない。たとえその部分の長さがわかったとしても、初めから卵形全体の長さを知らなければ、それは不可能である。だが、惑星がどれほど円周からずれて脇の方に入り込むか、その度合いからしか卵形の長さを知ることができない。しかし、所与の各経過時間の下で卵形軌道のどれだけの部分が描かれるか、わからないうちは、この入り込みの度合いもわからない。ここに論点の先取が認められる。われわれの演算では、まず求めていた値つまり卵形の長さを想定していた。しかもこれは人知の不足というよりも、原初に惑星の走路を配列した者〔神〕とは全く相容れないことなのである。神の他の御業には幾何学の欠如したような見通しはこれまで見出せないからである。そこで、第45章の説を計算できるような形にする別の処置を取らなくてはならない。それができなければ、論点先取の虚偽の疑いがあるので、この説自体が揺らぐことになるだろう。

　ここから出てきたのが、卵形になった軌道を等しい時間の尺度を用いて不等な部分に分割し、こうしてできあがったこの卵形軌道の、不等ではあるが距離と相殺されて平準化された部分を、惑星の等しい所要時間でぐるりと一周して測ってみる、という込み入った手法だった。しかもわれわれは前提の中で、太陽に由来する一方の力は

距離に応じて強さを増すが、惑星に固有の力は決してそうではない、としていた。だがここでは実際に作用する場合、2つの力の各々がこの距離の比にいくらかは関連するものとする。各々の力の共同作用として、距離に相応して走破される卵形軌道を、惑星に与えるからである。

　この方法の効果によってほぼ完全に真実に接近したところで、計算のしようがなければ、それによって第45章の説を表したと誇れるようなものは何ひとつない。そこで、第46、47、48章の主題だった、卵形になった軌道とその面積の求積法をひとまず置いて、第45章で想定した卵形軌道の原理のほうに計算の矛先を転じたら、仕事の進め方がいっそう正しくなるように思われた。そこで第45章を再び見てみよう。太陽の本体Aを中心にADを半径として、周転円の中心が通る円DGを描き、またAを中心にABを半径として、もうひとつ遠日点を通る円を描く。この円でAGBを長軸線とする。そして惑星が遠日点に来るときはBにあるとする。惑星がBにあった時点からある時間が経過したものとし、その尺度を周転円における角CDEとする。そうすると、周転円の遠日点はBからCに移り、周転円の中心はGからDに移って、惑星は周転円上でCからEに行くだろう。そこで、経過時間CDEでの角DABを知るために、惑星が2つの力によってBからEにやって来たとしてみる。ひとつは、惑星を太陽に接近させ、同時に、先にACがABと重なっていたとき惑星があった直線ACつまりADから、惑星を引き離した力であり、もうひとつは、惑星を周転円といっしょに推し進めて、周転円の中心Dが先にはAB上にあったのに今は直線AC上にあるようにした力である。周転円の中心を公転させる力は、360°で表示した時間で、360の距離の総和に応じ、360°つまりAを中心とする4直角にわたって動かしていく。したがって、これまでのように時間CDEから出てくる数だけの距離

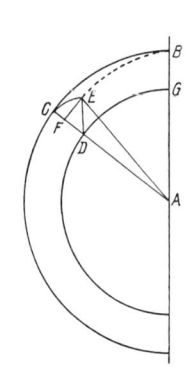

の和が与えられれば角DABも与えられるだろう。実際、太陽がAB、AEという距離を介して惑星本体に及ぼすのと同じ作用を、周転円の中心G、Dにも及ぼすと想定される。惑星自体が、運行していく間に力の作用する線ABないしはACからBの方に抜け出さずに、たんに太陽の方に下降しただけだったら、惑星はやはり、周転円の中心Dのある直線AC上に来て点Fにあっただろうからである*。ところが、惑星は周転円の規則どおり半径DE、角CDEで抜け出してしまっている（ここで取りあげる第45章の説ではこうなるからである）。そこで、ある種の仮想によれば惑星が自分で周転円の中心をDに置き直す。実際、第39章で、どのようにして力つまりAB、AC等々の仮想の力の線が惑星にとって位置代わりとして役立つと想像できるか、すでに述べた。ただし、卵形軌道の弧BEと卵形軌道全体の比は、それに対応する完全な円の弧GDと全円周の比と全く同じわけではない。またBCとBCを含む円周全体の比は、卵形軌道の弧BFと卵形の円周全体の比と同じわけでもない。だが、これは全くわれわれの障碍とならないはずである。BEあるいはBFも2つの力によって合成されるからであり、比に何らかの混乱が起こるとしたら（第45章のこの説によれば）惑星が周転円の円周上で自ら固有の下降を行うことによって、それをもたらすからである。実際、惑星が周転円の最上位に止まって、距離AB、AEで表示された太陽からの不等だが同一の動かす力の作用を受けたとしたら（これは確かに同時には起こりえない。惑星と太陽の距離が同じままなら太陽から来る動かす力も同じままに止まるからである）、その場合、惑星は大きなほうの円の完全な弧BCを描いただろう。この弧とBCの円周全体との比は弧GDとGDの円周全体の比と同一である。

　周転円の中心が描く狭いほうの円DGの円周上に惑星を置けば、惑星はもっとずっと速くなることは知っている。けれども、そのために周転円の中心にもより速い動きを割り当てる必要はない。周転円の中心は物体ではないので、それ自体ではなく惑星によって動くと想定されるからである。そこで惑星が、周転円の規則どおり自ら

＊これらは、一定の条件の下で正しい。つまり、太陽からの力の作用線が惑星にとって位置代わりになるか、あるいは惑星を載せて運ぶ車のようなものであれば、という条件である。ここではわれわれはそう想定している。だが、それ自体で正しいわけではない。この点については第39章の第1の動き方を参照されたい。そこで不条理として斥けた5項の中で、この場合、唯一つ最後の項だけは省けるが、残りの4項は保持される。

第49章　先の均差算出法の検証と第45章の説による卵形軌道の……

その本体を、太陽を中心とする放射状の線の外に運び出し、太陽に由来する一種の力の線を位置代わりに用いると想定すれば（こういう考えを第39章では斥けたが、第45章で再び取りあげて若干の変更を加えたので、ここでは私の試みを説明するために使う）、後はどんな結果が出てこようと計算の仕方は妥当である。実際、DEとABは平行を保たないので、先の場合と同様に、ここでも卵形が現れてくる。長い距離AB、AEが中くらいの距離AG、ADを上回る分だけ、弧DGも短くなる。つまり角DAGが経過時間の尺度である角CDEより小さくなる。そこで、DEはBの方に傾く。それ故、Eが円周上からBAの方に入り込む。実際、第2章により、DEがABと平行を保つとしたら、Eは円周上にあっただろう。

　そこで、以下の方法が出てくる。平均アノマリアの全整数角度における距離を求める。その方法は第39章にあり、第47章と48章でも用いた。すなわち、まず平均アノマリアつまりCEの整数でない角度の距離を見出す。それから、比例を用いてその間を埋めてCEの整数角度の距離に遡る。こういう遠回しの手法には不満があるとか、真っ直ぐな道を通るもっと長い労苦のほうがよいとか、要は全てをひとつの図で一目瞭然に理解したいというのであれば、以下のようにするとよい。

　経過時間、ないしは経過時間を示すために人為的に考案された名称つまり天文学者のいう平均アノマリアを、周転円CE上でその遠日点Cから12宮の順序と逆向きに算定し、若干の平均アノマリアの整数角度での角ADEないしその補角CDEを出す。その場合、半径ADを100000、周転円の半径DEを9264としておく。そうすると、均差の部分DAEと距離AEも出てくるだろう。その両者を一覧表に転記し、これから使用するために、その平均アノマリアCEも書き添える。こうしてAEの全ての距離を集めて加える。そうすると総和の約36075562が見出されよう。この総和はわれわれが現在用いている離心値9264とほんのわずかしか違わない離心値から見出されたものである。この総和の360分の1は100210になる。また4直角

の同じ360分の1は1°である。そこで、順に出てくる全ての距離とこの距離100210の比は、この距離100210の弧（60′）と他の距離に対応する弧の比に等しい。第29、47、48章でしばしば示したように、この比は逆比例だからである。そこで、60′あるいは3600″を100210に掛け、それを半円上のあらゆる距離あるいはむしろ（第48章の慎重な手法に従って）隣接する2つの距離の和を半分にした値で割る割り算を180回行うと、周転円の中心の描く円の角DAGが得られる。そこで、最小の2つの角DAGを取って加えることから始め、この和に第3の角DAGを加え、さらに3つの先行する角の和に第4の角を加えて、180の角全てを合算するまで繰り返していく。こうして最後の総和が正確に180°になれば、あらゆる所で計算が正しく行われ、どこの個所でも規定された手順から外れなかったことが証拠によって裏づけられるだろう。さらにこれらの和つまり角DAGをまた一覧表に書き記し、欄外にその平均アノマリアを書き加えて、使用に供するようにしておく。

そこで、ある全均差ないしは採用した平均アノマリアにおける平準アノマリアを算出しなければならないときは、まず、周転円で算定した平均アノマリアCDEを用いて、後に挙げた角の和の一覧表から角DAGつまりCABを取り出す。また同じ平均アノマリアを用いて、先に挙げた一覧表から均差の部分CAEも取り出す。そしてこの角を角DABから引くと平準アノマリアEABが残る。半円のもう一方で何を変えるべきかはそれでわかる。

今平均アノマリアを45°とする。

| | |
|---|---|
| そこまでの距離の和から出てくるDAG | ……41°26′ 0″ |
| 同じアノマリアから出てくる均差の部分CAE | …… 3°30′17″ |
| 故に、平準アノマリアEABは | ……37°56′43″ |
| われわれの代用仮説による値 | ……38° 4′54″ |
| 差異 | 8′ |

このようにして

| 平均アノマリア | 得られた平準アノマリア | 代用仮説によるもの | 差異 | |
|---|---|---|---|---|
| 45° | 37° 56′ 43″ | 38° 5′ | 8′ | − |
| 90° | 79° 26′ 35″ | 79° 27′ | 0′ | |
| 120° | 110° 28′ 8″ | 110° 18′ 30″ | 9′ 30″ | + |
| 150° | 144° 16′ 49″ | 144° 8′[★017] | 9′ | + |

惑星は長軸端の周囲では遅すぎ、平均的な長さを取る周囲では速すぎる。

　読者は、第48章で結果を出して真実にかなり近づいたのに、むしろわれわれが悪いほうに進んでいる、と言うだろう。だが、善良な読者よ、私が結果を怖れたら、代用仮説に満足してこの労苦全体をせずにすませることもできたのである。むしろ、こういう誤りはやがては真実に至る道となるだろうと知るべきである。さしあたり、第45章で想定した物理的原因をついに紛れもなく計算に動員したのは確かだとしておこう。だが同時に、第47章の計算も確認される。その計算も今の計算と実質上は等しいからである。さらに、そこで非幾何学的で疑わしいと見なした事柄が、われわれにとっては全く明白な妨げにならなかったのも確かである。だから、これらの相等しいことと真実との間に何らかの不一致が残るとしたら、それは算定の方法ではなくて、これらの数値が出てくる元になっている第45章の説のほうに帰すべきである。ただし、直ちにその説全体が誤りだからというのではなくて、おそらくわれわれのほうが性急だったからで、観測結果による完璧な決定を待たずに、惑星軌道が卵形だと見るやすぐに（たんに物理的原因のみごとさと、周転円の運動のあの見映えのよい均一性に騙されて）一定の大きさの卵形を採択してしまったのである。

　どのようにして再び最も正しい見解を計算に動員し、どこまでこれらの先行する章と一致させられるかということは、それぞれの個所（第56、58、59、60章）で述べる。今は残る私の試行の説明を最後までやり遂げたい。

# 第50章

# 離心円の均差を立てるために試みた他の6つの方法

の脱穀で得た穀物の量はどれほどわずかだったことか。しかも出た殻の山のおびただしさを見よ。実際は問題を第48章の出発点に戻すべきだった。卵形軌道の弧を精査しないうちに問題を扱ってしまったからである。しかし、問題を明らかにするには篩い分けるほうがよかったのである。そうすれば役に立つ穀物もいくらかは見出せよう。

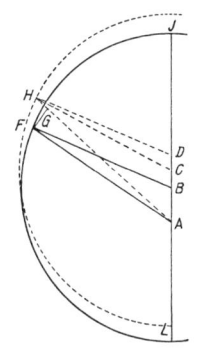

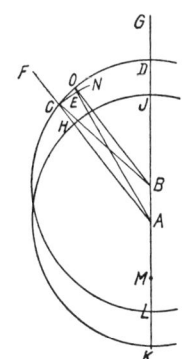

**定義──**
＊▶距離用アノマリア（Anomalia distantiaria）とは何か。
　このアノマリアは他の2つのアノマリアの平均値を取るが、平均アノマリアと呼ばないように気をつけなければいけない。平均アノマリアは本来は経過時間を示す名称だからである。

### 第1と第2の方法の手順は以下のとおりだった

最初に、少し小さめの離心値9165を用い、第29章の教説に従って全ての距離を求めた。それらの距離は、平均アノマリアと真の平準アノマリアの中間にくる整数角度のアノマリアに対応していた。私はこういうアノマリアを時には平準アノマリアと呼ぶが、その場合、これは距離のみに当てられたものという条件を付加する。そこで私はこのアノマリアを距離用アノマリアと呼ぶ。第46章の2番目の図〔左上図〕ではそれは角FABであり、次に出てくる図では角CADである。

　2番目に、その線分とそれが取る距離の比が、この距離と半径100000の比になるような、第3比例項としての線分を求めた。

　3番目と4番目に、見出した線分を一本ずつ加えた。距離の総和は36000000より少ない35924252だった。その理由は第40章に見える。

一方、第3比例項の線分の総和は36000000になるのを発見した。これは私には驚くべきことである。かつ喜ばしいことでもあるから、必然的にそうなることを誰か幾何学者が証明してほしいと思う。[★018] AとBを中心にして2つの等しい円JHとDCを描き、中心AとBを結び、ABを延長して、Aを中心とする円との交点をJ、Kとする。またBを中心とする円との交点をD、Lとする。このとき、Aを中心とする円をJを始点として任意の数、例えば360に等分する。そしてAから分割点のJ、H、K等々を通る直線AJ、AH、AK等々を引き、Bを中心とする円との交点をD、C、L等々とする。その場合、AJ対ADがAD対AGに、AH対ACがAC対AFに、AK対ALがAL対AMに等しくなり、その他についても全て同様になるようにする。ここで、例えばAG、AF、AMなどの360の線分の最終的な合算が、例えばAJ、AH、AKなどの360の線分の最初の合算と等しいことを、幾何学者に証明してほしいのである。[*]

そこで、距離の総和を用いた第1の方法では、企てたこと（ただし、見当外れでまちがいだった。初めから弧CDないし角CBDは与えられていたのに、それを合算して得ようとしたのである）と実際に行ったこととが食い違っており、またしても誤りを犯した。弧でも角でも軌道でもなく、あたかも等しいかのように、不等な惑星軌道の弧における所要時間を合算したからである。さらに比例の規則によって主張したのは、比例中項の線分AD、AC、ALの総和の35924252と所要時間の360°の比が、任意の距離の総和とこれらの距離を含む行程の所要時間の比に等しい、ということである。[★019] Aを太陽、Bを離心円CDの中心、BCを半径とする。B、AとCを結ぶ。この場合、距離CAは整数角度の角CAD、それ故に円CDの不等な弧に相応した。これを私は見落としてしまった。今、角CADを45°とする。CBとBAから出てくる角CBDは48°42′59″である。そこで、均差という物理的原因が全くなく、CBDが経過時間の尺度つまり平均アノマリアだとすれば、この角CADそのものが真の平準アノマリアとしてそれに対応するだろう。ところが、惑星はAからの距離が長いために

*幾何学者に提出された問題。他の個所でもアノマリアは3つある。いわゆる1.平均アノマリア、2.離心アノマリア、3.平準アノマリアである。そこでこの図と特にこの試みでは、混乱を避けるために、弧CDないしは角CBDが第1のアノマリア、角CADないしは弧EDが第2のアノマリア、角EADが第3のアノマリアと理解することにしよう。

第4部──物理的原因と独自の見解による第1の不整の真の尺度の探求

CDでは動きが遅くなるうえに、それらの距離の集まりがこの所要時間の尺度なので、アノマリアのCAD45°で合算したのは弧の始点つまり長いほうの45の距離だった。その和が4869307である。さらに、短いほう、つまり弧の終点の45の距離も合算し、初めの46の距離の和4975577から最大距離ADの109165を引くと、残りが4866412になった。各々の和の平均は4867852で、35924252が360°に、つまり99790が1°に相当するとして、この数値を度数に換算し、48°46′51″を得た。これが角CADに対応する経過時間のはずだった。ところが弧CDないし角CBDもこの値に非常に近く、48°42′51″であることをすでに見出していた。これは不条理で、惑星がCDで遅くなることを要求する仮定に反する。この不条理の原因はすぐに明らかになった。それは、CDでの所要時間を知るためにはCDの等分された弧に対応する距離を調べるのが適切だったのに、今用いたこれらの距離が、第32章により、距離自体が長くなる分だけ大きくなった、CDの相互に不等な弧に対応するからである。つまり、これらの距離は数が少なくなりすぎていた。それでもこの仕事を徒労に終わらせないように、この所要時間の値が角CADの値を超える過剰分〔3°46′51″〕を角CADから引いてみた。するとEAD41°13′9″が残る。なお、ACとAEは等しいとしていた。また、CBDの経過時間で惑星が離心円の中心Bの周りにCADと等しい角EBDを描くので、この離心円の等分した弧ED〔とAの間〕に、ここでCADの等分した角度で見出したのと同じ数のAからの距離が集積されると想定していた。するとこのわれわれの計算では、この位置で大きな部分となる互いに不等な弧CD全体にわたって分散していた数の距離が、EDという狭い弧の等分した部分の中に詰め込まれたと解される。すると、この角CBDが距離用平均アノマリアとなり、それによって角CADが出てくる。この角はCAの距離を求めるためのもので、その距離から角CAEという遅れ、つまりCAのEAへの物理的移し替えが導き出される。

この算出法は第49章のものから大きく外れはしないが、角CAD

* 「平均」とは、3つのアノマリアの間の大きさではなくて、距離を求めるかぎりにおいては、この角が測る時間の均一で平均的な進み方となることからそう言うのである。

とEBDが等しいこと、したがってCAとEBが平行であることを証明のないままに仮定している。これは第46章の2番目の図では斥けられていた。しかし今はこの演算が結果において接近することも見られたい〔以下、Anom.はアノマリアの意〕。

| 平均Anom. | 見出された平準Anom. | 代用仮説の平準Anom. | 差異* |
|---|---|---|---|
| 48°42′59″ | 41°13′9″ | 41°21′0″ | 8′ − |
| 95°15′31″ | 84°44′18″ | 84°39′18″ | 5′ + |
| 138°42′59″ | 131°20′24″ | 131°4′7″ | 16′ + |

*第49章の差異や第47章の2つの差異と少し異なる。

離心値が9165ではなくて9264で、もっと大きいので、離心値の小ささが問題になっていたし、惑星は長軸端の周囲ではあまりにも遅く、平均的な長さを取るあたりではあまりにも速くなっていた。だが、初めに犯した誤りに気づいたことからたまたま採択したこの第1の方法を放棄し、一転して同じ誤りに気づいたことから生じた第2の方法のほうを行ってみよう。*

面CAD上に広がった距離を数値の上では扇形CBDとほぼ等しいとして、そのために不条理に陥ったとき（近似的に距離を測り取る平面CADは無条件に扇形CBDの面積より大きいので、弧CDにある距離も数値上は扇形CBDより大きいはずだったからである）、AC、ADの比例項となる線分AF、AGがCD上での惑星の適切な所要時間を表し、こうしてCADが真の平準アノマリアのままに止まるのでは、ということが思い浮かんだ。しかし事実はこれに反する。もしそのとおりだとしたら、距離ACはそれを算定した当の位置にそのまま止まるだろう。そうすると第44章ですでに斥けていたのに、軌道は完全な円になるだろう。したがって、平均的な長さを取る位置にくる距離が長すぎて、その位置での惑星の速さが遅くなりすぎ、それ故に長軸端の所では速すぎるだろう。その証拠となる演算の結果は以下のとおりである。

*第2の試みでは、CADが第3のアノマリア、CDないしはCBDが第2のアノマリアであり、最初のアノマリアは少数の線分AG、AFの和で、その尺度を平面CADと想定する。これは第43章とほぼ同様である。

| 平準Anom. | 出てくる平均Anom. | 代用仮説による平均Anom. | 差異* |
|---|---|---|---|
| 45° | 52°39′40″ | 52°53′ | 13′ − |
| 90° | 100°29′12″ | 100°34′30″ | 5′ − |
| 135° | 142°10′47″ | 142°9′ | 2′ + |

*この結果は第43章の完全な円を立てる自然学とほぼ一致する。

まず初めに離心値の小ささが問題になる。10°29′12″の最大均差が生じるが、代用仮説ではこれは10°34′30″だからである。次いで、惑星が経過時間52°39′40″で長軸端から描いた行程は、代用仮説ではより長い52°53′の経過時間で描いた行程と同じことが見出される。離心値を訂正すれば、この平準アノマリアの値の全てが増加するだろう。したがって、惑星は下方でも、37°44′（これは離心値の増加によって訂正した142°16′の補角である）の経過時間で、代用仮説において142°9′の補角となる37°51′という、より長い経過時間で走破するのと全く同じ行程を走破することになる。すなわち、いずれの場合も135°の補角である45°の行程を描くだろう。

時には、この誤った仮説が真実の結果を示しそうになる。すなわち、いずれの場合も離心値訂正後の差異は8′ないし7′より大きくはならない。だから安易に結果を信じるべきでないことがわかる。そしてまた第47章の場合と同じく、真実はこの2つの方法（その中の後者は完全な円を、前者は第45章の見解に従えば卵形軌道を描く）の結果の中間にあることに気づかれよう。そこから、第47章と同様に、おそらく今や第45章の説から出てくる幅の半分だけの三日月形を完全な円から切り離すべきだという結論が下せる。

### 第3と第4の方法

第2の方法も計算と合わないうえに、第1の方法で、角CBDの整数角度つまり離心円の等しい弧CDに対応する距離を求めるべきことを学んでいたので、その距離のほうにも迫ってみた。

　（1°ごとに行って180回で完了する演算だけを読者のために数えあげると）5番目に、比例〔による補間法〕を用いて、先に端数のある平均アノマ

リアつまり不等なCBDから見出した距離を、等しい平均アノマリアつまり整数角度の平均アノマリアに還元した。だが、もはや第1の方法のように、角CBDは平均アノマリアのままに止まらず、第2の方法のように、こうして距離を直したことによって離心アノマリアになった。

6番目に、先のようにその同じ距離によって、その項となる線分と距離の比が距離と半径の値100000の比に等しくなるような比例項を求めた。しかしその必要はなかった。けれども私はどんなことが起こってもそれに精通していたかったのである。

7番目と8番目には、再び、距離AD、ACとその比例項となる線分AG、AFとをひとつひとつ加算した。すると距離の和36075562が出てきた。この値が36000000より大きくなる理由は第40章にある。一方、比例項の線分の和は36384621になった。

今はともかく論証的に進んでいくことにして、先に掲げた図で、平準アノマリアCADによって離心アノマリアCBDを、またこの離心アノマリアCBDによって弧CDに見出される距離の和を導き出し、さらにこの距離の和によって弧CDでの所要時間つまり平均アノマリアを突き止めよう。あるいは便宜上手順を逆にして、(45°のような)整数角度の角CBDから角CABを求め、45の適切な長さの距離を取り出せば、これは確かに私の言う論証的な進め方になる。だがまたしても第2の方法と同様に、こうするとCADが真の平準アノマリアとなり、したがってCAが元の位置に止まって、軌道DCが完全な円になるだろう。これは第44章で示したように誤りなので、必然的に、平均的な長さを取る位置ではこの場合には距離として長すぎるものを用いるようになって、それ故に所要時間が長くかかりすぎ、長軸端では短すぎることになる。

全体として比例項となる線分を介したこの方法は先の方法とほぼ等しくなる。すなわち、先の方法では距離と同数の比例項の線分が距離そのものより長かったが、今度はほぼそれに見合う分だけ先の場合より多くの距離を合算したのである。だが、確実を期するため

\*端数のあるアノマリアとは、整数となる角度で表せるアノマリアではなくて分単位の数値ももつアノマリアの意である。

\*第3の試みでは、またしても第2の試みのように、CADが第3のアノマリア、CBDつまり弧CDが第2のアノマリア、より密集した線分AD、ACあるいはそれらの線分の和を測り取る面つまり平面CADが、慣習的に平均アノマリアと言われる第1のアノマリアである。

第4部——物理的原因と独自の見解による第1の不整の真の尺度の探求

にこの計算の結果も参照されたい。

| 単純なAnom. | 出てくる平準Anom. | 代用仮説の平準Anom. | 差異[*] |
|---|---|---|---|
| 48°38′31″ | 41°31′ 0″ | 41°17′ 6″ | 14′ + |
| 95°13′58″ | 84°45′50″ | 84°37′45″ | 8′ + |
| 138°45′41″ | 131° 1′52″ | 131° 7′13″ | 5′ − |

[*]差異は先の数値とほぼ一致する。

またしても離心値の小さすぎることが問題になる。その他の点については誤差はつい先ほどの場合と同じである。実際、プラスとマイナスの符号が入れ替わっているのは、差異がここでは平準アノマリアの誤差を、先には平均アノマリアの誤差を示すからである。以上が第3の方法である。

第4は、距離AD、ACの代わりに比例項の線分AG、AFを取る方法で、均差の2つの部分を3つにすることになる。すなわち、CADの面積が距離CA、DAの和を測り取る。したがって、これは線分FA、GAの和よりずっと小さい。しかも第1の方法で適用したのと似たような矯正を加えても、誤差を倍にすることになる[*]。平均的な長さを取る位置での距離が長すぎるために距離自体を許容できないなら、比例項の線分は当然ながらもっと長い以上、ますます許容しがたくなるからである。それを計算結果によって検証したければ、平均アノマリア53°23′56″に対応する平準アノマリアが46°0′となるのに対して、代用仮説ではそれが約45°27′にすぎず、差異が33′で、明らかに不条理なことを見出すだろう。

[*]第4の試みでは、それに矯正を加えると奇異なことになるだろう。CBDが第3のアノマリア、平面CADが第2のアノマリアで、より密集した線分FA、GAの和が第1のアノマリアになるのである。

### 第5と第6の方法

以上4つの方法では何の成果もなかったので、(5番目の演算で) 平均アノマリアとそれに割り当てた距離を携えて第16章の代用仮説と真の平準アノマリアの表に移ってみた。第46章の2番目の図を再び取りあげよう。そうすると、整数角度の平均アノマリアJBFないしJDHに適合する距離AFは、度と端数の分が付く角度の平準アノマ

リアJAHにも適合しており、この平準アノマリアは上述の表では平均アノマリアJDHそのものにも対応していた。そこで、

9番目に、これらの距離を、第16章の代用仮説の端数のある平準アノマリアつまり不等な角HAJから完全に1°ずつになる、つまり等しい平準アノマリアHAJに還元してみた。

10番目に、こうして出てきた距離を用いて、2番目と6番目の演算と同じように、その比例項となる線分を求めた。

11番目と12番目に、それぞれの部類の線分の数値をひとつひとつ加えたところ、距離の総和は35770014、比例項の線分の総和は35692048だった。すなわち、今度は短い距離の数のほうが長い距離より多い（この距離の移し替えにより長い距離を全て上方に引き寄せてその数を減らし、上の遠日点の所で卵形軌道の弧JGを大きくして、第1の方法のようにアノマリアFABではなくてHABつまり真の平準アノマリア1°ごとにひとつの距離の線分を割り当てたが、その度数が下の半円よりも上の半円で多くなるわけではないからである）。そのために、360の距離の総和が360の半径の和よりも小さくなるだけでなく、比例項の線分の総和も距離そのものの総和より小さくなるようなことが起こる。

そこで5番目の方法と距離そのものの総和についていうと、またしてもこの方法に依拠した均差の扱い方に対しては計算法からの異議が生じる。ここで本章に固有の図をもう一度挙げて、第1の方法について述べたことを思い起こされたい。すなわちその図では、距離用平準アノマリアCADの角度を等分した。その結果、CDが大きくて不等な部分に分割され、そこにある距離の線分の数が少なくなった。ここからある種の偶然による誤差の矯正が行われて、弧CDにある距離の和から結論されたのは、それらの距離に適合するのはもっと短い弧EDのほうで、そのためにACがAEに移されてEDが等分され、EDの1°ごとにひとつの距離を当てたようにできた、ということだった。だ

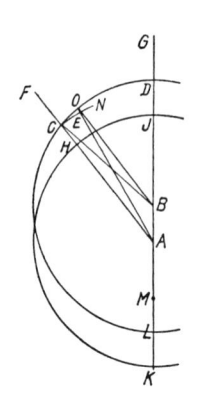

がここでは、弧CDに見出した距離の和よりも、むしろ代用仮説と第46章で立てた距離に関する仮説との混合から、ACをAEに移動して仕上げたのであり、（弧CDにおける距離CAないしはEAを見出すために数値で示した）平均アノマリア*に当てられたのは弧EDである。けれどもこうしたために、BEとACが今度は第1の方法のように正確に平行ではなくなる。すでに両方の仮説の混合によってこうなったと言ったので、第1の方法のように、演算によって再び確かめる必要はない。ただし、この第5の方法で集めてひとつの和にした少数の距離AC、AEが、物理的に、2つの仮説の混合によって作為的に出したのと同一の均差をもたらすかどうか、ということだけは問題になる。

　その場合、この最後の方法で調整した距離がどうなるか、考量されたい。すなわち、その一端EがACの距離の分だけ太陽から離れている角EADは、最後の方法ではその角度が等分されて1°ごとにひとつの距離が当てられた。そうすると今度はその角EADの上に立つ卵形軌道の弧EDが不等な部分に分かれ、それによって得られる距離の数があまりにも少なくなる。したがって、EAD内にくる距離の和からは代用仮説によって予定された平均アノマリアが得られない。

　第1の方法では、弧CDで得られる距離の数が少なすぎたので、CADの角度を等分したときにCDの代わりにその距離の数に相応しい弧EDを取った。それと同様に、この第5の方法でも、弧EDで得られる距離の数が少なすぎるので、再び作為をこらさずに矯正したければ、EADの角度を等分したとき、EDの代わりにその距離の数に適合するような弧NDを取ることになる。今、距離CAを求めるために、平均アノマリアCBDを48°44′とする。角Bと辺CB、BAが与えられると、CAとして105784、角CABとして45°が得られる。代用仮説に従えばこのACがAEに移される。そこで、代用仮説によると41°22′になる弧EDの角度を等分して、その角度によって41の距離と42番目の距離の一部だけを合算してみた。だが、それらの距

*この場合にどういう点においてアノマリアが平均とされているか、注意されたい。上記の欄外の注釈を参照。

第50章　離心円の均差を立てるために試みた他の6つの方法

離を足した和が作る平均アノマリアは、最初に採用した弧DCと全然等しくならず、それとは別の、ANに移されるべき距離AOを示す弧DOになる。「壺(アンフォラ)を作りはじめたのに、どうして轆轤(ろくろ)が回るうちに水差しができあがるのか」。問題は、弧EDを等分した角度にある全ての距離を足した和が平均アノマリアDCを示すかどうかだった。ところが、演算によって出てきた答えは弧NDとアノマリアDOに関するものだった。[★020]

最後に、第6の方法[*]と、第32章の論証に合う比例項の線分に目を向けよう。実際には、太陽の中心から等しく見える弧の軌道上での真の大きさは、〔太陽から弧までの〕距離に比例する。だから、AEが長ければその分だけ弧EDも大きい。

ところが、軌道上の真に等しい弧での所要時間は、やはり同じく距離に比例する。すなわち、弧EDがAから遠く離れているとその分だけ惑星が弧EDの公転に要する時間も長い。

したがって、太陽の中心から等しく見える弧に惑星が留まる所要時間は、距離の自乗に比例する。[★021]

だが同様にして、AF対半径AHの比も、距離ACつまりAE対平均距離AHの比の自乗である。そこで、惑星が角EADの等しい角度に留まる時間の尺度は、同じ真の平準アノマリアEADの整数角度つまり等しい部分に適合する比例項の線分AG、AFである。

故に、平準アノマリアの等しい角度に対する距離の比例項は、本章の先の個所で他の距離も検討したような仕方で検討すべきである。例えば、太陽を中心とする中心角の全体を360に等分したとき、その全ての角度に対する360全ての距離の総和35692048が、所要時間360°に相当するから、平準アノマリアの任意の角度に対する訂正された適切な距離の和はどういう値になるのか。

こうして以下の結果が見出される。

---

[*]この第5の方法では、第3のアノマリアはEADで、順序で最初にくるその平均アノマリアは弧CDつまり角CBDである。さらにこれはまた距離CAつまりEAの距離用アノマリアでもある。しかし平面EADは、この平準アノマリアEADとは関連のない、距離EA、DAの和を測り取る。すなわち、この和は経過時間の尺度として弧DNと平準アノマリアDANに適合する。それ故に、またしても奇異なことになる。

[**]この第6の方法は、第45章の見解でもまだ誤っている事柄にちょっとした修正を加えれば、非常に正しい物理学的仮説にも適用できるし、簡潔で明白である。

| 平準Anom. | 平均Anom. | 代用仮説による平均Anom. | 差異* | |
|---|---|---|---|---|
| 41° | 48°24′ 3″ | 48°19′ 2″ | 5′ | ＋ |
| 81° | 91°30′39″ | 91°34′ 8″ | 3′30″ | － |
| 91° | 101°28′10″ | 101°34′ 7″ | 6′ | － |
| 131° | 138°28′ 5″ | 138°39′28″ | 11′ | － |

*差異は第49章のものと一致する。

再び、離心値が小さすぎることが問題になる。それを修正すると、41°では差異が上方で約8′＋、下方で約7′30″－となる。そこで、この場合もまた惑星は長軸端で速さが十分ではなくなり、長軸端の周りでは距離の数が多くなりすぎ、したがって平均的な長さを取る所では少なすぎることになる。しかし、これはかなり真実に接近しており、明らかに第49章の方法とも符合する。よく考量してみれば、ここで行ったことは第49章と同じだからである。すなわち、第49章では、均差の視覚的部分と物理的部分とを同じようにそれぞれ別々に算出したが、ここでは両者をいっしょにして算出している。第49章では、架空の力の作用線を導入して、周転円にこの架空の線から抜け出すはたらきも帰することができるようにした（第39章で述べたように、実際には、惑星の周転円の中心が進んで行くときのようなゆっくりした速さで回転運動する線は何もないからである）。けれども結果に関していえば、惑星を回転運動させる物理的な力は全て太陽に残したから、周転円はたんに距離を調整するにすぎない。ここでは、同じ太陽の力を惑星の物理的な移動のために用いたが、距離のほうは同じように周転円から算出し、第45章の見解が要求するように、周転円の等しい部分を等しい経過時間つまり平均アノマリアの等しい角度に当ててみた。結局、平準アノマリアの角度と同じ数の距離を経過時間の任意の部分に取ったけれども、それらの距離は平均アノマリアの距離から出てきたもので、長さは両方とも同じである。*そしてここでは、惑星の周転円運動に関する一方の思い込みを捨て、周転円運動には直径上の秤動のみを残すことで、さらにいちだんと物理的原因の真実に近づくことができるので、この形はかなり満足

*この第6の方法では、第3のアノマリアが角EAD、第2のアノマリアが弧EDだが、第1のアノマリアは線分AG、AFの和であり、この場合はAFないしACがAEに移されたと解すべきである。けれども、この距離AEつまりACを計算するときは、AFがそこから出てくる弧DCないし角DBCがやはり第1のアノマリアである。こうして、ここでは2通りの表し方がある。経過時間と距離の2つを求めるからである。

第50章　離心円の均差を立てるために試みた他の6つの方法

できるものである。ただし、例えば算出したこの均差から明らかになったように、この形にはなお欠陥がある。すなわち、少し前に第2の方法の個所で注意したように、周転円運動についてのこの先入観があまりにも強すぎて、平均的な長さを取る位置での距離を短くしすぎた。その結果、惑星はその位置では適度な速さを越え、長軸端では適度な速さに及ばなくなる。しかし、計算によって第45章の説を表せれば、われわれには十分である。そこで第32章により、離心円の長軸端に近接する部分は〔その接線が〕太陽と直角に向かい合うが、中間にくる部分は斜めに傾くので、直角に向かい合う場合とは違った大きさに見えるから、この日運動どうしの比は一定とはなりえない、と異議を唱える人がいるかもしれない。だが、そういう異議を唱える人がいたら、私は第49章と同様のことを答えよう。すなわち、中間にくる部分の傾斜は、惑星が自ら固有の動きに加え入れ、太陽の方に下降することによってそれを具現する、したがって、下降を太陽に由来する運動原因に帰すべきではなく、また下降によってこの原因に混乱を生じることもない。

　こうして、熱心な読者よ、これほど多くの章と方法の中で、第45章の説に一致する均差算出法は2つしかない。ひとつは、経度を変えて動くように置かれた周転円を交えた物理学的〔むしろ自然学的〕仮説による方法で、これは第49章のものである。もうひとつは、本章の第6の方法で、より純粋な物理学的仮説に対応するものである。この場合、周転円を黄道面と直角に、黄緯を変えて動くように置きたいというのでないかぎり、周転円は太陽方向への下降を行うだけのものである。これらの方法はいずれも道を異にしながら一致してひとつの結果に至る。第45章の説を検証すれば、それらの方法はいっそう信頼できるだろう。

　これまでは、火星に対する再度の勝利は、正しい物理的原因を見出したという空しい自信によるものだったとしてよい。今や私は正体不明の心のざわめきによって動揺しはじめ、新たな労苦へと駆り立てられる。

# 第51章

## 各半円上で遠日点からの離隔が等しいときの
## 火星と太陽の距離を調べて対比する
## 同時に代用仮説の信頼性も調べる

こうして火星に対する勝利を完全なものにしたかのごとく、火星を一覧表の檻に入れ離心円の均差の枷をつけようとする間に、さまざまな所から、勝利ははかないもので全軍を動員しての戦闘が再発するとの報告がもたらされた。実際、捕虜の辱めを受けた敵は、均差のあらゆる絆を断ち切り一覧表の檻を壊した。すなわち、第45章の所説の準則から幾何学的に導かれた方法には、数値の精度の点で(誤った原因から出てくるのに真の均差をもつ)第16章の代用仮説に匹敵しうるものが何もなかった。その一方で外では、離心円の円周全体にわたって配置された偵察隊つまり真の距離が、第45章から召集したわが物理的原因の軍勢を打ち破り、その軛を払い落として自由を取り戻した。四散してさまよっている古参兵の下に物理学的論拠の新たな援軍を直ちに派遣して、あらゆる注意を払いながら捕虜が逃げ込んだ先を調べ、猶予をおかずに跡を追わなかったら、危うく逃亡した敵が反乱軍と合流して私を絶望に陥れるところだった。その各々の行動がどのようにしてなされたかを、以下の数章でこれから順を追って語ろう。

最初の出発点について言うと、あらかじめ議論の内容をもっと信頼できるものにするために、さらに多くの離心位置〔獣帯上における惑星の日心位置〕の距離を求めよう。そこで、平均アノマリア90°と270°の近辺での距離を調べてみる。

*87°の平均アノマリアにおいて*

1589年5月6日〔午後〕11時20分に火星は天秤宮27°7′20″、北緯0°6′40″に観測された。その時点の太陽の真位置は金牛宮25°48′40″、太陽と地球の距離は101361になる。火星の平均黄経は7宮26°0′36″で、したがって離心位置は天蝎宮15°32′13″である。しかし第16章

の代用仮説では、初更の状態の火星の正しい位置つまり観測された位置を2′20″の誤差の範囲まではとらえられなかったので、この微妙な仕事では平準アノマリアの計算は信頼できないことになる。そこで、かなり自由な手法ではあるが、第27、28章ないし42章の方法に、もうひとつ別の観測結果を結びつける。ただし第12章でも示したように、この位置では火星を2回しか観測できなかった。だから2つの観測結果だけで満足しなければならない。すなわち、今挙げたこの観測結果にもうひとつ1594年12月28日のものを加える。この日の明け方7時15分に火星の平均黄経は先の場合よりほんの数分上回って、7宮26°13′39″になる。その時に火星は8°ないし9°の高度で、乙女座のスピカから50°34′離れているのが観測された。火星は黄道のすぐ近くにあったので、スピカとその黄道上の位置と火星の作る直角三角形において、底辺が50°34′、スピカとその黄道上の位置を結ぶ辺つまりスピカの黄緯が1°59′となる。故に残る一辺は50°32′18″である。そうすると、スピカは天秤宮18°11′にあったので、火星は人馬宮8°43′18″に来るだろう。その位置は赤道からの傾き〔つまり赤緯〕が21°50′20″である。

　ところが火星の赤緯は21°41′になることが見出された。したがって、火星はほんの小さな北緯9′20″を示した。翌年の1595年1月4日にも北緯はまだ3′だった。それによってわれわれの観測結果が裏づけられる。しかしこれを火星の適正な緯度と仮定しても、火星の黄道上の位置に目立つような変化は起こらないだろう。だから火星の位置は人馬宮8°43′だと言っても差し支えあるまい。そして火星は太陽の近くにあったので、地球からは非常に高い所に位置しており、太陽よりずっと小さな視差の内にあったから視差は無視してよい。だが、大気差までも同じように無視はできないから、大気差を取り除いてみよう。太陽の位置は磨羯宮16°47′10″、地球からの距離は98232、その赤経は288°12′だったから、出は赤道上の306°57′で、人馬宮29°だった。その位置での黄道と地平線の間の角度は26°で、余角は64°である。星の高度8°30′では、恒星大気差表による高度

既知の黄緯をもつ恒星から黄緯をもたない惑星までの離隔が与えられたときに惑星の黄経を見出す手近な方法

経度と緯度の大気差を分ける方法

の大気差が6′30″、太陽大気差表による値が11′だから、緯度の分は5′51″もしくは9′53″である。前者だと緯度は北緯3′29″、後者だと南緯0′33″となる。また経度の大気差は2′39″もしくは4′34″である。

この2つの大気差算出法のうち、私は緯度で裏づけられるもののほうに従い、以下のようにする。初めの観測結果では緯度を北緯6′40″とした。火星は地球に近く、太陽を頂点とする角度は10°17′、地球を頂点とする角度は28°41′だから、この緯度には2′30″の傾斜が必要になる。したがって2番目の観測結果でも傾斜は2′30″になるか、あるいは交点に8′近くなったのでもう少し小さいだろう。だが傾斜を2′30″と仮定すると、今度は太陽を頂点とする角度が61°、地球を頂点とする角度が38°だから、われわれの視差表を指針とすれば緯度は北緯約1′50″でなければならない。だが、恒星大気差表を用いると緯度は北緯3′29″になり、太陽大気差表を用いると南緯0′33″になった。したがって取りあげた大気差が、後者では大きすぎ前者では小さすぎた。そこで大気差を、中間の3′36″にすると適切だっただろう。つまり火星を人馬宮8°46′20″に置く。そこでOを太陽、B、Aは地球軌道上の点で、Aを初めの観測での地球の位置、Bを2番目の観測での地球の位置、Mを火星とする。各点を線で結ぶ。火星は正確に同じ位置に戻らないけれども、それぞれの観測時の状態で線分OMによって表されるとする。

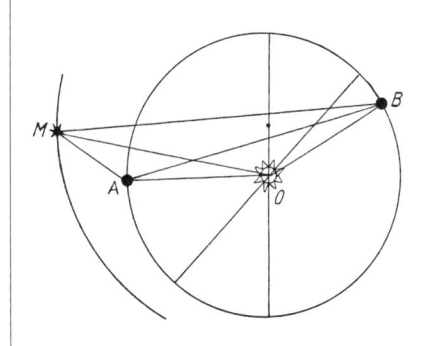

[★022]

> 緯度から大気差を調べる
>
> 緯度を計算するとき視差表を利用する

するとMAO〔の補角〕が28°41′14″でAOが101365である。(ここで求める) 太陽から火星までの距離MOを既知の値として仮定し、154200とする。するとOMは天蝎宮15°31′3″にくる。OMが初めの観測で154200と仮定すれば、2番目の観測ではそれより短いと想定

しなければならない。距離の算定にどのような形を用いようと、離心円上のこの位置での1°の変化は〔100000分の〕240の距離の変化に相当する。したがってこの場合、平均経度が13′異なるが歳差による分を引くと残りは8′だけだから、240の中でこれに比例する分は32である。そこで第2の観測のOMを154168と想定した。ところがOBMも38°0′40″ということがわかり、OBは98232だから、OMBとして23°6′11″が出てくる。そこで、2番目の観測ではOMが天蝎宮15°40′9″にきて、先の離心位置とは9′異なる。差異はもう少し大きくなければならなかった。すなわち、平均アノマリアは8′3″異なっていたが、離心円の平準アノマリアではこの位置でその差異に対応するのは7′49″である。この値にその間の分点歳差分の4′48″を加える。そうすると12′37″になる。したがってOMは天蝎宮15°43′40″にくるはずだった。そこで、距離OMの値として少し異なるものを採用すべきであり、OMで表した線分がさらに約2′40″相互に離れるようにその値を変えなければならない。すなわち、地球がAに来るときはOMを逆行方向に、Bに来るときは順行方向に動かさなければならない。OMを大きくするとそうなる。そこで最初の位置でOMを154400とすれば、2番目には154368となる。そうすると最初のOMは天蝎宮15°29′34″、2番目は天蝎宮15°42′18″にくる。

なお、最初の観測時での平均アノマリアは87°9′24″、2番目の観測時は87°16′30″である。これは初めの半円における平均経度の場合である。

もう一方の半円における平均経度としては1595年12月の観測結果が役立つだろう。これは連続する数日間にわたる一致した結果によってよく補強されたもので、ここでは代用仮説もこの時点に先立つ10月の火星の初更の位置を完全に正確に表示した。さらにその一致を見るために1597年10月の観測結果も加える。その他の年には離心円上のこの位置では観測されなかった。さて、その離心位置は双子宮10°にくる。この位置に来るときに観測されたのは1580年11月が最後だった。1582年10月に火星がたまたまこの位置に来たが、

4直角から87°を引いた平均アノマリアにおいて

その時はまだ〔ティコには〕観測しようという強い熱意がなかった。1584年9月、1586年7月、1588年6月、1590年4月、1592年3月には、太陽に近くて、デンマークでは夜が短く白夜となるために無視された。好機があるたびに観測者たちが恒星や月や他の惑星に専念していたからである。1593年の末から1594年の初めには火星が太陽と4分の1対座になったので、観測はこの星相を越えてまでは続かなかった。天文学者たちは特にこの4分の1対座を看視する習慣があるからである。こうして火星は1595年12月17日夕方7時6分になって、金牛宮11°31′27″、北緯1°40′44″に観測された。太陽の位置は磨羯宮5°39′3″で、地球からの距離は98200だった。

なお、火星の平均経度は2宮2°4′22″になる。

遠日点は4宮28°58′10″だから、火星のこの位置の遠日点からの離隔は逆行方向に86°53′48″である。先の場合にも離隔はほぼ同じで、順行方向に87°9′24″だった。したがって、この2つの位置の遠日点からの隔たりはほぼ等しい。代用仮説によればこの単純なアノマリアに対応する平準アノマリアは76°25′48″である。遠日点の位置からこの値を引くと、火星の離心位置として双子宮12°32′22″が残る。Aを地球、Oを太陽、Mを火星とする。AOの値は98200である。またOMは双子宮12°32′22″、AMは金牛宮11°31′27″にあるから、AMOは31°0′55″である。そしてAOは磨羯宮5°39′3″、AMは金牛宮11°31′27″にあるから、OAMの補角は54°7′36″である。そこで、AMOの正弦対AOの比がOAMの正弦対OMの比に等しいから、OMは154432になる。この位置は1589年の位置よりも遠地点に15′近く、離心円のこの位置では1°が〔100000分の〕240になるから、15′に相当する60を引かなくてはならない。遠日点からより遠い位置では距離がそれだけ短くなるからである。こうしてOMは154372になる。一方、交点は金牛宮16°20′のあたりにあり、火星の離心位置は双子宮12°32′だから、交点からの離隔は26°12′である。また黄道面と軌道面の最大傾斜角は1°50′だから、この位置での傾斜角は48′32″である。この角度の正割は半径を〔100000分の〕10だけ上回る。

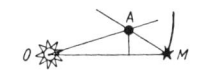

この値はわれわれの測り方では$15\frac{1}{2}$である。そこで火星軌道上にあるこの点の太陽からの距離は154387である。ところが、先には遠日点からちょうどこれだけの離隔を取る所では太陽からほぼ154400離れていることを見出した。だから、離心円上のこれらの点の太陽からの距離は完全に等しい。実際、後の場合に不足している13という値は大して問題にはならない。どこでも不確実さを〔100000分の〕100の範囲内に止めることができたら、私は大いに喜ぶだろう。

　非常に確実な先の結果そのものを裏づけるためではなく、むしろティコの観測結果を他の人たちのものと比較する機会を読者に提供し、それによって、かのティコがどれほど大きな恩恵をわれわれに与えてくれたか理解してもらうために、1597年の観測結果も加えよう。この大家の観測結果は1597年10月末日までのものが現存するが、それは旅先の異国の地でラディウスによって得たので、ティコ自身も計算の参考資料にはしなかった。『予備演習』で教示したように、彼は、ラディウスによって引き出した離隔がある種の視点〔地球上の観測地点のこと〕の視差表の適用によって修正されるのをすでに知っていたからである。そこで、同じ時点に相違の甚だしい離隔が記入されているので（おそらく修正した離隔を観測したものと併置したからである）、それは放棄すべきである。だが同じ時期に、遠く離れたシュタイアマルクにいた私が、語るのも不思議なことだが、バルト海沿岸地方にいるティコ・ブラーエの視点で観測を行った。以下がその一連の観測である。読者は友人として笑いをこらえていただきたい。

　1597年〔グレゴリオ暦〕11月8日土曜日あるいは〔ユリウス暦〕10月29日明け方、火星はまだ双子座12番から4番に至る線上にはなかった。翌日はすでにその線を越え出てしまっており、12番より9番のほうに近く、正確には11番から9番、同様に1番から5番に至る線にあるか、ほんの少しだけ東の方に寄っていた。しかも1番と火星の中間が5番だった。

　先ほど私の眼と明言していたティコ・ブラーエの恒星目録の非常に確実な恒星の位置を採用すれば、以上の結果から火星の位置を引

き出せる。しかしブラーエの恒星目録では9番を挙げていないので(その代わりに9番の位置には別の星があって、プトレマイオスのものから3°以上離れており、他の星よりも小さい)、火星の緯度を参考しよう。そこそこにこれを知れば十分だからである。さて、10月29日明け方5時(私は時刻を書き添えておかなかったが多分その時刻だろう)における火星の平均経度として見出されるのは1宮29°10′43″である。だから離心位置は双子宮9°43′にあって、交点からの離隔は23°20′である。したがって傾斜角は43′52″である。太陽は天蠍宮15°40′、火星の視位置はあらかじめほぼ巨蟹宮12°30′とした。そこで緯度は1°36′24″だった。今12番から4番に至る線上にあって北緯1°30′20″を取る点の経度が何度か、計算しよう。そうすると、4番は巨蟹宮9°54′、北緯7°43′にあり、12番は巨蟹宮12°56′、南緯0°13′30″にあるから、われわれの取った点の経度は比例算により巨蟹宮12°16′17″になるだろう。だが火星は10月29日にはまだここになかったし、30日にはすでにここを通過してしまっていた。火星の日運動は5′より大きくはなかった。その半分は2′30″なので、30日の明け方には巨蟹宮12°18′30″にあったことになる。そして確かに1600年の終わりにはそこにあったが、1597年には巨蟹宮12°16′にあった。緯度における3′の誤差は経度ではかろうじて1′となるだけなので、その位置はかなり確実である。さらに1番と5番によって調べると、その線上で緯度が1°30′30″になる点は巨蟹宮12°9′にくる。そして火星はもっと東寄り、つまりさらに順行方向の、ほぼ12°16′か、その少し手前だが、やはり中間にあった。したがって、われわれの算出した緯度が立証される。その値もほぼ中間でなければならないし、また実際そうだからである。すなわち、火星の緯度1°30′30″と5番の5°42′30″の差異は4°12′、5番と1番の10°2′の差異は4°20′である。[★027]

そこで、火星が巨蟹宮12°16′にあるとする。1597年10月30日明け方5時の太陽の位置は天蠍宮16°38′8″に見出される。地球との距離は98820、火星の平均経度は1宮29°42′10″、遠日点は4宮28°57′10″、4直角に対する平均アノマリアの補足分は89°15′〔平均アノマリ

アが360°−89°15′〕、平準アノマリアのほうは78°43′23″、離心位置は双子宮10°13′47″である。ここから引き出せる火星と太陽の距離は153753になる。さらに遠日点からは先の場合よりも2°6′だけ遠く離れているから、1°に対して与えるべき部分の和〔100000分の〕240を2回加える。

|  |  |
|---|---|
|  | 240 |
|  | 240 |
| またその10分の1〔6′の分〕と | 24 |
| 同じく黄道面にある線の代わりに |  |
| 火星軌道の面に線を置くためにさらに15の部分も加える | 15 |
|  | 153753 |
| 出てくる値 | 154272 |
| 先の値 | 154400 |
| 差異 | 128 |

火星の位置から3′を引くと巨蟹宮12°13′となっただろう。これは、われわれの観測結果をそのまま立てても、そうなりうる値である。特に時刻も異なったら、これくらいの差異とはすぐに折り合いが付くだろう。

次に、同じことを遠日点にもっと近い個所で証明しよう。1589年4月5日〔午後〕11時33分に火星は天蝎宮7°31′10″、北緯1°28′13″に見えた。子午線に非常に近かったので地平偏差の範囲内にはなかった。平均経度は7宮9°46′8″になる。遠日点は4宮28°51′8″にある。したがって平均アノマリアは70°55′0″で、代用仮説によればこれに対応する平準アノマリアは61°17′35″である。そこで、離心位置は天蝎宮0°8′43″になる。太陽の位置は白羊宮25°52′43″、太陽と地球の距離は100560、地球を頂点とする角度は11°38′27″、火星を頂点とする角度は7°22′27″である。したがって火星と太陽の距離は158090になる。代用仮説が離心円上のこの位置で犯す約2′ないし3′の誤差があるから、またしても離心位置をそれほど当てにしな

71°の平均アノマリアにおいて

いようにするために、1591年2月19日の観測も援用しよう。その日の明け方5時半に、火星は天秤座の南の皿〔天秤座のアルファ〕（この星はその年には天蠍宮9°23′30″にあった）から離隔28°11′の所に、北緯0°26′で見えたので、火星はおおよそ人馬宮7°24′30″に来る。その離心位置は赤道から21°39′10″離れているので、火星の視赤緯は20°50′30″であり、したがって緯度は48′40″である。それによって経度は修正され、人馬宮7°34′20″になる。平均経度は7宮8°21′47″である。これに対応する平準アノマリアは59°57′38″で、離心位置は天秤宮28°51′だから、火星を頂点とする角度は38°43′20″である。太陽の位置は双魚宮10°14′25″だから、地球を頂点とする角度は87°20′0″で、太陽と地球の距離は99210である。そうすると、ここから火星と太陽の距離として158428が出てくる。これは先の場合よりも長い。ここはさらに1°26′30″遠日点に近いからである。なお距離については、離心円上のこの位置だと1°が約220相当になるから、1°26′30″の差全体では317になる。そこで上の場合と同じアノマリアに還元すると、この位置での距離が正確には158111になる。そこからこの2組の観測結果を合わせて先の場合に述べた方法で処理すると、代用仮説と全く同じ離心位置を示すことが証明される。ただし、天蠍宮17°に非常に近いために1′ないし2′の誤りを犯す恐れがある。付け加えると、この2つの観測結果の後者においては、鷲座からの離隔が54°12′になる。この値は観測から得た他の状況と12′の範囲内では合致しないから、この観測は全く確実というわけではない。また、緯度のためにさらにほんの少しの値を加算しなければならない。

*4直角から71°を引いた平均アノマリアにおいて*

　もう一方の半円の類似した長さの所では、適切な観測結果は1582年11月12日明け方6時45分に現れた。この時の太陽の位置は天蠍宮29°35′17″、地球との距離は98503、火星の平均経度は2宮15°10′20″、遠日点は4宮28°44′20″だった。そこで4直角に対する平均アノマリアの補足分は73°34′、平準アノマリアのは63°45′18″である。したがって火星の離心位置は双子宮24°59′2″である。その時に火

星は巨蟹宮26°35′30″に観測されたので、視角つまり地球を頂点とする角度は57°0′13″、火星を頂点とする角度は31°36′28″になる。以上の要素から、火星と太陽の距離は157631だったことになる。また先には平均アノマリアが70°55′、今は〔遠日点から逆向きに〕73°34′だから、位置が2°39′低くなっている。先に示した比例算だとこの差に相当するのは586である。そこで、この観測結果の類比により、上の観測と同じアノマリアに対応する距離は158217である。この場合もまた緯度のために先の場合と全く同じ値ないしはそれよりも少し多い値を加算しなければならない。差異は約127で、このくらいは先の観測の不確実性によって容赦される。実際、これはきわめて小さな値で、1800あるいは3600あるいはさらにそれより大きな値について論じているわれわれの課題では無視しうる。

遠日点の方にさらに上昇して、第6章の論証に従い、あらゆる位置の中で、太陽の平均運動を真の運動と置き換えることによって最も顕著な離心円のずれが起こる可能性のある位置、つまり太陽の遠地点と巨蟹宮における位置も調べてみよう。

1596年3月9日夕方7時40分、太陽の位置は双魚宮29°31′24″、地球との距離は99764、火星の平均経度は3宮15°35′0″、遠日点は4宮28°58′31″、4直角に対する平均アノマリアの補足分は43°23′31″、平準アノマリアのは36°40′2″、代用仮説による離心位置は巨蟹宮22°18′29″だった。火星は双子宮15°49′12″、北緯1°47′40″に見えた。したがって地球を頂点とする角度は76°17′48″、火星を頂点とする角度は36°29′17″だった。そこで火星と太陽の距離、より正しくは火星本体の垂直下にある黄道面上の点と太陽の距離は162994である。

念のためにこれにも別の観測結果を付け加えておこう。火星は1584年11月25日〔午後〕10時20分に恒星下で正確に同じ位置にあった。この時に太陽は人馬宮14°0′3″にあって、地球との距離は98318だった。平均アノマリアは先の値と比べて目立った相違が全くなかった。遠日点の動きは恒星の動きよりほんの少し速いだけだ

> 4直角から43°を引いた平均アノマリアにおいて

からである。したがって離心位置は同じだが、歳差分の9′45″を引くと巨蟹宮22°8′44″である。火星は11月12日13時26分〔つまり13日午前1時26分〕に獅子宮23°14′5″、北緯2°12′24″に見えた。続いて11月20日18時30分〔21日午前6時30分〕に獅子宮26°0′30″に現れた。したがって、8日と5時間で2°46′25″進んだ。マジーニの場合はこの値が2°48′である。そこで、上掲のわれわれの観測時刻はそれよりさらに4日と15時間49分後になるが、マジーニによるとそれに対応する動きは1°28′だから、先の方法からの類比により1°27′を加える。そうすると火星をほぼ獅子宮27°27′30″に見ることができた。したがって、地球を頂点とする角度は73°27′27″、火星を頂点とする角度は35°18′46″である。そこでここでは火星と太陽の距離が163051で、先の値より57だけ超過するが、これは離心位置の非常に軽度な変化によって吸収される。代用仮説はこの場合わずか1′の範囲まで信頼できるわけではないからである。観測結果を利用するときでも非常に軽度な誤りをたやすく犯す可能性があった。

43°の平均アノマリアにおいて

　もう一方の半円にある似た〔弧の〕長さとして、第27章の観測結果を再び取りあげよう。そこでは観測結果の均差から163100より少し小さな距離を立てたが、純然たる観測結果からは黄道面で先の場合と同じような値の162818になる。その個所で挙げた時点のひとつ1589年2月11日明け方5時13分に、平均経度が6宮12°38′44″、遠日点の位置が4宮28°50′57″だから、平均アノマリアが43°47′48″で、先の値より24′だけ低くなっている〔つまり遠日点から離れている〕。離心円上のこの位置で24′に対応するのは約64である。そこで、アノマリア43°48′で163137より小さかった距離は、この類比に従ってアノマリア43°24′で再び増大して、こちらの半円ではほぼ163100となるが、先にはこれが163051ないしは162996だった。またしてもこれらの値は大して違わない。

　だが、ここに挙げる第27章では、観測の仕方のために、天秤宮5°30′で代用仮説に従って算出した離心位置から1′30″を引く必要があったことに留意しなければならない。それは1585年、1587年、

1589年、1590年の観測結果でもそうだった。第2に、第18章では同じことが天蠍宮5°での1589年の初更の観測によって立証されていた。すなわち、代用仮説の値から2′12″を引かなければならなかった。1591年の人馬宮26°でもやはり1′引かなければならなかった。第3に、この章では天蠍宮16°のあたりで、1589年と1594年の観測結果により、代用仮説に従って算出した離心位置から3′30″引く必要があった。この半円の平均的な長さを取るあたりではいつも同様である。

同じく遠日点の近辺についても、第28章の観測結果を再び取りあげよう。そこでは、平均アノマリア11°37′で(緯度による修正のない)距離として166180あるいは166208が見出された。これは下降する半円においてである。一方、上昇する半円の類似したアノマリアに火星が来たのは、以下の時点のころだった。

> 12°の平均アノマリアにおいて

1585年1月24日〔午後〕9時、太陽の位置は宝瓶宮15°9′5″、太陽と地球の距離は98590、火星の平均経度は4宮16°50′10″、遠日点の位置は4宮28°46′41″、平均アノマリアが4直角になるための角度は11°56′31″だから、代用仮説による離心位置は獅子宮18°49′0″だった。この時に火星は獅子宮24°9′30″、北緯4°31′0″に見えた。したがって地球を頂点とする角度は9°0′25″、火星を頂点とする角度は5°20′30″だった。すると火星と太陽の距離は165792である。しかし、第18章の初更の衝の計算でそうすべきことが明らかになったので、代用仮説の値からここで1′30″を引くと、火星を頂点とする角度は5°19′、火星と太陽の距離は166580になるだろう。火星と地球が接近しているために、ここでは距離がこの程度まではたやすく変化する。そこで念のため他の位置を取ってみよう。

> 4直角から12°を引いた平均アノマリアにおいて

1586年12月16日明け方6時半、太陽は磨羯宮4°16′51″にあった。地球との距離は98200、火星の平均経度は4宮18°39′9″、平均アノマリアが4直角になるための補足分は10°9′41″、代用仮説による離心位置は獅子宮20°20′30″だった。この時に火星の赤緯は3°54′、赤経はアルクトゥルスとスピカから177°27′と認められた。したがって火星の経度は処女宮26°6′24″、緯度は2°35′である。そこで地球

を頂点とする角度は81°49′33″、火星を頂点とする角度は35°45′54″で、距離は166311になるが、離心位置から1′30″引くと166208になる。そして先の遠日点から11°37′の離隔だと距離は約70小さくなるので、166241ないしは166138となる。

　1588年11月6日明け方6時50分、太陽の位置は天蠍宮24°3′43″、地球との距離は98630、火星の平均経度は4宮20°47′35″、アノマリアの4直角に対する補足分は8°2′51″、代用仮説による離心位置は獅子宮22°7′48″だった。この時に火星は処女宮23°16′、緯度1°37′に見えた。したがって地球を頂点とする角度は60°47′43″、火星を頂点とする角度は31°8′12″である。そこで火星と太陽の距離は166511だが、代用仮説の位置から1′30″引くと166396になる。そしてこの類比に従うと、11°37′という遠日点からもっと大きな離隔では、距離はさらに約110減少するので、166401ないしは166286になる。ここでは先の値と150の食い違いがある。1586年と1588年の各観測の反対側に、観測時のわずかな誤りがあることを主張するために、離心位置を修正して、これらの距離の中間値166230を採用したら、下降する半円の距離と少ししか違わないだろう。この食い違い自体もまた遠日点をいくらか引き戻すことによって消せるだろう。これについては後に述べる。そうすると遠日点の近くでも、感覚によって判断できるかぎりにおいては、両方の半円の遠日点に対して同一の角度を取る所では、太陽からの距離が同じことが見出せる。

　これら3つの観測は全て火星が東にあるときに行われたもので、火星が西にあるときに行われたものはひとつもない。他の観測結果がないので、われわれはおそらく下降する半円の距離の値に準拠するほうが安全だろう。

　3番目に、上と同じことを、平均的な長さより下の近日点に向かう個所で調べてみる必要がある。

113°の平均アノマリアにおいて

　1591年5月13日の夜に入り真夜中をすぎた1時40分に、太陽は双子宮2°8′43″にあった。地球との距離は101487、火星の平均経度は8宮22°18′4″、平均アノマリアは113°24′4″、平準アノマリアは

103°15′48″なので、代用仮説による離心位置は人馬宮12°9′48″（あるいはつい先ほど言及した、近くの位置の人馬宮26°から類推すると、人馬宮12°8′45″）である。この時に火星は磨羯宮2°24′30″、南緯2°15′に見えた。したがって地球を頂点とする角度は30°15′44″、火星を頂点とする角度は20°14′39″あるいは20°15′42″である。そこで火星（あるいはその黄道上の点）と太陽との距離は147802、あるいは火星と地球がこれほど接近していて太陽との衝の位置に近接している場合、離心位置での1′の誤差でわれわれの単位の取り方にして120を失うのを見ると、より正しくは147683である。ここではそれほど些細な値にまで拘泥すべきではない。さらにこの観測結果は、これを取り巻く、太陽と衝になる日までのかなり多くの日数にわたる他の観測結果によって、十分に補強されている。人馬宮12°10′は交点からの離隔が約26°30′だから、この位置での傾斜角の正割は半径〔100000〕を約11上回るが、この値はわれわれの基準の取り方では15ないしは16になるので、ここでは火星と太陽との距離がほぼ147820もしくは147700になる。

　もう一方の半円で遠日点から同じ離隔を取る場合として、第26章の観測結果を再び取りあげよう。そこでは火星と太陽の距離を約147443あるいは147700あるいは147750とした。そこに挙げた時点のひとつ1590年3月4日〔午後〕7時12分の火星の経度は1宮4°11′20″で、平均アノマリアの4直角に対する補足分は114°41′になる。したがって、この位置は先の場合より遠日点から1°17′低い。離心円のこの位置で1°に対応するのは230である。したがって、上昇する半円での〔つまり遠日点まで〕113°24′における距離は（第26章の観測結果からの類比によれば）147743あるいは148000あるいは148050だっただろう。ところが下降する半円でのこの位置の距離として147820もしくは147700が見出された。差異は少し不確実になるが約350もしくは180もしくは0である。火星が近地点に来ると、獣帯の低さや他の多くの事情のために、観測がそれほどうまく行かないからである。第26章でも、その場合はっきり決めかねて真の距離が147443

4直角から113°を引いた平均アノマリアにおいて

第4部——物理的原因と独自の見解による第1の不整の真の尺度の探求　　488

と147750の間で揺れ動くのを参照。その差異は300だが、火星がこれほど低い所にあって太陽もしくは宇宙の中心に近接している以上、現在の課題ではこの差異は大して重要ではない。

だが、ここでももっと近日点に向かって下降していき、近日点の前後約22°の所で同じことを調べてみよう。

1589年12月3日〔午後〕5時39分、太陽の位置は人馬宮21°44′56″、地球との距離は98248、火星の平均経度は11宮16°27′53″、平均アノマリアの4直角に対する補足分は162°24′11″、平準離心位置は双魚宮20°4′32″だった。この時に火星は宝瓶宮15°25′33″、南緯1°11′47″に見えた。だが、第42章で近日点の周囲では代用仮説に若干の誤差が生じることを発見したので、得られるだけ多くの他の位置も取りあげ、第42章の方法を用いてそれらの位置から火星と太陽の距離と、また同時により正しい離心位置も求めよう。

| |
|---|
| 4直角から162°を引いた平均アノマリアにおいて |

1591年10月16日〔午後〕6時28分、太陽は天蝎宮2°39′15″にあった。地球との距離は99142、火星の平均経度は11宮13°53′57″、平均アノマリアの4直角に対する補足分は165°0′9″、代用仮説による離心位置は双魚宮16°59′14″だった。この時に火星は宝瓶宮1°27′18″、南緯2°10′52″に見えた。

また1593年9月8日〔午後〕10時38分、太陽は処女宮25°41′0″にあった。地球との距離は100266、火星の平均経度は11宮17°10′17″、平均アノマリアの4直角に対する補足分は161°45′28″、代用仮説による離心位置は双魚宮20°53′54″だった。この時に火星は双魚宮8°53′51″、南緯5°14′30″に見出された。

最後に1595年7月22日明け方2時40分、太陽は獅子宮7°59′52″にあった。地球との距離は101487、火星の平均経度は11宮14°9′5″、平均アノマリアは164°48′55″だから、われわれの代用仮説による離心位置は双魚宮17°16′36″だった。この時の火星の視位置は精選された観測結果によって金牛宮4°11′10″、南緯2°30′と認められた。したがって、われわれは最も好都合な位置つまり〔地球から見て〕太陽と4分の1対座になる位置で火星を2回にわたり捉えている。しか

489　　第51章　各半円上で遠日点からの離隔が等しいときの火星と太陽の距離を……

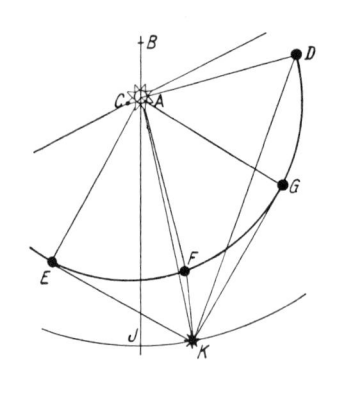

もその時は火星の位置から見て地球の2つの位置が90°離れている。

そこで第42章の方法に従って、離心円上の星の位置を取りあげて調べてみよう。初めに、火星の距離を最初の時点で139212と想定してみる。するとその後の距離は139033、139258、139045になる。

実際これまでのように、アノマリアがこれほど接近する場合はその距離の関連が容易に知られる。Aを太陽、D、G、F、Eを、1589年、1591年、1593年、1595年の地球の位置、火星の位置を(観測結果では全く同一ではないとしても)4回とも同じくKとし、各点を結ぶ。AD、AG、AF、AEは位置と長さまで与えられている。4回のAKの長さも取り出してある。DK、GK、FK、EKはその位置で認められた視線である。そこで角ADK、AGK、AFK、AEKが与えられる。そうすると、辺とそれに対する角によって角DKA、GKA、FKA、EKAと、したがって4回のKAの位置も出てくる。

|    |            |      |        |    |           |      | アノマリア      | AK     |
|----|------------|------|--------|----|-----------|------|-------------|--------|
| DA | 21°44′56″  | 人馬宮 | 98248  | DK | 15°25′33″ | 宝瓶宮 | 162°24′11″  | 139212 |
| GA | 2°39′15″   | 天蝎宮 | 99142  | GK | 1°27′18″  | 宝瓶宮 | 165°0′9″    | 139033 |
| FA | 25°41′0″   | 処女宮 | 100266 | FK | 8°53′51″  | 双魚宮 | 161°45′28″  | 139258 |
| EA | 7°59′52″   | 獅子宮 | 101487 | EK | 4°11′10″  | 金牛宮 | 164°48′55″  | 139045 |

| 角と補角 |          | 出てくる値 |          | 得られるAKの位置 |       | 代用仮説のもの |       |
|--------|----------|----------|----------|---------------|-------|-------------|-------|
| ADK    | 53°40′37″ | DKA     | 34°39′23″ | 20°5′16″     | 双魚宮 | 20°4′32″   | 双魚宮 |
| AGK    | 88°48′3″  | GKA     | 45°28′27″ | 16°55′45″    | 双魚宮 | 16°59′14″  | 双魚宮 |
| AFK    | 16°47′9″  | FKA     | 12°0′4″   | 20°53′55″    | 双魚宮 | 20°53′54″  | 双魚宮 |
| AEK    | 86°11′18″ | EKA     | 46°44′30″ | 17°26′40″    | 双魚宮 | 17°16′36″  | 双魚宮 |

ここでは最初と3番目の位置がほぼ完全に一致するので、考えの浅い人だと、その位置に準拠すべきで、他の位置はともかくそれに合わせるべきだと考えるだろう。私自身も非常に長い間にわたってそうしようとした。しかし、2番目と4番目の位置を合わせることはできなかった。それでもこの2回の観測の各々で火星が太陽と4分の1対座に見えたし、また四辺形AEKGにおいてほぼ全ての辺と角が等しいから、この観測結果の力は大きかった。そこで以下のようにして調停してみた。代用仮説によると2番目の観測結果のAKは4番目のAKから17′22″隔たっていなければならないことがわかる。ところが、AKの長さを上に挙げたように想定すると30′55″隔たっているから、13′33″多すぎる。四辺形の全ての角がほぼ等しいので、この超過分を2等分して6′46″を角EKAとGKAに加えた。線分AKは観測点Eでは先に進みすぎてしまっていたし、Gでは十分には進んでいなかったからである。そこでそれぞれのAKをEとGの方に引き寄せて、EK、GKは固定したままにすると（観測結果はきわめて確実と想定しているからである）、全体にKを頂点とする角がより大きくなるだろう。そこで角GKAを45°35′13″、EKAを46°51′16″としたうえで、角GとEおよび線分GA、EAの値はそのままにしておくと、AKとして138765、138787が出てくる。これとわれわれの想定値との差は258である。そこで同じ258を残る2つのAKからも引いて138954、139000にすると、角DKAとして34°43′47″、AK20°9′40″〔双魚宮〕、角FKAとして12°1′24″、AK20°55′15″〔双魚宮〕が出てくる。だが先にはGで6′46″を加え、Eで同じ値を引いたので、離心位置をGで双魚宮17°2′31″、Eで双魚宮17°19′54″に置き直した。これは代用仮説の位置より3′17″大きくなる。したがって、それに相等する値がDとFでも出てくるはずだった。

|  | D 20°7′49″双魚宮 | F 20°57′11″双魚宮 |
|---|---|---|
| 一方、ここで見出したのは | 20°9′40″ | 20°55′15″ |
| 差異 | 1′51″ + | 1′56″ − |

こうして残る2つの位置も十分に適正な所に近づいた。正しい位置を越えたりそこに達しなかったりする誤差は、確実性を得るのに有効なのである。そして獣帯の低さと観測時の地平偏差のために2′の誤差をこれらの位置に割り当てるのは別に突飛なことではない。

　下降する半円の類似したアノマリアでは、使える観測結果がひとつしかないが、この観測結果は十分に確かなものとしてよい。1593年6月29日から次の日にかけての真夜中を過ぎた1時30分、太陽は巨蟹宮17°25′42″にあった。地球との距離は101760、火星の経度は10宮10°1′29″、アノマリアは161°5′29″で、したがって火星の位置は宝瓶宮6°10′5″だった。この時に火星は双魚宮13°37′22″、南緯4°37′に見えた。ここでの地球を頂点とする角度の補角は56°11′46″、火星を頂点とする角度つまり年周軌道の視差は37°27′23″だった。そこから火星と太陽の距離139036が出てくる。火星が遠日点からこの場合よりも40′離れていた先のアノマリア161°45′28″では、見出して立てた距離は139000だった。離心円上のこの位置では、40′が距離の52になるから、ここでもわれわれのアノマリアからの類比によりアノマリア161°45′30″では距離が結局、138984となって、驚くほど合致はするが確かに疑わしい点もある。全ての数値がそれほど確実で精確なことはほとんどありえないからである。それに離心円上のこの位置では傾斜角が非常に大きくなるために、どちらの距離もいくらか増やさなければならない。

　こうして、離心円上の非常に多くの位置を用いたこのきわめて長大な帰納的推論から、火星の太陽からの距離は、第16章と42章で調べた遠日点から軌道上での離隔が等しくなる所に距離を測る点を取ると、相互に等しいことが明らかになる。これは、エウクレイデス第3巻7によって、その遠日点の取り方が適切であることの明白な論拠である。

　それとともに、第29章で立てて、ここでさまざまな用い方をして役立てている、地球の太陽からの距離も確認される。またそれらの距離の欠陥を示す証拠となりうるような大きな数値の食い違いも全

162°の平均アノマリアにおいて〔★030〕

★031

く出てこなかった。

　この章の観測結果と導き出した距離から惑星軌道の形状へと展開していく課題、つまりそういう観測結果をこの章にもち出した本来の課題の説明については、第55章にもち越そう。その前に次の第52章では以上の所説から論証すべき別の課題があるし、第53章ではさらに多くの観測結果を証拠固めのために援用しなければならないからである。

# 第52章

## 惑星の離心円は太陽の周転円の中心あるいは
## 太陽の平均位置の点ではなく
## 太陽本体そのものの周囲に配置される
## また長軸線は前者の点ではなく
## 太陽本体を通過することを、
## 第51章の観測結果によって証明する

　第51章で見出した距離が、第6、26、33章で説明を約束しながら故意にここまで延期してきた課題についても教示してくれるのは、好都合である。すなわち、私が火星の離心円を太陽の本体そのものの上に立てたことが適切であれば、必然的に、火星はやはり実際には獅子宮29°の周囲にある個所で太陽から最も遠く離れており、半円の両側において等間隔でこの獅子宮29°に続く個所では太陽から等しい距離だけ離れているが、太陽の代用となる点、ブラーエが太陽の周転円の中心とする点からの距離は不等で、下降する半円のほうにある個所では距離が小さくなる。これを押し広げると、さらに、太陽の本体から測っても、ブラーエにとって太陽の周転円の中心で惑星系の固定点でもある宇宙の中心、コペルニクス説の宇宙の中心から測っても、獅子宮24°のあたりの距離がいちばん長くなることはなく、また半円の両側において獅子宮24°から等しい弧の分だけ離れている個所の距離は、太陽から測っても太陽の代用となる点から測っても不等になるだろう。Aが太陽の中心、ACが火星軌道の長軸線、ACが離心値、EDがCを中心とする離心円を示すものとする。またAC上の点Fをエカントの点、Gを遠日点とし、角GFE、GFDは等しいとする。EとA、DとAを結ぶと、すでに証明したように、この2本の線分は等しくなる。一方、Aを通って直線ABを磨羯宮の方へ引く。第42章でACを14140、AE、ADを154400としたのと同じ基準で線分ABが1800の大きさになるようにAから

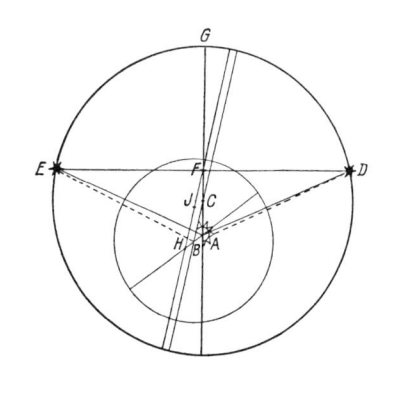

磨羯宮へABを延ばし、Bを地球軌道の中心とする。そうするとBAは巨蟹宮5°30′へ、AEは天蝎宮15°30′へと向かうので、角EABは約50°で鋭角であり、角EBAは鈍角である。故にEAはEBより長い。同様にしてBAは巨蟹宮5°30′へ向かうがADは双子宮12°30′へと向かうので、角BADは157°で角ABDは完全に鋭角である。故にADないしADと等しいAEはBDより短い。したがってBEはBDよりずっと短い。その違いは感覚的にも明らかである。実際、200の誤差のある観測結果すら許容できないのに、どうしてABの1800やそれより大きな値を無視できようか。したがって、離心円の相対する半円の個所でGからの離隔が等しい所つまりE、Dは、太陽本体を通過する直線CA上にある点を別にすれば、中心以外のどんな点からも等距離にならない。

しかし、人は次のように言うかもしれない。BとCを結んでその線を延長すると新たな長軸となり、その線は円と交わる。しかも点DはEよりその長軸に近い。したがって、BDのほうが長くてもおかしくないのではないか。私はそれに対して以下のように答える。どのような直線を引こうとAEとADの長さは常に同じままである。この2本の線分は3種の仮説の形において観測結果から論証されたもので、この論証に対しては異議を唱える余地は全くない。そこで、AEとADの長さをそのままにしておいて、私に対する反論のとおりBCを引いてみよう。けれども、そのBCからは、第6章で証明したように、初更の観測結果に適合する仮説は決して出てこない。むしろ初更の観測結果を救うためには、BCの代わりに、Fを通るCBに平行な線FHを、火星と太陽のエカントの点FとHとを通るように引かなければならない。ところがこうすると、離心円の中心がC

からJに移り、半円より大きなものがEの方に、小さなものがDの方にくる。またAEとADもそのままではなくなり、AEが長く、ADが短くなる。これらの線分の長さが変化すると、観測結果が線分AEとADの等しいことを立証している以上、初更の位置以外の観測結果は決して救えないだろう。わざわざ計算する必要はないと思う。けれども、こういう苦労を好んでしてみたい人（ただし、あらかじめ幾何学の中に基礎が認められなかった事柄を数値計算によって試してみるのは天文学者には似つかわしくないし、幾何学はすでにこの苦労の基礎を打ち壊している）に対しては、第24章に先例がある。そこでは、地球運動のエカントの点Hからの地球の距離と、同じ点Hからの火星の距離とを、一挙に同じ計算によって同じ観測結果を用いて算出し、それから第26章でその観測結果によって太陽の中心Aからの地球と火星の距離を算出した。

　私が用いた方法の特質は、地球の円軌道面上にどんな点を想定しようと、その点が黄経においても太陽からの隔たりにおいても、若干の観測結果によって描かれた、太陽本体に対する決まった位置をもっていれば、取りあげたその点から地球と火星までの距離がわかり、その点に適合した離心円の平準アノマリアを知らなくてもよい、ということを教えてくれるところにある。私はこの方法を第26章ではただ時間の節約のために用いただけだった。

　さらに別の方法によっても議論を進めることができる。第44章では、惑星軌道が円ではなくて、いわゆる長軸となる直径が最も長くなるような卵形であると論証した。さらに先ほどの第51章では、遠日点Gからの隔たりが等しい個所は〔円の〕両脇でやはり等しい分だけ内側に入り込むことを論証している。そこで、真正の卵形の立つ位置は直線ACを軸とする周囲であり、直線FHを軸とする周囲ではない。しかも今しがた推奨した方法で点Hからの火星のさまざまな距離を算出してみれば、それらの距離に大きな不規則性のあることがわかる。この不規則性は、どんな手法を取ろうと、円にも、FHを軸にその周囲に配置される可能性のありそうな他の図形にも、

取り込めないだろう。

　こうして再び私は、第6章やこの著作の至る所で請け合った約束を、論点先取の虚偽を犯すことなく果たした。そして火星の離心円は太陽自体に関連づけるよりほかないこと、また同時に、火星の観測結果を太陽の平均運動から切り離して太陽の視運動そのものに従って考量するかぎり、理論のみならず観測結果そのものも私の味方をすることを教示した。

# 第53章

## 初更の位置の前後の連続的な観測結果によって
## 火星と太陽の距離を調べる別の方法
## そのさい同時に離心位置も調べる

　ここでは離心円の均差の自然な原因を探求する新たな仮説を立てるので、土台を無視して崩れかかった建物の上に建て増しをしないように、あらゆる事柄をできるだけ徹底的に調べるのがよい。そこで、同じ課題つまり火星と太陽のいちばん正しい距離を、より多くの方法によって調べることが役立つ。αを太陽、βを火星と太陽が衝になる前の地球の位置、αβδを視角つまり太陽とδの離角とする。同様に、γを衝の後の地球の位置、αγδを視角とする。そうすると、最初の時点では火星は直線βδ上に、2番目の時点ではγδ上にあり、実際には通り道θηを描くことになる。そこで2つの観測の時点が与えられると、離心円上のどの位置であろうと代用仮説によって角θαηも十分精確に与えられるだろう。2つの時点が相互に遠く隔たっていない場合や火星が長軸端の周囲か平均的な長さを取る位置の周囲にあると、線分αθとαηの長さの相違もそこそこにしか知られないだろう。しかし実際にはすでに手元の材料の中には、これについてどんな困難も残らないほどのものがある。

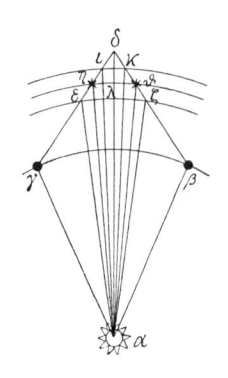

　そこで、観測結果から得られた角θβα、ηγαと第3部から知られたβα、γαに加えて、θαと、さらにηαの大きさも想定した場合、この想定がκα、ιαのように適切な値より長ければ角ιακが適切な値より小さくなり、逆にもしζα、εαのように適切な値より短ければ角εαζが適切な値より大きくなるのは明らかである。したがって離心円上の動きを示す適切な角の大きさを作るような距離を想定しなければならない。

第4部——物理的原因と独自の見解による第1の不整の真の尺度の探求

離心位置にもし何か誤りが残っていたら、それもやはり同じ方法で現れてくるだろう。θα、ηαが適切な位置を取るものとする。次いでθαを誤って角θαδだけ順行方向に移し、同様にしてηαをそれと等しい角ηαεだけ順行方向に移すものとする。そうするとαθに代わるαδは非常に長くなり、αηに代わって後にくるαεは非常に短くなるが、これは仮説から導かれる結果と相反することに気づかれる。なお、観測誤差がたとえ非常に小さくても、天の反対側にきたときに（これは起こりうる）重大な結果をもたらさないようにするために、角γαβがきわめて小さな値ではないようにしなければならない。この方法によって、火星が巨蟹宮にある1582年、獅子宮にある1585年、処女宮にある1587年、天蝎宮にある1589年、人馬宮にある1591年、双魚宮にある1593年、金牛宮にある1595年と進んでいくことにする。その至る所での十分な観測結果が手元にあるからである。

　太陽から火星までの距離に何らかの誤りがある場合、それが最もはっきり感知されるのは地球が太陽と火星を通る線からどういう離角にあるときか、論証によって調べたければ、第6章を参照するとよい。第6章によれば、太陽を頂点とする角を、その角度の正弦と半径〔$\sin \angle R$〕の比が、火星の太陽からの距離がその角度の余弦を超過する分とこの距離自体の比にほぼ等しくなるように、定めなければならない。αを太陽、θを火星、νξを地球軌道とする。θからθαに垂直な直線θμを引き、θμ上にいくつかの中心を取り、それを中心としてθを通る円を描き、その円のひとつがνで地球軌道と接するまで繰り返す。このνが、θの位置におけるαθの欠陥がいちばんはっきり現れる点となる。つまりここに最大角を作る点ができる。νからμθに平行線νοを引き、αθとの交点をοとする。そうすると、ον対ναがοθ対θαと等しいと主張する。すなわち、ον対ναはνμつまりθμ対μαに等しい。ところがνμ対μαはοθそしてまたほぼξθ対θαと等しい。故に主張したようになる。

　αθを161000とする。そうするとξθはほぼ61000になる。そして161対61は100000対37888である。この正弦の値によって角ναθが

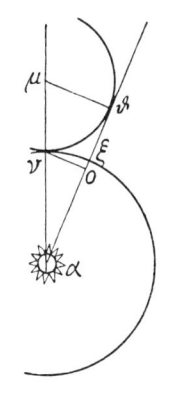

22°15′とわかる。ξθの代わりにoθを取ればこの角度はもっと大きくなる。

さて、変換アノマリアが22°15′変わるまでに、約45日という多くの日数がかかる。この日数の前後でαθの値は大きく違っている。変換角は遠日点で約28°、近日点で約18°20′である。

火星の太陽からの距離が不完全で誤りが生じたら、以上がいちばん誤りのはっきりする境界なので、豊富な観測結果が自由に使えるところでは今や適切な観測結果を選別するのはたやすい。

1582年の衝から始めよう。この年のものからは以下の観測結果を選ぼう。

|  | 1582年 |  |  | 1583年 |
|---|---|---|---|---|
|  | 11月24日 | 12月26日 | 12月30日 | 1月26日 |
|  | 明け方4時 | 8時30分 | 8時10分 | 6時15分 |
| 視位置……… | 26°38′30″巨蟹宮 | 17°40′30″巨蟹宮 | 16°0′30″巨蟹宮 | 8°20′30″巨蟹宮 |
| 視緯度……… | 北緯 2°49′10″ | 北緯 4°7′0″ | 北緯 4°8′0″ | 北緯 2°52′12″ |
| 太陽の位置…… | 11°40′40″人馬宮 | 15°4′12″磨羯宮 | 19°8′31″磨羯宮 | 16°33′20″宝瓶宮 |
| 太陽と地球の距離 αβ | 98345 | αβ 98226 | αγ 98252 | αγ 98624 |
| 平均アノマリア… | 67°28′13″ | 49°39′10″ | 47°51′35″ | 34°8′15″ |
| 離心位置……… | 0°43′34″巨蟹宮 | 16°7′10″巨蟹宮 | 17°57′32″巨蟹宮 | 0°9′40″獅子宮 |
| 黄道上の位置…… αθ | 0°42′42″巨蟹宮 | αθ 16°6′23″巨蟹宮 | αη 17°56′45″巨蟹宮 | αη 0°9′30″獅子宮 |
| 得られる……… αθ | 158920 | αθ 163082 | αη 158842 | αη 164116 |
| 緯度による調整… | 158960 | 163147 | 158907 | 164196 |

中間の〔1582年12月26日と12月30日の列にある〕2つの距離の差異は4240である。後にくるαηのほうが336長くなければならなかったのに、αθより短い。2つの距離の和は322054である。この数値から336を引いてまた加える。こうして立てた値の半分は160859で、これがαθの値であり、一方の161363がαηになる。そうするとαθは巨蟹宮16°5′、αηは巨蟹宮17°55′にくるだろう。したがってここでは代用仮説は1′30″失うことになろう。

だが、角度がこんなに小さいためにその距離自体が当てにならな

い。容易に起こりうることだが、観測の不備によってδを頂点とする角度が1′変わると、どちらの距離にも1000のずれが出てくるからである。

〔1582年11月24日と1583年1月26日の列にある〕離れた2つの距離を取ると、5236の差があることが見出される。ところが、〔仮説により〕その差は約5570でなければならない。そこで先の場合と同じ操作をすると、より正しいαθとして158792、αηとして164364が出てくるので、αθは巨蟹宮0°41′0″、αηは獅子宮0°8′30″にあることになる。そしてこの個所の4日の観測結果により、代用仮説から引き出した離心位置から約1′30″引かなければならないことが、確実になる。

衝の前後で先に見出した、これらの距離の中間値として出てきた距離も、やはりある程度は確かなものとされる。ただし、その位置と比べるともう少し長くなければならない。

なお、角θδηに1′の誤りがあれば両方の距離に約50の誤りが生じるが、それ以上にはならないことも、同じく明らかになる。したがって、これらの距離では誤りは先の不確実さの100分の1ほどにしかならない。

取りあげたこれらの距離の長さが以上の4日の観測結果に十分かなうものだとしたら、その距離の長さは同様にその中間にくる日々、つまり1582年11月25日、26日、27日、12月3日、17日、27日、28日、29日、1583年1月16日、17日、18日、19日、21日、22日の観測結果も表すだろう。

1585年の衝に移ろう。この年の1月31日に太陽と火星が衝だったので、衝に先立つ2か月間とそれに続く2か月間にわたって火星は非常に頻繁に観測された。そこから以下の4つの観測結果を取りあげる。

| | 1584年 | 1585年 | | |
|---|---|---|---|---|
| | 12月21日14時 ★036 | 1月24日9時 | 2月4日6時40分 | 3月12日10時30分 |
| 火星の視位置…… | 1°13′30″ 処女宮 | 24°7′30″ 獅子宮 | 19°47′30″ 獅子宮 | 11°46′0″ 獅子宮 |
| 緯度………………… | 北緯 3°31′ | 北緯 4°31′ | 北緯 4°28′ | 北緯 3°22′ |
| 太陽の位置……… | 10°43′5″ 磨羯宮 | 15°9′5″ 宝瓶宮 | 26°10′31″ 宝瓶宮 | 2°16′42″ 白羊宮 |
| 地球との距離…… | 98210 | 98595 | 98840 | 99850 |
| 火星の平均Anom. | 29°46′53″ | 12°4′21″ | 6°21′31″ | 12°47′15″ |
| 離心位置………… | 3°54′34″ 獅子宮 | 18°49′0″ 獅子宮 | 23°34′47″ 獅子宮 | 9°23′28″ 処女宮 |
| 黄道上の位置…… | 3°53′56″ 獅子宮 | 18°49′3″ 獅子宮 | 23°35′0″ 獅子宮 | 9°24′7″ 処女宮 |
| 出てくる………αθ | 165101 | 166290 | αη 166182 | 166131 |
| 緯度による調整… | 165184 | 166378 | 166260 | 166206 |

中間の2つの距離の差は118である。これは逆に〔αηのほうが長くて〕187の差になるはずだった。そうするとαθが166226、αηが166412になるだろう。したがってαθは獅子宮18°48′47″、αηは獅子宮23°34′48″にくる。そこでこれくらいの離心位置の変化は無視すれば、この個所では代用仮説が裏づけられる。だがここから、観測における1′の誤りがこの個所では両方の距離を約100狂わせることになるのがわかる。

離れた所にある距離を見ると、1022の差が認められる。ところが仮説からの予備知識によると、差はもっと大きく1275でなければならなかった。確かに獅子宮の4°は巨蟹宮の18°に近く、この位置では先には代用仮説の離心位置からいくらか引かなければならなかった。今、獅子宮4°で1′を引くとαθは100短くなる。2′30″だと距離は約164934になる。実際にこれだけ短くなるとαηは166206というこの長さを保持できる。また164364の長さを示した先の1583年の最後の観測結果もこの1584年の観測結果と符合しうる。両者の差は570だが、距離算出用のかなり確実な仮説によれば、差は488でなければならなかったからである。

なお、2′30″の離心位置の変化は2等分して観測結果に移し替えることができる。2つの観測結果のどちらかが1′ずれたとすると、結果として各々の距離で50の誤差となりうるだろうからである。

全ての衝の年にわたってその数だけ同じ方法を、ことばを重ねて繰り返すと煩わしいだろう。そこで以下の一覧表で、私が調べた観測結果を挙げ、計算によってどういう数値が出てきたか、付け加えた。計算の元にした仮説は以下のとおりである。太陽の位置はブラーエの資料から取った。太陽と地球の距離は第30章による。1600年末の火星の遠日点は獅子宮29°0′40″とする。同じ時期の平均位置は10宮7°14′34″とする。離心値と軌道相互の比は第54章のとおりである。それらに、いわばあらかじめ知られたものとして火星と太陽の距離を付け加えた。これらの距離の値が、提示した観測結果と整合するものとなったら、適切な証しとなろう。それを調べるのがこの章の意図だった。

　本章の方法によってここに挙げた観測結果から調べた距離は、以下の表のような形で出てくる。視位置は、火星が離心運動によって巨蟹宮に来るとき約4′逆行方向寄りに出てくるが、人馬宮と磨羯宮に来るときは約4′順行方向寄りに出てくる。こういうささやかな誤差は距離の不備に由来するわけではない。そうだとしたら〔衝を境界にした〕相反する側でその距離の値が同じ性質のものではなく相反する性質のものとなっただろうからである。そういう誤差は太陽の遠地点を1°変更することによって調整できると思う。これはブラーエの観測結果によって容易に可能になる。けれども、さしあたり何も決めつけない。この遠地点や仮説全体の訂正は天文表で行う課題として取っておくからである。[★037]

| 時点 | 太陽の位置 | 太陽と地球の距離 | 火星と太陽の距離 | 黄道上の火星の離心位置 | 算出された位置 | 観測された位置 | 差異 | 緯度 |
|---|---|---|---|---|---|---|---|---|
| 1582年11月23日16時 0分 | 11°41′ ♐ | 98345 | 158852 | 0°42′11″ ♋ | 26°40′ 0″ ♋ | 26°38′30″ ♋ | 1′30″ + | 北緯 2°49′ |
| 12月26日 8時30分 | 15° 4′ ♑ | 98226 | 162104 | 16° 7′18″ ♋ | 17°44′19″ ♋ | 17°40′30″ ♋ | 3′49″ + | 4° 7′ |
| 12月30日 8時10分 | 19° 9′ ♑ | 98252 | 162443 | 17°56′32″ ♋ | 16° 6′20″ ♋ | 16° 0′30″ ♋ | 5′50″ + | 4° 8′ |
| 1583年 1月26日 6時15分 | 16°33′ ♒ | 98624 | 164421 | 0° 6′24″ ♌ | 8°17′57″ ♋ | 8°20′30″ ♋ | 2′33″ − | 2°52′ |
| 1584年12月21日14時 0分 | 10°16′ ♑ | 98207 | 164907 | 3°51′45″ ♌ | 1°14′34″ ♍ | 1°13′30″ ♍ | 1′ 4″ + | 3°31′ |
| 1585年 1月24日 9時 0分 | 14°53′ ♒ | 98595 | 166210 | 18°47′ 8″ ♌ | 24° 3′58″ ♌ | 24° 7′30″ ♌ | 3′32″ − | 4°31′ |
| 2月 4日 6時40分 | 26°20′ ♒ | 98830 | 166400 | 23°33′41″ ♌ | 19°43′52″ ♌ | 19°47′ 0″ ♌ | 3′ 8″ − | 4°28′ |
| 3月12日10時30分 | 2°16′ ♈ | 99858 | 166170 | 9°23′14″ ♍ | 11°43′31″ ♍ | 11°46′ 0″ ♍ | 2′29″ − | 3°22′ |
| 1587年 1月25日17時 0分 | 16° 1′ ♒ | 98611 | 166232 | 8°13′40″ ♍ | 4°41′50″ ♎ | 4° 42′ 0″ ♎ | 0′10″ − | 3°26′ |
| 3月 4日13時24分 | 24° 0′ ♓ | 99595 | 164737 | 24°56′50″ ♍ | 26°24′41″ ♍ | 26°25′40″ ♍ | 0′59″ − | 3°38′ |
| 3月10日11時30分 | 29°52′ ♓ | 99780 | 164382 | 27°35′54″ ♍ | 24° 5′15″ ♍ | 24° 5′15″ ♍ | 0′ 0″ | 3°29′ |
| 4月21日 9時30分 | 10°48′ ♉ | 101010 | 161027 | 16°44′51″ ♎ | 15°49′30″ ♍ | 15°48′20″ ♍ | 1′30″ + | 1°48′ |
| 1589年 3月 8日16時24分 | 28°36′ ♓ | 99736 | 161000 | 16°55′14″ ♎ | 12°14′ 7″ ♏ | 12°16′50″ ♏ | 2′43″ − | 2° 4′ |
| 4月13日11時15分 | 3°38′ ♉ | 100810 | 157141 | 4° 1′50″ ♏ | 4°45′ 0″ ♏ | 4°43′20″ ♏ | 1′40″ + | 1°10′ |
| 4月15日12時 5分 | 5°36′ ♉ | 100866 | 156900 | 5° 1′41″ ♏ | 3°58′57″ ♏ | 3°58′20″ ♏ | 0′37″ + | 1° 4′ |
| 5月 6日11時20分 | 25°49′ ♉ | 101366 | 154326 | 15°30′36″ ♏ | 27° 8′17″ ♎ | 27° 7′20″ ♎ | 0′57″ + | 0° 7′ |
| 1591年 5月13日14時 0分 | 2°10′ ♊ | 101467 | 147891 | 12° 7′38″ ♐ | 2°15′36″ ♑ | 2°20′ 0″ ♑ | 4′24″ − | 南緯 2°25′ |
| 6月 6日12時20分 | 24°59′ ♊ | 101769 | 144981 | 25°38′48″ ♐ | 27°11′45″ ♐ | 27°15′ 0″ ♐ | 3′15″ − | 3°55′ |
| 6月10日11時50分 | 28°47′ ♊ | 101789 | 144526 | 27°56′49″ ♐ | 25°57′57″ ♐ | 26° 2′36″ ♐ | 4′39″ − | 4° 8′ |
| 6月28日10時24分 | 15°51′ ♋ | 101770 | 142608 | 8°29′32″ ♑ | 21° 4′21″ ♐ | 21°10′ 0″ ♐ | 5′39″ − | 4°45′ |
| 1593年 7月21日14時 0分 | 8°26′ ♌ | 101498 | 138376 | 20° 1′38″ ♒ | 17°43′14″ ♓ | 17°45′45″ ♓ | 2′31″ − | 5°46′ |
| 8月22日12時20分 | 9°11′ ♍ | 100761 | 138463 | 10°15′25″ ♓ | 13° 9′39″ ♓ | 13°10′15″ ♓ | 0′36″ − | 6° 7′ |
| 8月29日10時20分 | 11°54′ ♍ | 100562 | 138682 | 14°37′15″ ♓ | 11°11′41″ ♓ | 11°14′ 0″ ♓ | 2′19″ − | 5°52′ |
| 10月 3日 8時 0分 | 20°15′ ♎ | 99500 | 140697 | 6°19′39″ ♈ | 7°49′54″ ♈ | 7°50′10″ ♈ | 0′16″ − | 3°17′ |
| 1595年 9月17日16時45分 | 4°18′ ♎ | 99990 | 143222 | 22°49′19″ ♈ | 26° 5′45″ ♉ | 26° 7′12″ ♉ | 1′27″ − | 1°42′ |
| 10月27日12時20分 | 13°59′ ♏ | 98851 | 147890 | 15°35′38″ ♉ | 18°50′46″ ♉ | 18°51′15″ ♉ | 0′29″ − | 0° 6′ |
| 11月 3日12時 0分 | 21° 2′ ♏ | 98694 | 148773 | 19°26′33″ ♉ | 16°18′33″ ♉ | 16°18′30″ ♉ | 0′ 3″ + | 北緯 0°17′ |
| 12月18日18時 0分 | 6°43′ ♐ | 98200 | 154539 | 13° 2′29″ ♊ | 11°39′ 1″ ♓ | 11°40′ 0″ ♓ | 0′59″ − | 1°40′ |

♈白羊宮 ♉金牛宮 ♊双子宮 ♋巨蟹宮 ♌獅子宮 ♍処女宮 ♎天秤宮 ♏天蝎宮 ♐人馬宮 ♑磨羯宮 ♒宝瓶宮 ♓双魚宮

# 第54章

# 軌道相互の比の
# いっそう精密な検証

　第42章で初更の位置以外での観測結果から軌道相互の比を立ててはみたが、その観測結果は、われわれを確信させるほどあらゆる点で相互に合致するようなものではなかった。それに、非常に正確な観測結果が与えられても、やはりそれだけではこの課題を〔100000分の〕100の範囲内まで確実にすることはできない。そこで、投票して票数で判断しなければならない。さて、第28章の平均アノマリア11°37′つまり先の第53章での訂正後のアノマリア11°52′で、火星本体から下ろした垂線がくる黄道上の点の距離166180ないし166208を見出した。この位置は北の極限から23°離れているから、傾斜角は約1°43′になるだろう。この角度の正割の〔半径100000に対する〕過剰分は45だが、これはわれわれの測り方では約70になる。したがって太陽と火星の距離は166250ないし166278である。[★038]

　ある程度合致することを示して基礎を固めるために、第51章の観測結果も比較してみよう。1586年の平均アノマリアの残り10°9′41″〔4直角から10°9′41″を引いた平均アノマリアのこと〕つまり訂正後の9°54′41″では、163311が見出せる。だが、代用仮説の示した位置から1′30″引くと166208になる。したがって位置がさらに2°に3′足りない値〔1°57′〕だけ下がると約95引かなければならないから、距離は166113になる。緯度による調整で再び80を加えなければならないから166193になる。同様にして1588年にはアノマリアの残りが8°2′51″つまり訂正すると7°47′51″だから、代用仮説による位置から1′30″引くと166396の距離が見出せる。そこでさらに4°4′下がると約102短くなって166294になり、緯度のおかげで166284になる。先に1586年からは166193が出ていたので、両者の平均は166238である。だが、下降する半円では5つの観測結果からすでに距離として

166250ないし166278を見出していた。そこで、違いは感知できないほどではあるが中間値の166260を取ろう。観測結果のより強固な裏づけがあるから、下降する半円のほうにいっそうの信頼を置くのである。

　したがって、平均アノマリア11°52′での距離が166260であることは確かだとする。そうすると、後ですぐ立証しなければならないが、仮説として大まかな手法でどれほどの値を予想しようと、半径を100000とすると、遠日点距離にさらに164以上の値が加わることはありえない、ということになる。完全な円軌道の仮説を用いればその値はもっと小さい。第42章で立てたような軌道相互の比をあらかじめ想定してその値を換算すると約250になる。これを166260に加えると166510になる。ところが、第42章でもっと基礎の弱い観測結果から見出した値は166780で、その差は270である。

　同様にして近日点距離を問題にすると、第42章ではそれほど確実でない観測結果から138500が見出された。

　すでに第51章で、アノマリアの残り161°45′30″つまり訂正後の161°30′30″での緯度による調整のないこの距離が139000ないし138984であることを見出した。双魚宮21°で139000としよう。この位置は極限から35°離れているので傾斜角が1°31′30″になる。この角度の正割の〔半径100000に対する〕超過分は$35\frac{1}{2}$で、これはわれわれの測り方では49に相当する。したがって火星と太陽の正しい距離は139049である。ところが、半径を100000とすると、近日点距離はアノマリア161°30′での距離よりも575短い。この値はわれわれの測り方では876になる。完全な円軌道を用いたとするとこれより小さい。そしてこの値を139049から引くと近日点距離として138173が残る。第42章で見出した138500との差は327である。

　そこでこの方法に従って見出される距離は以下のとおりである。

遠日点距離……166510
近日点距離……138173

| | | |
|---|---|---|
| 直径 | …………… | 304683 |
| 半径 | …………… | 152342 |
| 離心値 | ………… | 14169 |

ところが、152342を100000とすると14169は9301になる。

けれども、特に近地点におけるわれわれの観測結果にはそれほどの差が出ないうえに、代用仮説は当然のことながら誤っているので、離心値に若干の不備が出ることも起こるかもしれない。そこで、確実な結論を出す前に、あらゆる票を集めてみよう。

そのために、ここで見出した遠日点距離166510が第42章の離心値9265に適合するようにしなければならない。109265対90735は166510対138274で、この場合、半径はほぼ152400である。

だが、さまざまな試みをしてみても、物理的均差に最も相応しい、いちばん正しい離心値が9230と9300との間の値、つまりまさに第42章の離心値9265であることが教示された。

したがって、本章で見出した近日点距離138173を軽視しすぎず、また遠日点距離166510を信頼しすぎないようにするために、結論として、最も正しい遠日点距離は166465、近日点距離は138234で、この場合の半径は152350としよう。

## 第55章

### 第51、53章の観測結果と第54章の軌道相互の比から第45章で性急に取りあげた仮説が誤りであることおよび平均的な長さを取る所の距離が適切な値より短くなることを証明する

表題に掲げたことは第51章でいったん述べはじめた。だが、証拠として第53章でさらに相応しい多くの観測結果を提示しなければならなかったし、第52章では第51章の観測結果から他にあれこれのことを推論したので、課題の十分な証明はこの個所まで延期しなければならなかった。

　ことばを重ねる必要はない。第51章と53章に現れるあらゆる具体的事例の平均アノマリアにおける距離を、第45章の仮説と第54章の軌道相互の比にもとづき、第46章から50章に至るまで用いてきた方法によって計算し、さらにその距離の値を確実な観測結果から見出した第51章と53章の距離の値と対比すればよい。そうすると、長軸端から下るにつれて算出した距離が観測結果から得られた距離よりだんだん短くなり、先に第44章で発見したのとは反対の結果になることが明らかになるだろう。すなわち第44章では円の法則〔三角関数〕から算出した距離が平均的な長さを取る所では観測結果より長かったが、ここでは惑星軌道を卵形とする仮説から出てくる距離が観測結果より短くなる。したがって、惑星軌道は円でもなく、また第45章の見解から生まれ、第46章で描いたあの卵形が円の内側に入り込むほどには、両脇で円の内側に入り込みもせず、その中間の道を通って進むことは、明らかである。それに対して、第45章の距離の値を用いて火星の視位置、ことに第53章の、間隔をおいて衝を取り囲む所における視位置を計算すると、火星は衝の前には順行方向に、衝の後には逆行方向に来すぎる。しかもそれは、1589年

と1591年の下降する半円および1582年と1595年の上昇する半円において、最も顕著である。その個所では第45章の卵形は距離が660不足して誤っているからで、完全な円がその分だけ過剰になって誤っているのと同様である。この660は見かけの位置にすると20′以上になりうる。そこでダヴィッド・ファブリキウスも自身の観測結果にもとづいて、私が彼に正しい説として知らせた第45章の仮説は、平均的な長さを取る所で距離が短すぎるのでまちがっている、と証明できた。しかも彼がその書簡を書いたちょうどその時、私は正しい仮説を探求すべく苦心惨憺していたのである。実際、真実の発見において彼はもう少しで私に先んずるところだった。★039 そして完全な円が逆のほうに同じ分だけの誤差をもつから、真実が両者の中間にある、というのは正しい議論である。

　同じことは第49、50章でも、物理的原因から算出した均差によって立証した。つまり完全な半円から切り出される三日月形の幅がともかくも第45章の〔卵形軌道の〕説に従って切り出される三日月形の半分でなければならないということである。したがって課題はきわめて確実に証明されたと言っても差し支えない。すなわち第45章の説は、完全な円の過剰分を矯正する一方で逆に不足分をもたらすのである。

　こうして第45章の物理的原因は煙となって消え去る。

## 第56章

### 以前に掲げた観測結果から 火星の太陽からの距離はいわば 周転円の直径によって測り取るべきことを証明する

第45章の説から生まれ、半円から切り取るべきものとされた三日月形の幅を、第46章で見出した。その幅は円の半径を100000とすると858だった。そこで、先に第49、50、55章で掲げた2つの論拠によって、その三日月形の幅がわずかにその半分の429、より正しくは432であり、火星軌道の半径を152350とする測り方ではほぼ660になることを、かなりはっきり結論として出すと、私はそれだけの幅をもつ三日月形を切り取る理由とその方法について考えはじめた。

恐る恐るこういう考えに転じて、改めて考えてみると第45章では意味のあることを何ひとつ述べていなかったから、火星に対する私の勝利はむなしいものだったと思ううちに、全く偶然に最大の視覚的均差を測り取った5°18′という角度の正割に思い至った。この値が100429であるのを見たとき、まるで新たな光のもと、眠りから目覚めたかのように、以下のように推論しはじめた。平均的な長さを取る所で均差の視覚的部分が最大になる。平均的な長さを取る所で三日月形つまり距離の短縮分が最大になり、ちょうど最大の視覚的均差の正割100429が半径100000を上回る分になる。したがって、平均的な長さを取る所では正割の代わりに半径を用いると、観測結果のとおりになる。さらに第40章の図において、HAの代わりにHRを用い、VAの代わりにVR、EAの代わりにEBを取り、あらゆる個所でそのようにすると、離心円上の他の位置でも、この場合に平均的な長さを取る所で起こったのと同じことが起こるだろう、という一般的な結論を下した。また理論上の等値性により、第39章の小図においても、線分 $\alpha\delta$ ないしは $\alpha\iota$ の代わりに $\alpha\kappa$ を、$\alpha\varepsilon$ ないし

は $\alpha\iota$ の代わりに $\alpha\mu$ を取ることになろう。[040]

そこで読者は再び第39章を一読されたい。そうすれば、ここで観測結果によって自ずから証明されることを、そこではすでに自然な理由から論じていたこと、つまり絶えず太陽へと向かういわば周転円の直径上で、惑星が移動するように見えるとしたことを見出すだろう。さらにまた〔軌道が〕完全な円として表されるべきものと想定したとき、秤動の一部となる $\gamma\iota$ と $\lambda\zeta$、つまり（離心円上の等しい弧に対応する）最上位の部分と最下位の部分は大きさが不等で、最上位の部分は短く最下位の部分は長いとせざるをえなかったのは、この〔秤動を妥当とする〕考えと完全に抵触していたことも見出すだろう。そこで、惑星の円軌道を否定して、上述のように $\delta\alpha$ と $\varepsilon\alpha$ つまり $\iota\alpha$ と $\lambda\alpha$ の代わりに $\kappa\alpha$ と $\mu\alpha$ を用いると、自ずから秤動の一部である $\gamma\kappa$ と $\mu\zeta$ が等しいことになる。こうして、第39章で長い間われわれを悩ませてきた問題が、今やわれわれが真実を発見したことの論拠となる。

中間部の $\kappa\mu$ が依然として両端の $\gamma\kappa$、$\mu\zeta$ より大きい点について、第39章では不自然だと理解されたけれども、これが逆に自然に適っていることを次の第57章で述べる。

さらにまた太陽の視直径の増大を火星が太陽に近づいたり離れたりするための標識とした場合に第39章で生じた困難も、第57章で明らかになるように今やすっかり解消する。

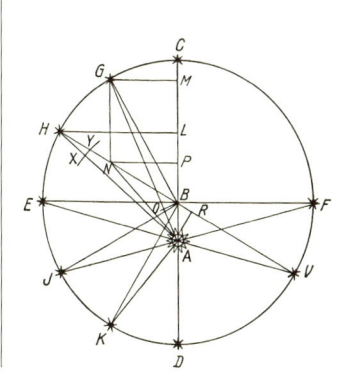

したがって離心アノマリア90°については、完全な円の距離EAの代わりに平準アノマリアEABに対応するEBを取るべきことをあらかじめ述べた方法で発見するのは、簡単だった。

たったひとつのアノマリアの例によって全てのアノマリアについて一般的な結論を下したが、そう

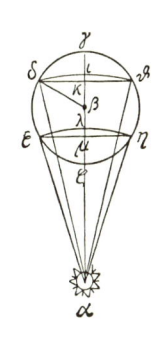

いう結論はまだそのアノマリアひとつだけからは出てきておらず、数多くの観測結果によって補強する必要があった。

そこで今や、第51章や53章の観測結果を特にどんな目的のために役立てようとしているか、読者は理解されよう。言うまでもなくここに証拠を述べるためである。

それらの章で提示した平準アノマリアすなわち角CAG、CAHその他に対する離心アノマリアCBG、CBHを算出してみるとよい。分単位まで求めたり、第19、29、43、47、48、49、50章でまだ残っている離心円の均差が不完全なことを恐れたりする必要はない。これらの章の任意の方法、ことに第43章の方法を用いるとよい。そうすれば均差において$8'$を越える誤りを犯すことはないだろう。

こうして角度を立てたら、平準アノマリアHACに対応する線分HR、平準アノマリアVACに対応するRVやその他の線分を求め、それらの線分を第54章の軌道の測り方の尺度に置き換える。そうすると結果は以下のような表になることが認められよう。

第51章の観測結果から

| 下降する半円において | 上昇する半円において | 秤動から算出された値 |
|---|---|---|
| 166180 | 166401 | 166228 |
| 166208 | 166296 | |
| 162994 | 163100 | 163160 |
| 163051 | | |
| 158091 | 158217 | 158074 |
| 158111 | | |
| 154400 | 154278 | 154338 |
| 147820 | 147743 | 147918 |
| 147700 | 148000 | |
| | 148050 | |
| 139000 | 138984 | 139093 |

第53章の観測結果で同じことを行う必要はない。火星の視位置を算出するために火星と太陽の距離として適用した値は、先にこの秤動を用いた方法によって求めたものだからである。そしてそれらの距

離の値は観測結果と一致したので、適切であろう。

　したがって、離心円の円周全体にわたって、第39章で演繹的に見出した直径距離〔distantiae diametrales 次の第57章で説明〕が非常に多くの確実な観測によって裏づけられることがわかる。

## 第57章

## どういう自然の原理によって惑星はいわば周転円の直径上で秤動するようになるのか

非常に確実な観測結果から明らかになるのは、エーテルの大気中での惑星軌道が円ではなくて卵形になること、その秤動が小円の直径上で以下のようにして行われることである。すなわち、離心円の等しい弧を走破した後、惑星が円を完全なものとする円周距離 γα、δα、εα、ζα つまり γα、ια、λα、ζα の代わりに、直径距離 γα、κα、μα、ζα を描くのであれば、完全な離心円の半円から、任意の位置での相異なる距離の差つまり ικ、λμ に相当する分の幅をもつ三日月形を切り取ることが、一目瞭然となる。論拠から演繹的にではなく、すでに述べたように観測結果によって、こう主張すると、物理学的思索はこれまでよりも正しい方向に進んでいくだろう。実際、この秤動は離心円上にできた道のりに適合するが、惑星の知性が不完全な離心円の等しい弧CD、DE、EFを、秤動の等しい部分 γκ、κμ、μζ に割り振るというような、何らかの理性的ないし知的な方法によるわけではない。秤動のこれらの部分は等しくないからである。むしろ、角DBC、EBD、FBEの等しいことではなく、絶えず増大していく角DBC、EBC、FBCの強度に依拠する自然な方法による。この強度は幾何学者のいわゆる正弦〔の増減〕にほぼ準じる。その場合、惑星が急に船首を転じるというよりも、むしろ連続的な減少によって徐々に上昇が下降に変わっていくとするほうが真実らしい。実際に第39章で、突然の方向転換が観測結果から引き出した証拠にも非常にはっきりと抵触することを述

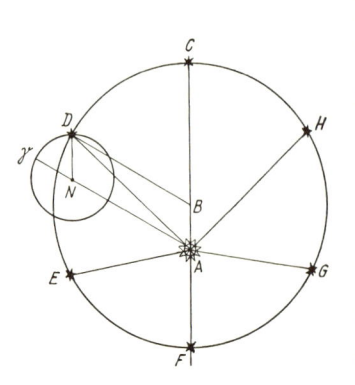

**定義——**
\* ▶ 円周距離とは何か、直径距離とは何か

\*\*この秤動の原理は自然なものであることが証明される

\*\*\*これを、この秤動を支える真正な尺度とすべきである。つまり離心アノマリアの正矢がこの秤動を測り取る理由はここにある

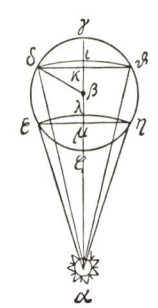

第4部——物理的原因と独自の見解による第1の不整の真の尺度の探求

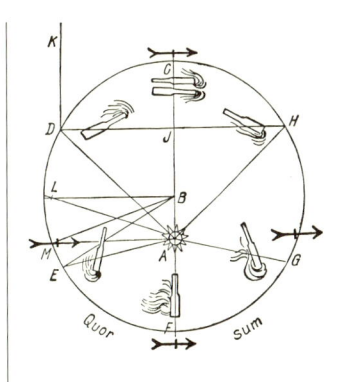

べた。したがって、この秤動の尺度が自然な方法を示唆する以上、原因となるのもまた自然なもの、すなわち惑星の知性ではなくて、自然な性能、ないしおそらく何らかの物体に関わる性能であろう。

さらに第39章で非常にすぐれた論拠に従って前提としたことの中に、惑星に内在する力が外的な力に助けられたり活気づけられたりしないと、たんに内在する力を発揮するだけでは惑星はある場所から他の場所へと移動できない、という事項がある。そこで、この秤動を何らかの仕方で部分的に太陽の作用自体にも帰することができるかどうか、考えてみる必要がある。そのためにすでに第39章で導入した櫂の比喩に戻ろう。円を描く水の流れCDE・FGHがあり、その流れの中に船頭がいるとする。船頭は惑星の公転周期の倍の時間をかけて、自己に具わった非常に均等な力で舵取りの櫂を一回転させる。そうすると、Cでは櫂の線が太陽から出る直線と直角になるが、櫂が交互に元の状態に戻ることにより、ある時は船首を、ある時は船尾を流れに沿った方向に向ける。Fでは櫂の線が太陽から出た直線と重なってその一部となる。他の位置ではその途中の傾斜状態にある。そうすると、DEにある水の流れは上方から櫂に流れ寄せて船をAの方に押しやる。Cから出て行くときは船の傾斜も少しだから押しやられるのもほんの少しだけである。Fでも、この節目では流れが櫂に真っ直ぐ直接に当たるから同様である。だがDとEでは、櫂がその傾斜の仕方によってAに接近しやすくなっているから押しやる力がかなり強い。上昇する半円では反対になる。すなわち、G、Hで下方から櫂に当たった流れがそれを太陽から遠ざける。

それとともに、Cでは流れが弱くFでは強いので、他の条件は同じだがCではFよりも推進力が緩やかだということもあろう。しか

この種の秤動の自然における実例。櫂の場合

第57章 どういう自然の原理によって惑星はいわば周転円の直径上で……

もそれはわれわれの考えに適っている。われわれのいう秤動は離心円上の等しい道のりに随伴していたが、惑星は同じ道のりでも上方〔遠日点側〕に来ている時間のほうが下方の時間より長いからである。

　この例は事実の可能性を教示するにすぎない。実際、これは事実そのものとはかなりかけ離れている。櫂と流れが完全に元に戻る時間は同じでなくて、一方が他方の倍の時間かかるからである。また、地球から眺めるとそれぞれの惑星の顔が変わるはずだと思われるのに、月は、他の惑星とともにここで論じている運動に与りながら、1か月ごとの公転によってもその顔が変わらず、離心値を算出する起点となる地球に対して絶えず同じ顔を向けるからでもある。それにまた（この例の水は重さと物体に対する推進力によって作用するから）流れの力は物質的なのに、太陽の力は非物質的だということもある。したがって、惑星との対比は別の形にしなければならない。（太陽のあの運動の形象には重さがないから）重さに由来する力を受け止めるために櫂も物体的な道具も必要ないだろう。また星が丸いと考えるかぎり、確かに星には物体的な櫂は相応しくないと思う。

　この論駁そのものから別の実例が出てくる。おそらくこちらのほうがより相応しいだろう。水の流れを採ったから櫂だった。今度の流れは太陽にある磁石のはたらきという非物質的な形象である。それなら、櫂も何らかの磁石的な力をもたない理由があろうか。各惑星の本体が全てある種の巨大な丸い磁石だとしたらどうだろうか。（コペルニクスが惑星のひとつとする）地球について言えば、そうであることは疑いない。ウィリアム・ギルバートがそれを証明した。★041

　この作用をもっと精密に記述するなら、惑星の球体には2つの極があって、一方の極で太陽に追いすがり、他方で太陽から逃げ去るとすべきである。こういう種類の軸を磁針によって描き、その先端は太陽に向かうものとする。一方、軸のほうは、太陽を求めるという磁石的本性に反し、惑星球体の移動中は絶えず平行を保ち続けるものとする〔図を参照〕。ただし、長い年月の経過によってその向きがある恒星から別の恒星へと移り、こうして遠日点の前進を引き起

| | |
|---|---|
| | 実例の欠陥 |
| | 磁石の実例 |
| | ウィリアム・ギルバートの磁石哲学 |
| | 惑星本体のある種の磁石的性状がこの秤動の原因だと思われること |

こす場合は、別である。上に挙げたことは両方ともやはり知性の行う仕事かもしれない、ということは認めよう。この運動はある場所から他の場所への惑星本体全体のものではなくて(こういう全体の運動は、第39章で当然のことながら惑星に内在する起動因に由来しないとした)、静止しているかのような本体全体の、中心の周りの部分的な運動なので、知性はこういう運動のための精神的性能を十分に具えているからである。

地球の例

　ここで再びコペルニクスから実例として、地球の球体でこのような種類の指向性をもつ地軸のことを挙げよう。地軸が中心の周りに年周運動〔公転〕をしながらあらゆる位置でほぼ平行を保つので、夏と冬が生じる。ところが、非常に長い年月が経つと地軸が傾くので、恒星が前進して分点が退行するように思われる。

＊分点歳差が遠日点の前進と似ていること

　そうすると、分点歳差の現象と出没する太陽の年周運動から一惑星(つまり地球)に見出された属性を、現に離心値があるという現象を救うために全ての惑星に当てはめるのをどうしてためらうことがあろうか。

　その場合、コペルニクスは、毎年、地球を北から南へ、また南から北へと秤動させる特別の原理が必要で、こうして夏と冬が生じ、それが公転運動と通約される日数で推移して、結果として、回帰年と恒星年(両者がほぼ等しいかぎり)の循環が等しくなると思い違いをした。実際には、それら全ての事象は、毎日の運動〔自転〕を行う中心となる地軸が一定不変の傾きをもつことに由来するのであって、唯ひとつ非常に緩慢な分点歳差に対する場合を例外として、外的な原因は何も必要ない。それと同様にここでもまた、惑星本体が各位置で自転軸を平行に保ちつつ太陽の周りを運ばれるとともに秤動も遂行するためには、ことさらに惑星を動かすものを必要としないだろう。これらの動きは相互に自然に依存し合っているからである。ただ、遠日点の非常に緩慢な前進について考えることだけが問題として残るにすぎない。

秤動が真ん中でいちばん速くなる理由

　さらに、磁針がＣとＦに来るときは、その両端が等しい間隔で太

517　第57章　どういう自然の原理によって惑星はいわば周転円の直径上で……

陽に相対するから〔先の図の磁針の向きを参照〕、惑星が太陽に接近したり遠ざかったりする理由は何もない。ただし、磁針の軸を真っ直ぐ平行に保つ力から解放されたら、磁針はいずれの場合も先端を太陽に向けるだろう。惑星がCから離れると、徐々に先端は太陽に接近し尾端は太陽から離れる。そこで惑星球体は徐々に太陽に向かって航行しはじめる。Fの後では、徐々に尾端が接近して先端は太陽から離れる。そこで球体全体も自然な反発によって徐々に太陽から逃れていく。Aに一直線に向かい合って、縦軸が真っ直ぐに太陽に向くと、Fより前では接近する力が、Fより後では逃れる力が最も強い。観測結果から引き出したわれわれの前提によれば先にはそうならざるをえなかった。その場合、離心円上の等しい弧に対応する秤動の部分γκ、κμ、μζの中で、中間のκμの部分が最も長く、γとζに向かう部分は小さかった。

　また、観測結果からはγκとμζが等しくなるはずだが、それらの弧γδとεζあるいはむしろ離心円上の弧CDとEFは等しいのに、それを描くのに要する時間は不等で、CDにかかる時間のほうが長いことも、合意される。こうしてγκの部分の秤動のほうがそれと等しいμζの部分よりゆっくり行われる。同じように磁石も、間隔が大きくなるほど互いにゆっくり接近し合い、間隔が短くなるほどすばやく活発に接近し合う。

　しかも、軸から太陽への指向性を奪い、磁石の軸を平行に保持する力そのものも、先ほどその力を委ねた知性の営みから自然の作用に移すことができる。確かにそうするには障碍があるように見える。自然は全く同一の方法で作用するはずなのに、妨げようとしている軸の太陽への傾きのせいで平行保持力が、平均的な長さを取る所で消失し、遠日点と近日点で最も強く発現するから、時間の変化につれ軸が太陽に傾いていくと異なる強さで作用するように思えることである。だが、たとえそうであっても、この保持力が多くの個所では軸を太陽の方に傾ける力よりも強くて、そういう弱い力の反対によっては全く衰弱しないか、ほんの少ししか弱まらない、とするこ

秤動が〔太陽からより遠い〕最上位のほうで遅く最下位のほうで速い理由

惑星の作用線の軸は自然の力によって平行状態に保持されるただし例外もある

| 磁石の例
| 磁石がいくらか極から逸れる理由

とには何の差し支えもない。再び磁石から例を取ろう。磁石には非常にはっきりと2つのはたらきが混在している。ひとつは極に向く指向性、もうひとつは鉄を引き寄せる牽引性である。そこで磁針ないし羅針盤の針は極へと向きながら、鉄が脇から近づくと、一時的に針が極から逸れて鉄の方に傾き、こうしていくらかは鉄と親密になるけれども、たいていは極に向くようなあり方をする。なおギルバートの考えでは、こういう性質によって磁針が極から特別に広大な大陸へと逸れるようになるのであって、このような逸れの原因は大地の広がりにあり、それがより高くて大きく強力な作用をもって近くの右側か左側にあるのに応じて逸れることになる。

| 遠日点の動く理由は何か

しかも同時に、均一な作用の仕方をこの各々の自然な性能に認めることができるし、各々の性能の相互作用によって、かなり明瞭で空論に陥らないような遠日点の移動の理由を示すこともできる。すなわち、各々の力の割合に応じて、軸を太陽の方に向ける力が平行保持力をいくらか奪い去ることがあるとする。すると、Cのような遠日点のある側の半円では、先端は一時的にHの方つまり逆行方向に引かれて傾き、尾端は反発して太陽から離れ、一時的に平行保持力に打ち勝つ。こうして遠日点は逆行するだろう。ところが、Fのような近日点のある側の半円では、同じ先端がGの方つまり順行方向に引かれて傾き、またしても平行保持力に先ほどとは逆向きに打ち勝つ。その時は遠日点が順行して速くなるだろう。だが、AFはACより短く、太陽はCよりFのほうに近いので、磁石の軸を太陽の方に転ずる力もCよりもFにあるときのほうが強い。したがって平行保持力はCよりもFにあるときのほうが多く失われるだろう。

| 遠日点が退行しない理由

それ故に、近日点における順行方向への傾きは遠日点における逆行方向への傾きを相殺して余りある。かくして長軸端が前進して後退はしない理由が明らかになる。したがって、われわれが見出した遠日点の位置はただ平準アノマリア90°と270°においてのみ妥当するだろう。つまりその時に、力の軸が本来の適切な指示位置である太陽の方に伸びていく。また遠日点の動きは螺旋状になるだろう。そ

519　　　　　第57章　どういう自然の原理によって惑星はいわば周転円の直径上で……

れは第68章で、別の原因から出てくる分点歳差の動きについても明らかになるとおりである。したがって、磁石の軸が平行な位置に向きを取るはたらき、ないしはそういう向きを取るための庇護者となる力は、あれこれの恒星を看視するのではなくて、どんな時でもただ現にそうあるとおりの自身の本体の位置だけを看視する。そして問題を単純に考量すれば、こういう向きを取るはたらきは運動よりも静止状態のほうに似ているから、何らかの知性よりもむしろ物質、物体の性状に求めるほうが相応しい。

いっそう綿密に動き方の跡をたどって、惑星の秤動と磁石の動きとのこの類似性を追っていこう。注意深く幾何学的論証を行うと、われわれが惑星に発見したような動きが磁石にもあることが明らかになる。DFAを丸い磁石ないし火星の本体、DAを磁力の方向を示す線、Dを太陽を求める極、Aを太陽から逃れる極とする。まず、磁石の本体である球全体を考えても、その作用を示すDAに平行な物理的な直線を一本だけ考えても、この考察では同じことに気づかれよう。

> ある種の磁石を適正に配置するとこういう類の秤動を遂行するのは理に適う

この磁石の作用は物体に伴うもので、物体といっしょに分割される。それはイギリス人のギルバートやジャンバティスタ・デラ・ポルタ、その他の人々が証明したとおりである。また確かに球体はDAに平行な無限に多くのいわば物理的な直線から成っていて、それらの線の作用は一直線に宇宙の一方向へと広がっていく。それ故に、運動の質に関しては、別々に取りあげた個々の線についての判断が、それらを一括した線全体についての判断と同じものになり、また逆も言える。そこで、本体全体やその磁力線全体の代わりに真ん中の軸DAを考察の対象としよう。DAをBで2等分してDAに垂線FBJを引く。さて、BJが太陽の中心に向くような位置に惑星が来たとき接近は全く起こらないだろう。角DBJとABJが等しいので、前者の近づく力と後者の逃れる力も等しいからである。したがってこれは機械学における均衡のようなものである。このようにして火星の中心Bが太陽から最も遠く離れて長軸端つまり遠日点にくる。

★043

> 海では磁石は船乗りに目に見えない道筋を表示してくれる
> さまよう惑星が磁石の示す傾きによって進んでいくのは何と不思議なことではないか

今、平準アノマリアの角度を測る弧JCを取り、BCを結びKまで延長する。BCがKにあると解される太陽に向くような位置を惑星が取るものとする。まず惑星の接近力の強さの尺度を求める。太陽を求める極Dが角DBKだけ太陽Kの方に傾くので接近が起こる。ところが、太陽から逃げる極Aは角ABKだけ反発する。そうすると、この角のもつ力の強さは自然のものだから、竿秤の規則の下にあるだろう。

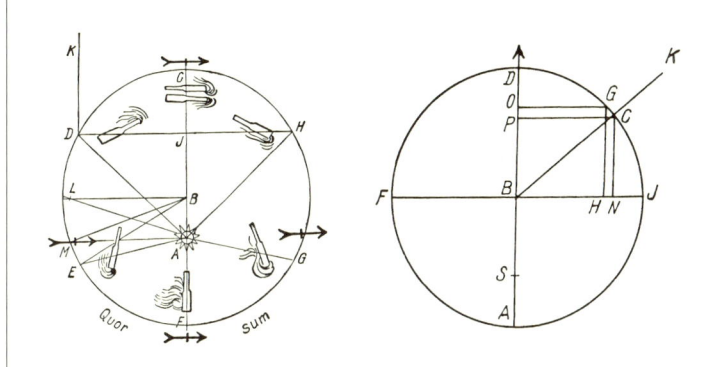

任意の点における秤動の速さの尺度は何か

この秤動はその名称に相応しく竿秤を考慮に入れる

そこで、CからDAに垂線を引いてそれをCPとすると、DP、PAの間に竿秤の規則がはたらくだろう。すなわち、KBを支点の取っ手として錘をぶら下げたとき竿が角DBKを作って止まれば、竿BDにかかる重さと竿BAにかかる重さの比はDP対PAになる。つまり、Pを支点として取っ手CPから両方の竿をぶら下げ、竿BAの重さをPD、竿BDの重さをPAに合わせると、DAが、ぶら下げている支点の取っ手CPと直角を作るようになる。私の『天文学の光学的部分』〔第1章命題20〕参照。なお、十分な注意を払ったわけではない実験にあまりたやすく心を煩わさないように。こうしてDP対PAが角ABCの力の強さと角DBCの力の強さの比になる。そこで、DPが逃れる力、PAが求める力を測る。DPに等しい大きさを取ってASとし、これをPAから除く。そうするとSPが、逃れる力の妨げを取り除いた、純然たる求める力の尺度である。これは、ADを純然たる最大の力の尺度とすれば、それに比例する。だが、その半分のDBを最大の

521　　第57章　どういう自然の原理によって惑星はいわば周転円の直径上で……

力を測る尺度とすれば、PSの半分のPBつまり平準アノマリアCBJの正弦CNが、惑星と太陽がこういう位置にあるときの純然たる接近力を測る尺度となる。したがって、平準アノマリアの正弦が、太陽に対してそういう位置にあるときの惑星の接近力の強さの尺度である。しかもこれは力の増大を測る尺度である。

　この連続的な力の増大によって形成された秤動空間を測る尺度は全く別のものである。観測結果の示すところでは、平準アノマリアJCに離心アノマリアGJが対応するとすれば、秤動の大きさを測る尺度は弧GJの正矢JHだからである。これを先に挙げた速さを測る尺度CNからも導き出せれば、経験を秤の論証と一致させたことになるだろう。各々の弧の正弦がその角度の強さを測る尺度だから、正弦の和が円を等分した全ての部分にわたる強さないしは作用する力の和を測るおよその尺度となるだろう。そしてあらゆる部分に共通の結果として出てくるのが秤動全体の大きさである。だが、弧JGの正弦の和（混乱を避けるために他の場合には相異なるアノマリアJCとJGを今は等しいものとする）と四分円の正弦の和の比は、その弧JGの正矢JHと四分円の正矢JBの比とほぼ等しい。私は「ほぼ」と言った。すなわち出発点において、正矢が小さくて増大の仕方も小さいとき、正矢は正弦の和より半分ほど小さな値を示す。今、四分円90°の各部分を取るものとする。90の正弦の和は5789431である。私はかつてその全てを順に加えた〔第43章参照〕。1°の弧の正弦の和つまり最初の正弦は1745である。90の正弦の和とこの正弦の比は100000対30である。それに対して、四分円の正矢は100000で、1°の正矢は15になる。これは30の半分である。

　読者はこの非幾何学的でずさんな出発点に決して落胆しないように。秤動の小部分が感知されないうちは、両者の計算結果の相違も感知されないからである。今、15の正弦の和は208166だが、これは〔90の正弦の和に対して〕3594になる。一方、15°の正矢は$\frac{3407}{100000}$で、正弦の和よりほんの少し小さい。同様にして30の正弦の和は792598だが、比例の規則によりこれは秤動の100000分の13691を示す。一

与えられた時点まで秤動によって形成された空間を測る尺度は何か

ある弧の正矢とその角度まで1°ずつ足していった正弦の和の比はどうなるか

比は感覚的にはほぼ一定である

方、30°の正矢は13397になる。60の正弦の和は2908017〔つまり90の正弦の和に対しては約50230〕だが、これは50000より少し大きな値を示す。それに対して、60°の正矢は50000である。

そこで、天において各惑星の本体が太陽に合わせて適切に置かれたと想定されるとおりに磁石を置けば、磁石本体の秤動が空間を形成して、正矢が測り取るような大きさになるだろう、ということを証明した。一方、惑星本体は離心アノマリアの正矢を測るのと同じ尺度に従って秤動することが観測によって裏づけられる。それ故に、各惑星の本体は磁石であり、われわれが述べたように太陽に合わせて配置されているとすることは、きわめて理に適う。

弧JCとJGを同じものとして取りあげたのがそんなに悪い方法ではないことを示さなければならない。惑星本体の円弧JCが平準アノマリアを測る尺度だと言うとき、私の言い方は適切である。そのときは、CNが、太陽が直線BK上にあるときの惑星に相応しい力の強さを測る真の尺度である。一方、JGがアノマリアJCに対応するような離心アノマリアを測る尺度だと言うときは、離心円を表すために惑星本体の円周を誤用したので、私の言い方は不適切である。だが、離心円の下降する半円では、離心アノマリアの大きな弧がそれより小さな平準アノマリアの弧に、つまりJGがJCに対応するから、全体としてJGではJCより多数の正弦が合算される。これは当然である。すなわち、正弦が力の強さを測るが、力は時間に応じて、また（近くでは磁石がより強力に作用するから）太陽への近さに応じて、要するに弧JGに応じて作用するので、JCにおいてはJGにおいて見出されるのと全く同数の正弦が立てられるはずである。

ただGHがCNより長いので、その多くの正弦を適切な値より長く取る点で、誤りを犯す。

だが、まず、この過剰分はそれ自体が非常に小さくて感知できない。四分円の始まりにおいては弧JCとJGの差が小さくて正弦も小さく、離心円の均差CGが最大となる四分円の終わりにおいては両方の正弦の差異が小さいからである。

<small>すでに証明した磁石の秤動を観測された惑星の秤動に適用する</small>

<small>＊離心アノマリアの正矢どうしの比が、その離心アノマリアに対応する平準アノマリアの正弦の和どうしの比とほぼ正確に同じこと</small>

<small>＊＊任意の弧において惑星がゆっくり動くほど、小さな平準アノマリアの部分を作るはずなので、平準アノマリアの正弦の集まりが、その平準アノマリアに分散した作用の適切な尺度となりうる</small>

第57章 どういう自然の原理によって惑星はいわば周転円の直径上で……

次に、この誤りはわれわれに好都合である。正弦の和は常に正矢より少し大きな値になるが、経験から薦められたのは正矢のほうで、われわれはここでそれを用いて秤の規則と磁石の規則を適合させ一致させようとしている。したがって、短い正弦の代わりに長い正弦を加算する現在のこの誤りは、正弦の和の代わりに単純な正矢のほうを用いれば避けられる。正弦の和は正矢と完全には等しくならず、秤動の結果においては正矢を超過するからである。

＊正矢と正弦の和との間にあると想定した比の不足分は、平準アノマリアの代わりに離心アノマリアの長すぎる正弦を集めると、反対の誤りによって相殺される

したがって、われわれは最良の論拠によって事柄を感覚的に捉えられる近さにまで導いた。以下を結論としよう。惑星本体は、磁石に準じて竿秤の規則により、太陽の方に向く架空の周転円の直径上で接近したり離れたりする。また力の作用する本体の実際の直径DAは平均的な長さの向かう方向を指す。つまり遠日点が獅子宮29°にあるから、この時点ではBDが金牛宮29°、BAが天蝎宮29°にくる。

こうして秤動での接近は、知性のはたらきなしに、単独ではたらく惑星に本有の磁石の力によって遂行される。けれども、その力は太陽に向かう力ないしは太陽から逃れる力として外部にある太陽本体による限定を受ける。しかも、磁石どうしを結びつける磁石間のこの力は相互的でなければならないのに、すでに用いた論拠から明らかなように、ただ純然たる引き付ける力と解していたが、それでも太陽に惑星を引き付ける力のあることを私は第39章で否定した。ところがここでは〔惑星について〕、引き付ける力と同時に、異なった位置では斥ける力も想定する。あるいは太陽はまだ磁石化されていない鉄のように、たんに引き付けられるだけで引き付けないとも想定されるかもしれない。太陽の磁力線は円だったが、惑星のは、ここでは直線と見るからである。

惑星本体に具わった磁石の力は太陽本体の類似の力によって喚起され現に作用するようになる

この磁石の例によって一般的な事柄の可能性を論証すれば私には十分である。ただし個別的な事柄についてはためらっている。実際、地球について言うと、地軸が一定の傾きを保つことによって四方点〔東西南北〕で一年の四季の推移が実現するが、その地軸がこの秤動にも遠日点にも不適当なことは確かである。太陽の遠地点もしくは

この磁石の例の難点と不完全さ

地球の遠日点は、今日ではほぼ至点と一致しており、そのほうがわれわれには好都合であるにもかかわらず分点とは一致しないし、また四方点から同じ間隔の所にずっとあったわけでもないからである。もしこの地軸が適切でないとすれば、地球の本体全体に適切な軸は全くないように思われる。地球の本体全体が先に挙げた軸の周りを休止することのない毎日の回転運動によって回転してきた以上、同じ所に休止しているような領域は、地球には全くないからである。

ところが実際には、完全に物質を対象とする磁石のどんな性能も、媒介となるもの、つまり公転中に絶えず相互に平行を保つ本体の適切な直径がないために、特に惑星に委ねられた役割を果たせない場合がある。そういう媒介となるものの欠如はすでに惑星のひとつ地球において明らかだった。そこでその場合には、知性（mens）を呼び出さなければならない。第39章で述べたように、知性がやって来て、太陽の増大する視直径を熟視したうえで走破する距離を認識し、当の性能が霊的〔ないし精神的〕*なものであろうと自然なものであろうと、球体を平行状態に調整する性能を支配し、自らの球体がしかるべき仕方で太陽の作用によって推進され、太陽に対して秤動するように図ることになる（下位段階の性能をもたなければ、純粋な知性は物体に直接はたらきかけることができないからである）。同時に知性は、秤動にかかる時間が公転周期と完全には等しくならないように、またこうして長軸端が移行していくように、思案をめぐらすことになる。こういう事柄が真実らしいことは第39章で明らかにした。

すでに観測結果から、第39章では未知だった太陽の視直径を変化させるこの秤動の大きさと規則は把握しているので、残る課題は、そういう規則が、惑星の知の対象として真実らしく思えるものかどうか、見てみることである。離心アノマリアの正矢が、秤動の大きさを測る尺度となる、というのが秤動の規則だった。

そこで初めに、観測結果によって裏づけられるように、惑星が離心円の等しい弧を通過した後、γ、ι、λ、ζではなくγ、κ、μ、ζに見出されるのを所与のこととして認めたとき、太陽の視直径の

*この秤動の知的原理については、何となく理性（ratio）の行う論証と解されたりしないように、私は「理性的」と言うのを差し控える

太陽の視直径の増大は平準アノマリアの正矢と比例する

増大は平準アノマリアの正矢を正当な尺度として表せる、と私は主張する。さらにまたわれわれは離心アノマリアの正矢が秤動の尺度であることも知っている。

　そこで、惑星に知性のようなものが付与されているとすれば、その惑星の知性が秤動によって走破した空間を知覚するのは、第39章で述べたように、増大した太陽の視直径を拠り所にするほかない。したがって、惑星の知性は、太陽に接近することで規定の大きさまでその視直径を増大させるために、平準アノマリアの正矢を知る必要があるだろう。

　この課題の証明は以下のとおりである。惑星が不完全な離心円の等しい弧CD、DE、EFの各々を通過した後、γ、κ、μ、ζにあるものとする。点DとHを結んで直径CFとの交点をJとする。すると直線δκθとεμηは、作図により、周転円を離心円の弧と相似の弧に区切る。故に、γζ対γκがCF対CJで、一方の分割の仕方が他方の尺度となるだろう。

　以上のとおりとすると、γ、κ、μ、ζから眺めたαにある太陽の直径の増大分は、平準アノマリアの正矢が大きくなっていくときの尺度と同じ尺度で加算されるだろう、と私は主張する。それを全部にわたって証明するのは、ここでは不適切だろう。中間部と両端とでともにそうなることを証明すれば、全部にわたってそうであることは容易に理解できるだろう。さて、Cでは平準アノマリアが0°で、正矢も0であり、γから眺めた太陽は最も小さく見えるので、その増大分も同様に0である。Fでは平準アノマリアが180°で、正矢は直径全体の200000に等しい。そしてζから眺めた太陽は最も大きく見えるので、増大分全体の大きさが出てきたことになる。

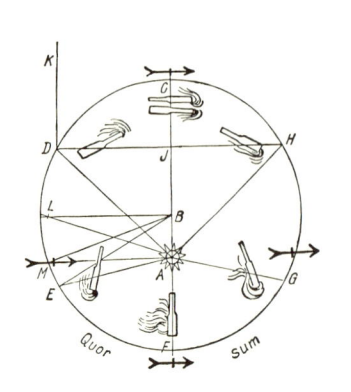

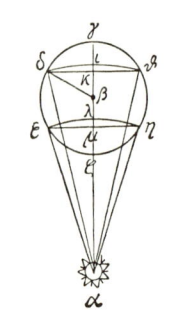

　平準アノマリア90°に対しては、

\*離心アノマリアの正矢が惑星の秤動の尺度になり、平準アノマリアの正矢が惑星本体に想定した観察者にそう見えるような太陽の直径の増減の尺度になる。

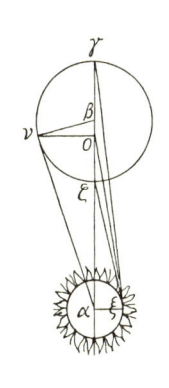

AからCFに垂線AMを立ててM、Bを結ぶ。またαからνに向かって周転円に接線を引き、接点νと周転円の中心βを結ぶ。そうすると、エウクレイデス第3巻命題18によりανβは直角であり、作図からMABも直角である。また作図からβνとBAは等しく、βαとBMも等しい。故に、2つの三角形は合同である。したがって角νβαとABMは等しい。νからγζに垂線νoを下ろす。そうするとνoβは直角なので、角MABと等しい。また角νβoはMBAと等しかった。故に、2つの三角形は相似であり、νβ対βoはMB対BAである。その逆も言える。またνβ、βγ、βζは等しく、MB、BC、BFも等しいので、νβとβoを合わせたγo対oζが、MBとBAを合わせたCA対AFである。そうすると、CAが離心アノマリアCBMの正矢であり、それが対応する秤動の部分を測る尺度と想定しているので、線分γoがその部分ということになる。それ故に、この離心アノマリアCBMないしは90°の平準アノマリアCAMにおいては、惑星はoにあるだろう。

ところが、平準アノマリア90°つまり角CAMの正矢は直径全体の半分すなわち100000である。そこでまた、Aつまりαにある太陽の直径をoから見た大きさはγから見た大きさとζから見た大きさの中間にくることになり、こうして惑星がβより下位のoに来るときに増大分の半分の大きさが出てきたことになる、と私は主張する。

すなわち、太陽本体の半径をαξとし、ξをζ、o、γの各々と結んで、視角をξζα、ξoα、ξγαとする。AFとζαが等しくACとαγも等しくて、CA対AFがγo対oζなので、γα対αζはγo対oζとなる。だが、γξとγαおよびζξとζαの相違は感知できないほどだから、感覚的にはγξ対ξζがγo対oζとなる。したがって、三角形γξζにおいて、角ξは線分ξoによって分割されており、こうして底辺γζは2辺γξとζξの比に分割される。故に、エウクレイデス第6巻命題3の換位命題により、角γξoは線分ξoによって2等分されており、角γξoは太陽の視直径の増大分全体である角γξζの半分である。以上が証明すべきことだった。そこで両端と中間部については、秤動の直径が惑星によって離心アノマリアの正矢の比に分割されると、太陽の視直径が平準

アノマリアの正矢の比を取って増大することは確かである。

　いっそう明白にするために、部分的に以下のようにしても歴然とする。BからCFに垂線BLを立て、Aを中心にBCに等しい半径で弧を描きBLとの交点をLとし、AとLを結ぶ。そうすると、離心アノマリアCBLは90°だから正矢CBは直径の半分の100000になる。故に、秤動γβも全秤動γζの半分になる。したがって〔太陽からの〕距離はβαになる。一方、作図からALはβαに等しい。故に、惑星はLにあるだろう。そしてALはBCつまりBMに等しく、BAは共通の辺で、角LBAもMABも直角だから、三角形BMAとALBは合同である。故に、BLもAMと等しい。ところが上述のようにAMはανと等しいので、BLもανに等しい。だが、ανは直角αονに対する辺だから鋭角ανοに対する辺αοよりも長い。故に、BLもαοより長い。そしてALはBLより長い。したがってALはαοよりずっと長い。それ故、太陽はαοの距離よりもALの距離を取るほうが小さく見える。ところが距離αοを取ると、つい先ほどのように〔太陽の視直径は〕最大と最小のちょうど中間の大きさに見えた。それ故、ALの距離を取ると太陽は中間の大きさより小さく見える。したがって、Lにおいて離心半円の半分が終わっているとしても、太陽の視直径には増大分の半分より小さな値しか出てこなかった。平準アノマリアLACも半分の90°より小さいから、当然である。しかもこれは、第56章で述べたように、第39章でわれわれを苦しめていたことである。すなわち惑星軌道が完全な円だとしたら、太陽の視直径の増大は離心アノマリアの正矢の増大を尺度として出てきただろう。だが惑星の知性にとっては、離心アノマリアの観測は平準アノマリアの観測に比べると不適切な務めなのである。それはもうすぐわかるだろう。そこでこういう相容れない事柄から、平準アノマリアという尺度を惑星に当てるのがどれほど相応しく、またもっともらしいか、見るとよい。

　知性が把握すべき秤動の尺度として、観測結果から薦められる離心アノマリアの正矢を想定したら、惑星の知性は、この離心アノマリアの正矢に適応していけないから、変化する太陽の視直径という

惑星は離心アノマリアを認識できない

第4部―――物理的原因と独自の見解による第1の不整の真の尺度の探求　　　528

媒介手段を失うだろう。惑星の道筋が円ではないからである。しかもその場合、惑星の知性は、標識もないのに、秤動の部分ないしそれによって形成されるべき空間を知ることになるだろう。それは先に不条理な事項の中に入れた。さらに惑星の知性は、離心円の中心から遠日点を通って引いた直線と同じ中心から惑星の球体の中心を通って引いた直線との間にできる角度である、離心アノマリアも知ることになるだろう。この章の図では角DBCがそれである（またDからBCと平行に直線DKを引くと、角KDBがこの同じ離心アノマリアの補角になる）。そこで、知性が角KDBを認知するのであれば、どうしても3つの点K、D、Bを認知しなければならない。点Dについては〔認知できることは〕疑いない。これは惑星自身の球体の中心だからである。Kについてもそれほど疑念はない。恒星が無限に離れた距離にあるために、BCとDKは、結局、同じ恒星の位置で合致するが、恒星は現実の物体だからである。したがって、惑星の知性がある種の隠れた感官によって、どんな時でも遠日点の宿る当の恒星を視覚の中にとらえることは別に不条理ではない。ただBについては、Bがどんな物体も具えていないので、その感知を惑星の知性の仕事とすることは否定される。

しかもBが注視される理由を取り除いてしまうと、結果も除去される。円CDを描く必要があるならBを注視しなければならない。だが惑星軌道は完全な円ではない。それは第42章で観測結果から証明した。したがって惑星はBを一瞥すらしない。それにBそのものが中心のようになるのはCDの道筋ができた後のことである。ところが惑星が実際にBを注視するとしたら、道筋ができる前からBがあったことになるだろう。

したがって以上の理由から、離心アノマリアの正矢は惑星に秤動の尺度を提供しないと主張する。これが尺度とならないからではなくて、たとえ尺度であったとしても、惑星の知性はそれを看視しないからである。

だが、惑星から見た太陽の視直径の増減を媒介もしくは補助手段

※ ただし、先ほど上に挙げた自然に即した説明の仕方では、こういう考えも必要ない。

※ 惑星は平準アノマリアを認識できる

第57章　どういう自然の原理によって惑星はいわば周転円の直径上で……

として想定し、それを介して惑星は秤動によって直接には知覚できない適切な距離にたどり着くとし、つい先ほど述べた証明に従い、結局、惑星の知性によって知覚されるべき太陽の視直径の変化のための規準ないし尺度を離心円の平準アノマリア、つまり図の角DACあるいはむしろ角KDAとすると、もっと正しい立場に立てる。どちらの標識も知覚できるからである。すなわち、秤動に関しては標識は増減する太陽の視直径の大きさであり、尺度ないし角度に関しては物体を伴った3点である。実際、Aには太陽そのものがあり、Dには惑星、Kには遠日点の指標である恒星がある。

そこでおそらく、（これはすでに第39章で、自然の力が天体の運行を司るのに十分でない場合を想定したときに採用した考えだが）惑星には恒星と太陽の光を感知するはたらきが付与されており、光の放射が惑星本体の中心に集まってくることによって惑星は平準アノマリアのこの角度を推算する、と言うべきだろう。

唯ひとつ説明しなければならない困難がある。何故、ここで平準アノマリアの角度そのものが、太陽への接近によってその視直径を増大させるという惑星の仕事の尺度にならず、角度よりその正矢のほうが尺度になるのだろうか。また惑星はどういう媒介手段によって平準アノマリアの正弦を知覚するのだろうか。惑星自身も人間の慣習に従い幾何学的な推論によって進んで行くのだろうか。とはいえ、天体の運行を司る務めで惑星の知性に相応しいようなものは、これまでいずれもこういう推論によることなく、万物の原初の創造から今日にまで及ぶ神的な直観によって遂行されてきたのである。

ここで少し前の記述の中の、平準アノマリアの正弦が角KDAの強度の指標だということを、繰り返しておく必要がある。この角についてはアリストテレスも『機械学*047』で述べており、本章でも少し前に言及した。すなわち、2本の腕木を鈍角になるように組み合わせると、直角にした場合よりも簡単に真っ直ぐに伸び、しかもその簡単さの程度は正弦に比例する。これに対して2本の腕木を組み合わせて鋭角にすると、先端どうしを合わせることで、直角に組み合

---

惑星の知性が確かに平準アノマリアの角度を看視したとしても、推算するのはその角度の大きさではなく正弦のほうである

*少し前には離心アノマリア（あるいはそれに対応する平準アノマリア）の正弦が秤動の強度の指標で、離心アノマリアの正矢が形成された秤動の指標だった。それと同様にここでは平準アノマリア自体の正弦が太陽の視直径が増大する速さの指標であり、平準アノマリアの正矢が、それ以前のあらゆる走行の速さによって得た視直径の増大分の指標である。

第4部——物理的原因と独自の見解による第1の不整の真の尺度の探求

わせた場合よりも簡単に重ねて一直線にすることができる。少し前に掲げたことの中の証明を想起されたい。

> 惑星は正矢をどのようにして認識するか

したがって、惑星に角度の強さを感知する能力があることを認めさえすれば、（人間の場合を考えると）角度の正弦が惑星に知られると言っても別に不条理はないだろう。だが何故、惑星は角度の自然な強度を感知できるようになるのだろうか。当然、われわれは自然の原理に戻る。先の場合と同じく、惑星の本体には、太陽に向く方向の線にはたらく磁力を具えているような一定の領域があるとする。ところが今度は先の場合と違って、何世紀も経過するにつれて軸をほんの少しだけ傾けることを除けば、太陽によって運ばれるかぎり、その磁石の軸を絶えず同一の恒星の方に向けるのは、物体としての自然な性質ではなく、精神的〔ないし霊的〕な性能つまり内にあって惑星本体を支配する性能に付与されているとする。そうすると、精神的な性能と磁石の性能との戦いが生じるだろう。そして精神的な性能が勝利をおさめる。第34章で、惑星本体は静止しようとする自然な傾向をもつが、外部からくる太陽の力によって動かされると言ったのは、このことにほかならない。

あるいはもっと適切な例を挙げよう。人間の腕の自然な重さは下方の地球の中心へと向かう。だが精神的な性能のおかげで、旗手は旗を頭上に掲げて振り回すことができる。この場合、精神的な性能が自然な重さを克服する。旗手の肉体があらゆる性能とともに死すべき定めになっていなかったら永遠に克服しつづけるだろう。

以上のように想定すると、惑星の知性は、磁石の軸を保持するために具わった精神的な性能と太陽への指向性をもつ磁石の力との戦いから、角度の強度を把握し知覚することができるだろう。

こういう説明の仕方は、月を例にとっても確かめられよう。月は太陽と地球の直径の線上にあると、おそらくこの角度の強度自体のために、いっそう強い推進力を受けるのは確かである。

> 知性が協働する場合の天体運動の特徴

したがって、結局、要点は以下のようになる。惑星は遠日点の位置に来ると、全く太陽に向かおうとせずに、ACの距離に応じて進

第57章　どういう自然の原理によって惑星はいわば周転円の直径上で……

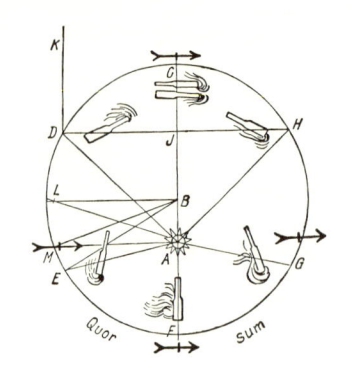

んでいく。この進行で角KDAが出てくる。この角度の強度に比例して、惑星は太陽に接近することで太陽の視直径を増大させる。接近によって距離が減少してADとなる。距離が減少すると進み方が速くなる。したがって角KDAの変化が速くなる。そこで惑星は（他の事柄は等しいまま）太陽の視直径をいっそう速く増大させる。こうして持続的な循環が行われる。これは、われわれが感知できない誤りを無視して思索と計算で立てるような断続的なものではなく、全く連続的に行われる。

これまで以上のことを述べたのは、観測結果によって立証される秤動が惑星本体に具わる磁石の力によっては成し遂げられないこと、またどうしても惑星の知性に逃げ込まざるをえないことを条件としていた。しかし、先の〔磁石による〕自然な運行とこの知性による運行を対比してみると、実際には自然な運行はそれだけで成立し、別に何も必要としない。だが知性による運行のほうは、それに物体を動かす精神的な性能を与えたところで、磁石の作用を示す証拠が出てきて、磁石の支援を呼び求めるように思われる。まず、知性はそれだけでは物体に対して何もできないからである。そこで、秤動する惑星本体にあってその務めを履行する性能を、知性に結び付ける必要がある。その性能は精神的なものか磁石の自然なものか、どちらかだが、精神的なものではありえない。精神的な性能は、支援してくれる他の物体の力がないと、（この秤動で求められるように）ある場所から他の場所へと当の物体を運ぶことができないからである。したがって、この性能は磁石のもの、つまり惑星と太陽という物体どうしの自然な感応であろう。こうして知性は自然や磁石の支援を求める。

次に、この知性はその規準つまり平準アノマリアの半分を走破し

> 知的原理と磁石の原理との対比

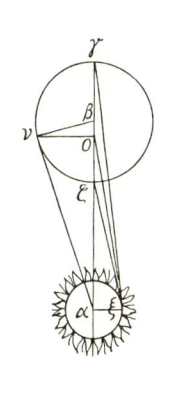

た所で、太陽の視直径を増減するという自身の務めを半分遂行することにより、上方では秤動の大きいほうの部分γοを、下方では小さな部分οζを通過し終える。そしてまたγοもοζもそれぞれの経過時間と対応しない。γοの部分では、そのοζに対する超過分が必要とした時間よりも多くの所要時間を費やすからである。それにζからγへと向かうときの秤動部分の増加の仕方も連続的ではなくて、γκでもμζでも増加分はより小さい。ところが、知性のはたらきは一定不変であるのを常とする。

そのために、知性に精神的な性能と磁石の性能を与え、両者の戦いを仮想する必要があった。この戦いによって、経過時間の等しさによっても形成した空間の等しさによっても思い起こせなかった自らのなすべき務めを、知性に思い起こせるようにした。そこでまたしても知性のために自然からの支援を求めた。

他方、上に明らかにしたように、こういう調節は全て実際には外部からくる太陽の磁力と、それに結びついた惑星自体に内在する磁力のはたらきに属している。したがって磁力のはたらきがそれだけでなすべき務めを果たすのであれば、どうしてそれに知性の指導が必要だろうか。

さらに、地球の軸が太陽の位置する長軸線からずれていることを考慮して、惑星本体に具わる磁力について確信がもてないままであっても、この困難は〔知性を考えようと自然のはたらきだけを考えようと〕いずれの場合にも共通する。知性を想定してみても、知性が角度の強度つまりその角度の正矢を把握する媒介として用いるような、地球に是非とも必要な軸を容認せざるをえないからである。他方、真実らしさを求めれば、論争の余地なく自然の法則に従う惑星のこの秤動については、惑星本体にどのような形で具わっていようと、それを全面的に自然に帰するよう強く促される。

しかも、私が気楽に受け入れて惑星の知性に与えている、太陽と恒星を感覚的に把握する能力自体も、哲学的な素養のある読者に十分に賛同してもらえたかどうか、わからない。

そのうえ、われわれが知性に規定した、可能な全ての方式の中で最善と認められるはたらき方自体にも、ある種の幾何学的な不確実性が入り込んでいるように思われる。これまでいつも〔幾何学的〕論証の道を通って進んできたと認められる神御自身なら、おそらく、こういう不確実性を拒むだろう。すなわち、惑星が、一部は内在する力で太陽の方に接近するにつれて、外来の太陽の作用圏に入ってくるなら（実際にそうなる）、また接近ないしは太陽の視直径増大の規準と想定される角度が増大することによって、各段階の作用が逆に惑星自身の接近する力を強化するのであれば、惑星に固有の奮起による進み方が、結局、一部は惑星自身にとっての尺度になり、奮起の増大の原因とも結果ともなるだろう。けれども、この奮起の仕方がそれぞれの部分で不等なので、そのために尺度が必要だろう。そこで論証の形を取らずに、いわば挟み打ち法（regula falsi）で、各々の作用を調整する力の吟味が行われるだろう。こうして同時に、同じ本体の公転運動に、それらの力が発揮されていくだろう。

　おそらくは、この非幾何学的な尺度から直接、遠日点漸進の誘因を見出せるのではないかと思いたい人もあるかもしれない。だが第35章では、この種の運動が別の原因つまり他物の介在による遮断によって発生しうるかどうか、小さな鉄板が小さな鉄棒に対する磁石の力を遮るように、各惑星の本体が、太陽に向かって傾くもとになるそれぞれ固有の磁石の作用を相互に妨げ合うのかどうか、未解決のままに残した。太陽の力の作用については、考慮のうえ、全ての惑星に共通な太陽の作用が、別の惑星の介在によってある惑星に対しては遮られることがないように、太陽本体と各惑星本体の本質の間に区別を設けた。惑星どうしの本体の間には区別を立てなかったので、こういう遮断が原因として残っているように思われる。そしてまたこの問題は、秤動を司るような磁石としての惑星本体の正しい性状を把握しつくさないかぎり、完全には解決できなかった。

　推論の実例を掲げよう。惑星の磁石的性状が、少し前に導入したが後になって地球については否定したようなものだとしよう。この

遠日点の漸進に関して出てくる知性の想定

再び遮断について

遮断によっては遠日点は移動しない。自然な方法でも移動しない

第4部────物理的原因と独自の見解による第1の不整の真の尺度の探求　　　　534

性状には、他物の介在による遮断からの妨げは起こらない。磁石の作用の効果は、太陽に向かうことと太陽から逃げること、その間に、磁石中枢の磁力線を真っ直ぐに保つことだった。したがって、別の惑星が太陽と当の惑星の間に入ってきて、太陽に由来する共通の運動は妨げないが、太陽に向かう動きないしは逃げる動きを妨げれば、当の惑星の太陽に向かう動きや逃げる動きは適正なものより小さくなるだろう。こうして何世紀も経つにつれて公転軌道の大きさは公転周期とともに変化するだろう。そして反対の蝕によって再びそれが修正されるだろう。だが、この他物の介在による遮断から遠日点が移動することはないだろう。したがって、先に挙げた遠日点の動きの原因は、仲間ないしは相手もなく、依然として単独で作用する。

**知性を仮定しても動かせない**

　知性が上述の仕方で秤動を司るのであれば、遮断の被害は何もないだろう。すなわち知性は、上述のように太陽の視直径の増大を測る規準として平準アノマリアの角度を用いるだろう。そして太陽が覆い隠されると、その短い時間は平準アノマリアを感知できなくなるが、再び太陽が姿を現して平準アノマリアが見えるようになれば、うまく行くと、看過してしまった分を埋め合わせることができるだろうからである。実際、何らかの形で知性があれば、知性は精神的性能を支配し、生じた事態に応じてその性能をそれぞれの場合に一様でない方法で用いる。したがってこの場合も、日蝕によって忍び込んだ、尺度（平準アノマリア）とそれによって測られるもの（太陽の視直径）との食い違いを取り除くために、どうして知性が臨時にその性能を用いないことがあろうか。しかも他にもこのような類の緩慢運動、例えば、地軸が太陽ではなくて、あれこれの異なる恒星の方に向くことから生じた分点歳差がある。この場合、太陽光があっても分点歳差には影響を及ぼさないから、太陽光を失っても全く何の影響も生じえない。

**自然学者は遮断を否定するためにどんな主張ができるか**

　そこで、第35章に挙げた太陽に由来する〔惑星を〕運び去る共通の力の場合と同じく、それぞれの惑星に固有の秤動の場合も、磁力遮断による不都合を避けるために、以下のように主張できる。すなわ

535　　第57章　どういう自然の原理によって惑星はいわば周転円の直径上で……

ち、磁石的な性状に関しては、確かにそれぞれの惑星本体は似たようなものかもしれない。だが、これらの本体は相互に遠く離れすぎているので惑星の作用圏が互いに重ならない。あるいは、太陽から放出される力の作用が（そして惑星を回転運動させる力も惑星に固有の力を現実に作用させる力も）強すぎるので、それより力の弱い小物体の障碍によってすっかり妨げられることはありえず、むしろ光が水の球体を透過するように通過する。あるいは、各惑星の本体はきわめて小さいから全く何の作用も及ぼさず、太陽は別の惑星によって、自身が動かしている当の惑星から完全に遮断されることはない。それは太陽が月によって地球からすっかり遮断されることが決してないのと同様である。確かに月にとっては太陽全体が数時間覆い隠されることはあるが、月の秤動はやはり太陽ではなく地球に向かって起こり、月と地球の間には何の物体も介在しないから〔太陽が見えなくても〕月自身が地球を見失うことは決してありえない。

　でも、遠地点の移動は一時的なもので、日蝕の起こったことが原因となって生じるとするのがもっともらしいと思う人もあろう。その場合は、日蝕で中断した（その間に惑星は太陽によって別の角度とそれに応じた力の強さへと移されている）秤動に、日蝕が終わったとき急な速さの違いが生じないように、日蝕後は太陽に対する軸の傾きを日蝕開始時の状態と同じようにして、惑星自身が飛び越した角度の分を埋め合わせる、と主張してもよい。それで遠日点の移動は達成されるだろう。しかしその移動は飛び越しによる断続的なものとなって、惑星による別の蝕が起こるまで、恒星下の同一の位置で、移動したままの状態が非常に長い年月にわたって続くことになるだろう。

　だが、先の遠日点移動の原因は、それぞれの事象の関連が非幾何学的なために、秤動が恒星下での公転運動からずれたことから出てきたもので、遠地点の一様な移動のためには、むしろそちらのほうがよかっただろう。

　最後に、以上の原因のどれも該当しなければ、磁石の軸が常に一定の方向に向くよう司る精神的性能を具えた知性が、何世紀にもわ

| 知性を想定したとき、どんな条件があれば遠日点の動きを遮断のせいにできるか

| 知性を想定した場合の遠日点移動の第2の原因

| 第3の原因

第4部——物理的原因と独自の見解による第1の不整の真の尺度の探求

たってその軸を傾斜させていく務めももっている、とすべきである。しかし以上のどんな原因も、さらにはまた一般的に知性すらも立てないのであれば、われわれは自然の中に心の安らぎを求めることにしよう。自然が他のあらゆる課題を解決してくれたとき、同時に遠日点移動のすばらしい誘因も明らかにしてくれる。★048

# 第58章

## 第56章で証明し発見した秤動も不適切に使用するとどのようにして誤りが入り込み、惑星軌道が豊頬形(buccosus)になるか

陽気な乙女のガラテアは、私にりんごを投げつけて、
柳の下に逃げ隠れ、先に見つけてほしいと望む。[*049]

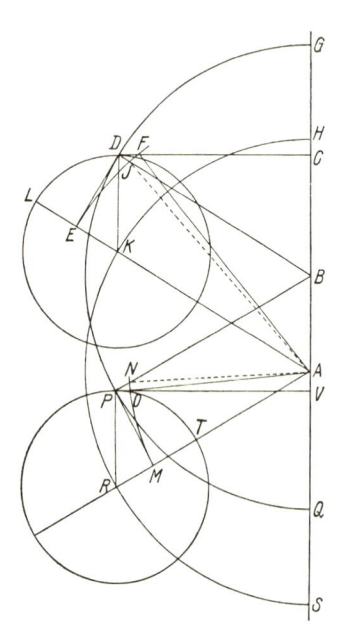

自然に関しては、まさにウェルギリウスの口から出たこの真実を歌おう。近づけば近づくほど、自然はますます気まぐれな戯れをして、さらに多くの回り道をさせ、すばやく捕らえて引き留めようとする者の手から逃れるからである。しかし、私の失策を弄ぶかのように、自分を捕らえるよう誘うことを止めない。

本書全体で考察してきたのは、たんに距離を観測結果に一致させるだけでなく、これまで第16章の代用仮説から借用せざるをえなかった均差も同じく適切なものにするような、物理学的仮説を発見することだった。非常に正しいこの仮説によって、同じことを試みながらも方法がまちがっていたので、再び私は課題全体について不安を抱きはじめた。長軸線上にA、Bを中心として等しい円GD、HKを描き、ABを円GDの離心値とする。離心アノマリアもしくはその角度の値を弧GDないしはHK

第4部——物理的原因と独自の見解による第1の不整の真の尺度の探求　　538

とする。これは第3章で述べた理論上の等値による。Kを中心にABに等しい線分KDを半径として周転円LDFを描く。すると第3章の理論的等値により、この周転円と円GDはDで交わるだろう。AKを線で結んで周転円とLで交わるまで延長する。すると、弧LDは離心アノマリアの弧GDないしはHKと相似になる。さらにBとDを結ぶ。また点DからGAとLAに垂線を下ろして、それをDC、DEとする。すると、これまで第56章で証明したことにより、AEがこの離心アノマリアでの適切な距離となることは、争う余地がない。この離心アノマリアに関して問題になるのは、ここでどれほどの時間が費やされたかということである。その弧〔GD〕の正矢GC、あるいはそれに離心率を掛けて得たLEをGAから引くと、適切な距離AEが出てきた。以上の証拠から、距離AEの一方の端を、本来なら正しい直線DC上ではなく、DB上の点Jに求めなければならないと思い込んでいた。そこで、Aを中心にAEを半径として弧EJFを描き、DBとの交点をJとした。したがって、私の思い込みによれば、位置についても長さについてもAJが適切な距離であり、JAGが実際に平準アノマリアであるはずだった。ところが、弧EJFがもっと上の位置Fで直線DCと交わるのは明らかである。それ故に、角JAGとFAGとは角JAFの分だけの相違がある。

したがって、線分AFの代わりにAJを用いたのは誤りだった。★050 最初にこの誤りを発見したのは実際に試してみたからだった。すなわち、全ての距離と小面積DABも用いて、DAGの面積の大きさを調べてから、経過時間に変換したこのDAGの面積に、角FAGではなくて角JAGのほうを合わせてみたとき、十分に確実な代用仮説から得た値に比べ、上方の半円で5′30″大きな値、下方の半円で4′小さな値を得た。こうして、均差が真の値と一致しないので、私は再び、最も正しいこの距離AEと惑星の秤動LEとにその罪を負わせはじめた。ところが、その罪を負う被告は、Fの代わりにJに着目した私の誤った方法だった。多言が何になろうか。斥けられ追放を命ぜられた真実そのもの、事物の自然本性が、裏口からこっそり舞い戻っ

第58章 第56章で証明し発見した秤動も不適切に使用すると……

てきて、装いを変えた姿で私に受け入れられたのである。つまり直径上の秤動LEを放棄し、秤動とは全く異なる仮説に従うものと考えて、再び楕円を呼び戻しにかかったけれども、次章で証明するように、この2つの仮説は完全に一致する。ただし、先の方法で犯した誤りが今度の方法では訂正されており、必然的にJの代わりにFを用いたところが異なる。

　私の論拠は第49、50、56章で述べたようなものだった。第43章の円は過剰になる点で誤っており、第45章の楕円は不足する点で誤っている。そして前者の過剰分と後者の不足分が等しい。ところが、円と楕円の間には別の楕円以外の形は何も入らない。したがって、惑星軌道は楕円であり、その場合の半円から切り取った三日月形は先の三日月形の半分の幅つまり429という値をもつ。

　惑星軌道が楕円だとしたら、Fの代わりにJを用いることができないのは明らかだった。Jを用いると惑星軌道が豊頬形になるからである。すなわち、下方の角QBP、SARが角GBD、HAKに等しいとする。Rを中心に再び先のものと等しい周転円PTを描き、周転円と離心円の交点PからBQとARに垂線PV、PMを下ろし、PとBとを結ぶ。またAを中心にAMを半径として弧MNを描き、PVとの交点をO、PBとの交点をNとする。そうすると、角を上に取った場合と対応する方法は、Fの代わりにJを用いるのと同様に、今度はOの代わりにNを用い、ANを、長さにおいてのみならず位置においても適切な距離と考えることである。そうすると、J、Nやこれに類するその他の点によって惑星軌道が豊頬形になる。すなわち、弧GDとQPは等しく、共通の中心から出た直線BD、BPは切り取られた三日月形と交わる。ところが、中心に向かって伸びた三日月形の幅を示す線分DJとPNは不等で、DJのほうが小さくPNのほうが大きい。EDとMPは等しく、角EDJとMPNは直角だが、半径AEのほうが長いから円EJのほうが大きく、半径AMは短いから円MNのほうが小さいので、一般にPNのほうが大きく、DJのほうが小さくなるからである。故に切り取られた三日月形は上のDのほ

うが狭くて下のＰのほうが広い。ところが楕円の場合には、この三日月形は長軸端ＧとＱから等しく離れた所にくる点における幅が等しい。したがってその道筋は豊頬形で、それ故に楕円でないのは明らかである。しかも楕円から適切な均差が出てくる以上、この豊頬形から不適当な均差が出てくるのは当然である。

　改めて楕円から均差を算出する必要はなかった。それに、楕円がその務めを果たしてくれるだろうということはわかっていた。ただ距離についてだけは、ひょっとして楕円から取り出したものが紛糾をもたらしはしないかと懸念していた。だが、たとえこういうことが起こっても、距離では〔100000分の〕200の不確実さのあることが、逃げ道として用意されていた。そこで、そのことにもそれほど拘泥しなかった。何より最も大きな不安は、気が狂わんばかりに考え込んで精査してみても、これほどの真実らしさで、これほど観測した距離に一致する形で、直径LK上における秤動LEを惑星に割り当てられるのに、何故、惑星はむしろ均差を指標として楕円軌道のほうを進みたがるのか、その理由を発見できないことだった。ああ、私は何と滑稽だったことか。直径上の秤動が楕円に通じる道であるはずはない、と考えたとは。こうして私はかなり苦労した末に、次章で明らかになるように、楕円が秤動と両立すると着想するに至った。同時に次章で、物理学的原理から引き出した論拠が、この章で挙げた観測結果や代用仮説による検証と一致する以上、惑星には軌道の図形として完全な楕円以外には何も残らない、ということが証明されるだろう。

# 第59章

## 周転円の直径上で秤動する火星の軌道が完全な楕円になることおよび円の面積が楕円周上にある点の距離の総和を測る尺度になることの証明

### 予備定理[052]

### 1

互いに反対側にある点を頂点として円に接する楕円を円の内に描き、円の中心と接点とを通る直径を引き、他の円周上の点からこの直径に垂線を下ろす。そうすると、これらの垂線は全て楕円周によって同じ比に分割される。

コマンディーノはアポロニオス『円錐曲線論』第1巻21頁に従って、[053]アルキメデス『球状体論』命題5に対する注の中でこの証明を行っている。

すなわち、円をAECとし、A、Cで円に内側から接する楕円をABCとする。接点A、Cと中心Hを通る直径を引く。次いで円周上の点K、Eから垂線KL、EHを下ろし、楕円周との交点をM、Bとする。そうするとBH対HEはML対LKとなり、他の垂線も全て同じ比を取る。

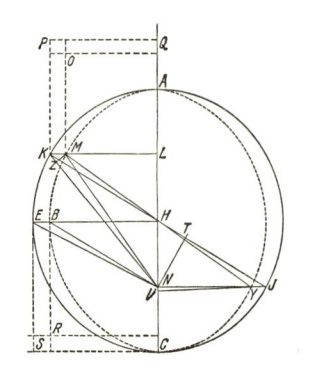

### 2

円に内接する楕円の面積と円の面積の比は、上述の線分の比と同じになる。

すなわち、BH対HEは楕円ABC

の面積対円AECの面積である。これはアルキメデス『球状体論』命題5である。

### 3

直径上のある点から垂線と円周との交点および同一の垂線と楕円周との交点に線を引くと、この線によって切り取られた面積どうしの比もまた分割された垂線の比と同じになる。

　直径上の点をNとし、KMLを垂線とする。NとK、Mを結ぶ。ML対LKつまり予備定理1によりBH対HEすなわち短半径対長半径が面積AMN対面積AKNだと主張する。『球状体論』命題5に対するアルキメデスの補足により、面積AML対面積AKLはML対LKである。コマンディーノはこの補足をこの命題に対する注の中ではC、Dという文字で証明している。一方、直角三角形NLMとNLKの高さNLは共通で、底辺はLM、LKである。したがって、MLN対KLNはML対LKである。故に、それらを組み合わせることによって、全体の面積AMN対AKNはML対LKとなる。これが証明すべきことだった。

### 4

円を任意の数のこのような垂線によって等しい弧に分割すると、楕円は不等な弧に分割され、頂点の所にくる弧が最大の比を用い、中間の位置にくる弧が最小の比を用いる。★054

　すなわち、頂点の付近では、〔円と楕円の〕弧どうしの比が垂線の分割比に近いものになり、それらの弧は長さが垂線に接近していくが、楕円弧はやはり円弧より小さい。中ほどの位置の付近では、弧どうしの大きさが接近して等しいものになっていくが、やはり楕円弧のほうが小さい。楕円弧は円弧より曲がり方が小さいからである。これは自ずから明らかである。

## 5

楕円周全体の長さはその長径を直径とする円と短径を直径とする円の周の算術平均にほぼ近い。

　すなわち第48章で、その直径が楕円の長径と短径の比例中項となり、したがってアルキメデス『球状体論』命題7によって、その面積が楕円の面積と等しくなる円の周より楕円周のほうが長いことを証明した。ところが、算術平均は比例中項より長い。故に、上述の両者はほぼ等しい。[055]

## 6

辺を比例分割した正方形のグノーモン[056]相互の比は、正方形の比と等しい。

　PL、SHを2つの正方形とする。これらの正方形の一辺KL、EHを点M、Bで比例分割したとする。こうしてグノーモンKOQ、CREを描く。そうすると、ML対LKはBH対HEだから、正方形OL対LPも正方形RH対HSとなる。ところがグノーモンは2つの正方形の面積の差である。故に、正方形LP対そのグノーモンが正方形HS対そのグノーモンになる。これを置換すると、正方形PL対HSはグノーモンKOQ対グノーモンCREになる。

## 7

楕円周上にある短半径の一端から長半径に等しい線分を引いて、その先端が長半径上にくるようにすると、この先端の点と中心との間にある線分の自乗は、長半径を一辺とする正方形が短半径を一辺とする正方形の周りに作るグノーモンと等しい。

　短半径HBの一端Bから長半径AHに等しい線分BNを引く。HNの自乗がグノーモンERCに等しい、つまりHNがEBとEBを引いた円の直径の残りの線分の比例中項であると主張する。これは第46章で証明したが、ここでは純粋に理論的な事例で、もっと簡単に手早く証明する。グノーモンは、この予備定理6により、BHの平方と

HEつまりHAの平方の差である。ところが、エウクレイデス第1巻46により、HNの自乗もBHの平方とBNつまりHEないしはAHの平方の差である。故に、HNの平方はグノーモンERCに等しい。これが証明すべきことだった。

## 8

円を任意の数もしくは無数の部分に分割し、その分割点を円周内の中心以外の点と結び、また同様に中心とも結ぶと、中心を起点とする線分の総和は中心以外を起点とする線分の総和よりも小さくなる。

また離心点から相反する側にある点に向かって引いた、長軸線に非常に近い2本の線分の和は、中心から相反する側に向かって引いた2本の線分の和とほぼ等しくなるだろう。だが、中間の位置にくる2本の線分の和は同じ中心から引いた2本の線分の和よりずっと大きくなるだろう。

これは第40章で証明した。故に、この過剰分は線分の数とともに均一に増大するわけでなく、まして正弦とともに増大するわけでもない。正弦の差異は最後にはなくなるが、上述の過剰分の差異は最後には最大となるからである。だが円の一部KNAの面積は均一に増大する。作図の上から、KHAの部分は線分の数とともに増大し、第40章によりKNHの部分は線分に対応する弧〔KA〕の正弦〔KL〕とHNの積とともに増大するからである。したがって、円の面積は、その円周上にくる距離の総和を測る尺度には相応しくない。

## 9

ところが、離心点を起点とした線分の代わりに離心点から中心を通る線分に下ろした垂線によって区切られる線分を取れば、つまり第39章と57章での命名に従い円周距離の代わりに直径距離を取れば、その距離の総和は中心から引いた線分の総和に等しくなる。

円周上に任意の点を選んで、これをKとし、Kから中心Hを通って円周上の反対側の部分Jまで直線を引く。一方、NからKJに垂線

を下ろして、これをNTとする。そうすると、KHとHJを合わせた線分はKTとTJを合わせた線分に等しい。またKHとHJを組み合わせたものの一定数の和を取れば、同数のKT、TJを組み合わせたものの和に等しい。AKをどんな数に等分しようと、線分AN、KTの総和は、一部は線分HA、HKの数とともに、一部は弧〔AK〕の正弦とHNの積とともに増大するので、先に述べたことにより、この総和はKNAの面積とともに均一に増大する。したがって、円の面積とその一部KNAは直径距離の総和を測る尺度になる。★060

## 10

楕円の離心点から等分した楕円弧に引いた距離は、予備定理8の円の場合と同じく、その比が、予備定理4で明らかにした円と楕円の弧どうしの逆比になる。すなわち、離心点から反対側に引いた2本の線分の大きさは、中心から反対側に引いた2本の線分の大きさを上回るが、長軸端の周囲ではそれら2つの比が最小となり、長軸端では全く差がなくなる。一方、中間の位置では、中心から反対側に引いた2本の線分を、最大の比を取って上回る。

これは第40章で明らかである。したがってまた予備定理8のように、楕円の面積は、楕円周上の等分した弧の距離の総和を測る尺度には相応しくない。

## 11

以上の定理を前提として証明を行うことにしよう。

上の予備定理4のように、等分した円弧から下ろした垂線によって分割した楕円において、円と楕円を分割するそれぞれの点を予備定理7で見出した点と結ぶものとする。円周に対して引いた線分が円周距離、楕円周に対して引いた線分が直径距離で、直径距離は周転円の長軸端からの角度が等しい所で作られる、と私は主張する。

中心Hを挟んでKと反対側にある点JからACに垂線JVを下ろして楕円周との交点をYとする。また予備定理7で見出した点Nから、

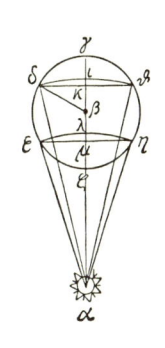

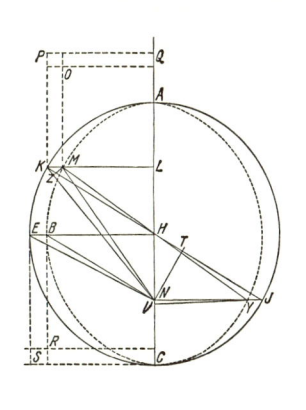

それぞれに同じ垂線との交点になっているK、MおよびJ、Yに、線分NK、NMおよびNJ、NYを引く。再び第39章および57章の図ももってきて、周転円の半径βγは離心値HNに等しく、長軸αγから始まった弧γδは長軸から始まったAKと相似で、αβは半径HAと等しいものとする。NKが円周距離αδであり（これは第2章で証明した）、NMが直径距離ακだと私は主張する。

　まず、KNの自乗はKLの自乗とLNの自乗の和であり、同様にMNの自乗もMLの自乗とLNの自乗の和である。LKの自乗を正方形LPとし、LMの自乗を正方形LOとする。そこで、KNの自乗とMNの自乗に共通するLNの自乗とLMの自乗つまり正方形LOを両者から引くと、グノーモンKOQが残り、KNの自乗はこの分だけMNの自乗ないしは平方を上回る。予備定理1により、KL対EHはKM対EBである。故に、予備定理6により、KLの自乗の正方形KQ対EHの自乗の正方形ECは、グノーモンKOQ対グノーモンERCである。しかもここでは、離心円において弧AKの正弦KL対正弦全体のEHつまりAHは、周転円においても（AKに相似な弧γδ上の点δから長軸の直径ζγへの）垂線δκ対周転円の半径βγに等しい。故にまた、グノーモンKOQ対グノーモンERCがδκの平方対βγの平方に等しい。ところが、HNはβγに等しい。そして予備定理7により、HNの自乗はグノーモンERCに等しい。故に、βγの自乗もグノーモンERCに等しい。また同様にして上述の方法で周転円上の点から下ろした垂線δκの自乗もグノーモンKOQに等しいだろう。ところがその垂線δκの自乗は、円周距離δαの自乗が直径距離καの自乗を上回る分に当たる。故に、それに等しいグノーモンKOQもδαの平方がκαの平方を上回る分に当たる。ところがKNはδαに等しい。故に、

第59章　周転円の直径上で秤動する火星の軌道が完全な楕円になること……

KNの平方はκαの平方をグノーモンKOQだけ上回る。ところが、KNの平方は同じグノーモンの分だけMNの平方を上回る。故に、MNとκαは直径距離として等しい。これが証明すべきことだった。同様にしてNYについても、ζηがCJと相似だから、NYがαμと等しいことが証明されよう。あらゆる場合についてもやはり同様である。 ★062

## 12

さらに同様のことから、円の面積は全体にせよ個々の部分にせよ、太陽の中心から惑星軌道となる楕円の弧までの距離である線分の総和の真の尺度であることが明らかになる。 ★063

すなわち予備定理9により、円全体の面積が、取りあげた分割の仕方でできた全ての弧の直径距離全体に等しいとすれば、離心値の起点であるNで終わるKNAのようなその面積の一部は、その面積を囲む弧KAに含まれる直径距離に等しい。

一方、この場合、先の命題11により、直径距離KT、TJつまり第40章によるκα、μαは、楕円上の点M、Yまでの距離MN、NYと同じものである。

故に、円の面積対楕円上の点の距離の総和は、離心値の起点である太陽の中心Nを一端とする円の面積の一部KNA対その面積を囲む円弧AKが含むのと同じ角度数の楕円弧AMに含まれる楕円上の点の距離の和に等しい。

## 13

ここで次のような疑念が生じる。AKNの面積が、AKに含まれると想定したのと同じ数の楕円弧AM上の点とNとの距離の総和に等しいとしたら、その楕円弧は何か、つまりその境界となる端はどこにあるのか。その弧は、垂線KLによって境界が区切られてはならないように思われるからである。その理由は、予備定理4により、こうすると不等な楕円弧が等しい円弧に対応し、したがって頂点A、Cの周辺では楕円弧は小さく、Bの周辺では大きくなることにある。

ところが、それらの楕円弧にかかる惑星の所要時間を推算し対比したければ、どうしても軌道となる楕円の等しい弧を取る必要があるように思われる。しかも特に、この弧の終端とNの距離がMNの長さでなければならないのは確かだから、第58章のように、Nを中心にNMを半径として弧MZを描くと、その楕円弧を限定する点がどこかに現れるが、その点はMではなく、その弧と線分KHとの交点Zで、その軌道の弧がAZになるように思われる。

　それに対しては、全体にAKNの面積がそこでの所要時間を測る楕円弧は、不等な部分に分割され、長軸端に隣接する部分はより小さくなければならない、と答えられる。

　すなわち、惑星軌道ABCを等しい弧に分割するとしよう。すると、NAのほうがNCより長い分だけ、惑星はCの弧よりもAの弧のほうに長い時間来ていることになる。一方、NAとNCの各々を合わせた線分は楕円の長径に等しい。またHBは楕円の短半径であり、惑星の所要時間も、AとCにくる等しい弧を合わせた場合よりも、Bにくる弧とその反対側にくる弧を合わせた場合のほうが短くなる。したがって、所要時間がAとCの周辺でより短くなり、Bとその反対側の周辺でより長くなって、相反する側にある一組の弧の所要時間の合計が常に等しくなるようにするためには、AとCの所にくる弧を小さくし、Bとその反対側の所にくる弧を大きくしなければならない。ところがそれは、上の異論自体から明らかなように、垂線KMLによってなされる。

　しかし、この解決法によっては、A、Cの周辺の弧がやや短くなければならないのは確かだ、とすることができただけである。だが、垂線KMLによって区切られたこれらの弧がそのままいちばん適正な弧かどうかは、まだ明らかでない。次のような手順でそれが明らかになるだろう。

★064

### 14

　楕円AMCを任意の数の弧に等分してそれぞれの弧にNからの距離

を割り当て、一方で弧AM、AB、ABCにある距離の総和として AMN、ABN、ABCNAの面積を用いようとしたら、予備定理10により、ここで楕円において試みようとしていることを完全な円で試みたときに第40章で起こったのと同じ誤りに陥るだろう。すなわち、中心Hを挟んで反対側にある2つの点M、Yの距離MN、NYの合計をそれより短い線分MHYと考えることになるだろう。

その場合、予備定理10の場合とは逆に、まず円AKCを等しい弧に分割し、それから個々の弧の一端からACに、楕円AMをやはり弧に切る垂線KLを下ろすという規則に従って、楕円AMCを円弧と同数の不等な弧に分割し、それらの弧とNの距離として楕円の面積を用いるなら、犯した誤りは矯正され、完全に補整される。

それを、四分弧の初めのAとCおよび四分弧の終わりのB、さらにそれらの中間に進んだ場合について、証明しよう。

四分弧の始点A、Cにおいて、線分AHCの代わりに2本の線分NA、NCを用いる場合はどんな誤差もない。だが、四分弧の終点でBNつまりEHの代わりにBHを用いると、予備定理10により、生じる誤差つまり不足分が最も大きくてBEになる。そしてこの章の予備定理7により、HE対EBが、正しい長さとこの位置で出てくる誤差の比となる。そこで、距離全体の総和を表すために誤差が不足となって表れる尺度つまり楕円の面積を採る場合、われわれの操作の仕方つまり計算によって、不足分を個々の距離に配分すると、この全体の距離の尺度に関しては、NA、NCが短すぎるように受け取れるだろう。この尺度に欺かれ、NA、NCの大きさには誤りがないのに、全ての線分が同じように不足していると誤るからである。確かにNA、NCはこの総和を正しい値にしたが、総和を個々の線分に配分し直してみると、Bの周

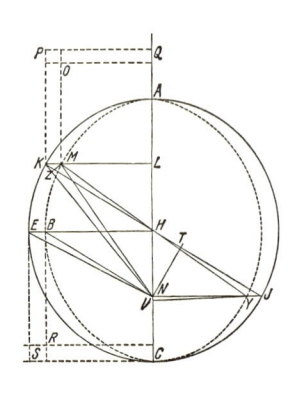

辺にくる他の線分によってその不足分が総和から詐取されたから、これらの線分は正しい大きさにならなかったのである。

　同じ比のままでこの誤差をどう矯正したらよいか、見てほしい。この章の予備定理4により、長軸端AないしCの近辺の非常に小さな弧AK、AMの比はKL対LMつまりEH対HBである。先にはBの近辺の線分の誤差がこれと同じ比で不足となった。これに対して、先に線分AN、NCの合計が線分AHCと等しかったのと同様に、Bの近辺の円と楕円の非常に小さな弧KEとMBは等しい。そこで、先の線分の問題におけるように、今度の弧の問題においては、〔等分した円弧の端から長軸に垂線を下ろして楕円弧を分割すると〕弧の基準として均一で平均的なものを考えた場合、その基準から見て長軸端A、Cの所の弧は小さく、平均的な長さを取るBの所の弧は大きいだろう。かくして、提示した楕円の誤った面積では、欠陥のある距離〔の線分〕の総和から見ると、A、Cにおけるように距離が〔正しいものより〕短すぎる所では、その平均的な大きさから見て弧が小さく、Bにおけるように距離が〔正しいものより〕長すぎる所では、弧が大きすぎる。そこで、長軸端の近辺では短めの距離によって所要時間が少なく集計されるので、弧を小さな部分に分かち、個々の部分にその距離〔の線分〕を割り当てるから、その分だけ多くの距離〔の線分〕をそういう弧に適用する。逆に、平均的な長さを取るBの近辺では、この位置にある不足分を誤差のない長軸端A、Cに移し替えたことで、個々の距離によって所要時間が必要以上に多く集計されるので、大きな弧の部分から距離をもらってくるようにするから、その分だけ集計される距離〔の線分〕の数が少なくなる。A、Cでは、計算上の短さのために個々の距離によっては不可能なことを、距離の取り方を細かく密にすることによって果たし、適切な時間を費やすようにする。Bでは、計算で出てきた長さのために起こるような誤差を、距離をより粗く疎らに取ることによって、同じく取り除く〔こうして補整が行われる〕。

　四分弧の始点と終点について述べたのは以下のことである。すな

わち、EH対HBと同じ比を取りながら、AとCでは円弧が楕円弧と相違しはじめ、Bとその反対側では適正な距離が、集合して楕円の面積となる距離〔の線分〕と相違すること、やはり同じ比つまり確かに等比を取りながら、弧のほうはB、Eで、距離のほうはA、Cで相違がなくなることである。

それらの点の中間に進んだ場合についても同じことが説かれる。

実際、線分NA、NCは線分AHCとのささやかな相違から始まり、急速な増大によって目立つ程度にまでAHCを上回る。逆に、BNがHBに対するように上回る程度が最大となる所では増大が徐々に終息するが、その中間の離心アノマリア45°の近辺では増大分が最も大きい。

それは均差の角度と正割からある程度までは明らかである。すなわち、視覚的均差の角度の正割と正弦全体の差異はBNとBHの差異にほぼ等しく、相対する均差の角度は相互に補助し合って、こういう比となる。45°近辺の視覚的均差の正割の増え方はほぼ最大で、四分円の始点と終点では増え方が緩慢である。この点については第43章末尾を参照。

また垂線KLによって区切られた楕円弧の増え方も、同じ比を取りながら進む。すなわち、始点のA、Cでは、常にAから始まる弧AKと弧の増えた分との比はLK対KMである。だが、弧は全体が小さいので、増え方も小さい。Bのあたりの終点では、四分円に近いから弧ABは大きいけれども、ABに対するAEの比はほぼ等しいものになる。こうして再び増え方は小さくなる。それ故に、弧の増え方は中間の45°のあたりで最も顕著である。

したがって、詳細な考察によって探求できるかぎり、中間に進んでも比が等しいのは明らかである。

証明は非常に確実ではあるが、少なくとも中間の増大の進み方をめぐるこの部分に関しては、拙劣で非幾何学的である。できれば、他の個所のようにこのささやかな個所も幾何学的かつ巧みに切り抜けて、アポロニオスの信奉者すらも満足させたかった。だが、誰か

他の人がみごとな証明を発見して整えてくれるまでは、さしあたりこの証明で満足しなければならない。

## 15

証明の仕上げをしよう。

　AKNの面積がそこでの所要時間を測る尺度となる楕円弧は、LK上にその一端がこなければならないので、AMである。

　これまで、楕円の面積を算出しようとするほど十分な余暇に恵まれたら、AK上の等分した弧と同じ数のAMにくる距離〔の線分〕の代わりに楕円の面積AMNを用いても、目的から外れることにはならないだろう、という仮定に立ってきた。これを、これまで証明した命題の大前提に相当するものとしよう。

　さらにこの章の予備定理3から小前提を加える。3では、AKCの面積対AMCの面積が、やはりAKNの面積対AMNの面積になることを示した。故に、等倍したものどうしの比は同じだから、円の面積AKNもやはりAKに含まれる部分と同数のAM上の(KT、TJのような)直径距離つまり楕円距離の和を測る尺度になると結論される。そこから、A、Cの周辺の楕円の部分に、より間を詰めて取った距離〔の線分〕、つまりAKを等分した円弧からの垂線KLによって楕円上にできる交点と同数の距離を当てるのは正しいことが、明らかになる。

　議論が詳細で錯綜していることに不審を抱き事柄の真実を疑う人が出ないように、まず事柄自体を以下のような手順の試行で明らかにしておく。私はNからの距離の代わりに離心アノマリア1°ごとの直径距離の線分KT、TJを立てて、それぞれの線分を先行する線分の和に順に加えていった。全体を集計すると当然のことながら総和は36000000だった。そこで、個々の和と全体の総和とを対比して、(比例の規則に従って)総和36000000対360°(これは作為的に取った一公転周期の名目上の値である)が個々の和対その和の表示する所要時間〔の角度〕の比になるようにすると、離心値の半分を離心アノマリア

の正弦に掛けたうえで(作為的に取った公転周期の名目上の値である)同じ360°に相当する円の面積と対比した場合に出てきた値と、秒に至るまで非常に正確に同じ値が出てきた。[065]

　次に、適正な距離NMを線分KHに取ってZNとすべきだと考え、こうして平均アノマリアAKNに平準アノマリアZNAを当ててその値を調べたところ、均差は明らかに第16章の代用仮説と一致せず、平準アノマリアの逸脱は、45°の周辺では実際の観測によって見出した正しい値より5′30″の不足で、135°の周辺では約4′の不足だった。ところが、KLがその一端を区切るように楕円弧AMを取って〔距離としてNMを〕用いたところ、平均アノマリアAKNに当てた平準アノマリアMNAは代用仮説と、つまり観測結果とも、非常にみごとに一致した。そこで事柄そのものについては明らかになったので、次いで、いったん取りあげた原理に促されて、事柄の原因も探求しようとした。それはこの章で読者にできるだけ巧妙かつ明白に解き明かした。もし私が出発点として初めに取りあげた物理的原因が堅固なものでなかったら、これほど詳細な探求に決して耐えられなかっただろう。

　私の考え方が錯綜しているためにこの議論が曖昧になっていると思う人がいれば、私はその点については罪を認めるだろう。それもひとえに、こういう問題がどれほど曖昧であろうと、またたいていの人々がこの天体哲学の唯一の目的とする占星術からの需要があまりなかろうと、この問題を手付かずのまま後に残したくなかったからである。なお主題に関しては、上述のような人にはアポロニオスの『円錐曲線論』を読むよう、お願いする。そうすれば、どんなに豊かな考え方ができようと、通り一遍の読書によって理解できるほど簡単に述べ伝えることのできないような主題があることに気づかれよう。熟考が必要であり、また記述内容を非常に頻繁に反芻することも必要なのである。

第4部——物理的原因と独自の見解による第1の不整の真の尺度の探求

## 第60章

## 物理学的仮説つまり最も真正な仮説から
## 均差の各部分と真正な距離を立てる方法
## これまで代用仮説ではこの両者を同時に行えなかった
## 誤った仮説の論証

**第**56、58、59章で想定したのは、太陽に向かって延ばした直径上で惑星が太陽に接近したり遠ざかったりして、軌道がそのために楕円になることと、軌道上の各点における所要時間が、その点と太陽との距離に相当したものになることである。そこで複数の所要時間の和を一気に集計するために、先に述べた第59章の非常に便利な近道が出てきた。すなわち、円周上から円内に描いた楕円の長径に垂線を下ろして（先の図ではKLをACに下ろすものとした）楕円との交点をMとし、太陽がNにあるとすると、太陽Nから楕円弧AM上にある点までの全ての距離の和は、AKNの面積に含まれていることを示した。

<small>与えられた離心アノマリアからそれに対応する平均アノマリアあるいは均差の物理的部分を見出す</small>

そこで円弧AKによって決まる楕円弧AMを想定すると、弧AKの扇形であるAHKの面積が与えられる。そして円全体の面積を360°とする基準の取り方をすれば、弧AKはその扇形の大きさを測る尺度にもなる。

また弧AKが与えられるから、その正弦KLもわかる。ところが第40章で証明したように、KL対正弦全体のEHはHKNの面積対HENの面積である。そこで離心値HNが与えられているから、その半分をHEに掛けると、HENの面積が表せる。円全体の面積が経過時間360°になるとしたらこの小面積がどれだけになるかを知るために、その値を初めの瞬間に一度だけ求める。

こうしていったんHENの面積がわかれば、比例の規則によってHKNの面積を求めるのは非常に簡単である。EH対KLがNEHとNKHの面積あるいはそれを度、分、秒で表した値の比になるから

である。このNKHをKHAの値に加えれば、惑星が楕円弧AMで費やす時間を測る尺度となるKNAができあがる。そこで、均差の一部で私が ⓐ 物理的均差と呼ぶのはHKNの面積である。ただし、私が作成する天文表〔ルドルフ表〕では、均差に言及する必要もなく、ⓑ 均差の視覚的部分つまり角NKHのほうは、それを示す特別な欄も設けない。私にとっていっそう身近なものとなってくるのは、平均アノマリア、離心アノマリア、平準アノマリアという用語である。ⓒ 平均アノマリアとは、経過時間に技巧的に命名したもので、それを表す尺度はAKNの面積である。ⓓ 離心アノマリアとは、惑星が遠地点から通ってきた道つまり楕円弧AMであり、それを決定するのは円弧AKである。ⓔ 平準アノマリアとは、Nから見たような弧AKの見かけの大きさ、つまり角ANKである。★066

| 各々の定義

平準アノマリアの角度は以下のようにして得られる。弧AK〔つまり角AHK〕が与えられるとその余弦LHが出てくる。また正弦全体〔つまりKH〕対LHの比は離心値全体対100000に付け加えるべき部分〔つまりHT〕(あるいは90°より下方では引き去るべき部分)の比となるので、こうして太陽から火星までの真正な距離つまり〔KTに等しい〕NMが得られる。そこで三角形MLNにおいて、角Lは直角で、MNが与えられ、LNも与えられている。LNは、離心アノマリアつまり遠地点からの距離の弧AKの余弦LHと離心値HNとを足したものだからである。90°より下方では、LHとHNの和の代わりにその差を、離心アノマリアの余角の代わりにその〔90°より〕過剰な分の角度を取るべきである。こうして、平準アノマリアの角度LNMが現れてくる。この場合、もう一方の半円で何を変更すべきかは、誰でも容易に推論できる。★067

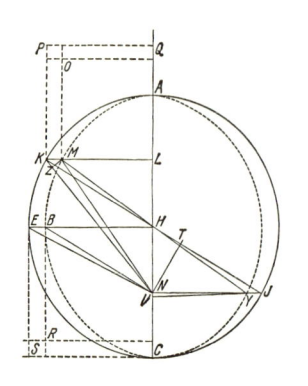

| 与えられた離心アノマリアから平準アノマリアを見出す

逆に、離心値と平準アノマリアが与えられたら、離心アノマリア

| 与えられた平準アノマリアから離心アノマリアと平均アノマリアを見出す
| そのための準備

第4部——物理的原因と独自の見解による第1の不整の真の尺度の探求　　556

も出てくるが、それにはもう少し苦心が必要で、〔幾何学的〕論証ないしは〔代数学的〕解析によって進めていく必要がある。
★068

　〔幾何学的〕論証による場合は、以下のような方法で求められる。すなわち、惑星が円周上の任意の点KからKMだけ内側に入り込んだとき、その線分KMを太陽の中心Nから眺めた場合の角度の測定によって行う。この方法はいくつかの予備定理にもとづく。

## 1

惑星が長軸となる直径の方に入り込んで作る小線分は、離心アノマリアの正弦に比例して大きくなる。

　EH対KLがEB対KMだからである。これは第59章で取りあげたし、『円錐曲線論』でも証明されている。

## 2

1本の小線分の両端と中心とを結び、小線分が離心円上の全ての点で同じ大きさのままに止まると仮定すると、中心角の正接はほぼ離心アノマリアの余角の正弦〔つまり余弦〕に比例して小さくなる。

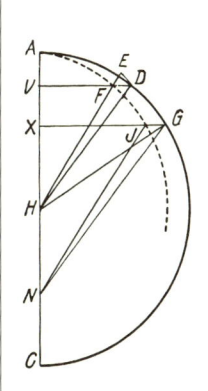

　DFを、離心アノマリアADの正弦を示す線分DVの一部となる小線分とする。両端D、FをHと結び、HFを延長する。EDをDにおける円の接線とし、HFとの交点をEとする。そうすると、DVHは直角だから、VDHが離心アノマリアVHDの余角となる。またEDHも直角だから、角HEDは角EHDの大きさの分だけ直角より小さい。この角EHDの大きさは、最大となる個所でも8′を越えないから、ほとんど全く取るに足りない。また同じ理由で、角VFHつまりEFDは離心アノマリアの余角FDHより大きいが、大きい分の角FHDは全く取るに足りない値である。さて、角FEDは直角より少し小さな鋭角だから、角FEDを囲む弧も半円より少し長いだろう。そこでまたED対DF

が、離心アノマリアの余角を少し上回る角度の正弦と、正弦全体より少し小さくてほとんど全く差がないほどの〔90°に近い角度の〕正弦との比になる。故に、四分円全体を通じて線分FDがこういう長さのままだと、EDはほぼ離心アノマリアの余角の正弦に比例する。すなわち、FDの長さがこういうままだと、その一端のDがAにあるとき、角FDHは直角で、それ故に角FHDは最大となる。その時、角DFHは最も鋭い鋭角となり、こうしてFD上に立つ弧は最長となる。その状態からFDがAから下降していくにつれて、角FEDを囲む弧は小さくなり、角FEDは大きくなって、ついに90°ではFDが線分DHの一部になる。したがって、HFはHDと重なり、線分EDは消失する。さらにここでは、（類比に従えば）FD上に立つ弧が半円に等しくなり、最小となる。

### 3

惑星が長軸となる直径の方に入り込んで作る小線分の両端を中心と結ぶと、任意の離心アノマリアに対してどのような大きさの線分が生じようと、中心角の正接は（さらに角が非常に小さいと角度それ自体も）ほぼ離心アノマリアの正弦の比と余弦の比から合成された比に従って、つまり四分円内の長方形〔の面積〕に比例して増大する。この長方形は角度の正弦と余弦とを掛けると出てくるので、45°における最大の長方形と、同じく45°離心アノマリアの最大の角度との比が、その他の長方形と、その他の離心アノマリアの角度との比になる。[★069]

定義——
＊▶四分円内の長方形とは何か

すなわち、EHDのような角には2つの要素が協働する。ひとつは入り込んだ線分の長さ自体で、これは0から最大値まで変化する。もうひとつはその長さの見かけの大きさ〔角度〕で、これも0から最大値まで変化する。ところが予備定理1により入り込みの分は正弦に比例して大きくなり、予備定理2により、この入り込みを離心円の中心から眺めた場合の角度の正接は、その余弦に比例して小さくなる。こうして先の理由により、Aで正弦が0になるときは角度が0

になり、後の理由により、離心アノマリア90°で余弦が0になるときは角度が0になって、いずれの場合も長方形は消失してしまう。ところがアノマリアがほぼ45°になると、線分FDが半分よりも大きくなる。45°の正弦70711〔0.70711〕は正弦全体の半分50000〔0.5〕より大きいからである。一方、その時の角度EHDもやはり半分より大きい。余弦も半分より大きくて、同じく70711だからである。こうして四分円内の長方形が最大となる。同時にその長方形は正方形で、〔面積が〕半径の平方の半分5000000000に等しい。

### 4

惑星が円周から長軸となる直径の方に入り込んで作る角度は、離心円の中心を頂点とする離心アノマリアの場合でも、それと同じ角度の太陽の中心を頂点とする円の平準アノマリア\*の場合でも、同じである。

定義——
\*▶これを円の平準アノマリアと言うのは、真の平準アノマリアではなくて、もし惑星軌道が円だとしたらこれが平準アノマリアとなるからである

〔557頁の図で〕離心アノマリアAHDと等しい平準アノマリアANGを円周上のGに作る。つまりHDと平行な線分NGを引く。GからACに垂線GXを下ろす。その垂線上に惑星の正しい入り込み分GJがあるとし、JとNを結ぶ。そうすると、〔第59章の〕予備定理1により、VD対DFがXG対GJに等しい。一方、2つの三角形は相似だから、VD対DHがXG対GNに等しい。故に、FD対DHがJG対GNに等しく、角FDHとJGNは等しい。故に、角FHDとJNGも等しい。そしてHは離心円の中心であり、Nは太陽の中心である。故に、上掲の命題が成り立つ。これが証明すべきことだった。

### 5

円に依拠する架空の平準アノマリアと楕円に依拠する真の平準アノマリアとの角度差を測る、最も正しく真なる尺度は、架空の平準アノマリアの正弦と真の平準アノマリアの余弦からできる長方形〔の面積〕である。

同じ図で、角AHDの正弦と角VFHの正弦を掛けると、予備定理

3により、角FHDの大きさを測る真正な尺度が出てきた。ところが予備定理4により、角VHDとXNGは等しいからその正弦も同じであり、同様にして角VFHとXJNは等しいからその正弦も同じである。故に、架空の平準アノマリアであるXNGの正弦と真の平準アノマリアであるXNJの余角XJNの正弦を掛けると、角FHD、つまり予備定理4により、角XNGとXNJの差となる角JNGの大きさを測る真正な尺度が出てくる。

### 系

差となる角JNGは小さくて、8′以上になることは決してないから、角XJNの正弦によってできる長方形とXGNの正弦によってできる長方形の差は結果としてそれよりさらにいっそう小さくなるだろう。

　ここから実際的な方法は以下のようになるだろう。真の平準アノマリアの角度が与えられたら、その角度の正弦と余弦とを掛ける。その積を2倍して下5桁を切り捨て、それをアノマリア45°での入り込みの最大角に掛ける。そうすると与えられたアノマリアでの入り込みの角度が出てくるだろう。それを真の平準アノマリアXNJに加えると架空の平準アノマリアXNGになる。この角度と既知の辺NH、HGとから離心アノマリアAHGと、これまでのように三角形HGNの面積（と平均アノマリア）の値が見出せる。

　アノマリア45°における最大角を求めるのは難しくない。角VHDを45°とする。そうすると正弦全体〔100000〕対70711が、入り込みの最大の値つまり三日月形の最大幅の429ないしはそれを修正した432対線分FDの比で、FDは305になる。また45°ではHVとVDが等しいから、VD70711からFD305を引くと、VFの70406が残る。このVFとHVの値によりVHFが44°52′34″になる。これは45°0′0″とたった7′26″しか違わない。そしてこれがJNGの最大角度である。

　次にもうひとつの〔代数学的〕解析による方法を述べる。その基本は以下のとおりである。第59章の図で、角MNLが与えられると線分MN、NLの比が得られる。またMNとLNが置き換えをした既

与えられた平準アノマリアからそれに対応する離心アノマリアを見出す

第4部───物理的原因と独自の見解による第1の不整の真の尺度の探求　　560

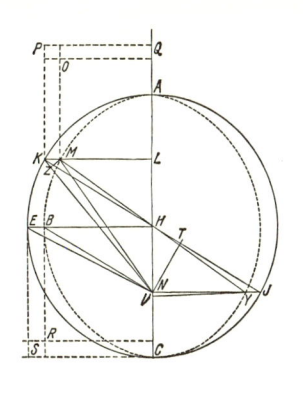

知の比の部分から成ることはわかっている。MNには既知の正弦全体が含まれており、LNには既知の離心値HNが含まれているからである。MNの残り〔MNから正弦全体を示すKHを引いたTH〕対LNの残りつまりLHの比は、離心値HN対正弦全体〔HK〕の比に等しい。第58章の図も参考するとよい。

そこで、MNを100000〔つまりKH〕+ $1x$、角MNLを30°として、LNを $\frac{8660300000 + 86603x}{100000}$、さらにNHを9265ないしは $\frac{926500000}{100000}$ とすると、HLは $\frac{7733800000 + 86603x}{100000}$ となる。一方、HN 9265対〔HT〕$1x$は100000対LHである。したがって、2回目ではHLが $\frac{100000x}{9265}$ つまり $\frac{1079320x}{100000}$ である。HLは先には $\frac{7733800000 + 86603x}{100000}$ だった。

分母を除き、さらに両方の式から等しく引けるだけのものを引くと、7733800000という数値に等しい $992717x$ が残る。それ故に、ひとつの根〔$x$〕が7790という値になる。するとMNは107790である。そしてHNとこの根の比が全体〔KH〕とLHの比である。したがってLHは84084となる。これは弧KE 57°14′の正弦の値であり、この角度は離心アノマリアAK 32°46′の余角である。この値が見出せれば、少し前に述べたように、経過時間を測る尺度つまり平均アノマリアのAKNの面積も見出せる。それは第58章の図〔次頁参照〕できわめて明白である。すなわち、GQを離心円、ABを離心値、GDあるいはLDを離心アノマリア、FACを平準アノマリア、FAあるいはEAを距離とする。そうすると、AK対ABはBC対KEである。また平準アノマリアCAOにおいて、AR対ABはBV対RMである。したがって、EKあるいはRMがひとつの根と想定される。その他は上述の場合と同様である。

> 与えられた平均アノマリアから離心アノマリアと平準アノマリアを見出す

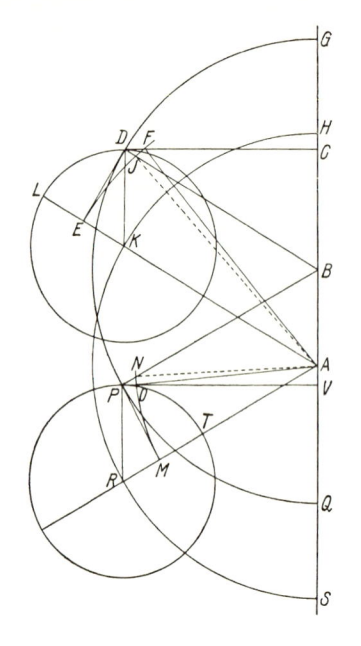

だが、平均アノマリアが与えられても、平準アノマリアやさらには離心アノマリアに到達する幾何学的な方法は何もない。すなわち、平均アノマリアはその面積を作る扇形と三角形の2つの部分から成る。扇形のほうは離心円の弧によって数値化され、三角形はその弧の正弦を最大三角形の面積の値に掛けて下桁を切り捨てることによって数値化される。ところが、弧とその正弦の比は数が無限に多い。したがって、面積を構成する2つの部分の和が与えられても、与えられた弧の面積がどれほどの大きさになるか、あらかじめ調べておかないと、つまり一覧表を作って仕事を進めないと、この和に対応する弧がどれほどの大きさか、その正弦がどういう値になるか、言えない。

これが私の見解である。この見解に幾何学的な美しさがないように見えるなら、なおさら幾何学者たちに以下の問題を解いてみるよう、強く勧める。

「半円の一部の面積が与えられ、直径上の点も与えられたとき、角を作る辺と弧が与えられた面積を囲むような、直径上のこの点を頂点とする角と弧を見出すこと。あるいは、直径上の与えられた任意の点によって半円の面積を与えられた比に分割すること」。★073

この問題は、弧と正弦が異質なものだから演繹的には解けない、と信ずるだけで私には十分である。私が誤っているなら、誰でも解決の道を示してくれたらよい。そうすればその人は私にとっての偉大なアポロニオスとなるだろう。

第4部——物理的原因と独自の見解による第1の不整の真の尺度の探求

ヨハネス・ケプラー『新天文学』● 全5部

【第5部】
火星の運動についての注解

緯度について

●

# 第61章

# 交点の位置の検証

火星と地球の軌道の比、各軌道の離心値、その道筋の図形を上の各章で見出した。これはきわめて確実なものなので、先の第11、12、13、14章において粗雑な形で探求してみた課題をここで仕上げるのは今や簡単である。

交点から始めよう。1593年12月10日夕方7時0分に、火星は白羊宮4°44′、南緯0°1′15″に見えた。視差は考慮していない。高度は35°30′で、大気差はない。火星の完全な公転日数である687日後の1595年10月28日午後11時30分に、火星は高度51°で金牛宮18°35′、南緯4′30″に見出された。視差は考慮していない。今度は先の687日前の1592年1月23日夜10時に、火星の緯度は南緯2′で高度は25°だった。最後にそこからさらに687日引くと1590年3月7日になるが、火星は3月4日7時に高度14°で南緯3′20″であるように見えた。もし火星がこの低い高度で大気差の影響を受けて高すぎる所に見えなかったら、緯度の値はもっと大きく見えただろう。すなわち、この高度の大気差は3′30″で、その中の約2′が緯度のほうに行くので、南緯5′に見えただろう。だが、あらかじめ他の場合と対応する日を3日後〔つまり3月7日〕に取っており、これだけの時間が経過すると交点に1°30′接近するので、傾斜が3′減る。しかしこの値が緯度に変わると、結果としてそれより少し小さくなるので、3月7日には2′30″の緯度が残る。大気差がもっと小さければ、これよりさらに小さな値になるかもしれない。大気差の値も全く一定しているわけではないからである。

そこで、緯度を1590年は1′、1592年は1′30″、1593年は2′30″、1595年11時には4′30″としよう。こうして過不足それぞれの側に1′の誤差を認めることにする。これらの緯度によって示される傾斜は

1′30″になる。この値は交点から約40′の離隔を必要とする。これはたんに数値合わせのためにすぎない。

　しかし1595年の観測結果によってより正確に所期の目的が果たせる。すなわち、この年の10月28日12時に緯度は南緯4′30″だったが、続く6日後の11月3日同時刻には北緯19′45″だった。したがって、緯度は6日で24′変化した。そうすると1日あたりの変化は4′である。また10月28日12時の離心位置〔黄道上の日心位置〕は金牛宮16°8′20″にあり、残った緯度4′30″がなくなるには1日と3時間かかる。これだけの時間が経つと火星は37′進む。したがって1595年11月初めには交点が金牛宮16°45′24″にあることになる。

　もう一方の交点の近辺では観測がそれほど頻繁には行われなかった。したがって、この作業の信頼性を支えるのは1589年のものだけである。すなわち、1589年5月6日の火星の緯度は北緯6′40″だったので、先行する日々での緯度の動きの類比からすると、この緯度がなくなるのに2日と8時間かかり、5月8日20時になった。この時の火星の離心位置は天蝎宮16°42′に見出される。そうすると1595年には離心位置が天蝎宮16°47′になり、これが降交点の位置になる。一方、先には昇交点を金牛宮16°45′24″に見出した。したがって1595年末には2つの交点が金牛宮と天蝎宮の16°46′20″にくる。

## 第62章

## 軌道面の傾斜の検証

　火星は1593年8月25日17時27分に太陽と衝の状態にあって双魚宮12°16′に見えた。[*001] 緯度は23日には〔南緯〕6°7′30″、24日には6°5′30″、29日には5°52′15″だった。したがって緯度は5日で13′15″減少した。だが、衝の1日前には減少が2′だった。そこで、この類比に従って衝の日時の緯度を6°2′30″と想定すれば、30″の誤差もないだろう。

　以上の緯度は火星の高度22°で観測されたが、この高度では恒星はすでに大気差を免れていると思われる。平準アノマリアが166°36′だったから、火星と太陽との距離は138556、地球と太陽との距離は100666だった。そこで第13章の図でAを太陽、Bを地球、Cを火星、ABを100666、ACを138556とし、角EBCを6°2′30″とすれば、この位置では火星軌道の黄道からの傾きBACが1°39′22″とわかる。さらに交点が金牛宮16°43′にあるから、これと双魚宮12°16′の差を取ると、64°27′の弧が残る。この弧の正弦とこの傾斜角1°39′22″の比が、正弦全体〔つまり1〕と南の極限の傾斜角の比で、それは1°50′10″になる。[*002]

　しかし、あらゆる疑念の芽を摘むには位置が極限から少し遠く離れすぎているので、火星がもっと極限に近い、初更の位置以外での観測結果も参考しよう。この仕事によって、より一般的に傾斜角と視緯度の比に関する論証も合わせて述べよう。天文学上の1593年7月21日14時〔7月22日午前2時〕に、火星は双魚宮17°45′45″、南緯5°46′15″に見えた。この時間の火星の離心位置は宝瓶宮20°1′30″、太陽の位置は獅子宮8°26′に見出される。

　以下の図で、EAは獅子宮8°26′、KAは宝瓶宮20°1′30″にあるものとする。すると真の変換角EAKは11°35′30″になる。またEKは

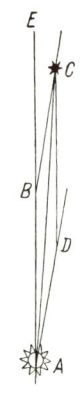

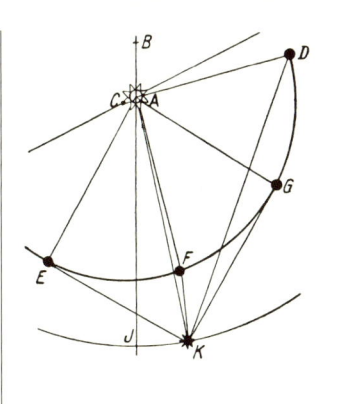

双魚宮17°45′45″にあるとする。
角AEKの正弦と角EAKの正弦の比が、Kの傾斜角の正弦とその視緯度の正弦の比になる、と私は主張する。Kの傾斜を惑星本体から黄道に下した垂線と解することにしよう。すると、EKの距離とAKの距離の比が、〔黄道に下ろした〕Kの垂線をAから見たときの角度の正弦とそれをEから見たときの角度の正弦の比になるだろう。ところがEAKの正弦とAEKの正弦の比は、EKの距離とAKの距離の比に等しい。故に、EAKの正弦とAEKの正弦の比は、Kからの垂線をAから見たときの角度の正弦とEから見たときの角度の正弦の比に等しい。

　小前提のほうは三角法の学説、特にランスベルゲの『三角法幾何学』第3巻第14からすでに知られているが、大前提は証明が必要である。直線VOがあるとする。その上の2点PとMから2本の等しい垂線PQ、MLを立てる。その線分の端QとLを直線VO上の点と結び、その点をOとする。Oを中心にOLを半径として弧を描き、QOとの交点をNとする。NからVOに垂線NRを下ろす。そうするとPQ対QOがRN対NOになる。ところがMLはPQと等しい。したがってML対QOがRN対LOになる。またMLは角LOMの正弦で、近くからだとPQつまりLMの大きさはこの角度で眺められる。そこで端Lからの短い距離LOが正弦全体となる。一方、QOはMLつまりPQの大きさの端Qからの長い距離である。そしてRNは角NORの正弦であり、より遠くにあるLMつまりPQはこの角度で眺められる。そこでまたNOつまりLOが正弦全体となる。故に、近くからの見かけの大きさである正弦と長い距離の比が、遠くからの見かけの大きさである正弦と短い距離の比に等しい。入れ換えて逆に並べると、短い距離と長い距離の比が遠くからの見かけの大きさ

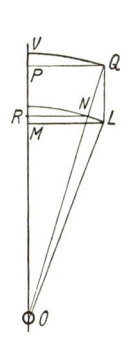

である正弦と近くからの見かけの大きさである正弦の比に等しい。そして現在の課題においても、さらには一般的に、火星と地球の距離対火星と太陽の距離が火星の緯度の正弦対その軌道面の傾斜角の正弦になる。逆にまた〔火星の〕太陽からの距離と地球からの距離の比が傾斜角と緯度の比に等しい。以上が証明すべきことだった。

　以上は確実なことであり、Kによって表示した線分がEからは5°46′15″の大きさに見えるので、この角の正弦をEAKの正弦と掛けて、積をAEKの正弦で割ると、正弦の値として3188〔0.03188〕が出てくる。これは1°49′37″の弧である。しかもこれがK点の傾斜角で、Aから見るとこれだけの大きさに見えることになる。ところが、火星は宝瓶宮20°1′30″、交点は金牛宮16°43′にあるので、火星の交点からの離隔は86°42′であり、したがってこの離隔の正弦と正弦全体の比が、1°49′37″の正弦と最大傾斜角の正弦の比に等しく、その値として3200〔0.03200〕が得られる。そこでまた先のように、これは南に1°50′2″となる。[★004]

　北の傾斜角について言うと、1585年1月31日から翌日にかけての真夜中に火星の高度は53°で、緯度はすでに減少しつつあり、北緯4°31′だった。だが真の衝はこの時刻より16時間46分前で、獅子宮21°36′10″にあった。そこで緯度は4°31′10″とするのが妥当である。そうすると、火星の平準アノマリアの補角は7°6′23″だから、火星と太陽の距離は166334、太陽と地球の距離は98724だった。したがって再び先の第13章の図で、ACが166334、ABが98724、角EBCが4°31′10″とすると、角BCAとして2°40′50″が得られる。これをEBCから引くとBACとして1°50′20″が残る。だがわれわれの観測位置が極限から5°離れているので、極限の傾斜角は約25″大きくなって1°50′45″になる。先に南の傾斜角は1°50′8″だった。差異は37″になるが、これは取るに足りない。この2つの値の平均値は1°50′25″で、これが最も適正な傾斜角であり、この値は第13章でもさまざまな方法や計算によって見出された。それをここで再び見ておいてほしい。

　この極限の傾斜角を用いて、火星と太陽が衝になる位置での火星

の緯度を計算すると、以下のような数値が見出せる。

| | 年 | 火星と太陽の距離 | 地球と太陽の距離 | 傾斜角 | 視緯度 | 第15章の表 |
|---|---|---|---|---|---|---|
| 1 | 1580 | 152976 | 98223 | 0°37′42″ | 北1°45′30″ | 1°40′ |
| 2 | 1582 | 162255 | 98233 | 1°36′6″ | 北4°3′20″ | 4°6′か4°3′ |
| 3 | 1585 | 166335 | 98724 | 1°50′3″ | 北4°30′30″ | 4°31′10″ |
| 4 | 1587 | 164635 | 99641 | 1°25′42″ | 北3°37′ | 3°37′か3°41′ |
| 5 | 1589 | 157045 | 100860 | 0°23′20″ | 北1°5′20″ | 1°7′20″か1°12′45″ |
| 6 | 1591 | 144774 | 101777 | 1°11′9″ | 南3°59′10″ | 4°1′30″か3°56′ |
| 7 | 1593 | 138556 | 100666 | 1°39′40″ | 南6°3′45″ | 6°2′30″か5°58′ |
| 8 | 1595 | 148817 | 98756 | 0°1′39″ | 北0°5′12″ | 約0°8′ |
| 9 | 1597 | 159200 | 98203 | 1°19′17″ | 北3°20′ | 3°33′ |
| 10 | 1600 | 165406 | 98478 | 1°49′24″ | 北4°30′15″ | 4°31′ |
| 11 | 1602 | 166004 | 99205 | 1°39′35″ | 北4°7′24″ | 4°8′か4°10′ |
| 12 | 1604 | 160705 | 100359 | 0°52′9″ | 北2°18′36″ | 2°21′30″か2°26′ |

1では、第15章で見たように当日の観測がなかった。2では、観測のとき3′の不確実さがあった。時折、極の高度として34°7′を用いたからで、これは34°5′30″だった。[★005] 3は、われわれの計算の元になったものである。4は、視差を無視すれば完全に一致する。だが、観測された緯度は視差によりまちがって修正されて、第15章で見たように3°41′となっている。5では、2′の不足がある。観測では大気差のためにむしろ2′過剰になっている。第15章でわかるように、火星の高度が22°30′以上ではなかったからである。6では、約2′の不足に気づくだろう。しかし大気差の大きさにはそれほど信頼性がない。すなわち、その値が2′増加したらどうだろうか。7は、再びわれわれの計算の元になったものである。8には、おそらく赤緯の誤りがあった。その時に当たる8時には火星が子午線上になかったからである。実際、子午線以外の所の赤緯を観測するときに用いるアーミラリー天球（armilla）[★006] は四分儀よりも誤りが生じやすい。だが、第15章にあるように前後の日々と比べて類推すると、緯度は北緯0°5′だったことがわかる。この値はわれわれの算出したものにほかならない。9の観測は信頼するに値しない。けれども、厳密に検証した12月10日の計算結果はファブリキウスの出した緯度3°23′にほぼ

準ずる。その結果が北緯3°21′40″になるからである。10は、ほぼ計算どおりである。11は、大気差を除けば完全に対応する。12は、かろうじて2′だけ計算結果より大きい。これは、私の用いた機器にその分に相当するだけの欠陥があるからだと思う。私の1クビトゥス半〔1クビトゥスは約45〜52cm〕の四分儀では2′を識別するのは容易でないからである。したがって、1°50′30″の傾斜角を用いれば、円の全周囲にわたって初更の緯度を十分正確に保持しているわけである。なお、本書で数多く見出される初更の位置以外での観測結果におけるその他の緯度の検証は、いっそう勤勉な人々に委ねる。

# 第63章

# 緯度についての
# 物理学的仮説

　第57章で述べたように、火星の本体ないし球体の直径が磁力をもっていて、平均的長さの方向〔長軸線と垂直な方向〕に向きを取り、軌道の全周囲にわたってその状態で相互に平行を保つと想定すれば、離心値についての物理学的仮説が完全なものとなる。

　緯度の論拠もやはり全く類似の考え方で説明されるだけに、こういう仮定はいっそう真実らしい。すなわち、火星の本体ないし球体に、恒星下で極限の位置の方向に向き、この状態で軌道の全周囲にわたって平行を保つような〔北緯と南緯をもたらす〕緯度の直径〔軸〕を想定すればよい。この作用と先の作用との関係は、われわれの取りあげた磁石の場合における極を指す力と鉄を引き付ける力との関係になる。

　すなわち、本体の直径は太陽に向かったり逃れたりするが、緯度の直径は実際の航行によって緯度の極限がくる恒星下の位置に、向かったり逃れたりするのではなく（磁石もたとえ自由に浮遊できても極のある方に実際に浮遊していかないのと同様である）、磁石が極の方を指すように、ただその位置の方に向くだけである。

　この指向性に従い、惑星は黄道面からずれて、本体が運動するとき先行する部分によって、この傾斜軸が指す各側に向かう。CBADを黄道面、AとCを交点、BとDを極限とする。惑星本体の緯度の軸をGNH、EAF、LOM、JCKとする。軌道の全周囲にわたってこの軸が相互に平行と想定するから、本体が昇交点Cから北の極限Bに移動すると、本体の軸JKは、初めは交点CでCNAOを通って一周するいわば想像上の円に接していたが、結局、極限NとOでは宇宙の中心Sつまり太陽の方を指して、その円と直交することになるだろう。またこの軸は、これまでは王の道CBAに対して若干傾[007]

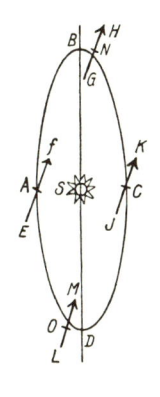

いているために、惑星の本体を誘って、軸の先行する個所Kが向いていたNの方に黄道から逸れさせた。今度は極限では、確かに黄道面CBSに対しては傾いたままでも（軸はどんな状態でも相互に平行を保つと言ったので、いったん黄道面に対して傾いた以上、常に傾くはずだからである）、軸がGHになったとき、王の道つまり先のCBAD面の円周からそれ以上は逸れない。軸の先端はAの方にも逆のCの方にも向かず、ただ、軸の進む道がない脇つまり極の方を向くからである。そこで惑星がBを越えて進んでいくと、南を指す軸の他端Gが先行し、こうして惑星を、北の最大傾斜角の位置Nから降交点Aを通って南の最大傾斜角の位置Oへと導く。

　この傾斜軸はまるで櫂のようでもある。船頭が櫂を操って対岸に渡るようなことを惑星はこの傾斜軸によって成し遂げ、北から南へ、さらにまた南から北へと渡っていくからである。その時、川つまり太陽の非物質的な形象は、順行方向に進む道CBADを通って流れている。

　幾何学的な次元に関しては、ことばを費やす必要もない。平行を保っている直線を真っ直ぐに引っ張っていくと、その動きにより平面ができる。ここでは、軸が直線で、軸の向かう方向（向かうことの前提として真っ直ぐな通り道がある）に引っ張られるので、軸が平面を描く。この面を延長していくと、第13章の図に見るように、恒星天球と交わって大円の形FEGHになる。宇宙の中心つまり太陽の中心Aで黄道面DCと交わるからである。このことについていっそう確信を深めるには、図に見るように、交差個所つまり交点が経験の証言のとおり太陽の中心Aを挟んで相対する位置にあることを考量するとよい。第62章を参照。そこで、火星軌道に取り囲まれる面があれば、その面の黄道面に対する傾斜角は均一だろう。すなわち、太陽の中心Aを共通の中心として、つまり太陽の中心と同じものを中心

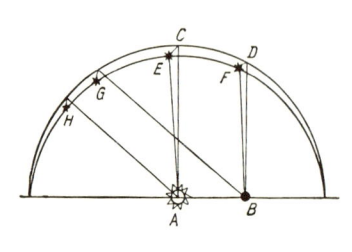

第5部——緯度について

とする同一の恒星天球上に、2つの等しい円を描き、一方の円DCは黄道面上に、もう一方の円FEは火星軌道面上にあるとする。すると、円どうしの交線と火星の円上の任意の点の間にできる弧の正弦BDと正弦全体〔AC〕の比が、点Fの傾斜角の正弦DFと極限Eの最大傾斜角の正弦CEの比に等しいだろう。なお、公転軌道上のあらゆる点の黄道面からのずれが同一の尺度で決められることは、第13章で観測結果の巧妙な操作によって証明した。したがって、われわれのこの仮説に反対するどんな実例も挙げられない。

　さらに2つの困難な問題を解かなければならない。ひとつはこの軸の傾きの性質について、もうひとつは軸自体についてである。まず問題になるのは、この軸の傾斜が自然なものか理性に従って作られたものか、事物の本性の仕事か天使の仕事かということである。2番目の問題は、傾斜軸と太陽を求める磁力の軸とは同じひとつのものか、もし異なるとしたら同一の惑星球体でどういうあり方をするのかということである。しかも2つの問題は相互に絡み合っている。

　交点が代わりながら移動するのは、全体として、論証はしなくても直観をはたらかせる理性の仕事のように思われる。だから、この交点の移動のことさえなかったら、自然な磁石に具わる作用との類似性のために、私はほぼこの傾斜が自然なものと考えただろう。軸が平行状態に止まるのはそれほど不思議ではなくて、先に離心値を問題にした場合より、いっそう自然に近いからである。すなわち、離心値の場合には力の作用軸が求めるのは太陽だと言ったが、この傾斜の場合には非常に遠く離れた恒星下の位置である。また離心値の場合には、軸がいっそう強力な方向指示の作用によってか、もしくは純然たる霊的なはたらき、ないしは何らかの理性的能力を具えた霊的なはたらきによって保持されなかったら、本体が回転したとき軸はこの磁力の作用によって回転したはずで、平行を保てなかっただろう。ところが傾斜の場合には、どんな霊的ないし理性的なはたらきも必要とせず、われわれの言う方向指示の力の作用の結果として軸が平行になる。ただし、惑星が極限に位置したとき、緯度を

形成する直径が真っ直ぐに太陽の中心を指して惑星軌道から大円ができあがり、2つの交点が太陽を挟んで相反する位置にくることさえ知性に帰するような人は論外である。

　第39章でもこういう〔知性による〕論拠から太陽の看視を惑星に付与した。しかし、太陽の看視の全てが協働する理性を裏づけるわけではない。最初に天体運動に秩序を与えた者がこの軸の方向を定めて（指示された状態で）太陽を看視するようにした以上、彼が熟慮と最高の理性を用いたのは確かに真実である。だがそれ以降は、知性がなくても磁石の性能が恒常的にはたらくだけで、太陽を看視する作用を保つことができる。それは運動よりも〔変化のない点で〕静止のほうに似ているからである。したがって、そのはたらきも知性的なものではなくて物質的なものである。

　そこで、長い時間経過につれての交点の移動と、われわれの言うこの傾斜の変化だけが、なお疑問のままに残る。この変化は自然のはたらき、あるいは物質的な作用、あるいは磁力の作用に類するものよりも、むしろ明白に運動を司る力を証するからである。

　けれども、理性のはたらきだけを想定するよりもむしろ両方のはたらきを結びつけるべきだと思う。先に第57章でも太陽を求めるはたらきについて述べたように、磁力を従とし、磁力を操る理性を主とすべきである。

　この問題を解くと、次には2番目の問題がくる。すなわち、指向作用が磁力つまり物体にある力、自然な力に由来するなら、その作用の基体は物体だろう。すると、太陽を求めたり逃れたりするあの同じ直径が、黄道に対する傾斜によって、この惑星の黄道からのずれも調整することがありうるのだろうか。もし交点が長軸端と、極限が平均的な長さを取る所と合致するとしたら、離心値を調整する直径と緯度を調整する直径は全く同一ということになるだろう。

　実際、離心値の原因となる直径が平均的な長さを取る位置の方を指すことは第57章で述べたし、緯度の原因となる直径が極限の方を指すこともすでに述べた。したがって、極限の位置と平均的な長さ

第5部——緯度について　　　　　　　　　　　　　　　　　574

を取る位置が合致するとしたら、各々の直径は同じ方向を指すことになって、2つの直径が位置において一致し、こうしてまたそれらが同一である可能性を妨げるものは何もないだろう。ところが、交点つまり軌道と真の黄道が交差する所は長軸端とは一致しない。火星では北の極限は遠日点より12°逆行した所にあり、木星では北の極限と遠日点はぴったり一致するが、土星では交点が遠日点より24°順行した所にくる。月の場合には、公転周期が短いために全ての点が相互に入れ替わる。すなわち交点が、ある時は遠地点、ある時は平均的な長さを取る所、ある時には近地点にくる。したがって、これら2つの力のはたらき方が時間においても場所においても異なっているから、2つが同一という結果にはならない。

けれども、2つの力のはたらきがいわば全体となって同一の惑星本体に具わっているとすることができないのは、ただ運動つまり球体の自転のためにすぎない。そこで惑星が自転せず、どこにあってもわれわれに同一の面を見せる月のように運動するとしたら、緯糸が経糸と絡み合っているように、2つの力のはたらきが相互に絡み合っていると主張しても、一向に差し支えない。その場合には、惑星の本体全体が太陽の周りを公転するとき恒星に相対して同じ状態を取る〔惑星のある地点から見える恒星が同じになる〕ので、先の2本の直径をも含む本体の全ての直線の筋が、完全に恒星に対して同一の状態を保つだろうからである。だが、毎年の公転に加え毎日の自転も行う地球の球体について問題にすると、先の第57章の場合に劣らず、やはり大きな疑念の中に取り残される。すなわち、本体が自転すれば、自転軸に平行な力の直径だけが常に変わらず平行を保つ。だが、ことに先の直径に加えて緯度の原因となる別種の作用をもつ他の直径も絡み合っていると主張したら、その直径は自転軸と同じ方向に向くだろう。当然のことながら、その直径は自転軸の周りを円錐を描きながら巡っていくからである。時には右に、時には左に傾きながらも、結局は自転軸の向きと同じ真ん中の方向に自らを導いていく。

定義──
*► 離心値の原因となる直径と秤動の直径とは別のものである。前者は実際にあるが、後者は前者の直径のはたらきの結果を思い描くための架空のものである。前者はどんな位置を取っても長軸線と垂直の方向つまり恒星下で平均的な長さを取る位置の方向を指すが、後者は第39章で述べたように、いつでも太陽本体そのものの方を指す

そこで、球体が自転するのであれば、この逸れを起こす力の元になるものは、物体ではなくて精神作用をもつものか、もしくは同一の物体ではないかである。だが、精神作用をもつとすれば、どのようにして物体的な対象である宇宙の方向を見定めるのか。またどのようにして（王の道からのずれという）この種の動きを本体にもたらすのか。それともおそらく本体は、自らに固有の主動者のはたらきによってある場所から他の場所へと移るよりも、むしろ傾斜して（自らの平行移動の原因を本体外の太陽から得ながら）王の道から逸れるほうが容易なのか。もし物体的なもののほうを採用したければ、思いつくのは、投げたり回したりしても油がこぼれない、ある種の球状ランプのような機構だろう。このランプの中には腹の膨らんだ小瓶が内蔵されており、この小瓶は膨らんだ腹の重みで下に引っ張られて固定され、それを取り囲む球の回転運動には従わない。

　では、この地球の内部にも別の球体があって、そこまでは外側の日運動が浸透せず、自転する外側の本体に従うことのないように、恒星下の特定の位置に向けて傾きが非常に強力に保持されているのだろうか。実際、この問題が地球にも関わることは第68章でわかるだろう。そこでは、6惑星に対して平均黄道を適用すると、少し前に求めていたこと、つまり個々の惑星の両交点がその長軸端に合致することが起こりうるかどうか、も見るだろう。

　それともむしろ、磁石による運動と同様に物体的なものではあるが、実例がないために地上では誰にも把握できないような天体運動の仕方があるかもしれないと考えるべきであろうか。それなら、かつては知られていなかったという理由で磁石の実例を使えなかったら、天体運動の原因の大部分が相変わらず未知のままに止まったのと同じようなことなのだろう。

　固体の天球を擁護する人たちは、第13章で述べたことにもとづいていっさいを簡単に説明できる。すなわち彼らは、〔先の図の〕黄道面DCに対する火星の離心軌道面FEに、ぶれることのない一定不変の傾きを与えるだろう。傾斜の基準線は宇宙の中心（ブラーエによる

第5部——緯度について　　　　　　　　　　　　　　576

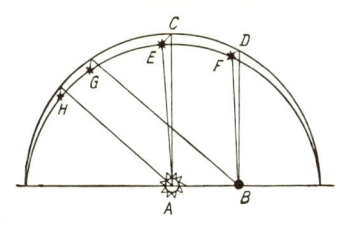

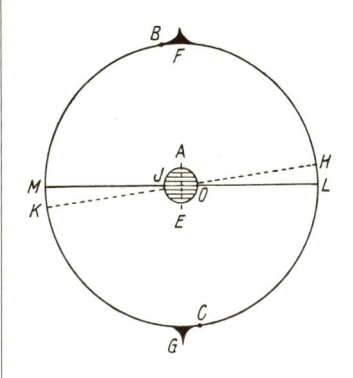

太陽の中心）Aを通って引いた交線の直径BAである。そして彼らは、長い時間の経過につれてこの直径が黄道DC下で中心Aの周りを回転する〔それによって交点の移動が起こる〕、と主張するだろう。

さらに現在の図の2つの大円ML、KHの極F、GとB、Cのずれは大円どうしの最大のずれMK、LHと等しいので、火星の両極B、Cは、黄道の両極F、Gを中心に1°50′25″に相当するFB、GCを半径とする小円を描くだろう。そこで彼らは、火星の軌道球の極B、Cが、先に第17章で明らかにし、後の第69章で訂正するような動きの大きさで、この小円の下で逆行方向に回転する、と主張するだろう。

第63章　緯度についての物理学的仮説

# 第64章

# 緯度による火星の
# 視差の検証

**第**61章では両方の交点が正確に反対側の位置に見出された。み ごとな一致だが、これは視差を全て除外している。

そこで、火星の視差が少なくとも2′と1′あるとしよう。いずれも〔地球から見て〕火星が太陽と衝の位置にあって太陽よりも地球に近く、最初の場合の1595年には天頂からの離隔が約38°、2番目の場合の1589年には離隔が約66°だったからである。したがって、1589年に火星が交点にあると考えられたときには約2′北にあり、それ故、まだ交点の1°前にあったことになるだろう。だから、交点は天蝎宮16°46′ではなくて天蝎宮17°46′だっただろう。それに対して、1595年には火星の視差を1′としたので、火星は、昇交点にあると考えられた日に、実際にはすでに1′の緯度をもっていたから、すでに交点を約30′越えていただろう。したがって、昇交点は金牛宮16°46′ではなくて金牛宮16°16′だっただろう。なるべく小さな視差を用いれば、降交点が天蝎宮17°45′、昇交点が金牛宮16°15′になる。したがって、第11章と同様に、それぞれの緯度の観測結果が誤差2′の範囲内で正しいとすれば、火星の日周視差は全く感知されないと結論してよい。

似たような方法で、上述の軌道面どうしの最も正しい傾斜角の探求によって、大気差が何らかの混乱を引き起こさないかぎり視差はないことの論拠が、第62章からも出てくるだろう。

火星が1593年に高度22°で少なくとも2′の視差をもち、1585年に高度53°で1′の視差をもつとしよう。そうすると、南の視緯度は北のよりも小さく、それ故に傾斜角も小さいだろう。ところが、すでにそれより前に視差がなくても南の傾斜角のほうが少し小さいことは明らかで、その分は観測のわずかな欠陥ないし高度23°における若干の大気差に帰することができる。したがって、さらに視差を適

第5部——緯度について 578

用すると観測結果にはもっと大きな誤りがあるとされるだろうが、逆に、火星軌道を太陽の中心で黄道面と交わるような完全な面に配置するのが正しいとすれば、観測結果はそのままで、視差はないことになる。

　しかし同じことは、他の初更の状態で観測された緯度、特に観測条件ないし大気差によって疑わしいとはされなかった緯度から、もっとずっと確実に証明できる。第15章でこれを初めて述べたが、これまで完全に述べ尽くすことはできなかった。さて、1587年には火星の天頂からの離隔が55°だったので、4′の視差があったとすれば、緯度は3°37′から3°41′になっただろう。ところが第62章では、3°37′を越える値は全く見出せなかった。1589年には第90°の離隔が天頂から64°になったが、3′の太陽の地平視差から火星の視差が5′30″だったとすれば、その時の北緯は観測された1°7′ではなくて視差を除いた1°12′30″だっただろう。ところが、2′というわずかな誤りが観測に起こりえたとしても、われわれの算出した結果には1°5′20″を上回る値はなかった。これは例えば、第62章と15章で述べたのと同様に、火星が高度22°で依然として大気差の影響を受けて、北で適切な位置より2′高く見えたようなものである。1602年の場合、視差を考慮した観測緯度4°10′を見出し、視差を無視して4°7′30″を見出したが、われわれの計算結果は4°7′24″で、全く正確に一致した。また1604年の場合は、観測された北緯の値を完全には出せなかった。したがって、視差を除いて大きくしてもその値がずっと小さいことに、不満が出てくるだろう。

　以上の3つの方法で火星の視差の不確実なことを証明したが、あらゆる種類の視差が感知できないことを完全に論証したわけではない。大気差の課題を回避しているし、時として観測が誤差2′ないし3′の範囲内にまで至っていないからである。したがって、火星に緯度の最大視差として2′ないし2′30″を与えたいと思うような人がいても、このブラーエの観測結果は別にそれを斥けないだろう。そうすると確かに傾斜角も調整されて1°51′0″になるだろう。

## 第65章

## 太陽と合および衝となるときのそれぞれの側における最大緯度の探求

　斜角が定まると、最大緯度を決めるのも簡単である。これには2通りの方法がある。すなわち、あらゆる時代を通じた最大緯度を求めるか、現在の取りうる最大緯度の値を求めるか、どちらかである。ただし、今のところ両者の差異は少ししかない。極限が火星の長軸端と太陽もしくは地球の長軸端の中間にあって、それらの相互の離隔が54°を越えないし、太陽もしくは地球の離心値も目立つほど大きくないからである。けれども、いつかは火星の長軸端と太陽の長軸端さらには火星の緯度の極限が合致し、黄道は恒星間でその位置を保持するものとしよう。すると、第13章の図で〔Bは地球を表す〕、火星の最大距離ACが166465、〔地球と〕太陽の最小距離ABが98200、角BACが1°50′30″だから、算出される最大北緯は、太陽と衝になるとき4°29′10″になる。太陽と合になり、太陽と地球の距離が101800になるときは北緯が1°8′34″まで下がる。南緯は、火星の距離138234、太陽の距離101800から算出すると、衝のときは6°58′24″になり、7°より少し小さい。太陽と合になり太陽の距離が98200になるときは、南緯が1°4′36″まで減る。ところが、手順を逆にして太陽の遠地点と火星の近日点を合致させると、最大北緯は衝において4°44′12″、合において1°9′32″になり、最大南緯は衝において6°20′50″、合において1°3′32″になる。

　いつか長軸端と極限が合致したら以上のようになるだろう。だが、宇宙全体の機構が崩壊する前にこういうことが果たしてあるかどうか、定かではない。プトレマイオスは確かに長軸端と交点とに均一な動きを与えた。それが正しければ、先のような合致は決して起こらないだろう。しかも今日では人々は〔天体現象の説明に〕さまざまな動きを使っているようだが、古人の観測結果はそれほど確実では

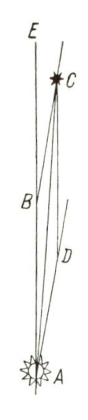

なく、今日の天文学においてすらもこれらの動きの相違はそれほど大きくないので、何万年経ったらこのような類の長軸端と極限との合致が起こるか、正確な結論を出すことはできない。

　われわれとプトレマイオスの隔たりを越えて現在に戻ろう。だがここでも、事柄を幾何学的に決定しようとすると多種多様な困難に直面する。

　まず、太陽と火星の各長軸端が合致していない。次に、惑星軌道は完全な円ではない。したがって、火星の円と地球の円の中心、つまり第52章の図のB、Cを通る新たな長軸線を引いても、星どうしの最接近がこの線以外の場所で起こるかもしれない。

　最後に、たとえ最接近の位置が明らかになっても、北と南の極限の位置は異なる。例えば、極限は獅子宮16°50′にある。ところが、それぞれの円の中心を通る直線BCを引くと、この直線はほぼ獅子宮と宝瓶宮の24°30′の方に伸びていく。これは言うまでもなく、ブラーエ説の長軸線HFが伸びていくのと同じ方向で、このわれわれの直線BCは直線HFと平行に伸びている。それぞれの離心値つまり線分AFとAHがそれぞれCとBで2等分されているからである。

　そこで獅子宮17°と獅子宮25°の真ん中の獅子宮21°を選ぼうとしたが、1585年の観測結果によって制止された。その年に観測された緯度は獅子宮21°36′にあったが、この緯度は完全に最大というわけではなかったからである。すなわち、1月30日からの夜間に衝があったとき、衝に先立つ1月24日に観測された緯度は4°31′で、緯度はそれまで増えつつあった。一方、衝の16時間後の1月31日には視緯度が再び4°31′になった。したがって、1月24日にその離心位置で衝があったとすれば、2つの理由で、緯

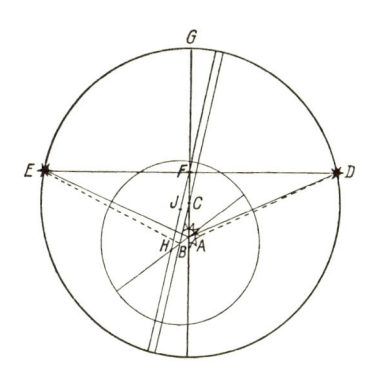

第65章　太陽と合および衝となるときのそれぞれの側における最大緯度の探求

度が4°31′より大きく見えたことは明らかである。まず、星が初更の位置から外れている場合よりも地球に近いはずだからであり、次いで、火星が近地点からもっと遠く離れて、より低い所にあったはずだからである。

したがって、最大緯度になるのは獅子宮と宝瓶宮の19°のあたりとすべきである。火星がそこにあったのは1月24日である。そうすると、平準アノマリアの補角は10°だから、火星の距離は166200、太陽の距離は98670になる。それ故、最大北緯は約4°31′45″である。太陽と合になるときは距離が101280だから、北緯は明らかに1°8′30″である。

最大南緯については、火星の平準アノマリア170°で出てくる距離が約138420であり、獅子宮19°にある太陽の距離が101280だから、その結論として最大南緯はほぼ6°52′20″で、合のときの南緯は明らかに2°4′20″である。

# 第66章

# 脇への最大のずれは必ずしも太陽と衝になるときに起こるわけでない

火星の公転のどこかで起こりうる最大緯度について、その特定の位置を幾何学的に決めるのはもっとずっと込み入った課題で、以下のような大きな逆説を含む。ティコ・ブラーエがそれを手ずから1593年の観測結果の中に次のことばで書き込んでいるのを、発見した。

「火星は8月10日ころに最大南緯を取ったが、それから緯度が減少して、衝の位置に来た24日には15′も黄道の近くに戻ったかのようになったことは、考慮してみる価値がある。けれども、たとえそこに最大緯度を想定しようと、天文学の規則では最大緯度の位置を修正してみても、決して宝瓶宮18°ではそうならない。この原因は、注意深く探求すべき問題となる」。

その後、私がボヘミアのティコのもとにやって来て、緯度の計算についてかなり頻繁に尋ねたとき、ティコは私に、両交点が互いに反対の位置にあること、両交点を結ぶ線が平均太陽の位置ないし火星の周転円の中心を通ること(この問題については次の第67章を参照)、その他多くのことを列挙した。その時、この〔最大緯度の〕課題のことを以下のとおり思い起こさせてくれた。すなわち彼の言によると、「太陽と衝になる前後に緯度が最大になるのは驚くべきことである」。この問題には第15章でも言及した。

その理由はこの第5部で確立した緯度に関する正しい仮説に含まれてはいるが、最大緯度の限界の幾何学的探求は、ペルゲのアポロニオスが留の限界を探求したのに劣らず、かなり難しい。

留の点について　　すなわち、留に関する課題では、留の位置を知るためのある種の目安を表示することはできるが(その目安は、地球が進んでも火星を見る視線が相互に平行のままに止まるときである)、多くの原因が入り乱れ

て作用するために、複雑な計算もなしにその目安から留の位置を演繹的に論証することはできない。あちこちで最大となる緯度の場合も事情は同様である。すなわち、緯度が最大になるのは、火星の傾斜線が増減するのと同じ比率で地球から火星までの距離が増減するときである。距離の比が傾斜線の比よりも大きく減少するとき、もしくは距離の比が減少するのに傾斜線の比が逆に増大するときは、緯度が大きくなる。反対に、それぞれの比率で、地球から火星までの距離が傾斜線より大きく増大するときか、もしくは距離が増大するのに傾斜線が減少するときは、緯度が小さくなる。

　ところがこういうことは、衝の位置が極限にくるか極限より前か後かに応じて、無差別に、衝の時に起こったり、衝の前や後に起こったりする。

　本書の仮説から以上のような帰結になることは、私の『天体暦表』（*Ephemerides*）[★009]によって証明される。1604年2月25日／3月6日ころに北緯は最大だったが、衝はまる1か月後にあった。逆に、9月27日／10月7日に南緯が最大となったが、その時、火星は太陽と5分の1対座と6分の1対座の間に来ていた。さらにまた1605年の末に北緯が最大になったとき、太陽は火星と5分の1対座から4分の1対座へと移りつつあった。逆に、1606年7月末に南緯が最大になったとき、太陽は火星と3分の1対座にあった。だが、1607年に北緯が最大になるのは、火星と太陽が合になってから少し後である。

　それが古い天文学で驚くべきことのように思われる理由は、特に、プトレマイオスやその追随者たちが非常に錯綜した傾斜、逸脱、反転の動きを案出したことにある。プトレマイオスは周転円という仮構に固執していたので、惑星の見える太陽と衝の状態で、惑星が一方の側へ外れていくのを認めるや、直ちに憶測に耽り、惑星の見えない太陽と合の状態では、惑星は他方の側へ外れていく、あるいは一般的に衝の状態で認められた振る舞いと反対のことをする、と主張した。ある種の釣合、公転の均一性および太陽との密接な関連性をもたらすためだったことは、言うまでもない。だがこれは、観測

最大緯度を取る点について

によって真実を発見するのではなく、むしろ誤った仮構をもって観測結果を案出するものである。ただし、手持ちの観測結果が少なかったのだから、彼のことは大目に見なければならない。この点については第14章も参照。

さて、われわれの計算結果が8月10日に観測された緯度になるかどうか、見てみよう。同年の7月21日と8月25日の観測結果は信頼してよい。計算の元になっている観測結果〔第62章を参照〕と同じ結果を示すからである。

計算によれば、8月10日13時45分の火星の黄道上における離心位置は双魚宮2°41′18″で、太陽は獅子宮27°37′49″にあり、太陽を頂点とする角は5°3′29″、地球を頂点とする角は18°25′である。そこで計算では火星は双魚宮16°3′に来るが、観測されたのは双魚宮16°7′である。軌道上の位置である双魚宮2°40′48″は〔交点のある〕金牛宮16°43′から74°2′離れているから、傾斜角は1°46′10″になる。第62章で述べた方法によって、この傾斜角と上述の2つの角度から見出せる視緯度は6°21′14″で、観測で得られる数値よりまだ2′大きい。だが、角の小ささのせいで誤りに陥らないように、（上に述べた方法からの要請に従い）火星と地球および火星と太陽の正しい距離もしくはその代わりに正しい角度を用いることにしよう。第20章の図で、CB、BAがCL、LAとは異なることがわかる。そしてわれわれの方法では、CB対BAではなくてCL対LAの比が角LABの正弦対角LCBの正弦の比になる、と主張した。火星が点λの下にあるときの黄道上の位置を双魚宮2°41′18″とし、太陽と衝になる位置κが宝瓶宮27°37′49″にあるとする。そうするとκβは5°3′29″、βλは1°46′10″である。これと直角λβκとから、κλつまり角CALとして5°21′36″が出てくる。火星Lと太陽A〔実際は地球C〕との正しい距離はこの角に対応する。そこで、三角形CALにおいて、辺CA 101077と辺AL 138261、および先ほど見出した角から角LCAを求めると、160°33′になることがわかる。その補角は19°27′で、これに対応するのが火星Lと地球C〔実際は太陽A〕との正しい距離である。

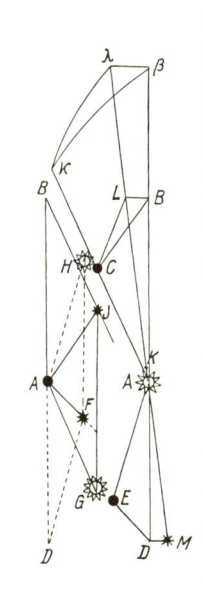

そこで、演算に用いたこれらの角によって、視緯度LCBとして6°19′10″が見出せるが、この値は観測された値とほぼ同じである。
　したがって本書で立てた仮説では、ブラーエがその理由を探求するよう熱心に勧めてくれた当の事柄、古来の天文学ではあれほどの機器を用いても果たせなかったことが成し遂げられる。仮説は単純で、離心軌道面に不変の傾斜ないし傾きを与え、その角度をさまざまに増減することによってこれが成し遂げられるのである。ただし、この増減は本当に生じるわけではなくて、われわれの視点がその傾斜に、あるいはブラーエやプトレマイオスの説では傾斜のほうがわれわれの視点に、近づいたり離れたりするのに応じて、視覚の上で生じるにすぎない。

# 第67章

## 交点の位置と火星軌道面の黄道面に対する傾斜から、火星の離心値の起点が平均太陽(*010)の位置を示す点(あるいはブラーエ説における太陽の周転円の中心)ではなく太陽の中心そのものであることを証明する

**最**後は最初に対応する。私は第6章で物理学的な立場から、固体の天球を否定して、惑星の離心値の起点が太陽の中心そのもの以外の点ではありえないことを論じた。観測結果から導き出した幾何学的な事柄の証明を、一部は第22、23、52章まで延期した。非常に鋭い洞察力をもった人でもすでにその個所で満足したと思うが、さらにその一部を説明しよう。まず両交点の位置による証明である。第61章で証明したように、火星の離心値を太陽の中心から直接に取ると、もしくは同じことだが、惑星と視太陽の位置が衝となる場合から初更の観測を選ぶと、両交点が太陽を中心として全く正確に反対側にくる。つまり長軸となる直径と、黄道面と火星軌道面の交線となる直径とが重なるか、もしくは両者が離心値算出の起点となる同一の点つまり太陽の中心で交差する。問題は、太陽の視運動の代わりに平均運動を用いた場合、それでも両交点が離心値算出の起点を挟む反対側の位置にくるか、ということである。ところが全くそうはならない。第6章のコペルニクス説にもとづく図を繰り返そう。この図で、両極限を結ぶ直線κδが獅子宮と宝瓶宮の16°45′にあるとする（長軸線は第6章のように獅子宮29°にはない）。そうすると、κでκδと直交する垂線が両交点を結ぶ直径になる。だが視太陽の代わりに平均太陽を用いると、離心値の起点としてκの代わりにβが与えられる。そこで、βからκδに垂線を下ろしてβςとすると、この直線はβを挟んで正確に反対側の位置にきても、両交点の位置にはこないだろう。κを通る先の垂線が、線分κςの分だけβςより

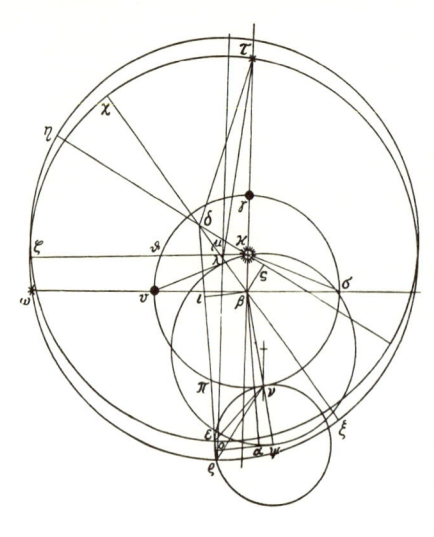

上にある両交点の位置にくるからである。点κを、直線βςと離心円周との交点と結んで、離心円周上でその角がどれほどの大きさになるか、調べよう。仮定によりςκは獅子宮16°45′にあり、βκはほぼ巨蟹宮5°45′にあるので、角βκςは41°になる。角βςκは直角だからκβςは49°になる。またκβは太陽の離心値で、地球ないしは太陽の軌道半径を100000としたとき3600になる。そこで、直角ςの正弦全体とβκ3600との比が、角βの正弦とκςとの比に等しく、κςは2717となる。一方、地球軌道の半径を100000とする同じ基準の取り方をすると、火星軌道の半径は第54章により152350になる。したがって、火星軌道の半径を100000とすれば、κςは1790となり、この値は正弦表では1°1′33″の角度を示す。

そこで、プトレマイオス説、コペルニクス説、ブラーエ説における点βの代わりに太陽の中心κを選んだのが私の誤りだとしたら、ここに出てきた角度と同じ度、分、秒の分だけ、昇交点はもっと逆行方向寄り、降交点はもっと順行方向寄りの位置にあるはずだった。逆に観測結果を、太陽の平均運動を基準にして考量し、点βを採用した場合、こうするのが悪くてκを選ぶべきだったとすれば、昇交点はβからもっと順行方向寄り、降交点はもっと逆行方向寄りの位置に見出され、こうして北側の半円が2°3′6″の弧に相当する分だけ短くなるだろう。

実際にこういうことが起こるかどうか見てみよう。第12章でひととおり考量した観測結果により、火星は1595年10月28日に〔昇〕交点にあったと考えた。その時の離心位置は、点βに依拠するブラー

第5部――緯度について 588

エ説の均差によれば、金牛宮16°48′に見出された。同様にして1589年5月9日朝に火星はもう一方の降交点にあったと想定した。同じブラーエ説の均差によって計算すると、その時の火星の離心位置は天蠍宮15°44′30″になった。したがって、そうなるはずだと述べたことが実際に起こり、北側の半円で1°3′30″小さくなる。だが、第61章のように観測結果をもっと綿密に精査すると、火星が昇交点に来たのはさらに1日と15時間後のことだった。したがって、離心位置に約50′が加わり、この惑星は離心運動によって金牛宮17°38′に来ることになる。それ故、上方〔つまり北側〕の半円の短縮は1°53′30″で、算出した2°3′にほぼ等しい。

したがって、一般に点κを立ててβを斥ける。どうして上のように離心値の起点となる中心で軌道面と黄道面の交線となる直径が長軸となる直径と交わらないことがあろうか。交わらなかったら、その理由は何なのか。

同じことは、第62章で証明した面どうしの作る傾斜角と第20章の図によっても証明される。そこでは傾斜角、つまり黄道からの北の極限のずれを太陽Aから見るときにできる角LABとして、1°50′45″を見出した。また黄道からの南の極限のずれを太陽Aから見るときにできる角MADとして、それとほぼ等しい1°50′8″を見出した。そこから結論されたのは、Aを頂点として上下に開く角が等しく、Aを通って極限の黄道上の位置B、Dに引いた線は（ともに同一の黄道面上にあるから）一本の直線なので、Aから直接に極限のL、Mに引いた別の線も一本の直線であり、さらにこうして火星軌道に囲まれるのがひとつの面であるということだった。ところで、両方の面に共通の交線が先の図のκ（つまり後の図のA）を通らず、βς（つまり後の図のAより下にある線）に重なるとしたら、極限L、MとAより下にある直線BD上の一点とを結んだ場合、その点からLBを見るときにできる角は約2′小さくなり、MDを見るときにできる角は約2′大きくなるだろう〔すなわち、2つの角は等しくならない〕。

思いどおりの大きさの視差を立てる自由があれば、この章の論拠

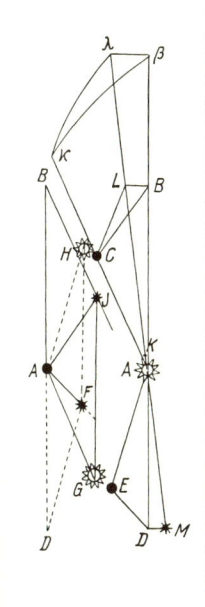

を論駁するのが簡単なのは事実である。だが、この論証の力を完全に失わせるほど大きな視差を容認できないことは、かなり多くの例証から確実である。

またこの章の命題は第52章で非常に確実に論証されているので、方向転換して、この命題を視差の否定から証明するのではなくて、むしろ第52章に固有の論証のあるこの命題を立てることによって、第64章のように、視差を否定することもできよう。

どちらにしても同じことである。各々の命題には別の論証の仕方もあるからである。私にはここに挙げた道が最初に思い浮かんだのであって、さまざまな事象が相互に一致することを示すのにはそれがよいと思われたのである。

# 第68章

## 火星軌道面と黄道面の傾斜角は現在もプトレマイオスの時代も同一なのかおよび黄道の緯度と交点の不均一な周回

火星のどんな公転周期を取っても黄道面に対する火星軌道面の傾きないし傾斜が一定不変であることは、第14章で述べた。だが、あらゆる時代を通じてこの傾斜が同一で決まっているかどうか、疑念が生じる。疑念の理由は以下のとおりである。

『予備演習』第1巻233頁のブラーエの証明によれば、今日の恒星の緯度はプトレマイオス時代とは異なり、この相違は以下のようである。すなわち、夏至の近辺では、北の星の緯度が大きくなり南の星の緯度が小さくなるのに、逆に冬至の近辺では、北の星の緯度が小さくなり南の星の緯度が大きくなる。至点から分点の方に行くにつれて、起こる緯度の変化が小さくなり、分点に最も近くなると変化は完全になくなるという。現在のわれわれの観測経験を第63章で立てた原理に、以下のようにして合わせてみよう。

恒星天球が広大な間隔で惑星よりはるかな高みにあることは確かである。したがって、恒星天球は当然のことながら惑星に具わる運動からは免れている。コペルニクスもそれについて単純に、恒星はある場所から他の場所へという動きを完全に免れており、実際にいつでも同じ位置にあると想定している。

ところが黄道は恒星天球の大円で、地球のわれわれから見ると太陽は絶えずその大円上に姿を現し、1年間でその大円を走破するように見える。そこで、その年周運動が太陽のものであろうと地球のものであろうと、いずれにせよ惑星のひとつに固有のものだから、黄道を立てる理由は恒星自体にはなく、宇宙の中心を巡る太陽ないしは地球の年周運動にあるにすぎない。

そして黄道が恒星の下で占める座を変えてきたことが認められる

---

恒星の緯度の変化について

黄道とは何か

黄道は他の恒星下へと移っていく

から、恒星が黄道から遠ざかったのではなくて、むしろ黄道のほうが恒星から遠ざかったのである。

 この移動の理由は、第63章で立てた原理が妥当なものだとすれば、おそらく、それによって示される。すなわち太陽は、コペルニクスが宇宙の中心とする自身の空間で非常に速く自転し、それによって放出した形象を介して惑星を動かすので、この自転の一定の極があるだろう。第63章の最後の図で、太陽の本体をJO、自転の極をA、Eとし、両極の上にくる恒星天球上の点をF、Gとする。そうすると、自転する太陽本体の大円JOは恒星天球の大円の下に置かれる。その大円をMLとする。他の惑星に最初に運動をもたらす太陽本体の卓越性により極F、Gは一定不変なので、この大円はおそらく恒星下で同一のままである。けれども惑星のほうは、第63章で明らかにした自然の原理に従い、相互に傾斜した相異なる円上を走り回るものと認められる。そこでおそらく、あらゆる惑星の相異なる円は、太陽本体が自身の軸AEの周りを自転することによって描くこの「王の円」MLを看視して、それに合わせて、どんな惑星の円もこの円に対する一定の大きさの傾斜を保つが、位置のずれはあるだろう。経験的に交点が移動することはわかっているからである。

 黄道も、惑星つまり太陽もしくは地球の描く円のひとつだから、太陽本体の大円JOが恒星間に描いた「王の円」MLに対する傾斜をもつのは当然である。他の惑星の円が互いにずれているのに、太陽もしくは地球の道筋の上に立つ黄道だけがこの「王の円」MLと正確に一致すべき理由はない。

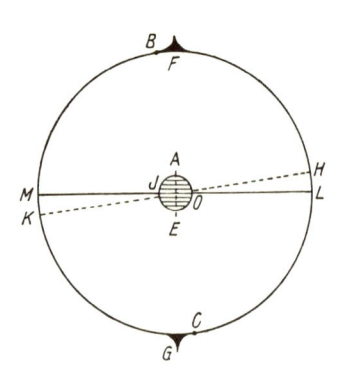

 そこで、本来の意味での黄道が太陽の「王の円」に対して傾斜していることを認めて、それを恒星間に描かれた円KHで表すものとし、その両極をB、Cとする。こうすれば、恒星の緯度が変化する

黄道変化の理由

平均黄道というものがあること

黄道が変化するという想定から、恒星の緯度の変化に認められたあらゆる多様性が出てくる

誘因を容易に見出せる。緯度はその語の本来の意味では真の黄道から算出されるもので、これまで隠れていた太陽の「王の円」からではないからである。すなわち、（太陽がその下に来るとき、その線の下でのみ蝕（eclipsis）が起こることから）本来の真の意味で黄道（ecliptica）と呼ばれるものと、平均黄道と言うことのできるような円MLとの交差個所つまり共通する交点は、他の惑星の交点と同様に移動するだろう。ただし、極どうしの距離FB、GCが測り取る最大の傾きMKないしLHは、他の惑星の場合と同じように一定不変のままである。当然、F、Gを中心に一定の値を取るFB、GCを半径として小円を描き、黄道の極B、Cがその小円上を回ると想定すれば、全体として円KHも恒星天球FMGにおけるかつての座を離れ去り、時代が経過するにつれて、かつて北の極限としたのと同じ恒星の側に、ついには南の極限を置くようなことにもなるだろう。だが、経過する時代が短い場合には以下のようになるだろう。すなわち、極限K、Hは元の恒星の所からあまり遠くに進まず、恒星の緯度は感知できないほどにしか変化しないだろう。ところが、交点のほうは元の恒星の所からそれと等しい行程しか進まなくても、その恒星の緯度はもっとはっきりと変わるだろう。傾斜角の正弦は、四分円の終わる所にある極限の近辺では感知できないほどの差しか増大しないが、四分円の始まる所にある交点の近辺でははっきり感知できる差になるくらい増大するからである。

<small>真の黄道と平均黄道とが相互に交わる所</small>

　そうすると、恒星の緯度の変化は分点の近辺では全く感知されないのに、至点の近辺ではかなり顕著だから、黄道の緯度の極限は分点のあたりにあり、交点のほうは至点のあたりにある、と結論してよい。したがって、K、Hの記号で表した点は分点の近くにあるだろう。同様にして、双子宮と巨蟹宮で北緯が増大していくから真の黄道の北側の部分は北から離れていくので、黄道の北の極限は交点が順行して天秤宮にあるか、もしくは交点が逆行して白羊宮にあるかのいずれかである、という結論も下せるが、後者のほうが真実のように思われる。月の交点も逆行して19年で獣帯を一巡するのに対

593　　　第68章　火星軌道面と黄道面の傾斜角は現在もプトレマイオスの時代も……

して、その遠地点は順行して8年半で一巡するからである。

　また太陽の遠地点もしくは地球の近日点は巨蟹宮5°30′にあるので、第57章によれば、離心値をもたらす作用線の直径は、地球が白羊宮5°30′に来るときに太陽本体に向く。ところが第63章によれば、緯度を作り出す作用線の直径も、地球が極限に来るときに太陽本体に向く。その極限は、この第68章によれば白羊宮にある。したがって、同じく第63章によれば、各々の作用は地球本体の同一の直径によって行われるのかもしれない。そうするとおそらく、この隠れていた円つまり平均黄道は巨蟹宮と磨羯宮の5°30′の所でわれわれの知っている真の黄道と合致すると推論してよい。

　もしあらゆる惑星の遠日点がひとつの大円上に配置されるのであれば、その大円こそ、ここでわれわれの求めているものにほかならないと言うことができよう。その場合には全惑星について、（ここの地球の周行路における場合のように）交点が長軸端と一致して、離心という高さ〔長軸方向〕と傾きという緯度の両方の多様性が同一の作用線の直径によって実現するという説が、正しいことになるかもしれないからである。こうして、われわれは第63章に残されていた重大な困難から解放されよう。

確実性のある平均黄道の探求

　確かに、太陽と火星と木星と土星の遠地点はそこそこに重なる。上位3惑星全ての遠日点は同一の半円上で同時に北の同じ方向にあるからである。そこで、真の黄道の南の極限が天秤宮、北の極限が白羊宮にあったなら、これは上述の説と符合する。

　しかし、この問題の十全な考察は、全惑星の運動が既知の真の黄道にもとづいて検証されるまで延期しなければならない。

　さらに、太陽から恒星間に拡大された、隠れている「王の円」に関するこの見解に対しては、一般によく用いられてきた、赤道から算出される黄道の傾きによっても、これを支持する証言が与えられる。この傾きは黄道からの赤道の緯度と言ったほうが正しいだろう。ところが赤道は、地球がその軸の周りを毎日自転するときの両極の真ん中にある、地球本体の大円である。そして赤道ないし昼夜平分

平均黄道のための別の論拠

赤道（aequator）ないし昼夜平分線（aequinoctialis）とは何か

第5部——緯度について

線という同じ名称が、どんな時代でも地球の赤道の上方に立つ恒星天球上の帯状領域にも与えられる。極という同じ名称も、どんな時代でも地球の両極の上方に立つ恒星天球上の点に与えられる。したがって、この軸と大円も、黄道に対しては時代が違えば違った傾斜を取っている。すなわち、恒星の巨蟹宮における北緯、磨羯宮における南緯は今日のほうが大きいので、その分だけ黄道からの赤道の緯度は今日のほうがかつてよりも小さい。この傾きが巨蟹宮と磨羯宮で最大だからである。この傾きはかつては23°51′30′′だったが今日では23°31′30′′で、20′の差があり、恒星の緯度の変化もこれだけになる。

　もし真の黄道が宇宙の特別な円だったら、当然、独自の軸と極をもつ赤道の円は、絶えず決まった等しい間隔でこの黄道HKの極から外れることになっただろう。だが黄道は変化し、またこの軸（それとともにこの軸を取る赤道）の黄道に対する傾斜も変わって、黄道が巨蟹宮にある恒星から後退した分だけ赤道に近づいたので、赤道が他の円に対して一定不変の傾斜を保つように見える。したがって、この見えない円には大きな存在理由、大きな利点があるはずである。かくして、惑星の円の真ん中にある「王の円」LOMがいかにも真実らしく立ち現れて、あらゆる惑星とともに火星も、この円に対して一定不変の傾斜を保つだろう。

　月の傾斜は他の大円ではなくてまさに黄道に対して、かつても、また黄道が移動した今日でも、5°という一定不変の値を取るが、この月の例によって混乱をきたしてはならない。月と他の惑星の相違は非常に大きいからである。他の惑星軌道は宇宙の中心の周りを回る。（大まかに言えば）月の軌道だけが中心から外れた所で、ある場所から他の場所へと移動する。他の惑星は共通して太陽の周りを公転するが、月は地球の周りを公転する。他の惑星は離心値も経度緯度の理論全体も太陽を起点にするが、月は動く地球を起点にする。惑星は太陽によって円上を運ばれていくが、月は地球に運ばれていく。したがって、月がその緯度の極限を、地球の円がその下にくる

595　　　第68章　火星軌道面と黄道面の傾斜角は現在もプトレマイオスの時代も……

可変の黄道HKに対して一定に保つのに、他の惑星がLOJMのような他の不変の円を看視することでそうしても、何の不思議があろうか。したがって、月は上に述べたことを信じるのに何の妨げにもならないはずである。

　火星軌道がその傾斜角を一定不変に保つのは、LOJMのような常に同一の恒星下にある一定不変の円に対してであることを受け入れると、結果として、火星の同一の軌道が時代が変われば黄道HKに対して異なる傾斜を取ることになる。黄道がかつての恒星の位置からいくぶんか離れて別の恒星の位置に移るからである。けれども、こういう帰結に至るのは、火星の交点と地球の交点、つまりこれらの軌道があの見えない円LOJMと交わってできる交差個所が、必ずしもいつも同じ間隔で天を巡るわけではなくて、ある交点は他の交点より動きが速い、ということを容認する場合である。この事象の実例はすでに挙げた。すなわち、赤道はこの見えない円LOJMに対して一定不変の傾斜を保つが、その間に黄道HKは移動してしまうので、結局、赤道の黄道からの逸れ方が変わるようにとらえられたのである。

　平均黄道の極、つまり太陽の中心から太陽本体の極を通って引いた直線の先端にくる恒星天球上の点を、Aとする。Aを中心として、23°42′かいくらも違わない間隔のABを半径として小円を描き、宇宙の北極の位置、つまり地球本体の中心から地球の自転の極を通って引いた直線の先端にくる点をB、Cとする。Bはプトレマイオス時代の、Cは現代の北極の位置である。もし黄道の交点も後退するのであれば、必然的に北の極限は白羊宮と双魚宮の境界にある恒星のあたりに位置する。先に述べたように、双子宮と巨蟹宮にある北の恒星の緯度が増大したからである。B、Cの中間に点Dを取り、プトレマイオス時代と現代の中間の時代における赤道の極の位置を示すものとし、A、Dを結ぶ。弧ADを大円にすると、この中間の時代の至点を通過するだろう。AからADと直交するAEを引くと、この弧AEをもつ大円は中間の時代の春分点を通過するだろう。し

火星軌道面と黄道面の傾斜角は変わるか

＊地球の極は小円BCEの下で描かれた線のと

第5部——緯度について　　　596

おりに進むわけではなく、Eの所に描いた螺旋に沿って進み、1年ごとにそのような螺旋の輪をひとつ、また反対の極がそれと対置される同様の輪をひとつ描く。それらの螺旋の輪が相互につなぎ合わされていくと、その連鎖から分点と至点の進行が出てくる。この螺旋の輪はいずれも、コペルニクス説によれば地球軌道の、他の天文学者の説によれば太陽軌道の大きさ〔むしろ地球の自転軸の1年間の動きの大きさとすべきか〕と同じような大きさを取る。つまり、この螺旋の輪の恒星天球面に対する比は感知できない。そこで、それらの螺旋を単純な線BCEと見なすことができる。だが、この動きを正しく思い描くためには、両側に恒星天球まで延長した地球の赤道の軸が、毎年、これらの螺旋のひとつの輪が取るのと同じ大きさの円柱を描くことを知らなければならない。この円柱の真ん中には太陽の本体がある。一方、この地球の赤道の軸は時代の経過につれて〔歳差により〕2つの円錐を描く。それらの頂点は太陽において等しい。あるいはむしろ太陽を巡る地球の公転運動によって融合している。あらゆる円柱の重なり合いのために各円錐の頂点が他方の円錐の本体の中に隠れているからである。なお円錐の底面はBCEである。こうして多くの円柱から円錐ができる。

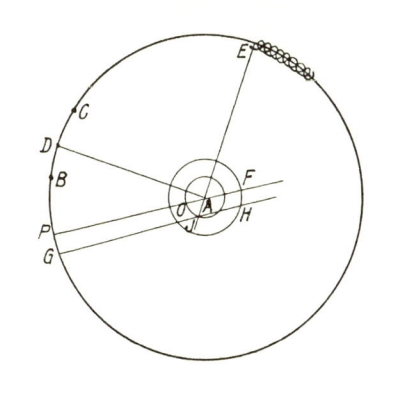

たがって、かつて地球の公転軌道が配置されていた円の極は、AEの線の近辺にあっただろう。また北の極限は白羊宮にあるから、EAをAの側の方に延長してその延長線のすぐ近くの下方に点Jを選ぶものとする。すると、プトレマイオス時代の黄道の極はJにあっただろう。Aを中心にAJを半径として小円を描き、その円上に別の点Oを取る。ただし、OとCの間隔はJとBの間隔より小さいとする。そしてOを、Cからの離隔23°31′30″を取る今日の黄道の極とし、プトレマイオス時代の黄道の極Jは、Bからの離隔23°51′30″を取るようにする。これが黄道の傾きと恒星の緯度の変化を表す理論となろう。ただし、小さな円OJの大きさについては不明である。黄道の傾きの変化分である20′という値はさまざまな仕方で生じうるからである。

Oが今日の黄道の極で、OCは巨蟹宮の始点にくるので、弧CPを円の8分の1とし、Pを今日の火星の北の極限がある獅子宮の真ん中とする。POをOを越えて延長し、またJを通ってPOとほぼ平行だが（かつて火星の極限は恒星下で今日よりも少し順行方向寄りだったから）少し順行方向寄りにくる線GJを引き、Jを越えて延長する。そしてAを中心にして小さな円を描き、POとの交点をF、GJとの交点をHとする。ただし小円は、OFがJHより長くなるような大きさとする。また火星の公転軌道が配置される円の極が、今日ではFにあり、かつてはHにあったと想定する。すると、今日の傾きつまり火星軌道面の黄道面に対する傾斜OFのほうが大きく、プトレマイオス時代の傾斜JHはそれより小さくなるだろう。けれども、火星軌道の極H、FはAを中心にして一定の間隔AH、AFを保持したままHからFにきたことになるだろう。

第68章 火星軌道面と黄道面の傾斜角は現在もプトレマイオスの時代も……

さらに順行方向においてであれ逆行方向においてであれ、火星軌道の極はHからFまでのかなり大きな弧を進んだけれども、黄道の極も同じ点Aの周りをJからOまで同時に進んだので、火星軌道の極はほぼ静止していたように見えるだろう。JHとOFがほぼ平行だからである。

　個々の惑星の極がそれぞれ異なる時間である共通の極の周りを巡るのが事実であれば、結果として必然的に交点の動きに大きな不整が出てくる。

　実際、分点歳差のある種の特異性もここから生じてくるのであって、その課題も全くこれと似ている。

　何が本書で立てた原理に適うか、軌道面の傾斜が時代によって異なることをどういう仮説によって証明できるか、についてはすでに述べた。今度はプトレマイオスの観測結果を見ていこう。火星の北緯は北の恒星である獅子座の心臓とともにあり、南緯は山羊座の南の星とともにあるので、当然、それらの恒星の場合と同じことが火星の最大緯度に起こっただろう。そこで、それらの恒星の緯度が、北の恒星の場合は夏至点、南の恒星の場合には冬至点の近辺で増大したから、火星のどちらの緯度も増大しただろう。プトレマイオスは観測した火星の最大北緯が4°20′だという。[★012] 今日ではこれは4°32′である。したがって、この場合はわれわれの見解が裏づけられる。交点の遠日点からの離隔が今日とほぼ同じままなのに、最大緯度は今日より12′小さいことが示されるからである。それに対して、彼は最大南緯をほぼ7°とする。けれども、南緯は今日でも6°52′20″で、7°くらいとすることができる。それ故、彼の観測結果では未解決のまま残る。実際、北緯のこの12′に関しては、プトレマイオスの機器の最小目盛が10′で、彼自身しばしばこのような一目盛分の誤差を想定していることを知るべきである。それにギリシア語の20′を意味する記号〔κ〕と40′を意味する記号〔μ〕がまぎわらしく、翻訳者たちもしばしば見分けそこなった。そしてこの場合には、アラビア語で20′と訳された〔4°40′であれば、今日とは一目盛分の誤差10′より少

火星の交点の移動がこんなに緩慢な理由は何か

分点歳差の不整について

ない相違しかない］。

　しかもプトレマイオスの著作には、こういう事柄について古代ではどういう状況にあったのか判断できるように手を取って導いてくれそうなことは、何ひとつとして出てこない。実際、次の第69章で検証する観測結果は誤りであることが証明される。したがって、古代の適切な観測結果が欠如しているかぎり、もし本当にこの世において残された課題を学び尽くすのに相応しい時間の余裕を人間の族(やから)に賜ることが神のお気に召すのであれば、事柄の条件に制約され、他の多くの問題とともにこの交点の動きに関する議論も、後世に残さざるをえない。

# 第69章

## プトレマイオスの3つの観測結果の考察
## および平均運動と遠日点・交点の動きの訂正

古代全体を取りあげても、きちんとした火星の観測記録は5回分しか残っていない。さらにひとつ、火星が半月の暗い部分に隠れるのをアリストテレスが記録した、最古の観測が残ってはいるが、それには年も日時も書き添えられていない。だが、アリストテレスの生涯の数え年15歳から晩年までの50年間にわたって行った、帰納法による非常に長い推論で、これがいわゆるキリスト紀元前357年4月4日夕方以外にはありえないことを私は発見した。ディオゲネス・ラエルティオス[★014]から明らかなように、このときアリストテレスは21歳で、エウドクソス[★015]の講義を聴いていた。[★016]2番目に古い観測はカルデア人〔セム系の民族〕の行ったもので、プトレマイオスがそれを残し伝えてくれた。[★017]この観測が行われたのはキリスト紀元前272年1月18日明け方で、この時、火星が蠍座の額にある北の星〔蠍座のβ〕を隠した。この場合もまた確実な時間は添えられていない。残る4つの観測はプトレマイオス自身が行ったもので、彼はアストロラボス〔アーミラリー天球：第5部注006参照〕で火星の恒星からの離隔を測った。けれども彼は、火星と平均太陽とが衝になる節目の時点における獣帯上の火星の位置しか調べていない。[★018]

観測結果がこれほどわずかでも、それによって最大の課題の論拠を把握しないかぎり、天文学を不完全なまま残さなければならない。まず初めに、プトレマイオスの4つの観測によってプトレマイオス時代に適合する、恒星に関連づけた平均運動の元期位置を探求し、それと今日のものとを対比して平均運動自体を限定しなければならない。次にカルデア人の観測により、太陽の離心値がかつて本当に今日のものよりも大きかったかどうか、調べられるように思われる。最後に、観測時間がわかれば、カルデア人の観測とアリストテレス

の観測によって、その時間の火星の緯度について考えてみることができるだろう。

　だが、不死なる神により何という道に歩み出そうとするのか。プトレマイオスから得られる材料のほとんど全てが、適切な精度を得るのに役立つようになるまで、吟味しつくさなければならないようなものばかりだからである。

### 1

天文学者は獣帯つまり黄道の始点をどのようにして調べたか

　まずプトレマイオスは、分点と至点の観測にもとづく計算から、掲げた時点における太陽の平均運動の位置を算出する。太陽は白羊宮の始点を示すが、その位置ははっきり指示できるわけではなく、漠然とした時刻の推定によるしかない。すなわち、昼と夜の長さが等しいように見えたときに太陽の占めた所をわれわれは白羊宮の始点と言う。だが、プトレマイオスが時刻をまちがえていたらどうなるだろうか。そう推測する根拠がないわけではない。まず、プトレマイオスは観測の方法を提示していないからである。私の希望としては、彼の観測したのが、太陽が北半球に入った時点を誤りなく得るための、帰納的推理の元になる子午線高度であってほしい。だが、彼がアレクサンドリア式アーミラリー天球で観測を行ったとしたらどうだろうか。その場合には大気差によって誤りを犯したかもしれない。その渾天儀では同じ日に分点が2回も観測されたと言って、自ら誤りを犯した証拠を提示しているではないか。彼はその誤りを機器の欠陥のせいにしているが、私はその誤りが大気差から生じたのではないかと思う。

プトレマイオスの分点観測は疑わしいこと

プトレマイオスの提示した春分の日を受け入れるには困難があること

　けれども、子午線高度によって観測を行ったものとしよう。そうすると、意に反して別の疑念が噴出する。プトレマイオスの提示した分点時刻が、過去のヒッパルコスの観測結果や後世のアルバテグニウス[★019]、ティコの観測結果の類比の項目と一致せず、1日半の範囲内でずれているからである。後者の観測結果では全て一致して等しいのに、プトレマイオスの分点だけがずれている。このことが非常[★020]

601　　　　　　　　　　　　　　　　　　第69章　プトレマイオスの3つの観測結果の考察……

に錯雑した多くの天体論の生じるきっかけになり、震動〔trepidatio：春分点が前進したり後退したりすること〕や秤動（libratio）を生み出した。だが、そういう運動は全て、プトレマイオスの後に続く観測結果が最古のヒッパルコスの観測結果と絶えず一致して等しくなることがわかれば、斥けられる。

けれども、春分点と秋分点を関連づければプトレマイオスは自説を守れる。すなわち、機器の欠陥によって、真の春分点が前日にあったのに翌日と報告するようなことがあれば、秋分点が翌日に当たったときも前日にあったと報告していただろう。こうして夏季の長さから2日を除去したら、結果として太陽の離心値の大きな変化が生じていただろう。だが、彼は自身の観測結果によって、その離心値をヒッパルコスが発見したのと同じ値のままに残している。したがって、われわれはプトレマイオスを信じて、太陽が白羊宮の始点に来た時刻は適切に観測されたと考えるほかない。

> プトレマイオスの春分の日時の観測に対して

## 2

始点を定め、観測によって黄道の傾きを発見すれば、太陽の日々の赤緯によって、分点に来る上述の時刻に太陽が占めた点からの真太陽の離角を述べるのは、造作もないことで、その点がどんなものであろうと、どんな天球上にあろうと、問題でない。実際、それぞれの学者がこの課題のために相異なる天球を考えてきた。プトレマイオスが立てた第8天球と第9天球の後で、ある学者は第10天球を、最近の学者は第11天球や第12天球を空理空論によって立てたからである。ブラーエはそういう新しもの好きを激しく非難した。だが、こういう空理空論の代わりに何を立てようと考えたのか、彼は私に決して語らなかったし、書き記したものもどこにも残さなかった。コペルニクスはともかくこの仕事を（一般的な判断では）みごとかつ巧妙に（また私の判断では）賢明に行った。すなわち、彼は天から目を転じて、先の点を地球自体に求めた。実際、第68章で述べたように、恒星天球上にある点はどんな時代でも地球の上の空高くにある。

> どのようにして、恒星間での獣帯の位置が未知であっても獣帯上の太陽の位置が観測でわかるのか

> 古人の第8天球の理論は理解しがたく無定見である

> コペルニクス説の理論は理解しやすい

第5部——緯度について

しかしそれを長々と議論するのはこの個所の課題ではない。

### 3

太陽の均差[★021]はかつてもっと大きかったか

続いて均差の証明をする。この証明は太陽が獣帯の主要な宮の始点に入ってきたときの観測結果にもとづく。すなわち、均差を太陽の視位置から引いたり加えたりすると、太陽が分点に来た時刻に占めるように見えた点から太陽の平均運動の位置が立てられる。ここでも均差の値について、先の分点あるいは獣帯の始点に関すること以上に大きな疑問がある。今日ではその均差は、ヒッパルコスが自ら証明したと思いプトレマイオスが保持した値より20′小さいとわかっているからである。今日とかつてとは軌道の比が異なる、と主張するだけの適切な理由もない。最も重要なことを確証するには最も強固な証拠が必要だが、それが欠如している。上述の観測結果、特に巨蟹宮と磨羯宮に入ったときに関する観測結果が、それほど正確でないかもしれないからである。プトレマイオスの均差を今日のものに入れ替えても、観測で自ら把握できるとプトレマイオス自身が認める程度にしか彼の観測結果を変えられないだろう。それよりもむしろ大気差の問題のほうがプトレマイオスの観測にもっと重大な障碍をもたらした可能性がある。プトレマイオスが観測した春分の日

プトレマイオスの分点時刻は不確実である

付は確かだと認められるが、その日の何時かということについては数時間の不確実さが考えられるからである。先のあの大きな誤りに対する場合と違って、この場合は春分点と秋分点を関連づけても、問題となっているこういう小さな誤りに対する弁護にはならない。

実際にプトレマイオス時代の均差が現代と等しかったことは、現在の均差が変わっていないことによって証明される。すなわち、今日ブラーエが発見した値も、数世紀前にアルバテグニウスが発見した値も、アルザケル[★022]が発見した値も、ほとんど同じである。

そうするとプトレマイオスの用いている太陽の均差は、誤った太陽の視位置から導き出した疑わしい値なので、彼が導き出した火星の位置は、平均太陽と衝になる時も視太陽と衝になる時もまちがっ

ているおそれがある。

けれども、われわれに必要なのは太陽の視位置であることが慰めになる。その内容は先に述べた。

われわれは2通りの道を進むことができる。分点についてプトレマイオスを信じるか、それとも現在の均差に従ってプトレマイオスのものに修正を加え、プトレマイオスが記した時間よりも春分点を3時間遅らせ、秋分点を同じく3時間早めるかである。そうするとそれぞれの分点において太陽の赤緯に8′の誤差があったことになる。実際にプトレマイオスの機器は、最小目盛りが10′に相当しており、それ以上には精密でなかった。しかもヒッパルコスはこのような一目盛に至る精度は疑わしいとしている。こういう理由で、太陽が獣帯の四分円に要する通過時間も、4分の1日〔6時間〕より精密には表せなかった。これは夏と冬の真の長さについても言える。

> プトレマイオスの観測に感謝しつつ今日の太陽の均差を保持する

## 4

均差の配分と遠地点の元になる太陽の巨蟹宮と磨羯宮への進入については、どう言おうか。太陽の巨蟹宮への進入が全く感知されないのに、どうしてこうも安易に、4分の1日を獣帯の春の四分円から取って秋の四分円のほうに繰り込めたのか。さらに、ヒッパルコスとプトレマイオスが中間の点を無視してこの進入の瞬間そのものを看視したことにも、全く納得できない。むしろ彼らは、夏季全体にわたって太陽の赤緯を記すことに注意を払い、常に至点の各々の側にある2つの等しい赤緯の値を相互に対比して、等しい赤緯を取る両時点の中間の時刻を、太陽が真に巨蟹宮に進入した時として取りあげた、と考えるほうが簡単である。こうして至点の近辺にある位置の対比を行った場合、確かに生じる誤差はほんのささやかではあるが、やはり4分の1日に相当する誤りを犯す可能性があった。その時間〔6時間〕を太陽の動きにすると15′になる。したがって、たとえ分点が非常に確実だったとしても、至点をめぐる前後の部分で太陽の位置に15′の不足もしくは超過が起こり、そのとき遠地点は8°

> プトレマイオスの太陽の遠地点の位置にはかなりの度数の不確実さがある

第5部——緯度について　　604

前進もしくは後退する可能性がある。太陽の動きについては以上のとおりである。

## 5

火星自体の観測についていうと、プトレマイオスが一応はアストロラボスを向けて視覚で非常に確実に恒星をとらえたということにしても、獣帯上の火星の位置については（先に獣帯上の太陽の位置を考えたときのように）依然として、恒星自体の位置ほど確実にはならない。またプトレマイオスが、分点からの恒星の離角が何度か決めるとき誤りを犯したとすれば、火星の位置を報告するときも同じ誤りを犯すだろう。しかも太陽（また同様に赤緯によって太陽の離角を知る場合の元になる白羊宮の点〔春分点〕）からの恒星の離角にすらも誤りがあるのではないかという疑念を拭いえない。それを調べる方法と誤りの論拠は以下のとおりである。プトレマイオスはアントニヌス帝の2年〔AD 139〕に半月によって離角を調べた。*023 すなわち、アストロラボスを用いて、太陽からの月の離角と月からの獅子座の心臓〔レグルス〕の離角とを得た。そこで、分点からの太陽の離角が与えられると、同じく分点からの恒星の離角も出てくる。*だが、すでに太陽からの月の離角を測るとき30′の誤りを犯したように思われる。日没時に測定を行ったからである。太陽が沈みつつあるときは大気差によって正しい高度より約30′高く見える。したがって、月の離角は正しい値より小さく現れる。太陽や分点からの獅子座の心臓の離角も同様である。それ故、プトレマイオスの時代の恒星の位置には30′加算しなければならないように思われる。

> プトレマイオスの獣帯上の恒星の位置には約20′の誤差がある疑いもある

> *Aを見えない分点、Bを太陽、Cを月、Dを恒星とする。この3つは見える。BEは太陽の赤緯である。ABは正午におけるBEを直接観測することによって何の苦もなく得られる。BCは昼間に、CDは夜間に機器によって得られる。そこで、AB、BC、CDをつなぎ合わせると、結局、先には見えなかった点Aからの恒星の離角ADが得られる。これは恒星Dと関連づけた後で、最後に明らかになる。その後で観測によって惑星を恒星と関連づけ、こうして獣帯の始点Aからの各惑星の離角がわかる

> プトレマイオスの恒星の経度に対して

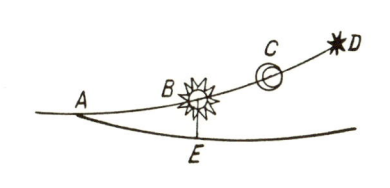

したがって、（観測によって恒星と結び付けられた）火星が平均太陽の位置と衝になるとプトレマイオスが考えたときは、実際には火星はすでにこの衝の位置を30′

第69章　プトレマイオスの3つの観測結果の考察……

越えていただろう。そこで、プトレマイオスの言及した火星の4つの観測位置が、双子宮21°0′、獅子宮28°50′、人馬宮2°34′、人馬宮1°36′だから、それを双子宮21°30′、獅子宮29°20′、人馬宮3°4′、人馬宮2°6′と取るべきだった。だが、プトレマイオスは、こういう大胆な企てに対して、月からの恒星の離角、太陽からの月の離角、それによる太陽と分点からの恒星の離角をしばしば同一の課題として角距離を調べたうえで、それがいつも同じであることを発見したと主張して、自説を擁護する。したがって、彼がその方法を証明するために観測結果をひとつしか出さなくても、太陽ないしは月が出るときと入るときの複数の観測結果を考慮に入れたうえで、最後に、相異なる位置の出てくる多くの演算の平均値と見なした結果に従った、と考えることができる。

　だが、離隔の不確実な分点を無視し、この4回の恒星による火星の観測結果を恒星と関連づけることができるなら、この30′についての議論は火星の平均運動に全く関わらないように思われる。第17章では、私はそういう方法によってプトレマイオス時代の遠日点の位置を調べた。けれども、太陽の視位置と衝になる火星の観測位置を復元しなければならないとなると、われわれはやはり引き留められる。この仕事は、分点という共通の点からの火星の隔たりと太陽の隔たりとがあらかじめわからないと、決して正しく進められない。いわばこういう構成要素に依らないかぎり、太陽からの火星の正しい離角を示す弧がわからないからである。

　星どうしの真の衝が起こったと思われる時刻に惑星が太陽〔との衝〕の真の位置を30′越えて見えるなら、惑星は第2の不整に巻き込まれており、第1の不整を調べるにはまだ相応しくない。だが、遠地点では軌道のこの30′の均差が離心円の大きな弧を占め、その弧には経過時間つまり平均運動のさらに大きな部分が対応する。近地点では反対のことが起こる。すなわち、その均差は離心円の小さな弧を占め、それに相当するのはさらに小さな平均運動の部分である。したがって、火星がこの4回にわたり獣帯上で30′越えた所に見え

獣帯における恒星の位置の不確実さは火星の観測結果にどの程度まで関わってくるか

第5部——緯度について　　606

たというのは、分点からの平均運動で火星がもっと逆行方向寄りにあったが、遠地点ではそれが何分かを示す値が大きく、近地点では小さいというのと同じである。しかも離心円の弧は、誤って見えるこの30′だった弧より小さいので、離心円上にある火星は、恒星下でも、すでにそこに到達したように見える所までは実際には到達していなかった。それに相当する分が、離心円の弧と30′のこの視覚上の弧との差である。この離心円の弧は遠日点では大きいから、30′の視覚上の弧の差はささやかだが、近地点ではその反対になる。そこで結局、恒星が獣帯上で30′さらに順行方向寄りにあることを受け入れるなら、火星の対恒星平均運動から、遠日点ではほんの少しの値を、近日点ではそれより多くの値を引かなければならないだろう。こうして（たとえその違いの分が視覚上の誤りである30′よりずっと小さな値であろうと）平均運動がもっと小さくなるばかりでなく、プトレマイオスの用いた3つの初更の観測結果の配置もずれてくる。そこから必然的に異なる遠日点と違った離心値とが出てくる。ただし、これが後になって面倒になるようなことはないだろう。実際、恒星に誤りがあるのではないかという疑念がなければ、もっと大きな食い違いが観測結果によってもたらされたとしても、われわれは無視するだろう。そういう観測がブラーエの観測ほどの精密さをもたないことは確実だからである。したがってわれわれは、ブラーエの観測結果から見出された均差の形を、あらゆる時代を通じて同一のままであるかのように用いるだろう。

　太陽の離心値と、太陽の遠地点の位置と、獣帯上における恒星と火星の位置をめぐって、3つの岐路が現れることになる。こうして、獣帯を無視して恒星だけによって計算を行っても、それらの観測時点における平均運動の位置と遠日点の立て方が8つ出てくる。

**第1の探求は太陽と恒星に関するプトレマイオスの観測結果を全て保持する。**

<small>プトレマイオスの観測結果を太陽の視位置との衝に還元する</small>

太陽の平均運動による位置は人馬宮21°0′、宝瓶宮28°50′、双子宮2°34′、太陽の遠地点は双子宮5°30′だったから、太陽の視位置は

人馬宮21°40′、双魚宮1°13′、双子宮2°41′で、3つとも全て衝の位置を越えていた。したがって真の衝はそれより前にくる。そして双子宮21°（今日の巨蟹宮）における火星の日運動は約23′、太陽は61′で、その和は1°24′だから、41′には8時間を要する。その時、火星は双子宮21°8′に見え、太陽の視位置と衝だった。同様にして獅子宮29°（今日の処女宮）における火星の日運動は24′とされており、太陽の日運動は59′で、その和は1°23′だから、2°23′の差に要する時間は1日と17時間21分であり、その時、火星は獅子宮29°31′に見えた。最後に、双子宮3°（今日の巨蟹宮）における火星の日運動は23′、太陽は57′で、その和は1°20′だから、それによって、7′には2時間6分かかることが示される。その時、火星は人馬宮2°36′に見えた。

| したがって | 訂正された時刻 | 〔衝になる火星の〕位置 |
|---|---|---|
| ハドリアヌス帝15年 | テュビ月26日 5時 0分 | 双子宮 21°8′ |
| ハドリアヌス帝19年 | パルムティ月 6日15時39分 | 獅子宮 29°31′ |
| アントニヌス帝 2年 | エピピ月12日 7時54分 | 人馬宮 2°36′ |
| エジプト暦による間隔 | 4年68日10時間39分 | 68°23′ |
|  | 4年97日16時間15分 | 93°5′ |

最初の間隔〔ハドリアヌス帝15-19年〕に対応する火星の対恒星平均運動は、数回の公転周期に加えて80°57′14″であり、2番目の間隔〔ハドリアヌス帝19-アントニヌス帝2年〕によって出てくるのは96°16′24″である。だが前者では、その時代にあった途中の期間の歳差分を引くと、火星の視運動は数回の公転周期に加えて68°21′20″、後者では93°2′20″だった。

そこでこれまで調べてきた、最新の観測結果に従って立てた仮説を適用して、すでに述べた大きさの離心円上の視運動がアノマリアのどの位置でそれだけの大きさの平均運動に対応するか、求めなければならない。何回か試してみて発見されたことは以下のとおりである。すなわち、最後に挙げた時刻に火星の遠日点は獅子宮0°41′

第5部——緯度について

にあるが、他の時刻には分点歳差のために少し逆行方向寄りにあると考え、一方、最初に挙げた時刻の平均アノマリアが46°37′、2番目のが34°21′、3番目のが130°37′30″で、真ん中に挙げた時刻の分点からの経度は5宮4°59′20″と想定すると、現在の均差の仮説によれば火星は第1の時刻には双子宮21°7′、第2の時刻には獅子宮29°31′[★028]、第3の時刻には人馬宮2°37′30″に来ることになり、偶然にも精確である。というのも、基礎となった資料はこれほどの精確さが期待できないような性質のものだからである。プトレマイオスが当時の衝をもっとたくさん書き記していたら、おそらくわれわれはもっと大きな困難を感じただろう。結果は3つの観測資料だけに容易に合うものだからである。この遠日点を第17章と対比されたい。[★029]

**2番目の探求ではプトレマイオスの均差と太陽の遠地点をそのままにしておいて恒星に30′を加える**

少し違った結果が出てくる。すなわち、火星が30′太陽と衝になる位置を越えているから、訂正された衝が出てくるだろう。先の日運動の合計はそれぞれ1°24′、1°23′、1°20′だった。そこで、残りの30′に対して経過時間もほぼ同じ値が出てくる。つまり3回とも約8時間40分を加えればよい。この経過時間に対応する火星の視運動は8′30″で、これを30′から引く。残る21′30″が火星の位置に加えられて、それぞれの位置は双子宮21°29′30″、獅子宮29°52′30″、人馬宮2°57′30″となる。経過時間の間隔も獣帯上の位置の間隔もほぼ同じままに止まるだろう。それ故、これらの観測結果に対する平均アノマリアの配分も先ほど見出したのと同じになる。ただ遠日点だけは、同じく21′30″移動するので、最後の時刻で獅子宮1°2′30″になる。したがって対恒星では8′30″引き戻さなければならない。すると分点からの平均運動は前より21′30″増加するが、8時間40分長く続く。この時間に対応する平均運動は11′24″である。したがって、同じ時点を想定すると、分点からの平均運動は先の場合より10′だけ増加するだろう。だが、恒星の位置が分点から30′遠ざかる。

それ故、火星の対恒星平均運動は前よりも20′進み方が少なかった。

### 3番目の探求では太陽の遠地点を11°ないし12°移し
### 恒星の経度と均差はそのままにしておく

この場合、初めに挙げた時刻には太陽が20′戻った位置に来るが、真ん中に挙げた時刻ではほとんど変化がなく、最後に挙げた時刻には、太陽の均差が違ってくるために、太陽は21′進んだ位置に来るだろう。したがって最初の衝は4時間後になり、火星は20′逆行方向寄りに来るだろう。最後の衝は4時間20分早くなり、火星は21′順行方向寄りに来るだろう。以下の結果を参照。

|  |  | 位置 |
|---|---|---|
| テュビ月26日 | 9時 0分 | 双子宮 21° 4′ |
| パルムティ月 6日 | 15時39分 | 獅子宮 29° 31′ |
| エピピ月12日 | 3時37分 | 人馬宮 2° 40′ |
| エジプト暦の間隔 | 4年68日 6時間39分 | 68° 27′ |
|  | 4年97日12時間 0分 | 93° 9′ |

最初の経過時間の間隔は小さくなった。したがって、平均運動もそれに対応して5′15″小さくなり、80°53′になる。2番目の経過時間の間隔もまた小さくなった。それ故、平均運動もそれに対応して5′40″小さくなり、96°10′48″になる。そこで、小さくなった各々の平均アノマリアに対応して視運動は先の場合よりも大きくなるが、いずれの場合もアノマリアが先の場合と同一と仮定すると、視運動は約9′大きくなる。したがって、火星は遠日点から下ってこなければならないように見える。けれども、最初の間隔は大きな下降が行われないかぎり変わらず、2番目の間隔は36′の下降を行うだけでよい。そこで、もしわれわれが脇目もふらずに探求して、提示された現代の仮説を取りあげなければ、全く別の仮説と、異なる離心値とが出てくるだろう。また逆に、プトレマイオスのこれら3つの観測結果が非常に確実だとしたら、そこから、プトレマイオス自身の立てた

太陽の遠地点が正しかったことの論拠が出てくるだろう。

ところが、火星の遠日点から36′を引くと、最後の時刻では遠日点が獅子宮0°3′にあることになり、火星の平均運動をそれに合わせると、真ん中の時刻の〔平均〕アノマリアが34°58′30″になり、分点からの経度は5宮5°0′50″になる。そこで観測結果は以下のようになる。

| | | | | |
|---|---|---|---|---|
| 第1の観測 | 双子宮 21°7′ | | 双子宮 21°4′ | 3′＋ |
| 第2の観測 | 獅子宮 29°28′ | しかるべき位置 | 獅子宮 29°31′ | 差 3′− |
| 第3の観測 | 人馬宮 2°37′ | | 人馬宮 2°40′ | 3′− |

またしても数値は十分精確に近似する。というのも、観測がそれほど確実だったと期待することはやはりできないからである。したがって、太陽の遠地点を正しく捉えているにせよそうでないにせよ、分点からの平均運動は1′30″の誤差の範囲内で確実である。

**第4の探求で遠地点と恒星を移動させると、第2の事例で算出した位置や立てられる平均経度と同じ変更点が生じるだろう**

**第5の探求では、太陽の遠地点とプトレマイオスの恒星の経度はそのままにして太陽の離心値は今日の値を用いる**

そうすると、最初と最後に挙げた太陽の位置はほぼそのままだが、真ん中に挙げた観測結果の太陽の視位置が20′変わるだろう。最初と最後の位置は均差が小さい太陽の長軸端の周辺にくるが、真ん中に挙げたものは、離心値が原因となって生じた均差が最大となる平均的な長さを取るあたりにくるからである。宝瓶宮ではさらに均差が加わってくるので、均差から20′を取り去ると、太陽は同じく20′だけ後に戻り、宝瓶宮29°31′ではなく宝瓶宮29°11′にあることになる。したがって、訂正された非常に正しい衝は4時間後になる。その時、火星は獅子宮29°27′に来るだろう。初めの時間間隔とその

間の平均運動は増大し、視運動は減少するが、後の時間間隔は減少して、視運動は増大する。そこでまたしてもこの訂正を適用すると、熟慮をこらして誓いを立て現代の仮説のことばと数値とを守り抜こうとでもしないかぎり、先の場合よりはっきりと仮説の変更を迫られる。惑星が遠地点の周辺では長い時間かかっても少ししか前進せず、近地点の周辺では短い時間でずっと大きく前進するようにするには、離心値を大きくするしかないからである。そこでもし全てを第1の事例と同じままに保持すれば、再び最初と最後の時刻ではその場合と同じ双子宮21°7′と人馬宮2°37′30″という位置が出てくるが、真ん中の時刻の位置として獅子宮29°36′30″が出てくるだろう。けれども、これは獅子宮29°27′でなければならなかったので、差は9′30″になる。この差をなくすには、遠日点をほぼそのままにしながら、平均運動は3′30″削らなければならない。その場合は以下のような値が出てくるだろう。

| | | しかるべき位置 | | 差 |
|---|---|---|---|---|
| 第1の位置 | 双子宮 21°4′ | 双子宮 21°8′ | | −4′ |
| 第2の位置 | 獅子宮 29°33′30″ | 獅子宮 29°31′ | | +2′30″ |
| 第3の位置 | 人馬宮 2°38′30″ | 人馬宮 2°36′ | | +2′30″ |

**第6の探求では太陽の離心値と恒星の経度とを同時に変えると、**
**第2の事例と同じ変化が起こるだろう**

**第7の探求では、第3と第5の事例を合わせて**
**太陽の離心値と遠地点とをいっしょに変えると、基礎資料は以下のようになる**

| | | 位置 |
|---|---|---|
| | テュビ月26日 9時 0分 | 双子宮 21°4′ |
| | パルムティ月 6日 19時39分 | 獅子宮 29°27′ |
| | エピピ月12日 3時37分 | 人馬宮 2°40′ |
| 間隔 | 〔4年〕68日10時間39分 | 68°23′ |
| | 〔4年〕97日 8時間 0分 | 93°13′ |

そこで、初めの間隔は第1の事例と同じままだが、後の間隔が非常に大きく変わる。またより短い時間でより長い道程を通過したから、近地点の方により深く下降するはずである。さらに8時間に対応する平均運動は10′30″で、これに道程の超過分の8′を加えると、合わせて18′30″になる。遠日点を1°12′逆行させれば、これだけの値にすることができるだろう。すると、最後に挙げた時刻には遠日点が巨蟹宮29°29′にあり、平均アノマリアが131°45′になる。したがって、平均運動の位置は人馬宮11°4′だが、第1の事例ではこれは人馬宮11°18′30″だった。ここから計算すると以下のようになる。

| | | しかるべき位置 | |
|---|---|---|---|
| 第1の位置 | 双子宮 21°3′30″ | | 双子宮 21°4′ |
| 第2の位置 | 獅子宮 29°26′30″ | | 獅子宮 29°29′ |
| 第3の位置 | 人馬宮 2°41′ | | 人馬宮 2°40′ |

**最後に、プトレマイオスから採った3つの要素を全て変えると、**
**結果は第7と第2の事例から構成されるものになる**

したがって明らかに、分点と恒星から見た平均運動の元期位置は、太陽の離心値を変えても遠地点を変えても、その両方を変えても、大きくは変わらないが、恒星の位置が変わると、その分だけ変わる。実際、第3の事例では1′30″加わり、第5の事例では3′30″減り、第7の事例では4′30″減るだけだが、第2の事例のみは分点からの平均運動から10′、対恒星平均運動からは20′も減る。

そこでここから、プトレマイオス時代には運動の2通りの元期位置が立てられる。

しかし、第2と第5の事例を合わせて何か適切なことを考え出し、それによって単純にプトレマイオスの恒星経度を保持できて、火星の平均運動の元期位置が2通りあるように疑う必要もなくなるとしたら、どうだろうか。実際、プトレマイオスは自身の観測で太陽からの月の離隔92°8′を見出したが、この値は自身の月の運動に関する仮説から算出したものでもあったとはっきり主張している。そこ

*どのようにして2つの相反する誤差が相殺されプトレマイオスによる白羊宮の始点からの恒星の離角が同じままに止まるか*

第69章　プトレマイオスの3つの観測結果の考察……

でプトレマイオスが真実を語ったとし、観測にも十分習熟していたとする。自身の機器によってこの離隔が月の運動に関する彼の仮説から要求されたのと全く同じ値であることを発見したとし、月は矩象の近辺にあって視覚を欺くことがなかったとする。こういう想定から出てくる私の議論は以下のとおりである。プトレマイオスが自身の離心値によって置き直したとおり、太陽が双魚宮3°5′にあったとしたら、その太陽からの月の離隔が仮説から算出された適切な値である92°8′になって見えることはなかっただろう。太陽が沈みつつあるときは大気差を取って視覚に届き、実際よりも大きな高度に見える（したがって順行方向に30′大きな値を取る）からである。月から太陽までの弧を92°8′と観測したが、実際には大気差のために92°38′だったから、太陽は本当は双魚宮3°3′ではなくて双魚宮2°33′にあった。これは第5の事例と合致する。その個所で述べたが、（双魚宮5°にくる）プトレマイオスの最大加差が今日の離心値を用いると20′小さくなるから、太陽が双魚宮3°3′ではなくて双魚宮2°43′に来る。したがって『光学』で説いたように、あらゆる場所と時代にわたって大気差には普遍性があると想定したうえで、この観測結果が成り立つとすると、太陽の離心値がプトレマイオスの考えた値よりも小さくなることを示す論拠が生じる。

　大気差は30′だが減少分は20′だけだと私が言っても、動揺してはならない。実際、よく考えれば、金牛宮30°で南中したから、その時はアレクサンドリアで双魚宮1°に没したので、太陽は双魚宮3°では高度が2°か、おそらくはそれより大きかった。したがって大気差は30′より小さかったし、大気差の値が全て単純に経度に及んでいたわけでもない。こうして、この2つの理由〔大気差と離心値の違い〕が相互に打ち消し合って数値のうえではほぼ等しくなった。

　ただし、プトレマイオスの恒星計算表に通じた人なら、この10′の差など言及するに値しないと考えるだろう。例えば、プトレマイオスは獅子座の心臓と乙女座のスピカの離隔を54°10′としているが、実際の天空ではこの離隔は53°59′より大きくない。

プトレマイオスの恒星の位置を示す数値は綿密ではない

第5部——緯度について　　　614

平均運動の設定とプトレマイオス時代の平均運動の元期位置

そこでわれわれは要望と推論の導くところに従おう。そして第1の事例のように、アントニヌス帝第2年エピピ月12日エジプトのアレクサンドリアで8時に、火星は分点からの平均運動で人馬宮11°18′30″にあるものとする。この時点はいわゆるキリスト紀元139年5月27日に当たる。フヴェーンとアレクサンドリアの子午線差は、★030 最新の地図によればほぼ2時間である。したがってフヴェーンでは、139年5月27日6時に、火星が平均運動で8宮11°18′30″にあった。ところが、この年の獅子座の心臓の経度は、獅子宮2°30′つまり4宮2°30′0″だった。そこで、火星の平均運動の位置は獅子座の心臓から4宮8°48′30″離れていた。ところが、1599年5月27日6時には、火星の平均運動の位置は分点から0宮0°47′30″にあった。獅子座の心臓と分点の離隔は、ブラーエの証明によれば4宮24°15′45″だった。したがって、火星と獅子座の心臓の離隔は7宮6°31′45″だった。

| | | | |
|---|---|---|---|
| 139年5月27日6時 | 4宮 | 8° 48′ 30″ |
| 1599年5月27日6時 | 7宮 | 6° 31′ 45″ |
| 間隔はユリウス暦1460年つまりエジプト暦1461年[★031]……… | 2宮 | 27° 43′ 15″ |
| 『プロイセン表』から算出される値 ……………………………… | 2宮 | 28° 5′ 56″ |
| 差 | | 22′ 41″ |

そこで1年ごとにほぼ1″を引けばよい。したがってフヴェーンではキリスト紀元元年1月1日正午に、火星は平均運動によって獅子座の心臓から5宮8°52′45″隔たっている。

以上が、火星の対恒星平均運動についてである。

遠日点の動きは第17章と少し違った形で出てくる。すなわち、キリスト紀元139年5月27日には、遠日点は獅子宮0°41′、獅子座の心臓は獅子宮2°30′にあったので、遠日点のほうが1°49′逆行方向寄りにあった。ところが、現代の1599年5月27日には遠日点は獅子宮28°58′50″にあり、この時は獅子座の心臓が獅子宮24°15′45″にある。したがって、

第69章　プトレマイオスの3つの観測結果の考察……

| | | |
|---|---|---|
| 今日は遠日点のほうが順行方向にある。…………… その値 | | 4°43′5″ |
| プトレマイオスの時代には逆行方向にあった。………… その値 | | 1°49′0″ |
| ユリウス暦1460年間での進み方 | | 6°32′5″ |

　そうすると、1年で16″より少し大きい。したがって、キリスト紀元元年1月1日正午には、遠日点は獅子座の心臓より2°27′逆行方向にある。

**太陽の対恒星平均運動の位置について。後で用いるための補足**

　キリスト紀元139年パルムティ月9日つまり2月23日、日没時の5時30分、フヴェーンの3時30分における太陽の視位置は双魚宮3°3′と算出されたので、平均太陽の位置は双魚宮0°43′である。獅子座の心臓の経度は獅子宮2°30′に見出された。したがって、平均太陽の位置は獅子座の心臓より5宮1°47′0″逆行方向側にあった。ところが、1599年2月23日フヴェーンの3時30分には、平均太陽の位置は双魚宮12°47′41″にあり、獅子座の心臓は獅子宮24°15′30″にあった。したがって、平均太陽の位置は獅子座の心臓より5宮11°27′49″逆行方向側にあった。

　エジプト暦の1460年間で差が9°40′49″開いている。

　得られた結果は、同じ年数で、『プロイセン表』による値より2′42″小さくなり、キリスト紀元元年1月1日正午の元期での位置は獅子座の心臓から5宮7°14′36″になる。

　同様にして、太陽の遠地点の進み方は8°23′になることが見出され、キリスト紀元元年には遠地点が獅子座の心臓より1宮27°48′0″逆行方向にある。

# 第70章

## プトレマイオス時代の緯度と軌道相互の 比とを調べるための、 プトレマイオスが用いた残る2つの観測結果の考察

　**何**回か注意を促したが、実際には、プトレマイオスは自らの著作に挙げたものよりずっと多くの観測結果を用いた。例えば、軌道相互の比を調べる方法を教示するために、彼は唯ひとつの観測結果しか用いない。しかもそれは衝から3日の範囲内にある。ところが第53章で述べたように、これほど接近し合っている観測結果は1′でも誤差があると大きな誤りが生じる。けれども、彼の跡をたどり、第1の事例の基礎資料にもとづいた仮説を立てて、この第4の位置も算出してみよう。[032]

| | |
|---|---|
| エピピ月12日8時 [033] | アノマリア……130°37′30″ |
| 15日9時 | |
| 3日と1時間 | 平均運動　1°35′39″ |
| 平準アノマリア……123°43′34″ | 〔平均〕アノマリア……132°13′9″ |
| 遠日点………………120°41′0″ | |
| 離心位置　人馬宮　4°24′34″ | 距離　143660 |

　〔衝になる〕12日の真太陽の位置は双子宮2°36′だった。遠地点の周囲における3日と1時間の動きは今日の観測上の経験によれば2°53′40″だから、それを加えると双子宮5°29′40″になる。さらに今日の遠地点距離101800を用いる。そうすると、火星の離心位置と衝にある太陽の位置には1°5′6″の差がある。その弧は〔中心角〕3°43′14″であるように見えるから、火星は人馬宮1°46′26″に見えたことになる。

　ところが、プトレマイオス説の太陽の離心値を用いると、3日間の太陽の動きは1′小さくなり、太陽は双子宮5°28′40″にあること

になる。したがって、上に挙げた差は1°4′6″になる。この差は(プトレマイオス説の太陽と地球の距離102100によれば)弧としては3°45′45″であるように見えるだろう。したがって火星は人馬宮1°43′に来るだろう。しかしプトレマイオスは人馬宮1°36′に見えたと言った。そこで、われわれの得た値は7′から10′適正な値より大きい。ところが10′は、常に誤差の範囲内にあると想定せざるをえないプトレマイオスの機器の最小目盛である。

離心位置で2′の誤りを犯したら、視位置で7′誤ることにも注意しなければならない。すなわち、離心円を考慮に入れて火星を人馬宮4°22′にもってくるとしたら、火星は人馬宮1°36′に見えるだろう。

先にエピピ月12日においてもやはり1′30″超過していた。したがって、これらの結果は一致する。

衝にこれほど接近している場合、離心値が違っても顕著な結果は何も出てこないので、もっと古い時代の観測結果も参照してみよう。★034 現行のキリスト紀元前272年1月18日明け方とキリスト紀元元年1月1日正午の間隔は、エジプト暦で272年51日と数時間である。アレクサンドリアでは太陽は磨羯宮25°に7時に昇るが、朝の火星の観測はその1時間前、おそらく曙光の立ち昇るときに行われただろうから時刻は6時であり、これはフヴェーンでは4時に当たる。この時刻から正午までは8時間である。上述の基礎資料によれば、この時間の隔たりによって太陽は平均運動で獅子座の心臓を5宮25°32′50″越えた所にあったことが見出される。アノマリアは234°54′34″で、均差はプトレマイオスによれば2°0′30″、ブラーエによれば加差が1°42′54″である。太陽と地球の距離は前者の場合が98790、後者の場合が98976である。その時、火星は平均運動で獅子座の心臓を2宮6°7′12″越えた所にあった。遠日点はその心臓より3°40′20″逆行方向側にあるので、火星のアノマリアは69°47′32″、平準アノマリアは60°15′27″、距離は158320になる。

ここから2通りの道によって計算を最後まで行おう。最初はプトレマイオス説の離心値と均差とに拠る。この場合、獅子座の心臓か

より古い観測結果による軌道相互の比の検証

第5部──緯度について 618

ら太陽までの経度は5宮27°33′20″で、火星の離心経度の1宮26°35′7″との差は4宮0°58′13″である。弧で表したこの離隔と、太陽からの地球と火星の距離とによって、太陽からの見かけの離角として82°43′46″が出てくる。したがって、獅子座の心臓からの火星の見かけの離角も3宮4°49′34″になる。

2番目にブラーエ説の離心値と均差とを用い、この場合も基礎となる数値が同じだったと想定すれば、太陽の視位置が17′36″逆行方向寄りになり、〔獅子座の心臓から〕5宮27°15′44″となる。したがって変換角も4宮0°40′37″になる。この角度と、その当時も現在と同一になるとして採用した今日の地球から太陽までの距離とにより、獅子座の心臓から火星までの見かけの離角は3宮4°51′28″になる。それぞれの計算の間の差異はきわめて小さくて全く取るに足りない。そうすると、〔『アルマゲスト』の〕観測記録が表しているように、

### 「火星は蠍座の北の額に隣接もしくは付着しているように見えた」のであろうか

調べてみよう。プトレマイオスによれば獅子座の心臓は獅子宮2°30′、蠍座の明るい北前頭星は天蝎宮6°20′にあり、離角は3宮3°50′0″である。ブラーエによれば獅子座の心臓は獅子宮24°17′、蠍座の前頭星は天蝎宮27°36′にあり、離角は3宮3°20′0″である。火星の〔心臓との〕離角はすでに3宮4°51′28″と算出されている。差は1°30′である。

<aside>プトレマイオスが、別の観測結果によって検証したように取り繕っていることは、実際はこの観測結果によって証明したように思われる。つまり誤った観測結果によって誤った軌道相互の比を証明したようである</aside>

この観測結果は依拠できた最古のものだから、多分プトレマイオスはそれを信頼して、今でもなお彼の数値資料に出てくる軌道相互の比を立てた。この観測結果ではそれだけの比が必要になるように思われたのである。すなわち、この時代に合わせて算出した平均運動においては、彼と私の数値のずれは20′を越えないから、残る差異は軌道相互の比からきている。プトレマイオスが衝から3日しか隔たっていない観測の結果によってこの比を調べたように取り繕うのは、相異なる観測結果によって異なった事柄を証明したように見せかけるためである。こうして、平均運動を調べるためにこの古い

観測結果を取っておく必要があったので、かつてこの古い観測結果によって見出した軌道相互の比を調べるのに、衝に近接した別の観測結果を代わりに用いた。実際、プトレマイオスが軌道相互の比を証明したときに用いたと見せかけているような、衝に非常に近接したときの観測結果によって、軌道相互の比を調べようとするのは、ばかげたことで、それはすでに述べたとおりである。

したがって、われわれの得た値とプトレマイオスが古代から引き合いに出した観測結果との差が1°30′あっても驚いてはならない。むしろ彼の言う軌道相互の比が、今日の観測結果が証明する比と非常に違っていることのほうを吟味し、プトレマイオスがこの観測結果を守って、そのために自身の得た軌道相互の比を損なってしまったことを考慮すべきである。

観測自体について記述したことばは以下のとおりである。「明け方の火星が蠍の北の額のすぐ側にあるように見えた」。私はプトレマイオスが誤りを犯したと思う。観測者が蠍座の5番目の星〔蠍座のν〕を指したのに、プトレマイオスはそれを最初の星〔蠍座のβ〕と解した。それはこのことばから直接に証明される。すなわち、蠍の額には6つの明るい星がある。この中の3つは3等級あるいはむしろ2等級の目立つ星であり、他の3つは4等級あるいはむしろ私の見るところでは3等級の星である。そして後者の星のひとつは3つの明るい星よりも高度が高く、もっと北寄りにある。ブラーエが正しく2等級と報告し、プトレマイオスが当の星と思い込んだ、額の明るい星を、観測者が北の額の星と呼んだのであれば、北にある中で最も明るい星と言う代わりに、いちばん北にあるわけでもない星をたんに北の星と言ったのは、曖昧な言い方ではなかろうか。したがって私は、観測者が言ったのは5番目にくる最も北の星と取ったほうが、ずっと確実だと思う。

さらに、私の算出した火星の経度も、額の明るい星ではなく、この星のほうと一致する。しかもこうすると、今日のブラーエの観測から出てきた仮説がそのまま保持される。すなわち、ブラーエはあ

★036

プトレマイオスは観測記録に付記されたことばを正しく受け取らなかった

の最も北にある星を天蝎宮29°3′30″に置き直している。そこから獅子座の心臓の獅子宮24°17′を引くと、心臓からのあの星の離角として94°46′30″が残るだろう。他方、われわれの計算では、獅子座の心臓からの火星の離角は94°49′30″ないし94°51′30″になる。差は3′から5′で、それ以上ではない。

> 火星は緯度によってその恒星をすっかり覆うことができたか

「すぐ側にあるように見えた」ということばが、「非常に接近したように見えたので、2つの星がまるでひとつの星のように思われ、互いに接触するように見えた」というようなことを意味すると考えると、緯度が私の説にとって問題になるのを認めざるをえない。しかも、ギリシア語で「側に加わった」と記されでもしたように、アラビア語では「すっかり覆った」(ラテン語に訳すと cooperuisse)と訳されている。そこで私は『光学』304頁では「重なった」(superpositum)★037という語を用いた。ドイツ語では drangesetzt と訳すのが最も適切である。ここから私は以下のように推論した。火星がその星の下に入り込んで真ん中に来たのであれ、その星の北か南の縁をかすめて通ったのであれ、その当の星から緯度が大きく離れていることはありえない。実際、本書で証明したように、緯度の計算のほうが規則的で単純だから、経度よりも緯度のほうが確実である。第17章で証明したように、1シリウス年★038で、恒星から見た交点が4°15′後退することをわれわれはすでに知っている。プトレマイオスは、北の極限が獅子座の心臓より3°30′逆行方向寄りにあると考えた。そうすると、われわれの計算では410年の期間で1°後退したわけだから、この観測が行われた時点〔BC 272〕には獅子座の心臓の2°30′逆行方向寄りにあったことになる。したがって、交点は獅子座の心臓より87°30′順行方向側にあった。一方、火星は獅子座の心臓より56°35′順行方向側にあった。したがって、火星の交点からの離角は31°で、傾斜は57°30″となるが、これは適正な緯度としては軌道視差により1°7′となる。一方、ブラーエがすでに明らかにしているところによれば、★039蠍の額の明るい星の緯度は1°5′、額の最も北にある星の緯度は1°42′である。したがって緯度からは、額の明るい星に関する私の説

621　　第70章　プトレマイオス時代の緯度と軌道相互の比とを調べるための……

が論駁され、火星が覆い隠したのはこの明るい星であって最北の星ではない、と考えざるをえない。

　しかし、この数値の符合は偶然である。すなわち、額の最北の星の緯度についてはブラーエもプトレマイオスも一致していて、ブラーエは1°46′、プトレマイオスは1°42′と報告しているが、明るい星の緯度については異なっていて、プトレマイオスは1°20′、ブラーエは1°5′とする。ところが、先の場合のように緯度の数値が等しいのは誤りによるもので、むしろ実際には後の場合のように数値が異なっているほうがかえって一致することになる。黄道が移動して、黄道からの角度の偏差がその分だけ変化したので、蠍座、射手座、山羊座、水瓶座の北寄りの星の緯度は、今日ではかつての緯度よりも約16′20″小さくなっており、南寄りの星の緯度はその分だけ大きくなっているからである。これはブラーエが証明したし、第68章でも述べたとおりである。これが正しいのであれば、蠍の額にある明るい星の今日の緯度が1°5′であることは全く正しいのだから、プトレマイオスとヒッパルコスの時代には1°20′より小さくはなかったのであり、むしろもっと大きかった。したがって、火星は先に挙げたどちらの星よりも小さな北緯を取って、その各々の星の下を通過したのである（交点でその度数に過剰な端数があるとしても、算出された緯度に3′を超える誤差が出ないのは確かであり、またすでに第64章で明らかにしたように、南に当たる宮でかつて火星の北緯も今より大きかったかどうか、きわめて不確かだからである）。そうすると、「すぐ側にある」ということばについて私が論じたことは徒労であり、このことばはまさに同じ経度に星が併置したことについて明らかにできるだけである。こういうわけで、私の言う星も、緯度の大きなことは何の妨げにもならず、あの明るい星と同じく火星の側にありえたことになる。

　額の北の部分には三角形を形作る3つの星があり、火星がその真ん中に見えたので、火星が蠍の北の額の側に並んで、おそらく、蠍の額の北側の部分にある星の中のひとつになった、という意味もありうるかどうか、考えてみるのもよい。

観測記録のことばはありふれた意味をもっている

観測者は「額の北」と言わずに、「北の額」と言っており、これがひとつの特別な星ではなく星座全体の部分を意味することも、こういう解釈に有利にはたらくからである。
　したがって、これら2つの古代の観測結果は、その時代の軌道相互の比を考えるのにも緯度を考えるのにも、全くわれわれの助けにならない。そうすると、相容れない観測結果も全くわれわれの妨げにならず、われわれの説は事柄が最も真実らしいことによって裏づけられるので、今日の軌道相互の比もかつての比と同じだが、最大緯度のほうは今日では若干変わっていると結論しよう。

# 訳注

## 序

★001―――ティコ・ブラーエ（Tycho Brahe 1546-1601）　デンマークの貴族の家に生まれ、17歳から天文観測を始めたという。1576年にはデンマーク王フレデリク2世（Frederik II）からフヴェーン島を領地として授与され、そこにウラニボルク（天の城）と称する天文台を兼ねた巨大な城を造り、20年間にわたり精密な観測を続けたが、フレデリク王の没後は、後継者のクリスチャン4世（Christian IV）と仲違いしてデンマークを去り、2年間の放浪の末プラハに移り、1599年神聖ローマ皇帝ルドルフ2世（Rudolf II）により帝国数学官に任ぜられ、下賜されたベナテク城で観測を続けた。ケプラーは1600年からティコの共同研究者となり、彼の死後、帝国数学官の地位と、この『新天文学』の基礎となった火星観測のデータを受け継いだ。

★002―――physica もしくはそれに関連するラテン語は、アリストテレス的な意味では「自然学」と訳されよう。しかし『新天文学』の中では、不動の動者ないし神的なものに拠らず、自然そのものの中に認められる本来のあり方ないし性質に関連して用いられる個所もしばしばあり、physica が「自然学」から「物理学」に移行していく過渡期の用法が現れている。そこで本書でも場合に応じて「自然学」「物理学」あるいは「物理的」などの訳語を当てた。

★003―――ケプラーの本文ではAnno aerae Dionysianae（ディオニュシウス紀年）とある。このDionysiusはローマで活躍した6世紀の教会法学者で、いわゆる西暦紀元を考えた人なので、単純にこう訳した。ただし彼は、計算上の誤りによりキリストの誕生年を実際より4、5年後にしてしまったようである。

★004―――ペトルス・ラムス（Petrus Ramus ; Pierre de LA RAMÉE 1515-72）　フランスの論理学者、数学者、自然学者。新教徒で、アリストテレスの体系やスコラ的な学問を批判した。1569年出版の『数学講義』（*Scholae mathematicae*）全31巻はエウクレイデスの『原論』を批判したもの。1572年のサン・バルテルミーの虐殺の犠牲者となったラムスの思想は、カルヴァン派の教育機関で普及した。

★005―――コペルニクスの『天球の回転について』（*De Revolutionibus Orbium Coelestium*）には「この著述の仮説について読者へ」と題する序があり、その中でいわゆる地動説を「仮説」としている。

★006―――エウドクソス（Eudoxos BCc.408-355）はクニドス生まれの天文学者・数学者で、初めピュタゴラス派のタレントゥムのアルキュタス（Archytas）に天文学と数学を学んだ後、アテナイでプラトンの講義を聴いた。またエジプトでも天文学と暦を学んだという。彼は単一の円軌道では不規則な月の運動や惑星の留と逆行を説明できないので、太陽と月については、恒星の日周運動を有する天球、獣帯に沿った年周運動を有する天

球、獣帯と交わる運動を有する天球の3つを考え、惑星については、先の2つの天球のほかに、黄道上に極のある天球、その天球に対して斜めに傾いて動く天球の4つを考えて、これら26のいずれも地球の中心にその中心をもつ同心球である天球により、天体の複雑な運動を説明しようとした。

エウドクソスの弟子のカリッポス（Kallippos BC330ころ活躍）は、太陽と月に2つずつの、水星、金星、火星にひとつずつの天球を加えて師の説を改良し、こうして同心天球の数は33になった。

アリストテレスも基本的には彼らの説を取りつつ、天球の数を合計で55にしている（『形而上学』第12巻第8章参照）。なお、これらの天球の多くは星を伴っていないので、以下の本文に見えるようなラムスの皮肉が出てくることになる。

★007————ニコラウス・コペルニクス（Nicolaus Copernicus 1473-1543）　ポーランドの天文学者。主著『天球の回転について』（De Revolutionibus Orbium Coelestium）全6巻はいわゆる地動説を説いた書としてあまりにも有名だが、彼の地動説はプトレマイオスの天動説と比較すると、必ずしもプトレマイオス以上に惑星の運行を単純明快に説明するものではない。例えばアーサー・ケストラー（Arthur Koestler）の『コペルニクス』（有賀寿訳、すぐ書房1973）によれば、プトレマイオスが40個の周転円を用いたのに対して、コペルニクスでは48個に増えている。また彼の地動説では、地球は太陽の周りではなく、太陽から太陽の直径の3倍くらい離れた虚空の一点を中心に回転していることになる。これについてはケプラー自身が本書で論じているように、コペルニクスがプトレマイオスの離心円を採用しなかった代わりに惑星の動きの不規則なことを説明するために2重周転円を用い、またティコと同様に太陽も真太陽ではなくて平均太陽を採用したことに起因しよう。それを訂正し、火星の観測データを通じて真の惑星運動を自然的原理つまり物理的原理から説明しようと試みたのが『新天文学』であると言えよう。プトレマイオスとの関連からいうと、ケプラーはコペルニクスのように地動説を基本としつつ、真太陽を宇宙の中心とし、一方でコペルニクスが放棄した離心円やエカントを採用している。それが結果として楕円軌道の法則と面積速度の法則の発見に繋がったように思われる。それはこの『新天文学』の議論からやがて明らかになるだろう。

★008————原語はAstrologiaで、これは「占星術」の意味で用いられるのが普通だが、実際には両者の区分が必ずしも明確でなかった時代背景によりAstronomiaの意味でも用いられる。したがって、ここでは「天文学」と訳した。ただし、ラムスと以下のケプラーの回答のことばを見ると、ラムスは天文学をamplissimae artisとしているのに対して、ケプラーのほうはamplissimae scientiaeと応じている。この対照に両者の天文学に対する考え方の相違が表れているようである。すなわち、ラムスは天文学を実際に役立つ面から見ている。だから術（ars）であり、この立場からすればやはり実用的な面をよく表すことになるAstrologiaという語のほうが相応しいのであろう。それに対してケプラーは天文学を観測にもとづく純理論的な学（scientia）と見るので、ラムスに対する回答では

Astrologia は用いない。回答の末尾に in Astronomo とあることからすれば、やはりこの学は Astronomia でなければならないのであろう。

★009―――― ギリシア神話で天空を担っているとされるアトラスを言うのであろう。

★010―――― コペルニクス説を初めてヨーロッパの知識人に公に紹介した『第一解説』を公刊し、また師と仰ぐコペルニクス自身の書『天球の回転について』の出版に尽力したレティクス（序注016）のことを、主として念頭に置いているのであろう。実際、レティクスをパリ大学の数学の欽定講座に迎えようとする動きもあったようである。

★011―――― アンドレアス・オジアンダー（Andreas Osiander 1498-1552） ドイツの聖職者で、1520年にニュルンベルクで司祭に任命されたが、1522年にはルターの改革運動に加わり、その地の運動の指導者となった。コペルニクスの『天球の回転について』の原稿はニュルンベルクで刊行すべくレティクスが預かったが、彼は1542年にライプツィヒ大学の教授になって任地に赴くことになり、出版の仕事を自分と同じ宗派でコペルニクスと手紙を交わしていたオジアンダーに委ねた。オジアンダーはいわゆる地動説を発表するための一種の外交的な配慮の故か、コペルニクスの体系を計算の便宜のための仮説にすぎないとする序文を付けたのである。

★012―――― シュライバー（Hieronymus Schreiber）はニュルンベルクの学識ある貴族で、ニュルンベルクでコペルニクスの著書を刊行した出版者のヨハネス・ペトレユス（Johannes Petrejus）自身からここに挙げられた版本の寄贈を受けた。ケプラーはそれによって匿名の序文がオジアンダーの手に成ることをいち早く知り、すでに『新天文学』以前にティコのために著した『ウルススに対するティコの弁明』（Apologia Tychonis contra Nicolaum Ursum）の中でもそのことを指摘していた。なお、ケプラーはコペルニクスがオジアンダーの序文のことを知らなかったとしているが、初めに『天球の回転について』の刊行を企画したレティクスと親しかった数学者のヨハネス・プレトリウス（Johannes Praetorius）が1609年にヘルヴァルト・フォン・ホーエンブルク（Herwart von Hohenburug）に宛てた手紙によれば、コペルニクスは自著の刊行以前にこの序文のことを知り、不快に思っていたようである。

★013―――― 神話では、古代ローマの軍神マルスをローマの建国者ロムルスとその双生の兄弟レムスの父とし、狼を聖獣、キツツキを聖鳥とする。伝承によれば、ロムルスとレムスはアルバ・ロンガの王ヌミトルの王女レア・シルウィアとマルスの間に生まれた双子の兄弟で、ヌミトルが弟のアムリウスに王位を奪われたとき川に流されたが、牝狼に乳をもらい羊飼いに養育されて成長し、やがてヌミトルを王に復位させた。2人はローマに新しい都市を建てることにしたが、争いが生じてレムスは殺され、ロムルスはBC 753年にパラティヌス丘に町を築いて初代の王となり、自らの名に因んでそれをローマと名付けたとされる。

★014―――― 賽子による三角ゲームがどういうものか、よくわからない。

★015―――― プリニウス（Gaius Plinius Secundus 23/24-79） ローマの博物学者で、また

政治家としても要職を歴任し、ヴェスヴィオ火山の大噴火のさい艦隊を率いて救援に赴き、自らは視察のために留まったカステラマレの海岸で火山性有毒ガスのために窒息死した。その著書『博物誌』(Naturalis Historia)は全37巻に及ぶ厖大なもので、宇宙・気象・地球のことは第2巻に記されている。該当個所については第2巻第15章。

★016────レティクス（Rheticus；本名 Georg Joachim von Lauchen 1514-76） オーストリアの天文学者、数学者。ルター派のヴィッテンベルク大学の数学教授だったが、コペルニクスの学説を知ってコペルニクスのもとを訪ね、彼を師として天文学を勉強し、その許可を得ていわゆる地動説の概説書である『第一解説』(Narratio Prima)を1540年に出版した。次いでコペルニクスの原著の出版にも携わったが、1542年にライプツィヒ大学の教授として赴任することになったので、その仕事は友人のアンドレアス・オジアンダーに託された。

★017────火星の軌道は特に離心率が大きいので、完全な円の外側に大きく膨らんだり、内側に入り込んだりするように見えることになる。それを天井と床という語で表して、このようなことが言われたものか。

★018────アルミニウス（Arminius BC18/16-AD19/21） ゲルマンのチェルスキ族の族長。ローマ軍に勤務していたが、ひそかにローマ軍撃滅の策を立て、ウァルス麾下のローマ軍団をトイトブルクの森で3日がかりで殲滅した。その事績は初めローマ人の間にだけ伝えられていたが、後にはドイツにも伝わり、多くの英雄詩によって讃えられた。タキトゥスも彼を「ゲルマニアの解放者」と称して高く評価している。

★019────1604年秋に蛇使い座に新星が現れた。ケプラーは1608年にプラハで公刊された『蛇使い座の足元に現れた新星について』(De Stella Nova in pede Serpentarii)で、その新星について報告している。

★020────この「竜」は、1607年秋に出現した彗星のことであろう。ケプラーは1608年に『1607年に出現した彗星とその意味についての詳細な報告』(現在のケプラー全集の表題ではドイツ語原著の表題を約めて、Bericht von dem im Jahre 1607 erschienenen Kometen とされている)を、『新天文学』刊行1年前の1608年に公刊している。

★021────ウラニアもしくはウラニエは学芸の女神ムーサたちに属し、天文学を司る。

★022────Mousa（Musa）ないし複数でMousai（Musai）という。ギリシア神話の学芸の女神で、叙事詩を司るKalliope、歴史を司るKleio、抒情詩を司るEuterpe、喜劇を司るThaleia、悲劇を司るMelpomene、竪琴を司るTerpsichore、歌舞を司るErato、賛歌や幾何学を司るPolyhymnia、そして天文を司るUraniaの9女神の名が挙げられる。ここで単数なのはウラニアを指しているからである。なお、ムーサの神殿をMouseion（Museion）というが、これがプトレマイオス朝のアレクサンドリアではその大図書館と並ぶ学術研究センターの名称となり、やがて英語のmuseumとなった。

★023────パラス（Pallas）は、ギリシア神話のアテネのこと、ローマ神話ではミネルウァに当たる。ただし、ここに見える話は全てギリシア神話中のアテネやアレス（マル

ス)、ヘパイストス(ヴルカヌス)、アプロディテ(ウェヌス)のことである。

★024————グラディウス(Gradivus)もマルスもしくはアレスの別名。

★025————『イリアス』(Ilias)第21巻第390-414行参照。

★026————ホメロス(Homeros)は2大叙事詩 Ilias と Odysseia の作者として伝えられる盲目の吟遊詩人だが、生卒年も生地もはっきりしない。ほぼBC8世紀後半ころにイオニアで活躍したようである。詩人は全て当然のことながらムーサの霊感を受けたとされる。

★027————リパライオス(Liparaios)ないしはリパレイウス(Lipareius)は鍛冶の神ヘパイストスの別名。

★028————キュテレイア(Kythereia)、キュテレ(Kythere)はアプロディテの別名。

★029————ヘパイストス(Hephaistos；ローマ神話ではVulcanus)はアプロディテ(Aphrodite；ローマ神話ではVenus)の夫で、アレスがひそかに妻のもとにやって来るのを知って寝台に技巧を凝らした網を仕掛けたとされる。『オデュッセイア』(Odysseia)第8巻第266-366行を参照。

★030————サクシルピウス(Saxirupius)がどういう人かは不明。

★031————セウシウス(Johannnes Seussius)についても不明。

★032————ティコはフヴェーン島に本格的な研究組織を立ち上げたとき、印刷所まで設けて自らが主宰した研究の成果を公にしようとした。この『予備演習』(Astronomiae instauratae progymnasmata：新天文学の予備演習)もすでに1588年に出版の企画があったようだが、実際に刊行されたのはティコの死後で、ケプラー自身が、ティコの女婿のオランダ系貴族テングナーゲル(序注050)と共同して編集し、1602年にプラハで出版した。内容は1572-74年にカシオペア座に出現した超新星の観測記録、太陽と月の動きをめぐるさまざまな理論の見直し修正、777の恒星の位置の一覧表などである。

★033————ローマ神話のユピテル(Jupiter；Juppiter)は、天空神として雷、雲、雨、雪などの気象を司り、人間社会の秩序を維持するギリシア神話の最高神ゼウスと同一視される。ゼウスは、巨人のティタン神族で世界の支配者であるクロノスとレアの末子として誕生した。クロノスは子供に支配権を奪われるのを恐れて、それまで生まれた子を次々に飲み込んでいたが、母のレアは末子のゼウスをひそかにクレタ島の山中で出産し、クロノスには襁褓に包んだ石を飲み込ませた。成長後ゼウスは祖母ガイアからもらった薬をクロノスに飲ませて兄姉を吐き出させ、力を合わせてティタン神族と戦い、勝利をおさめた。3兄弟は籤を引いて、ポセイドンが海、ハデスが冥界、ゼウスが天界の支配権を引き当て、こうしてゼウスは世界の新たな最終的覇者となり、一族とともに天に最も近いオリュンポス山の頂に宮居を構えた。

このラテン語の詩では、Jupiterの属格としてJovaeを用いているので、主格はJovaとなる。主格としての形は、冒頭のルドルフ2世への献辞に見られるが、おそらくケプラーはティコのこの個所のことばを意識したのであろう。この形が本来のラテン語にないためか、カスパー(Caspar)はこの神をユダヤの神Jehovaと訳している。しかしティコがこの神を、

オリュンポスの「創立者」(Fundator) と言っても世界の「創造主」(Creator) とは言っていないことや他の神々の名称からすれば、やはりここはゼウス＝ユピテルだろう。Jupiter の属格が Jovis, 対格が Jovem なので、そこから Jova という主格も用いられたのであろう。なお英語では、すでに14世紀ごろからユピテルを Jove とも言っており、ケプラーとほぼ同時代のシェークスピアも Jove という語を用いているようである。

ただし、ケプラーのルドルフ2世への献辞では、Jova をめぐって Creator、あるいは「永遠なる宇宙の建設者」(aeternus mundi hujus Architectus) のような、ユダヤ＝キリスト教的な神、ないしはギリシアとの関係で言うと、プラトンの『ティマイオス』に見える宇宙の形成者デミウルゴス (demiurgos) を思わせることばも見える。

★034――――ティタン巨神族のアトラス (Atlas) はオリュンポスの神々との戦いに敗れた後、ゼウスにより両肩で蒼穹を支える罰を科された。しかしヘラクレスがヘスペリデスの守る庭園の金のリンゴを取りにきたとき、蒼穹を支える仕事を一時彼に代わってもらったという。後にアトラスはペルセウスが退治したゴルゴンの首により石に変えられたが、それがアフリカ北西部のアトラス山脈とされる。この山脈がスペインに近いから、アルフォンソをアトラスの隣人と言うのである。地図帳を英語で atlas と言うのは、地図書の巻頭に天を担ったアトラスの絵を付けるのを慣例としたことに由来する。

★035――――カスティリアおよびレオン（現スペイン）王アルフォンソ10世 (Alfonso X 1221-84) のこと。中世第1の学芸の奨励者で特に天文学に関心を持ち、ユダヤ人学者のイサーク・ベン・シッド (Isaak ben Sid) やイェフダ・ベン・モーゼ・コーエン (Jehuda ben Mose Cohen) 等に『アルフォンソ表』(Tabulae Alphonsinae) を作成させた。スペイン語で書かれ1272年ころ完成したこの表は後にラテン語にも訳され、改訂されながらもヨーロッパの標準的な天文表として16世紀まで尊重された。ここでは、この天文表がもはや十分にその用をなさないことを言っている。

★036――――ヘラクレス (Herakles) はゼウスとアルクメネとの間に生まれたギリシア最大の英雄で、以下の12の功業によって不滅の名を残したとされる。①ネメアの獅子退治、②レルナのヒュドラ（9つの頭をもつ毒蛇）退治、③エリュマントス山の野猪の生け捕り、④アルカディアのケリュネイアの鹿の生け捕り、⑤アルカディアのステュムパロスの鳥退治、⑥エリスの王アウゲイアスの家畜小屋（数千頭の牛が飼われていたという）の清掃、⑦クレタの牡牛の捕獲、⑧アレスの子ディオメデスの人食い馬の捕獲、⑨アマゾンの女王ヒッポリュテの帯を得ること、⑩怪物ゲリュオン（手足が6本ずつ、首が3つあったという）の牛の捕獲、⑪ヘスペリデスのリンゴを得ること、⑫冥府の番犬ケルベロスの捕獲。

★037――――アルキダス (Alkidas) はヘラクレスの別名。

★038――――ウェルギリウス『アエネイス』(Vergilius Aeneis) 第3巻第56行と第4巻第412行に同様の語句が見える。

★039――――ユノ (Juno) はギリシア神話では、ゼウスの妃のヘラ (Hera) のこと。きわ

めて嫉妬深い女神とされる。

★040————プロメテウス（Prometheus）はティタン巨神族のひとり。かつて神々と人間が犠牲獣の分け前をめぐって争ったとき、彼は牛の骨を脂肉で包んだものと肉と内臓を皮で包んだものを作って、いずれを取るかをゼウスに選ばせた。ゼウスが前者を選んだため、以後、犠牲獣の美味な部分は人間が食する定めとなった。これを恨んだゼウスが火を人間から隠すと、プロメテウスはひそかに天上の火をオオウイキョウの茎に移して地上に持ち帰り人間に与えた。そのためにプロメテウスはコーカサス山の岩に鎖で縛られ、肝臓を毎日鷲についばまれた。彼は神なので肝臓は夜の間に元に戻り、苦痛が絶えず続いたが、やがてヘラクレスによって解放された。

★041————ラムヌシア（Rhamnusia）は復讐の女神ネメシスのこと。

★042————ピュタゴラス（Pythagoras BCc.570-497）　イオニアのサモス島からBC 531年ころ南イタリアのクロトンに移住し、そこで霊魂の輪廻転生を説く一種の神秘的な宗教教団を創設し、調和比の発見により調和を基調とする天文、幾何、音楽などの研究を行ったという。この学派の思想はプラトンにも大きな影響を与えた。

★043————エウクレイデス（Eukleides）、英語読みではユークリッド。プトレマイオス1世治下（BC 306-283）のアレクサンドリアで幾何学を教授した。『原論』（Elementa）全13巻を著した。

★044————フヴェーン島におけるティコ・ブラーエの研究分野は、天文学、錬金術、芸術で、3分野を通じてのいわば統合的な知の創出を目指した。そのために天文学のみならず、医学や薬学、彫刻などにまでわたるさまざまな分野の学者、芸術家が数多く出入りした。これらの人々を結びつける絆となった観念が、amicitiaつまり友愛、友誼である。「友愛誓盟」と訳したPhilothesiumは、ルドルフ2世の侍医でもあったミカエル・マイヤー（Michael Maier 1568-1622）の著した錬金術の書『疾走するアタランタすなわち自然の秘密についての新しい錬金術的象徴』（Atalanta fugiens hoc est Emblemata Nova de Secretis Naturae Chymica 1617）中に、多産を促す「愛の杯」として登場する。おそらくケプラーも、同様の意味合いをこめて、ティコとの実り多い共同研究に加わった証しとしてこういうものを作ったのであろう。Philothesiumという語はティコ好みの錬金術的ないしはヘルメス文書的な色彩が強い。

なお、ティコの周辺には後に未亡人となったティコの妹のゾフィー（Sophie）の婚約者になったエリック・ランゲ（Erik Lange）のように、卑金属から金を作り出す文字どおりの錬金術に没頭した人物もいたが、ティコの目指した錬金術はパラケルスス（Paracelsus 1493-1541）流の錬金術、言い換えると医薬の調製術、医術の基礎としての錬金術である。フヴェーン島には天体観測の施設のみならず医薬の化学的調製研究の実験室もあり、ティコ自身医学の知識をもち、医薬の調製も行った。デンマーク王のフレデリク2世にもその医薬を献じたようである。またフヴェーン島から退去を余儀なくされた後も、逗留先では天体観測の機器を設置するだけでなく実験室も設けている。

オウィディウスふうの哀歌の作詩を得意とするティコは、フヴェーン島における活動の初期に自作の詩とともに、ウラニボルクの建設に重要な役割を果たした彫刻家シャルツ (Johan Gregor van der Schardt) のデザインした天文学と錬金術を象徴する図像を公けにし、それに最古のヘルメス文書のひとつ『エメラルド板』(Tabula smaragdina) のことば「一者の奇蹟を成し遂げるべく、下にあるものは上にあるものの如く、上にあるものは下にあるものの如し」から着想した標語「見上げることによって見下ろす」(suspiciendo, despicio) を天文学を表す図に、「見下ろすことによって見上げる」(despiciendo, suspicio) を錬金術を表す図に添えた。ケプラーの挙げた標語はその前者である。伝説によれば、エメラルド板に彫られたこの文書はアレクサンドロス大王が洞窟の中で発見したことになっているが、ギリシア語のものは残っていない。残存する最古のものは9ないし10世紀ごろのアラビア語訳である。『エメラルド板』のこのことばは、天体＝マクロコスモスと人体＝ミクロコスモスの密接な関係を説くパラケルススの思想、さらには彼の医薬的錬金術を信奉し、フヴェーン島で天文学と医薬学を中心とする統合的な知を探求したティコの思想にも相応しかったのであろう。

●ティコの詩に添えられた天文学(左)と錬金術(右)の図

★045────いわゆる地動説は、すでに BC 3 世紀のサモスのアリスタルコスによって説かれていた。以下の注059を参照。

★046────ギリシア語のポイボス (phoibos) は「明るい」「輝く」を意味する形容詞で、ギリシア神話にしばしば登場するアポロン (Apollon) の異名。

★047────地球を中心にした場合、太陽の軌道の近地点は磨羯宮にくる。したがって、ここはいわゆる長軸の長さから太陽の離心値を算出する手続きを指すのであろう。

★048────パエトン (Phaethon) は太陽神ヘリオス (Helios) の子で、成人して初めて会った父にどんな願いもかなえてやると言われたので、1日だけの約束で父から日の光を運ぶ戦車を借りて大空に乗り出したが、うまく操れずに軌道から外れ、火炎の車によって大地が焼き払われそうになったとき、ゼウスの雷に打たれエリダノス川に落ちて

死んだ。ここでパエトンとティコを対照するのは、パエトンの神話では、日輪の戦車つまり太陽が地球を中心とした日周運動をするのに対して、ティコの惑星体系では、地球以外の惑星が太陽を中心とする公転運動をするので、この点では太陽の基本的な位置が認められているからであろう。それによって太陽と各惑星との関係は一応ひとつの理論の中に収まる。だからティコの説もやはり一種の太陽中心論でコペルニクス説と共通するが、この太陽が地球を中心に公転する点だけが異なる。

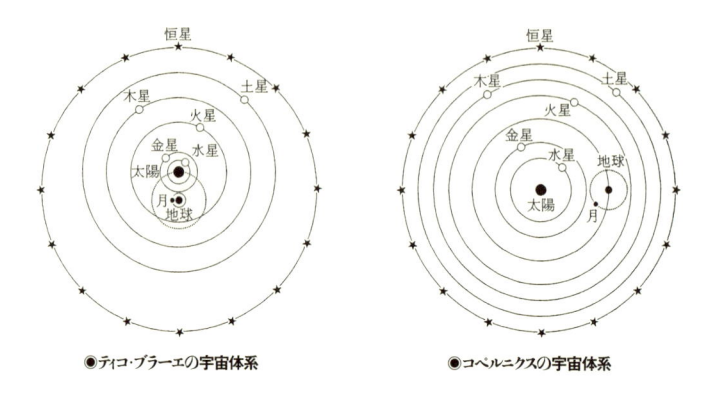

●ティコ・ブラーエの宇宙体系　　●コペルニクスの宇宙体系

★049───────エンデュミオン（Endymion）は小アジアのカリア地方の羊飼いの美少年。月の女神セレネ（Selene）は眠っている少年を見て恋心を覚え、その美しさをいつまでも眺めていられるように彼に永遠の眠りを与え、日が沈むと地上に下って、若さを保ったまま眠り続ける恋人と夜をともにしたとされる。

★050───────テングナーゲル（Franz Gansneb Genaamd Tengnagel van de Camp）はオランダ貴族の家柄に生まれ、フヴェーン、さらにその後のヴァンツブルク、ボヘミアと1595-1601年の6年間にわたりティコに仕えた。ティコの女婿でもある。したがって天文学に関する学識はあったとしてよい。ティコの死の2日後、ルドルフ皇帝はケプラーを帝国数学官に任命し、ティコの未完の仕事『ルドルフ表』を完成させるべく、彼の観測機器や手書きの観測データをケプラーに委ねたが、これらはまだ皇帝が買い上げたわけではないので、ティコの遺族のものだった。テングナーゲルはティコの死後ほぼ1年経ってからプラハに戻り、機器類に対する所有権を主張するとともに、観測データの返還を求めた。ケプラーはしぶしぶ返還に応じたが、火星のデータだけはこっそり抜いておいた。その後、2人は頻繁に口論しつつ共同してティコの著作の刊行にあたり、1602年に『新天文学の予備演習』を、1603年には、1577年に現れた彗星やティコ特有の惑星理論、各惑星は太陽を中心に公転するが、その太陽は地球を中心にして公転する、という地球太陽中心説（geoheliocentrism）を説く、『エーテル界の最近の現象について』（De mundi aetherei recentioribus phaenomenis）を、プラハのシューマン出版から上梓した（なおティコは、この1577年の彗星を扱った説明の中で、彗星は太陽の周りを不規則な速さで惑星から反対方

訳注

向へと卵形軌道で動いた、と主張した。ケプラーは『新天文学』では特にこのことにふれていないが、ひとたびこういう考えが出てくると、次からはそれほど違和感もなく円以外の軌道も思い浮かべられるのではないか）。

1603年秋、テングナーゲルは自ら『ルドルフ表』の作成に取りかかろうとして、初めて火星の観測データがないことに気づいた。ケプラーはまたもやしぶしぶ返還に同意したが、そのために『新天文学』を完成できず、光学の研究へと向かった。しかしテングナーゲルは帝国の官僚として政務に忙殺されたこともあり（おそらく能力の点からも）、結局自分の力では『ルドルフ表』を完成できないことをさとった。こうして1604年7月8日に、仲介者も交えて、ケプラーにティコの観測データの使用を認める代わりに『ルドルフ表』を完成させること、ティコのデータにもとづく研究書を刊行するときはテングナーゲルの同意を得ることを条件に、合意が成立した。天文学上あまり意味があるようにも見えないテングナーゲルの前書きがあるのは、そのためである。

★051―――――エウクレイデスの『原論』の形を考えるとわかりやすい。

★052―――――アポロニオス（Apollonios）はBC 3世紀の数学者で、小アジアのペルゲで生まれた。アレクサンドリアでエウクレイデスの後継者たちから学び、『円錐曲線論』（*Konikon biblia*）全8巻を著した。ただしギリシア語の原文が残っているのは初めの4巻のみで、残りはアラビア語訳だけだったが、それも第8巻は失われた。

★053―――――そこから見ると惑星が実際の運行時間と同じ時間で同じ大きさの円を、しかも等速度で描くように見える点を、補正点あるいは運動を均一化するという意味でエカントといい、補正点を中心として惑星が描くように見える架空の円を、やはりエカントという。これらはプトレマイオスの天文学において重要な役割を果たしていたものであり、彼の天文学上の革新のひとつは、惑星の運行の仕方が不規則なことを説明するために、実際の軌道の中心と補正点、軌道円とエカントを区別したことにある。

★054―――――惑星（Planetae）という語は単数と複数両方の形で用いられており、単数の形では本書の主たる対象である「火星」を意味することが多い。しかし惑星としての火星に妥当することは他の惑星についても言えるので、「火星」とするほうがわかりやすい場合を除いて特に区別せず「惑星」と訳した。特に地球や太陽との位置関係について述べている場合は、「惑星」が火星であることは文脈から自ずから明らかだからである。

★055―――――第1の不整と第2の不整（Inaequalitas）については、後の注100を参照。

★056―――――テセウスが、クレタ王ミノスの娘アリアドネから迷宮内で迷わないように糸玉の策を授けられて、クレタ島の迷宮に住む牛頭人身の怪物ミノタウロスを退治した故事に因む。

★057―――――プリュギア王ゴルディアスの戦車の梶棒を結ぶ結び目で、これを解いた者はアジアの王になるという託宣があった。アレクサンドロス大王はこれを一刀のもとに断ち切り、アジアの征服者となったという。アリアノス（Arrianos c.95-175）『アレクサンドロス大王東征伝』（*Anabasis Alexandri*）等に見える。

★058─────プトレマイオス（Ptolemaios）、英語読みではトレミー。2世紀の天文学者、地理学者で、121-151年ころアレクサンドリアで天文観測に従事したとされる。当時知られていた5惑星の不規則な運動の説明を課題とした主著『アルマゲスト』全13巻はいわゆる天動説を完成した著書として17世紀に至るまで天文学の権威として支配力を保持した。Almagestとはアラビア語で偉大な書という意味で、この語にその書の権威がよく示されているが、ギリシア語の原題は mathematike syntaxis で「数学体系」の意である。ラテン語でも Syntaxis mathematica と言う。ケプラー自身も地動説の立場を堅持しつつプトレマイオスの説を本書でつぶさに検討している。

★059─────アリスタルコス（Aristarchos BCc.310-c.230）はサモス島出身の天文学者で、アリストテレス学派のランプサコスのストラトンの弟子とされる。アルキメデスが伝えるところによると（『砂粒を数える者』Psammites）、彼は太陽を中心とする地動説の立場を取り、「恒星と太陽は不動のままに止まり、地球は太陽のまわりを回転運動するが、太陽はその軌道の中心にある」と考えた。

★060─────『プロイセン表』（Tabulae Prutenicae）はドイツの天文学者ラインホルト（Erasmus Reinhold 1511-53）が、コペルニクスのいわゆる地動説に依拠しつつ1551年に作成した天文表。ラインホルトの後援者たるプロイセンのアルブレヒト大公（Albrecht, Herzog von Brandenburg）に因んで命名された。

★061─────周転円の中心の描く運動が導円つまり地球を中心とする同心円になる。

★062─────図もなく説明も簡略なのでわかりにくいが、平均太陽ではなく視太陽を採用することに伴う変更で、やがて第1部で詳述される。

★063─────プトレマイオス説では、各惑星は地球を中心に描かれた導円上に中心をもつ周転円を描きつつ回転運動する。したがって、惑星軌道の中心いわば太陽が各惑星ごとにあることになろう。

★064─────ケプラー『宇宙の神秘』（Mysterium cosmographicum；大槻真一郎＋岸本良彦訳、工作舎1982/2009）の特に第20章を参照。

★065─────いずれも原著の頁である。

★066─────いわゆる天動説によると、地球を取り巻くいくつかの天のうち最も外側にあり、全ての天の原動力となるもの。

★067─────カスパーは、以下の簡潔な命題の中に、ケプラーがアリストテレスの考えを覆す重力についての基本的な所説を展開していると見る。確かに後の万有引力の観念に発展する考えも含まれており、それらはいずれも古典力学の基礎となるものであろう。ケプラーは、これをさらに後の著作ことに『コペルニクス天文学概要』（Epitome Astronomiae Copernicanae）第1巻第4部で展開する。また以下の本文に見られるように、地球上の潮の干満も、月の引力との関係から説明されることになる。

★068─────古代の自然学においては、力は常に接触によってのみはたらき、離れた所にある物体に力が作用するためには何らかの媒体が必要と考えられていたが、磁石は

接触なしに作用するので、古来神秘的なものとされてきた。だが、イギリス人の医師ウィリアム・ギルバート（William Gilbert 1544-1603）が1600年に『磁石論』（*De magnete, magneticisque corporibus, et de magno magnete tellure ; Physiologia nova, plurimis et argumentis, et experimentis demonstrata*：磁石と磁性体について、大磁石の地球について、多くの論拠と実験によって証明された新しい自然学）を公刊すると、従来の自然学ではうまく説明できない接触を伴わない遠隔作用としての力が大きな注目を集めた。ケプラーもいち早くこの書を研究し、天体間にはたらく自然の力として磁力を取りあげ、本書の至る所でその力を物理的説明に利用しようとした。山本義隆『磁力と重力の発見1-3』（みすず書房 2003）参照。

●『磁石論』1628年版の扉絵

★069―――「流砂」の原語はSyrtesで、アフリカ北岸リビアにあるシドラ湾とガベス湾を指す。

★070―――黄金半島（Chersonnesus）は固有名詞としても用いられるが、ギリシア語ではもともと半島を意味する。黄金半島は普通はマレー半島を指すが、ここではどこを言うのか不明。なお、後の本文の記述を参照。

★071―――本文ではopprimunt（失わせる）となっているが、カスパーが注の中で述べているように、approbantもしくはconfirmant（実証する）と訂正したほうがよいと思われるので、その読み方を取った。

★072―――タプロバネ（Taprobane）は現在のスリランカと考えられているが、ケプラーはインドとアラビアの間にかつてあったとされる地域を想定しているようである。

★073―――コリウム（Corium）という岬が現在のどこかよくわからない。

★074―――シクルス（Diodorus Siculus）はカエサルとアウグストゥスのころのシチリア島出身の史家でBC60-30年ごろにかけて『図書館』（*Bibliotheke*）という表題の40巻の世界史を著した。その第2巻にインドやアラビアに関することが見える。

★075―――運動を強制的運動と自然本性的運動に分けるのは、アリストテレスの説である。後者は、事物それ自体の中に運動の原理があって行われるもの、前者は外部から与えられた力によって行われるものである。この場合の強制的運動は、地球の回転によって与えられるのであろう。

★076―――重力（gravitas）。ここでケプラーが重力を磁力と並べていることから知られるように、物体間に一種の遠隔力がはたらくことは意識している。ただし本書の中ではそういう力の説明はもっぱら磁力の概念に拠っている。考えようによってはいわゆる万有引力の概念にあと少しのところまで迫っている。

★077―――『蛇使い座の足元に現れた新星について』（*De stella nova in pede Serpentarii*, 1606）。

★078―――ウェルギリウス（Publius Vergilius Maro BC70-BC19）　ローマ第一の詩人。北イタリアのマントバ近郊の小村アンデスに生まれ、クレモナ、ミラノ、ローマ、ナポリなどで文学や弁論術、エピクロス哲学の勉強をした。やがてローマの初代皇帝アウグストゥスの知遇を受け、宮廷詩人の資格も得た。初期の作品として『詩選』（*Eclogae*）別名

『牧歌』(Bucolica)、ナポリ隠棲後の作として『農耕詩』(Georgica)全4巻があるが、彼の作品中最も有名で広く親しまれているのは、トロイア滅亡後、英雄のアイネイアスが7年間流浪の旅を続けて、ついにイタリアのティベル河口に着き苦難の後、ラティウムの王に迎えられローマの都を建設するという物語を述べた、晩年の大作『アエネイス』(Aeneis)全12巻である。ケプラーも折りにつけ彼の詩句を引用しているが、特に本書で楕円軌道を発見したとき、また『宇宙の調和』で調和法則を発見したとき、その喜びをウェルギリウスの詩句にさりげなく託している。

★079————『アエネイス』第3巻第72行。

★080————新約聖書「ルカによる福音書」5・4。ペテロ、ギリシア名 Petros はガリラヤの漁夫ヨナの子で、自身も漁夫だった。ヘブライ名をシモンないしシメオン、アラム名をケファといい、これが「岩」を意味するところから、「岩」を意味するギリシア名ペトロスとなったようである。この個所によると、夜通し何も捕れなかったシモンがイエスの指示に従って網を下ろすとおびただしい魚が捕れた。これをきっかけとして彼は「人間を捕る漁師」つまりイエスの弟子となった。やがてイエス存命中は弟子たちの代弁者でもあった高弟のひとりになり、12使徒の筆頭ともされる。初期キリスト教の伝道活動においてはユダヤ人キリスト教の代表的存在だったが、パウロの異邦人伝道にも理解を示し、自身もエルサレム以外の地でも伝道した。ネロ皇帝のときにローマで殉教死を遂げたとされる。初代教皇ともされ、彼の殉教の地バチカンのサン・ピエトロ大聖堂は彼の名に因む。

★081————夏至と冬至を表す「至」をラテン語では solstitium という。これは太陽を意味する sol と、静止していることを表す stare という動詞から派生した stitium とから成る語である。

★082————『アエネイス』第4巻第584-585行。ティトヌス (Tithonus) はトロイアのラオメドンの子で、暁の女神アウロラ (Aurora) と結婚し不死の性質を与えられたが、老衰のため萎縮して一説によると蝗となったという。

★083————旧約聖書「ヨシュア記」第10章12以下参照。ヨシュアはモーセ死後の指導者で、イスラエル人を率いてカナンの地を征服し植民した。ヨシュア記はヨルダン渡河とエリコ占領に始まるその戦記。

★084————ダヴィデはペリシテ人との戦いでサウル王が没した後のBC10世紀のイスラエル第2代の王。エルサレムを首都に定めた。多くの詩編の作者とされる。

★085————「シラの知恵」ないしは「集会の書」(Syracides) は聖書外典のひとつ。シラクの子イエスと言われる作者によって作られたが、ヘブライ語の原著は失われ、彼の孫の手に成るギリシア語訳のみがいわゆる70人訳聖書の中に残っている。太陽の動きに関することばは、同書の43に見える。

★086————モーセは古代イスラエル民族の伝説的指導者。エジプトでのイスラエル人の窮状を見て、彼らを率いてエジプトを脱出。40年の荒野放浪の後、約束の地カナン

へ導いた。この間シナイ山で十戒を授かりヤハウェとイスラエル人との契約を仲介した。

★087――――旧約聖書「創世記」第1章の初めのことば。

★088――――旧約聖書「エレミア書」第31章37。

★089――――「詩編」137。

★090――――「伝道の書」(現在の新共同訳では「コヘレト〔ソロモン〕の言葉」)第1章4。

★091――――ソロモンはダヴィデの子で、イスラエルの国を強大にし、エルサレムに宮殿付属の神殿を造営し、貿易の拡大や行政改革を行うなどした。そこで後世、彼の時代を黄金時代とし、ソロモン王を豪奢栄華の象徴とする。またイスラエルの知恵文学の祖とされる。

★092――――ラクタンティウス (Lactantius) は北アフリカのヌミディア地方出身の3-4世紀のキリスト教護教家。ニコメディアで修辞学を教え、この地でキリスト教に改宗した。後にコンスタンティヌス帝に招かれ、最晩年の数年間、宮廷神学者として帝の宗教政策に関与した。ここに挙げられた説は303-313年に著された『神学大系』(*Divinae Institutiones*) 第3巻第24章に見える。

★093――――古代キリスト教の教父アウグスティヌス (Augustinus 354-430) の『神の国』(*De Civitate Dei*) 第16巻第9章に、ここに挙げたような説が見える。

★094――――表面に惑星の本体がはまった中空の球を考えるとわかりやすい。

★095――――「形象」と訳した原語 species は本来はスコラ哲学の認識論の用語で、認識される物体と認識する主体との媒介として考えられた、知覚の対象となるもののこと。ケプラーは目に見えない物理的な力の作用を、このスコラ哲学の用語を借りて表そうとしている。

★096――――コロンブス (Christophorus Columbus；イタリア名 Christoforo Colombo 1451-1506) はイタリアの航海者で、1492年から1502年にかけて4回にわたり大西洋を航海した。ただし彼は到着したのがアジアだと信じ込んでいたようである。その航海の記録としては息子の Fernando Colombo の手に成るものがある。

ポルトガルの航海者マゼラン (Magellanus；ポルトガル名 Fernao de Magalhaes 1480-1521) は最初の世界周航者で、1520年、彼の名を伝えるマゼラン海峡を通過して南太平洋を横断した。彼は1521年にフィリピンのマクタン島で現地民との交戦により死亡したが、1522年に生存者18名がスペインのサンルカル港に到着した。マゼランの周航記は、マゼランの航海に加わったイタリア人の航海者ピガフェッタ (Antonio Pigafetta 1491-1534) によってまとめられている。

ケプラーのいうポルトガル人とは、アメリカ発見者のコロンブスや太平洋発見者のマゼランと並ぶ航海者で、インド航路を発見したポルトガル人のヴァスコ・ダ・ガマ (Vasco da Gama 1469-1524) のことを念頭に置いているのであろう。本書『新天文学』によって知られるとおり、ケプラーは当時最新の広汎な地理学的知見をもっているが、その多くはおそらくこれらの航海記録から得たように思われる。そういう記録に対する格別の関

心が本文からうかがえる。

★097─────本文にはOceanum Sinensemとあり、現代語訳では「シナ海」あるいは「インド洋」とされているが、ケプラーはおそらくいわゆるマゼラン海峡から中国大陸に至る大洋を考えているので、ここでは「太平洋」と取った。

★098─────ギリシア神話で、王位返還を実現するために黒海の奥コルキスの国に金羊毛を取りに出かけたイアソン（Iason）を助けるべく、船大工のアルゴスがアテナ女神の加護の下に建造した、50人の櫂座をもつ人間の最初の大船とされるアルゴ船に乗り組んだ50人余の英雄。

★099─────この訳では特にイタリック体を使用していない。

★100─────不整（inaequalitas）とは、地球上の観測者に現れるような惑星運動における不規則性、変則性を言う。第1の不整は、惑星の軌道が離心していることと惑星の速さが軌道上で変化することに起因する。第2の不整は、惑星を静止している点ではなくて運動している地球から観察することに起因する。そのためにいわゆる逆行や留が起こるわけである。こういう不整を説明するためにエカントや周転円が考案された。

★101─────離心円の離心値は宇宙の中心と惑星軌道の中心との距離、エカントの円の離心値はエカントの点と軌道の中心との距離を言うが、後者が宇宙の中心を起点として出される場合もある。その場合、軌道の中心が宇宙の中心とエカントの点の真ん中にあると単純な離心値の2倍になる。

★102─────いわゆる地動説を採れば基本的には第2の不整は解消するはずだった。

★103─────「地球軌道」の原語orbis magnus（大軌道）は、本来は天動説における太陽の軌道を指すが、地動説では地球の軌道になる。年周軌道とも言う。

★104─────「初更の」と訳したacronychiusは本来はギリシア語で、太陽が没するときにそれとちょうど正反対の方向に出てくる星を形容する語だった。したがって、こういう星は真夜中に子午線のあたりを通過するわけである。

★105─────視緯度は地心黄緯、傾斜ないし傾斜角は日心黄緯。ケプラーがlatitudoという場合、ふつうは地心黄緯、inclinatioという場合は日心黄緯を指すようである。

★106─────「均差」と訳したaequatioは、エカントを構成する角度である。右図でP₁を遠日点、P₂を近日点とし、Mを軌道上の惑星の位置、eを離心値、Qをエカントの点、Sを太陽、Oを円軌道の中心とした場合、∠QMSを均差という。これは物理的均差ψと視覚的均差φとから成るとされる。なお、この図の中のαがケプラーのいう平均アノマリア、βが離心アノマリア、υが真アノマリアで、この図の場合でいうと、均差は平均アノマリアから真アノマリアを引いた値である。

★107─────「極限」と訳したlimites（単数形はlimes）は、惑星軌道上で両交点から90°離れた点をいう。

★108─────視緯度と傾斜角については第9章の前出注105を参照。

★109─────「離角」と訳したelongatioおよびdigressioは、太陽の経度と惑星の地心黄経

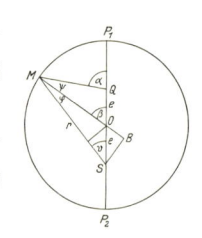

との差をいう。後者の代わりに惑星の日心黄経を取れば、それと太陽の経度との差は commmutatio ないし angulus commutationis (本文では「変換角」と訳した) といわれる。なお、離角と同義で「離隔」(distantia) という語も用いられるが、本書ではこれを、地上から観測した星どうしの角距離を意味する場合として、一応訳し分けてみた。ただし、ケプラー自身はそれほど厳密に使い分けていないようである。

★110―――――地球を中心に見て太陽と火星の作る角度が90°になったときをいう。

★111―――――ケプラーが第16章で仮定した円軌道は火星の緯度を表すのには適切でなかったが、経度はかなり精確に表すことができた。そこでケプラーはこれを「代用仮説」(hypothesis vicaria) と呼び、以降の探求の一種の試金石として利用した。

★112―――――離心位置とは、獣帯上における惑星の日心位置をいう。

★113―――――anomalia は普通は「近点離角」「近点角」をいうが、ケプラーはこのことばによってむしろ遠日地点ないし遠日点からの離角を表すので、強いて訳すと「遠点離角」である。しかしここではカタカナ書きでそのまま「アノマリア」とする。詳しい説明はやがて本文中に見える。

★114―――――この命題が第40章の面積速度の法則へと展開していく。

★115―――――ここに面積速度の法則が述べられている。

★116―――――惑星が遠地点から平均速度で一様に動くものとしたときに、春分点から惑星が占めている黄道上の位置までの黄道の弧をいう。ただし、長軸端 (遠地点と近地点ないしは遠日点と近日点) から90°離れている軌道上の位置を指す場合もある。

★117―――――これがケプラー自身による均差 (aequatio) の定義である。

★118―――――ここにケプラーのいう anomalia の意味が総括されている。

★119―――――惑星の一日の行程が軌道上に描く弧。

★120―――――遠日点と近日点を結ぶ線のこと。

★121―――――交点から90°離れた軌道上の点。

★122―――――ヒッパルコス (Hipparchos) は小アジアのニカイアで生まれたBC 2世紀の天文学者で、ロドス島で自ら天体観測を行う (BC161-126) とともに、バビロニアの観測データも利用したようである。春分、秋分、太陽軌道の歪み、月の運動の不整などを発見し、また850あまりの恒星を示した最初の天体図を作製したといわれる。彼の研究成果の多くはプトレマイオスの『アルマゲスト』(Syntaxis mathematica ; 前出注058) に取り入れられた。

★123―――――軌道上における惑星運動を継続的に観測していくための出発点として選ばれた時点。ただしケプラーは epocha で、いわば「元期位置」つまり元期での惑星の位置を表そうとしているようなので、訳文ではそれがわかるようにした。なおこの場合の元期は、キリスト紀元元年1月1日正午 (フヴェーン島における) である。

# 第1部

★001─────ギリシア語のhypateは、最も高い位置にある弦を意味する。古代ギリシアの竪琴の弦の張り方では、最高位にある弦が最低音を出すようになっていた。

★002─────パトリッツィ(Francesco Patrizi 1529-97) フェラーラの哲学教授。熱狂的なプラトン主義者で反アリストテレス的立場を取り、1591年に刊行され1593年に改訂された『宇宙についての新しい哲学』(Nova de Universis Philosophia)の中で、空間、光、熱、流体を4元素とし、それらの特有の作用による天空、エーテル(aether)、大気(aer)、星、水、大地という物体的世界の位階秩序を考え出した。

★003─────アリスタルコス(Aristarchos)については序の注059を参照。初めて太陽中心の地動説を唱えた人とされる。なお、地球の自転については、BC4世紀の哲学者・天文学者でプラトンの学園アカデメイアの研究員であったポントスのヘラクレイデス(Herakleides)がすでに主張していた。

★004─────第1の不整は惑星軌道の離心値と軌道上での速さが変化することに起因し、第2の不整は静止した点ではなく動いている地球から惑星を観測することに起因する。それが惑星の螺旋状の動きとなって現れるわけである。序の注100参照。

★005─────ギリシア語でアクロニュキオス(akronychios)は普通はakronychosという。日が落ちた夕暮れ時、初更の意。この場合のakronは「頂点」ではなくてむしろ「端」を意味する。つまり夜の始まったばかりの端である。

★006─────ポイエルバッハ(Georg von Peuerbach 1423-61) ドイツの天文学者で、プトレマイオス説についての教科書『プトレマイオスのアルマゲスト摘要』(Epitome Almagesti Ptolemaei 1496)を著した。ここに言及されている説は、彼の弟子のレギオモンタヌス(Regiomontanus)が1472年に刊行した『惑星の新理論』(Theoricae novae planetarum)に見える。なお前掲書も出版に当たってはレギオモンタヌスが後半部分を補っている。

★007─────ここに見える「場所」の定義については、アリストテレス『自然学』第4巻第4章を参照。

★008─────イタリアの古典学者スカリゲル(Julius Caesar Scaliger 1484-1558)が1557年にパリで公刊した『顕教的演習』(Exotericae Exercitationes)第15巻359・8に関連する議論が見える。

★009─────アヴィケンナ(Avicenna 980-1037)は、Ibn Sinaのラテン名。ペルシア系のアラブの哲学者・医学者で、神学や数学、天文学などの諸般の学も修めた。医学の大著『医学典範』(Canon)で知られているが、アリストテレス哲学に新プラトン主義やイスラム神学の思想を加味した『治癒の書』(Al-Shifa)のような著作もある。

★010─────同心2重周転円説とでも言うべき惑星運動のモデルは、『天球の回転について』が公刊される前に、コペルニクスが地動説を説いた小冊子『要綱』(Commentariolus)の中で述べられたもので、本章に見える図はそれに従っている。それに対して、離心周

訳注　　　　　　　　　　　　　　　　　　　　　640

転円説は、『天球の回転について』のほうで説かれたものである。また、エカントはプトレマイオスが説いた考えで、ケプラーはそれに新たな意味を見出した。

★011─────先の注に述べたように、これは『要綱』の同心2重周転円説である。

★012─────今、平面図でわかりやすく考えると、導円である同心円が α の周りを時計と逆回りに回転し、第2の小さな周転円も γ ないしは ζ の周りをそれと同じ回り方をするのに対して、第1の周転円は β ないしは δ の周りを時計と同じ向きに回転することになる。

★013─────実際には3°3′52″で、それで計算すると最終的な両仮説の差異は1′33″ではなくて36″となり、ケプラーの計算よりさらに小さくなる。

★014─────桁数が違うような印象を受けるが、実際の計算は $0.77620 \times 0.38304 = 0.29732$ として行われる。

★015─────『新天文学の予備演習』(*Astronomiae instauratae progymnasmata*, 1602) のこと（序注032）。

★016─────ここでは $a\lambda$ は基準となる半径（ケプラーは全正弦という言い方もしている）だから100000とされる。

★017─────$87091 : 66931 = 100000 : 76852$ という計算になる。

★018─────$CA = CB + BA = 20160$ なので、$99713 : 20160 = 100000 : 20218$ という計算になる。

★019─────プロスタパイレシス (prosthaphairesis) というギリシア語は、本来は加えたり減じたりする意で、プトレマイオスの『アルマゲスト』では、いったん周転円の中心の方向を観測地点から計算した後で、惑星が位置する周転円上の実際の方向を見出すために加えたり減じたりしなければならない角度のことであり、したがって一般的には惑星の真の運動と平均運動もしくは真の位置と平均位置との差異である。『宇宙の神秘』ではケプラーは、外惑星の場合、当の惑星軌道の一点から地球の円軌道に引いた2本の接線が作る角度の半分、内惑星の場合、地球軌道の一点から当の惑星軌道に引いた2本の接線が作る角度の半分を表す語として用いている。したがって、本書の年周軌道の「プロスタパイレシス」は前者に当たるが、太陽の周囲を公転する地球軌道の直径を火星軌道上の一点から見たときの角度の半分を言うとする説もある。「年周軌道の視差」という語も「年周軌道のプロスタパイレシス」と同じ意味と解してよかろう。

★020─────エカントの点 γ から見ると η は常に一定の速度で円周上を進んでいることになるから、この点を経過時間の基準とするのである。

★021─────太陽の軌道半径を100000としている。

★022─────カスパーはこの計算にそれほど重要ではない誤りのあることを指摘している。すなわち、与えられた数値から出る角 $\delta\gamma a$ は5°29′で、遠地点は獅子宮29°1′16″に当たり、$\gamma a$ は27971ではなくて27867であるという。

★023─────今度は火星の軌道半径を100000とし、それに対する数値を出している。

★024─────先の記述に見える、火星の軌道半径を100000とした場合の大きさである。
★025─────先の図と比較すると、Φがυの内側にきてTがσより外側にある。
★026─────それぞれ当の惑星が地球から見て太陽と90°、120°、144°、135°の位置に来る時を指す。
★027─────ここの記述はややわかりにくいが、逆行と留の起こる原因をこういう形で明らかにしているのであろう。
★028─────先の第5章の注022で明らかにしたようにケプラーの計算には若干誤りがあるので、δλ(第5章の図ではθγ)は7411ではなくて7314になる。以下の計算にもそれがいくらか反映してくるが、この議論ではこの誤りはそれほど重要でない。
★029─────これが正しくは5°29′だった。
★030─────2直線がρで作る傾斜角は3°になる。
★031─────現在『原論』の底本としてよく用いられるI. L. HeibergのEuclidis Elementaでは12になっている。
★032─────以下の記述ではケプラーはψoをR、その2乗をZと表しているが〔それぞれRadix、Zenzの頭文字〕、現在の表記の仕方ではそれぞれ$x$、$x^2$とするのが一般的で、われわれにはそのほうがわかりやすいので、ここでもそれを用いる。
★033─────ここに長方形という語が見えるのは、ケプラーが幾何学的に平方 (quadratumは正方形をも意味する) をとらえているからで、式で表すと、$β\psi^2 = (βv + v\psi)^2 = β^2v^2 + v^2\psi^2 + 2βv \cdot v\psi$ となり、この $βv \cdot v\psi$ が長方形と言われている。なお本文では、$βv \cdot v\psi = βv \cdot ε\psi = βv\sqrt{x^2 + ε o^2} = \sqrt{β v^2 x^2 + β v^2 ε o^2}$ と置かれている。
★034─────天球が固体の立体だとしたら、相互に入り込んで交わることは起こりえないはずだからである。

## 第2部

★001─────ケプラーの当時のヴュルテンベルク公国にはプロテスタントの牧師や行政官を養成するため、奨学金制度の充実した神学校が整備されていた。ケプラーはそういう全寮制の神学校で勉強後、牧師になるべくテュービンゲン大学に入学したが、聖職者になる直前にグラーツにあるプロテスタント神学校の数学・天文学の教師に推薦され、1594年3月に州数学官として任地に出発した。
★002─────ケプラーは勉学を終えた段階で教会に職を得たかったようである。
★003─────ケプラーの処女作『宇宙の神秘』(Mysterium Cosmographicum) は1596年に刊行された。これにはコペルニクス説の解説であるレティクスの『第一解説』が付けられていた。
★004─────メストリン (Michael Maestlin 1550–1631) はテュービンゲン大学の天文学教授で、ケプラーにとっては大学時代のみならず生涯の師。彼はケプラーの処女作『宇宙

の神秘』の印刷の監督を引き受けただけでなく困難な計算をして助力し、大学から出版許可も取ってくれた。

★005―――1597年12月13日付のティコ宛の書簡が残っている。

★006―――セヴェリン（Christianus Severin; Christian Sorensen Longberg 1562-1647）デンマーク人の天文学者で、ティコ・ブラーエの助手をつとめた。Longbergをラテン語に訳してロンゴモンタヌス（Longomontanus）とも言われる。ケプラーがティコのもとに来て火星軌道の研究を手がけるようになり、彼のほうは月の研究に変わった。

★007―――マジーニ（Giovanni Antonio Magini 1555-1617）はボローニャの天文学者で、パドヴァに医学を学びにやって来たサスケリデスを介してティコと書簡の交換をするようになった。マジーニはケプラーの友人でもあった。サスケリデス（Gellius Sascerides 1562-1612）は、コペンハーゲンで生まれ、1582-87年にフヴェーンでティコに弟子として協力し、また1593-94年にも時折彼の仕事を手伝った。天文学だけでなく、数学や医学も勉強し、錬金術、ヘルメス主義に関心をもっていた。1593年にはバーゼルで医学博士号を取得。その後フヴェーンに戻り、ティコの長女のマグダレーネ（Magdalene）と婚約したが、破談になった。その弁明がティコの名誉を損ないマグダレーネを中傷するような内容も含んでいたため、ティコは法的な手続きに忙殺され、かなり精神的肉体的に消耗したようである。

★008―――第5章の議論を参照。

★009―――極限とは、交点から90°離れた、つまり黄道面から最も遠く離れた、惑星軌道上の点を指す。

★010―――獣帯上の惑星の日心位置を言う。

★011―――テオドシオス（Theodosios BCc.150-c.70）はビテュニア出身の数学者で天文学者。彼の『球体論』（Sphairika）は球の分割について論じた現存する最古の数学書のひとつ。彼は日時計の発明者ともされる。

★012―――カスパーは注の中で計算を試み、最大値が52″になると指摘している。

★013―――ケプラーの先生であったメストリンがテュービンゲンで1580年に刊行した、1577年から1590年までの天体暦表を言う。

★014―――ヨアヒム・スタディウス（Joachim Stadius）が1556年から1581年にかけてケルンで刊行した、1554年から1606年までの天体暦表をいう。

★015―――以下、第8章に付された大きな表の中の、黄道での経度の項を参照。

★016―――黄道と地平線との交点から90°離れた黄道上の点。視差を計算するときの基本となる。

★017―――ラディウス（radius）は天文観測機器の一種。星どうしの角距離を測る目盛のある定規が付いており、この定規の呼称が機器全体の名称になった。長い軸に、その上を滑らせて動かす、両端に視準板をもつ横棒を付けたもので、ティコ・ブラーエが完成したという。持ち運びには便利だが、備え付けの機器ほど精度は高くない。

★018─────ティコはデンマーク王フレデリク2世の支援を得て、フヴェーン島にウラニボルクとステルネボルクという多くの観測機器を据え付けた天文台を有する城を所有して天文観測を行っていたが、跡を継いだクリスチャン4世と政治的また個人的なさまざまな事情から仲違いして1597年にこの島を離れ、最終的に神聖ローマ皇帝ルドルフ2世の皇帝付数学官となるべくプラハに赴いた。この間の事情については、J. R. Christianson, *On Tycho's Island*. Cambridge University Press, 2000参照。ティコの亡き後その職務に就いたのがケプラーである。

★019─────ケプラーが用いているのはいわゆるユリウス暦である。カトリックのほうでは、復活祭の基準となる春分の日がこの暦ではずれてきたために、1582年10月4日の翌日を10月15日として10日ずらし、実際の春分と合わせた。これがいわゆるグレゴリオ暦である。ケプラーが属する新教の側ではこの暦を用いない。しかし天文学者の中には当然この暦を用いて観測日を記した人もあるので、そういう人のデータを用いる場合には、このように両方の日付を併記している。

★020─────正しい数値は、134°26′6″となるはずだが、ケプラーはここではティコの算出した結果をそのまま挙げている。

★021─────第8章の大きな表の、火星の円軌道での観測経度の列の数値を参照。

★022─────ティコは太陽と月と恒星とがそれぞれ異なる大気差を取ると考えたので、太陽と月と恒星の各々について大気差の表を作成した。ただし、太陽と月についての値はほぼ一致している。なお、観測から得た太陽と恒星の各値を異なるとした理由は、ティコが太陽の視差をかなり大きく想定していたからである。したがって、恒星に関する表のほうが実際の値とよく一致する。

★023─────太陽の視差はケプラーの時代まで過度に大きな値と考えられてきた。ティコもそれに従って地平視差を3′としたが、実際は8″とされる。

★024─────つまり18日午前3時のこと。注043参照。

★025─────ホフマン（Johann Friedrich Hoffmann）はルドルフ2世の顧問官で、ケプラーの庇護者のひとりだった。ケプラーがティコのもとに赴くさい、プラハまで送ってくれたのも彼である。こうして彼はケプラーとティコを会わせ、彼らの共同研究とその成果たる『新天文学』成立のきっかけを作った。1601年にティコが亡くなった後、女婿のテングナーゲルがティコの観測機器を、跡を継いだケプラーに引き渡そうとしなかったとき、ここにケプラー自身がいうような観測機器を贈ってくれたのである。

★026─────六分儀（sextant）は、60°までの目盛の付いた機器で、ブラーエが考案したとされる。2星間の高度と角距離を測るのに用いる。

★027─────四分儀（quadrant）は象限儀ともいう。天体の高度観測に用いられる。方位角四分儀は方位角も測れるようになっている。円周の4分の1の目盛環に0°から90°を目盛り、これに円の中心を通る可動の視準尺を取り付けてある。観測の精度を高めるためには目盛環を大型にする必要があり、ティコ・ブラーエの壁面四分儀は、円の半径が2

●ティコ・ブラーエの六分儀

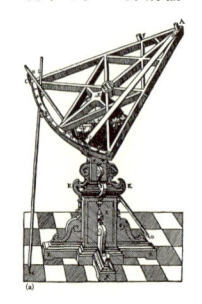

メートルくらいあったという。これを子午面内に固定し、南中時の天体の高度を測定して天体の赤緯を求めた。この目盛環の角度1′の目盛の間隔は0.9ミリメートルとなるが、ブラーエは目盛の読み取りに副尺を工夫して10″まで測定したという。人の目の分解能は1′とされるので、ブラーエの観測は、肉眼による精密観測の限界を極めたものだった。なお、ティコ・ブラーエによる観測機器の考案と改良、およびそれに伴う精度の向上については、V. E. Thoren, *The Lord of Uraniborg: A Biography of Tycho Brahe*. chap. 5 Urania's Castle p144-191に解説されているので、参照されたい。

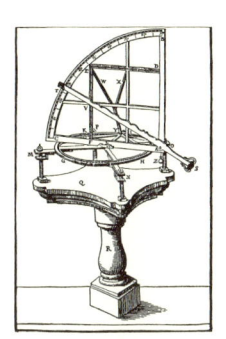

●ティコの方位角四分儀
（1583年完成：分解・持ち運び可能）

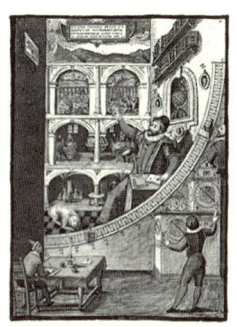

●ティコの壁面四分儀
（以上『新天文学の機械学』より）

★028────ケプラーはこのヒッパルコスの名を冠した著作にかなり長い間没頭していたが、結局、この書は公刊されなかった。なおニカイアのヒッパルコス（BC2世紀）は、ギリシア最大の天文学者で、ロドス島やアレクサンドリアで天体や気象の精密な観測を行い、そのために天文機器の発明改良を行った。ディオプトラと呼ばれる照準器具もそのひとつである。また、歳差運動を初めて測定したこと、離心円仮説を用いたこと、ギリシアで最初の真に包括的な星表を作成したことなどでも知られている。

★029────ケプラーの『天文学の光学的部分』はちょうど1604年にフランクフルトで刊行されている。

★030────『天文学の光学的部分』に付された一覧表である。

★031────9′だと変化の幅は3′20″となるので、変化の幅が4′15″の場合は11′30″としなければならない。

★032────この表はティコの作成したものである。

★033────つまり、離角が60°になる。

★034────いずれもティコの作成したもの。

★035────昇交点から西方90°の所にある。

★036────プトレマイオスとティコの説では太陽の平均位置から、コペルニクスの説では地球軌道の中心から、観測したとした場合の火星の位置である。

★037━━━━━ラテン語の原文をそのまま読めば16「分」$\frac{1}{3}$となるが、「分」は明らかに「度」の誤りであろうから、訂正した。

★038━━━━━変換アノマリア（anomalia commutationis）とは、プトレマイオス説において、周転円の中心から惑星と地球に半径を引き、周転円の遠地点を起点にして測った、周転円上での惑星の動きを示す離角のことである。コペルニクス説では、anomaliaは遠日点を起点とした太陽に対する惑星の動きを示すが、このプトレマイオス説のanomaliaは、コペルニクス説に変換すると太陽もしくは地球軌道の中心の周りでの地球と惑星の相対的な動きを示すものとなる。こうしてアノマリアの表す対象が変わってくるので、ここでは「変換アノマリア」と訳しておく。

★039━━━━━ここにケプラーの誤りがあることを指摘しているカスパーの注によって、人馬宮24°20′を磨羯宮4°20′に、天秤宮16°を26°に改めた。

★040━━━━━この本文の図は、いわば上から見ただけの簡単なものなのでわかりにくいが、軌道面と黄道面の傾斜を考えて横から見た図も思い浮かべるようにすると、ケプラーの議論の運び方が理解できるように思われる。軌道面上の点D、Eから黄道面に下ろした垂線の脚もD、Eとしているところから、次に見える三角形ADD、AEEが考えられている。

★041━━━━━実際には、AC : sin∠EBC = BA : sin∠BCAである。角度がいずれも小さいので、近似的に上のような比が成り立つとしたのであろう。

★042━━━━━アピアヌス（Petrus Apianus; Peter Bienewitz 1495-1552）　ドイツの天文学者、数学者。インゴルシュタット（Ingolstadt）大学の数学教授。ここに見える皇帝に捧げる作品とは1540年に公刊された『皇帝にささげる天文書』（Astronomicum Caesareum）のこと。可動式の小さな輪になった紙製のスケールがたくさん付いていて、それによって惑星の位置が予知できるようになっていたらしい。

★043━━━━━ケプラーの記す時刻は正午つまり真昼を起点としている。そこで例えば、IIIの1月30日19時14分は、実際には1月31日午前7時14分になる。ただし、12時未満の時刻であれば午後を付けるとそのままで通用するので、敢えて訂正はしていない。この章の末尾に付された表では、この1月30日の個所だけ上述のように考えればよい。

★044━━━━━この章では太陽と火星が衝になる時点を問題にしているので、以下の本文においても、太陽と火星ないし2つの星の離隔という場合、やはりそれぞれの星の衝となる位置からの離隔を考えているとしてよい。

★045━━━━━オランダのプロテスタントの聖職者フィリップ・ファン・ランスベルゲ（Philipp van Lansberge 1561-1632）の『三角法幾何学』（Triangulorum Geometria）全4巻をいう。1591年にライデンで刊行された。

★046━━━━━ダヴィッド・ファブリキウス（David Fabricius 1564-1617）　オストフリースラント生まれのドイツの天文学者。鯨座の星の変光を発見した。また息子のヨハネス（Johannes）とともに太陽の黒点とその回転を発見している。ケプラーとの間にしばしば

書簡を交わしている。

★047─────プラハで帝国数学官の仕事に就きながら十分な俸給の支払いを受けられなかったケプラーには、短期間だけ手助けをしてくれる助手しかいなかった。そのひとりがマティアス・ザイファルト (Matthias Seiffart) で、他に、後にその名の見えるヨハン (ヨハネス)・シューラー (Johannes Schuler) やカスパー・オドンティウス (Caspar Odontius) またヨハネス・エリクゼン (Johannes Eriksen) などの名が知られている。

★048─────ケプラーが1606年に刊行した『蛇使い座の足元に現れた新星について』(*De stella nova in pede Serpentarii*) という書を指す。

★049─────新暦のグレゴリオ暦に対するユリウス暦のこと。ユリウス暦の暦日に10日足すとグレゴリオ暦の暦日になる。先の注019を参照。

★050─────遠地点から平均速度で均一に運動する惑星が黄道上で占めるはずの点の弧を、春分点を起点として測り取った黄道の弧の長さ。

★051─────宮については第8章の表の注4 (171頁) を参照。宮数は春分点を0として左回り、つまり順行方向に数えていくが、ヒッパルコスの時代からすると、起点の春分点には第8章で掲げられたような分点歳差による移動があることを考慮する必要がある。

★052─────第15章末尾の表を参照。

★053─────ケプラーは1621年に『宇宙の神秘』第2版を刊行した。

★054─────ドナヒュー (Donahue) は英訳本の注で、原著の図ではEとGが入れ替わって印刷されていることを指摘している。後のEAFを$128°11'20''$とする本文の記述を見るとそれが正しいようなので訂正しておいた。

★055─────〔 〕内のような一文の欠如していることがカスパーによって指摘されているので、補っておいた。

★056─────ケプラーは1600年にプラハのティコのもとにやって来て、ティコの古参の助手ロンゴモンタヌスから火星軌道の問題を引き継いだが、その時にはこの問題を8日間で解いてみせると高言したという。

★057─────ヴィエト (François Viète 1540-1603) はフランスの数学者で、文字記号を使用して方程式の解の基本的諸演算方式を確立し、また三角法の形態を整えた。ケプラーがここで言及しているのは、1600年にパリで刊行された『アポロニウス・ガルスないしはベルゲのアポロニオスの接線論から喚起された幾何学』(*Apollonius Gallus seu Exsuscitata Apollonii Pergaei "peri Epaphaon" Geometria*) の中に見えることばのようである。この論文の表題からの連想でアポロンが出てきたのであろう。

★058─────レギオモンタヌス (Johannes Regiomomtanus 1436-76) ドイツの天文学者で、既出のポイエルバッハの協力者。ギリシア語を学び、『アルマゲスト』の正確なラテン語訳に取り組み、1496年に『天文学概要』(*Epitome*) を完成した。

★059─────アポロン (Apollon) はギリシア神話に登場する有名な神。人間のあらゆる知的文化的活動の守護神としてここに名を挙げたものか。あるいは古代の有名な数学者

ペルゲのアポロニオスと掛けたものか。

★060──────ギリシアの伝説的な英雄テセウスがクレタ島の迷宮に住む人身牛頭の怪物ミノタウロスを退治するのを助けた、クレタ王ミノスの娘アリアドネは、テセウスが迷宮の中で迷わず入り口に再び戻れるよう糸玉を授けたとされる。

★061──────以下に見えるケプラーの計算には計算上の誤りや印刷上の誤りのあることがカスパーをはじめとする注釈者によって指摘されている。印刷上の誤りについては訂正できる個所は若干直したが、論旨に不都合の生じる個所ではそのまま訳出した。計算上のミスはケプラーの苦闘の痕跡を留めるものとしてそのままにしておいた。

★062──────表の以下の数値では、訂正した平均経度に従っていない。

★063──────ここで均差と訳したaequatioとは、旧来の天文学において、ある惑星の位置を、その軌道の2つの長軸端と離心値から計算できるようにする角度をいう。この章の図では、∠CFAなどがそれに当たる。

★064──────ケプラーの割り算では商は縦の列に出てくることになる。したがって、AF＝59433、AG＝50703、AD＝48052、AE＝52302 となる。なお、それぞれの数値の算出の仕方は、例をAFの場合にとってみると、$8945 \times 5 = 44725$、$53163 - 44725 = 8438.0$、$8945 \times 9 = 80505$、$84380 - 80505 = 3875$、というふうに繰り返して得たものである。

★065──────これらの角をもつ三角形がほぼ二等辺三角形だからである。

★066──────これはいわゆるNapierの公式で、三角形の2辺を$a$、$b$、その辺に対する角を$\alpha$、$\beta$とした場合、一般に $\dfrac{a-b}{a+b} = \dfrac{\tan\dfrac{\alpha-\beta}{2}}{\tan\dfrac{\alpha+\beta}{2}}$ と表される。ケプラーの本文では、この$\alpha+\beta$が補角つまり残る1角を$\gamma$とした場合の$2\angle R - \gamma$として言い表されている。

★067──────この行の角度は、先に＊を付した4つの角度の半分を用いている。

★068──────先の計算の仕方と同様、ここでも割り算の商が縦の列に出ている。すなわち、角FAGの場合を見ると、$770952 = 110136 \times 7$、$102048 = 873000 - 770952$、$99123 = 110136 \times 9$……というように繰り返している。また商を出した後の計算の仕方は、$98373 \times 7$の最初の6桁を表記して6886│11とし、次に$98373 \times 9$の最初の5桁を885│33とする。│はいわばわれわれの小数点のようなものである。こうして得た7797は0.07797であって、$\tan^{-1} 0.07797 = 4°27'30''$となる。

★069──────実際は、$29'15''$で、ケプラーも後の本文ではこちらの数値を取っている。

★070──────ドナヒューの英訳では、これは「補間法を用いて」という意に解されている。

★071──────左の式で縦の列に出た商を用いている。

★072──────$\tan^{-1} 0.00534 = 0°18'21''$

★073──────先の計算で得られるのはBEのはずで、それをBGとするのは奇異だが、ここにもGとEの印刷上の混乱が反映しているようである。

★074────三角形 GFE と GBE について論じた個所を参照。

★075────これは角 GAE の補角の半分の大きさ。

★076────最初に平均経度に3′16″を加え、次に30″を加えて最後に9″を加算したので、合計で3′55″になる。

★077────以上の長いケプラーの計算には計算上の誤りや印刷上のミスもあるので、フランスの天文学者ドゥランブル（Jean-Baptiste Joseph Delambre 1749-1822）は『現代天文学史』(Histoire de l'Astronomie moderne) 第1巻の中で (p410-417) ケプラーの最初の数値を用いながら計算を全てやり直している。結果は以下のとおり。離心値全体：18570　離心円の離心値：11387　エカントの離心値：7183。したがって、ケプラーの計算との相違はほんのわずかである。カスパーの指摘によれば、これはケプラーが最後の割り算で計算まちがいをした結果で、そのまちがいがなければ相違はもっと大きくなっていただろうという。

★078────火星の黄経を精確に表すのに役立つ、第16章で見出されたいわゆる代用仮説のこと。

★079────firma を forma の誤りとして訳出した。

★080────火星の視直径は衝の位置で18″ほど、最大でも25″程度にすぎない。

★081────カスパーの指摘によると、実際には定数を確実に定めればこの代用仮説の方法で火星の真アノマリアを1′の範囲内で精確に表すことができる。

★082────第16章に見える図でいうと、ACの中央に取ったBから計算されたアノマリアのこと。その算出の仕方については第18章の表を参照。ただし、ここではBCは7232ではなくて、ケプラーがことわっているように9282とされている。

★083────第16章では、平均経度に3′55″を加えて修正していた。

★084────変換アノマリアについてはすでに第13章の注038で述べた。ここでは太陽ではなく地球を中心にして、太陽の動きを地球から見た遠地点からの離角でとらえているので、こういう言い方をしたのであろう。

★085────この正接は実際には861896である。

★086────これは842621である。

★087────ここで下げるというのは近日点に近づけること、高くするというのは遠日点に近づけることと考えてよい。

## 第3部

★001────ここにケプラーの挙げたブラーエの著書は、1598年に公刊された『新天文学の機械学』(Astronomiae instauratae Mechanica) のこと。ティコ・ブラーエはクリスチャン4世との不和からフヴェーンを退去した後（この間の事情については、J. R. Christianson, On Tycho's Island に詳述されている）、自身の研究の新たな庇護者を求めるべくこの書を刊行

した．ティコの挿絵にもとづく木版あるいは銅版画の22の観測機器の図，ウラニボルクとステルネボルクの鳥瞰図，フヴェーン島の地図，ティコの肖像画，1597年付けのルドルフ皇帝に捧げた序文，短い自伝が収載されている．ティコの死後，夫人と子供たちはこれらの機器の挿絵をニュルンベルクのレヴィン・ヒュルジウス (Levin Hülsius) に売却し，彼はそれによって1602年に学者向けの *Astronomiae instauratae Mechanica* を出版した．

★002─────この場合は，後の「変換角」と同様に，太陽の経度と惑星の日心黄経の差を表す角度としてこう言ったのであろう．

★003─────この図でいうと周転円の遠地点はCFを延長した直線と円JHの交点にあるので，そこを0°とする．そして周転円の中心が導円上を時計と逆回り（順行方向）するのに対して惑星は周転円上を時計回りするので，Hで90°，Jで270°になる．

★004─────太陽の経度と惑星の日心黄経の差を表す角度のこと．

★005─────これは言うまでもなく地球の公転周期の2倍で，天動説を採るとこういう形になる．

★006─────火星が離心軌道上の同じ位置に2回来て，かつ地球軌道の中心から見た火星と地球の作る角が等しい，という条件を実際に満たすのは1585年5月30日と1591年1月20日だが，この時の火星の位置は先に発見した日付の観測結果を調整して得られる．

★007─────この場合は，平均経度ではなく火星の実際の黄経を表す語と解してよかろう．

★008─────ケプラーの説明はわかりにくいが，算出の仕方は簡単で以下のようになる．すなわち，PQを$1130\frac{1}{2}$とすると，QS $167 = 1130\frac{1}{2} \times \tan 8°25'21''$ SP $1143 = 1130\frac{1}{2} \times \sec 8°25'21''$ である．

★009─────45は言うまでもなく1837から1792を引いた値である．

★010─────これは上述の平準変換角10宮7°5′1″から180°を引いた値である．以下の角 ηακ, εακ, καζ もやはりそれぞれの平準変換角と180°の差である．

★011─────ドゥランブルの計算に拠れば，αη は67171だから，この値は実際には2401になる．

★012─────以下に見える表の中でこれらの数値が算出される．

★013─────λ は円 ικμ 上の一点を示すが，ケプラーはここでは ρκ と平行な ι を通る直線と円 ρσυ との交点も λ の記号で表示している．

★014─────上位3惑星と太陽またそれに水星と金星を加えた惑星の動きを説明する理論をいう．

★015─────ケプラーはヘッセン方伯ヴィルヘルム (Landgraf Wilhelm von Hessen) の観測結果を，ティコを通じて知ったようである．この観測結果がオランダの数学者スネル (Snell van Roijen 1591-1626) によってライデンで公刊されたのは，本書の公刊より後の1618年である．

★016─────カスパーは注の中で以下のケプラーの計算の仕方をより単純な図から説

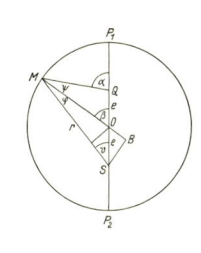

明している。この図において、Sを太陽、Oを地球の軌道を円とした場合の中心、Qをエカントとし、さらにαを平均アノマリア、βを離心アノマリア、υを真アノマリアとする。またψは物理的均差、φは視覚的均差で、eは離心値である。ここで円の半径を1とすると、ケプラーが真アノマリアυに対する太陽からの距離rを算出するのに用いた公式は、r＝cosφ＋e·cosυ で、この場合、sinφ＝e·sinυ なので、真アノマリアと離心値だけからrが算出される。なお、ケプラー自身は、第40章で、エカントを用いず離心円内の扇形と三角形の面積を角度に換算して視覚的均差と物理的均差を算出する方法を提示しており、第43章でそれを実例によって示し、各均差とアノマリアの関連を具体的に述べている。

★017―――――エラスムス・ラインホルト（Erasmus Reinhold）はゲオルク・ポイエルバッハの『惑星の新理論』（*Theoricae novae planetarum*）に注を加えて1542年にヴィッテンベルクで出版し、これが後に再版された。ここに引く論証は太陽論の第3部命題4に対する注に見える。

★018―――――第4章のケプラー自身の定義によると、これが真アノマリアとされていた。

★019―――――ケプラーは以下の表を使いやすくするために次のような処置をしている。すなわち、離心率が小さいために視覚的均差と物理的均差がほとんど変わらないので、場合に応じて平均アノマリアから視覚的均差の2倍を引いたものを真アノマリアとする。一方で、そのままの角度をもつ真アノマリアに対して算出された距離を視覚的均差の分だけ小さな真アノマリアに割り当てている。したがって、表で平均アノマリアに対応するこの新たな真アノマリアは本来の真アノマリアより視覚的均差の分だけ大きなもの、言い換えると本来の離心アノマリアに等しいものである。そのために地球は円からずれた軌道を描くので、これが卵形ないしは楕円となる。

★020―――――単純な離心円では∠AECあるいは∠ADCのような均差の角は正弦の法則を用いるだけで見出せるが、エカントが加わってくると、正弦の法則によって見出せる∠AEBあるいは∠ADBのような視覚的部分と正接の法則によって見出せる∠BECあるいは∠BDCのような物理的部分との合計になる。ケプラーの主張は、平均的な長さの所ではこの2つの計算が同じ結果になるということである。

★021―――――この計算には見落としがあり、∠BECは44′52″、∠BDCは42′39″としなければならない。したがって、∠CEAは1°28′38″、∠CDAは1°26′25″になる。そうすると、視覚的均差を2倍して得た全体の均差と視覚的均差と物理的均差を足して得た全体の均差との差異は1′6″ないし1′7″となり、『予備演習』付録の値のほうに近くなる。マジーニは後にこのケプラーの計算違いを1610年1月15日付のケプラー宛の書簡で示したが、それに対してケプラーは1610年2月1日付のマジーニ宛の書簡で、当の付録をケプラー自身が作成したと証言している。なおカスパーは注の中でこの視覚的均差と物理的均差の差異が最大で1′17″になると指摘している。

★022―――――まず、υχ 対 φτ については、δψ² ＝ εω² ＝ υχ·φτ　したがって、

$$\frac{\upsilon\chi}{\varphi\tau} = \left(\frac{\varepsilon\omega}{\varphi\tau}\right)^2 = \left(\frac{\gamma\varepsilon}{\gamma\varphi}\right)^2 = \left(\frac{\alpha\delta}{\delta\beta}\right)^2$$ となる。
一方、$\alpha\delta$ 対 $\alpha\varepsilon$ については、ケプラーの解説によると、$\delta\beta = \beta\varepsilon$ だから、
$$\frac{\alpha\delta}{\varepsilon\alpha} = \frac{\alpha\delta}{\delta\beta} \cdot \frac{\beta\varepsilon}{\varepsilon\alpha} = \left(\frac{\alpha\delta}{\delta\beta}\right)^2 = \left(\frac{\beta\varepsilon}{\varepsilon\alpha}\right)^2$$ となる。ただし、この結果はもっと簡単に出せる。
すなわち、$\frac{\upsilon\chi}{\delta\psi} = \frac{\upsilon\gamma}{\delta\gamma}$ で $\frac{\varepsilon\omega}{\varphi\tau} = \frac{\varepsilon\gamma}{\varphi\gamma}$ これらを掛けると $\frac{\upsilon\chi \cdot \varepsilon\omega}{\varphi\tau \cdot \delta\psi} = \frac{\upsilon\gamma \cdot \varepsilon\gamma}{\varphi\gamma \cdot \delta\gamma}$
ここで $\delta\psi$ と $\varepsilon\omega$ を等しいものとした。また $\upsilon\gamma = \varphi\gamma = $ 半径であり、$\varepsilon\gamma = \alpha\delta$ で $\delta\gamma = \alpha\varepsilon$ である。したがって、$\frac{\upsilon\chi}{\varphi\tau} = \frac{\alpha\delta}{\alpha\varepsilon}$ が得られる。カスパーは注の中で、惑星の宇宙の中心からの距離とその距離を取る軌道上で費やす所要時間とが比例するという、この定理をケプラーが採用することから、第40章に見える面積速度の法則へと進んだとし、惑星の運動を幾何学的に把握することから物理学的に把握することへの完全な転換点がここにあると見る。

★023―――――見かけの上では太陽が地球の周りを回っているからである。

★024―――――形象（species）はスコラ哲学の認識論において知性と事物を媒介するものとして用いられたことばで、知性つまり認識するものが事物つまり認識されるものから形象を事物の類似として受け取ることによって認識が成立するとされた。ただし、ここでケプラーが用いる形象は、このようないわゆる可知的形象（species intelligibilis）ではなくて、感覚するものと感覚されるものを媒介する可感的形象（species sensibilis）を考えているようで、感覚を視覚に限定した場合の形象の一種として光を挙げたのであろう。

★025―――――ジロラモ・フラカストロ（Girolamo Fracastoro 1478-1553）はイタリアの医者、自然科学者、詩人。『梅毒つまりフランス病』（*Syphilis sive morbus Gallicus*）という詩で梅毒の症状と治療法を示したことで知られている。以下の本文の記述は1538年にヴェネツィアで公刊された『同心球あるいは星辰について』（*Homocentrica sive de Stellis*）の第3部第8章「何故太陽の傾斜は小さくなっていくのか」に見える。なお、以下に見えるエジプト人たちの語ったという話は、ヘロドトスの『歴史』や1世紀のローマの地理学者ポンポニウス・メラ（Pomponius Mela）の書（*De chorographia* 参照）に出てくる。

★026―――――ケプラーは「形象」speciesというスコラ哲学の用語を用いて光と力の性質を表しているので、光速という概念のない当時においては、光が一瞬にして伝播するように、物体と切り離された同じ性質の純粋な力も光のように伝播すると見ている。そのために時間に関することを問題にしている。時間の限定を受けるなら時間がかかるが、無時間的であれば一瞬にして波及することになる。

★027―――――太陽の自転周期は25.38日。

★028―――――ウィリアム・ギルバート（William Gilbert 1540-1603）はイギリスの医者・物理学者で、1601年にエリザベス1世の侍医となった。実験的方法の重要性を論じ、磁気および地磁気についての組織的、実験的研究を行い、地球自体が大きな磁石であることを明らかにして、1600年にロンドンで『磁石論』を刊行した。これはケプラーのみならずガリレオ・ガリレイやデカルトにも大きな影響を与えたとされる。序の注068参照。

訳注

★029────アルキメデス（Archimedes BC287-212）　シチリア島のシュラクサイ生まれの天文学者、数学者、技術者。天文学者ペイディアス（Pheidias）の息子。アレクサンドリアに留学して、エウクレイデスの後継者たちからも学んだようである。数学に関する研究は『球と円柱について』(*De sphaera et cylindro*)、『円錐状体と球状体について』(*De conoidibus et sphaeroidibus*) などに見える。アリストテレスに対しては批判的だったガリレオ・ガリレイもアルキメデスの研究は高く評価している。

★030────1pesは約29.6センチメートル。1stadiumは625 pedesに相当する。つまり、線をいくら長くしてみても面にはならない、ということ。

★031────これは出差（evictio）と言われる。プトレマイオスが発見した月の黄経に現れる周期摂動の最大のもので、太陽の引力により月の離心率が変化するために起こる。なおここでは、anomaliaが本来の「変則性」の意で用いられているようである。

★032────これは二均差（variatio）と言われる。月の黄経に現れる太陽による周期摂動の主要項のひとつで、太陽の引力のため月の角速度が加速されたり減速されたりすることによって起こる。カスパーの注ではティコが発見したとあるが、実際には10世紀のアラビアの天文学者アブー・アルワファー（Abu al-Wafa）が発見していたようである。

★033────水かき板で歯車を回して距離を表示するような装置を考案した人があったようである。詳細は不明。

★034────「直径」とあったが、「半径」のまちがいであろう。ただし、半径は延長すれば直径になるので、ケプラーはそれほど厳密に区別していない。

★035────秤動では惑星が太陽から離れたり近づいたりして揺れ動くからである。

★036────〔＊〕を付した記述に見える太陽Aからの距離の集合を、Aを頂点とする一種の扇形に置換して、その面積と弧の長さで表される所要時間との関係に捉え直したのである。そしてこの扇形の面積と所要時間が比例するということは、所要時間が同じであればこの種の扇形の面積もまた同じことになるので、これが面積速度の法則にほかならない。ただし、この章での主たる課題は均差の算出法にあるので、後にケプラーの第2法則と称されながら、ケプラー自身は『新天文学』ではその発見をことさらに強調してはいない。なお、ここではもはや第32章のようにエカントという架空の円を用いていない。まだ離心円という完全な円軌道を想定しているが、この法則自体は実際の軌道だけでも成り立つ。したがって、ケプラーはここに至って自然学ないし宇宙幾何学から物理学に踏み込んだように思われる。これ以降の議論では、時に否定的なことばも見えるが、中心ないし太陽からの距離となる線分の集積が面積を構成するという考え方を基本にしている。したがって、面積を増大させるのは、より長い線分が集積した場合や、より多数の線分が集積した場合である。これらの線分を、ケプラーはたんに「距離」と言うことが多い。ただし、惑星が描く道筋の長さも「距離」と言うことがあるので、注意する必要がある。

★037────アドリアン・ファン・ローメン（Adraen van Roomen; Adrianus Romanus 1561-

1615）　ベルギーの数学者で、1593年に正230角形を用いて円周率を小数点以下第15位まで算出した。

★038―――AD2世紀のプラトン学派の哲学者ニコストラトス（Nikostratos）であろう。彼はアリストテレスの論理学をプラトン学派の立場から研究しつつ、図形の問題についても考究したので、そのひとつとしてコンコイドのことも出てきたようである。あるいはケプラーが、コンコイドを用いて任意の角の3等分問題を解こうとしたNikomedes（BCc.280-c.210）と混同している可能性もあるように思われる。

★039―――ローマの詩人オウィディウス（Ovidius BC43-AD17）の『恋の技法』（*Ars Amatoria*）第1巻末尾のことば。

# 第4部

★001―――カスパーは注の中で、面積にもとづく計算法は平均アノマリアと離心アノマリアの関係を立てており、両者の差となる物理的均差は正しいが、惑星軌道を円とする仮定は誤って離心アノマリアと真アノマリアの関係を立てており、それが不一致をもたらすことを、指摘している。

★002―――カルダーノ（Girolamo Cardano 1501-76）　イタリアの医者、数学者、自然哲学者。パドヴァで医学を修め、開業する一方、数学を研究し、2次・3次方程式の解法を発表して代数方程式の理論を開拓したことで知られている。ここに見える彼の著書『精巧さについて』（*De subtilitate*）は、1550年ニュルンベルクで公刊された。本文の命題を式で表すと、$\sin 1° + \sin 2° + \sin 3° + \cdots\cdots + \sin 180° = \sec 89° + \tan 89°$ となる。

★003―――ビュルギ（Jost Bürgi 1549/52-1632）　スイスの数学者、機械製作者。ケプラーと同様、ルドルフ2世に仕えたことがある。彼のこの命題の証明については何も知られていないので、ケプラーに対して彼が個人的に示した可能性が高い。

★004―――ケプラーは、2つのコンコイド間の領域の幅であるQA、RA、SA等々が、その離心アノマリアの正弦と比例すると仮定し、カルダーノの説を用いて総和を概算する。しかしケプラーが次の節で指摘するようにその仮定は誤りで、結局、彼は幅となる小切片が離心アノマリアの正弦の2乗と比例すると結論する。カスパーの現代数学を用いた証明に従うと、これはほぼ正しいようである。

★005―――ケプラーは第48章の初めの所で各度数に対応する180の距離つまり線分の総和を算出している。それに従うと、この値は7000ではなくて実際には37781であり、したがって後の4′12″も22′40″となる。

★006―――第40章の面積速度の法則に従えば惑星の速さは近日点で最大となり、遠日点で最も遅いはずで、この個所の記述と一致しない。ケプラーは第40章では惑星軌道が離心円であることを前提にして問題を考えているのに対して、ここでは卵形軌道としたので、特に中心が離心していることを考慮せずに、遠日点と近日点間の距離を最長

訳注　654

としているのであろう。

★007──────ことばによる説明のみではわかりにくいこの個所については、次の章の図と本文を参照。

★008──────実際には$17\frac{14}{33}$より小さな$17\frac{9}{23}$である。

★009──────Mechaniciと複数形で技術者のことを挙げた個所の欄外に、Durerusとしてデューラーの名が記されている。デューラー（Albrecht Dürer 1471-1528）は、ニュルンベルク生まれのドイツの画家、版画家、彫刻家で、建築にたずさわる職人の間で語り継がれてきたさまざまな図形の実際的な作図法などについて記した著書に『定規とコンパスによる線、面、立体の測定術教則』（Underweysung der Messung mit dem Zirckel und Richtscheyt in Linien, Ebnen und ganzen Corporen 1525）がある。

★010──────あまりわかりやすくはないが、初めの図で、弧 εμ と κρ の大きさの違いを参照。

★011──────したがってカスパーが指摘するように、本文におけるケプラーの探求から得られる卵形は遠日点において丸っこく近日点において尖ったものである。

★012──────ドーリア式建築で2個のトリグリフの間に挟まれたいわゆるメトープのような形のこと。しいて言えば顔のような形。卵形（ovalis）というと楕円と同義にも用いられるので、それを避けるためか。

★013──────細かく区分した個々の弧の長さを$s_1, s_2, s_3, \ldots$、その弧が位置するそれぞれの距離を$r_1, r_2, r_3, \ldots$とした場合、$s_1 : s_2 : s_3 \ldots = \frac{1}{r_1} : \frac{1}{r_2} : \frac{1}{r_3} \ldots$であっても、$\Sigma s_i : \Sigma r_i = r_1 : s_1$とはならないことが、カスパーの注で指摘されている。正しくは、$\Sigma s_i : \Sigma \frac{1}{r_i} = s_1 : \frac{1}{r_1}$となる。

★014──────カスパーは注の中で、HB : BO = BO : BD から HO : OD = HB : BD という結果は出てこないが、HB < BD から HO < OD を導くのは正しく、これがケプラーの求める結果であったことを指摘している。

★015──────「距離用アノマリア」と訳したanomalia distantiariaについては、第50章のケプラー自身の定義を参照。

★016──────上に挙げた卵形の半円の訂正値179°14′15″を2倍にしたものである。

★017──────ドナヒューの英訳本の脚注では、原著のこの行の2つの114°はいずれも144°に改めるべきだとするので、それに従った。

★018──────カスパーは注の中で積分を用いて必然的にそうなることを証明しているが、ここでは省略した。

★019──────原文ではAEとあるが、カスパーの独訳のようにACに改めるべきであろう。ただし、AE＝ACである。

★020──────ホラティウス（Quintus Horatius Flaccus BC65-BC8）『詩論』（Ars poetica）第22行からの引用。

★021──────これは面積速度の法則を別の形で表現した命題にほかならない。

★022────この表はケプラーの『天文学の光学的部分』(Astronimiae pars optica) 第7章に掲げられている。

★023────火星が遠日点から順行方向と逆行方向に向かって同じ離隔を取る事例を選んでいるわけである。

★024────radiusは、長い軸に、その上を滑らせて動かす、両端に基準板をもつ横棒を付けた天体観測用の道具で、2点間の角度を測るのに用いる。第2部注017参照。

★025────オーストリア中部の州で州都はグラーツ。1597年にはケプラーはグラーツの州立学校で数学教師をしていた。

★026────双子座の星の番号はプトレマイオスの恒星表のもので、ティコもたいていはそれに従っているが、少し違っている場合もある。ここに双子座の星の番号に当たる星を示すと、1番はカストール、2番〔ここには出てこない〕はポルックス、4番は双子座のタウ、5番は双子座のイオタ、9番は不明、11番は双子座のゼータ、12番は双子座のデルタである。

★027────先の記述やこの緯度の記述では、火星と双子座の1番の間に5番が来るので、火星を中間とするのはおかしいようだが、ここでは本文どおりに訳した。

★028────マジーニ (Giovannni Antonio Magini 1555-1617) はパドヴァ出身のボローニャの天文学者で、いわばティコのライバルでもあったが、ティコの弟子で一時ティコの長女のマグダレーネ (Magdalene) と婚約に至ったゲリウス・サスケリデス (Gellius Sascerides) の仲介で、観測データの交換も行うようになった。第2部注007参照。

★029────2月11日からの観測だが明け方だから、第27章では12日になっている。

★030────原著の欄外小見出しにはないが、本文の内容と先の小見出しとの関係から、入れたほうがわかりやすい。

★031────実際には4直角から161°45′28″を引いたアノマリアで、先に挙げた1593年の観測結果のことである。

★032────変換アノマリア (anomalia commutationis) については、第3部第24章の本文と注010参照。太陽の経度と惑星の地心黄経の差である離角 (elongatio) に対し、太陽の経度と惑星の日心黄経の差を言う。後に見える変換角 (angulus commutationis) と同義と見てよい。カスパーの独訳でも、ともにKommutationと訳されている。

★033────何も表示がなければ午後の時刻を言う。

★034────黄道面から火星軌道面に置換したことに伴う数値の変化を言う。

★035────160859は322054から336を引いて2分した値であるが、161363のほうは322054を2分してから336を加えているので、計算にまちがいがある。正しくは161195となる。

★036────つまり12月22日午前2時のこと。他は午後の時刻を表す。

★037────ここにいうTabulaeは当時構想中で後に完成した天文表『ルドルフ表』(Tabulae Rudolphinae) であろう。

★038─────交点から90°離れた軌道上の点を極限と言う。

★039─────ファブリキウス（David Fabricius 1564-1617）はケプラーに宛てた1604年10月27日付の書簡で、自身の観測結果に従うと卵形説では距離が短くなりすぎると指摘した。ケプラーは同年12月18日付の返書で、ファブリキウスの出した結果が自分のものとも一致すると述べている。しかし、ファブリキウスが真の火星軌道の発見においてケプラーに先んずるところだったというのは、ファブリキウスの業績を過大に評価しすぎている。『新天文学』公刊前にケプラーの発見を知ったファブリキウスは1607年1月20日付の書簡で、以下のように述べているからである。「あなたの卵形あるいは楕円によって均一な円運動が除去されるが、私が特にさらに深く考察してみるとそれは不条理なように思われる。天は円いので、円運動、特にその中心の周囲を回る規則的で均一な運動を行うのである。天体は、太陽と月から明らかなように完全な円である。したがって、万物の全ての運動はやはり楕円でも円から外れたものでもなく、完全な円を介して行われ、また同様にその中心をめぐって均一に運動することは疑いない」。

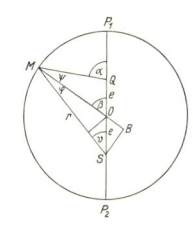

★040─────このケプラーのことばに従うと、左の図で離心アノマリア $\beta$ に属する距離は $MS = r$ ではなくて、$MB = r\cos\varphi = 1 + e\cos\beta$（ただし $MO = 1$、$e = OS$ は離心値）ということになる。この数式が楕円に関する関数に見られることは言うまでもない。すなわち、この時点でケプラーはすでに軌道が楕円であることを明らかにしているはずだが、ケプラー自身はまだそのことに気づいていない。注059参照。

★041─────エリザベス女王の最初の侍医ギルバートは、初めて磁力に関する研究を行って、1600年に『磁石論』6巻を著した。その詳しい表題の一部に、「大磁石の地球について」ということばが入っている。序の注068を参照。

★042─────太陽が平均分点を通過してから次に通過するまでの時間間隔を回帰年という。分点自体が歳差のために絶えず移動しているので、この間隔は太陽を回る地球の公転周期つまり恒星年とはわずかに異なる。回帰年は365.24219日、恒星年は365.25636日である。

★043─────ジャンバティスタ・デラ・ポルタ（Giambattista della Porta 1535-1615） ナポリの小貴族の生まれで、ルネサンスの最も著名な魔術師。ただし、彼のいう魔術とは、自然のあらゆる過程を究明する学問である。彼の『自然魔術』（*Magia Naturalis*）は16世紀後半にはヨーロッパの各国語に翻訳され非常に広く読まれた。その第5巻第4章と5章に磁石に関する事象が扱われている。

★044─────ドナヒューは訳注でこれが5779433であることを指摘しているが、あまりケプラーの論旨には関係してこない。逐一誤りを指摘しないというこの翻訳の方針に従い、そのまま訳す。

★045─────ケプラーはすでに惑星軌道が完全な円ではないとしているからである。

★046─────本文には diameter とあるが、図では明らかに半径なので、そう訂正した。ただし、視直径の大きさを問題にしているので、基本的には2倍の直径を常に念頭に置

いている。

★047────『機械学』(*Mechanica*)は、現在ではリュケイオン第3代の学頭ランプサコスのストラトン(Straton)の作とする説が採られている。

★048────遠日点の移動については、うまく説明できないので取りあえず自然な現象としてそのまま認めるだけで満足せざるをえない、ということであろう。

★049────ウェルギリウス(Vergilius)『詩選』(*Eclogae*)(もしくは『牧歌』(*Bucolica*))第3歌64の詩句。

★050────カスパーの注によれば、この誤差は平均アノマリア45°で最大7′になる。

★051────「豊頬の」(buccosus)は口ないし頬(bucca)からきた形容詞で、こういう表現には、冒頭に引用した詩句に見える「りんご」のイメージが形や食べ物としての連想によって重なってくる。この誤った軌道形がいわばケプラーに投げられたりんごにほかならない。あるいは少女の豊かな頬からの連想もあろうか。なお、円から切り取られた三日月形は上部の幅が狭くて下部の幅が広いという本文の記述から明らかなように、それを切り取った後に残る図形は、この場合もやはりいわゆる卵形である。ovalisを用いなかったのは、詩句からの連想とともにこの形容詞が楕円をも表すから、ここでは避けたのであろうか。

★052────以下、通し番号のままなのでわかりにくいが、予備定理は10までで、本文で言うように、11から予備定理にもとづく論証に入る。

★053────コマンディーノ(Federico Commandino 1509-75)　イタリアのウルビノの人文主義者で数学者。古代ギリシアの数学の原典をラテン訳し、注を加えたことで知られている。ここに挙げられた『アルキメデス著作集』(*Commentarii in Opera nonnulla Archimedis*)は1558年にヴェネツィアで公刊されたもの。他にアポロニオスの『円錐曲線論』(*Conica*)の訳もある。

★054────両方の弧の比を、円弧を分子、楕円弧を分母とする分数の形で表してみると、最大と最小の比の意味が取りやすい。

★055────カスパーによれば、ここにいう2つの円周の算術平均は楕円の長半径を1とした場合、楕円の周より$\frac{1}{32}e^4\pi$だけ長い。

★056────gnomonはエウクレイデス『原論』第2巻定義2に見えることば。平行四辺形から、その一角を含むそれに相似な平行四辺形を取り去った、残りの図形のこと。

★057────現在われわれが見る『原論』では第1巻47で、いわゆるピュタゴラスの定理を指す。

★058────ここでは楕円について長半径をa、短半径をb、離心値をeとすると$a^2-b^2=e^2$であることが明らかにされている。

★059────直径距離(もしくは直径上の距離)とは、注040の図で、太陽から惑星までの距離 r を対応する円の直径上に投影したもので、いま視覚的均差をφとすれば、$r\cos\varphi$になる。ところが楕円に対応する円の半径を1とし、離心アノマリアをβとすれば、

これは$1+e\cos\beta$の形で書き表せる。そしてこれが後に述べるように、まさに楕円軌道上にある惑星の太陽からの真の距離にほかならない。したがって、すでに先の注で述べたように、ケプラーはこの式に相当するものを出してきた第56章で楕円軌道を発見していたことになる。

★060―――――カスパーの注によると、ケプラーがここで証明しようとしたのは、注040の図で、半径$MO=1$、太陽と惑星の距離$MS=r$とした場合、直径距離$MB=r\cos\varphi$で、その総和を算出すると $\int_0^\beta r\cos\varphi\,d\beta=\int_0^\beta(1+e\cos\beta)\,d\beta=\beta+e\sin\beta$ となることだとしている。

★061―――――すなわち、$KN^2-LN^2-$正方形$LO=$グノーモン$KOQ$ であり、$MN^2-LN^2-$正方形$LO=0$ だから、$KN^2-MN^2=$グノーモン$KOQ$ となる。

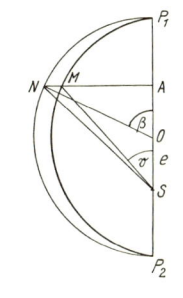

★062―――――カスパーは、ケプラーがここで証明しようとしているのは、離心アノマリアを$\beta$とし、楕円の一方の焦点にある太陽と楕円軌道上にある惑星との距離を$r$とした場合、$r^2=MA^2+AS^2=(1-e^2)\sin^2\beta+(e+\cos\beta)^2=1+e^2\cos^2\beta+2e\cos\beta$で、したがって、$r=1+e\cos\beta$ となることだと言う。

★063―――――ケプラーは、第40章で見出したいわゆる第2法則がまだ真の法則に近づく便宜的な方法以上のものではないと考えている。だが、面積が距離の総和の正確な尺度であることが証明できれば、総和の代わりに面積を用いることができる。そこで13-15で、面積がそのような尺度であることを証明しようとした。しかしケプラーは実際には楕円の面積ではなく仮想の円の面積を用いたので、まだ物理学的な真実からはほど遠く、また議論もわかりにくくなっている。

★064―――――ケプラーは後に『コペルニクス天文学概要』(Epitome Astronomiae Copernicanae) 第5巻第1部4の中で、この個所について次のように述べている。「短くなるということばだけでも大きな曖昧さが生じた。それを、短く計算されると変えたら、全てがもっと明瞭になるだろう。それに、そこで述べたことばがより曖昧になり、さらに多くの仕事が生じたのは、距離を三角形の形では考えずに、数や線分の形で考えたからであることも認める」。

★065―――――離心アノマリアは∠KHAで、その正弦KLを離心値HNの半分に掛けると△KHNの面積が出る。ここではケプラーは読者の暗黙の了解を前提にしたためか特に言及していないが、これを離心アノマリアの角度をもつ円の扇形KHAに加えてAKNの面積つまりケプラーの言う平均アノマリアを念頭に置き、それを円の面積と比べている。なお次章のケプラー自身の説明を参照。

★066―――――本章の予備定理4では、より詳細に角ANKは「円の」平準アノマリアとされており、真の平準アノマリアは角ANMである。

★067―――――注062の図で、惑星と太陽の距離を$r$、楕円の長半径を1、離心値を$e$、離心アノマリアを$\beta$、平準アノマリアを$\eta$とした場合、ケプラーは次の式によって平準アノマリアの値を求めている。

$$\cos \upsilon = \frac{e + \cos \beta}{1 + e \cos \beta}$$

平均アノマリアは、経過時間を表すという定義と面積速度の法則から、以下の式で出せる。 $\alpha = \int_0^\beta r\,d\beta = \int_0^\beta (1 + e\cos\beta)\,d\beta = \beta + e\sin\beta$

ただしケプラーは平準アノマリアを幾何学的証明から導いている。

★068————離心アノマリア$\beta$を求めるときは上の式を展開するだけでよいので、$\cos\beta = \frac{\cos\upsilon - e}{1 - e\cos\upsilon}$ となる。しかしこの代数学的な解析による方法は2番目に見える。最初の幾何学的論証による方法はかなり複雑でわかりにくい。

★069————四分円の基準となる一方の半径を1とし、そこから角度$\alpha$の所に第3の半径を取って、その正弦$\sin\alpha$と余弦$\cos\alpha$を掛けると、第3の半径を対角線とする長方形の面積が算出される。これが四分円内の長方形で、$\alpha = 45°$のとき、長方形は正方形となり最大の面積$\frac{1}{2}$を取る。これは半径を一辺とする正方形の面積の半分である。

★070————KH : HL = NH : HT であり、かつ MN = KH + HT、LN = LH + HN であることをいう。正弦全体とはこのKHを指す。なお、以下の記述でケプラーは未知数の根を特殊な記号♃で表しているが、この未知数はHTの値である。カスパーの訳ではこれをRとしているが、便宜上ここでは根を$x$で表す。

★071————平準アノマリアから離心アノマリアを算出する一般的な公式を挙げるのではなくて、平準アノマリア30°の例を取って、その場合には離心アノマリアが32°46′になることを、方程式を解いて出している。

★072————ここでケプラーが述べているのは、離心円の半径を r、離心値を e、離心アノマリアを$\beta$とすれば、r : e = r$\cos\beta$ : e$\cos\beta$ となることである。

★073————これがいわゆる「ケプラーの問題」(Keplersche Problem) である。ロシアの科学アカデミー所蔵のケプラーの写本中には、匿名の人に宛てた彼の書簡の写しの断片が残っており、その中でケプラーは平均アノマリアから平準アノマリアを算出する方法について以下のように述べている。「いま私の『天文学』から取りあげておくことがある。すなわち、第59章と60章では文中に多くの欠陥があり、あなたの写しの中でも必ずしも全てが訂正されているわけではない。私の考えではアノマリアには3つある。平均アノマリアは経過時間によって与えられたもので、それを私はAKNの面積で数値として表す。離心アノマリアを、円の面積AKHあるいは弧AKあるいは角AHKとするのは不適切で、結局、楕円弧AMとするのが適切である。平準アノマリアは角MNAである。平均アノマリアAKNが与えられても、離心アノマリアAKを見出す方法は試行錯誤による以外にない。すなわち、弧AKを想定し、その正弦KLを、19110″になる最大面積EHNの値に掛ける（この19110″という値は、EHを離心値HNの半分に掛け、技法の上で360°に相当すると想定した円の面積と対比して、得たものである）。こうしてKHNの面積が秒の形で得られる。これを想定した弧AKないしはAHKの面積に加える（これは大きさを測る尺度としては同一のものだからである）。こうしてAKNが得られる。このAKNの面積の値が与えられた平均アノマリアに等しければ、想定したAKはそれでよかっ

たのである。ともかく私が作ったように一覧表を作ってしまえば、もはやこういう想定をするとき何の困難もない。ただちに結果を引き出せるからである。だが、ある式をひとつだけ計算する方法を述べよう。弧AKとLHが与えられたら、LHに離心値HNを加えてLNを得る。KHとその垂線NTを引く。そうするとKTが太陽の中心Nから惑星Mまでの距離を測る尺度になる。KTとMNは等しいからである。これはともかく解説の中では述べたが第59章と60章のこの図では説明しなかった。さて、こうしてMN、NLが得られると、Lは直角だから、平準アノマリアMNLが出てくる」。

## 第5部

★001————第15章末尾の一覧表を参照。

★002————軌道上の交点から90°隔たった所を極限と言う。実質的には交点がほぼ分点、極限がほぼ至点になることが、第68章の議論に見える。

★003————ランスベルゲ (Philipp van Lansberge 1561-1632)　オランダの天文学者、数学者。ライデンで1591年に刊行された『三角法幾何学』(Triangulorum Geometria) 全4巻については第2部第15章でも言及している。

★004————計算ではこの値だが、独訳は後述の本文に合わせて1°50′8″にしている。

★005————ケプラーは誤って極の高度ではなく極の天頂距離のほうを挙げている。したがって高度としては、それぞれ55°53′、55°54′30″に訂正しなければならない。

★006————armillaはブレスレット、鉄の環を意味する。アーミラリー天球もしくは渾天儀は、古代からの天文観測機器で、いくつかの円環などを組み合わせて作られたのでarmillaと言われる。ギリシア語では「星を捉えるもの」を意味するastrolabosという名称をもつ。

次頁図の円環aaとbbとは互いに直角になるように固定され、ccはbbに対して直角の方向にaa上の2点m、nを軸として回転できる。円環aa（子午線）を子午面に、bb（赤道環）を赤道面に固定すれば、mnは極軸、cc（赤緯環）は任意の赤緯圏となる。円環ccの内側に円に沿って動く別の円環を取り付け、その一直径の両端に狙孔を設ける。天頂Zに当たる点から鉛直線を垂れる。狙孔を通して天体を見ればcc上の目盛でその大体の赤緯を、bb上で時角を読み取れる。渾天儀にはさらに地平環を加えるのが普通で、これを支台に載せる。黄道環、黄緯環を加えたものもある。渾天儀の発明者はBC3世紀にアレクサンドリアで活躍した地理学者・数学者・天文学者のエラトステネス (Eratosthenes) とされるが、これは黄道座標準拠のものだったようである。ティコの用いたのは、ここに説明した赤道座標式のもので、ティコ自身が考案したようである（『天文・宇宙の辞典』恒星社を参照）。

なお、イスラム圏で10世紀ごろから、ヨーロッパで13世紀ごろから盛んに使用されたアストロラーブないしアストロラーベは、平板な円形状の器具で、後出の第69章でプ

トレマイオスが用いたアストロラボスは渾天儀であり、それとは異なる。

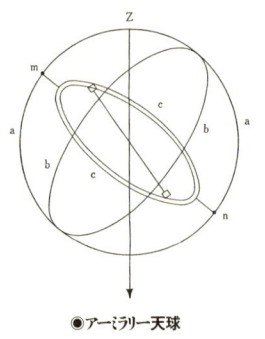

●アーミラリー天球　　●ティコの鋼鉄製赤道座標式　●ティコの黄道座標式渾天儀（1577：
　（渾天儀）の構造　　　渾天儀（1584）　　　　　　以上『新天文学の機械学』より）

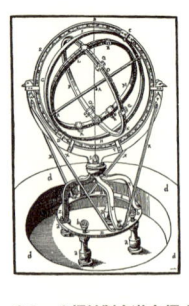

★007────王の道（iter regium）は、ここでは黄道を意味する。ただし後の第68章ではこのことばは特殊な意味に用いられる。すなわち、黄道は長期的に見ると時間の経過とともに恒星に対する位置を変えたことが明らかになったので、ケプラーは確固たる座標系を得るために「王の道」ないし「王の円」（circulus regius）という語に平均黄道の意をもたせた。公転するように考えられた場合の太陽の赤道面をそのようなものと考えたようである。

★008────地球を中心とする円上を太陽が公転し、さらに各惑星がこの太陽を中心とする円上を公転するというティコ説では、火星軌道は地球から見ると周転円になる。

★009────現在の『ケプラー全集』第11巻1に収録されている『新天体暦表』（*Ephemerides novae motuum coelestium*）に見えるのは、1617年から1636年までのものである。

★010────真太陽つまりケプラーのいう視太陽と同時に春分点を出発し、真太陽の黄道上の平均速度に等しい一定の角速度で天の赤道上を一周して、真太陽と同時に再び春分点に戻るように考えられた仮想の太陽を言う。

★011────この図は上つまり北極側から恒星下の地球の自転軸の動きを見たものである。ただし、歳差は黄道北極に対する天の北極の動きなので、中心には太陽ではなく地球の中心をもってこなければならないはずである。したがって、太陽を中心とするケプラーの本文にも欄外の説明にも、訳者には理解しがたいところがあるが、一応ラテン語をそのまま訳出する。

★012────プトレマイオス『アルマゲスト』（*Almagest; Syntaxis Mathematica*）第13巻第3章および第5章。

★013────アリストテレス『天体論』（*De Caelo*）第2巻第12章292a5。

★014────ディオゲネス・ラエルティオス（Diogenes Laertios）は3世紀前半ころのギリシアの哲学史家。生没年不詳。一種のギリシア哲学史である『著名な哲学者たちの生

訳注　　　　　　　　　　　　　　　　　　　　　　　　　　　　　　　　　　662

涯と教説』(『ギリシア哲学者列伝』: ギリシア語表題が Vitae Philosophorum はじめさまざまなラテン語に訳された)の著者。

★015─────クニドスのエウドクソス (Eudoxos BCc.400-c.347)　古代ギリシアの数学者、天文学者。タレントゥムのアルキュタス (Archytas BCc.400-c.365) に幾何学を学び、アテナイでプラトンに師事。エジプトで暦法を学んだと言われる。天文学者としては初めて地球を中心とする同心天球の仮説を立て、太陽、月、惑星の見かけの運動を説明しようとした。この同心天球説はアリストテレスによって継承された。

★016─────アリストテレスの生まれた年はBC 384年とされるので、357年には27歳ということになる。また火星が月の暗い側で見えなくなった時刻も、現在の研究によれば、BC 357年4月4日ではなくて、同年5月4日午後9時ごろとされる。

★017─────『アルマゲスト』第10巻第9章。

★018─────プトレマイオス自身の行った4つの観測の中の3つは『アルマゲスト』第10巻第7章に、最後のひとつは第10巻第8章に見える。

★019─────ヒッパルコス (Hipparchos) はBC 161-126年ごろ活躍したギリシアの天文学者。ニカイアに生まれ、ロドス島で天文観測を行う。観測機器を改良し、精密な観測と三角法を最初に組織的に使用した。残存する著作は『アラトスとエウドクソスの天文現象についての注釈』(Commentaria in Arati et Eudoxi phaenomena) のみだが、彼の成果は『アルマゲスト』に取り入れられている。最大の業績は昼夜平分点の移動(分点歳差)だが、1年の正確な時間の測定もした(1太陽年を約365日4分の1から300分の1を引いたものとする)。また850個の恒星表を作成した。

★020─────アル・バッターニー (Al-Battani ; Albategnius c.858-c.929)　アラビアの天文学者。メソポタミアのハッラーンに生まれたが、主にダマスクスで天文観測を行った。代表的な著作はプトレマイオスの天文学体系を取り入れた『サービ教徒の天文学書』(Kitab al-Zij al-Sabi)。また星表の作成、黄道傾斜の測定、さらに球面三角法の研究をした。著書はラテン語に訳され、ラテン名 Albategnius で知られる。

★021─────この均差 (aequationes) では、平均太陽と真太陽の差、特に平均分点と真分点の差を問題にしている。

★022─────アルザケル (Arzachel c.1029-c.1100) はアッ・ザルカール (al-Zarqal) のラテン名。スペインで活動したアラビアの天文学者で『トレド表』(Tabulae Toletanae) をまとめたことで知られる。この天文表はラテン訳され、12-13世紀のヨーロッパで広く使用された。他に春分点が前進、後退するという震動説を説いた『恒星の運動について』(Tratado relativo al movimiento de las estrellas fijas) などがある。

★023─────『アルマゲスト』第7巻第2章。

★024─────離心円で中心がずれているので、同じ角度に対するものでも遠地点側の弧は大きく、近地点側の弧は小さい。

★025─────実際には約11時間だが、ここに見える議論にはあまり影響しない。なお

41′は、太陽の視位置と平均運動による位置との差で、他の2例についても同様である。

★026―――ドナヒューの英訳本の脚注では、「パルムティ月6日」は全て「4日」に改めるべきだとしているが、この訳では原著に従って改めていない。

★027―――ここに見える表の元になった火星の観測資料は、『アルマゲスト』第10巻第7章に見える。これらの西暦紀年は、上から順に、AD 131、135、139年になる。月はエジプト暦で表示されており、テュビ月から順に、エジプト暦で第5番目の月、第8番目の月、第11番目の月である。エジプト暦の最初の月はトート月で、これはユリウス暦の8月29日に当たるとされるが、月数の数え方がエジプト暦ではずっと複雑になる。ケプラーは後の本文で、エピピ月12日を5月27日、パルムティ月9日を2月23日としている。

★028―――ケプラーの本文には分の数値が脱落していることがカスパーによって指摘されているので、「31′」を補った。

★029―――Solisを「太陽の」ではなく、カスパーの独訳に従い、solisというtribusにかかる形容詞と取った。

★030―――ティコ・ブラーエが観測の大半を行ったデンマークのフヴェーン島。

★031―――ユリウス暦の1年は365と4分の1だが、エジプト暦では1年が365日なので、ユリウス暦の1460年がちょうどエジプト暦の1461年に相当することになる。ケプラーがAD139年と1599年とを対比したのもそのためである。

★032―――『アルマゲスト』第10巻第8章参照。この観測はアントニヌス帝2年エピピ月15日つまり139年5月30日午後9時のものである。この時の太陽の平均位置は双子宮5°27′で、火星は人馬宮1°36′に観測された。

★033―――第69章の第1の資料から取った真の衝の時刻である。

★034―――『アルマゲスト』第10巻第9章に見える、BC 272年1月18日のカルデア人による観測である。後でケプラーが問題にしている「火星が蠍の北前頭星にほとんど接触して見えた」という記述もその個所に見える。

★035―――この場合、基準になるひとつの星からの各々の星の離角を測り、そこから算出した各々の星どうしの離角をいう。算出法は最初の計算の所を参照。

★036―――ケプラーは『アルマゲスト』第10巻第9章のギリシア語をそのまま引用している。

★037―――ケプラーの『天文学の光学的部分』第8章では実際にはsuppositum（下に位置した）が用いられている。

★038―――エジプト暦では1年が365日なので、季節が少しずつずれていく。そこでエジプト人たちは、エジプト暦で1461年つまりユリウス暦で1460年経つと、彼らにとって重要な星であったシリウスの最初の出現が再び同じ季節に当たることを見出した。この期間を1シリウス年（annnus Cynicus）という。これはまた『アルマゲスト』の執筆時期から『新天文学』の執筆時期までの期間でもあった。

★039―――火星の黄道面に対する傾斜が、地球が火星に接近することによって視覚的に大きくなることを示している。これについては第62章を参照。

訳注

解説　　　　　　　　　　　　　　　　　　　　　　　　　　　　　　岸本良彦

### 天文学への第1歩

16〜17世紀の代表的な天文学者のひとりヨハネス・ケプラー（Johannes KEPLER 1571－1630）がその第1歩を踏み出したのは、オーストリアのシュタイアマルク地方の首府グラーツのプロテスタント神学校である。ケプラーはテュービンゲン大学における神学課程の修了を数か月後に控えた1594年3月、大学の評議員会から、1592年に死去したこの神学校の前任者の後を継ぐ数学と天文学の教師に推薦された。彼は天文学者になることを意図していたわけでもないので、最初はこういう学問分野の知識に通じていないからとことわろうとしたようだが、任地がどこであろうと選ぶべきではないという日頃の信条もあり、またその職によって経済的に自立できることも考慮して就任を受諾した。生地のヴュルテンベルクがルター派の拠点だったのに対して、当時のグラーツを含むシュタイアマルク地方では圧倒的に優勢なプロテスタントをカトリックのハプスブルク家の君主が支配していたので、その宗派間の緊張関係が人々の日常生活や治安にまで影響を及ぼしていた。その中でケプラーは1594年4月、州数学官の肩書きでグラーツに到着した。彼の講義は学生にあまり人気がなくて挫折感を味わったようだが、もう一方の職務である占星術による毎年の予言暦の発行は最初から成功を収めた。はじめて手がけた1595年度用の暦では、寒波の襲来とトルコ人のウィーン南部への侵入を予言してみごとに当たった。その結果、彼の名声は高まり、また星占いの依頼が舞い込むことによって経済的にもいくらか潤うことになった。

ケプラーの天文学者としての出発点もこのグラーツでの仕事にある。今や彼は、学生のころ先生のメストリンから話を聞いてその信奉者となった、コペルニクスの惑星系（heliocentrism）にもとづく宇宙論の考察へと踏み出したのである。問題は、太陽を中心とするこの惑星系において、何故惑星の数は6であって（水星、金星、地球、火星、木星、土星だけで、まだ天王星、海王星は発見されていなかった）他の数にはならないのか、どうして惑星どうしの間隔や速度は現にあるとおりになっているのか、ということだった。彼は1595年7月の授業中に得たひとつの着想を元に、古代ギリシア以来知られていた5つの正多面体を、6惑星の軌道の間に外側から、立方体、正四面体、正十二面体、正二十面体、正八面体の順で配することにより、この問題を解決できたと思った。この主題を書物にまとめて1596年にテュービンゲン大学の承認を得て出版したのが『天球

の感嘆すべきみごとな比と、天体の数、大きさおよび周期運動の真正にして適切な原因について、幾何学の5つの正多面体によって論証された、宇宙形状誌の神秘を含む、宇宙形状誌論の手引き』(Prodromus dissertationum cosmographicarum, continens mysterium cosmographicum, de admirabilli proportione orbium coelestium, deque causis coelorum numeri, magnitudinis, motuumque periodicorum genuinis et propriis, demonstratum, per quinque reglaria corpora geometrica)という長々しい表題の著書である（後にこの書の表題を挙げるとき、ケプラーはたんに『手引き』(Prodromus)ないし『宇宙の神秘』(Mysterium cosmographicum)と言う）。これを出版するよう大学の評議会に勧告し、また印刷の監督にも当たったのが、ケプラーの恩師メストリンだった。ケプラーはこの小著で明らかにした5つの正多面体による宇宙構造を生涯保持し続けた。それは『宇宙の調和』(1619)にも認められるし、またいわゆる3法則を全て明らかにした後、晩年に近い1621年に多くの自注を加えたうえで『宇宙の神秘』第2版を刊行したことによっても知られる。正多面体による宇宙構造はケプラーの夢想にすぎなかったが、驚くほど多産だった。後にケプラーが公刊した天文学に関する著書はほとんど全てこの小著の主要な章のどれかに関連しており、いっそう充実した叙述になっているか、あるいはそれを完成させたもので、その意味で、ケプラーの生涯の研究と仕事の方向がこの小著によって決定づけられているからである。こうして彼はルター派の教義を宣べ伝えることではなく、天体に表れた神の創造の意図を解明することに、自らの使命があると自覚するようになった。

### ティコとの出会い

1597年、ケプラーは印刷されてきたこの書を思いつくかぎりの著名な学者たちに送った。そのひとりがティコ・ブラーエだった。1598年になって書簡とともに2冊のこの書を受け取ったティコは、ケプラーの宇宙構造そのものには賛成しなかったが、彼の卓抜な才能を直ちに見て取った。こうしてケプラーはティコと直接会う前の2年にわたり書簡を交わし、やがてティコを通じて新たな仕事と、さらには『新天文学』や『宇宙の調和』の基礎となる、継続的に集められたティコの精確な観測データとを手にすることになる。

1597年4月にケプラーはこの地で最初の結婚をした。相手は富裕な製粉工場主の娘だが、23歳ですでに7歳の娘を抱えて2度目の未亡人暮らしをしていたバルバラ・ミュラー(Barbara Müller)だった。この結婚は不幸なものだった。彼女はケプラーの仕事に全く理解がないうえに、結婚後2年の間に生まれた1男1女はいずれも生後数か月の内に脳膜炎で死んでしまったからである。彼女はさらに

3人の子を産んだが、その中で男の子と女の子がひとりずつ生き残った。そして14年間の結婚生活の後、彼女は病死した。

『宇宙の神秘』を公刊してまもないケプラーを襲ったのは、このような家庭の不幸ばかりではなかった。ハプスブルク家の若いカトリックの君主フェルディナント大公（後の皇帝フェルディナント2世 (Ferdinand II)）は、イタリアを訪れ、教皇と会見した後にオーストリア地方のルター派を一掃する決心をした。そこで1598年夏にはケプラーの学校が閉鎖された。9月にはルター派の説教師と教師の全てがグラーツやさらにはシュタイアマルクから追放された。彼らは交渉によって帰国が早急に実現すると考え家庭を残していったが、結局、グラーツへの帰還を許されたのはケプラーのみだった。彼が例外とされたのは、有力なカトリック教徒を友人にもっていたからであろう。こうして10月にいったん帰還した。その執行猶予も一時的なものにすぎないことがわかっていたうえに、2番目の子の死もあり、さらにヘルヴァルトから、皇帝ルドルフ2世により帝国数学官に任ぜられたティコ・ブラーエがプラハの近くに居を移したことを聞き、ついにケプラーは文通を介したティコの招きに応じる決意をした。1600年1月初め、彼を訪ねるべく、皇帝の顧問官だったシュタイアマルクの貴族ホフマン男爵（Baron Johann Friedrich Hoffmann）の供をしてプラハに向かった。

●ティコ・ブラーエのウラニボルク天文台

ケプラーは1月中旬にプラハに着いたが、プラハ近郊のベナテク城の主であるティコと会うことができたのは2月の初めだった。ケプラーは29歳、ティコは53歳である。同じく天文学にたずさわっていても、現存する資料から推すと2人が友好的に仕事を進めるのはなかなかむずかしかったらしい。その原因を、ティコとケプラーの性格や出身階級、生まれ育った境遇などの個人的な対立に

解説　岸本良彦

帰する見解もあるが、必ずしも個人的な事情のみではない。ティコがフヴェーンにおける大規模な研究組織の統括者だったときも、オランダ、イギリス、アイスランドそしていわゆる北欧系の研究者、協力者と比べると、一般にドイツ系の人々（例えばウルススを筆頭に、Tobias Gemperle、Georg Ludwig Frobenius、Hans Crolなど）とティコの間には問題が生じやすかった。J. R. ChristiansonのOn Tycho's Island（p157-158）によると、宗教や支配者間の争いに引き裂かれていた当時のドイツでは、独立した都市文化が発展しており、人々は地位、威信、安全、仕事場を個別化ないし断片化した世界で確保するために法律尊重主義に立ち、ほんのささいな点まで全て明らかにされることを欲する、精緻化の文化（culture of elaboration）が支配的だった。それに対して、ひとりの王がデンマークとノルウェーを統治し法律もひとつで単純かつ直接的な北欧では、単純化の文化（culture of simplification）が支配的であり、文書よりも人を直接に見て理解し合い共同して仕事をしようとする傾向があった。そこで彼らにはドイツ人が感情的すぎてコントロールしがたいように見えた。ドイツで勉学したことのあるティコにはドイツ人のそういう気質が理解できても、ドイツ人のほうはティコを必ずしも理解できなかったので、それがドイツ人一般との共同作業をむずかしくした面がある。ケプラーもその例外ではない。しかしティコは何よりも従来の経験からドイツ人の扱いを熟知していたし、それにティコもケプラーも互いに相手を必要としていた。ティコは、地球以外の惑星は太陽の周りを回転し、太陽は自らの周りを運行する惑星とともに地球の周りを回転する、という自分の宇宙像（geoheliocentrism）を、自らの観測結果を元にケプラーがいずれ確立してくれることを期待した。ケプラーは、自身の宇宙構造をより確かなものにするために、ティコが継続的に行ってきた精確な観測のデータ（ティコは17歳で最初の観測を実行した）を渇望していた。こうしてティコは、シュタイアマルクの当局が同意してケプラーの俸給を支払うことを条件に、2年間自分の仕事を手伝ってくれるよう求めた。6月の初め、ケプラーはティコの推薦状をもってグラーツに戻ったが、当局からは思ったような返事が得られず進むべき道を決めかねて迷っていた。ところが大公は7月末になって、その領地からさらに徹底的にルター派を一掃する計画を推進した。グラーツに住む1000余名のルター派市民は全て教会教務委員会にひとりずつ出頭させられ、カトリックに改宗するか追放を覚悟するかの選択を迫られた。この時はもはやケプラーにも免除は認められなかった。ケプラーから追放が差し迫っているとの知らせを受けたティコは、共同研究に対する当初の条件が満たされないのに、長い愛情溢れた返信を送り、ケプラーをプラハに招いた。そこでケプラーは9月末に妻子をつ

れてプラハでの新しい生活へと旅立った。

●ルドルフ2世 (Rudolf II 1552. 7 18 – 1612. 1. 20)

1600年10月に再びプラハにやって来たケプラーは、一家で一時ホフマン男爵の客となり、1601年2月末に、皇帝の要請でベナテクからプラハに居を移していたティコ邸に寄宿した。家族とともにいわば丸抱えの状況に置かれたのである。そして先のベナテク滞在で担当することになった火星軌道の研究という困難な課題を背負いながら、ティコが考案した惑星体系の先取権をめぐって異議を唱えてきた前帝国数学官ウルスス（ドイツ名 Nicolaus Reymers Bär。Ursus は Bär のラテン語）に対する反駁書を起草してティコを擁護するという仕事も課せられたので、日々の生活は労苦に満ちていたようである。ただし、ルドルフ皇帝がカトリックだったにもかかわらず、プラハにはプロテスタントの諸派が共存していたので、信仰の問題に悩まされることはなかった。共同研究が始まってまもない1601年の春に、故郷で死ぬために改宗していたバルバラ夫人の父親が亡くなったので、ケプラーはそれを口実に家族をティコに託し、夫人の遺産を確保するためにグラーツに戻った。亡命者でありながら帰郷を許されたのである。そして遺産確保には成功しなかったものの、異郷の生活で損なわれていた彼の健康は、この間にすっかり回復した。こうして9月初めにはまたプラハに帰った。それからしばらくして彼はティコにより皇帝に引き合わされた。皇帝はケプラーが健康を回復したことを祝福し、彼をティコが進めている新たな天文表の共同編纂者に任命した。この時ティコはそれにルドルフ皇帝の名を冠する許可を得た。この天文表が1627年にケプラーの尽力により印刷された『ルドルフ表』(Tabulae Rudolphinae) である。しかし、こうして再開された共同研究も1601年10月24日のティコの死をもって終わった。38年に及ぶ彼の観測につい

に終止符が打たれたのである。11月4日、ティコの遺骸は盛大な葬儀によってプラハの地に埋葬された。

ティコは10月13日に出席した晩餐会で尿意を催し、それを我慢した後に排尿困難に陥り、病気になって24日に死去したが、その死が唐突に見えることから、ケプラーによるティコ毒殺説まで飛び出している（J.& A.-L.ギルダー『ケプラー疑惑』地人書館2006）。しかしその議論は、ティコの毛髪の詳細な科学的分析を長々と引いていても、犯行の手口についてほとんど何も語らず、目撃証言も引かず、歴史的に見るとティコの死によって最も得をしたのはケプラーだから、彼が毒殺したにちがいないと断定する粗雑なものである。ティコが晩餐会に出席する直前にせよ、病床に伏してからにせよ、夫人を含むティコの家族や使用人がともに暮らしていたことを考慮すれば、彼らの目を盗んで2度も毒を盛る機会がケプラーにあったとは思えない。ティコとケプラーが2人だけで広大な屋敷に住み、しかもケプラーが下男のように飲食を含むティコの身の回りの世話をしていたとすれば可能かもしれないが、実際にはそうではない。おそらく、パラケルスス流の錬金術の研究者でもあったティコは、医者として自らの症状の診断に自信をもち、パラケルススによって利尿作用があるとされた水銀剤を自ら調製、服用して死に至ったのであろう。2度目の薬物の服用も、ティコが小康状態になったとき自身の薬物の効果によるものと思い込み、さらなる回復を期したのであれば、それほど奇異ではない。

臨終のさい、ティコがケプラーに対して『ルドルフ表』の完成とコペルニクスではなくティコ自らの惑星体系の証明を託し、自身の生涯をむなしいものとしないように繰り返し表明したという話は、いかにも事実らしい。臨終の床には夫人を含む家族もいただろうから、この話がケプラーの捏造であれば直ちに暴露されたはずである。いずれにせよ、ティコの死をめぐる事情を推測する場合、ティコが相変わらず貴族的な生活をしていて、家族、使用人など身辺に多くの人が出入りしていたことを無視して、ティコとケプラーの2人だけを舞台に登場させ、まるでギリシア悲劇のように仕立てたら、確かにドラマチックにはなるだろうが、その分だけ事実から遠ざかるように思われる。

**帝国数学官**

ティコ死去の2日後、ケプラーは皇帝から、ティコの観測機器の管理と未完の仕事の継承を彼に委ねるとともに、彼を帝国数学官に任ずるという正式の通知を得た。この知らせは彼の友人たちを大いに喜ばせた。だが、当時帝国の外交官僚として仕事をしていた、ティコの娘エリザベート（Elisabeth）の夫フラン

ツ・テングナーゲルが、ティコ死去のほぼ1年後にプラハに戻ると、ティコの遺族代表として残された観測データと機器の所有権を主張し、その遺産を高額で皇帝に売りつけた。しかし帝国の財務省は金を支払わず、このいわば貸し金に対する利子に甘んじなければならなかった。こういう経緯のために、ケプラーはティコの後を継いだのに彼の観測機器を利用することができなかった。観測データの返還も要求されたが、当時は火星研究の最中だったので、ケプラーは火星のデータを抜いたうえで返還に応じた。ところが1603年秋になって自ら『ルドルフ表』の作成を試みたテングナーゲルは、その時はじめて火星のデータがないことに気づき、その返還も求めた。ケプラーは再びしぶしぶ同意したが、そのために火星研究は一時中断を余儀なくされ、帝国数学官としての任務を果たすべく、光学の研究に向かった。しかし、テングナーゲルが帝国の官僚としての職務に追われ、自らの力では到底『ルドルフ表』の完成は覚束ないことをさとったため、1604年7月8日に合意が成立し、ティコのデータを用いた研究を刊行するときはテングナーゲルの同意を得ること、また『ルドルフ表』を完成させることを条件に、ティコの観測データの使用を認めた。こうして、ケプラーの『新天文学』および『宇宙の調和』(『宇宙の神秘』と『新天文学』の成果を統合)の2大著とそこに記された3法則が生まれることになる。

### 『新天文学』

ケプラーが帝国数学官としてプラハに滞在したのは、1601年からルドルフ皇帝の死去した1612年までである。この期間は彼の生涯の中で最も実り多い時期だった。まず1601年の残りの月日を費やして『占星術のいっそう確実な基礎について』(*De Fundamentis Astrologiae certioribus*)と題する、占星術に対する見解を明らかにした著作を書きあげて、1602年に出版した。また上述のような理由で火星研究を一時中止して、1604年初めには、光学の原理とその天文学への応用を主題とした『天文学の光学的部分』(*Astronomiae pars optica*)を完成して皇帝に献呈した。

しかし何より重要なのは、1609年に出版された『新天文学』である。表題は、ASTRONOMIA NOVA ΑΙΤΙΟΛΟΓΗΤΟΣ, *seu* PHYSICA COELESTIS, *tradita commentariis* DE MOTIBUS STELLAE MARTIS, *Ex observationibus* G. V. TYCHONIS BRAHEで、そのまま訳せば『偉大なティコ・ブラーエ師の観測による火星の運動についての注解によって述べられた、原因を説明できる新しい天文学つまり天体物理学』となろう(ただし本書の扉の表題はこれに少し手を加えた。また一般的な表題としては単純に『新天文学』とする)。

この時代のphysicaという語は、ちょうどギリシアの伝統的な「自然学」から近代のいわゆる「物理学」を意味するようになる、いわば転換期にあると言える。ケプラーはこの著書の中でも、惑星運動に霊的な力が関与するという考えを完全には排除しないが、その一方で、明確に系統立てて述べるまでには至っていないものの重力と慣性に相当する2つの力を構想し、またウィリアム・ギルバートの書から取り出した磁力を、太陽や惑星にはたらく自然の力と見て、惑星運動の説明にしばしば適用している。表題に敢えて「物理学」を入れたのはそのためだが、しかし本文では「自然学」と訳したほうがよい場合もある。この著書の中でケプラーの3法則の中の2つが述べられる。すなわち、「太陽の周囲の惑星は太陽を焦点のひとつとする楕円軌道を描く」という第1法則と、「太陽と惑星を結ぶ直線（動径）は一定時間に常に一定面積を描く」という第2法則（面積速度一定の法則）である。これこそ近代的な意味での最初の自然法則だった。ケプラーはたんに得られた結果だけを書き記すのではなく、ほとんどいつもそれに至る試行錯誤を詳しく語るので、われわれは『新天文学』の中でこの法則に至るまでの困難な道程をたどることができる。

火星軌道の研究が困難な理由は、当時知られていた3つの外惑星の中で軌道の離心率が最も大きなこと（木星や土星の約2倍）にある。言い換えると、火星軌道はより楕円的なのである。したがって、惑星軌道が必ず円になるという固定観念をもっているかぎり、理論を観測に一致させることはできなかった。ケプラーはティコの観測結果を満たすような円軌道を構成できなかったので、やがて円を他の幾何学的な曲線で置き換えなければならないことを予感した。そのためには観測結果から火星軌道を新たに作りあげる必要がある。そこで観測の基準となる地球自体の運動を調べなおし、太陽の周りの地球の運動を確定しようとした。その方法は、要するに、観測者の位置を地球から火星に移し換えて地球の運動を計算してみるというものだった。すると地球は他の惑星と同様、一様な速さで公転するのではなく、太陽からの距離にしたがって速くなったり遅くなったりし、その軌道の極限つまり遠日点と近日点では地球の速度がはっきりと距離に反比例することがわかった。その速度が太陽からの距離に反比例するならば、軌道の小部分を通過するのに必要な時間は常にその部分の太陽からの距離に正比例するはずだった。こうして彼はその弧の各断片の太陽からの距離を計算してみた。しかし、やがて軌道上には無数の点が存在し、それ故、無数の太陽からの距離が存在するということに気づき、これらの距離の和はその軌道の面積に含まれるという、積分を先取りするような考えが頭に浮かんだ。ここから生まれたのが第2法則である。これはティコの死後1年たった1602年

に、第1法則よりも先に発見された。これで惑星の速さが軌道に沿ってどう変化するか知られはしたが、軌道そのものの形は決定できなかった。彼は円軌道を立てる最後の努力をして失敗した後、軌道は円ではなくて長円形であるという結論に達した。思いついたのは卵形ではないかという考えだった。楕円であれば、その図形としての性質はすでにアルキメデスが明らかにしているのに、と嘆きつつ、この卵形仮説との苦闘も失敗に終わった後、彼は軌道の種々の点における火星と太陽間の距離を計算した。するとやはり軌道は長円で、平均距離を取る個所で長軸線側へ入り込んでいた。こうして最終的に軌道が楕円であることを確信するに至った。彼は楕円軌道と惑星の速度を支配する法則を見出したが、しかし軌道が楕円であることの宇宙論的ないしは哲学的な理由がわからなかった（ケプラーの発見の意味はニュートンによってはじめて明らかになる）。円はただ1種類で、しかも古来完全な図形とされる。だからこそ、古人は離心円を想定したり周転円を組合せたりして惑星軌道を説明しようとした。それに対して、楕円は離心率次第で形が変わるから多様である。したがって、ケプラーは楕円軌道よりも5つの正多面体による宇宙構造の発見のほうを誇ったらしい。なおケプラーが『新天文学』の中で、地球と月の引きつける力の関係から潮の干満について説明をしていることも、注目されてよい。

こうして『新天文学』は1605年にほぼできあがった。しかし出版のためにはさらに4年の月日を要した。まず印刷代として支払う金がなかったからである。さらにティコの遺族代表であるテングナーゲルとの上述のような経緯もあった。そのため『新天文学』にテングナーゲルの序文を載せて、ようやく出版にたどり着いた。1608年にハイデルベルクでケプラーの監督の下に印刷を始め、1609年に完了した。ところが、今度は皇帝がその全冊を自分の財産だと主張して、上申のうえ承認を得ずには1冊たりとも売却したり譲渡したりしてはならないと言い出した。しかしケプラーは、自分に対する俸給の支払が滞っていたので、全冊を印刷業者らに売ってしまった。

『新天文学』において、ケプラーはブラーエの観測データを用いながら、結局、ブラーエの臨終の頼みを無視してコペルニクス説を証明したとする見解もあるようだが、それは正しくない。ケプラーは以下の2点においてティコの遺志を尊重しているからである。まず、ケプラーは自身としてはコペルニクス説に従うと言いながら、地球の動いていることを受け入れがたければ、そういう人はティコ説に従うように勧めている。さらにプトレマイオス、ティコ、コペルニクスの各説をhypothesisと言い、天体現象を説明する場合、3説が理論上等値になることを図示して繰り返し証明している。すなわち、ティコの惑星体系も

『新天文学』では最重要な説のひとつとして取りあげている。次に、ケプラーが『新天文学』で証明したのはコペルニクス説の正しさではない。基本的な前提はティコの観測の精確さである。だから円軌道からのわずかなずれも観測誤差のせいにしない。細部の相違にこだわり続けた探求の結果として真太陽を焦点のひとつとする楕円軌道を導き出した。軌道は円ではないし、平均太陽を中心としてもいない。2重周転円も取らない。つまり正確に言うと、ケプラーの証明したのはコペルニクス説ではない。ティコの観測から自然の真実を発見したのである。これは経験的方法にもとづいて得られた近代的な自然法則そのものである。こういう探求を支えたのがティコの観測である。ケプラーがそれを何より尊重して法則の発見に至った以上、ほぼ40年を観測に捧げたブラーエの生涯が決してむなしいものでなかったことを、みごとに証明している。なお、ティコの観測データさえあれば誰でも同じ法則が発見できるわけでないことは言うまでもない。それぞれの分野で傑出した才能をもつティコとケプラーの共同作業が実を結んだのである。

### ブラーエの遺族とケプラー

ブラーエの遺族との関係も、ヨルゲン、ボヘミアではゲオルクと称したティコの次男（Georg Brahe）が呼ばれ、テングナーゲルに代わる遺族の代表となってからは、きわめて良好になり、両者は相互信頼を築くことに成功した。こうして1612年には、ケプラーをティコのあらゆる観測資料の管理者、保管者とする永続的な合意が成立した。後にイエズス会系の天文学者が皇帝の権威を盾にティコの図書やデータを手に入れようと企てたときも、ケプラーはティコの遺族以外の者に引き渡すことを拒み、廷臣となっていたゲオルクの支援を得てそれを死ぬまで守り通した。ケプラーがその期待に応えて多大な困難を克服し、1627年に『ルドルフ表』を完成させたことは周知のとおりである。その時、ティコの観測資料を出版するために遺族と契約を結んだが、結局、果たせないままにケプラーは死去した。ケプラーの遺族がそれを受け継いで守っていたが、相変わらずそれを手に入れようとする動きがあったので、1662年にケプラーの息子で医師になっていたルートヴィッヒ（Ludwig Kepler）は、ティコの手書きの観測資料をデンマーク王のフレデリク3世に売却した。こうしてこの資料は現在でもコペンハーゲンの王立図書館に所蔵されている。

### 参考文献

参考文献は『宇宙の調和』の解説で挙げたので、新たなものだけを加える。

翻訳にあたって参照した現代語訳は、以下の3種である。
Max CASPER, *Johannes Kepler Neue Astronomie*, R. Oldenbourg Verlag, München, 1990
William H. DONAHUE, *Johannes Kepler New Astronomy*, Cambridge University Press, 1992
Jean PEYROUX, *Jean Kepler Astronomie nouvelle*, Librairie A. Blanchard, 1979
現代語訳からも多くの訳注を採ったが、特に必要な場合以外は典拠を明示していない。参照した辞典類としては、『宇宙の調和』の解説に挙げたもののほかに、大槻真一郎先生の『記号・図説錬金術事典』（同学社 1996）がある。『新天文学』と密接な関連のあるティコ・ブラーエの研究書としては、下記の2冊を挙げる。

Victor E. Thoren, *The Lord of Uraniborg*: *A Biography of Tycho Brahe*, Cambridge University Press, 1990
John Robert Christianson, *On Tycho's Island*: *Tycho Brahe and his Assistants, 1570-1601*, Cambridge University Press, 2000
ティコの伝記や著作については日本語で読めるものがほとんどない。クリスチャンソンの書は、当時のいわゆるビッグ・サイエンスの組織者としてのティコとフヴェーンのその組織に多少とも関わった周辺の多くの研究者、協力者を公平な視点でていねいに掬い上げている優れたものである。

## 結び

『新天文学』もラテン語原典から訳してみようと思い立ったのは、『宇宙の調和』の翻訳を一応終えた1998年だった。『新天文学』は『宇宙の調和』と比べてむずかしい計算や天文学特有の議論が多くて純然たる天文書の趣があり、古典語の解読を仕事とする訳者にとって縁遠いように思われた。しかし『宇宙の調和』翻訳でせっかく慣れ親しんだケプラーのラテン語から遠ざかってしまうのも惜しかったし、いったん離れてしまったら再度その文章に取り組む気力はもう出ないだろうという予感もあった。そこで翻訳を始めてみたものの、出版の見込みも立たなかったので、2003年から翻訳したものを分割して勤務先の明治薬科大学研究紀要に掲載しはじめた。2008年度の紀要で翻訳を終了したが、その間に『宇宙の調和』の編集が開始され、最後はかなり慌ただしかった。
2009年に『宇宙の調和』が出版されると複数のメディアで紹介され、版元の工作舎が日本翻訳出版文化賞を受賞した。その授賞式の席で工作舎の十川治江氏は『新天文学』も出しましょうと意思表示をされた。思想史、科学史の上できわめて重要な本書の出版を企画された工作舎と十川治江氏の英断に、ひたすら感謝するのみである。

2013年7月13日

Tycho Brahe [1546. 12. 14 – 1601. 10. 24]

# 索引

## ア

アヴィケンナ　110
アウグスティヌス　057
アストロラボス　600, 605
アトラス　007, 024
アノマリア
　距離用アノマリア　463, 472
　真アノマリア　118, 340
　平均アノマリア　093, 118, 287, 338-42, 389-91, 393, 415-16, 433, 435, 443-45, 450, 452, 454, 455, 460-73, 475, 478, 481-89, 492, 500, 505-06, 508, 554-56, 560-62, 609-10, 613
　平準アノマリア　074, 079-80, 089-90, 093, 265-66, 270, 285, 287, 294, 335, 338-42, 382, 391, 416, 433, 443, 445, 449, 453-55, 461-64, 466-70, 472-73, 476, 478-79, 482-84, 487, 496, 511-12, 519, 521-30, 532, 535, 539, 554, 556, 559-62, 566, 568, 582, 617-18
　変換アノマリア　284, 287, 293, 500
　離心アノマリア　080, 086, 089-90, 093, 389-93, 415-16, 418, 435, 443-44, 464, 468, 511-12, 514, 522-30, 538-39, 552-53, 555-62
アピアヌス　217
アポロニオス　034, 542, 552, 554, 562, 583
　『円錐曲線論』　034, 442, 542, 554, 557
アーミラリー天球　569, 600-01
アリスタルコス　028, 036, 100, 138
アリストテレス　006, 030, 037, 043, 102, 106-08, 151, 381, 530, 600
　『機械学』　530
　『形而上学』　030, 151
　『天体論』　043
アルキダス　024

アルキメデス　368, 389, 393, 395, 437, 439, 442, 451, 542-44
　『球状体論』　442, 451, 542-44
　——の背理法　389
アルザケル　603
アルバテグニウス　601, 603
アルフォンソ王　024
　『アルフォンソ表』　381
アルミニウス　018
アントニヌス帝　605, 608, 615
引力　045-48
ウァルス　018
ヴィエト　237
ウェヌス　023
ウェルギリウス　049, 051, 538
ヴュルテンベルク公　166
ウラニア　022, 024, 026-27
ウラニボルク　171, 183, 189, 224
ウルカヌス　023
運動
　永久運動　109
　第1の運動　064, 098-101, 138
　第2の運動　064, 098-100
エウクレイデス　027, 146-47, 149, 269, 320, 370, 393-94, 449-51, 492, 527, 545
　『原論』　146
　『光学』　370
エウドクソス　006, 106, 600
エカント　034-35, 038, 040, 042, 058, 065-67, 071-75, 081, 115-18, 120-22, 125, 127-29, 132-36, 139-41, 144, 150, 154-57, 159, 162, 168-69, 231-34, 237, 253, 255-56, 259-61, 263-64, 266, 272, 275-77, 282-85, 289, 291, 293-94, 297, 300-01, 304-05, 316-17, 334, 343, 345-46, 348, 352, 414, 416, 428, 432-34, 445, 454, 494-96
エジプト暦　608, 610, 615-16, 618
エーテル　011-12, 017, 019, 026, 349-50, 357, 377-78, 384, 420, 514
演繹的　149, 352, 513-14, 562, 584
遠日点　010, 012, 014, 060-61, 071, 073-74, 081, 086-87, 089, 091, 145, 234, 238, 242, 246, 248, 251, 256-60, 263, 265-68, 290-91, 319,

321-22, 332, 334-35, 345-46, 348, 379, 401-04, 412-13, 416, 420, 422, 425-26, 435, 443, 451, 453, 455, 458, 460, 470, 479-88, 492, 494, 496, 500, 503, 506-07, 516-20, 524-25, 529-31, 534-37, 575, 594, 598, 600, 606-13, 615-18
エンデュミオン　030
王の道（王の円）　095, 384, 571-72, 576, 592-95
オジアンダー　007

## カ

蓋然性　065, 351
カエサル　018
神
　　からくり仕掛けの神　436
ガラテア　538
カリッポス　006, 106
カルダーノ　417
　　『精巧さについて』　417
帰納的　058, 075, 352, 492, 601
距離
　　円周距離　514, 545-47
　　直径距離　513-14, 545-48, 553
極限　061, 070, 095, 172, 175, 177, 204-05, 207-13, 216-17, 219, 224, 256-57, 261-62, 505-06, 566, 568, 571-75, 580-81, 584, 587, 589, 593-97, 621
キリスト　050, 096, 600, 615-16, 618
キリスト教　108
ギルバート　363, 516, 519-20
キュテレイア　023
均差
　　視覚的均差　337-39, 389, 391, 417-18, 420, 455, 510, 552
　　物理的均差　084, 389, 397, 420, 426, 507, 556
近日点　081, 086, 145, 263, 265, 267-68, 290, 334-35, 345-46, 348, 403-04, 412-13, 416, 422, 426, 435, 443, 451, 453, 455, 487, 489, 500, 506-07, 518-19, 580, 594, 607
グノーモン　544-45, 547-48
グラディウス　022
クリスチャン（4世）　018

形象　058, 076, 354-56, 358-60, 362-67, 369, 371, 374-75, 377, 516, 572, 592
ケプラー　005, 020, 022-23, 031-32, 133, 141, 171, 189, 340, 385, 405
　　『宇宙の神秘』（『手引き』）　043, 064, 104, 124, 167-68, 198, 231-32, 282-83, 333, 345, 361
　　『新天体暦表』（『天体暦表』）　584
　　『天文学の光学的部分』（『光学』）　043, 050, 052, 099, 189-90, 220, 324, 333, 353-54, 356, 359, 367, 369, 521, 614, 621
　　『ヒッパルコス』　190, 198
　　『蛇使い座の足元に現れた新星について』　049, 224
　　『ルドルフ表』　031
　　（ケプラーの第1法則）　510-11
　　（ケプラーの第2法則）　388-90, 548
　　（ケプラーの問題）　562
元期　096, 600, 613, 615-16
コペルニクス　006-07, 017, 024-25, 027-28, 035-37, 039-43, 048-50, 056-58, 060, 064-67, 070, 072, 076, 087, 103-05, 115, 117-22, 124-25, 132, 134, 136-42, 144-45, 150-51, 156-57, 159, 162-63, 167, 170-71, 176-77, 185, 196, 198, 200-01, 203-05, 210, 214-16, 231-34, 237, 253-55, 258, 261, 265, 271, 274, 280, 282-84, 286, 289-91, 294, 296-97, 299-300, 304, 312-13, 315, 317-18, 343, 345-46, 351, 353, 359, 363, 376, 398, 401, 417, 432, 494, 516-17, 587-88, 591-92, 597, 602
コマンディーノ　542-43
コロンブス　063
コンコイド　080-82, 395-97, 417-18, 435, 437
渾天儀→アーミラリー天球

## サ

ザイファルト　224
サクシルビウス　023
サスケリデス　171
シクルス　046
潮の干満　045-47
磁石　041, 059, 077, 089-90, 358, 363, 366, 384-85, 516, 518-20, 523-25, 531-36, 571,

索引　　680

573-74, 576
四分儀　190-91, 224, 569-70
周転円　037, 039-41, 057, 060-61, 065-68, 072, 078-79, 083, 085, 088, 103, 105, 108-09, 112-13, 115, 117-18, 120-25, 134-39, 150-57, 159, 168, 170, 185, 200-01, 204-05, 212-15, 217, 231, 253, 255, 261, 264-65, 270-72, 282-83, 285-86, 288-89, 292-93, 296-98, 301-02, 313-17, 334, 343, 365, 368, 372, 376, 378-84, 386, 398, 400-02, 417, 424-26, 428-30, 435, 457-62, 473-74, 494, 510-11, 514, 524, 526-27, 539-40, 542, 546-47, 583-84, 587
重力　044, 049
主動霊　041, 048-49, 107-08, 110
シューラー　227
シュライバー　007
蝕　198, 535-36, 593
シリウス年　621
磁力　044-45, 049, 059, 361, 363-64, 370-71, 520, 524, 531, 533, 535, 571, 573-74
スカリゲル　108
スタディウス　180
聖書
　　創世記　054
　　ヨブ記　053
　　シラの知恵　051
　　詩編　050-56
セヴェリン（ロンゴモンタヌス）　167-68, 183
セウシウス　023
セレネ　030
ソロモン　053-54

## タ

大気差　095, 170, 180-81, 184, 186-87, 193-94, 196-98, 200-01, 220-22, 258, 302, 324, 405, 476-77, 564, 566, 569-70, 578-79, 601, 603, 605, 614
ダヴィデ　051
地平偏差　180, 182, 200, 222-23, 288, 302, 482, 492
ディオゲネス・ラエルティオス　600

ティコ→ブラーエ
ティトヌス　051
テオドシオス　175
『球体論』　175
天球　006, 027, 041, 058, 065, 094-95, 106-08, 115-17, 123, 126-27, 134, 140-41, 143, 151, 158-59, 175, 268, 285, 293, 296, 350, 352, 376, 385, 435, 569, 572-73, 576, 587, 591-93, 595-97, 600-02
デューラー　434
デラ・ポルタ　520
テングナーゲル　008, 031
動力因　043

## ナ

二均差　078
ニコストラトス　396
　　──のコンコイド　396
日弧　086
日蝕　535, 536

## ハ

パエトン　030
ハドリアヌス帝　608
パトリッツィ　100
パラス　022, 027
パルカ　028
ヒッパルコス　095, 171, 190, 198, 601-04, 622
ピュタゴラス（──学派）　027, 043, 099, 138
ビュルギ　418
秤動　059, 070, 079-80, 088-92, 215-16, 273, 277, 381-83, 385-86, 426, 473, 511-12, 514-18, 520-30, 532-36, 538-42, 575, 602
ピロラオス　121
ファブリキウス　223-226, 509, 569
ファン・ローメン　393
不整
　　第1の不整　035, 039, 060-61, 064-68, 070, 098, 103-05, 114-15, 120, 124-25, 130, 132, 134, 136-38, 141-42, 150, 154, 158-60, 162-63, 165, 168, 178, 199, 230-31, 254, 280, 282, 286,

343, 348, 398-401, 420, 606
第2の不整　035, 038-39, 060-61, 064, 066-67, 072, 098, 103-04, 120, 132, 134, 136-40, 143-44, 150-54, 156, 158, 160-61, 163, 172, 177-78, 184, 199, 229, 231, 233, 261, 270, 281-82, 284, 343, 352, 398, 400-01, 420, 606
プトレマイオス　036-37, 039-41, 050, 057, 060, 063-67, 069-72, 095-96, 101-06, 115-16, 118-26, 130, 132, 134, 136-40, 144, 150, 152-53, 155-57, 160, 167-68, 170, 176, 200-01, 203-05, 212, 214-17, 229-33, 236-37, 254-57, 261, 264-66, 270-72, 280, 282-86, 288-89, 291-92, 296-98, 301, 313-18, 334, 337, 343-48, 351, 372, 374, 389, 398, 400-02, 416-17, 420, 445, 481, 580-81, 584, 586, 588, 591, 596-607, 609-11, 613-22
『アルマゲスト』　150, 230, 261, 619
ブラーエ, ティコ　018, 023-24, 028-31, 036-37, 039-42, 057-58, 060, 064-69, 071-76, 078, 101-04, 108, 117, 119, 129, 134, 136-37, 139, 151, 156-60, 162-63, 167, 170-74, 176-77, 180-85, 187-92, 196, 198-205, 210, 213, 216, 219, 222-27, 229, 232-34, 238, 253-56, 258, 261-62, 264-67, 270-72, 280, 282-83, 285-89, 291-93, 295-98, 300-03, 305, 311-12, 314-15, 317, 319, 321, 324, 333-34, 343-45, 350-53, 372, 376, 385, 401, 410, 417, 420-21, 424, 479-81, 494, 503, 576, 579, 581, 583, 586-89, 591, 601-03, 607, 615, 618-22
『火星の視差を探求するために』　184
『機械学』(『新天文学の機械学』)　283
『恒星表』　171
『書簡集』　283
『予備演習』(『新天文学の予備演習』)　024, 119, 157, 168, 191, 226, 238, 262, 344, 480, 591
『ルドルフ表』→ケプラー
フラカストロ　358
プリニウス　017
フレデリク2世　018
『プロイセン表』→ラインホルト
プロメテウス　026
ヘッセン方伯(ヴィルヘルム)　334
ペテロ　050

ヘラクレス　024
ポイエルバッハ　106, 108, 435
ポイボス　029
ホフマン男爵　190, 227
ホメロス　022

## マ

マジーニ　171, 182, 215, 288, 303, 324, 406, 409, 485
『天体暦表』　215, 584
マゼラン　063
マルス　016, 018, 022-23, 029
ミネルウァ　022-23
ムーサ　022, 026-27
メストリン　124, 167, 180, 215, 231
『天文学概要』　215
目的因　043
モーセ　052, 055

## ヤ

ユノ　026
ユリウス暦　480, 615-16
ヨシュア　051-52

## ラ

ラインホルト　336-37, 435
『プロイセン表』　036, 069, 168, 170, 180, 193, 202, 229, 381, 615-16
『惑星論』(『ポイエルバッハ「惑星の新理論」注解』)　337
ラクタンティウス　057
ラディウス　182, 185, 480
ラムス　006
『数学講義』　006
ラムヌシア　027
ランスベルゲ　218, 567
『三角法幾何学』　567
離角　070, 205-10, 213, 388, 498-99, 602, 605-06, 613, 619, 621
離心円　036-42, 058-59, 061, 065-70, 072, 074-76,

079-81, 083-85, 087, 103, 105, 109-11, 115,
117, 119-25, 127-36, 139, 141-45, 150, 153,
156-63, 168-70, 175, 177, 179, 200-02, 205,
213-16, 231-33, 237, 253, 261, 263-65, 267,
269-70, 272-74, 276-78, 282-83, 285-87, 289,
292-93, 297-98, 301-02, 304-05, 309, 313-14,
316-18, 320-21, 324, 334, 337-38, 343,
345-46, 348-49, 351, 364, 376-83, 386-90,
393-94, 397, 400-01, 403-04, 406, 408, 412,
414-15, 418, 421-26, 428-29, 431-36, 442,
445, 447-48, 450, 453-55, 463-65, 467,
474-75, 478-80, 482-85, 488, 490, 492,
494-98, 510-14, 516, 518, 523, 525-26,
529-30, 540, 547, 557-59, 561-62, 588,
606-08, 618

リバライオス　023
『数学講義』　006
ルドルフ2世　005, 016, 022
レギオモンタヌス　237
レティクス　017-18, 167, 215

『第一解説』　167, 215
レムス　016
ロムルス　016
ロンゴモンタヌス→セヴェリン

## ワ

惑星軌道　075, 081-83, 092, 098, 104, 111, 118,
124, 160, 175-76, 273, 277, 301, 337, 364, 370,
378, 395, 415, 417, 422-24, 426, 442, 447, 462,
464, 493, 496, 508, 514, 528-29, 538, 540,
548-49, 559, 574, 581, 595

楕円　059, 061, 074, 083-85, 092, 395, 434, 437,
439, 442, 444-46, 451-52, 540-44, 546,
548-56, 559

卵形　059, 061, 075, 082-88, 273, 312, 338-39,
388, 417, 422-23, 426, 430-32, 434-37,
439-40, 442, 446-48, 450-55, 457-60, 462-63,
467, 470-71, 496, 508-09, 514

豊頬形　091-92, 538, 540-41

# 著訳者紹介

## ヨハネス・ケプラー●Johannes Kepler

1571年、ドイツのヴァイル・デァ・シュタット生まれ。テュービンゲン大学で学んだ後、グラーツの神学校で数学・天文学を教える。処女作『宇宙の神秘』(1596)に示された数学的才能を評価したティコ・ブラーエに招かれ、プラハで共同研究した成果を本書『新天文学』(1609)に発表。いわゆるケプラーの3法則のうちの楕円軌道の法則(第1法則)、面積速度一定の法則(第2法則)を確立。さらに『宇宙の調和』(1619)で第3法則(惑星の公転周期の2乗と太陽からの平均距離の3乗が比例する)を提示し、近代科学の基礎を築く。またガリレオが発見した木星の「衛星(satelles)」の命名者、星形多面体の発見者、最密充填問題の予想者としても科学史に名を残している。1630年、レーゲンスブルクにて客死。

## 岸本良彦●Yoshihiko Kishimoto

1946年生まれ。1975年、早稲田大学文学研究科博士課程修了(東洋哲学専攻)。明治薬科大学教授(史学・医療倫理・薬学ラテン語担当)を経て、現在フリー。
上代中国思想史および古典ギリシア語・ラテン語による哲学・医学・天文学関係の著作の翻訳研究に従事。訳書にケプラー『宇宙の神秘』(共訳)・『宇宙の調和』(以上工作舎)、『ヒポクラテス全集』(共訳、エンタプライズ)、プリニウス『博物誌』「植物編」「植物薬剤編」(共訳、八坂書房)がある。

*Astronomia Nova* by Johannes Kepler 1619
©2013 by Kousakusha. Okubo 2-4-12-12F, Shinjuku-ku, Tokyo 169-0072 Japan

## 新天文学

| | |
|---|---|
| 発行日 | 2013年11月15日 |
| 著者 | ヨハネス・ケプラー |
| 訳者 | 岸本良彦 |
| エディトリアル・デザイン | 宮城安総＋佐藤ちひろ |
| 出版協力 | 川一夫 |
| 印刷・製本 | 株式会社精興社 |
| 発行者 | 十川治江 |
| 発行 | 工作舎 editorial corporation for human becoming |

〒169-0072 東京都新宿区大久保町2-4-12
新宿ラムダックスビル12F
phone: 03-5155-8940 fax: 03-5155-8941
URL: http://www.kousakusha.co.jp
e-mail: saturn@kousakusha.co.jp
ISBN 978-4-87502-453-8

コスモロジーを追う ◉ 工作舎の本

## 宇宙の神秘
◆ヨハネス・ケプラー
◆大槻真一郎+岸本良彦=訳

中世から近世への転換期、惑星軌道の数や大きさを科学的手法で追究したケプラーには、ピュタゴラス、プラトン以来の数秘的幾何学精神が脈打っていた。A・ケストラー絶賛の古典的名著。
◉A5判上製◉376頁◉定価 本体4800円+税

## 宇宙の調和
◆ヨハネス・ケプラー
◆岸本良彦=訳

『宇宙の神秘』で提唱した5つの正多面体による宇宙モデルと、第1・2法則をうち立てた『新天文学』の成果を統合し、第3法則を樹立。歴史的名著をラテン語原典より初の完訳。
◉A5判上製◉624頁◉定価 本体10000円+税

## ケプラーの憂鬱
◆ジョン・バンヴィル
◆高橋和久+小熊令子=訳

宇宙の調和は幾何学に端を発していると直観したケプラーは、天球に数学的図形を見出し宇宙模型を製作した。不遇で孤高の半生を綴るヒストリオグラフィック・メタフィクションの傑作。
◉四六判上製◉376頁◉定価 本体2500円+税

## 世界の複数性についての対話
◆ベルナール・ル・ボヴィエ・ド・フォントネル
◆赤木昭三=訳

時は17世紀末、美しき侯爵夫人の館の庭で月や土星、果ては銀河までの諸世界をめぐる洒落た対話がなされた。当時の知見と人間中心主義への風刺を含んでサロンの話題を独占した古典。
◉四六判上製◉228頁◉定価 本体1900円+税

## 銀河の時代 [上・下]
◆ティモシー・フェリス
◆野本陽代=訳

古代のプラトン、アリストテレスから現代のビッグバン、量子論、そしてホーキングの宇宙創成モデルまで、人間がどのように宇宙をとらえてきたかを語る壮大な宇宙論集大成。
◉四六判上製◉336頁／360頁◉定価 各本体2200円+税

## 地球外生命論争1750-1900
◆マイケル・J・クロウ
◆鼓澄治+山本啓二+吉田修=訳

謹厳な批判哲学者カントから天文学者ハーシェル、数学者ガウス、進化論のダーウィン、火星狂いのロウエルまで、地球外生命に託してそれぞれの世界観を戦わせた熱き論争の全容。
◉A5判上製◉1008頁（3分冊・函入）◉定価 本体20000円+税

## ガリレオの弁明 ◆トンマーゾ・カンパネッラ ◆澤井繁男＝訳

17世紀初頭、検邪聖省の糾弾を受けたガリレオの地動説を、獄中の身も省みずに「自然の真理と聖書の真理は矛盾しない」と弁護したユートピストの世にも危険な論証。
◉A5判上製◉224頁◉定価 本体2800円＋税

## 科学と宗教 ◆J・H・ブルック ◆田中靖夫＝訳

科学と宗教は対立するものと捉えられてきたが、実は互恵的な関係にあった。コペルニクス革命から現代にいたる精神史を概観した名著。ワトソン・デイヴィス賞、テンプルトン賞受賞。
◉A5判上製◉404頁◉定価 本体3800円＋税

## ニュートンと魔術師たち ◆ピエール・チュイリエ ◆高橋 純＝訳

近代科学が理性の権化とは限らない。「やりすぎ」「いかがわしさ」が日常茶飯事だからこそ、科学はおもしろい！『反＝科学史』の著者が、豊富な話題で科学史の実像に迫る。
◉四六判上製◉268頁◉定価 本体1900円＋税

## 色彩論［完訳版］ ◆ヨーハン・ヴォルフガング・フォン・ゲーテ ◆高橋義人＋前田富士男ほか＝訳

文学だけではなく、感覚の科学の先駆者・批判的科学史家として活躍したゲーテ。ニュートン光学に反旗を翻し、色彩現象を包括的に研究した金字塔。世界初の完訳版。
◉A5判上製函入◉1424頁（3分冊）◉定価 本体25000円＋税

## 音楽のエゾテリスム ◆ジョスリン・ゴドウィン ◆高尾謙次＝訳

神秘主義が復興し、やがてロマン主義や象徴主義、シュルレアリスムを開花させたフランス一七五〇-一九五〇年。色と音の研究、数秘的音楽、神聖音階の探求など、霊的音楽の系譜を読み解く。
◉A5判上製◉376頁◉定価 本体3800円＋税

## 普遍音樂 ◆アタナシウス・キルヒャー ◆菊池 賞＝訳

綺想科学者キルヒャーの想像力が産み出した不可思議な事物が満載された17世紀の最も重要な論考の一つ。バッハはじめ後代の作曲家たちに多大な影響を与えた。
◉A5判変型上製◉448頁◉定価 本体4800円＋税

## 科学革命をリードしたバロックの哲人
ars inveniendi[発見術]の全容

### 全10巻
# ライプニッツ著作集

- [監修]＝下村寅太郎＋山本 信＋中村幸四郎＋原 亨吉
- [造本]＝杉浦康平ほか
- A5判・上製・函入
- 全巻揃 本体100,453円＋税
- 各巻とも月報「発見術の栞」・ニーダーザクセン州立図書館提供の手稿6葉・注・解説・索引付き

---

**1 論理学** ★本体10,000円＋税　　　　　　　　　　　　　澤口昭聿──訳
「結合法論」「普遍的記号法の原理」など、記号論理学の形成過程を追う。

**2 数学論・数学** ★本体12,000円＋税　　原 亨吉＋佐々木 力＋三浦伸夫＋馬場 郁＋斎藤 憲ほか──訳
普遍数学の構想から微積分学の創始、2進法や行列式の導入までを編む。

**3 数学・自然学** ★本体17,000円＋税　　　　原 亨吉＋横山雅彦＋三浦伸夫＋馬場 郁ほか──訳
[品切]
幾何学、代数学の主要業績と動力学の形成プロセス、光学の論考を収録。

**4 認識論**[人間知性新論]上 ★本体8,500円＋税　　　　　谷川多佳子＋福島清紀＋岡部英男──訳
[品切]
イギリス経験論の主柱ロックに対し、生得観念、無意識をもって反駁する。

**5 認識論**[人間知性新論]下 ★本体9,500円＋税　　　　　谷川多佳子＋福島清紀＋岡部英男──訳
[品切]
テオフィルとフィラレートの対話は、言語と認識をめぐって白熱する。

**6 宗教哲学**[弁神論]上 ★本体8,253円＋税　　　　　　　　　　　　　　　佐々木能章──訳
ライプニッツの聡明な弟子にして庇護者シャルロッテ追想のための一書。

**7 宗教哲学**[弁神論]下 ★本体8,200円＋税　　　　　　　　　　　　　　　佐々木能章──訳
[品切]
当時の流行思想家ベールの懐疑論に対し、予定説をもって神を弁護する。

**8 前期哲学** ★本体9,000円＋税　　　　西谷裕作＋竹田篤司＋米山 優＋佐々木能章＋酒井 潔──訳
[品切]
「形而上学叙説」「アルノーとの往復書簡」を軸に、1702年までの小品収載。

**9 後期哲学** ★本体9,500円＋税　　　　　　　　　　西谷裕作＋米山 優＋佐々木能章──訳
「モナドロジー」「クラークとの往復書簡」など、最晩年にいたる動的思索。

**10 中国学・地質学・普遍学** ★本体8,500円＋税　　山下正男＋谷本 勉＋小林道夫＋松田 毅──訳
「最新中国情報」「普遍学」「プロトガイア」など、17世紀精神の神髄を編成。

---

**ライプニッツの普遍計画** ★本体5,340円＋税　　E・J・エイトン／渡辺正雄＋原 純夫＋佐柳文夫──訳
文献学的考証と最新の研究成果を総合したバロックの天才の全貌。